建设工程质量检测人员岗位培训系列教材

建设工程质量检测人员岗位培训系列教材编写委员会　组织编写

市政工程材料检测技术

主编　常　亮　范彦军　胡玉倩

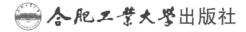合肥工业大学出版社

图书在版编目(CIP)数据

市政工程材料检测技术/常亮,范彦军,胡玉倩主编.—合肥:合肥工业大学出版社,2024.—(建设工程质量检测人员岗位培训系列教材).—ISBN 978-7-5650-6866-9

Ⅰ.TU502

中国国家版本馆 CIP 数据核字第 2024LU2415 号

市政工程材料检测技术

SHIZHENG GONGCHENG CAILIAO JIANCE JISHU

常　亮　范彦军　胡玉倩　主编　　　　　　责任编辑　赵　娜

出　版	合肥工业大学出版社	版　次	2024 年 7 月第 1 版
地　址	合肥市屯溪路 193 号	印　次	2024 年 7 月第 1 次印刷
邮　编	230009	开　本	787 毫米×1092 毫米　1/16
电　话	理工图书出版中心:0551-62903004	印　张	33.75
	营销与储运管理中心:0551-62903198	字　数	821 千字
网　址	press.hfut.edu.cn	印　刷	安徽联众印刷有限公司
E-mail	hfutpress@163.com	发　行	全国新华书店

ISBN 978-7-5650-6866-9　　　　　　　　　　　定价:96.00 元

如果有影响阅读的印装质量问题,请与出版社营销与储运管理中心联系调换。

建设工程质量检测人员岗位培训系列教材
编写委员会

主编单位：

安徽省建设工程质量与安全协会

合肥工大共达工程检测试验有限公司

安徽建工检测科技集团有限公司

安徽省建筑工程质量监督检测站有限公司

安徽省建设工程测试研究院有限责任公司

安徽省建院工程质量检测有限公司

安徽省建筑科学研究设计院

主　任　王晓魁

副主任　施赤文　项炳泉　完海鹰　俞振发

　　　　张今阳　李天宝　王道斌　郭建营

委　员　（以下以姓氏笔画为序）

　　　　丁　磊　文莹萍　叶　美　任　磊

　　　　刘杭杭　孙　琼　张　蕊　张晓梅

　　　　陈　慧　吴家斌　迟育红　姜　巍

　　　　贺传友　常　亮　褚振伟

总主编　郭建营

前　　言

为贯彻落实《建设工程质量检测管理办法》(中华人民共和国住房和城乡建设部令第 57 号)和《住房和城乡建设部关于印发〈建设工程质量检测机构资质标准〉的通知》(建质规〔2023〕1 号),根据《建设工程质量检测机构资质标准》(2023 年印发)的要求,我们组织有关单位和人员编写了这套建设工程质量检测人员岗位培训系列教材。

《市政工程材料检测技术》为建设工程质量检测人员岗位培训系列教材之一,内容包括《建设工程质量检测机构资质标准》(2023 年印发)中市政工程材料专项资质中的检测参数的基本理论、试验方法、仪器设备、试验步骤和结果判定等,旨在使建设工程质量检测人员掌握相关的专业理论、标准规范及操作程序。本教材作为建设工程质量检测人员能力提升的岗位培训教材,可供建设工程质量检测人员及建设工程质量管理相关人员的继续教育和工作培训教材使用,也可供建设工程相关施工、监理等单位的试验检测人员和质量技术人员参考。

本教材由常亮、范彦军、胡玉倩担任主编,章家海、信丹、褚振伟担任副主编,参编人员有袁继诚、张琳、吴鹏、戚庆周、牛涛、王修本、张巍、张元朔、鲍启祥、曹先华、张炜豪、王晓海、陈慧、代印印、黄小明、陈普森、蒋家岗等。

教材在出版过程中得到了省内各大检测机构的鼎力支持,谨表感谢。由于时间仓促,疏漏和不足在所难免,敬请批评指正,相关意见可发至邮箱:51465676@qq.com。

建设工程质量检测人员岗位培训系列教材

编写委员会

二〇二四年七月

目　　录

目　　录

第1章 土、无机结合料稳定材料

1.1 含水率试验(烘干法)

1.1.1 概述

土的含水率是指土体中水的质量与固体矿物含量的比值。一般情况下,砂土的含水率为 $0\sim40\%$,黏性土的含水率为 $20\%\sim60\%$。

本试验依据《公路土工试验规程》(JTG 3430—2020)中的 T 0103 - 2019 编制而成,适用于测定黏质土、粉质土、砂类土、砾类土、有机质土和冻土等土类的含水率。

1.1.2 仪器设备

1)烘箱。
2)天平:称量 200g,感量 0.01g;称量 5000g,感量 1g。
3)其他:干燥器、称量盒等。

1.1.3 试样制备

取具有代表性的试样,细粒土不小于 50g,砂类土、有机质土不小于 100g,砾类土不小于 1kg,放入称量盒内,立即盖好盒盖,称取质量。

1.1.4 试验步骤

1)揭开盒盖,将试样和盒放入烘箱内,在温度 105~110℃恒温下烘干。烘干时间:对细粒土不得少于 8h,对砂类土和砾类土不得少于 6h;对含有机质超过 5%的土或含石膏的土,应将温度控制为 60~70℃,烘干时间不宜少于 24h。

2)将烘干后的试样和盒取出,放入干燥器内冷却(一般为 0.5~1h),冷却后盖好盒盖,称取质量,细粒土、砂类土和有机质土准确至 0.01g;砾类土准确至 1g。

注意:一般土样烘干 16~24h 就足够,但有些土或试样数量过多或试样很潮湿,可能需要烘更长的时间。烘干的时间也与烘箱内试样的总质量、烘箱的尺寸及其通风系统的效率有关。如铝盒的盖密闭,而且试样在称量前放置时间较短,可以不放在干燥器中冷却。

1.1.5 试验结果

1)按式(1 - 1)计算含水率:

$$w=\frac{m-m_{\mathrm{s}}}{m_{\mathrm{s}}}\times100 \tag{1-1}$$

式中: w——含水率(%),计算至 0.1%;

　　m——湿土质量(g);

　　m_s——干土质量(g)。

2)本试验记录格式见表 1-1 所列。

表 1-1　含水率试验记录

工程编号＿＿＿＿＿＿＿＿＿＿＿＿＿＿　　试验者＿＿＿＿＿＿＿＿＿＿＿＿＿＿

土样说明＿＿＿＿＿＿＿＿＿＿＿＿＿＿　　计算者＿＿＿＿＿＿＿＿＿＿＿＿＿＿

试验日期＿＿＿＿＿＿＿＿＿＿＿＿＿＿　　校核者＿＿＿＿＿＿＿＿＿＿＿＿＿＿

盒号		1	2	3	4
盒质量(g)	(1)				
盒+湿土质量(g)	(2)				
盒+干土质量(g)	(3)				
水分质量(g)	(4)=(2)-(3)				
干土质量(g)	(5)=(3)-(1)				
含水率(%)	(6)=(4)/(5)				
平均含水率(%)	(7)				

3)本试验应进行两次平行测定,取其算术平均值,准确至 0.1%,允许平行差值应符合表 1-2 的规定,否则应重做试验。

表 1-2　含水率测定的允许平行差值

含水率 w(%)	允许平行差值(%)
$w \leqslant 5.0$	$\leqslant 0.3$
$5.0 < w \leqslant 40.0$	$\leqslant 1.0$
$w > 40.0$	$\leqslant 2.0$

1.2　含水率试验(酒精燃烧法)

1.2.1　概述

本试验依据《公路土工试验规程》(JTG 3430—2020)中的 T 0104-2019 编制而成,适用于快速简易测定土(含有机质的土和盐渍土除外)的含水率。

1.2.2　仪器设备

1)天平:感量 0.01g。

2)酒精:纯度 95% 以上。

3)其他:滴管、调土刀、称量盒(可定期调整为恒定质量)等。

1.2.3 试样制备

称取空盒的质量,准确至 0.01g。取具有代表性的试样不小于 10g,放入称量盒内,称取盒与湿土的总质量,准确至 0.01g。

1.2.4 试验步骤

1)用滴管将酒精注入放有试样的称量盒中,直至盒中出现自由液面为止。为使酒精在试样中充分混合均匀,可将盒底在桌面上轻轻敲击。

2)点燃盒中酒精,燃烧至火焰熄灭。

3)火焰熄灭并冷却数分钟,再次用滴管滴入酒精,不得用瓶直接往盒里倒酒精,以防意外。如此再燃烧两次。

4)待第三次火焰熄灭后,盖好盒盖,称取干土和盒的质量,准确至 0.01g。

1.2.5 试验结果

同"1.1 含水率试验(烘干法)"。

1.3 液塑限联合测定(GB/T 50123—2019)

1.3.1 概述

液限是指黏性土由可塑状态过渡到流动状态时的界限含水率,又称为流限。液限是可塑状态的上限含水量。

塑限是指黏性土由可塑状态过渡到半固体状态时的界限含水率。塑限是可塑状态的下限含水量。

塑性指数是土壤力学中一个重要的指标,用于评价土壤的可塑性和流变性能。液限与塑限的差值称为塑性指数。

本方法依据《土工试验方法标准》(GB/T 50123—2019)中的"9.2 液塑限联合测定法"编制而成,要求土的粒径应小于 0.5mm 及有机质含量不大于干土质量的 5%。本试验中含水率按第 1.1 节测定。

1.3.2 仪器设备

1)液塑限联合测定仪:包括带标尺的圆锥仪、电磁铁、显示屏、控制开关和试样杯。圆锥仪质量为 76g,锥角为 30°;读数显示宜采用光电式、游标式和百分表式。

2)试样杯:直径 40~50mm;高 30~40mm。

3)天平:称量 200g,分度值 0.01g。

4)筛:孔径 0.5mm。

5)其他:烘箱、干燥缸、铝盒、调土刀、凡士林。

1.3.3　试样制备

宜采用天然含水率的土样制备试样,也可用风干土制备试样。当采用天然含水率的土样时,应剔除粒径大于 0.5mm 的颗粒,再分别按接近液限、塑限和二者的中间状态制备不同稠度的土膏,静置湿润。静置时间可视原含水率的大小而定。当采用风干土样时,取过 0.5mm 筛的代表性土样约 200g,分成 3 份,分别放入 3 个盛土皿中,加入不同数量的纯水,使其分别达到接近液限、塑限和二者的中间状态的含水率,调成均匀土膏,放入密封的保湿缸中,静置 24h。

1.3.4　试验步骤

1)将制备好的土膏用调土刀充分调拌均匀,密实地填入试样杯中,应使空气逸出。高出试样杯的余土用刮土刀刮平,将试样杯放在仪器底座上。

2)取圆锥仪,在锥体上涂以薄层润滑油脂,接通电源,使电磁铁吸稳圆锥仪。当使用游标式或百分表式液塑限联合测定仪时,提起锥杆,用旋钮固定。

3)调节屏幕准线,使初读数为零。调节升降座,使圆锥仪锥角接触试样面,指标灯亮时圆锥在自重下沉入试样内,当使用游标式或百分表式液塑限联合测定仪时用手扭动旋钮,松开锥杆,经 5s 后测读圆锥下沉深度。然后取出试样杯,挖去锥尖入土处的润滑油脂,取锥体附近的试样不得少于 10g,放入称量盒内,称量,准确至 0.01g,测定含水率。

4)按上述步骤,测试其余 2 个试样的圆锥下沉深度和含水率。

1.3.5　试验结果

以含水率为横坐标,圆锥下沉深度为纵坐标,在双对数坐标纸上绘制关系曲线。三点连一直线(见图 1-1 中的 A 线)。当三点不在一直线上时,通过高含水率的一点与其余两点连成两条直线,在圆锥下沉深度为 2mm 处查得相应的含水率;当两个含水率的差值小于 2% 时,应以该两点含水率的平均值与高含水率的点连成一线(图 1-1 中的 B 线)。当两个含水率的差值不小于 2% 时,应补做试验。

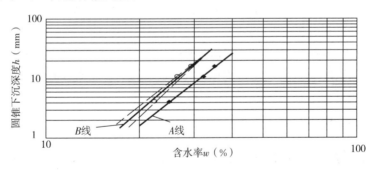

图 1-1　圆锥下沉深度与含水率关系曲线

通过圆锥下沉深度与含水率关系曲线,查得下沉深度为 17mm 所对应的含水率为液限,下沉深度为 10mm 所对应的含水率为 10mm 液限;查得下沉深度为 2mm 所对应的含水率为塑限,以百分数表示,准确至 0.1%。塑性指数和液性指数应按式(1-2)和式(1-3)计算:

$$I_P = w_L - w_P \tag{1-2}$$

$$I_L = \frac{w_0 - w_P}{I_P} \tag{1-3}$$

式中：I_P——塑性指数；

I_L——液性指数，计算至 0.01；

w_L——液限(%)；

w_P——塑限(%)。

本试验记录格式见表 1-3 所列。

表 1-3　液塑限联合试验记录

任务单号			试验者	
试验日期			计算者	
天平编号			校核者	
烘箱编号			液塑限联合	
测定仪编号				

试样编号	圆锥下沉深度 h（mm）	盒号	湿土质量 m_0(g)	干土质量 m_d(g)	含水率 w(%)	液限 w_L(%)	塑限 w_P(%)	塑性指数 I_P
	—	—	(1)	(2)	$(3)=\left[\frac{(1)}{(2)}-1\right]$ $\times 100$	(4)	(5)	$(6)=$ $(4)-(5)$

1.4　液限和塑限联合测定(JTG 3430—2020)

1.4.1　概述

本方法依据《公路土工试验规程》(JTG 3430—2020)中的 T 0118-2007 编制而成，适用于粒径不大于 0.5mm、有机质含量不大于试样总质量 5% 的土。本试验的目的是联合测定土的液限和塑限，用于划分土类、计算天然稠度和塑性指数，供公路工程设计和施工使用。

1.4.2　仪器设备

1)液塑限联合测定仪:同第 1.3.2 小节。

2)盛土杯:内径 50mm,深度 40~50mm。

3)天平:感量 0.01g。

4)其他:筛(孔径 0.5mm)、调土刀、调土皿、称量盒、研钵(附带橡皮头的研杵或橡皮板、木棒)、干燥器、吸管、凡士林等。

1.4.3　试样制备

取具有代表性的天然含水率或风干土样进行试验。如土中含大于 0.5mm 的土粒或杂物,应将风干土样用带橡皮头的研杵研碎或用木棒在橡皮板上压碎,过 0.5mm 的筛。取 0.5mm 筛下的具有代表性的土样至少 600g,分开放入三个盛土皿中,加不同数量的纯水,土样的含水率分别控制在液限(a 点)、略大于塑限(c 点)和两者的中间状态(b 点)。用调土刀调匀,盖上湿布,放置 18h 以上。测定 a 点的锥入深度,对于 100g 锥应为 20mm±0.2mm,对于 76g 锥应为 17mm±0.2mm。测定 c 点的锥入深度,对于 100g 锥应控制在 5mm 以下,对于 76g 锥应控制在 2mm 以下。对于砂类土,用 100g 锥测定 c 点的锥入深度可大于 5mm,用 76g 锥测定 c 点的锥入深度可大于 2mm。

1.4.4　试验步骤

1)将制备的土样充分搅拌均匀,分层装入盛土杯,用力压密,使空气逸出。对于较干的土样,应先充分搓揉,用调土刀反复压实。试杯装满后,刮成与杯边齐平。

2)当用游标式或百分表式液限塑限联合测定仪试验时,调平仪器,提起锥杆(此时游标或百分表读数为零)、锥头上涂少许凡士林。将装好土样的试杯放在联合测定仪的升降座上,转动升降旋钮,待锥尖与土样表面刚好接触时停止升降,扭动锥下降旋钮,经 5s 时,锥体停止下落,此时游标读数即为锥入深度 h_1。

3)改变锥尖与土接触位置(锥尖两次锥入位置距离不小于 1cm),重复本试验步骤,得锥入深度 h_2。h_1、h_2 允许平行误差均为 0.5mm,否则应重做。取 h_1、h_2 平均值作为该点的锥入深度 h。去掉锥尖入土处的凡士林,取 10g 以上的土样两个,分别装入称量盒内,称取质量(准确至 0.01g),测定其含水率 w_1、w_2(计算到 0.1%)。计算含水率平均值 w。

4)重复上述步骤,对其他两个含水率土样进行试验,测其锥入深度和含水率。

1.4.5　试验结果

在双对数坐标纸上,以含水率 w 为横坐标,锥入深度 h 为纵坐标,点绘 a、b、c 三点含水率的 $h-w$ 关系曲线(见图 1-2)。连此三点,应呈一条直线。如三点不在同一直线上,要通过 a 点与 b、c 两点连成两条直线,根据液限(a 点含水率)在 h_P-w_L 关系

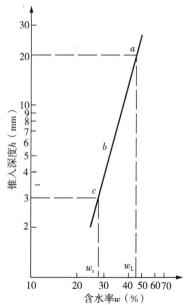

图 1-2　锥入土深度与含水率
($h-w$)关系曲线

曲线上查得 h_P，以此 h_P 再在 $h\text{-}w$ 关系曲线的 ab 及 ac 两直线上求出相应的两个含水率。当两个含水率的差值小于 2% 时，以该两点含水率的平均值与 a 点连成一直线。当两个含水率的差值不小于 2% 时，应重做试验。

1）液限的确定方法：若采用 76g 锥做液限试验，则在 $h\text{-}w$ 关系曲线上查得纵坐标入土深度 $h=17mm$ 所对应的横坐标的含水率 w，即为该土样的液限 w_L。若采用 100g 锥做液限试验，则在 $h\text{-}w$ 关系曲线上，查得纵坐标入土深度 $h=20mm$ 所对应的横坐标的含水率 w，即为该土样的液限 w_L。

2）塑限的确定方法：根据本试验求出的液限，通过 76g $h\text{-}w$ 关系曲线（见图 1-2），查得锥入土深度为 2mm 所对应的含水率即为该土样的塑限 w_P。

3）当采用 100g 锥时，根据本试验求出的液限，通过液限 w_L 与塑限时入土深度 h_P 的关系曲线（见图 1-3），查得 h_P，再由图 1-2 求出入土深度为 h_P 时所对应的含水率，即为该土样的塑限 w_P。查 $h_P\text{-}w_L$ 关系曲线时，须先通过简易鉴别法及筛分法（见 JTG 3430—2020 中的"土的工程分类"和"筛分法"）把砂类土与细粒土区别开来，再按这两种土分别采用相应的 $h_P\text{-}w_L$ 关系曲线；对于细粒土，用双曲线确定 h_P 值；对于砂类土，则用多项式曲线确定 h_P 值。

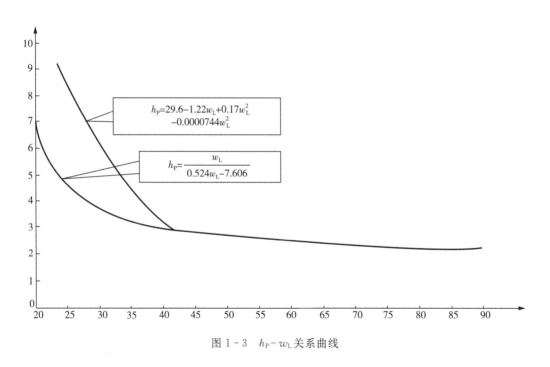

图 1-3　$h_P\text{-}w_L$ 关系曲线

4）若根据本试验求出的液限，当 a 点的锥入土深度为 20mm±0.2mm 时，应在 ad 线上查得入土深度为 20mm 处相对应的含水率，此为液限 w_L；再用此液限在 $h_P\text{-}w_L$ 关系曲线上找出与之相对应的塑限入土深度 h_P'；然后到 $h\text{-}w$ 关系曲线 ad 直线上查得 h_P' 相对应的含水率，此为塑限 w_P。

5）计算塑性指数 $I_P=w_L-w_P$。本试验记录格式见表 1-4。

表 1-4 液塑限联合试验记录

工程名称＿＿＿＿＿＿＿＿＿＿＿＿＿＿＿＿＿＿ 试验者＿＿＿＿＿＿＿＿＿＿＿＿＿＿＿＿＿

土样编号＿＿＿＿＿＿＿＿＿＿＿＿＿＿＿＿＿ 计算者＿＿＿＿＿＿＿＿＿＿＿＿＿＿＿＿＿

取土深度＿＿＿＿＿＿＿＿＿＿＿＿＿＿＿＿＿ 校核者＿＿＿＿＿＿＿＿＿＿＿＿＿＿＿＿＿

土样设备＿＿＿＿＿＿＿＿＿＿＿＿＿＿＿＿＿ 试验日期＿＿＿＿＿＿＿＿＿＿＿＿＿＿＿＿＿

试验项目		试验次数			
		1	2	3	
入土深度	h_1				
	h_2				
	$\frac{1}{2}(h_1+h_2)$				
含水率	盒号				
	盒质量(g)				
	盒＋湿土质量(g)				
	盒＋干土质量(g)				
	水分质量(g)				
	干土质量(g)				
	含水率(%)				

6)本试验应进行两次平行测定,其允许差值为高液限土不大于 2%、低液限土不大于 1%,若不满足要求,则应重新试验。取其算术平均值,保留至小数点后一位。

1.5 击实试验(GB/T 50123—2019)

1.5.1 概述

本试验依据《土工试验方法标准》(GB/T 50123—2019)中的"13 击实试验"编制而成,要求土样粒径应小于 20mm。本试验分轻型击实和重型击实,轻型击实试验的单位体积击实功约为 592.2kJ/m³,重型击实试验的单位体积击实功约为 2684.9kJ/m³。

1.5.2 仪器设备

1)击实仪:应符合国家标准 GB/T 22541 的规定,由击实筒、击锤和护筒组成,尺寸应符合表 1-5 的规定。

表 1-5　击实仪主要技术指标

| 试验方法 | 锤底直径 (mm) | 锤质量 (kg) | 落高 (mm) | 层数 | 每层击数 | 击实筒 | | | 护筒高度 (mm) |
						内径 (mm)	筒高 (mm)	容积 (cm³)	
轻型	51	2.5	305	3	25	102	116	947.4	≥50
				3	56	152	116	2103.9	≥50
重型		4.5	457	3	42	102	116	947.4	≥50
				3	94	152	116	2103.9	≥50
				3	56				

击实仪的击锤应配导筒,击锤与导筒间应有足够的间隙使击锤能自由下落。电动操作的击锤必须有控制落距的跟踪装置和锤击点按一定角度均匀分布的装置。

2)天平:称量 200g,分度值 0.01g。

3)台秤:称量 10kg,分度值 1g。

4)标准筛:孔径为 20mm、5mm。

5)试样推出器:宜用螺旋式千斤顶或液压式千斤顶,如无此类装置,也可用刮刀和修土刀从击实筒中取出试样。

6)其他:烘箱、喷水设备、碾土设备、盛土器、修土刀和保湿设备。

1.5.3　试样制备

试样制备可分为干法制备和湿法制备两种方法。

1)干法制备应按下列步骤进行。(1)用四点分法取一定量的代表性风干试样,其中小筒所需土样约为 20kg,大筒所需土样约为 50kg,放在橡皮板上用木碾碾散,也可用碾土器碾散。(2)轻型按要求过 5mm 或 20mm 筛,重型过 20mm 筛,将筛下土样拌匀,并测定土样的风干含水率;根据土的塑限预估的最优含水率,并按 GB/T 50123—2019 第 4.3 节规定的步骤制备不少于 5 个不同含水率的一组试样,相邻 2 个试样含水率的差值宜为 2%。(3)将一定量土样平铺于不吸水的盛土盘内,其中小型击实筒所需击实土样约为 2.5kg,大型击实筒所取土样约为 5.0kg,按预定含水率用喷水设备往土样上均匀喷洒所需加水量,拌匀并装入塑料袋内或密封于盛土器内静置备用。高液限黏土静置时间不得少于 24h,低液限黏土静置时间可酌情缩短,但不应少于 12h。

2)湿法制备应取具有天然含水率的代表性土样,其中小型击实筒所需土样约为 20kg,大型击实筒所需土样约为 50kg。碾散,按要求过筛,将筛下土样拌匀,并测定试样的含水率。分别风干或加水到所要求的含水率,应使制备好的试样水分均匀分布。

1.5.4 试验步骤

1)将击实仪平稳置于刚性基础上,击实筒内壁和底板涂一薄层润滑油,连接好击实筒与底板,安装好护筒。检查仪器各部件及配套设备的性能是否正常,并做好记录。

2)从制备好的一份试样中称取一定量土料,分 3 层或 5 层倒入击实筒内并将土面整平,分层击实。手工击实时,应保证使击锤自由铅直下落,锤击点必须均匀分布于土面上;机械击实时,可将定数器拨到所需的击数处,击数可按表 1-5 确定,按动电钮进行击实。击实后的每层试样高度应大致相等,两层交接面的土面应刨毛。击实完成后,超出击实筒顶的试样高度应小于 6mm。

3)用修土刀沿护筒内壁削挖后,扭动并取下护筒,测出超高,应取多个测值的平均值,准确至 0.1mm。沿击实筒顶细心修平试样,拆除底板。当试样底面超出筒外时,应修平。擦净筒外壁,称量,准确至 1g。

4)用推土器从击实筒内推出试样,从试样中心处取 2 个一定量的土料,细粒土为 15~30g,含粗粒土为 50~100g。平行测定土的含水率,称量准确至 0.01g,两个含水率的最大允许差值应为 ±1%。

5)应按步骤 1)~步骤 4)的规定对其他含水率的试样进行击实。一般不重复使用土样。

1.5.5 试验结果

1)击实后各试样的含水率应按式(1-4)计算:

$$w = \left(\frac{m_0}{m_d} - 1\right) \times 100 \tag{1-4}$$

2)击实后各试样的干密度应按式(1-5)计算,计算至 0.01g/cm³:

$$\rho_d = \frac{\rho}{1 + 0.01w} \tag{1-5}$$

3)土的饱和含水率应按式(1-6)计算:

$$w_{sat} = \left(\frac{\rho_w}{\rho_d} - \frac{1}{G_s}\right) \times 100 \tag{1-6}$$

式中:w_{sat}——饱和含水率(%);

ρ_w——水的密度(g/cm³)。

4)以干密度为纵坐标,含水率为横坐标,绘制干密度与含水率的关系曲线。曲线上峰值点的纵、横坐标分别代表土的最大干密度和最优含水率。当曲线不能给出峰值点时,应进行补点试验。

5)数个干密度下土的饱和含水率应按式(1-6)计算。以干密度为纵坐标,含水率为横坐标,在图上绘制饱和曲线。

6)本试验记录格式见表 1-6 所列。

表 1-6　击实试验记录

任务单号			试验者	
试验日期			计算者	
击实仪编号			校核者	
台秤编号			天平编号	
击实筒体积(cm³)			烘箱编号	
落距(mm)			击锤质量(kg)	
每层击数			击实方法	

试样编号	试验序号	干密度					含水率					
		筒+土质量(g)	筒质量(g)	湿土质量(g)	湿密度(g/cm³)	干密度(g/cm³)	盒号	湿土质量 m_0(g)	干土质量 m_d(g)	含水率 w(%)	平均含水率 $\overline{w}$(%)	超高(mm)
最大干密度 ρ_{dmax} = _____ g/cm³						最佳含水率 w_{op} = _____ %						

1.6　击实试验(JTG 3430—2020)

1.6.1　概述

本试验依据《公路土工试验规程》(JTG 3430—2020)中的 T 0131-2019 编制而成。本试验分轻型击实和重型击实,应根据工程要求和试样最大粒径按表 1-7 选用击实试验方法。当粒径大于 40mm 的颗粒含量大于 5% 且不大于 30% 时,应对试验结果进行校正。当粒径大于 40mm 的颗粒含量大于 30% 时,应按 JTG 3430—2020 中的 T 0133-2019 进行。

表 1-7　击实试验方法种类

试验方法	类别	锤底直径(cm)	锤质量(kg)	落高(cm)	试筒尺寸		试样尺寸		层数	每层击数	最大粒径(mm)
					内径(cm)	高(cm)	高度(cm)	体积(cm³)			
轻型	I-1	5	2.5	30	10	12.7	12.7	997	3	27	20
	I-2	5	2.5	30	15.2	17	12	2177	3	59	40

（续表）

试验方法	类别	锤底直径(cm)	锤质量(kg)	落高(cm)	试筒尺寸 内径(cm)	高(cm)	试样尺寸 高度(cm)	体积(cm³)	层数	每层击数	最大粒径(mm)
重型	Ⅱ-1	5	4.5	45	10	12.7	12.7	997	5	27	20
	Ⅱ-2	5	4.5	45	15.2	17	12	2177	3	98	40

1.6.2 仪器设备

1)标准击实仪:击实试验方法和相应设备的主要参数应符合表1-7的规定。
2)烘箱及干燥器。
3)电子天平:称量2000g,感量0.01g;称量10kg,感量1g。
4)圆孔筛:孔径40mm、20mm和5mm各1个。
5)拌和工具:400mm×600mm、深70mm的金属盘、土铲。
6)其他:喷水设备、碾土器、盛土盘、量筒、推土器、铝盒、削土刀、平直尺等。

1.6.3 试样制备

1)本试验可分别采用不同的方法准备试样,各方法可按表1-8准备试料,击实试验后的试料不宜重复使用。

表1-8 试料用量

使用方法	试筒内径(cm)	最大粒径(mm)	试料用量
干土法	10	20	至少5个试样,每个3kg
	15.2	40	至少5个试样,每个6kg
湿土法	10	20	至少5个试样,每个3kg
	15.2	40	至少5个试样,每个6kg

2)干土法。过40mm筛后,按四分法至少准备5个试样,分别加入不同水分(按1%～3%含水率递增),将土样拌和均匀,拌匀后焖料一夜备用。
3)湿土法。对于高含水率土,可省略过筛步骤,拣除大于40mm的石子。保持天然含水率的第一个土样,可立即用于击实试验。其余几个试样,将土分成小土块,分别风干,使含水率按2%～4%递减。

1.6.4 试验步骤

1)根据土的性质和工程要求,按表1-7规定选择轻型或重型试验方法,选用干土法或湿土法。
2)称取试筒质量m_1,准确至1g。将击实筒放在坚硬的地面上,在筒壁上抹一薄层凡士林,并在筒底(小试筒)或垫块(大试筒)上放置蜡纸或塑料薄膜。取制备好的土样分3～5次倒入筒内。小筒按三层法时,每次800～900g(其量应使击实后的试样等于或略高于筒高的

1/3);按五层法时,每次 400~500g(其量应使击实后的土样等于或略高于筒高的 1/5)。对于大试筒,先将垫块放入筒内底板上,按三层法,每层需试样 1700g 左右。整平表面,并稍加压紧,然后按规定的击数进行第一层土的击实,击实时击锤应自由垂直落下,锤迹必须均匀分布于土样面,第一层击实完后,将试样层面"拉毛"然后再装入套筒,重复上述方法进行其余各层土的击实。小试筒击实后,试样不应高出筒顶面 5mm;大试筒击实后,试样不应高出筒顶面 6mm。

3)用削土刀沿套筒内壁削刮,使试样与套筒脱离后,扭动并取下套筒,齐筒顶细心削平试样,拆除底板,擦净筒外壁,称取筒与土的总质量 m_2,准确至 1g。

4)用推土器推出筒内试样,从试样中心处取具有代表性的土样测其含水率,计算至 0.1%。测定含水率用试样的数量应符合表 1-9 的规定。

表 1-9　测定含水率用试样的数量

最大粒径(mm)	试样质量(g)	个数
<5	约 100	2
约 5	约 200	1
约 20	约 400	1
约 40	约 800	1

1.6.5　试验结果

1)按式(1-7)计算击实后各点的干密度:

$$\rho_d = \frac{\rho}{1+0.01w} \tag{1-7}$$

式中:ρ_d——干密度(g/cm³),计算至 0.01g/cm³;

　　ρ——湿密度(g/cm³);

　　w——含水率(%)。

2)以干密度为纵坐标,含水率为横坐标,绘制干密度与含水率关系曲线,曲线上峰值点的纵、横坐标分别为最大干密度和最佳含水率。如曲线不能绘出明显的峰值点,应进行补点或重做。

3)当试样中有大于 40mm 的颗粒时,应先取出大于 40mm 颗粒,并求得其百分率 P,用小于 40mm 部分做击实试验,按下面公式分别对试验所得的最大干密度和最佳含水率进行校正(适用于大于 40mm 颗粒的含量小于 30% 时)。

最大干密度按式(1-8)校正:

$$\rho'_{dmax} = \frac{1}{\frac{1-0.01P}{\rho_{dmax}} + \frac{0.01P}{\rho_w + G'_s}} \tag{1-8}$$

式中:ρ'_{dmax}——校正后的最大干密度(g/cm³),计算至 0.01g/cm³;

　　ρ_{dmax}——用粒径小于 40mm 的土样试验所得的最大干密度(g/cm³);

P——试料中粒径大于 40mm 颗粒的百分率(%);

G'_s——粒径大于 40mm 颗粒的毛体积比重,计算至 0.01。

最佳含水率按式(1-9)校正:

$$w'_0 = w_0(1-0.01P) + 0.01Pw_2 \qquad (1-9)$$

式中:w'_0——校正后的最佳含水率(%),计算至 0.1%;

w_0——用粒径小于 40mm 的土样试验所得的最佳含水率(%);

w_2——粒径大于 40mm 颗粒的吸水量(%)。

4)最大干密度精确至 0.01g/cm³;最佳含水率精确至 0.1%。

5)本试验记录格式见表 1-10 所列。

表 1-10　击实试验记录

校核者_____　　计算者_____　　试验者_____

土样编号		筒号		落距				
土样来源		筒容积		每层击数				
试验日期		击锤质量		大于 5mm 颗粒含量				
干密度	试验次数							
	筒+土质量(g)							
	筒质量(g)							
	湿土质量(g)							
	湿密度(g/cm³)							
	干密度(g/cm³)							
含水量	盒号							
	盒+湿土质量(g)							
	盒+干土质量(g)							
	盒质量(g)							
	水质量(g)							
	干土质量(g)							
	含水率(%)							
	平均含水率(%)							
结论	最佳含水率=_____%,最大干密度=_____g/cm³。							

1.7　粗粒土和巨粒土最大干密度试验

1.7.1　概述

本试验依据《公路土工试验规程》(JTG 3430—2020)中的 T 0133-2019 编制而成,适用于测定无黏聚性自由排水粗粒土和巨粒土(粒径小于 0.075mm 的干土质量百分比不大于 15%)的最大干密度。对于最大颗粒尺寸大于 60mm 的巨粒土,因受试筒允许最大粒径的限制,宜按第 1.7.4 小节步骤 7)的规定处理。

1.7.2　仪器设备

1)振动器:功率 0.75～2.2kW,振动频率 30～50Hz,激振力 10～80kN。钢制夯:可固定于振动电机上,且有一厚 15～40mm 夯板。夯板直径应略小于试筒内径 2～5mm。夯与振动电机总重在试样表面产生 18kPa 以上的静压力。

2)试筒:根据表 1－11 或土体颗粒级配选用较大试筒,但固定试筒的底板需固定于混凝土基础上。试筒容积宜每年标定一次。

表 1－11　试样质量及仪器尺寸

土料最大尺寸 (mm)	试样质量 (kg)	试筒尺寸		装料工具
		容积(cm³)	内径(mm)	
60	34	14200	280	小铲或大勺
40	34	14200	280	小铲或大勺
20	11	2830	152	小铲或大勺
10	11	2830	152	ϕ25mm 漏斗
≤5	11	2830	152	ϕ3mm 漏斗

3)套筒:内径应与试筒配套,高度为 170～250mm。

4)电子秤:应具有足够测定试筒及试样总质量的量程,且达到所测定土质量 0.1% 的精度。所用电子秤,对于 ϕ280mm 试筒,量程应大于 50kg,感量 5g;对于 ϕ152mm 试筒,量程应大于 30kg,感量 1g。

5)直钢条:尺寸宜为 350mm×25mm×3mm(长×宽×厚)。

6)标准筛(圆孔筛):60mm、40mm、20mm、10mm、5mm、2mm、0.075mm。

7)深度仪或钢尺:量测精度要求至 0.5mm。

8)大铁盘:尺寸宜为 600mm×500mm×80mm(长×宽×高)。

9)其他:烘箱、小铲、大勺及漏斗、橡皮锤、秒表、试筒布套等。

1.7.3　试样制备

本试验采用干土法。充分拌匀烘干试样,然后大致分成三份。测定并记录空试筒质量。

1.7.4　试验步骤

1)用小铲或漏斗将任一份试样徐徐装入试筒,并注意使颗粒分离程度最小(装填量宜使振毕密实后的试样等于或略低于筒高的 1/3);抹平试样表面;用橡皮锤或类似物敲击几次试筒壁,使试料下沉。

2)将试筒固定于底板上,装上套筒,并与试筒紧密固定。

3)放下振动器,振动 6min 后吊起振动器。

4)按步骤 1)～步骤 3)进行第二层、第三层试样振动压实。

5)卸去套筒。将直钢条置于试筒直径位置上,测定振毕试样高度。读数宜从四个均匀分布于试样表面至少距筒壁 15mm 的位置上测得并精确至 0.5mm,记录并计算试样高度 H_0。

6)卸下试筒,测定并记录试筒与试样质量。扣除试筒质量即为试样质量。计算最大干密度 ρ_{dmax}。

7)对于粒径大于 60mm 的巨粒土,因受试筒允许最大粒径的限制,应按相似级配法制备缩小粒径的系列模型试料。相似级配法粒径及级配按式(1-10)～式(1-12)及图 1-4 计算。

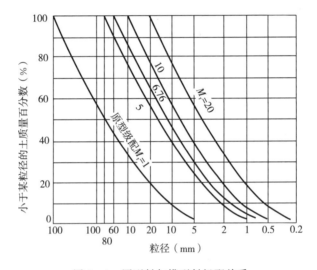

图 1-4　原型料与模型料级配关系

相似级配模型试料粒径,按式(1-10)计算;

$$d = \frac{D}{M_r} \tag{1-10}$$

式中:D——原型试料级配某粒径(mm);

$\quad$ d——原型试料级配某粒径缩小后的粒径,即模型试料相应粒径(mm);

$\quad$ M_r——粒径缩小倍数,通常称为相似级配模比,其按式(1-11)计算:

$$M_r = \frac{D_{max}}{d_{max}} \tag{1-11}$$

式中:D_{max}——原型试料级配最大粒径(mm);

$\quad$ d_{max}——试样允许或设定的最大粒径,即 60mm、40mm、20mm、10mm 等。

相似级配模型试料级配组成与原型级配组成相同,即

$$P_{Mr} = P_p \tag{1-12}$$

式中:P_{Mr}——原型试料粒径缩小 Mr 倍后(即为模型试料)相应的小于某粒径的 d 的含量百分数(%);

P_p——原型试料级配小于某粒径 D 的含量百分数(%)。

1.7.5 试验结果

1)对于干土法,最大干密度 P_{dmax} 按式(1-13)、式(1-14)计算:

$$\rho_{dmax}=\frac{M_d}{V} \tag{1-13}$$

$$V=A_cH \tag{1-14}$$

式中:ρ_{dmax}——最大干密度(g/cm³),计算至 0.01g/cm³;

M_d——干试样质量(g);

V——振毕密实试样体积(cm³);

A_c——标定的试筒横断面积(cm²);

H——振毕密实试样高度(cm)。

2)巨粒土原型试料最大干密度应按以下方法确定。

(1)作图法。延长图 1-5 中最大干密度 ρ_{dmax} 与相似级配模比 M_r 的关系直线至 $M_r=1$ 处,即得原型试料的 ρ_{Dmax} 值。

(2)计算法。对几组系列试验结果用曲线拟合法可整理出式(1-15):

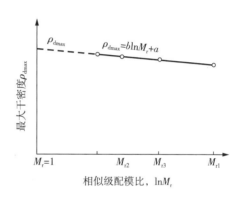

图 1-5 模型料 ρ_{dmax}-M_r 关系直线

$$\rho_{dmax}=a+b\ln M_r \tag{1-15}$$

式中:a、b——试验常数。

因为 $M_r=1$ 时,$\rho_{dmax}=\rho_{Dmax}$,所以 $a=\rho_{Dmax}$,即

$$\rho_{dmax}=\rho_{Dmax}+b\ln M_r \tag{1-16}$$

令 $M_r=1$,即得原型试料的 ρ_{Dmax}。

3)本试验记录格式见表 1-12 所列。

表 1-12 最大干密度试验记录

试料编号＿＿＿＿＿＿＿＿＿＿＿ 试料来源＿＿＿＿＿＿＿＿＿＿ 试料最大粒径＿＿＿＿＿＿＿＿＿＿

相似级配模比＿＿＿＿＿＿＿＿＿ 振动频率＿＿＿＿＿＿＿＿＿＿ 全振幅＿＿＿＿＿＿＿＿＿＿＿

振动历时＿＿＿＿＿＿＿＿＿＿＿ 试验日期＿＿＿＿＿＿＿＿＿＿

试验方法		干土法	
平行测定次数(kg)			
试样＋试筒质量(kg)			
试筒质量(kg)			
试样质量	干土法 M_d(kg)		
	湿土法 M_m(kg)		

（续表）

试验方法		干土法
试筒容积 V_c		
试筒横断面积 A_c(cm2)		
百分表初读数 R_i(mm)		
百分表终读数 R_f(mm)		
试样表面至试筒顶面距离 $\Delta H = |R_i - R_f| + T_p$(mm)		
试样体积 $V = [V_c - A_c(\Delta H/10)] \times 10^{-6}$(cm^3)		
试样干密度	干土法 M_d/V(g/cm^3)	
	湿土法 $M_m/[V(1+0.01w)]$(g/cm^3)	
最大干密度(平均值)ρ_{dmax}(g/cm^3)		
任意两个试验值的偏差范围(以平均值百分数表示)(%)		
标准差 S(g/cm^3)		

注：T_p 表示加重底板厚度，12mm；w 表示振毕湿试样含水率(%)。

校核者＿＿＿＿＿＿＿＿＿＿＿ 计算者＿＿＿＿＿＿＿＿＿＿＿ 试验者＿＿＿＿＿＿＿＿＿＿＿

4)精度及允许差。最大干密度应进行两次平行试验，两次试验结果允许偏差应符合表1-13的规定，否则应重做试验。取两次试验结果的平均值作为最大干密度 ρ_{Dmax}，试验结果精确至 0.01g/cm^3。

表 1-13 最大干密度试验结果精度

试料粒径(mm)	两个试验结果的允许偏差(%)
<5	2.7
5～60	4.1

1.8 承载比(CBR)试验(GB/T 50123—2019)

1.8.1 概述

本试验依据《土工试验方法标准》(GB/T 50123—2019)中的"14 承载比试验"编制而成，要求土样粒径应小于 20mm，且本试验应采用重型击实法将扰动土在规定试样筒内制样后进行试验。

1.8.2 仪器设备

1)本试验所用的主要仪器设备应符合下列规定。

击实仪应符合表 1-5 的规定，其主要部件的尺寸应符合下列规定：试样筒为内径

152mm、高 166mm 的金属圆筒;试样筒内底板上放置垫块,垫块直径为 151mm、高为 50mm,护筒高度为 50mm;击锤和导筒:锤底直径 51mm,锤质量 4.5kg,落距 457mm;击锤与导筒之间的空隙应符合 GB/T 22541 的规定。

2)贯入仪应符合下列规定:

(1)加荷和测力设备:量程应不低于 50kN,最小贯入速度应能调节至 1mm/min。

(2)贯入杆:杆的端面直径 50mm,杆长 100mm,杆上应配有安装百分表的夹孔。

(3)百分表:2 只,量程分别为 10mm 和 30mm,分度值 0.01mm。

(4)标准筛:孔径为 20mm、5mm。

(5)台秤:称量 20kg,分度值 lg。

(6)天平:称量 200g,分度值 0.01g。

3)本试验所用其他仪器应符合下列规定。

(1)膨胀量测定装置:由百分表和三脚架组成。

(2)有孔底板:孔径宜小于 2mm,底板上应配有可紧密连接试样筒的装置;带调节杆的多孔顶板。

(3)荷载块:直径 150mm,中心孔直径 52mm;每对质量 1.25kg,共 4 对,并沿直径分为两个半圆块。

(4)水槽:槽内水面应高出试件顶面 25mm。

(5)其他:刮刀、修土刀、直尺、量筒、土样推出器、烘箱、盛土盘。

1.8.3　试样制备

1)试样制备应符合第 1.5.3 小节的规定。其中土样需过 20mm 筛,以筛除粒径大于 20mm 的颗粒,并记录超径颗粒的百分数;按需要制备数份试样,每份试样质量约为 6.0kg。

2)应按第 1.5.4 小节的规定进行重型击实试验,求取最大干密度和最优含水率。

3)应按最优水率备料,进行重型击实试验,制备 3 个试样,击实完成后试样超高应小于 6mm。

4)卸下护筒,沿试样筒顶修平试样,表面不平整处宜细心用细料修补,取出垫块,称试样筒和试样的总质量。

1.8.4　试验步骤

1)浸水膨胀应按下列步骤进行。

(1)将一层滤纸铺于试样表面,放上多孔底板,并应用拉杆将试样筒与多孔底板固定好。

(2)倒转试样筒,取一层滤纸铺于试样的另一表面,并在该面上放置带有调节杆的多孔顶板,再放上 8 块荷载块。

(3)将整个装置放入水槽,先不放水,安装好膨胀量测定装置,并读取初读数。

(4)向水槽内缓缓注水,使水自由进入试样的顶部和底部,注水后水槽内水面应保持在荷载块顶面以上大约 25mm;通常试样要浸水 4d。

(5)根据需要以一定时间间隔读取百分表的读数。浸水终了时,读取终读数。膨胀率应按式(1-17)计算:

$$\delta_{w} = \frac{\Delta h_{w}}{h_0} \times 100 \qquad\qquad (1-17)$$

式中:δ_{w}——浸水后试样的膨胀率(%);

Δh_{w}——浸水后试样的膨胀量(mm);

h_0——试样的初始高度(mm)。

(6)卸下膨胀量测定装置,从水槽中取出试样,吸去试样顶面的水,静置 15min 让其排水,卸去荷载块、多孔顶板和有孔底板,取下滤纸,并称试样筒和试样总质量,计算试样的含水率与密度的变化。

2)贯入试验应按下列步骤进行。

(1)将浸水终了的试样放到贯入仪的升降台上,调整升降台的高度,使贯入杆与试样顶面刚好接触,并在试样顶面放上 8 块荷载块。

(2)在贯入杆上施加 45N 荷载,将测力计量表和测变形的量表读数调整至零点。

(3)加荷使贯入杆以 1~1.25mm/min 的速度压入试样,按测力计内量表的某些整读数(如 20、40、60)记录相应的贯入量,并使贯入量达 2.5mm 时的读数不得少于 5 个,当贯入量读数为 10~12.5mm 时可终止试验。

(4)应进行 3 个试样的平行试验,每个试样间的干密度最大允许差值应为±0.03g/cm³。当 3 个试样试验结果所得承载比的变异系数大于 12%时,去掉一个偏离大的值,试验结果取其余 2 个结果的平均值;当变异系数小于 12%时,试验结果取 3 个结果的平均值。

1.8.5　试验结果

1)由 p-l 曲线上获取贯入量为 2.5mm 和 5.0mm 时的单位压力值,各自的承载比应按下列公式计算。承载比一般是指贯入量为 2.5mm 时的承载比,当贯入量为 5.0mm 时的承载比大于贯入量为 2.5mm 时的承载比时,试验应重新进行。当试验结果仍然相同时,应采用贯入量为 5.0mm 时的承载比。

(1)贯入量为 2.5mm 时的承载比应按式(1-18)计算:

$$CBR_{2.5} = \frac{P}{7000} \times 100 \qquad\qquad (1-18)$$

式中:$CBR_{2.5}$——贯入量为 2.5mm 时的承载比(%);

p——单位压力(kPa);

7000——贯入量为 2.5mm 时的标准压力(kPa)。

(2)贯入量为 5.0mm 时的承载比应按式(1-19)计算:

$$CBR_{5.0} = \frac{P}{10500} \times 100 \qquad\qquad (1-19)$$

式中:$CBR_{5.0}$——贯入量为 5.0mm 时的承载比(%);

10500——贯入量为 5.0mm 时的标准压力(kPa)。

2)以单位压力(p)为横坐标,贯入量(l)为纵坐标,绘制 p-l 关系曲线(见图 1-6)。在

图 1-6 中,曲线 1 是合适的,曲线 2 的开始段是凹曲线,应进行修正。修正的方法:在变曲率点引一切线,与纵坐标交于 O' 点,这 O' 点即为修正后的原点。

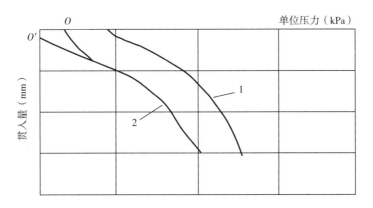

图 1-6　单位压力与贯入量(p-l)关系曲线

3)本试验记录格式见表 1-14 和表 1-15 所列。

表 1-14　承载比试验记录(膨胀量)

任务单号				试验者				
试验日期				计算者				
仪器名称及编号				校核者				
试样筒体积 V(cm³)								
试样编号			(1)	—		1	2	3
击实筒编号			(2)	—				
含水率	盒加湿土质量(g)		(3)	—				
	盒加干土质量(g)		(4)	—				
	盒质量(g)		(5)	—				
	含水率 w(%)		(6)	$\left[\dfrac{(3)-(5)}{(4)-(5)}-1\right]\times100$				
	平均含水率 $\overline{w}$(%)		(7)	—				
密度	筒加试样质量 m_2(g)		(8)	—				
	筒质量 m_1(g)		(9)	—				
	湿密度 ρ(g/cm³)		(10)	$\dfrac{(8)-(9)}{V}$				
	干密度 ρ_d(g/cm³)		(11)	$\dfrac{(10)}{1+0.01(7)}$				
	干密度平均值$\overline{\rho_d}$(g/cm³)		(12)	—				

（续表）

膨胀率	浸水前试样高度 h_0（mm）	(13)	—				
	浸水后试样高度 h_w（mm）	(14)	—				
	膨胀率 δ_w（%）	(15)	$\dfrac{(14)-(13)}{(13)}\times100$				
	膨胀率平均值 $\overline{\delta_w}$（%）	(16)	—				
吸水	浸水后筒加试样质量 m_3（g）	(17)	—				
	吸水量 m_w（g）	(18)	(17)－(8)				
	吸水量平均值 $\overline{m_w}$（g）	(19)	—				

表 1-15　承载比试验记录（贯入）

任务单号		试验者	
试验日期		计算者	
试样筒体积		校核者	
仪器名称编号			

击实方法＿＿＿＿＿＿次/层　　　　　　荷载板质量 m ＿＿＿＿＿＿ kg
测力计率定系数 C ＿＿＿＿＿ N/0.01mm　　最大干密度 $\rho_{d\,max}$ ＿＿＿＿＿ g/cm³
贯入速度 V ＿＿＿＿＿ mm/min　　　　浸水条件＿＿＿＿＿＿
最优含水率 w_{op} ＿＿＿＿＿ %　　　　贯入面积 A ＿＿＿＿＿ cm³

试样编号 1					试样编号 2					试样编号 3				
贯入量 (0.01mm)			测力计读数 (0.01mm)	单位压力 (kPa)	贯入量 (0.01mm)			测力计读数 (0.01mm)	单位压力 (kPa)	贯入量 (0.01mm)			测力计读数 (0.01mm)	单位压力 (kPa)
量表 I	量表 II	平均值			量表 I	量表 II	平均值			量表 I	量表 II	平均值		
$CBR_{2.5}=$ ＿＿＿＿＿ %					$CBR_{2.5}=$ ＿＿＿＿＿ %					$CBR_{2.5}=$ ＿＿＿＿＿ %				
$CBR_{5.0}=$ ＿＿＿＿＿ %					$CBR_{5.0}=$ ＿＿＿＿＿ %					$CBR_{5.0}=$ ＿＿＿＿＿ %				
$CBR=$ ＿＿＿＿＿ %					$CBR=$ ＿＿＿＿＿ %					$CBR=$ ＿＿＿＿＿ %				
平均 $CBR=$ ＿＿＿＿＿ %														

1.9　承载比(CBR)试验(JTG 3430—2020)

1.9.1　概述

本试验依据《公路土工试验规程》(JTG 3430—2020)中的 T 0134‑2019 编制而成,适用于在规定的试筒内制件后,对各种土进行承载比试验。试样的最大粒径宜控制在 20mm 以内,最大粒径不得超过 40mm,且粒径在 20～40mm 的颗粒含量不宜超过 5%。

1.9.2　仪器设备

1)圆孔筛:孔径 40mm、20mm 及 5mm 筛各 1 个。

2)试筒:内径 152mm、高 170mm 的金属圆筒;套环,高 50mm;筒内垫块,直径 151mm、高 50mm;夯击底板,同击实仪。试筒的形式和主要尺寸可用第 1.6.2 小节的大击实筒。

3)夯锤和导管:夯锤的底面直径 50mm,总质量 4.5kg。夯锤在导管内的总行程为 450mm,夯锤的形式和尺寸与重型击实试验法所用的相同。

4)贯入杆:端面直径为 50mm、长为 100mm 的金属柱。

5)路面材料强度仪或其他载荷装置:能调节贯入速度至每分钟贯入 1mm;测力环应包括 7.5kN、15kN、30kN、60kN、100kN 和 150kN 等型号。

6)百分表:3 个。

7)试件顶面上的多孔板(测试件吸水时的膨胀量)。

8)多孔底板(试件放上后浸泡水中)。

9)测膨胀量时支承百分表的架子。

10)荷载板:直径 150mm,中心孔直径 52mm,每块质量 1.25kg,共 4 块,并沿直径分为两个半圆块。

11)水槽:浸泡试件用,槽内水面应高出试件顶面 25mm。

12)天平:称量 2000g,感量 0.01g;称量 50kg,感量 5g。

13)其他:拌和盘、直尺、滤纸、推土器等与击实试验相同。

1.9.3　试样制备

1)将具有代表性的风干试料(必要时可在 50℃烘箱内烘干),用木碾捣碎。土团应捣碎到过 5mm 的筛孔。用 40mm 筛筛除大于 40mm 的颗粒,并记录超尺寸颗粒的百分数。

2)按第 1.6 节的试验方法确定试料的最大干密度和最佳含水率。

1.9.4　试验步骤

1)取具有代表性的试料测定其风干含水率。按最佳含水率制备 3 个试件,掺水将试料充分拌匀后装入密闭容器或塑料口袋内浸润。浸润时间:黏性土不得小于 24h,粉性土可缩短到 12h,砂土可缩短到 6h,天然砂砾可缩短到 2h 左右。

注意:需要时,可制备三种干密度试件,使试件的干密度控制在最大干密度的 90%～

100%。如每种干密度试件制 3 个,则共制 9 个试件,9 个试件共需试样约 55kg。采用击实成型试件时,每层击数一般分别为 30 次、50 次和 98 次。采用静压成型制件时,根据确定的压实度计算所需的试样量,一次静压成型。

2)称取试筒本身质量(m_1),将试筒固定在底板上,将垫块放入筒内,并在垫块上放一张滤纸,安上套环。

3)取备好的试样分 3 次倒入筒内(每层需试样 1500~1750g,其量应使击实后的试样高出 1/3 筒高 1~2mm)。整平表面,并稍加压紧,然后按规定的击数进行第一层试样的击实,击实时锤应自由垂直落下,锤迹必须均匀分布于试样面上。第一层击实完后,将试样层面"拉毛",然后再装入套筒,重复上述方法进行其余每层试样的击实。大试筒击实后,试样不宜高出筒高 10mm。

4)每击实 3 筒试件,取代表性试样进行含水率试验。

5)卸下套环,用直刮刀沿试筒顶修平击实的试件,表面不平整处用细料修补。取出垫块,称取试筒和试件的质量(m_2)。

6)CBR 试样制件采用静压成型制件时,根据确定的压实度计算所需的试样量,一次静压成型。

7)泡水测膨胀量的步骤如下。

(1)试件制成后,取下试件顶面的破残滤纸,放一张好滤纸,并在其上安装附有调节杆的多孔板,在多孔板上加 4 块荷载板。

(2)将试筒与多孔板一起放入槽内(先不放水),并用拉杆将模具拉紧,安装百分表,并读取初读数。

(3)向水槽内注水,使水漫过试筒顶部。在泡水期间,槽内水面应保持在试筒顶面以上约 25mm。通常试件要泡水 4 昼夜。

(4)泡水终了时,读取试件上百分表的终读数,并用式(1-20)计算膨胀率:

$$\delta_e = \frac{H_1 - H_0}{H_0} \times 100 \qquad (1-20)$$

式中:δ_e——试件泡水后的膨胀率(%),计算至 0.1%;

H_1——试件泡水终了的高度(mm);

H_0——试件初始高度(mm)。

(5)从水槽中取出试件,倒出试件顶面的水,静置 15min,让其排水,然后卸去附加荷载和多孔板、底板和滤纸,并称量(m_3),以计算试件的湿度和密度的变化。

8)贯入试验的步骤如下:

(1)应选用合适吨位的测力环,贯入结束时测力环读数宜占其量程的 1/3 以上;

(2)将泡水试验终了的试件放到路面材料强度试验仪的升降台上,调整偏球座,对准、整平并使贯入杆与试件顶面全面接触,在贯入杆周围放置 4 块荷载板;

(3)先在贯入杆上施加少许荷载,以便试样与土样紧密接触,然后将测力和测变形的百分表的指针均调整至整数,并记读初始读数;

(4)加荷使贯入杆以 1~1.25mm/min 的速度压入试件,同时测记 3 个百分表的读数。记录测力计内百分表某些整读数(如 20、40、60)时的贯入量,并注意使贯入量为 2.5mm 时,

能有 5 个以上的读数。因此,测力计内的第一
个读数应是贯入量 0.3mm 左右。

1.9.5　试验结果

1)以单位压力(p)为横坐标,贯入量(l)为
纵坐标,绘制 p-l 关系曲线,如图 1-7 所示。
图上曲线 1 是合适的。曲线 2 开始段是凹曲
线,需要进行修正。修正时在变曲率点引一切
线,与纵坐标交于 O' 点,O' 即为修正后的原点。

2)根据式(1-21)和式(1-22)分别计算贯
入量为 2.5mm 和 5mm 时的承载比(CBR)。

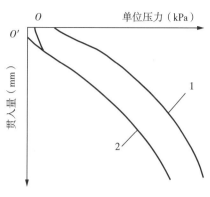

图 1-7　单位压力与贯入量关系曲线

$$CBR=\frac{P}{7000}\times100 \qquad (1-21)$$

$$CBR=\frac{P}{10500}\times100 \qquad (1-22)$$

式中:CBR——承载比(%),计算至 0.1%;

　　P——单位压力(kPa)。

取两者的较大值作为该材料的承载比(CBR)。

3)试件的湿密度用式(1-23)计算:

$$\rho=\frac{m_2-m_1}{2177} \qquad (1-23)$$

式中:ρ——试件的湿密度(g/cm³),计算 0.01g/cm³;

　　m_2——试筒和试件的合质量(g);

　　m_1——试筒的质量(g);

　　2177——试筒的容积(cm³)。

4)试件的干密度用式(1-24)计算:

$$\rho_d=\frac{\rho}{1+0.01w} \qquad (1-24)$$

式中:ρ_d——试件的干密度(g/cm³),计算至 0.01g/cm³;

　　w——试件的含水率(%)。

5)泡水后试件的吸水量按式(1-25)计算:

$$w_a=m_3-m_2 \qquad (1-25)$$

式中:w_a——泡水后试件的吸水量(g);

　　m_3——泡水后试筒和试件的合质量(g);

　　m_2——试筒和试件的合质量(g)。

6)本试验记录格式见表 1-16 和表 1-17 所列。

表 1-16　贯入试验记录

土样编号 _____　　试验者 _____

最大干密度 _____　　计算者 _____

最佳含水率 _____　　校核者 _____

每层击数 _____　　试验日期 _____

试件编号 _____

测力环校正系数 $C=$ _____ kN/0.01mm,贯入杆面积 $A=1.9635\times10^{-3}\,\text{m}^2$。

$P=\dfrac{CR}{A}=$ _____。

当 $l=2.5$mm 时,$p=611$kPa;$CBR=\dfrac{p}{7000}\times100=8.7\%$。

当 $l=5.0$mm 时,$p=690$kPa;$CBR=\dfrac{p}{10500}\times100=6.6\%$。

荷载测力计百分数		单位压力	贯入量百分表读数					贯入量
读数	变形值		左表		右表		平均值	
			读数	位移值	读数	位移值		
R_i' (0.01mm)	$R_i=R_{i+1}-R_i'$ (0.01mm)	P (kPa)	R_{li} (0.01mm)	$R_{li}=R_{li+1}-R_{li}$ (0.01mm)	R_{2i} (0.01mm)	$R_{2i}=R_{2i+1}-R_{2i}$ (0.01mm)	$R_1=\frac{1}{2}\times(R_1+R_2)$ (0.01mm)	l (mm)
0.0	0.9	110	0.0	60.4	0.0	60.6	60.5	0.61
0.9			60.4		60.5			
1.8	1.8	220	106.5	106.5	106.5	106.5	106.5	1.07
2.9	2.9	354	151.1	151.1	150.9	150.9	151.0	1.51
4.0	4.0	489	193.9	193.9	194.1	194.1	194.0	1.94
4.8	4.8	586	240.4	240.4	240.6	240.6	240.5	2.41
5.1	5.1	623	286.1	286.1	285.9	285.9	286.0	2.86
5.4	5.4	660	335.0	335.0	335.0	335.0	335.0	3.34
5.6	5.6	684	383.0	383.0	383.0	383.0	383.0	3.83
5.6	5.6	684	488.0	488.0	488.0	488.0	488.0	4.88

表 1-17　膨胀量试验记录

	试验次数		1	2	3
膨胀量	筒号	(1)			
	泡水前试件(原试件)高度(mm)	(2)	120	120	120
	泡水后试件高度(mm)	(3)	128.6	136.5	133
	膨胀量(%)	(4) $\dfrac{(3)-(2)}{(2)}\times100$	7.167	13.75	10.83
	膨胀量平均值(%)		10.58		

（续表）

密度	筒质量 m_1(g)	(5)		6660	4640	5390
	筒＋试件质量 m_2(g)	(6)		10900	8937	9790
	筒体积(cm³)	(7)		2177	2177	2177
	湿密度 ρ(g/cm³)	(8)	$\dfrac{(6)-(5)}{(7)}$	1.948	1.974	2.021
	含水率 w(%)	(9)		16.93	18.06	26.01
	干密度 ρ_d(g/cm³)	(10)	$\dfrac{(8)}{1+0.01w}$	1.666	1.672	1.604
	干密度平均值(g/cm³)			1.647		
吸水量	泡水后筒＋试件合质量 m_3(g)	(11)		11530	9537	10390
	吸水量 w_a(g)	(12)	(11)-(6)	630	600	600
	吸水量平均值(g)			610		

7)精度和允许差。计算 3 个平行试验的承载比变异系数 C_v。若 C_v 小于 12%，则取 3 个结果的平均值；若 C_v 大于 12%，则去掉一个偏离大的值，取其余 2 个结果的平均值。CBR 值(%)与膨胀量(%)取小数点后一位。

1.10　无侧限抗压强度试验(GB/T 50123—2019)

1.10.1　概述

无侧限抗压强度是试样在无侧向压力情况下，抵抗轴向压力的极限强度。

本试验依据《土工试验方法标准》(GB/T 50123—2019)中的"20 无侧限抗压强度试验"编制而成，其要求土样应为饱和软黏土，本试验加荷方式应为应变控制式。

1.10.2　仪器设备

1)应变控制式无侧限压缩仪，应包括负荷传感器或测力计、加压框架及升降螺杆等。应根据土的软硬程度选用不同量程的负荷传感器或测力计。

2)位移传感器或位移计(百分表)：量程 30mm，分度值 0.01mm。

3)天平：称量 1000g，分度值 0.1g。

4)本试验所用的其他仪器设备应符合下列规定：

(1)重塑筒筒身应可以拆成两半，内径应为 3.5～4.0mm，高应为 80mm；

(2)其他设备包括秒表、厚约 0.8cm 的铜垫板、卡尺、切土盘、直尺，削土刀、钢丝锯、薄塑料布、凡士林。

1.10.3　试样制备

试样制备应符合《土工试验方法标准》(GB/T 50123—2019)中第 19.3.1 小节的规定。

试样直径可为 3.5～4.0cm。试样高度宜为 8.0cm。

1.10.4　试验步骤

1)将试样两端抹一薄层凡士林,当气候干燥时,试样侧面亦需抹一薄层凡士林防止水分蒸发。

2)将试样放在下加压板上,升高下加压板,使试样与上加压板刚好接触。将轴向位移计、轴向测力读数均调至零位。

3)下加压板宜以每分钟轴向应变为 1%～3% 的速度上升,使试验在 8～10min 内完成。

4)当轴向应变小于 3% 时,每 0.5% 应变测记轴向力和位移读数 1 次;轴向应变达 3% 以后,每 1% 应变测记轴向位移和轴向力读数 1 次。

5)当轴向力的读数达到峰值或读数达到稳定时,应再进行 3%～5% 的轴向应变值即可停止试验;当读数无稳定值时,试验应进行到轴向应变达 20% 为止。

6)试验结束后,迅速下降下加压板,取下试样,描述破坏后形状,测量破坏面倾角。

7)当需要测定灵敏度时,应立即将破坏后的试样除去涂有凡士林的表面,加入少量切削余土,包于塑料薄膜内用手搓捏,破坏其结构,重塑成圆柱形,放入重塑筒内,用金属垫板,将试样挤成与原状样密度、体积相等的试样。然后应按上述步骤 1)～步骤 6)的规定进行试验。

1.10.5　试验结果

1)试样的轴向应变应按式(1-26)计算:

$$\varepsilon_1 = \frac{\Delta h}{h_0} \times 100 \tag{1-26}$$

2)试样的平均断面积应按式(1-27)计算:

$$A_a = \frac{A_0}{1 - 0.01\varepsilon_1} \tag{1-27}$$

3)试样所受的轴向应力应按式(1-28)计算:

$$\sigma = \frac{CR}{A_a} \times 10 \tag{1-28}$$

式中:σ——轴向应力(kPa);

C——测力计率定系数(N/0.01mm);

R——测力计读数(0.01mm);

A_a——试样剪切时的面积(cm^2)。

4)以轴向应力为纵坐标,轴向应变为横坐标,绘制轴向应力与轴向应变关系曲线(见图 1-8)。取曲线上的最大轴向应力作为无侧限抗压强度 q_u。最大轴向应力不明显时,取轴向应变为 15% 对应的应力作为无侧限抗压强度 q_u。

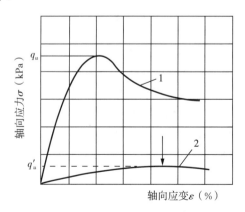

1—原状试验;2—重塑试样。

图 1-8　轴向应力与轴向应变关系曲线

5)灵敏度应按式(1-29)计算:

$$S_t = \frac{q_u}{q_u'} \qquad (1-29)$$

式中:S_t——灵敏度;

　　q_u——原状试样的无侧限抗压强度(kPa);

　　q_u'——重塑试样的无侧限抗压强度(kPa)。

6)本试验记录格式见表1-18所列。

表 1-18　无侧限抗压强度试验记录

任务单号		试验者	
试样编号		计算者	
试样编号		校核者	
试样说明		试验日期	
仪器名称及编号			

试验前试样高度 $h_0 = $ _____ cm	试样破坏情况	
试验前试样直径 $D_0 = $ _____ cm		
试验前试验面积 $A_0 = $ _____ cm²		
试验质量 $m_0 = $ _____ g		
试验湿密度 $\rho = $ _____ g/cm³		
轴向变形 $\Delta h = $ _____ 0.01mm		
测力计率定系数 $C = $ _____ N/0.01mm		
原状试样无侧限抗压强度 $q_u = $ _____ kPa		
重塑试样无侧限抗压强度 $q_u' = $ _____ kPa		
灵敏度 $S_t = $ _____		

测力计量表读数 R (0.01mm)	轴向变形 Δh (0.01mm)	轴向应变 ε_1 (%)	校正后面积 A_a (cm²)	轴向应力 Σ (kPa)
(1)	(2)	(2)	(4)	$(5) = \frac{(1) \times C}{(4)} \times 10$

1.11　无侧限抗压强度试验(JTG 3430—2020)

1.11.1　概述

本试验依据《公路土工试验规程》(JTG 3430—2020)中的 T 0148-1993 编制而成,适用于测定黏聚性土的无侧限抗压强度和饱和软黏土灵敏度。

1.11.2   仪器设备

1)应变控制式无侧限抗压强度仪:包括测力计、加压框架及升降螺杆,根据土的软硬程度,选用不同量程的测力计。

2)切土盘。

3)重塑筒:筒身可拆为两半,内径 40mm,高 100mm。

4)其他:百分表(量程 10mm、30mm)、天平(感量 0.01g)、秒表、卡尺、直尺、削土刀、钢丝锯、塑料布、金属垫板、凡士林等。

1.11.3   试样制备

1)将原状土样按天然层次方向放在桌上,用削土刀或钢丝锯削成稍大于试件直径的土柱,放入切土盘的上下盘之间,再用削土刀或钢丝锯沿侧面自上而下细心切削。同时,转动圆盘,直至达到要求的直径为止。

2)取出试件,按要求的高度削平两端。端面要平整,且与侧面垂直,上下均匀。当试件表面因有砾石或其他杂物而成空洞时,允许用土填补。

3)试件直径和高度应与重塑筒直径和高度相同,一般直径为 40～50mm,高为 100～120mm。试件直径与高度之比应大于 2,按软土的软硬程度采用 2.0～2.5。

1.11.4   试验步骤

1)将切削好的试件立即称量,准确至 0.1g。同时取切削下的余土测定含水率。用卡尺测量其高度及上、中、下各部位直径,按式(1-30)计算其平均直径 D_0:

$$D_0=\frac{D_1+2D_2+D_3}{4} \tag{1-30}$$

式中:D_0——试件平均直径,计算至 0.01cm;

D_1、D_2、D_3——试件上、中、下各部位的直径(cm)。

2)在试件两端抹一薄层凡士林,如为防止水分蒸发,试件侧面也可抹一层薄凡士林。

3)将制备好的试件放在应变控制式无侧限抗压强度仪下加压板上,转动手轮,使其与上加压板刚好接触,调测力计百分表读数为零点。

4)以轴向应变每分钟 1%～3% 的速度转动手轮,使试验在 8～10min 内完成。

5)应变在 3% 以前,每 0.5% 应变记读百分表读数一次;应变达 3% 以后,每 1% 应变记读百分表读数一次。

6)当百分表达到峰值或读数达到稳定时,再继续剪 3%～5% 应变值即可停止试验。若读数无稳定值,则轴向应变达 20% 时即可停止试验。

7)试验结束后,迅速反转手轮,取下试件,描述破坏情况。

8)若需测定灵敏度,则将破坏后的试件去掉表面凡士林,再加少许土,包以塑料布,用手捏搓,破坏其结构,重塑为圆柱形,放入重塑筒内,用金属垫板挤成与筒体积相等的试件,即与重塑前尺寸相等,然后立即重复上述步骤 3)～步骤 7)。

1.11.5 试验结果

1)按式(1-31)计算轴向应变:

$$\varepsilon_1 = \frac{\Delta h}{h_0} \times 100 \tag{1-31}$$

式中:ε_1——轴向应变(%);

h_0——试件初始高度(cm);

Δh——轴向变形(cm)。

2)按式(1-32)计算试件平均断面积:

$$A_a = \frac{A_0}{1-\varepsilon_1} \tag{1-32}$$

式中:A_a——校正后试件的断面积(cm^2);

A_0——试件初始面积(cm^2)。

3)应变控制式无侧限抗压强度仪上试件所受轴向应力按式(1-33)计算:

$$\sigma = \frac{10CR}{A_a} \tag{1-33}$$

式中:σ——轴向应力(kPa);

C——测力计校正系数(N/0.01mm);

R——百分表读数(0.01mm);

A_a——校正后试件的断面积(cm^2);

10——单位换算系数。

4)以轴向应力为纵坐标,轴向应变为横坐标,绘制轴向应力与轴向应变关系曲线(见图1-9)。以最大轴向应力作为无侧限抗压强度。若最大轴向应力不明显,取轴向应变15%处的应力作为该试件的无侧限抗压强度q_u。

5)灵敏度应按式(1-34)计算:

$$S_t = \frac{q_u}{q_u'} \tag{1-34}$$

式中:q_u——原状试样的无侧限抗压强度(kPa);

q_u'——重塑试样的无侧限抗压强度(kPa)。

6)本试验记录格式见表1-19所列。

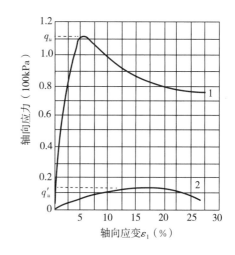

1—原状试验;2—重塑试样。

图1-9 轴向应力与轴向应变关系曲线

表 1-19 无侧限抗压强度试验记录

工程名称＿＿＿＿＿＿＿＿＿＿＿＿＿＿＿＿　试验者＿＿＿＿＿＿＿＿＿＿＿＿＿＿＿＿＿

土样编号＿＿＿＿＿＿＿＿＿＿＿＿＿＿＿＿　计算者＿＿＿＿＿＿＿＿＿＿＿＿＿＿＿＿＿

取土深度＿＿＿＿＿＿＿＿＿＿＿＿＿＿＿＿　校核者＿＿＿＿＿＿＿＿＿＿＿＿＿＿＿＿＿

土样说明＿＿＿＿＿＿＿＿＿＿＿＿＿＿＿＿　试验日期＿＿＿＿＿＿＿＿＿＿＿＿＿＿＿＿

试验前试件高度 $h_0 = 4.988$ cm　试验前试件直径 $D_0 = 4.974$ cm　无侧限抗压强度 $q_u =$ ＿＿＿＿ kPa

试验试件面积 $A_0 = 19$ cm²　试件质量 $m = 203.07$ g　灵敏度 $S_t =$ ＿＿＿＿　$q_u' =$ ＿＿＿＿ kPa

试件密度 $\rho =$ ＿＿＿＿ g/cm³　测力计校正系数 $C = 22.1$ N/0.01mm　试件破坏时情况＿＿＿＿

主轮转数	测力计百分表读数 R (0.01mm)	下压板上升高度 ΔL (mm)	轴向变形 Δh (mm)	轴向应变 ε_1 (%)	校正后面积 A_a (cm²)	轴向荷载 P (N)	轴向应力 σ (kPa)	备注
(1)	(2)	(3)	(4)	(5)	(6)	(7)	(8)	
			(1)×(3)−(2)	$\dfrac{(4)}{h_0}$	$\dfrac{A_0}{1-(5)}$	(2)×C	$\dfrac{(7)}{(6)}$	
1	0.6	0.2	0.194	0.389	19	13.26	7	
2	6.6	0.2	0.334	0.670	19	145.86	77	
3	17.4	0.2	0.426	0.854	19	384.54	202	
4	30.3	0.2	0.497	0.996	19	669.63	352	
5	43.8	0.2	0.562	1.127	19	967.98	509	
6	57.8	0.2	0.622	1.247	19	1277.38	672	
7	71.9	0.2	0.681	1.365	19	1588.99	836	
8	84.3	0.2	0.757	1.518	19	1863.03	981	
9	94.7	0.2	0.853	1.710	19	2092.87	1102	
10	107.6	0.2	0.924	1.852	19	2377.96	1252	
11	122.1	0.2	0.979	1.963	19	2698.41	1420	
12	136.1	0.2	1.034	2.073	19	3007.81	1583	
13	150.6	0.2	1.094	2.193	19	3328.26	1752	
14	157.6	0.2	1.224	2.454	19	3482.96	1833	
15	165.1	0.2	1.349	1.1104	19	3648.71	1920	
16	180.6	0.2	1.349	1.1195	19	3991.26	2101	
17	194.1	0.2	1.459	2.925	19	4289.61	2258	

1.12　无侧限抗压强度试验(JTG 3441—2024)

1.12.1　概述

本试验依据《公路工程无机结合料稳定材料试验规程》(JTG 3441—2024)中的 T 0805—2024编制而成,适用于测定无机结合料稳定材料(包括稳定细粒土、中粒土和粗粒土)试件的无侧限抗压强度。

1.12.2　仪器设备

1)标准养护室。

2)水槽:深度应大于试件高度 50mm。

3)压力机或万能试验机(也可用路面强度试验仪和测力计):压力机应符合 GB/T 2611 的要求,其测量精度为±1%,同时应具有加载速率指示装置或加载速率控制装置。上下压板平整并有足够刚度,可以均匀地连续加载卸载,可以保持固定荷载。开机停机均灵活自如,能够满足试件吨位要求,且压力机加载速率可以有效控制在 1mm/min。

4)电子天平:量程不小于 15kg,感量 0.1g;量程不小于 4000g,感量 0.01g。

5)量筒、拌和工具、大小铝盒、烘箱等。

6)球形支座。

7)机油:若干。

8)游标卡尺:量程 200mm。

1.12.3　试样制备

1)细粒土,试件的直径×高＝ϕ50mm×50mm 或 ϕ100mm×100mm;中粒土,试件的直径×高＝ϕ100mm×100mm 或 ϕ150mm×150mm;粗粒土,试件的直径×高＝ϕ150mm×150mm。

2)按照 JTG 3441—2024 中的 T 0843—2009 方法成型径高比为 1∶1 的圆柱形试件。

3)按照 JTG 3441—2024 中的 T 0845—2009 标准养生方法进行 7d 的标准养生。

4)将试件两顶面用刮刀刮平,必要时可用快凝水泥砂浆抹平试件顶面。

5)为保证试验结果的可靠性和准确性,每组试件的数目要求为小试件数量不少于 6 个,中试件数量不少于 9 个,大试件数量不少于 13 个。

1.12.4　试验步骤

1)根据试验材料的类型和一般的工程经验,选择合适量程的测力计和压力机,试件破坏荷载应大于测力量程的 20% 且小于测力量程的 80%。球形支座和上下顶板涂上机油,使球形支座能够灵活转动。

2)将已浸水一昼夜的试件从水中取出,用软布吸去试件表面的水分,并称试件的质量 m_1。

3)用游标卡尺测量试件的高度 h,精确至 0.1mm。

4)将试件放在路面材料强度试验仪或压力机上,并在升降台上先放一扁球座,进行抗压试验。试验过程中,应保持加载速率为 1mm/min。记录试件破坏时的最大压力 P(N)。

5)从试件内部取具有代表性的样品(经过打破),按照 JTG3441—2024 中的 T 0801—2009 方法,测定其含水量 w。

1.12.5 试验结果

1)试件的无侧限抗压强度按式(1-35)计算:

$$R_c = \frac{P}{A} \tag{1-35}$$

式中:R_c——试件的无侧限抗压强度(MPa);

P——试件破坏时的最大压力(N);

A——试件的截面积(mm^2)。

$$A = \frac{1}{4}\pi D^2 \tag{1-36}$$

式中:D——试件的直径(mm)。

2)抗压强度应保留至小数点后 2 位。

3)同一组试件试验中,采用 3 倍标准差方法剔除异常值,细、中粒材料异常值不超过 1个,粗粒材料异常值不超过 2 个。异常值数量超过上述规定的试验重做。

4)同一组试验的变异系数 C_v(%)符合下列规定,方为有效试验:小试件 $C_v \leqslant 6\%$;中试件 $C_v \leqslant 10\%$,大试件 $C_v \leqslant 20\%$。若不能保证试验结果的变异系数小于规定的值,则应按允许误差 10% 和 90% 概率重新计算所需的试件数量,增加试件数量并另做新试验。新试验结果与老试验结果一并重新进行统计评定,直到变异系数满足上述规定。

5)本试验的记录格式见表 1-20 所列。

表 1-20　无侧限抗压强度试验记录

工程名称＿＿＿＿＿＿＿＿＿＿　　试件尺寸(cm)＿＿＿＿＿＿＿＿＿＿

路段范围＿＿＿＿＿＿＿＿＿＿　　养生龄期(d)＿＿＿＿＿＿＿＿＿＿

混合料名称＿＿＿＿＿＿＿＿＿＿　　加载速率(mm/min)＿＿＿＿＿＿＿＿＿＿

结合料剂量(%)＿＿＿＿＿＿＿＿　　最大干密度(g/cm³)＿＿＿＿＿＿＿＿＿＿

试件压实度(%)＿＿＿＿＿＿＿＿＿

试件号					
试件制备方法					
制件日期					
养生前试件质量 m_2(g)					
浸水前试件质量 m_3(g)					
浸水后试件质量 m_1(g)					
养生期间的质量损失* $m_2 - m_3$(g)					

（续表）

吸水量 m_1-m_3(g)						
养生前试件的高度 h(cm)						
浸水后试件的高度 h'(cm)						
试验打的最大压力 P(N)						
无侧限抗压强度 R_c(MPa)						
平均值(MPa)		变异系数(%)			代表值(MPa)	

注：* 指水分损失。如养生后试件掉粒或掉块，不作为水分损失。

试验：_____　校核：_____　试验日期：_____

1.13　水泥或石灰剂量测定(EDTA 滴定法)

1.13.1　概述

本方法依据《公路工程无机结合料稳定材料试验规程》(JTG 3441—2024)中的 T 0809—2009 编制而成，适用于快速测定水泥和石灰稳定材料及水泥和石灰综合稳定材料中结合料的剂量，并可用于检查现场拌和与摊铺的均匀性。现场土样的石灰剂量应在路拌后尽快测试，否则需要用相应龄期的 EDTA 二钠标准溶液消耗量的标准曲线确定。

1.13.2　仪器设备

1)滴定管(酸式)：50mL，1 支。

2)滴定台：1 个。

3)滴定管夹：1 个。

4)大肚移液管：10mL、50mL，10 支。

5)锥形瓶(三角瓶)：200mL，20 个。

6)烧杯：2000mL(或 1000mL)，1 只；300mL，10 只。

7)容量瓶：1000mL，1 个。

8)搪瓷杯：容量大于 1200mL，10 只。

9)不锈钢棒(或粗玻璃棒)：10 根。

10)量筒：100mL 和 5mL，各 1 只；50mL，2 只。

11)棕色广口瓶：60mL，1 只(装钙红指示剂)。

12)电子天平：量程不小于 1500g，感量 0.01g。

13)秒表：1 只。

14)表面皿：ϕ9cm，10 个。

15)研钵：ϕ12～13cm，1 个。

16)洗耳球：1 个。

17)精密试纸：pH 为 12～14。

18)聚乙烯桶:20L(装蒸馏水和氯化铵及 EDTA 二钠标准溶液),3 个;5L(装氢氧化钠),1 个;5L(大口桶),10 个。

19)毛刷、去污粉、吸水管、塑料勺、特种铅笔、厘米纸。

20)塑料洗瓶:500mL,1 只。

1.13.3 试样制备

1. 准备试剂

1)0.1mol/m³ 乙二胺四乙酸二钠(EDTA 二钠)标准溶液(简称 EDTA 二钠标准溶液):准确称取 EDTA 二钠(分析纯)37.23g,用 40～50℃的无二氧化碳蒸馏水溶解,待全部溶解并冷却至室温后,定容至 1000mL。

2)10%的氯化铵(NH_4Cl)溶液:将 500g 氯化铵(分析纯或化学纯)放在 10L 的聚乙烯桶内,加蒸馏水 4500mL,充分振荡,使氯化铵完全溶解;也可以分批在 1000mL 的烧杯内配制,然后倒入塑料桶内摇匀。

3)1.8%的氢氧化钠(内含三乙醇胺)溶液:用电子天平称 18g 氢氧化钠(NaOH)(分析纯),放入洁净干燥的 1000mL 烧杯中,加 1000mL 蒸馏水使其全部溶解,待溶液冷却至室温后,加入 2mL 三乙醇胺(分析纯),搅拌均匀后储于塑料桶中。

4)钙红指示剂:将 0.2g 钙试剂羧酸钠(分子式 $C_{21}H_{13}N_2NaO_7S$,分子量 460.39)与 20g 预先在 105℃烘箱中烘 1h 的硫酸钾混合。一起放入研钵中,研成极细粉末,储于棕色广口瓶中,以防吸潮。

2. 准备标准曲线

1)取样:取工地用石灰和被稳定材料,风干后用烘干法测其含水率(如为水泥,可假定含水量为 0)。

2)混合料组成的计算公式:干料质量=湿料质量/(1+含水率)。

3)计算公式如下:

(1)干混合料质量=湿混合料质量/(1+最佳含水率);

(2)被稳定材料的干质量=干混合料质量/(1+石灰或水泥剂量);

(3)干石灰或水泥质量=干混合料质量-被稳定材料的干质量;

(4)湿土质量=被稳定材料的干质量×(1+被稳定材料的风干含水率);

(5)湿石灰质量=干石灰质量×(1+石灰的风干含水率);

(6)石灰稳定材料中应加入的水=湿混合料质量-被稳定材料的湿质量-湿石灰质量。

4)准备 5 种试样,每种两个样品(以水泥稳定材料为例),如为水泥稳定中、粗粒土,每个样品取 1000g(若为细粒土,则可称取 300g 左右)准备试验。为了减少中、粗粒土的离散,宜按设计级配单份掺配的方式备料。5 种混合料的水泥剂量:水泥剂量为 0,最佳水泥剂量左右、最佳水泥剂量的±2%和+4%,每种剂量取两个(为湿质量)试样,共 10 个试样,并分别放在 10 个大口聚乙烯桶(若为稳定细粒土,则可用搪瓷杯或 1000mL 具塞三角瓶;若为粗粒土,则可用 5L 的大口聚乙烯桶)内。稳定材料的含水率应等于工地预期达到的最佳含水量,稳定材料的中所加的水应与工地所用的水相同。

5)取一个盛有试样的盛样器,在盛样器内加入两倍试样质量(湿料质量)体积的 10%的氯化铵溶液(若湿料质量为 300g,则氯化铵溶液为 600mL;若湿料质量为 1000g,则氯化铵溶液为 2000mL)。料为 300g,则搅拌 3min(每分钟搅 110~120 次);料为 1000g,则搅拌 5min。若用 1000mL 具塞三角瓶,则手握三角瓶(瓶口向上)用力振荡 3min(每分钟 120 次±5 次),以代替搅拌棒搅拌。放置沉淀 10min,然后将上部清液转移到 300mL 烧杯内,搅匀,加盖表面皿待测。

6)用移液管吸取上层(液面上 1~2cm)悬浮液 10.0mL 放入 200mL 的三角瓶内,用量管量取 1.8% 的氢氧化钠(内含三乙醇胺)溶液 50mL 倒入三角瓶中,此时溶液 pH 为 12.5~13.0(可用 pH 为 12~14 精密试纸检验),然后加入钙红指示剂(质量约为 0.2g),摇匀,溶液呈玫瑰红色。记录滴定管中 EDTA 二钠标准溶液的体积 V_1,然后用 EDTA 二钠标准溶液滴定,边滴定边摇匀,并仔细观察溶液的颜色;在溶液颜色变为紫色时,放慢滴定速度,并摇匀;直到纯蓝色为终点,记录滴定管中 EDTA 二钠标准溶液体积 V_2(以 mL 计,读至 0.1mL)。计算 V_1-V_2,即为 EDTA 二钠标准溶液的消耗量。

7)对其他几个盛样器中的试样,用同样的方法进行试验,并记录各自的 EDTA 二钠标准溶液的消耗量。

8)以同一水泥或石灰剂量稳定材料 EDTA 二钠标准溶液消耗量(mL)的平均值为纵坐标,以水泥或石灰剂量(%)为横坐标制图。两者的关系应是一根顺滑的斜线,如图 1-10 所示。若素土、水泥或石灰改变,则必须重做标准曲线。

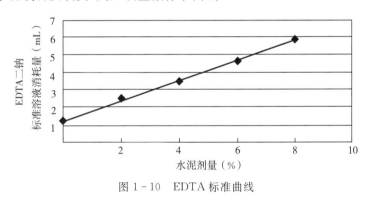

图 1-10 EDTA 标准曲线

1.13.4 试验步骤

1)选取具有代表性的无机结合料稳定材料,对稳定中、粗粒土取试样为 3000g,对稳定细粒土取试样为 1000g。

2)对水泥或石灰稳定细粒土,称 300g 放在搪瓷杯中,用搅拌棒将结块搅散,加 10% 的氯化铵溶液 600mL;对水泥或石灰稳定中、粗粒土,可直接称取 1000g 左右,放入 10% 的氯化铵溶液 2000mL,然后如前述步骤进行试验。

3)利用所绘制的标准曲线,根据 EDTA 二钠标准溶液消耗量,确定混合料中的水泥或石灰剂量。

1.13.5 试验结果

1)本试验应进行两次平行测定,取算术平均值,精确至 0.1mL,允许重复性误差不得大于均值的 5%,否则,重新进行试验。

2)本试验记录格式见表 1-21 和表 1-22 所列。

表 1-21 标准曲线制定

平行试样	1			2			平均 EDTA 二钠标准溶液消耗量（mL）
剂量	V_1(mL)	V_2(mL)	EDTA 二钠标准溶液消耗量（mL）	V_1(mL)	V_2(mL)	EDTA 二钠标准溶液消耗量（mL）	
标准曲线公式							

表 1-22 水泥或石灰剂量试验记录

试样编号	V_1(mL)	V_2(mL)	EDTA 二钠标准溶液消耗量（mL）	平均 EDTA 二钠标准溶液消耗量（mL）	结合料剂量（%）
1					
2					

1.14 塑性指数测定（GB/T 50123—2019）

1.14.1 概述

塑性指数（P_1）是土壤力学中一个重要的指标，用于评价土壤的可塑性和流变性能。液限与塑限的差值称为塑性指数。

本方法依据《土工试验方法标准》（GB/T 50123—2019）中的"9.2 液塑限联合测定法"编制而成。

1.14.2 仪器设备

同第 1.3.2 小节。

1.14.3 试样制备

同第 1.3.3 小节。

1.14.4 试验步骤

同第 1.3.4 小节。

1.14.5　试验结果

同第 1.3.5 小节。

1.15　塑性指数测定(JTG 3430—2020)

1.15.1　概述

本方法依据《公路土工试验规程》(JTG 3430—2020)中的 T0118—2007 编制而成。

1.15.2　仪器设备

同第 1.4.2 小节。

1.15.3　试样制备

同第 1.4.3 小节。

1.15.4　试验步骤

同第 1.4.4 小节。

1.15.5　试验结果

同第 1.4.5 小节。

1.16　不均匀系数测定(筛析法)

1.16.1　概述

本方法依据《土工试验方法标准》(GB/T 50123—2019)中的"8.2 筛析法"编制而成,适用于粒径为 0.075~60mm 的土。不均匀系数是一种限制粒径与有效粒径的比值的系数,反映大小不同粒组的分布情况,以判断土粒度级配是否良好的指标之一。

1.16.2　仪器设备

1)试验筛:应符合国家标准 GB/T 6003.1 的规定。

2)粗筛:孔径为 60mm、40mm、20mm、10mm、5mm、2mm。

3)细筛:孔径为 2.0mm、1.0mm、0.5mm、0.25mm、0.1mm、0.075mm。

4)天平:称量 1000g,分度值 0.1g;称量 200g,分度值 0.01g。

5)台秤:称量 5kg,分度值 1g。

6)振筛机:应符合 DZ/T 0118 的规定。

7)其他:烘箱、量筒、漏斗、瓷杯、附带橡皮头研杵的研钵、瓷盘、毛刷、匙、木碾。

1.16.3　试样制备

从风干、松散的土样中,用四分法按下列规定取出代表性试样:
1)粒径小于 2mm 的土取 100～300g;
2)最大粒径小于 10mm 的土取 300～1000g;
3)最大粒径小于 20mm 的土取 1000～2000g;
4)最大粒径小于 40mm 的土取 2000～4000g;
5)最大粒径小于 60mm 的土取 4000g 以上。

1.16.4　试验步骤

1)砂砾土筛析法应按下列步骤进行。

(1)应按第 1.16.3 小节规定的数量取出试样,称量应准确至 0.1g;当试样质量大于 500g 时,应准确至 lg。

(2)将试样过 2mm 细筛,分别称出筛上和筛下土质量。

(3)若 2mm 筛下的土小于试样总质量的 10%,则可省略细筛筛析。若 2mm 筛上的土小于试样总质量的 10%,则可省略粗筛筛析。

(4)取 2mm 筛上试样倒入依次叠好的粗筛的最上层筛中;取 2mm 筛下试样倒入依次选好的细筛最上层筛中,进行筛析。细筛宜放在振筛机上震摇,震摇时间应为 10～15min。

(5)由最大孔径筛开始,按顺序将各筛取下,在白纸上用手轻叩摇晃筛,当仍有土粒漏下时,应继续轻叩摇晃筛,直至无土粒漏下为止。漏下的土粒应全部放入下级筛内。并将留在各筛上的试样分别称量,当试样质量小于 500g 时,准确至 0.1g。

(6)筛前试样总质量与筛后各级筛上和筛底试样质量的总和的差值不得大于试样总质量的 1%。

2)含有黏土粒的砂砾土应按下列步骤进行。

(1)将土样放在橡皮板上用土碾将黏结的土团充分碾散,用四分法取样,取样时应按第 1.16.3 小节规定称取具有代表性的试样,置于盛有清水的瓷盆中,用搅棒搅拌,使试样充分浸润和粗细颗粒分离。

(2)将浸润后的混合液过 2mm 细筛,边搅拌边冲洗边过筛,直至筛上仅留大于 2mm 的土粒为止。然后将筛上的土烘干称量,准确至 0.1g。并应按本节的规定进行粗筛筛析。

(3)用带橡皮头的研杵研磨粒径小于 2mm 的混合液,待稍沉淀,将上部悬液过 0.075mm 筛。再向瓷盆加清水研磨,静置过筛。如此反复,直至盆内悬液澄清为止。最后将全部土料倒在 0.075mm 筛上,用水冲洗,直至筛上仅留粒径大于 0.075mm 的净砂为止。

(4)将粒径大于 0.075mm 的净砂烘干称量,准确至 0.01g。并应按本节的规定进行细筛筛析。

(5)将粒径大于 2mm 的土和粒径为 2～0.075mm 的土的质量从原取土总质量中减去,即得粒径小于 0.075mm 的土的质量。

(6)当粒径小于 0.075mm 的试样质量大于总质量的 10%时,应按密度计法或移液管法测定粒径小于 0.075mm 的颗粒组成。

1.16.5　试验结果

1)小于某粒径的试样质量占试样总质量百分数应按式(1-37)计算:

$$X = \frac{m_A}{m_B} d_x \qquad (1-37)$$

式中:X——小于某粒径的试样质量占试样总质量的百分数(%);

m_A——小于某粒径的试样质量(g);

m_B——当细筛分析时或用密度计法分析时所取试样质量(粗筛分析时则为试样总质量)(g);

d_x——粒径小于2mm或粒径小于0.075mm的试样质量占总质量的百分数(%)。

2)以小于某粒径的试样质量占试样总质量的百分数为纵坐标,颗粒粒径为横坐标,在单对数坐标上绘制颗粒大小分布曲线。

3)级配指标不均匀系数应按式(1-38)计算:

$$C_u = \frac{d_{60}}{d_{10}} \qquad (1-38)$$

式中:C_u——不均匀系数;

d_{60}——限制粒径(mm),在粒径分布曲线上小于该粒径的土含量占总土质量的60%的粒径;

d_{10}——有效粒径(mm),在粒径分布曲线上小于该粒径的土含量占总土质量的10%的粒径。

4)本试验记录格式见表1-23所列。

表 1-23　颗粒分析试验记录(筛析法)

任务单号		试验者	
试验日期		计算者	
烘箱编号		校核者	
试样编号		天平编号	

风干土质量=＿＿＿＿g	小于0.075mm的土占总土质量百分数 X=＿＿＿＿%
2mm筛上土质量=＿＿＿＿g	小于2mm的土占总土质量百分数 X=＿＿＿＿%
2mm筛下土质量=＿＿＿＿g	细筛分析时所取试样质量=＿＿＿＿g

试验筛编号	孔径(mm)	累积留筛土质量(g)	小于某粒径的试样质量 m_A(g)	小于某粒径的试样质量百分数(%)	小于某孔径的试样质量占试样总质量的百分数 X(%)
底盘总计					

1.17   不均匀系数测定(筛分法)

1.17.1   概述

本方法依据《公路土工试验规程》(JTG 3430—2020)中的 T 0115 - 1993 编制而成,适用于分析土粒粒径范围 0.075~60mm 的土粒粒组含量和级配组成。

1.17.2   仪器设备

1)标准筛:粗筛(圆孔)孔径为 60mm、40mm、20mm、10mm、5mm、2mm;细筛孔径为 2.0mm、1.0mm、0.5mm、0.25mm、0.075mm。

2)天平:称量 5000g,感量 1g;称量 1000g,感量 0.01g。

3)摇筛机。

4)其他:烘箱、筛刷、烧杯、木碾、研钵及杵等。

1.17.3   试样制备

从风干、松散的土样中,用四分法按照下列规定取出具有代表性的试样:

1)小于 2mm 颗粒的土 100~300g;

2)最大粒径小于 10mm 的土 300~900g;

3)最大粒径小于 20mm 的土 1000~2000g;

4)最大粒径小于 40mm 的土 2000~4000g;

5)最大粒径大于 40mm 的土 4000g 以上。

1.17.4   试验步骤

1)对于无黏聚性的土应按下列步骤进行:

(1)按规定称取试样,将试样分批过 2mm 筛。

(2)将大于 2mm 的试样按从大到小的次序,通过大于 2mm 的各级粗筛。将留在筛上的土分别称量。

(3)2mm 筛下的土如数量过多,可用四分法缩分至 100~800g。将试样按从大到小的次序通过小于 2mm 的各级细筛。可用摇筛机进行振摇。振摇时间一般为 10~15min。

(4)由最大孔径的筛开始,按顺序将各筛取下,在白纸上用手轻叩摇晃,直至每分钟筛下数量不大于该级筛余质量的 1% 为止。漏下的土粒应全部放入下一级筛内,并将留在各筛上的土样用软毛刷刷净,分别称量。

(5)筛后各级留筛和筛下土总质量与筛前试样总质量之差,不应大于筛前试样总质量的 1%。

(6)若 2mm 筛下的土不超过试样总质量的 10%,则可省略细筛分析;若 2mm 筛上的土不超过试样总质量的 10%,则可省略粗筛分析。

2)对于含有黏土粒的砂砾土应按下列步骤进行:

(1)将土样放在橡皮板上,用木碾将黏结的土团充分碾散,拌匀、烘干、称量。如土样过多时,用四分法称取具有代表性的土样。

(2)将试样置于盛有清水的瓷盆中,浸泡并搅拌,使粗细颗粒分散。

(3)将浸润后的混合液过 2mm 筛,边冲边洗过筛,直至筛上仅留大于 2mm 以上的土粒为止。然后将筛上洗净的砂砾烘干,称量。按以上方法进行粗筛分析。

(4)通过 2mm 筛下的混合液存放在盆中,待稍沉淀,将上部悬液过 0.075mm 洗筛,用带橡皮头的玻璃棒研磨盆内浆液,再加清水,搅拌、研磨、静置、过筛,反复进行,直至盆内悬液澄清为止。最后,将全部土粒倒在 0.075mm 筛上,用水冲洗,直到筛上仅留大于 0.075mm 净砂为止。

(5)将大于 0.075mm 的净砂烘干,称量,并进行细筛分析。

(6)将大于 2mm 的颗粒及 2～0.075mm 的颗粒质量从原称量的总质量中减去,即为小于 0.075mm 颗粒质量。

(7)若小于 0.075mm 颗粒质量超过总土质量的 10%,有必要时,将这部分土烘干、取样,另做密度计或移液管分析。

1.17.5　试验结果

1)按式(1-39)计算小于某粒径颗粒质量百分数:

$$X = \frac{A}{B} \times 100 \qquad (1-39)$$

式中:X——小于某粒径的颗粒质量占总土质量的百分比(%),计算至 0.1%;

　　A——小于某粒径的颗粒质量(g);

　　B——试样的总质量(g)。

2)当小于 2mm 的颗粒用四分法缩分取样时,按式(1-40)计算试样中小于某粒径的颗粒质量占总土质量的百分比:

$$X = \frac{a}{b} p \times 100 \qquad (1-40)$$

式中:X——小于某粒径颗粒的质量百分数,计算至 0.1%;

　　a——通过 2mm 筛的试样中小于某粒径的颗粒质量(g);

　　b——通过 2mm 筛的土样中所取试样的质量(g);

　　p——粒径小于 2mm 的颗粒质量百分比(%)。

3)在半对数坐标纸上,以小于某粒径的颗粒质量占总土质量的百分比为纵坐标,以粒径(mm)为横坐标,绘制颗粒大小级配曲线,求出各粒组的颗粒质量百分数,以整数(%)表示。

4)必要时按式(1-41)计算不均匀系数:

$$C_u = \frac{d_{60}}{d_{10}} \qquad (1-41)$$

式中:C_u——不均匀系数,计算至 0.1,且含两位以上有效数字;

　　d_{60}——限制粒径,即土中小于该粒径的颗粒质量为 60% 的粒径(mm)。

　　d_{10}——有效粒径,即土中小于该粒径的颗粒质量为 10% 的粒径(mm)。

本试验记录格式见表 1－24 所列。

表 1－24　颗粒分析试验记录

工程名称＿＿＿＿＿＿＿＿＿＿＿＿＿＿＿　　试验者＿＿＿＿＿＿＿＿＿＿＿＿＿＿＿

土样编号＿＿＿＿＿＿＿＿＿＿＿＿＿＿＿　　计算者＿＿＿＿＿＿＿＿＿＿＿＿＿＿＿

土样说明＿＿＿＿＿＿＿＿　　试验日期＿＿＿＿＿＿＿＿　　校核者＿＿＿＿＿＿＿＿＿

筛前总土质量＝3000g　　　小于2mm取试样质量＝810g

小于2mm土质量＝810g　　小于2mm土占总土质量的百分比＝27%

粗筛分析				细筛分析				
孔径 （mm）	累积留筛 土质量 （g）	小于该孔 径的土 质量 （g）	小于该孔 径土质量 百分比 （%）	孔径 （mm）	累积留筛 土质量 （g）	小于该孔 径的土 质量 （g）	小于该孔 径土质量 百分比 （%）	占总土质量 百分比 （%）
				2.0				
60				1.0				
40				0.5				
20				0.25				
10				0.075				
5								
2								

5）精度和允许差。筛后各级筛上和筛底土总质量与筛前试样总质量之差，不应大于筛前试样总质量的 1%，否则应重做试验。

1.18　颗粒分析试验（筛析法）

1.18.1　概述

本试验依据《土工试验方法标准》（GB/T 50123—2019）中的"8.2 筛析法"编制而成，适用于粒径为 0.075～60mm 的土。颗粒分析试验是土的常规试验之一，对土样进行颗粒分析试验，能够定量描述土粒中各个粒组的含量，为土的工程分类和了解土的工程性质提供依据。同时，对地基土进行液化判别时，必须用到土的黏粒含量，这就需要通过颗粒分析试验对黏粒含量进行定量分析。

1.18.2　仪器设备

同第 1.16.2 小节。

1.18.3　试样制备

同第 1.16.3 小节。

1.18.4　试验步骤

同第 1.16.4 小节。

1.18.5　试验结果

同第 1.16.4 小节。

1.19　颗粒分析试验(筛分法)

1.19.1　概述

本试验依据《公路土工试验规程》(JTG 3430—2020)中的 T 0115—1993 编制而成,适用于分析土粒粒径为 0.075～60mm 的土粒粒组含量和级配组成。其目的是获得粗粒土的颗粒级配。

1.19.2　仪器设备

同第 1.17.2 小节。

1.19.3　试样制备

同第 1.17.3 小节。

1.19.4　试验步骤

同第 1.17.4 小节。

1.19.5　试验结果

同第 1.17.5 小节。

1.20　有机质含量试验(重铬酸钾容量法)

1.20.1　概述

土壤有机质是指土壤中含碳的有机化合物,主要包括动植物残体、微生物残体、排泄物和分泌物等部分。本试验依据《土工试验方法标准》(GB/T 50123—2019)中的"有机质试验(重铬酸钾容量法)"编制而成。

1.20.2 仪器设备和试剂

1)分析天平:称量 200g,分度值 0.0001g。

2)油浴锅:内盛甘油或植物油并应带铁丝笼。

3)温度计:量程 0~200℃,分度值为 0.5℃。

4)其他:酸式滴定管、三角瓶、硬质试管、小漏斗、试管夹。

5)浓度为 0.8000mol/L 的重铬酸钾 $\left(\frac{1}{6}K_2Cr_2O_7\right)$ 标准溶液:用分析天平称取经 105~110℃烘干并研磨细的重铬酸钾 39.2245g,溶于 400mL 纯水,加热溶解,冷却后倒入 1000mL 容量瓶中,用纯水稀释至刻度,摇匀。

6)浓度为 0.2mol/L 的硫酸亚铁($FeSO_4 \cdot 7H_2O$)(或硫酸亚铁铵)标准溶液应符合下列规定。

(1)浓度为 0.2mol/L 的硫酸亚铁 $\left(\frac{1}{2}FeSO_4 \cdot 7H_2O\right)$ (或硫酸亚铁铵)标准溶液的配制:称取硫酸亚铁 56.0g(或硫酸亚铁铵 80.0g),溶于纯水中,加入浓度为 6mol $\cdot L^{-1}$ 的硫酸 $\left(\frac{1}{2}H_2SO_4\right)$ 溶液 30mL,稀释至 1000mL,贮于棕色瓶中。

(2)浓度为 0.2mol/L 的硫酸亚铁 $\left(\frac{1}{2}FeSO_4 \cdot 7H_2O\right)$ (或硫酸亚铁铵)标准溶液的标定:准确吸取重铬酸钾标准溶液 5mL、硫酸 5mL 各三份,分别放入 250mL 锥形瓶中稀释至 60mL,加入邻菲罗啉指示剂 3~5 滴,用硫酸亚铁标准溶液进行滴定,直至溶液由黄色经绿色突变至棕红色为止。按式(1-42)计算硫酸亚铁的浓度,计算结果表示到小数点后四位,取三份结果的算术平均值:

$$c\left(\frac{1}{2}FeSO_4\right)=\frac{c\left(\frac{1}{6}K_2Cr_2O_7\right)V_{K_2Cr_2O_7}}{V_{F_eSO_4}} \qquad (1-42)$$

式中:$c\left(\frac{1}{2}FeSO_4\right)$——硫酸亚铁标准滴定溶液的浓度(mol/L)

$c\left(\frac{1}{6}K_2Cr_2O_7\right)$——重铬酸钾标准溶液的浓度(mol/L);

$V_{K_2Cr_2O_7}$——重铬酸钾标准溶液的体积的数值(mL);

$V_{F_eSO_4}$——硫酸亚铁标准滴定溶液的体积的数值(mL)。

7)硫酸(H_2SO_4,$\rho=1.84g/cm^3$,分析纯)。

8)邻菲罗啉指示剂:将邻菲罗啉 1.485g 和硫酸亚铁 0.695g 溶于 100mL 纯水中,贮于棕色瓶中。

1.20.3 试验步骤

1)当试样中含有机质小于 8mg 时,用分析天平称取剔除植物根并通过 0.15mm 筛的风干试样 0.1~0.5g,放入干燥的试管底部,准确吸取重铬酸钾标准溶液 5mL、硫酸 5mL,加入试管并摇匀,在试管口放上小漏斗。

2)将试管插入铁丝笼中,放入 190℃ 的油浴锅内。试管内的液面低于油面。温度应控制在 170～180℃,从试管内试液沸腾时开始计时,煮沸 5min,取出。

3)将试管内溶液倒入三角瓶中,用纯水洗净试管内部,并使溶液控制在 60mL,加入邻菲罗啉指示剂 3～5 滴,用硫酸亚铁标准滴定溶液滴定,直至溶液由黄色经绿色突变至橙红色时为止。记下硫酸亚铁标准溶液用量,准确至 0.01mL。

4)试样试验的同时,应采用纯砂进行空白试验。

1.20.4　试验结果

1)有机质含量应按式(1-43)计算,计算至 0.1g/kg,平行最大允许误差为 ±0.5g/kg,试验结果取算术平均值:

$$O.M. = \frac{0.003 \times 1.724 \times c\left(\frac{1}{2}\mathrm{FeSO_4}\right)(V_{hb8} - V_{hb9})}{m_d \times 10^{-3}} \qquad (1-43)$$

式中:$O.M.$ ——土壤有机质含量(g/kg);

V_{hb8} ——空白试验时硫酸亚铁标准滴定溶液的体积的数值(mL);

V_{hb9} ——硫酸亚铁标准滴定液的体积的数值(mL);

0.003——1mol 硫酸亚铁所相当的有机质碳量(kg);

1.724——有机碳换算成有机质的系数;

10^{-3} ——将 g 换算成 kg 的系数。

2)本试验记录格式见表 1-25 所列。

表 1-25　有机质试验记录

任务单号					试验者				
试验方法					计算者				
试验日期					校核者				
仪器名称及编号									
试样编号	烘干质量 m_d (g)	重铬酸钾标准溶液			硫酸亚铁标准滴定溶液			土壤有机质含量 $O.M.$ (g/kg)	
		浓度 $c\left(\frac{1}{6}\mathrm{K_2Cr_2O_7}\right)$ (mol/L)	用量 V_K (mL)	空白用量 V (mL)	浓度 $c\left(\frac{1}{2}\mathrm{FeSO_4}\right)$ (mol/L)	空白用量 V_{hb8} (mL)	用量 V_{hb9} (mL)	计算值	平均值

1.21　有机质含量试验(油浴加热法)

1.21.1　概述

土壤有机质是指土壤中含碳的有机化合物,主要包括动植物残体、微生物残体、排泄物和分泌物等部分。本试验依据《公路土工试验规程》(JTG 3430—2020)中的 T 0151 - 1993 编制而成,适用于测定有机质含量不超过15%的土,采用的测定方法为重铬酸钾容量法—油浴加热法。

1.21.2　仪器设备和试剂

1)天平:感量为 0.0001g。

2)电炉:附带自动控温调节器。

3)油浴锅:应带有铁丝笼。

4)温度计:0～250℃,精确至1℃。

5)0.15mm 筛子。

6)0.0750mol/L $K_2Cr_2O_7$ 标准溶液:用天平称取经 105～110℃ 烘干并研细的重铬酸钾 44.1231g,溶于 800mL 蒸馏水中(必要时可加热),缓缓加入浓硫酸 1000mL,边加入边搅拌,冷却至室温后再用水定容到 2L。

7)0.2mol/L 硫酸亚铁(或硫酸亚铁铵)溶液:称取硫酸亚铁($FeSO_4 \cdot 7H_2O$ 分析纯)56g 或硫酸亚铁铵($(NH_4)_2SO_4 FeSO_4 \cdot 6H_2O$)80g,溶于蒸馏水中,再加 15mL 浓硫酸(密度 1.84g/mL 化学纯)。然后加蒸馏水稀释至 1L,密封贮于棕色瓶中。

8)邻菲罗啉指示剂:称取邻菲罗啉($C_{12}N_8N_2 \cdot H_2O$)1.485g,硫酸亚铁($FeSO_4 \cdot 7H_2O$)0.695g,溶于 100mL 蒸馏水中,此时试剂与 Fe^{2+} 形成红棕色络合物,即$[Fe(C_{12}H_8N_2)_3]^{2+}$,贮存于棕色滴瓶中。

9)石蜡(固体)或植物油 2kg。

10)浓硫酸(H_2SO_4)(密度 1.84g/mL 化学纯)。

11)灼烧过的浮石粉或土样:取浮石或矿质土约 200g,磨细并通过 0.25mm 筛,分散装入数个瓷蒸发皿中,在 700～800℃ 的高温炉内灼烧 1～2h,把有机质完全烧尽后备用。

12)硫酸亚铁(或硫酸亚铁铵)溶液的标定:准确吸取 $K_2Cr_2O_7$ 标准溶液 3 份,每份 20mL,分别注入 150mL 锥形瓶中,用蒸馏水稀释至 60mL,加入邻菲罗啉指示剂 3～5 滴,用硫酸亚铁(或硫酸亚铁铵)溶液进行滴定,直至锥形瓶中的溶液由橙黄经蓝绿色突变至橙红色为止。按用量计算硫酸亚铁(或硫酸亚铁铵)溶液的浓度,准确至 0.0001mol/L。取 3 份计算结果的算术平均值作为硫酸亚铁(或硫酸亚铁铵)溶液的标准浓度:

$$c_{FeSO_4} = \frac{c_{K_2Cr_2O_7} V_{K_2Cr_2O_7}}{V_{FeSO_4}} \tag{1-44}$$

式中：c_{FeSO_4}——硫酸亚铁标准溶液的浓度（mol/L）；

$\quad c_{K_2Cr_2O_7}$——$K_2Cr_2O_7$ 溶液的浓度（mol/L）；

$\quad V_{K_2Cr_2O_7}$——所用去的 $K_2Cr_2O_7$ 的量（mL）；

$\quad V_{FeSO_4}$——所用去的硫酸亚铁溶液的量（mL）。

1.21.4　试验步骤

1）用天平准确称取通过 0.15mm 筛的风干土样 0.1000～0.5000g，放入一干燥的硬质试管中，用滴定管准确加入 0.0750mol/L $K_2Cr_2O_7$ 标准溶液 10mL（在加入 3mL 时摇动试管使土样分散），并在试管口插入一小玻璃漏斗，以冷凝蒸出水汽。

2）将 8～10 个已装入土样和标准溶液的试管插入铁丝笼中（每笼中均有 1～2 个空白试管），然后将铁丝笼放入温度为 185～190℃ 的石蜡油浴锅中，试管内的液面应低于油面。要求放入后油浴锅内油温下降至 170～180℃，以后应注意控制电炉，使油温维持在 170～180℃，待试管内试液沸腾时开始计时，煮沸 5min，取出试管稍冷，并擦净试管外部的油液。

3）将试管内试样倾入 250mL 锥形瓶中，用水洗净试管内部及小玻璃漏斗，使锥形瓶中的溶液总体积达 60～70mL，然后加入邻菲罗啉指示剂 3～5 滴，摇匀，用硫酸亚铁（或硫酸亚铁铵）标准溶液滴定，溶液由橙黄色经蓝绿色突变为橙红色时即为终点，记下硫酸亚铁（或硫酸亚铁铵）标准溶液的用量，精确至 0.01mL。

4）空白标定：用灼烧土代替土样，取两个试样，其他操作均与土样试验相同，记录硫酸亚铁用量。

1.21.5　试验结果

1）有机质含量（计算至 0.1%）按式（1-45）计算：

$$有机质(\%)=\frac{c_{FeSO_4}(V'_{FeSO_4}-V_{FeSO_4})\times0.003\times1.724\times1.1}{m_s}\times100 \qquad (1-45)$$

式中：c_{FeSO_4}——硫酸亚铁标准溶液的浓度（mol/L）；

$\quad V'_{FeSO_4}$——空白标定时用去的硫酸亚铁标准溶液的量（mL）；

$\quad V_{FeSO_4}$——测定土样时用去的硫酸亚铁标准溶液的量（mL）；

$\quad m_s$——土样质量（将风干土换算为烘干土）（g）；

$\quad$0.003——1/4 碳原子的摩尔质量（g/mmol）；

$\quad$1.724——有机碳换算成有机质的系数；

$\quad$1.1——氧化校正系数。

2）本试验记录格式见表 1-26 所列。

3）精度和允许差。有机质含量试验结果精度应符合表 1-27 的规定。

表 1-26　有机质含量试验记录

工程编号 _____　试验计算者 _____

土样编号 _____　校核者 _____

土样说明 _____　试验日期 _____

硫酸亚铁标准液浓度:0.1434mol/L			
试验次数		1	2
土样质量 m_s(g)		0.3992	0.4016
空白标定消耗硫酸亚铁标准液的量 V'_{FeSO_4}(mL)	滴定前读数	0.00	0.00
	滴定后读数	24.87	24.87
	滴定消耗	24.87	24.87
滴定土样消耗标准溶液的量 V_{FeSO_4}(mL)	滴定前读数	0.00	0.00
	滴定后读数	19.20	19.20
	滴定消耗	19.20	19.20
有机质(%)		1.16	1.15
平均有机质(%)		1.15	

注:(1)如滴定消耗硫酸亚铁铵标准液小于 10mL,应适当减少土样量,重做。

(2)如用邻苯氨基苯甲酸为指示剂滴定,瓶内溶液不宜超过 60~70mL,滴定前溶液呈棕红色,终点为暗绿色(或灰蓝绿色)。

(3)本试验氧化有机质程度平均约 90%,故应乘以 1.1 才为土的有机质含量。

表 1-27　有机质测定的允许偏差

测定值(%)	绝对偏差(%)	相对偏差(%)
10~5	<0.3	3~4
5~1	<0.2	4~5
1~0.1	<0.05	5~6
0.1~0.05	<0.004	6~7
0.05~0.01	<0.006	7~9
<0.01	<0.008	9~15

1.22　易溶盐含量测定(GB/T 50123—2019)

1.22.1　概述

易溶盐是指在常温下易于快速溶解于溶液中的盐类。由于易溶盐极易溶于溶剂,因此一般来说易溶盐可以用水溶解。但是,溶解的速度和溶解的量取决于易溶盐本身的物理性质和实验条件。本方法依据《土工试验方法标准》(GB/T 50123—2019)中的"53.3 易溶盐总量测定(质量法)"编制而成,要求所用试样应为风干试样、土样为各种土类。

1.22.2 仪器设备

1)过滤设备:包括真空泵、平底瓷漏斗、抽滤瓶。

2)离心机:转速为 10000r/min。

3)天平:称量 200g,分度值 0.01g。分析天平:称量 200g,分度值 0.0001g。

4)其他:广口瓶、细颈瓶、微孔滤膜、烘箱(附温度控制装置)、水浴锅、蒸发皿、表面皿、移液管、干燥器。

1.22.3 试样制备

1)浸出液制取法试验应按下列步骤进行。

(1)称取 2mm 筛下风干试样 50～150g(视土中含盐量和分析项目而定),准确至 0.01g。置于广口瓶,按土水比例 1∶5 加入纯水,振荡 3min,抽气过滤;另取试样 3～5g,按 GB/T 50123—2019 中的第 51.3.1～51.3.5 条的规定测定风干含水率。

(2)将滤纸用纯水浸湿后贴在漏斗底部,漏斗装在抽滤瓶上,连通真空泵抽气,使滤纸与漏斗贴紧,将振荡后的土悬液摇匀,倾入漏斗中抽气过滤。

(3)当发现滤液混浊时,需重新过滤。经反复过滤仍然浑浊,应用离心机分离,或用微孔滤膜过滤。所得的透明滤液即为土的浸出液,贮于细口瓶中供分析用。

2)本方法所用的试剂应符合下列规定:15% 的过氧化氢(化学纯);2% 的碳酸钠($NaCO_3$)溶液。

1.22.4 试验步骤

1)用移液管吸取浸出液 50～100mL 注入已恒量的蒸发皿中,放在水浴锅上蒸干;当蒸干残渣中呈现黄褐色时,表明残渣含有有机质,加入少量 15% 的过氧化氢,继续在水浴上加热,反复处理至残渣发白,以完全除去有机质。

2)将蒸发皿放入烘箱,在温度 105～110℃下烘干 4～8h,取出后放入干燥器中冷却,称蒸发皿加试样的总质量,反复进行至两次质量差值不大于 0.0001g。

3)当浸出液蒸干残渣中含有大量结晶水时,将使测得的易溶盐含量偏高。遇此情况,可用两个蒸发皿,一个加浸出液 50mL,另一个加纯水 50mL,然后各加等量 2% 的碳酸钠溶液,搅拌均匀后按上述的规定操作,烘干温度改为 180℃。

1.22.5 试验结果

易溶盐含量应按下列公式计算,计算至 0.1g/kg,平行最大允许差值应为 ±0.2g/kg,取算术平均值。

1)未经 2% 的碳酸钠溶液处理的易溶盐含量应按式(1-46)计算:

$$w(易溶) = \frac{(m_{mz} - m_m)\frac{V_w}{V_{xl}}}{m_d \times 10^{-3}} \qquad (1-46)$$

式中:w(易溶盐)——易溶盐含量(g/kg);

m_{mz}——蒸发皿加烘干残渣质量(g);

m_m——蒸发皿质量(g);

V_w——制取浸出液所加纯水量(mL);

V_{x1}——吸取浸出液量(mL)。

2)经2%的碳酸钠溶液处理后的易溶盐含量应按式(1-47)计算:

$$w(易溶) = \frac{V_w(m_{z1} - m_z)}{V_{x1} m_d \times 10^{-3}} \tag{1-47}$$

式中:m_{z1}——蒸干后试样加碳酸钠质量(g);

m_z——蒸干后碳酸钠质量(g)。

3)本试验记录格式见表1-28所列。

表1-28 易溶盐总量测定试验记录

任务单号					试验者					
试验地点					计算者					
试验日期					校核者					
仪器名称及编号										
试样编号	风干土质量 m_0 (g)	风干含水率 w_0 (g)	烘干土质量 m_d (g)	加水容积 V_w (mL)	吸取浸出液 V_{x1} (mL)	蒸发皿编号 No.	蒸发皿质量 m_m (g)	蒸发皿加烘干残渣质量 m_{mz} (g)	烘干残渣质量 $m_{mz}-m_m$ (g)	易溶盐总量 w(易溶盐)(g/kg) 计算值 / 平均值

1.23　易溶盐含量测定(JTG 3430—2020)

1.23.1　概述

本方法依据《公路土工试验规程》(JTG 3430—2020)中的 T 0152-1993 和 T 0153-1993 编制而成,适用于各类土。

1.23.2　仪器设备

1)过滤设备:包括真空泵、平底瓷漏斗、抽滤瓶。

2)离心机:转速为4000r/min。

3)天平:感量0.01g。

4)广口塑料瓶:1000mL。

5)往复式电动振荡机。

1.23.3　试样制备

1)称取通过 1mm 筛孔的烘干土样 50～100g(视土中含盐量和分析项目而定),精确至 0.01g,放入干燥的 1000mL 广口塑料瓶中(或 1000mL 三角瓶内)。按土水比例 1:5 加入不含二氧化碳的蒸馏水(把蒸馏水煮沸 10min,迅速冷却),盖好瓶塞,在振荡机上(或用手剧烈振荡)3min,然后立即进行过滤。

2)采用抽气过滤时,滤前须将滤纸剪成与平底瓷漏底部同样大小,并平放在漏斗底上,先加少量蒸馏水抽滤,使滤纸与漏斗底密接。然后换上另一个干洁的抽滤瓶进行抽滤。抽滤时要将土悬浊液摇匀后倾入漏斗,使土粒在漏斗底上铺成薄层,填塞滤纸孔隙,以阻止细土粒通过,在往漏斗内倾入土悬浊液前需先打开抽气设备,轻微抽气,可避免滤纸浮起,以致滤液浑浊。漏斗上要盖一表面皿,以防水汽蒸发。如发现滤液浑浊,须反复过滤至澄清为止。

3)当发现抽滤方式不能达到滤液澄清时,应用离心机分离。所得的透明滤液,即为水溶性盐的浸出液。

4)水溶性盐的浸出液不能久放。pH、CO_3^{2-}、HCO_3^- 离子等项测定应立即进行,其他离子的测定最好都能在当天做完。

5)试剂:15% 的 H_2O_2;2% 的 Na_2CO_3 溶液:2.0g 无水 Na_2CO_3 溶于少量水中,稀释至 100mL。

1.23.4　试验步骤

1)用移液管吸取浸出液 50mL 或 100mL(视易溶盐含量多少而定),注入已经在 105～110℃烘至恒量(前后两次质量之差不大于 1mg)的瓷蒸发皿中,盖上表面皿,架空放在沸腾水浴上蒸干(若吸取溶液太多,则可分次蒸干)。蒸干后残渣若呈现黄褐色(有机质所致),应加入 1～3mL 15% 的 H_2O_2,继续在水浴锅上蒸干,反复处理至黄褐色消失。

2)将蒸发皿放入 105～110℃的烘箱中烘干 4～8h,取出后放入干燥器中冷却 0.5h,称量。再重复烘干 2～4h,冷却 0.5h,用天平称量,反复进行至前后两次质量差值不大于 0.0001g。

1.23.5　试验结果

1)易溶盐总量按式(1-48)计算:

$$X = \frac{m_2 - m_1}{m_s} \times 100 \tag{1-48}$$

式中:X——易溶盐总量(%),计算至 0.001%;

　　m_2——蒸发皿加蒸干残渣质量(g);

　　m_1——蒸发皿质量(g);

　　m_s——相当于 50mL 或 100mL 浸出液的干土样质量(g)。

2)本试验记录格式见表 1-29 所列。

表 1-29　易溶盐总量试验记录

工程编号＿＿＿＿＿＿＿＿＿＿＿＿＿　　试验计算者＿＿＿＿＿＿＿＿＿＿＿＿＿＿

土样编号＿＿＿＿＿＿＿＿＿＿＿＿＿　　校核者＿＿＿＿＿＿＿＿＿＿＿＿＿＿＿＿

土样说明＿＿＿＿＿＿＿＿＿＿＿＿＿　　试验日期＿＿＿＿＿＿＿＿＿＿＿＿＿＿＿

吸取浸出液体积 V(mL)	50	
试验次数	1	2
残渣＋蒸发皿的质量(g)	59.3974	57.4828
蒸发皿的质量(g)	57.3850	57.4700
残渣的质量(g)	0.0124	0.0128
全盐量(%)	0.124	0.128
全盐量平均值(%)	0.126	

注:(1)残渣中如果 $CaSO_4 \cdot 2H_2O$ 或 $MgSO_4 \cdot 7H_2O$ 的含量较高,那么 105～110℃不能除尽这些水合物中所含的结晶水,在称量时就较难达到"恒量",遇此情况应在 180℃烘干。但潮湿盐土含 $CaCl_2 \cdot 6H_2O$ 和 $MgCl_2 \cdot 6H_2O$ 的量较高,这类化合物极易吸湿、水解,即使在 180℃干燥,也不能得到满意结果。遇到这样的土样,可在浸出液中先加入 10mL 2% 的 Na_2CO_3 溶液,蒸干时即生成 $NaCl$、Na_2SO_4、$CaCO_3$、$MgCO_3$ 等沉淀,再在 180℃烘干 2h,即可达到"恒量",加入的 Na_2CO_3 量应从盐分总量中减去。

(2)由于盐分(特别是镁盐)在空气中容易吸水,故在相同的时间和条件下冷却称量。

3)易溶盐总量试验结果精度应符合表 1-30 的规定。

表 1-30　易溶盐总量(质量法)两次测定的允许偏差

全盐量范围(%)	允许相对偏差(%)
<0.05	15～20
0.05～0.2	10～15
0.2～0.4	5～10
>0.5	<5

第2章 土工合成材料

2.1 单位面积质量测定

2.1.1 概述

单位面积质量是单位面积的试样,在标准大气条件下的质量。

本方法依据《公路工程土工合成材料试验规程》(JTG E50—2006)中的 T 1111—2006 编制而成,适用于土工织物、土工格栅,其他类型的土工合成材料可参照执行。

2.1.2 试样制备

1. 取样

1)试样应沿着卷装长度和宽度方向切割,需要时标出卷装的长度方向。除试验有其他要求,样品上的标志必须标到试样上。

2)用于每次试验的试样,应从样品长度和宽度方向上均匀地裁取,但距样品幅边至少 10cm。试样不应包含影响试验结果的任何缺陷。

3)对同一项试验,应避免两个以上的试样处在相同的纵向或横向位置上。

4)样品经调湿后,再制成规定尺寸的试样。

2. 试样状态调节

1)土工织物:试样应在标准大气条件下调湿 24h,标准大气按 GB/T 6529 规定的三级标准:温度 20℃±2℃、相对湿度 65%±5%。

2)塑料土工合成材料:按 GB/T 2918 的规定,在温度 23℃±2℃的环境下,进行状态调节,时间不少于 4h。

3. 裁样

1)土工织物:用切刀或剪刀裁取面积为 $10000mm^2$ 的试样 10 块,剪裁和测量精度为 1mm。

2)对于土工格栅、土工网这类孔径较大的材料,试样尺寸应能代表该种材料的全部结构。可放大试样尺寸,剪裁时应从肋间对称剪取,剪裁后应测量试样的实际面积。

2.1.3 仪器设备

剪刀或切刀、称量天平(感量为 0.01g)、钢尺(刻度至毫米,精度为 0.5mm)。

2.1.4 试验步骤

1)取样、试样调湿和状态调节按第 2.1.2 小节的规定进行操作。

2)称量:将裁剪好的试样按编号顺序逐一在天平上称量,读数精确到 0.01g。

2.1.5　试验结果

1)按式(2-1)计算每块试样的单位面积质量,按 GB 8170 修约,保留小数一位:

$$G=\frac{m\times10^6}{A} \tag{2-1}$$

式中:G——试样单位面积质量(g/m^2);

　　m——试样质量(g);

　　A——试样面积(mm^2)。

2)计算 10 块试样单位面积质量的平均值$\overline{G}$,精确到 $0.1g/m^2$;同时按 JTG E50 的规定计算出标准差 σ 和变异系数C_v。

2.2　厚度测定试验

2.2.1　概述

本试验是在一定压力下测定土工织物和相关产品厚度的试验方法。厚度是指土工织物在承受规定的压力下,正反两面之间的距离;常规厚度是指在 2kPa 压力下测得的试样厚度。

本试验依据《公路工程土工合成材料试验规程》(JTG E50—2006)中的 T 1112—2006 编制而成。

2.2.2　试样制备

裁取具有代表性的试样 10 块,试样尺寸应不小于基准板的面积。

2.2.3　仪器设备

1)基准板:面积应大于 2 倍的压块面积。

2)压块:圆形,表面光滑,面积为 $25cm^2$,重为 5N、50N、500N 不等;其中常规厚度的压块为 5N,对试样施加 2kPa±0.01kPa 的压力。

3)百分表:最小分度值 0.01mm。

4)秒表:最小分度值 0.1s。

2.2.4　试验步骤

1)取样、试样调湿和状态调节按第 2.1.2 小节的规定进行操作。

2)测定 2kPa 压力下的常规厚度,具体步骤如下:

(1)擦净基准板和 5N 的压块,压块放在基准板上,调整百分表零点;

(2)提起 5N 的压块,将试样自然平放在基准板与压块之间,轻轻放下压块,使试样受到的压力为 2kPa±0.01kPa,放下测量装置的百分表触头,接触后开始计时,30s 时读数,精确至 0.01mm;

（3）重复上述步骤，完成 10 块试样的测试。

3）根据需要选用不同的压块，使压力为 20kPa±0.1kPa，重复第 2.2.4 小节中步骤 2）规定的程序，测定 20kPa±0.1kPa 压力下的试样厚度。

4）根据需要选用不同的压块，使压力为 200kPa±1kPa，重复第 2.2.4 小节中步骤 2）规定的程序，测定 200kPa±1kPa 压力下的试样厚度。

2.2.5　试验结果

1）计算在同一压力下所测定的 10 块试样厚度的算术平均值 $\bar{\delta}$，以毫米为单位，计算到小数点后三位，按 GB 8170 修约计算到小数点后两位。

2）如果需要，可参照 JTG E50 计算出标准差 σ 和变异系数 C_v。

2.3　拉伸试验

2.3.1　概述

土工合成材料的拉伸强度和最大负荷下伸长率是各项工程设计中最基本的技术指标，拉伸性能的好坏，可以通过拉伸试验进行测试。

测定土工织物拉伸性能的试验方法有宽条法和条带法。由于条带（窄条）试样在拉伸的过程中会产生明显的横向收缩（颈缩），使测得的拉伸强度和伸长率不能真实反映样品的实际情况；而采用宽条试样和较慢的拉伸速率，可以有效地降低横向收缩，使试验结果更加符合实际情况，所以国际标准和国外先进国家的相关标准以及国标土工织物拉伸均采用宽条法。大量试验数据表明，50mm 窄条法和 200mm 宽条法试验结果没有可比性，不存在相关关系，所以不能用折算的方法将窄条试验的结果折算为宽条试验的结果。

本试验依据《公路工程土工合成材料试验规程》（JTG E50—2006）中的 T 1121—2006、T 1123—2006 编制而成。宽条拉伸试验方法适用于大多数土工合成材料，包括土工织物、复合土工织物和土工格栅拉伸性能试验，但不适用于土工膜。条带拉伸试验方法适用于各类土工格栅。

2.3.2　仪器设备

1）拉伸试验机：具有等速拉伸功能，拉伸速率可以设定，并能测读拉伸过程中试样的拉力和伸长量，记录拉力-伸长曲线。

2）夹具：钳口表面应有足够宽度，至少应与试样 200mm 同宽，以保证能够夹持试样的全宽，并采用适当措施避免试样滑移和损伤。

3）条带法夹具：钳口应有足够的约束力，允许采用适当措施避免试样滑移和损伤。对大多数材料宜使用压缩式夹具，但对那些使用压缩式夹具出现过多钳口断裂或滑移的材料，可采用绞盘式夹具。

4）伸长计：能够测量试样上两个标记点之间的距离，对试样无任何损伤和滑移，能反映标记点的真实动程。伸长计包括力学、光学或电子形式的。伸长计的精度应不超过±1mm。

2.3.3 试样制备

1. 试样尺寸(宽条法)

1)无纺类土工织物试样宽为 200mm±1mm(不包括边缘),并有足够的长度以保证夹具间距 100mm;为控制滑移,可沿试样的整个宽度与试样长度方向垂直地画两条间隔 100mm 的标记线(不包含绞盘夹具)。

2)对于机织类土工织物,将试样剪切约 220mm 宽,然后从试样的两边拆去数目大致相等的边线以得到 200mm±1mm 的名义试样宽度,这有助于保持试验中试样的完整性。当试样的完整性不受影响时,可直接剪切至最终宽度。

3)对于土工格栅,每个试样至少为 200mm 宽,并具有足够长度。试样的夹持线在节点处,除被夹钳夹持住的节点或交叉组织外,还应包含至少 1 排节点或交叉组织;对于横向节距大于或等于 75mm 的产品,其宽度方向上应包含至少两个完整的抗拉单元。如使用伸长计,标记点应标在试样的中排抗拉肋条的中心线上,两个标记点之间应至少间隔 60mm,并至少含有 1 个节点或 1 个交叉组织。

4)对于针织、复合土工织物或其他织物,用刀或剪子切取试样可能会影响织物结构,此时允许采用热切,但应在试验报告中说明。

5)当需要测定湿态最大负荷和干态最大负荷时,剪取试样长度至少为通常要求的两倍。将每个试样编号后对折剪切成两块,一块用于测定干态最大负荷,另一块用于测定湿态最大负荷,这样使得每一对拉伸试验是在含有同样纱线的试样上进行的。

6)试样数量:纵向和横向各剪取至少 5 块试样。

2. 试样尺寸(条带法)

对于土工格栅,单筋试样应有足够的长度,试样的夹持线在节点处,除被夹钳夹持住的节点或交叉组织外,还应包含至少 1 个节点或交叉组织。

如使用伸长计,标记点应标在筋条试样的中心上,两个标记点之间应至少间隔 60mm,并至少含有 1 个节点或 1 个交叉组织,夹持长度应为数个完整节距。

2.3.4 试验步骤

1. 干态试验

取样、试样调湿和状态调节按第 2.1.2 小节的规定进行操作。湿态试验所用试样应浸入温度为 20℃±2℃ 的蒸馏水中,浸润时间应足以使试样完全润湿或者至少 24h。为使试样完全湿润,也可以在水中加入不超过 0.05% 的非离子型润湿剂。

2. 拉伸试验机的设定

选择试验机的负荷量程,使断裂强力在满量程负荷的 30%~90%。设定试验机的拉伸速度,使试样的拉伸速率为名义夹持长度的 20%/min±1%/min。如使用绞盘夹具,在试验前应使绞盘中心间距保持最小,并且在试验报告中注明使用了绞盘夹具。

宽条法试验时土工织物,试验前将两夹具间的隔距调至 100mm±3mm;土工格栅按第 2.3.3 小节的方法进行。

用伸长计测量时,名义夹持长度是在试样的受力方向上,标记的两个参考点间的初始距离,一般为 60mm(两边距试样对称中心为 30mm),记为 L_0。

3. 夹持试样

将试样在夹具中对中夹持,注意纵向和横向的试样长度应与拉伸力的方向平行。合适的方法是将预先画好的横贯试件宽度的两条标记线尽可能地与上下钳口的边缘重合。对湿态试样,从水中取出后 3min 内进行试验。

4. 试样预张

对已夹持好的试件进行预张,预张力相当于最大负荷的 1%,记录因预张试样产生的夹持长度的增加值 L_0'。

5. 伸长计的使用

宽条法试验时,在试样上相距 60m 处分别设定标记点(分别距试样中心 30mm),并安装伸长计,注意不能对试样有任何损伤,并确保试验中标记点无滑移。

6. 测定拉伸性能

开动试验机连续加荷直至试样断裂,停机并恢复至初始标距位置。记录最大负荷,精确至满量程的 0.2%;记录最大负荷下的伸长量 ΔL,精确到小数点后一位。

如试样在距钳口 5mm 范围内断裂,结果应予剔除;纵横向每个方向至少试验 5 块有效试样。如试样在夹具中滑移,或者多于 1/4 的试样在钳口附近 5mm 内断裂,可采取下列措施:夹具内加衬垫;对夹在钳口内的试样加以涂层;改进夹具钳口表面。

无论采用了何种措施,都应在试验报告中注明。

7. 测定特定伸长率下的拉伸力

使用合适的记录测量装置测定在任一特定伸长率下的拉伸力,精确至满量程的 0.2%。

2.3.5　试验结果

1. 拉伸强度

1)宽条法:使用式(2-2)计算每个试样的拉伸强度:

$$\alpha_f = F_c C \tag{2-2}$$

式中:α_f——拉伸强度(kN/m);

　　F_c——最大负荷(kN);

　　C——由式(2-3)或式(2-4)求出。

对于非织造品、高密织物或其他类似材料:

$$C = 1/B \tag{2-3}$$

式中:B——试样的名义宽度(m)。

对于稀松机织土工织物、土工网、土工格栅或其他类似的松散结构材料:

$$C = N_m / N_s \tag{2-4}$$

式中:N_m——试样 1m 宽度内的拉伸单元数;

　　N_s——试样内的拉伸单元数;

2)条带法:土工格栅试样拉伸强度按式(2-5)计算:

$$\alpha_f = f_n / L \tag{2-5}$$

式中：α_f——拉伸强度（kN/m）；

　　f——试件的最大拉伸力（kN）；

　　n——样品宽度上的筋数；

　　L——样品宽度（m）。

2. 最大负荷下伸长率（宽条法和条带法）

使用式（2-6）计算每个试样的伸长率：

$$\varepsilon = \frac{\Delta L}{L_0 + L_0'} \times 100 \tag{2-6}$$

式中：ε——伸长率（%）；

　　L_0——名义夹持长度（使用夹具时为 100mm，使用伸长计时为 60mm）；

　　L_0'——预负荷伸长量（mm）；

　　ΔL——最大负荷下的伸长量（mm）。

3. 特定伸长率下的拉伸力

1）宽条法：计算每个试样在特定伸长率下的拉伸力，用式（2-7）计算，用 kN/m 表示。

例如，伸长率 2% 时的拉伸力：

$$F_{2\%} = f_{2\%} C \tag{2-7}$$

式中：$F_{2\%}$——对应 2% 伸长率时每延米拉伸力（kN/m）；

　　$f_{2\%}$——对应 2% 伸长率时试样的测定负荷（kN）；

　　C——由式（2-3）或式（2-4）求出。

2）条带法：土工格栅试样特定伸长率下的拉伸力按式（2-8）计算。

例如，伸长率为 2% 时的拉伸力：

$$F_{2\%} = f_{2\%} n / L \tag{2-8}$$

式中：$F_{2\%}$——对应 2% 伸长率时每延米拉伸力（kN/m）；

　　$f_{2\%}$——对应 2% 伸长率时试样的测定负荷（kN）；

　　n——样品宽度上的筋数；

　　L——样品宽度（m）。

4. 平均值和变异系数

每组有效试样为 5 块，分别对纵向和横向两组试样的拉伸强度、最大负荷下伸长率及特定伸长率下的拉伸力计算平均值和变异系数，拉伸强度和特定伸长率下的拉伸力精确至 3 位有效数字，最大负荷下伸长率精确至 0.1%，变异系数精确至 0.1%。

2.4　梯形撕裂强度试验

2.4.1　概述

本试验依据《公路工程土工合成材料试验规程》（JTG E50—2006）中的 T 1125—2006

编制而成,适用于土工织物,不适用于塑料薄膜类土工合成材料。

2.4.2　仪器设备

1)拉伸试验机:应具有等速拉伸功能,拉伸速率可以设定,并能测读拉伸过程中的应力、应变量,记录应力-应变曲线。

2)夹具:钳口表面应有足够宽度,以保证能够夹持试样的全宽,并采用适当措施避免试样滑移和损伤。

2.4.3　试样制备

纵向和横向各取 10 块试样,梯形试件制样尺寸如图 2-1 所示。试样上不得有影响试验结果的可见疵点。在每块试样的梯形短边正中处剪一条垂直于短边的 15mm 长的切口,并画上夹持线。

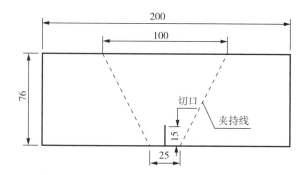

图 2-1　梯形试件制样尺寸(单位:mm)

2.4.4　试验步骤

1)取样、试样调湿和状态调节按第 2.1.2 小节的规定进行操作。

2)调整拉伸试验机卡具的初始距离为 25mm,设定满量程范围,使试样最大撕破负荷为满量程负荷的 30%～90%,设定拉伸速率为 100mm/min±5mm/min。

3)将试样放入卡具内,使夹持线与夹钳钳口线相平齐,然后旋紧上、下夹钳螺栓,同时要注意试样在上、下夹钳中间的对称位置,使梯形试样的短边保持垂直状态。

4)开动拉伸试验机,直至试样完全撕破断开为止,记录最大撕破强力值,以 N 为单位。

5)若试样从夹钳中滑出或不在切口延长线处撕破断裂,则应剔除此次试验数值,并在原样品上再裁取试样,补足试验次数。

2.4.5　试验结果

1)计算纵、横向撕破强力的平均值和变异系数。

2)纵、横向撕破强力以各自 10 次试验的算术平均值表示,以 N 为单位,计算到小数点后 1 位;变异系数精确至 0.1%。

2.5 CBR 顶破强力试验

2.5.1 概述

土工合成材料在工程结构中,要承受各种法向静态力的作用,所以顶破强力是土工合成材料力学性能的重要指标之一。评价顶破强力的方法不少,其中专用于土工织物、土工膜及其有关产品的方法有 CBR 顶破(圆柱形顶杆)和圆球顶破,而 CBR 顶破强力被广泛地用于土工织物产品标准的技术要求中。本试验依据《公路工程土工合成材料试验规程》(JTG E50—2006)中的 T 1126—2006 编制而成,适用于土工织物、土工膜及其复合产品。

2.5.2 仪器设备

1)试验机:应具有等速加荷功能,加荷速率可以设定,并能测读拉伸过程中的应力、应变量,记录应力-应变曲线。

2)顶破夹具:夹具夹持环底座高度须大于 100mm,环形夹具内径为 150mm,其中心必须在顶压杆的轴线上。

3)顶压杆:直径为 50mm、高度为 100mm 的圆柱体,顶端边缘倒成 2.5mm 半径的圆弧。

2.5.3 试样制备

制样成 φ300mm 的圆形试样 5 块,试样上不得有影响试验结果的可见疵点,在每块试样离外圈 50mm 处均等开 6 条 8mm 宽的槽。.

2.5.4 试验步骤

1)取样、试样调湿和状态调节按第 2.1.2 小节的规定进行操作。

2)试样夹持:将试样放入环形夹具内,使试样在自然状态下拧紧夹具,以避免试样在顶压过程中滑动或破损。

3)将夹持好试样的环形夹具对中放于试验机上,设定试验机满量程范围,使试样最大顶破强力为满量程负荷的 30%～90%,设定顶压杆的下降速度为 60mm/min±5mm/min。

4)启动试验机,直至试样完全顶破为止,观察和记录顶破情况,记录顶破强力(N)和顶破位移值(mm)。若土工织物在夹具中有明显滑动,则应剔除此次试验数据,并补做试验至 5 块。

2.5.5 试验结果

1)分别计算 5 块试样的顶破强力(N)、顶破位移(mm)的平均值和变异系数 C_v。顶破强力和顶破位移计算至小数点后 1 位,按 GB 8170 修约到整数。

2)变形率计算至小数点后 1 位,按 GB 8170 修约到整数。

$$\varepsilon = \frac{L_1 - L_0}{L_0} \times 100$$

(2-9)

$$L_1 = \sqrt{h^2 + L_0^2} \qquad\qquad (2-10)$$

式中：h——顶压杆位移距离（mm）；

　　L_0——试验前夹具内侧到顶压杆顶端边缘的距离（mm）；

　　L_1——试验后夹具内侧到顶压杆顶端边缘的距离（mm）；

　　ε——变形率（%）。

h、L_0、L_1 如图 2-2 所示。

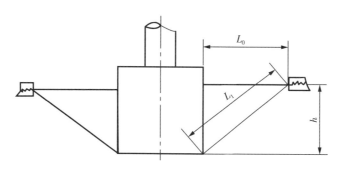

图 2-2　顶破试验示意（单位：mm）

2.6　刺破强力试验

2.6.1　概述

刺破强力的原理方法与 CBR 顶破强力类似，但在顶杆直径、试样面积和顶压速率上有所不同。刺破强力反映的是土工合成材料抵抗小面积集中负荷的能力，适用于各种机织土工织物、针织土工织物、非织造土工织物、土工膜和复合土工织物等产品。但对一些较稀松或孔径较大的机织物不适用，土工网和土工格栅一般不进行该项试验。本试验依据《公路工程土工合成材料试验规程》（JTG E50—2006）中的 T 1127—2006 编制而成。

2.6.2　仪器设备

1）试验机：应具有等速加荷功能，加载速率可以设定，能测读加载过程中的应力、应变，记录应力-应变曲线，要求行程大于 100mm，加载速率能达到 300mm/min±10mm/min。

2）环形夹具：内径 45mm±0.025mm，底座高度大于顶杆长度，有较高的支撑力和稳定性。

3）平头顶杆：钢质实心杆，直径 8mm±0.01mm，顶端边缘倒角 0.5mm×45°。

2.6.3　试样制备

裁取圆形试样 10 块，直径不小于 100mm，试样上不得有影响试验结果的可见疵点，根据夹具的具体结构在对应螺栓的位置处开孔。

2.6.4 试验步骤

1)取样、试样调湿和状态调节按第 2.1.2 小节的规定进行操作。

2)试样夹持,将试样放入环形夹具内,使试样在自然状态下拧紧夹具。

3)将装好试样的环形夹具对中放于试验机上,夹具中心应在顶杆的轴心线上。

4)设定试验机的满量程范围,使试样最大刺破力为满量程负荷的 30%～90%,设定加载速率为 300mm/min±10mm/min。

5)对于湿态试样,从水中取出后 3min 内进行试验。

6)开机,记录顶杆顶压试样时的最大压力值,比值即为刺破强力。若土工织物在夹具中有明显滑移,则应剔除此次试验数据。

7)按照上述步骤,测定其余试样,直至得到 10 个测定值。

2.6.5 试验结果

计算 10 块试样刺破强力的平均值(N),按 GB 8170 修约到 3 位有效数字。如有要求,需计算刺破强力的变异系数 C_v,精确至 0.1%。

2.7 垂直渗透系数试验

2.7.1 概述

垂直渗透系数是指在单位水力梯度下垂直于土工织物平面流动的水的流速(mm/s)。土工织物用作反滤材料时,流水的方向垂直于土工织物的平面,此时要求土工织物既能阻止土颗粒随水流失,又要求它具有一定的透水性。垂直渗透性能主要用于反滤设计,以确定土工织物的渗透性能。本试验依据《公路工程土工合成材料试验规程》(JTG E50—2006)中的 T 1141—2006 编制而成。

2.7.2 仪器设备

1)恒水头渗透仪:渗透仪夹持器的最小直径 50mm,能使试样与夹持器周壁密封良好,没有渗漏;有测量水头高度的装置,精确到 0.2mm。仪器能设定的最大水头差应不小于 70mm,有溢流和水位调节装置,能够在试验期间保持试件两侧水头恒定,有达到 250mm 恒定水头的能力,测量系统的管路应避免直径的变化,以减少水头损失。

2)供水系统:水温控制为 18～22℃;试验用水应按 GB/T 7489 对水质的要求采用蒸馏水或经过过滤的清水,试验前必须用抽气法或煮沸法脱气,溶解氧含量的测定在水入口处进行,水中的溶解氧含量不得超过 10mg/kg。

3)秒表,精确到 0.1s。

4)量筒,精确到 10mL。

5)温度计,精确到 0.2℃。

2.7.3　试样制备

试样应清洁,表面无污物,无可见损坏或折痕,不得折叠,并应放置于平处,上面不得施加任何荷载。试样数量不小于 5 块,其尺寸应与试验仪器相适应。

2.7.4　试验步骤

1)取样、试样调湿和状态调节按第 2.1.2 小节的规定进行操作。

2)将试样置于含湿润剂的水中,至少浸泡 12h 直至饱和并赶走气泡。湿润剂采用 0.1% V/V 的烷基苯磺酸钠。

3)将饱和试样装入渗透仪的夹持器内,安装过程应防止空气进入试样,有条件时宜在水下装样,并使所有的接触点不漏水。

4)向渗透仪注水,直到试样两侧达到 50mm 的水头差。关掉供水,若试样两侧的水头在 5min 内不能平衡,则应查找是否有未排除干净的空气,重新排气,并在试验报告中注明。

5)调整水流,使水头差达到 70mm±5mm,记录此值,精确到 1mm。待水头稳定至少 30s 后,在规定的时间周期内,用量杯收集通过仪器的渗透水量,体积精确到 10mL,时间精确到 s。收集渗透水量至少 1000mL,时间至少 30s。如果使用流量计,流量计至少应有能测出水头差 70mm 时的流速的能力,实际流速由最小时间间隔 15s 的 3 个连续读数的平均值得出。

6)分别对最大水头差 80%、60%、40% 和 20% 的水头差,重复本小节步骤 5),从最高流速开始,到最低流速结束,并记录下相应的渗透水量和时间。如果使用流量计,适用同样的原则。如土工织物总体渗透性能已确定,为控制产品质量也可只测 50mm 水头差下的流速。

7)记录水温,精确到 0.2℃。

8)对剩下的试样重复步骤 3)~步骤 7)。

2.7.5　试验结果

1)按式(2-11)计算实际水温下的垂直渗透系数 k:

$$k=v/i=\frac{v\delta}{\Delta h} \tag{2-11}$$

式中:k——实际水温下的垂直渗透系数(mm/s);

　　　v——垂直土工织物平面水的流动速度(mm/s);

　　　i——土工织物上下两侧的水力梯度;

　　　δ——土工织物试样厚度(mm);

　　　Δh——对土工织物试样施加的水头差(mm)。

2)按式(2-12)计算 20℃ 水温下的垂直渗透系数 k_{20}:

$$k_{20}=kR_{\text{T}} \tag{2-12}$$

式中:k_{20}——水温 20℃ 时的垂直渗透系数(mm/s);

k——实际水温下的垂直渗透系数(mm/s);

R_T——T℃水温时的水温修正系数(见表 2-1)。

表 2-1　水温修正系数

温度(℃)	R_T	温度(℃)	R_T
18.0	1.050	20.5	0.988
18.5	1.038	21.0	0.976
19.0	1.025	21.5	0.965
19.5	1.012	22.0	0.953
20.0	1.000		

第3章 掺合料

3.1 二氧化硅含量测定

3.1.1 概述

本方法依据《公路工程无机结合料稳定材料试验规程》(JTG 3441—2024)编制而成,适用于粉煤灰中二氧化硅的测定。

3.1.2 仪器设备

1)分析天平:不应低于四级,量程不小于 100g,感量 0.0001g。

2)氧化铝、铂、瓷坩埚:带盖,容量 15~30mL。

3)瓷蒸发皿:容量 50~100mL。

4)马弗炉:隔焰加热炉,在炉膛外围进行电阻加热。应使用温度控制器,准确控制炉温,并定期进行校验。

5)玻璃容量器皿:滴定管、容量瓶、移液管。

6)分光光度计:可在 400~700nm 测定溶液的吸光度,带有 10mm、20mm 比色皿。

7)其他:玻璃棒、沸水浴锅、玻璃三脚架、干燥器、研钵(玛瑙研钵)、精密酸性 pH 试纸。

3.1.3 试剂和材料

分析过程中,只使用蒸馏水或同等纯度的水;所用试剂应为分析纯或优级纯试剂。用于标定与配制标准溶液的试剂,除另有说明外,均应为基准制剂。

除另有说明外,％表示质量分数。本方法中使用的市售浓液体试剂具有下列密度 ρ (20℃,单位 g/cm^3 或％):盐酸(HCl)为 1.18 ~1.19g/cm^3 或 36％~38％;氢氟酸(HF)为 1.13g/cm^3 或 40％;硝酸(HNO_3)为 1.39~1.41g/cm^3 或 65％~68％;硫酸(H_2SO_4)为 1.84g/cm^3 或 95％~98％;氨水(NH_3·H_2O)为 0.90~0.91g/cm^3 或 25％~28％。

在化学分析中,所用酸或氨水,凡未注浓度者均指市售的浓度或浓氨水。用体积比表示试剂稀释程度,如盐酸(1+2)表示 1 份体积的浓盐酸与 2 份体积的水相混合。

1)盐酸:(1+1),(1+2),(1+4),(1+11),(3+97)。

2)硝酸:(1+9)。

3)硫酸:(1+4),(1+1)。

4)氨水:(1+1),(1+2)。

5)硝酸银溶液(5g/L):将 5g 硝酸银(AgNO_3)溶于水中,加 10mL 硝酸(HNO_3),用水稀释至 1L。

6）氯化铵（NH_4Cl）。

7）无水乙醇（C_2H_5OH）：体积分数不低于 99.5%；乙醇，体积分数 95%；乙醇（1+4）。

8）无水碳酸钠（Na_2CO_3）：将无水碳酸钠用玛瑙研钵研细至粉末状保存。

9）1-（2-吡啶偶氮）-2-萘酚（PAN）指示剂溶液：将 0.2g PAN 溶于 100mL 体积分数为 95% 的乙醇中。

10）钼酸铵溶液（50g/L）：将 5g 钼酸铵［$(NH_4)_6M_7O_{24} \cdot 4H_2O$］溶于水中，加水稀释至 100mL，过滤后储存于塑料瓶中，此溶液可保存约一周。

11）抗坏血酸溶液（5g/L）：将 0.5g 抗坏血酸（VC）溶于 100mL 水中，过滤后使用，用时现配。

12）氢氧化钾溶液（200g/L）：将 200g 氢氧化钾（KOH）溶于水中，加水稀释至 1L，储存于塑料瓶中。

13）焦硫酸钾（$K_2S_2O_7$）：将市售焦硫酸钾在瓷蒸发皿中加热熔化，待气泡停止发生后，冷却、砸碎，储存于磨口瓶中。

14）钙黄绿素-甲基百里香酚蓝-酚酞混合指示剂溶液（简称 CMP 混合指示剂）：称取 1.000g 钙黄绿素、1.000g 甲基百里香酚蓝、0.200g 酚酞与 50g 已在 105℃ 烘干过的硝酸钾（KNO_3）混合研细，保存在磨口瓶中。

15）碳酸钙标准溶液［$c(CaCO_3) = 0.024mol/L$］：称取 0.6g（m_1）已于 105～110℃ 烘过 2h 的碳酸钙（$CaCO_3$），精确至 0.0001g，置于 400mL 烧杯中，加入约 100mL 水，盖上表面皿，沿杯口滴加盐酸（1+1）至碳酸钙全部溶解，加热煮沸数分钟；将溶液冷却至室温，移入 250mL 容量瓶中，用水稀释至标线，摇匀。

16）EDTA 二钠标准溶液［$c(EDTA) = 0.015mol/L$］的具体操作如下。

（1）标准滴定溶液的配制。称取 EDTA 二钠（乙二胺四乙酸二钠盐）约 5.6g 置于烧杯中，加约 200mL 水，加热溶解，过滤，用水稀释至 1L。

（2）EDTA 二钠标准溶液浓度的标定。吸取 25.00mL 碳酸钙标准溶液置于 400mL 烧杯中，加水稀释至约 200mL，加入适量的 CMP 混合指示剂，在搅拌下加入氢氧化钾溶液至出现绿色荧光后再过量 2～3mL，以 EDTA 二钠标准溶液滴定至绿色荧光消失并呈现红色。

EDTA 二钠标准溶液的浓度按式（3-1）计算。

$$c(EDTA) = \frac{m_1 \times 25 \times 1000}{250 \times V_1 \times 100.09} = \frac{m_1}{V_1} \times \frac{1}{1.0009} \qquad (3-1)$$

式中：$c(EDTA)$——EDTA 二钠标准溶液的浓度（mol/L）；

V_1——滴定时消耗 EDTA 二钠标准溶液的体积（mL）；

m_1——按第 3.1.3 小节中的 15）配制碳酸钙标准溶液的碳酸钙的质量（g）；

100.09——$CaCO_3$ 的摩尔质量（g/mol）。

（3）EDTA 二钠标准溶液对各氧化物滴定度的计算。EDTA 二钠标准溶液对三氧化二铁、三氧化二铝、氧化钙、氧化镁的滴定度分别按式（3-2）～式（3-5）计算。

$$T_{Fe_2O_3} = c(EDTA) \times 79.84 \qquad (3-2)$$

$$T_{Al_2O_3} = c(EDTA) \times 50.98 \qquad (3-3)$$

$$T_{CaO} = c(EDTA) \times 56.08 \tag{3-4}$$

$$T_{MgO} = c(EDTA) \times 40.31 \tag{3-5}$$

式中：$T_{Fe_2O_3}$——每毫升 EDTA 二钠标准溶液相当于三氧化二铁的毫克数（mg/mL）；

$T_{Al_2O_3}$——每毫升 EDTA 二钠标准溶液相当于三氧化二铝的毫克数（mg/mL）；

T_{CaO}——每毫升 EDTA 二钠标准溶液相当于氧化钙的毫克数（mg/mL）；

T_{MgO}——每毫升 EDTA 二钠标准溶液相当于氧化镁的毫克数（mg/mL）；

$c(EDTA)$——EDTA 二钠标准溶液的浓度（mol/L）；

79.84——（$1/2Fe_2O_3$）的摩尔质量（g/mol）；

50.98——（$1/2Al_2O_3$）的摩尔质量（g/mol）；

56.08——CaO 的摩尔质量（g/mol）；

40.31——MgO 的摩尔质量（g/mol）。

17）pH4.3 的缓冲溶液：将 42.3g 无水乙酸钠（CH_3COONa）溶于水中，加 80mL 冰乙酸（CH_3COOH），用水稀释至 1L，摇匀。

18）硫酸铜标准溶液[$c(CuSO_4)=0.015mol/L$]的具体操作如下。

（1）标准溶液的配制。将 3.7g 硫酸铜（$CuSO_4 \cdot 5H_2O$）溶于水中，加 4~5 滴硫酸（1+1），用水稀释至 1L，摇匀。

（2）EDTA 二钠标准溶液与硫酸铜标准溶液体积比的标定。从滴定管缓慢放出[$c(EDTA)=0.015mol/L$]EDTA 二钠标准溶液 10~15mL 于 400mL 烧杯中，用水稀释至约 150mL，加 15mL pH4.3 的缓冲溶液，加热至沸，取下稍冷，加 5~6 滴 PAN 指示剂溶液，以硫酸铜标准溶液滴定至亮紫色。

EDTA 二钠标准溶液与硫酸铜标准溶液的体积比按式（3-6）计算：

$$K = \frac{V_2}{V_3} \tag{3-6}$$

式中：K——每毫升硫酸铜标准溶液相当于 EDTA 二钠标准溶液的毫升数；

V_2——EDTA 二钠标准溶液的体积（mL）；

V_3——滴定时消耗硫酸铜标准溶液的体积（mL）。

19）EDTA 二钠-铜溶液：按[$c(EDTA)=0.015mol/L$]EDTA 二钠标准溶液与[$c(CuSO_4)=0.015mol/L$]硫酸铜标准溶液的体积比，标准配置成等浓度的混合溶液。

20）溴酚蓝指示剂溶液：将 0.2g 溴酚蓝溶于 100mL 乙醇（1+4）中。

21）磺基水杨酸钠指示剂溶液：将 10g 磺基水杨酸钠溶于水中，加水稀释至 100mL。

22）pH3 缓冲溶液：将 3.2g 无水乙酸钠（CH_3COONa）溶于水中，加 120mL 冰乙酸（CH_3COOH），用水稀释至 1L 后，摇匀。

23）二氧化硅（SiO_2）标准溶液的具体操作如下。

（1）标准溶液的配制。称取 0.2000g 经 1000~1100℃新灼烧过 30min 以上的二氧化硅（SiO_2），精确至 0.0001g，置于铂坩埚中，加入 2g 无水碳酸钠，搅拌均匀，在 1000~1100℃高温下熔融 15min。冷却，用热水将熔块浸出于盛有热水 300mL 的塑料杯中，待全部溶解后冷却至室温，移入 1000mL 容量瓶中，用水稀释至标线，摇匀，移入塑料瓶中保存。此标准溶液每毫升含有 0.2mg 二氧化硅。

吸取 10.00mL 上述标准溶液于 100mL 容量瓶中,用水稀释至标线,摇匀,移入塑料瓶中保存。此标准溶液每毫升含有 0.02mg 二氧化硅。

(2)工作曲线的绘制。吸取每毫升含有 0.02mg 二氧化硅的标准溶液 0mL、2.00mL、4.00mL、5.00mL、6.00mL、8.00mL、10.00mL 分别放入 100mL 容量瓶中,加水稀释至约 40mL,依次加入 5mL 盐酸(1+11)、8mL 体积分数为 95% 的乙醇、6mL 钼酸铵溶液。放置 30min 后,加入 20mL 盐酸(1+1)、5mL 抗坏血酸溶液,用水稀释至标线,摇匀。放置 1h 后,使用分光光度计、10mm 比色皿,以水作为参比,于 660nm 处测定溶液的吸光度。用测得的吸光度作为相对应的二氧化硅含量的函数,绘制工作曲线。

3.1.4　试验准备

1. 灼烧

将滤纸和沉淀物放入已灼烧并恒量的坩埚中,烘干。在氧化性气氛中慢慢灰化,不使其产生火焰,灰化至无黑色炭颗粒后,放入马弗炉中,在规定的温度 950~1000℃ 下灼烧。在干燥器中冷却至室温,称量。

2. 检查氯离子(硝酸银检验)

按规定洗涤沉淀数次后,用数滴水淋洗漏斗的下端,用数毫升水洗涤滤纸和沉淀,将滤液收集在试管中,加几滴硝酸银溶液,观测试管中溶液是否浑浊,继续洗涤并定期检查,直至硝酸银检验不再浑浊为止。

3. 恒量

经第一次灼烧、冷却、称量后,通过连续每次 15min 的灼烧,然后用冷却、称量的方法来检查质量是否恒定。当连续两次称量之差小于 0.0005g 时,即达到恒量。

3.1.5　试验步骤

试验以无水碳酸钠烧结,盐酸溶解,加固体氯化铵于沸水浴上加热蒸发,使硅酸凝聚(经过滤灼烧后称量)。用氢氟酸处理后,失去的质量即为胶凝性二氧化硅的质量,加上从滤液中比色回收的可溶性二氧化硅质量即为二氧化硅的总质量。

1. 胶凝性二氧化硅的测定

1)称取约 0.5g 试样(m_1),精确至 0.000lg,置于铂坩埚中,将盖斜置于坩埚上,在 950~1000℃ 下灼烧 5min,冷却。用玻璃棒仔细压碎块状物,加入 0.3g±0.01g 无水碳酸钠混匀,再将坩埚置于 950~1000℃ 下灼烧 10min,放冷。

2)将烧结块移入瓷蒸发皿中,加少量水润湿,用平头玻璃棒压碎块状物,盖上表面皿,从皿口滴入 5mL 盐酸及 2~3 滴硝酸,待反应停止后取下表面皿,用平头玻璃棒压碎块状物使其分解完全,用热盐酸(1+1)清洗坩埚数次,洗液合并于蒸发皿中。将蒸发皿置于沸水浴上,蒸发皿下放一玻璃三脚架,再盖上表面皿。蒸发至糊状后,加入 1g 氯化铵,充分搅匀,在蒸汽水浴上蒸发至干后继续蒸发 10~15min,蒸发期间用平头玻璃棒仔细搅拌并压碎大颗粒。

3)取下蒸发皿,加入 10~20mL 热盐酸(3+97),搅拌使可溶性盐类溶解。用中速滤纸过滤,用胶头擦棒擦洗玻璃棒及蒸发皿,用热盐酸(3+97)洗涤沉淀 3~4 次,然后用热水充分洗涤沉淀,直至检验无氯离子为止。滤液及洗液保存在 250mL 容量瓶中。

4)将沉淀连同滤纸一并移入铂坩埚中,将盖斜置于坩埚上,在电炉上干燥灰化完全后放入 $950 \sim 1000℃$ 的马弗炉内灼烧 1h,取出坩埚置于干燥器中冷却至室温,称量。反复灼烧,直至恒量(m_2)。

5)向坩埚中加数滴水润湿沉淀,加 3 滴硫酸(1+4)和 10mL 氢氟酸,放入通风橱内电热板上缓慢蒸干,升高温度继续加热至三氧化硫白烟完全逸尽。将坩埚放入 $950 \sim 1000℃$ 的马弗炉内灼烧 30min,取出坩埚置于干燥器中冷却至室温,称量。反复灼烧直至恒量(m_3)。

2. 经氢氟酸处理后的残渣的分解

向按第 3.1.5 小节"1. 胶凝性二氧化硅的测定"处理后得到的残渣中加入 0.5g 焦硫酸钾熔融,熔块用热水和数滴盐酸(1+1)溶解,溶液并入按第 3.1.5 小节"1. 胶凝性二氧化硅的测定"分离二氧化硅后得到的滤液和洗液中,用蒸馏水稀释至标线,摇匀,即为溶液 A。此溶液 A 供测定滤液中残留的可溶性二氧化硅、三氧化二铁、三氧化二铝用。

3. 可溶性二氧化硅的测定(硅钼蓝光度法)

从溶液 A 中吸取 25.00mL 溶液放入 100mL 容量瓶中。用水稀释至 40mL,依次加入 5mL 盐酸(1+11)、95％(V/V)乙醇 8mL、6mL 钼酸铵溶液,放置 30min 后加入 20mL 盐酸(1+1)、5mL 抗坏血酸溶液,用水稀释至标线,摇匀。放置 1h 后,使用分光光度计、10mm 比色皿,以水作为参比,于 660nm 处测定溶液的吸光度。在工作曲线上查出二氧化硅的质量 m_4。

3.1.6　试验结果

1)胶凝性二氧化硅的含量按式(3-7)计算:

$$X_{胶凝性SiO_2} = \frac{m_2 - m_3}{m_1} \times 100 \tag{3-7}$$

式中:$X_{胶凝性SiO_2}$——胶凝性二氧化硅的含量(％);

　　　m_1——试料的质量(g);

　　　m_2——灼烧后未经氢氟酸处理的沉淀及坩埚的质量(g);

　　　m_3——用氢氟酸处理并经灼烧后的残渣及坩埚的质量(g)。

2)可溶性二氧化硅的含量按式(3-8)计算:

$$X_{可溶性SiO_2} = \frac{m_4 \times 250}{m_1 \times 25 \times 1000} \times 100 \tag{3-8}$$

式中:$X_{可溶性SiO_2}$——可溶性二氧化硅的含量(％);

　　　m_1——第 3.1.5 小节"1. 胶凝性二氧化硅的测定"步骤 1)中试料的质量(g);

　　　m_4——按该法测定的 100mL 溶液中所含的二氧化硅的质量(mg)。

3)SiO_2 总含量按式(3-9)计算:

$$X_{总SiO_2} = X_{胶凝性SiO_2} + X_{可溶性SiO_2} \tag{3-9}$$

4)平行试验两次,允许重复性误差为 0.15％。

3.2 三氧化二铁含量测定(基准法)

3.2.1 概述

在 pH 为 1.8～2.0、温度为 60～70℃的溶液中,以磺基水杨酸钠为指示剂,用 EDTA 二钠标准溶液滴定。

本方法依据《公路工程无机结合料稳定材料试验规程》(JTG 3441—2024)编制而成,适用于粉煤灰中三氧化二铁含量的测定。

3.2.2 试验步骤

从第 3.1.5 小节溶液 A 中吸取 25.00mL 溶液放入 300mL 烧杯中,加水稀释至约100mL,用氨水(1+1)和盐酸(1+1)调节溶液 pH 为 1.8～2.0(用精密 pH 试纸检验)。将溶液加热至 70℃,加 10 滴磺基水杨酸钠指示剂溶液,此时溶液为紫红色。用[c(EDTA)=0.015mol/L]EDTA 二钠标准溶液缓慢地滴定至亮黄色(终点时溶液温度应不低于 60℃,如终点前溶液温度降至近 60℃,应再加热至 60～70℃)。保留此溶液供测定三氧化二铝时使用。

3.2.3 试验结果

按式(3-10)计算三氧化二铁的含量:

$$X_{Fe_2O_3} = \frac{T_{Fe_2O_3} \times V_1 \times 10}{m_1 \times 1000} \times 100 \tag{3-10}$$

式中:$X_{Fe_2O_3}$——三氧化二铁的含量(%);

$T_{Fe_2O_3}$——每毫升 EDTA 二钠标准溶液相当于三氧化二铁的毫克数(mg/mL);

V_1——滴定时消耗 EDTA 二钠标准溶液的体积(mL);

m_1——第 3.1.5 小节"1. 胶凝性二氧化硅的测定"步骤 1)中试料的质量(g)。

平行试验两次,允许重复性误差为 0.15%。

3.3 三氧化二铝含量测定

3.3.1 概述

将滴定三氧化二铁后的溶液 pH 调整至 3,在煮沸状态下用 EDTA 二钠-铜和 PAN 为指示剂,用 EDTA 二钠标准溶液滴定。

本方法依据《公路工程无机结合料稳定材料试验规程》(JTG 3441—2024)编制而成,适用于粉煤灰中三氧化二铝含量的测定。

3.3.2　试验步骤

将第 3.2 节中测试完三氧化二铁的溶液用水稀释至约 200mL,加 1～2 滴溴酚蓝指示剂溶液,滴加氨水(1+1)至溶液出现蓝紫色,再滴加盐酸(1+1)至黄色,加入 pH3 的缓冲溶液 15mL,加热至微沸并保持 1min,加入 10 滴 EDTA-铜溶液及 2～3 滴 PAN 指示剂,用[$c(EDTA)=0.015mol/L$]EDTA 二钠标准溶液滴定至红色消失,继续煮沸,滴定,直至溶液经煮沸后红色不再出现,呈稳定的亮黄色为止。记下 EDTA 二钠标准溶液消耗量 V_1。

3.3.3　试验结果

按式(3-11)计算三氧化二铁的含量:

$$X_{Al_2O_3} = \frac{T_{Al_2O_3} \times V_1 \times 10}{m_1 \times 1000} \times 100 \qquad (3-11)$$

式中:$X_{Al_2O_3}$——三氧化二铝的含量(%);

$T_{Al_2O_3}$——每毫升 EDTA 二钠标准溶液相当于三氧化二铝的毫克数(mg/mL);

V_1——滴定时消耗 EDTA 二钠标准溶液的体积(mL);

m_1——第 3.1.5 小节"1.胶凝性二氧化硅的测定"步骤 1)中试料的质量(g)。

平行试验两次,允许重复性误差为 0.20%。

3.4　烧失量测定

3.4.1　概述

本方法将试样在 950～1000℃的马弗炉中灼烧,去除水分和二氧化碳,同时将存在的易氧化元素氧化。由硫化物的氧化引起的烧失量误差必须进行校正,其他元素存在引起的误差一般可忽略不计。

本方法依据《公路工程无机结合料稳定材料试验规程》(JTG 3441—2024)、《水泥化学分析方法》(GB/T 176—2017)编制而成,适用于粉煤灰烧失量的测定。

3.4.2　仪器设备

1)马弗炉:隔焰加热炉,在炉膛外围进行电阻加热。应使用温度控制器,准确控制炉温,并定期进行校验。

2)瓷坩埚:带盖,容量 15～30mL。

3)分析天平:量程不小于 50g,精确至 0.0001g。

3.4.3　试验步骤

1)将粉煤灰样品用四分法缩减至 10g 左右,如有大颗粒存在,须在研钵中磨细至无不均匀颗粒存在为止,置于小烧杯中在105～110℃烘干至恒量,储于干燥器中,供试验用。

2)将瓷坩埚灼烧至恒量,供试验用。

3)称取约1g试样(m_1),精确至0.0001g,放入已灼烧恒量的瓷坩埚中,盖上坩埚盖,并留有缝隙,放在马弗炉内从低温开始逐渐升高温度,在950℃±25℃下灼烧15～20min,取出坩埚,置于干燥器中冷却至室温,称量。反复灼烧,直至连续两次称量之差小于0.0005g时,即达到恒量,记为(m_2)。

3.4.4　试验结果

1)实际测定烧失量的质量分数 $X_测$ 按式(3-12)计算:

$$X_测 = \frac{m_1 - m_2}{m_1} \times 100 \qquad (3-12)$$

式中:$X_测$——实际测定烧失量的质量分数(%);

m_1——试样的质量(g);

m_2——灼烧后试样的质量(g)。

2)试验结果精确至0.01%。平行试验两次,允许重复性误差为0.15%。

3.5　细度测定

3.5.1　概述

本方法利用气流作为筛分的动力和介质,通过旋转的喷嘴喷出的气流作用使筛网里的待测粉状物料呈流态化,并在整个系统负压的作用下,将细颗粒通过筛网抽走,从而达到筛分的目的。

本方法依据《公路工程无机结合料稳定材料试验规程》(JTG 3441—2024)编制而成,适用于粉煤灰细度的测定。

3.5.2　仪器设备

1)负压筛析仪:主要由0.075mm方孔筛、0.3mm方孔筛、筛座、真空源和收尘器等组成,其中0.075mm、0.3mm方孔筛内径为φ150mm,外框高度为25mm。

2)电子天平:量程不小于50g,感量为0.01g。

3.5.3　试验步骤

1)将测试用粉煤灰样品置于温度为105℃±1℃烘箱内烘干至恒重,取出放在干燥器中冷却至室温。

2)称取试样约10g,精确至0.01g,记录试样质量 m_1,倒在0.075mm方孔筛网上,将筛子置于筛座上,盖上筛盖。

3)接通电源,将定时开关固定在 3min,开始筛析。

4)调节负压至 5000Pa±1000Pa,若负压小于 4000Pa,则应停机,清理收尘器中的积灰后再进行筛析。

5)在筛析过程中,如有试样附着在筛盖上,可用轻质木棒或硬橡胶棒轻轻地敲击筛盖使试样落下,以防吸附。

6)3min 后筛析自动停止,停机后观察筛余物,如出现颗粒成球、黏筛或有细颗粒沉积在筛框边缘,用毛刷将细颗粒轻轻刷开,将定时开关固定在手动位置,再筛析 1~3min 直至筛分彻底为止。将筛网内的筛余物收集并称量,精确至 0.01g,记录筛余物质量 m_2。

7)称取试样约 100g,准确至 0.01g,记录试样质量 m_3,倒入 0.3mm 方孔筛网上,使粉煤灰在筛面上同时有水平方向及上下方向的不停顿的运动,使小于筛孔的粉煤灰通过筛孔,直至 1min 内通过筛孔的质量小于筛上残余量的 0.1% 为止。记录筛子上面粉煤灰的质量为 m_4。

3.5.4　试验结果

1)粉煤灰通过百分含量按式(3-13)、式(3-14)计算:

$$X_1 = \frac{m_1 - m_2}{m_1} \times 100 \tag{3-13}$$

$$X_2 = \frac{m_3 - m_4}{m_3} \times 100 \tag{3-14}$$

式中:X_1——0.075mm 方孔筛通过百分含量(%);

X_2——0.3mm 方孔筛通过百分含量(%);

m_1——过 0.075mm 筛的样品质量(g);

m_2——0.075mm 方孔筛筛余物质量(g);

m_3——过 0.3mm 筛的样品质量(g);

m_4——0.3mm 方孔筛筛余物质量(g)。

2)计算结果保留小数点后两位。平行试验 3 次,允许重复性误差均不得大于 5%。

3.5.5　筛网校正

筛网的校正采用粉煤灰细度标准样品或其他同等级标准样品。按第 3.5.3 小节测定标准样品的细度,筛网校正系数按式(3-15)计算:

$$K = \frac{m_0}{m} \tag{3-15}$$

式中:K——筛网校正系数;

m_0——标准样品筛余标准值(%);

m——标准样品筛余实测值(%)。

筛网校正系数范围为 0.8~1.2,筛析 150 个样品后进行筛网的校正。

3.6 比表面积测定(勃氏法)

3.6.1 概述

粉煤灰比表面积是指单位质量的粉煤灰粉末所具有的总面积,以 cm^2/g 表示。其原理是一定量的空气通过具有一定空隙率和固定厚度的粉煤灰层时,所受阻力不同而引起流速的变化来测定粉煤灰的比表面积。在一定空隙率的粉煤灰层中,孔隙的大小和数量是颗粒尺寸的函数,同时也决定了通过料层的气流速度。

测定比表面积应注意以下几个方面:

1)试样捣实:由于试料层内空隙分布均匀程度对比表面积结果有影响,因此捣实试样应按规定统一操作。

2)空隙率大小:在测定需要相互比较的试料时,空隙率不宜改变过多。

3)确保勃氏比表面积透气仪(简称勃氏仪)各部分接头应保持紧密。

勃氏仪分手动和自动两种。当同一粉煤灰用手动勃氏仪和自动勃氏仪测定的结果有争议时,以手动勃氏仪测定结果为准。

在不同温度下,水银密度、空气黏度 η 和 $\sqrt{\eta}$ 参见 JTG 3441 中表 T 0820 - 1。

本方法依据《公路工程无机结合料稳定材料试验规程》(JTG 3441—2024)编制而成,适用于用勃氏仪来测定粉煤灰的比表面积,也适用于比表面积为 $2000\sim6000cm^2/g$ 的其他各种粉状物料,不适用于测定多孔材料及超细粉状物料。

3.6.2 仪器设备

1)勃氏仪:应符合 JC/T 956 的要求,由透气圆筒、穿孔板、捣器、U 形压力计、抽气装置等组成。透气圆筒阳锥与 U 形压力计的阴锥应能严密连接。U 形压力计上的阀门及软管等接口处应能密封。在密封的情况下,压力计内的液面在 3min 内应不下降。

2)透气圆筒:内径为 $12.70mm\pm0.05mm$,由不锈钢或铜质材料制成。透气圆筒内表面和阳锥外表面的粗糙度不大于 $Ra1.6$。在透气圆筒内壁距离上口边 $55mm\pm10mm$ 处有一突出的、宽度为 $0.5\sim1.0mm$ 的边缘,以放置穿孔板。

3)穿孔板:由不锈钢或铜质材料制成,厚度为 $1.0mm\pm0.1mm$。穿孔板直径为 $12.70_{-0.05}^{0}mm$,穿孔板面上均匀地打有 35 个直径为 $1.00mm\pm0.05mm$ 的小孔。

4)捣器:用不锈钢或铜质材料制成。捣器与透气圆筒的间隙不大于 $0.1mm$;捣器底面应与主轴垂直,垂直度小于 $6'$。捣器侧面扁平槽宽度为 $3.0mm\pm0.3mm$。当捣器放入透气圆筒,捣器的支持环与圆筒上口边接触时,捣器底面与穿孔板间的距离为 $15.0mm\pm0.5mm$。

5)U 形压力计:由玻璃制成,U 形压力计玻璃管外径为 $9.0mm\pm0.5mm$;U 形压力计 U 形的间距为 $25mm\pm1mm$;U 形压力计在连接透气圆筒的一臂上刻有环形线,U 形压力计底部到第 1 条刻度线的距离为 $130\sim140mm$;U 形压力计上第 1 条刻度线与第 2 条刻度线的距离为 $15mm\pm1mm$;U 形压力计上第 1 条刻度线与第 3 条刻度线的距离为 $70mm\pm1mm$;U 形压力计底部往上 $280\sim300mm$ 处有一出口管,管上装有阀门,连接抽气装置。U 形压力计与透气圆筒相连的阴锥锥度为 19/38。

　　6）抽气装置：其吸力能保证水面超过第 3 条刻度线。

　　7）滤纸：中速定量滤纸。

　　8）分析天平：感量为 0.001g。

　　9）秒表：分度值为 0.5s。

　　10）烘箱：量程不小于 110℃，控温精度±1℃。

3.6.3　试剂和材料

　　1）压力计液体：压力计液体采用带有颜色的蒸馏水。

　　2）汞：分析纯汞。

　　3）基准材料：水泥细度和比表面积标准样（满足 GSB 14-1511 或相同等级的标准物质）。

3.6.4　勃氏仪的标定

　　1. 勃氏仪圆筒试料层体积的标定方法

　　用水银排代法标定圆筒的试料层体积。将穿孔板平放入圆筒内，再放入两片滤纸。然后用水银注满圆筒，用玻璃片挤压圆筒上口多余的水银，使水银面与圆筒上口平齐，倒出水银称量（m_1），然后取出一片滤纸，在圆筒内加入适量的试样。再盖上一片滤纸后用捣器压实至试料层规定高度。取出捣器用水银注满圆筒，同样用玻璃片挤压平后，将水银倒出称量（m_2）。圆筒试料层体积按式（3-16）计算：

$$V=(m_1-m_2)/\rho_{Hg} \qquad\qquad (3-16)$$

式中：V——透气圆筒的试料层体积（cm^3）；

　　　m_1——未装试样时，充满圆筒的水银质量（g）；

　　　m_2——装试样后，充满圆筒的水银质量（g）；

　　　ρ_{Hg}——试验温度下水银的密度（g/cm^3）。

　　试料层体积要重复测定两遍，取平均值，计算精确至 0.001cm^3。

　　2. 勃氏仪标准时间的标定方法

　　用水泥细度和比表面积标准样测定标准时间。

　　1）标准样的处理。将水泥细度和比表面积标准样在 110℃±1℃下烘干 1h 并在干燥器中冷却至室温。

　　2）标准样质量的确定。称取标准样质量，精确至 0.001g。标准样质量按式（3-17）计算：

$$m_0=\rho V(1-\varepsilon) \qquad\qquad (3-17)$$

式中：m_0——称取水泥细度和比表面积标准样的质量（g）；

　　　ρ——水泥细度和比表面积标准样的密度（g/cm^3）；

　　　V——气圆筒的试料层体积（cm^3）；

　　　ε——取 0.5。

3)试料层制备方法如下。将穿孔板放入透气圆筒的突缘上,用捣棒把一片滤纸放到穿孔板上,边缘放平并压紧。将准确称取的试样按第3.6.4小节"2. 勃氏仪标定时间的标定方法"中步骤2)计算的水泥细度和比表面积标准样倒入圆筒,轻敲圆筒的边,使粉煤灰层表面平坦。再放入一片滤纸,用捣器均匀压实标准样直至捣器的支持环紧紧接触圆筒顶边,旋转捣器1~2圈,慢慢取出捣器。

4)透气试验,具体步骤如下。将装好标准样的圆筒外锥面涂一薄层凡士林,把它连接到 U 形压力计上,打开阀门,缓慢地从压力计一臂中抽出空气,直到压力计内液面上升到超过第 3 条刻度线时关闭阀门。当压力计内液面的弯月面下降到第 3 条刻度线时开始计时,当液面的弯月面下降到第 2 条刻度线时停止计时。记录液面从第 3 条刻度线到第 2 条刻度线所需的时间 t_s,精确至 0.1s。透气试验要重复称取两次标准样分别进行,当两次透气时间的差超过 1.0s 时,要测第 3 遍,取两次不超过 1.0s 的平均透气时间作为该仪器的标准时间。

3.6.5 试验步骤

1)粉煤灰样品取样后,应先通过 0.9mm 方孔筛,再在 105℃±1℃ 的烘箱中烘干至恒量,并在干燥器中冷却至室温。

2)参看 JTG 3441 中的 T0819 方法测定粉煤灰密度。

3)漏气检查。将透气圆筒上口用橡皮塞塞紧,接到压力计上。用抽气装置从压力计一臂中抽出部分气体,然后关闭阀门,观察是否漏气。如发现漏气,用活塞油脂加以密封。

4)空隙率(ε)的确定。对粉煤灰粉料的空隙率应予选用 0.530±0.005。

当按该空隙率不能将试样压至第 3.6.4 小节"2. 勃氏仪标定时间的标定方法"中步骤3)规定的位置时,则允许改变空隙率。空隙率的调整以 2000g 砝码(5 等砝码)将试样压实至第 3.6.4 小节"2. 勃氏仪标定时间的标定方法"规定的位置为准。

5)试样量按式(3-18)计算:

$$m = \rho V(1-\varepsilon) \tag{3-18}$$

式中:m——需要的试样量(g);

ρ——试样密度(g/cm³);

V——试料层体积(cm³);

ε——试料层空隙率。

6)试料层的制备步骤如下。

(1)将穿孔板放入透气圆筒的突缘上,用捣棒把一片滤纸放到穿孔板上,边缘放平并压紧。称取的按第3.6.5小节步骤5)确定的粉煤灰量,精确至 0.001g,倒入圆筒,轻敲圆筒的边,使粉煤灰层表面平坦。再放入一片滤纸,用捣器均匀压实标准样直至捣器的支持环紧紧接触圆筒顶边,旋转捣器 1~2 圈,慢慢取出捣器。

(2)穿孔板上的滤纸为 ϕ12.7mm 边缘光滑的圆形滤纸片,每次测定需用新的滤纸片。

7)透气试验的步骤如下。

(1)把装有试料层的透气圆筒下锥面涂一薄层活塞油脂,然后把它插入压力计顶端锥型磨口处,旋转 1~2 圈。要保证紧密连接不致漏气,并不振动所制备的试料层。

（2）打开微型电磁泵慢慢从压力计一臂中抽出空气，直到压力计内液面上升到扩大部下端时关闭阀门。当压力计内液体的凹月面下降到第一条刻线时开始计时，当液体的弯月面下降到第 2 条刻度线时停止计时，记录液面从第 3 条刻度线下降第 2 条刻度线所需的时间 t，以秒记录，并记录下试验时的温度（℃）。每次透气试验，均应重新制备试料层。

3.6.6 试验结果

1）当被测试样的密度、试料层中空隙率与标准样品相同，试验时的温度与校准温度之差不大于 3℃ 时，可按式（3-19）计算：

$$S = \frac{S_s \sqrt{t}}{\sqrt{t_s}} \qquad (3-19)$$

如试验时的温度与校准温度之差大于 3℃ 时，则按式（3-20）计算：

$$S = \frac{S_s \sqrt{\eta_s} \sqrt{t}}{\sqrt{\eta} \sqrt{t_s}} \qquad (3-20)$$

式中：S——被测试样的比表面积（cm^2/g）；

S_s——标准样品的比表面积（cm^2/g）；

t——被测试样试验时，压力计中液面降落测得的时间（s）；

t_s——标准样品试验时，压力计中液面降落测得的时间（s）；

η——被测试样试验温度下的空气黏度（$\mu Pa \cdot s$）；

η_s——标准样品试验温度下的空气黏度（$\mu Pa \cdot s$）。

注意：$\sqrt{t}$ 保留小数点后两位。

2）当被测试样的试料层中空隙率与标准样品试料层中空隙率不同，试验时的温度与校准温度之差不大于 3 时，可按式（3-21）计算：

$$S = \frac{S_s \sqrt{t}(1-\varepsilon_s)\sqrt{\varepsilon^3}}{\sqrt{t_s}(1-\varepsilon)\sqrt{\varepsilon_s^3}} \qquad (3-21)$$

如试验时的温度与校准温度之差大于 3℃ 时，则按式（3-22）计算：

$$S = \frac{S_s \sqrt{\eta_s} \sqrt{t}(1-\varepsilon_s)\sqrt{\varepsilon^3}}{\sqrt{\eta} \sqrt{t_s}(1-\varepsilon)\sqrt{\varepsilon_s^3}} \qquad (3-22)$$

式中：ε——被测试样试料层中的空隙率；

ε_s——标准样品试料层中的空隙率。

3）当被测试样的密度和空隙率均与标准样品不同，试验时的温度与校准温度之差不大于 3℃ 时，可按式（3-23）计算：

$$S = \frac{S_s \rho_s \sqrt{t}(1-\varepsilon_s)\sqrt{\varepsilon^3}}{\rho \sqrt{t_s}(1-\varepsilon)\sqrt{\varepsilon_s^3}} \qquad (3-23)$$

如试验时的温度与校准温度之差大于3℃时,则按式(3-24)计算:

$$S=\frac{S_s\rho_s\sqrt{\eta_s}\sqrt{t}(1-\varepsilon_s)\sqrt{\varepsilon^3}}{\rho\sqrt{\eta}\sqrt{t_s}(1-\varepsilon)\sqrt{\varepsilon_s^3}} \tag{3-24}$$

式中:ρ——被测试样的密度(g/cm³);

　　　ρ_s——标准样品的密度(g/cm³)。

4)粉煤灰比表面积应由两次透气试验结果的平均值确定,计算结果保留至10cm²/g。若两次试验结果相差2%以上,则应重新试验。

3.7　游离氧化钙含量测定

3.7.1　概述

本方法依据《水泥化学分析方法》(GB/T 176—2017)中的"6.37 游离氧化钙的测定——乙二醇法(代用法)"编制而成,适用于掺合料中游离氧化钙的测定。

3.7.2　试剂和材料

1)乙二醇-乙醇溶液(2+1)。将1000 mL乙二醇与500mL无水乙醇混合,加入0.2g酚酞,混匀。用氢氧化钠-无水乙醇溶液中和至微红色,贮存于干燥密封的瓶中,防止吸潮。

2)苯甲酸-无水乙醇标准滴定溶液的具体操作如下。

(1)苯甲酸-无水乙醇标准滴定溶液的配制:称取12.2g已在干燥器中干燥24h后的苯甲酸(C_6H_5COOH)溶于1000 mL无水乙醇中,贮存于带胶塞(装有硅胶干燥管)的玻璃瓶内。

(2)苯甲酸-无水乙醇标准滴定溶液对氧化钙滴定度的标定:参照GB/T 176进行苯甲酸-无水乙醇标准滴定溶液的标定。

3.7.3　仪器设备

1)游离氧化钙测定仪:具有加热、搅拌、计时功能,并配有冷凝管。
2)锥形瓶:250 mL。

3.7.4　试验步骤

称取约0.5g试样(m_1),精确至0.0001g,置于250 mL干燥的锥形瓶中,加入30 mL乙二醇-乙醇溶液,放入一根干燥的搅拌子,装上冷凝管,置于游离氧化钙测定仪上,以适当的速度搅拌溶液,同时升温并加热煮沸,当冷凝下的乙醇开始连续滴下时,继续在搅拌下加热微沸5min,取下锥形瓶,立即用苯甲酸-无水乙醇标准滴定溶液滴定至微红色消失,记录苯甲酸-无水乙醇标准滴定溶液消耗量为V_1。

3.7.5 试验结果

游离氧化钙的质量分数 w_{fCaO} 按式(3-25)计算:

$$w_{fCaO} = \frac{T'''_{CaO} \times V_1}{m_1 \times 1000} \times 100 \qquad (3-25)$$

式中: w_{fCaO}——游离氧化钙的质量分数(%);

T'''_{CaO}——苯甲酸-无水乙醇标准滴定溶波对氧化钙的滴定度(mg/mL);

V_1——滴定时消耗苯甲酸-无水乙醇标准滴定溶液的体积(mL);

m_1——试料的质量(g)。

第4章 沥青及乳化沥青

4.1 沥青取样法

4.1.1 概述

本方法为检查沥青产品质量而采集沥青代表性样品的取样方法,适用于在生产厂、储存或交货验收地点的取样。进行沥青性质常规检验的取样数量:黏稠沥青或固体沥青不少于4.0kg;液体沥青不少于1L;沥青乳液不少于4L。进行沥青性质非常规检验及沥青混合料性质试验所需的沥青数量,应根据实际需要确定。

本方法依据《公路工程沥青及沥青混合料试验规程》(JTG E20—2011)中的 T 0601—2011 编制而成。

4.1.2 仪器设备

1)盛样器:根据沥青的品种选择。液体或黏稠沥青采用广口、密封带盖的金属容器(如锅、桶等);乳化沥青也可使用广口、带盖的聚氯乙烯塑料桶;固体沥青可用塑料袋,但需有外包装,以便携运。

2)沥青取样器:金属制,带塞,塞上有金属长柄提手。

4.1.3 准备工作

检查取样器和盛样器是否干净、干燥,盖子是否配合严密。使用过的取样器或金属桶等盛样容器必须洗净、干燥后才可使用。对供质量仲裁用的沥青试样,应采用未使用过的新容器存放,且由供需双方人员共同取样,取样后双方在密封条上签字盖章。

4.1.4 试验步骤

1. 从储油罐中取样

1)无搅拌设备的储罐中取样步骤如下。(1)液体沥青或经加热已经变成流体的黏稠沥青取样时,应先关闭进油阀和出油阀然后取样。(2)用取样器按液面上、中、下位置(液面高各为 1/3 等分处,但距罐底不得低于总液面高度的 1/6)各取 1～4L 样品。每层取样后,取样器应尽可能倒净;当储罐过深时,亦可在流出口按不同流出深度分 3 次取样。对静态存取的沥青,不得仅从罐顶用小桶取样,也不得仅从罐底阀门流出少量沥青取样。(3)将取出的 3 个样品充分混合后取 4kg 样品作为试样,样品也可分别进行检验。

2)有搅拌设备的储罐中取样步骤如下。将液体沥青或经加热已经变成流体的黏稠沥青充分搅拌后,用取样器从沥青层的中部取规定数量试样。

2. 从槽车、罐车、沥青洒布车中取样

1)设有取样阀时,可旋开取样阀,待流出至少 4kg 或 4L 后再取样。

2)仅有放料阀时,待放出全部沥青的 1/2 时取样。

3)从顶盖处取样时,可用取样器从中部取样。

3. 在装料或卸料过程中取样

在装料或卸料过程中取样时,要按时间间隔均匀地取至少 3 个规定数量的样品,然后将这些样品充分混合后取规定数量的样品作为试样,样品也可分别进行检验。

4. 从沥青储存池中取样

沥青储存池中的沥青应待加热熔化后,经管道或沥青泵流至沥青加热锅之后取样。分间隔每锅至少取 3 个样品,然后将这些样品充分混匀后再取 4.0kg 作为试样,样品也可分别进行检验。

5. 从沥青运输船中取样

沥青运输船到港后,应分别从每个沥青舱取样,每个舱从不同的部位取 3 个 4kg 的样品,混合在一起,将这些样品充分混合后再从中取出 4kg,作为一个舱的沥青样品供检验用。在卸油过程中取样时,应根据卸油量,大体均匀地分间隔 3 次从卸油口或管道途中的取样口取样,然后混合作为一个样品供检验用。

6. 从沥青桶中取样

1)当能确认是同一批生产的产品时,可随机取样。当不能确认是同一批生产的产品时,应根据桶数按表 4-1 的规定或按总桶数的立方根数随机选取沥青桶数。

表 4-1　选取沥青样品桶数

沥青桶总数	选取桶数	沥青桶总数	选取桶数
2～8	2	217～343	7
9～27	3	344～512	8
28～64	4	513～729	9
65～125	5	730～1000	10
126～216	6	1001～1331	11

2)将沥青桶加热使桶中沥青全部熔化成流体后,按罐车取样方法取样。每个样品的数量,以充分混合后能满足供检验用样品的规定数量不少于 4.0kg 要求为限。

3)当沥青桶不便加热熔化沥青时,可在桶高的中部将桶凿开取样,但样品应在距桶壁 5cm 以上的内部凿取,并采取措施防止样品散落地面沾有尘土。

7. 固体沥青取样

1)从桶、袋、箱装或散装整块中取样时,应在表面以下及容器侧面以内至少 5cm 处采取。如沥青能够打碎,可用一个干净的工具将沥青打碎后取中间部分试样;若沥青是软塑的,则用一个干净的热工具切割取样。

2)当能确认是同一批生产的样品时,应随机取出 4kg 供检验用。

8. 在验收地点取样

当沥青到达验收地点卸货时,应尽快取样。所取样品为两份:一份样品用于验收试验;另一份样品留存备查。

4.1.5　样品的保护与存放

1)除液体沥青、乳化沥青外,所有需加热的沥青试样必须存放在密封带盖的金属容器中,严禁灌入纸袋、塑料袋中存放。试样应存放在阴凉干净处,注意防止试样污染。装有试样的盛样器加盖、密封好并擦拭干净后,应在盛样器上(不得在盖上)标出识别标记,如试样来源、品种、取样日期、地点及取样人。

2)冬季乳化沥青试样应注意采取妥善防冻措施。

3)除试样的一部分用于检验外,其余试样应妥善保存备用。

4)试样需加热采取时,应一次取够一批试验所需的数量装入另一盛样器,其余试样密封保存,应尽量减少重复加热取样。用于质量仲裁检验的样品,重复加热的次数不得超过两次。

4.2　沥青试样准备方法

4.2.1　概述

本方法依据《公路工程沥青及沥青混合料试验规程》(JTG E20—2011)中的 T 0602—2011 编制而成。本方法适用于黏稠道路石油沥青、煤沥青、聚合物改性沥青等需要加热后才能进行试验的沥青试样,按此法准备的沥青供立即在试验室进行各项试验使用,也适用于对乳化沥青试样进行各项性能测试。每个样品的数量根据需要决定,常规测定不宜少于 600g。

4.2.2　仪器设备

1)烘箱:200℃,装有温度控制调节器。

2)加热炉具:电炉或燃气炉(丙烷石油气、天然气)。

3)石棉垫:不小于炉具上面积。

4)滤筛:筛孔孔径 0.6mm。

5)沥青盛样器皿:金属锅或瓷坩埚。

6)烧杯:1000mL。

7)温度计:量程 0~100℃及 200℃,分度值 0.1℃。

8)天平:称量 2000g,感量不大于 1g;称量 100g,感量不大于 0.1g。

9)其他:玻璃棒、溶剂、棉纱等。

4.2.3　试样制备

1. 热沥青试样制备

1)将装有试样的盛样器带盖放入恒温烘箱中,当石油沥青试样中含有水分时,烘箱温度

80℃左右。加热至沥青全部熔化后供脱水用。当石油沥青中无水分时,烘箱温度宜为软化点温度以上90℃,通常为135℃左右。对取来的沥青试样不得直接采用电炉或燃气炉明火加热。

2)当石油沥青试样中含有水分时,将盛样器皿放在可控温的砂浴、油浴、电热套上加热脱水,不得已采用电炉、燃气炉加热脱水时必须加放石棉垫。加热时间不超过30min,并用玻璃棒轻轻搅拌,防止局部过热。在沥青温度不超过100℃的条件下,仔细脱水至无泡沫为止,最后的加热温度不宜超过软化点以上100℃(石油沥青)或50℃(煤沥青)。

3)将盛样器中的沥青通过0.6mm的滤筛过滤,不等冷却立即一次灌入各项试验的模具中。当温度下降太多时,宜适当加热再灌模。根据需要也可将试样分装入擦拭干净并干燥的一个或数个沥青盛样器皿中,数量应满足一批试验项目所需的沥青样品。

4)在沥青灌模过程中,如温度下降可放入烘箱中适当加热,试样冷却后反复加热的次数不得超过两次,以防沥青老化影响试验结果。为避免混进气泡,在沥青灌模时不得反复搅动沥青。

5)灌模剩余的沥青应立即清洗干净,不得重复使用。

2. 乳化沥青试样制备

1)将按第4.1节取有乳化沥青的盛样器适当晃动,使试样上下均匀。试样数量较少时,宜将盛样器上下倒置数次,使上下均匀。

2)将试样倒出要求数量,装入盛样器皿或烧杯中,供试验使用。

3)当乳化沥青在试验室自行配制时,可按下列步骤进行:

(1)按上述方法准备热沥青试样。

(2)根据所需制备的沥青乳液质量及沥青、乳化剂、水的比例计算各种材料的数量。

① 沥青用量按式(4-1)计算:

$$m_b = m_E \times P_b \qquad (4-1)$$

式中:m_b——所需的沥青质量(g);

m_E——乳液总质量(g);

P_b——乳液中沥青含量(%);

② 乳化剂用量按式(4-2)计算:

$$m_e = m_E \times P_E / P_e \qquad (4-2)$$

式中:m_e——乳化剂质量(g);

P_E——乳液中乳化剂的含量(%);

P_e——乳化剂浓度(乳化剂中有效成分含量,%)。

③ 水的用量按式(4-3)计算:

$$m_w = m_E - m_E \times P_b \qquad (4-3)$$

式中:m_w——配制乳液所需水的质量(g)。

(3)称取所需质量的乳化剂放入1000mL烧杯中。

(4)向盛有乳化剂的烧杯中加入所需的水(扣除乳化剂中所含水的质量)。

(5)将烧杯放到电炉上加热并不断搅拌,直到乳化剂完全溶解,当需调节pH时可加入适量的外加剂,将溶液加热到 40~60℃。

(6)在容器中称取准备好的沥青并加热到 120~150℃。

(7)开动乳化机,用热水先把乳化机预热几分钟,然后把热水排净。

(8)将预热的乳化剂倒入乳化机中,随即将预热的沥青徐徐倒入,待全部沥青乳液在乳化机中循环 1min 后放出,进行各项试验或密封保存。

注意:在倒入乳化沥青过程中,需随时观察乳化情况。如出现异常,应立即停止倒入乳化沥青,并把乳化机中的沥青乳化剂混合液放出。

4.3　沥青密度与相对密度试验

4.3.1　概述

沥青的密度是在规定的温度条件下,单位体积的质量,用于储油器中沥青体积与质量的换算,宜选择试验温度为 15℃;沥青的相对密度是在规定温度条件下,沥青质量与同体积水的质量之比,用于沥青混合料理论密度的计算,供配合比设计及空隙率计算使用,宜选择试验温度为 25℃。

本试验依据《公路工程沥青及沥青混合料试验规程》(JTG E20—2011)中的 T 0603—2011 编制而成,适用于测定液体沥青、黏稠沥青和固体沥青的密度与相对密度。

4.3.2　仪器设备

1)比重瓶:玻璃制,瓶塞下部与瓶口须经仔细研磨。瓶塞中间有一个垂直孔,其下部为凹形,以便由孔中排除空气。比重瓶的容积为 20~30mL,质量不超过 40g。

2)恒温水槽:控温的准确度为 0.1℃。

3)烘箱:200℃,装有温度自动调节器。

4)天平:感量不大于 1mg。

5)滤筛:筛孔 0.6mm、2.36mm 各 1 个。

6)温度计:量程 0~50℃,分度值 0.1℃。

7)烧杯:600~800mL。

8)真空干燥箱(器)。

9)蒸馏水或纯净水。

10)洗液:玻璃仪器清洗液,三氯乙烯(分析纯)等。

11)表面活性剂:洗衣粉(或洗涤灵)。

12)其他:软布、滤纸等。

4.3.3　准备工作

1. 前期准备工作

1)用洗液、水、蒸馏水先后仔细洗涤比重瓶,然后烘干称其质量(m_1),准确至 1mg。

2)将盛有冷却蒸馏水的烧杯浸入恒温水槽中保温,在烧杯中插入温度计,水的深度必须超过比重瓶顶部 40mm 以上。

3)使恒温水槽及烧杯中的蒸馏水达到规定的试验温度±0.1℃。

2. 比重瓶水值的测定

1)将比重瓶及瓶塞放入恒温水槽中的烧杯里,烧杯底浸没水中的深度应不少于 100mm,烧杯口露出水面,并用夹具将其固牢。

2)待烧杯中水温再次达到规定温度并保温 30min 后,将瓶塞塞入瓶口,使多余的水由瓶塞上的毛细孔中挤出,此时比重瓶内不得有气泡。

3)将烧杯从水槽中取出,再从烧杯中取出比重瓶,立即用干净软布将瓶塞顶部擦拭一次,再迅速擦干比重瓶外面的水分,称其质量(m_2),准确至 1mg。瓶塞顶部只能擦拭一次,即使由于膨胀瓶塞上有小水滴也不能再擦拭。

4)以 $m_2 - m_1$ 作为试验温度时比重瓶的水值。

注意:比重瓶的水值应经常校正,一般每年至少进行一次。

4.3.4　试验步骤

1. 液体沥青试样的试验步骤

1)将试样过筛(0.6mm)后注入干燥比重瓶中至满,不得混入气泡。

2)将盛有试样的比重瓶及瓶塞移入恒温水槽(测定温度±0.1℃)内盛有水的烧杯中,水面应在瓶口下约 40mm,不得使水浸入瓶内。

3)待烧杯内的水温达到要求的温度后保温 30min,然后将瓶塞塞上,使多余的试样由瓶塞的毛细孔中挤出。用蘸有三氯乙烯的棉花擦净孔口挤出的试样,并保持孔中充满试样。

4)从水中取出比重瓶,立即用干净软布擦去瓶外的水分或黏附的试样(不得再擦孔口)后,称其质量(m_3),准确至 1mg。

2. 黏稠沥青试样的试验步骤

1)按第 4.2 节方法准备沥青试样,沥青的加热温度宜不高于估计软化点以上 100℃(石油沥青或聚合物改性沥青),将沥青小心注入比重瓶中,约至 2/3 高度。不得使试样黏附瓶口或上方瓶壁,并防止混入气泡。

2)取出盛有试样的比重瓶,移入干燥器中,在室温下冷却不少于 1h,连同瓶塞称其质量(m_4),准确至 1mg。

3)将盛有蒸馏水的烧杯放入已达试验温度的恒温水槽中,然后将称量后盛有试样的比重瓶放入烧杯中(瓶塞也放进烧杯中),等烧杯中的水温达到规定试验温度后保温 30min,使比重瓶中气泡上升到水面,待确认比重瓶已经恒温且无气泡后,再将比重瓶的瓶塞塞紧,使多余的水从塞孔中溢出,此时应不得带入气泡。

4)取出比重瓶,按前述方法迅速揩干瓶外水分后称其质量(m_5),准确至 1mg。

3. 固体沥青试样的试验步骤

1)试验前,如试样表面潮湿,可在干燥、洁净的环境下自然吹干,或置 50℃烘箱中烘干。

2)将 50~100g 试样打碎,过 0.6mm 及 2.36mm 筛。取 0.6~2.36mm 的粉碎试样不少于 5g 放入清洁、干燥的比重瓶中,塞紧瓶塞后称其质量(m_6),准确至 1mg。

3)取下瓶塞,将恒温水槽内烧杯中的蒸馏水注入比重瓶,水面高于试样约 10mm,同时加入几滴表面活性剂溶液(如 1% 的洗衣粉或洗涤灵),并摇动比重瓶使大部分试样沉入水底,必须使试样颗粒表面所吸附的气泡逸出。摇动时勿使试样摇出瓶外。

4)取下瓶塞,将盛有试样和蒸馏水的比重瓶置真空干燥箱(器)中抽真空,逐渐达到真空度98kPa(735mmHg)不少于15min;当比重瓶试样表面仍有气泡时,可再加几滴表面活性剂溶液,摇动后再抽真空。必要时,可反复几次操作,直至无气泡为止。抽真空不宜过快,以防止样品被带出比重瓶。

5)将保温烧杯中的蒸馏水再注入比重瓶中至满,轻轻塞好瓶塞,再将带塞的比重瓶放入盛有蒸馏水的烧杯中,并塞紧瓶塞。

6)将装有比重瓶的盛水烧杯再置恒温水槽(试验温度±0.1℃)中保持至少30min后,取出比重瓶,迅速揩干瓶外水分后称其质量(m_7),准确至1mg。

4.3.5　试验结果

1. 计算

1)试验温度下液体沥青试样的密度和相对密度按式(4-4)和式(4-5)计算。

$$\rho_b = \frac{m_3 - m_1}{m_2 - m_1} \times \rho_w \tag{4-4}$$

$$\gamma_b = \frac{m_3 - m_1}{m_2 - m_1} \tag{4-5}$$

式中:ρ_b——试样在试验温度下的密度(g/cm³);

γ_b——试样在试验温度下的相对密度;

m_1——比重瓶质量(g);

m_2——比重瓶与所盛满水的合计质量(g);

m_3——比重瓶与所盛满试样的合计质量(g);

ρ_w——试验温度下水的密度(g/cm³),15℃水的密度为0.9991g/cm³,25℃水的密度为0.9971g/cm³。

2)试验温度下黏稠沥青试样的密度和相对密度按式(4-6)和式(4-7)计算。

$$\rho_b = \frac{m_4 - m_1}{(m_2 - m_1) - (m_5 - m_4)} \times \rho_w \tag{4-6}$$

$$\gamma_b = \frac{m_4 - m_1}{(m_2 - m_1) - (m_5 - m_4)} \tag{4-7}$$

式中:m_4——比重瓶与沥青试样的合计质量(g);

m_5——比重瓶与试样和水的合计质量(g)。

3)试验温度下固体沥青试样的密度和相对密度按式(4-8)和式(4-9)计算。

$$\rho_b = \frac{m_6 - m_1}{(m_2 - m_1) - (m_7 - m_6)} \times \rho_w \tag{4-8}$$

$$\gamma_b = \frac{m_6 - m_1}{(m_2 - m_1) - (m_7 - m_6)} \tag{4-9}$$

式中:m_6——比重瓶与沥青试样的合计质量(g);

m_7——比重瓶与试样和水的合计质量(g)。

2. 结果

1)同一试样平行试验两次,当两次测定值的差值符合重复性试验允许误差要求时,取其平均值作为沥青的密度试验结果,准确至 $0.001g/cm^3$,试验报告应注明试验温度。

2)对黏稠沥青及液体沥青的密度,重复性试验的允许误差为 $0.003g/cm^3$,再现性试验的允许误差为 $0.007g/cm^3$;对固体沥青的密度,重复性试验的允许误差为 $0.01g/cm^3$,再现性试验的允许误差为 $0.02g/cm^3$。相对密度的允许误差要求与密度相同(无单位)。

3)本试验记录格式见表 4-2 所列。

表 4-2　沥青密度与相对试验记录

比重瓶的水值校正信息	比重瓶编号		比重瓶质量(g)		比重瓶与所盛满水的合计质量(g)				
沥青试样	比重瓶编号	试验温度(℃)	比重瓶与试样的合计质量(g)	比重瓶与试样和水的合计质量(g)	水密度(g/cm³)	试验温度下的沥青相对密度		试验温度下沥青密度(g/cm³)	
						单值	平均值	单值	平均值
液体沥青 黏稠沥青 固体沥青									

4.4　沥青针入度试验

4.4.1　概述

针入度是在规定温度下,以规定质量的标准针,在规定时间内贯入沥青试样中的深度,以 0.1mm 表示。针入度是反映沥青材料黏滞性的重要指标。

针入度指数 PI 用以描述沥青的温度敏感性,宜在 15℃、25℃、30℃等 3 个或 3 个以上温度条件下测定针入度后按规定的方法计算得到。若 30℃时的针入度值过大,可采用 5℃代替。当量软化点 T_{800} 是相当于沥青针入度为 800 时的温度,用以评价沥青的高温稳定性。当量脆点 $T_{1.2}$ 是相当于沥青针入度为 1.2 时的温度,用以评价沥青的低温抗裂性能。

本试验依据《公路工程沥青及沥青混合料试验规程》(JTG E20—2011)中的 T 0604—2011 编制而成。本试验适用于测定道路石油沥青、聚合物改性沥青针入度及液体石油沥青蒸馏或乳化沥青蒸发后残留物的针入度,以 0.1mm 计。其标准试验条件为温度 25℃,荷重 100g,贯入时间 5s。

4.4.2　仪器设备

1)针入度仪:为提高测试精度,针入度试验宜采用能够自动计时的针入度仪进行测定,要求针和针连杆必须在无明显摩擦下垂直运动,针的贯入深度必须准确至 0.1mm。针和针连杆组合件总质量为 50g±0.05g,另附 50g±0.05g 砝码一只,试验时总质量为 100g±0.05g。仪器应有放置平底玻璃保温皿的平台,并有调节水平的装置,针连杆应与平台相垂直。应有针连杆制动按钮,使针连杆可自由下落。针连杆应易于装拆,以便检查其质量。仪器还设有可自由转动与调节距离的悬臂,其端部有一面小镜或聚光灯泡,借以观察针尖与试样表面接触情况。且应对装置的准确性经常校验。当采用其他试验条件时,应在试验结果中注明。

2)标准针:由硬化回火的不锈钢制成,洛氏硬度 HRC54～60,表面粗糙度 $Ra0.2$～$0.3\mu m$,针及针杆总质量 2.5g±0.05g。针杆上应打印有号码标志。针应设有固定用装置盒(筒),以免碰撞针尖。每根针必须附有计量部门的检验单,并定期进行检验。

3)盛样皿:金属制,圆柱形平底。小盛样皿的内径 55mm,深 35mm(适用于针入度小于 200 的试样);大盛样皿内径 70mm,深 45mm(适用于针入度为 200～350 的试样);对针入度大于 350 的试样需使用特殊盛样皿,其深度不小于 60mm,容积不小于 125mL。

4)恒温水槽:容量不小于 10L,控温的准确度为 0.1℃。水槽中应设有一带孔的搁架,位于水面下不得少于 100mm,距水槽底不得少于 50mm 处。

5)平底玻璃皿:容量不小于 1L,深度不小于 80mm。内设有一不锈钢三脚支架,能使盛样皿稳定。

6)温度计或温度传感器:分度值为 0.1℃。

7)计时器:精度为 0.1s。

8)位移计或位移传感器:分度值为 0.1mm。

9)盛样皿盖:平板玻璃,直径不小于盛样皿开口尺寸。

10)溶剂:三氯乙烯等。

11)其他:电炉或砂浴、石棉网、金属锅或瓷把坩埚等。

4.4.3　准备工作

1)按第 4.2 节的方法准备试样。

2)按试验要求将恒温水槽调节到要求的试验温度 25℃,或 15℃、30℃(5℃),保持稳定。

3)将试样注入盛样皿中,试样高度应超过预计针入度值 10mm,并盖上盛样皿,以防落入灰尘。盛有试样的盛样皿在 15～30℃室温中冷却不少于 1.5h(小盛样皿)、2h(大盛样皿)或 3h(特殊盛样皿)后,应移入保持规定试验温度±0.1℃的恒温水槽中,并应保温不少于 1.5h(小盛样皿)、2h(大试样皿)或 2.5h(特殊盛样皿)。

4)调整针入度仪使之水平。检查针连杆和导轨,以确认无水和其他外来物,无明显摩擦。用三氯乙烯或其他溶剂清洗标准针,并擦干。将标准针插入针连杆,用螺钉固紧。按试验条件,加上附加砝码。

4.4.4　试验步骤

1)取出达到恒温的盛样皿,并移入水温控制在试验温度±0.1℃(可用恒温水槽中的水)

的平底玻璃皿中的三脚支架上,试样表面以上的水层深度不小于 10mm。

2)将盛有试样的平底玻璃皿置于针入度仪的平台上。慢慢放下针连杆,用适当位置的反光镜或灯光反射观察,使针尖恰好与试样表面接触,将位移计或刻度盘指针复位为零。

3)开始试验,按下释放键,这时计时与标准针落下贯入试样同时开始,至 5s 时自动停止。

4)读取位移计或刻度盘指针的读数,准确至 0.1mm。

5)同一试样平行试验至少 3 次,各测试点之间及与盛样皿边缘的距离不应小于 10mm。每次试验后应将盛有盛样皿的平底玻璃皿放入恒温水槽,使平底玻璃皿中水温保持试验温度。每次试验应换一根干净标准针或将标准针取下用蘸有三氯乙烯溶剂的棉花或布揩净,再用干棉花或布擦干。

6)测定针入度大于 200 的沥青试样时,至少用 3 支标准针,每次试验后将针留在试样中,直至 3 次平行试验完成后,才能将标准针取出。

7)测定针入度指数 PI 时,按同样的方法在 15℃、25℃、30℃(或 5℃)3 个或 3 个以上(必要时增加 10℃、20℃等)温度条件下分别测定沥青的针入度,但用于仲裁试验的温度条件应为 5 个。

4.4.5　试验结果

1. 计算

根据测试结果可按以下方法计算针入度指数、当量软化点及当量脆点。

1)公式计算法的步骤如下。

(1)将 3 个或 3 个以上不同温度条件下测试的针入度值取对数,令 $y=\lg P$,$x=T$,按式(4-10)的针入度对数与温度的直线关系,进行 $y=a+bx$ 一元一次方程的直线回归,求取针入度温度指数 $A_{\lg Pen}$。

$$\lg P = K + A_{\lg Pen} \times T \tag{4-10}$$

式中:$\lg P$——不同温度条件下测得的针入度值的对数;

　　T——试验温度(℃);

　　K——回归方程的常数项 a;

　　$A_{\lg Pen}$——回归方程的系数 b。

按式 4-10 回归时必须进行相关性检验,直线回归相关系数 R 不得小于 0.997(置信度 95%),否则,试验无效。

(2)按式(4-11)确定沥青的针入度指数,并记为 PI。

$$PI = \frac{20 - 500 A_{\lg Pen}}{1 + 50 A_{\lg Pen}} \tag{4-11}$$

(3)按式(4-12)确定沥青的当量软化点 T_{800}。

$$T_{800} = \frac{\lg 800 - K}{A_{\lg Pen}} = \frac{2.9031 - K}{A_{\lg Pen}} \tag{4-12}$$

（4）按式（4-13）确定沥青的当量脆点$T_{1.2}$。

$$T_{1.2}=\frac{\lg 1.2-K}{A_{\lg Pen}}=\frac{0.0792-K}{A_{\lg Pen}} \tag{4-13}$$

（5）按式（4-14）计算沥青的塑性温度范围 ΔT。

$$\Delta T=T_{800}-T_{1.2}=\frac{2.8239}{A_{\lg Pen}} \tag{4-14}$$

2）诺模图法的步骤如下。

将3个或3个以上不同温度条件下测试的针入度值绘于图4-1的针入度温度关系诺模图中，按最小二乘法法则绘制回归直线，将直线向两端延长，分别与针入度为800及1.2的水平线相交，交点的温度即为当量软化点T_{800}和当量脆点$T_{1.2}$。以图中O点为原点，绘制回归直线的平行线，与PI线相交，读取交点处的PI值即为该沥青的针入度指数。此法不能检验针入度对数与温度直线回归的相关系数，仅供快速草算时使用。

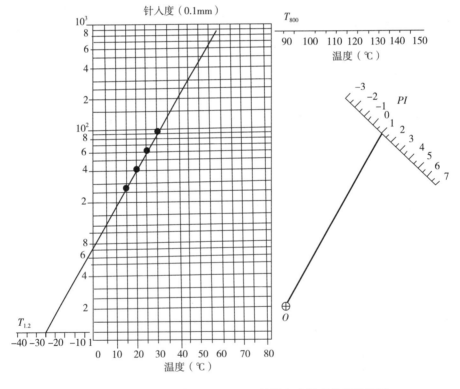

图4-1　确定道路沥青PI、T_{800}、$T_{1.2}$的针入度温度关系诺模图

2. 结果

1）应报告标准温度（25℃）时的针入度和其他试验温度T所对应的针入度，及由此求取针入度指数PI、当量软化点T_{800}、当量脆点$T_{1.2}$的方法和结果。当采用公式计算法时，应报告按式（4-10）回归的直线相关系数R。

2)同一试样 3 次平行试验结果的最大值和最小值之差在下列允许误差范围内时,计算 3 次试验结果的平均值,取整数作为针入度试验结果,以 0.1mm 计。

针入度(0.1mm)	允许误差(0.1mm)
0～49	2
50～149	4
150～249	12
250～500	20

当试验值不符合此要求时,应重新进行试验。

3)允许误差:当试验结果小于 50(0.1mm)时,重复性试验的允许误差为 2(0.1mm),再现性试验的允许误差为 4(0.1mm);当试验结果大于或等于 50(0.1mm)时,重复性试验的允许误差为平均值的 4%,再现性试验的允许误差为平均值的 8%。

4)本试验记录格式见表 4-3 所列。

表 4-3　沥青针入度试验记录

试样 编号	试验温度 (℃)	针入度(0.1mm)				针入度 指数
		第一次	第二次	第三次	平均值	

4.5　沥青延度试验

4.5.1　概述

延度是把沥青试样制成 8 字形标准试件,在规定的拉伸速度和规定温度下拉断时延伸的长度,以 cm 表示。延度是反映沥青材料塑性的重要指标。

沥青延度的试验温度与拉伸速率可根据要求采用,通常采用的试验温度为 25℃、15℃、10℃或 5℃,拉伸速度为 5cm/min±0.25cm/min,当低温采用 1cm/min±0.5cm/min 拉伸速度时,应在报告中注明。

本试验依据《公路工程沥青及沥青混合料试验规程》(JTG E20—2011)中的 T 0605—2011 编制而成,适用于测定道路石油沥青、聚合物改性沥青和液体石油沥青蒸馏残留物及乳化沥青蒸发残留物的延度。

4.5.2　仪器设备

1)延度仪:延度仪的测量长度不宜大于 150cm,仪器应有自动控温、控速系统。应满足试件浸没于水中,能保持规定的试验温度及规定的拉伸速度拉伸试件,且试验时应无明显振动。延度仪如图 4-2 所示。

2)试模及底板:试模为黄铜制,由两个端模和两个侧模组成,试模内侧表面粗糙度 $Ra0.2\mu m$。底板为玻璃板或磨光的铜板、不锈钢板,表面粗糙度 $Ra0.2\mu m$。试模及底板形状及尺寸如图 4-3 所示。

图 4-2　延度仪

图 4-3　延度仪试模

3)恒温水槽:容量不少于 10L,控温的准确度为±0.1℃。水槽中应设有带孔搁架,搁架距水槽底不得少于 50mm,试件浸入水中深度不小于 100mm。当延度仪设备水槽的温度能够精确控制在试验温度±0.1℃时,试件可以在延度仪的水槽中保温。

4)温度计:量程 0~50℃,分度值 0.1℃。

5)砂浴或其他加热炉具。

6)隔离剂:甘油、滑石粉隔离剂(甘油与滑石粉的质量比为 2∶1)。

7)其他:平直刮刀、石棉网、酒精、食盐等。

4.5.3　准备工作

1)将隔离剂拌和均匀,涂于清洁干燥的试模底板和两个侧模的内侧表面,并将试模在试模底板上装妥。

2)按第 4.2 节的方法准备沥青试样,然后将试样仔细自试模的一端至另一端往返数次缓缓注入模中,最后略高出试模。灌模时不得使气泡混入。

3)试件在室温中冷却不少于 1.5h,然后用热刮刀刮除高出试模的沥青,使沥青面与试模面齐平。沥青的刮法应自试模的中间刮向两端,且表面应刮得平滑,将试模连同底板再放入规定试验温度的水槽中保温 1.5h。

4)检查延度仪延伸速度是否符合规定要求,然后移动滑板使其指针正对标尺的零点。将延度仪注水,并保温达到试验温度±0.1℃。

4.5.4　试验步骤

1)将保温后的试件连同底板移入延度仪的水槽中,然后将盛有试样的试模自玻璃板或不锈钢板上取下,将试模两端的孔分别套在滑板及槽端固定板的金属柱上,并取下侧模。水面距试件表面应不小于 25mm。

2)开动延度仪,并注意观察试样的延伸情况。此时应注意,在试验过程中,水温应始终保持在试验温度规定范围内,且仪器不得有振动,水面不得有晃动,当水槽采用循环水时,应暂时中断循环,停止水流。在试验中,当发现沥青细丝浮于水面或沉入槽底时,应在水中加入酒精或食盐,调整水的密度至与试样相近后,重新试验。

3）试件拉断时，读取指针所指标尺上的读数，以 cm 计。在正常情况下，试件延伸时应成锥尖状，拉断时实际断面接近于零。若不能得到这种结果，则应在报告中注明。

4.5.5　试验结果

1）同一样品，每次平行试验不少于 3 个，如 3 个测定结果均大于 100cm，试验结果记作"＞100cm"；特殊需要也可分别记录实测值。3 个测定结果中，当有一个以上的测定值小于 100cm 时，若最大值或最小值与平均值之差满足重复性试验要求，则取 3 个测定结果的平均值的整数作为延度试验结果，若平均值大于 100cm，则记作"＞100cm"；若最大值或最小值与平均值之差不符合重复性试验要求，则试验应重新进行。

2）当试验结果小于 100cm 时，重复性试验的允许误差为平均值的 20%，再现性试验的允许误差为平均值的 30%。

3）本试验记录格式见表 4-4 所列。

表 4-4　沥青延度试验记录

试件编号	试验温度 （℃）	延伸速度 （cm/min）	延度 （cm）	延度平均值 （cm）	断面描述

4.6　沥青软化点试验（环球法）

4.6.1　概述

软化点是把沥青试样装入规定尺寸的金属环内，试样上放置一标准钢球，浸入水中以规定的速度升温加热，使沥青软化下垂，当下垂量达到 25.4mm 时的温度即为软化点。软化点是反映沥青材料耐高温性能的重要指标。

本试验依据《公路工程沥青及沥青混合料试验规程》（JTG E20—2011）中的 T 0606—2011 编制而成，适用于测定道路石油沥青、聚合物改性沥青和液体石油沥青、煤沥青蒸馏残留物及乳化沥青蒸发残留物的软化点。

4.6.2　仪器设备

1）软化点试验仪：由温度计（自动软化点仪为传感器）、上盖板、立杆、钢球、钢球定位环、金属环、中层板、下底板和烧杯组成。

（1）钢球：直径 9.53mm，质量 3.5g±0.05g。

（2）试样环：黄铜或不锈钢等制成。

（3）钢球定位环：黄铜或不锈钢制成。

(4)金属支架:由两个主杆和三层平行的金属板组成。上层为一圆盘,直径略大于烧杯直径,中间有一圆孔,用以插放温度计。板上有两个孔,各放置金属环,中间有一小孔可支持温度计的测温端部。一侧立杆距环上面51mm处刻有水高标记。环下面距下层底板为25.4mm,而下底板距烧杯底不小于12.7mm,也不得大于19mm。三层金属板和两个主杆由两螺母固定在一起。

(5)耐热玻璃烧杯:容量800~1000mL,直径不小于86mm,高不小于120mm。

(6)温度计:量程0~100℃,分度值0.5℃。

2)装有温度调节器的电炉或其他加热炉具(自动软化点仪自带加热装置)。应采用带有振荡搅拌器的加热电炉,振荡子置于烧杯底部。

3)当采用自动软化点仪时,各项要求应与1)和2)相同,温度采用温度传感器测定,并能自动显示或记录,且应对自动装置的准确性经常校验。

4)恒温水槽:控温的准确度为0.5℃。

5)烘箱:200℃,装有温度自动调节器。

6)隔离剂:甘油、滑石粉隔离剂(甘油与滑石粉的质量比为2∶1)。

7)蒸馏水或纯净水。

8)其他:平直刮刀、石棉网等。

4.6.3 准备工作

1)将试样环置于涂有甘油滑石粉隔离剂的试样底板上,将准备好的沥青试样徐徐注入试样环内至略高出环面为止。若估计试样软化点高于120℃,则试样环和试样底板(不用玻璃板)均应预热至80~100℃。

2)将试件在室温中冷却30min后,用热平直刮刀将高出试样环的沥青刮去,使沥青表面与试样环环面齐平。

3)试样软化点在80℃以下者:将装有试样的试件环连同试样底板浸入5℃±0.5℃的恒温水槽中至少15min,同时将金属支架、钢球、钢球定位环等亦置于相同水槽中。试样软化点在80℃以上者:将装有试样的试件环连同试样底板浸入32℃±1℃甘油的恒温水槽中至少15min,同时将金属支架、钢球、钢球定位环等亦置于甘油中。

4.6.4 试验步骤

1)在烧杯内注入新煮沸并冷却至5℃的蒸馏水或纯净水(试样软化点在80℃以下者)或预先加热至32℃的甘油(试样软化点在80℃以上者),液面略低于立杆上的深度标记。

2)从恒温水槽中取出盛有试样的试样环放置在支架中层板的圆孔中,套上定位环;然后将整个环架放入烧杯中,调整液面至深度标记,并保持水温为5℃±0.5℃(试样软化点在80℃以下者)或甘油温度为32℃±1℃(试样软化点在80℃以上者),环架上任何部分不得附有气泡。将0~100℃的温度计由上层板中心孔垂直插入,使端部测温头底部与试样环下面齐平。

3)将盛有溶液和环架的烧杯移至放有石棉网的加热炉具上,然后将钢球放在定位环中间的试样中央,立即开动电磁振荡搅拌器,使水微微振荡,并开始加热,使杯中溶液温度在3min内调节至维持每分钟上升5℃±0.5℃。在加热过程中,应记录每分钟上升的温度值,若温度上升速度超出此范围,则试验应重做。

4)试样受热软化逐渐下坠,至与下层底板表面接触时,立即读取温度,试样软化点在 80℃以下的精确至 0.5℃,试样软化点在 80℃以上的精确至 1℃。

4.6.5　试验结果

1)同一试样平行试验两次,当两次测定值的差值符合重复性试验允许误差要求时,取其平均值作为软化点试验结果,精确至 0.5℃;

2)当试样软化点小于 80℃时,重复性试验的允许误差为 1℃,再现性试验的允许误差为 4℃;当试样软化点大于或等于 80℃时,重复性试验的允许误差为 2℃,再现性试验的允许误差为 8℃。

3)本试验记录格式见表 4-5 所列。

表 4-5　沥青软化点试验记录

| 编号 | 烧杯溶液初始温度(℃) | 烧杯内溶液名称 | 开始加热时间 | 烧杯中液体温度上升记录(℃) | | | | | | | | | | | | | | | 软化点测值(℃) | 软化点平均值(℃) |
				一分钟末	二分钟末	三分钟末	四分钟末	五分钟末	六分钟末	七分钟末	八分钟末	九分钟末	十分钟末	十一分钟末	十二分钟末	十三分钟末	十四分钟末	十五分钟末		

注:(1)自动软化点仪温度读数精度高于 0.5℃时,每分钟末温度按显示数值记录。

(2)软化点低于 80℃者软化点测值精确至 0.5℃,高于 80℃者软化点测值精确至 1℃。

(3)软化点平均值精确至 0.5℃。

4.7　沥青溶解度试验

4.7.1　概述

溶解度是利用沥青溶于有机溶剂的特性,将一定质量的沥青试样溶解于一定体积的有机溶剂后,以过滤法滤出不溶物,计算可溶物含量,以质量百分比表示。

溶解度是反映沥青品质的指标,溶解度越高沥青含杂质越少。

本试验依据《公路工程沥青及沥青混合料试验规程》(JTG E20—2011)中的 T 0607—2011 编制而成,适用于测定道路石油沥青、聚合物改性沥青和液体石油沥青蒸馏残留物及乳化沥青蒸发残留物的溶解度。非经注明,有机溶剂为三氯乙烯。

4.7.2　仪器设备

1)分析天平:感量不大于 0.1mg。

2)过滤瓶:250mL。瓶口可与古氏坩埚下部适配。

3）古氏坩埚：50mL，下部可与过滤瓶口适配。

4）玻璃纤维滤纸：直径为 26mm，最小过滤孔为 $0.6\mu m$。

5）塑料洗瓶或滴管。

6）具塞锥形瓶 250mL。

7）量筒：100mL。

8）玻璃棒。

9）干燥器。

10）烘箱：装有温度自动调节器。

11）洗液：三氯乙烯（分析纯）。

4.7.3　准备工作

1）按第 4.2 节的方法准备沥青试样。

2）将玻璃纤维滤纸置于洁净的古氏坩埚中的底部，用洗瓶盛装（或滴管吸取）三氯乙烯冲洗滤纸和古氏坩埚，使溶剂挥发后，置温度为 $105℃\pm5℃$ 的烘箱内干燥至恒重（一般为15min），然后移入干燥器中冷却，冷却时间不少于 30min，称其质量（m_1），准确至 0.1mg。

3）称取已烘干的锥形瓶和玻璃棒的质量（m_2），准确至 0.1mg。

4.7.4　试验步骤

1）用预先干燥的锥形瓶称取沥青试样约 2g（m_3），准确至 0.1mg。

2）在不断摇动下，分次加入三氯乙烯 100mL，直至试样溶解后盖上瓶塞，并在室温下放置至少 15min。

3）将已称质量的滤纸及古氏坩埚，安装在过滤瓶上，用少量的三氯乙烯润湿玻璃纤维滤纸；然后，将沥青溶液沿玻璃棒倒入玻璃纤维滤纸中，并以连续滴状速度进行过滤，直至全部溶液滤完；用少量溶剂分次清洗锥形瓶，将全部不溶物移至古氏坩埚中；再用溶剂洗涤古氏坩埚的玻璃纤维滤纸，直至滤液无色透明为止。

4）取下古氏坩埚，置于通风处，直至无溶剂气味为止；然后，将古氏坩埚移入温度为 $105℃\pm5℃$ 的烘箱中至少 20min；同时，将锥形瓶、玻璃棒等也置于烘箱中烘至恒重。

5）取出古氏坩埚及锥形瓶等置干燥器中冷却 30min±5min 后，分别称其质量（m_4、m_5），准确至 0.1mg，直至连续称量的差不大于 0.3mg 为止。

4.7.5　试验结果

1. 计算

沥青试样的可溶物含量按式（4-15）计算。

$$S_b=\left[1-\frac{(m_4-m_1)+(m_5-m_2)}{m_3-m_2}\right]\times100 \qquad (4-15)$$

式中：S_b——沥青试样的溶解度（%）；

　　m_1——古氏坩埚与玻璃纤维滤纸合计质量（g）；

　　m_2——锥形瓶与玻璃棒合计质量（g）；

　　m_3——锥形瓶、玻璃棒与沥青试样合计质量(g);

　　m_4——古氏坩埚、玻璃纤维滤纸与不溶物合计质量(g);

　　m_5——锥形瓶、玻璃棒与黏附不溶物合计质量(g)。

2. 结果

1)同一试样平行试验两次,当两次结果之差不大于 0.1%时,取其平均值作为试验结果。对于溶解度大于 99.0%的试验结果,准确至 0.01%;对于溶解度小于或等于 99.0%的试验结果,准确至 0.1%。

2)当试验结果平均值大于 99.0%时,重复性试验的允许误差为 0.1%,再现性试验的允许误差为 0.26%。

3)本试验记录格式见表 4-6 所列。

表 4-6　沥青溶解度试验记录

试样编号	古氏坩埚与玻璃纤维滤纸合计质量(g)	锥形瓶与玻璃棒合计质量(g)	锥形瓶、玻璃棒与沥青试样合计质量(g)	古氏坩埚、玻璃纤维滤纸与不溶物合计质量(g)	锥形瓶、玻璃棒与黏附不溶物合计质量(g)	溶解度(%)	溶解度平均值(%)

4.8　沥青薄膜加热试验

4.8.1　概述

薄膜加热试验是模拟沥青的短期老化行为,老化后的沥青性质、内部结构发生了变化,通过对比试验前后沥青的质量损失和残留物的针入度、延度、软化点、黏度、脆点等指标变化评定沥青的耐老化性能。

本试验依据《公路工程沥青及沥青混合料试验规程》(JTG E20—2011)中的 T 0609—2011 编制而成,适用于测定道路石油沥青、聚合物改性沥青薄膜经过加热后的质量变化,并根据需要,测定薄膜加热后残留物的针入度、延度、软化点、黏度、脆点等性质的变化,以评定沥青的耐老化性能。

4.8.2　仪器设备

1)薄膜加热烘箱:工作温度范围可达 200℃,控温准确度为±1℃,装有温度调节器和可转动的圆盘架,圆盘直径 360~370mm,上有浅槽 4 个,供放置盛样皿,转盘中心由一垂直轴悬挂于烘箱的中央,由传动机构使转盘水平转动,速度为 5.5r/min±1r/min。门为双层,两层之间应留有间隙,内层门为玻璃制,只要打开外门,便可通过玻璃窗读取烘箱中温度计的读数。烘箱应能自动通风,为此在烘箱底部及顶部分别设有空气入口和出口,以供热空气和蒸气的逸出和空气进入。

2)盛样皿:可用不锈钢或铝制成,不少于4个,在使用中不变形。

3)温度计:量程0～200℃,分度值0.5℃。

4)电子天平:感量不大于1mg。

5)干燥器。

6)其他:计时器。

4.8.3　准备工作

1)将洁净、烘干、冷却后的盛样皿编号,称其质量(m_0),准确至1mg。

2)按第4.2节的方法准备沥青试样。分别注入已称质量的盛样皿中,其质量为50g±0.5g,并形成沥青厚度均匀的薄膜,放入干燥器中冷却至室温后称取质量(m_1),准确至1mg。同时按规定方法,测定沥青试样薄膜加热试验前的针入度、延度、软化点、黏度及脆点等性质。当试验项目需要,预计沥青数量不够时,可增加盛样皿数目,但不允许将不同品种或不同标号的沥青同时放在同一烘箱中进行试验。

3)将温度计垂直悬挂于转盘轴上,位于转盘中心,水银球应在转盘顶面上的6mm处,并将烘箱加热并保持至163℃±1℃。

4.8.4　试验步骤

1)把烘箱调整水平,使转盘在水平面上以5.5r/min±1r/min的速度旋转,转盘与水平面成倾斜角不大于3°,温度计位置距转盘中心和边缘距离相等。

2)在烘箱达到恒温163℃后,迅速将盛有试样的盛样皿放入烘箱内的转盘上,关闭烘箱门并开动转盘架,待烘箱内温度回升至162℃时开始计时,并在163℃±1℃温度下保持5h。但从放置试样开始至试验结束的总时间不得超过5.25h。

3)试验结束后,从烘箱中取出盛样皿,若不需要测定试样的质量变化,则按下述步骤5)进行操作;若需要测定试样的质量变化,则随机取其中两个盛样皿放入干燥器中,冷却至室温后分别称其质量(m_2),准确至1mg。

4)试样称量后,将盛样皿放回163℃±1℃的烘箱中转动15min;取出试样,立即按照下述步骤5)进行操作。

5)将每个盛样皿的试样,用刮刀或刮铲刮入一适当的容器内,置于加热炉上加热,并适当搅拌使充分融化达流动状态,倒入针入度盛样皿或延度、软化点等试模内,并按规定方法进行各项薄膜加热试验后残留物的相应试验。如在当日不能进行试验,试样应放置在容器内,全部试验必须在加热后72h内完成。

4.8.5　试验结果

1. 计算

1)沥青薄膜试验后质量变化按式(4-16)计算,准确至3位小数(质量减少为负值,质量增加为正值)。

$$L_T=\frac{m_2-m_1}{m_1-m_0}\times100 \tag{4-16}$$

式中:L_T——试样薄膜加热质量变化(%);

$\quad m_0$——盛样皿质量(g);

$\quad m_1$——薄膜烘箱加热前盛样皿与试样合计质量(g);

$\quad m_2$——薄膜烘箱加热后盛样皿与试样合计质量(g)。

2)沥青薄膜烘箱试验后,残留物针入度比按式(4-17)计算:

$$K_P = \frac{P_2}{P_1} \times 100 \qquad (4-17)$$

式中:K_P——试样薄膜加热后残留物针入度比(%);

$\quad P_1$——薄膜加热试验前原试样的针入度(0.1mm);

$\quad P_2$——薄膜烘箱加热后残留物的针入度(0.1mm)。

3)沥青薄膜烘箱试验后,残留物软化点增值按式(4-18)计算:

$$\Delta T = T_2 - T_1 \qquad (4-18)$$

式中:ΔT——试样薄膜加热后残留物软化点增值(℃);

$\quad P_1$——薄膜加热试验前原试样的软化点(℃);

$\quad P_2$——薄膜烘箱加热后残留物的软化点(℃)。

4)沥青薄膜烘箱试验后,残留物黏度比按式(4-19)计算:

$$K_\eta = \frac{\eta_2}{\eta_1} \qquad (4-19)$$

式中:K_η——试样薄膜加热前后60℃黏度比;

$\quad \eta_1$——薄膜加热试验前60℃黏度(Pa·s);

$\quad \eta_2$——薄膜烘箱加热后60℃黏度(Pa·s)。

5)沥青的老化指数按式(4-20)计算。

$$C = \lg\lg(\eta_2 \times 10^3) - \lg\lg(\eta_1 \times 10^3) \qquad (4-20)$$

式中:C——沥青薄膜加热试验的老化指数。

2. 结果

1)当两个盛样皿的质量变化符合重复性试验允许误差要求时,取其平均值作为试验结果,准确至3位小数。根据需要报告残留物的针入度及针入度比、软化点及软化点增值、黏度及黏度比、老化指数、延度、脆点等各项性质的变化。

2)当薄膜加热后质量变化小于或等于0.4%时,重复性试验的允许误差为0.04%,再现性试验的允许误差为0.16%。当薄膜加热后质量变化大于0.4%时,重复性试验的允许误差为平均值的8%,再现性试验的允许误差为平均值的40%。残留物针入度、软化点、延度、黏度、脆点等性质试验的允许误差应符合相应的试验方法规定。

3)本试验记录格式见表4-7所列。

表 4-7　沥青薄膜烘箱试验(质量变化)记录

盛样皿编号	盛样皿质量(g)	加热前盛样皿与试样合计质量(g)	加热后盛样皿与试样合计质量(g)	质量变化(%)	质量变化平均值(%)

4.9　沥青旋转薄膜加热试验

4.9.1　概述

旋转薄膜加热试验(简称 RTFOT)和薄膜加热试验(简称 TFOT)是同一性质的试验,区别在于试验条件不同,试验时间也较大缩短(RTFOT 试样加热时间为 85min,TFOT 试样加热时间为 5h)。国内外大量试验证明,RTFOT 与 TFOT 大体上有同等效果,故允许互相替代。

本试验依据《公路工程沥青及沥青混合料试验规程》(JTG E20—2011)中的 T 0610—2011 编制而成。本试验适用于测定道路石油沥青、聚合物改性沥青旋转薄膜烘箱加热后的质量变化,并根据需要,测定旋转薄膜加热后沥青残留物的针入度、延度、软化点、黏度、脆点等性质的变化,以评定沥青的耐老化性能。

4.9.2　仪器设备

1)旋转薄膜烘箱,由下列部件组成。

(1)烘箱具有双层壁,电热系统应有温度自动调节器,可保持温度为 163℃±0.5℃,其内部尺寸为高 381mm、宽 483mm、深 445mm±13mm(关门后)。烘箱门上有一双层耐热的玻璃窗,其宽为 305～380mm、高为 203～229mm,可以通过此窗观察烘箱内部试验情况。最上部的加热元件应位于烘箱顶板的下方 25mm±3mm,烘箱应调整成水平状态。

(2)烘箱的顶部及底部均有通气口。底部通气口面积为 150mm²±7mm²,对称配置,可供均匀进入空气的加热之用。上部通气口匀称地排列在烘箱顶部,其开口面积为 93mm²±4.5mm²。

(3)烘箱内有一内壁,烘箱与内壁之间有一个通风空间,间隙为 38.1mm。在烘箱宽的中点上,且从环形金属架表面至其轴间 152.4mm 处,有一外径 133mm、宽 73mm 的鼠笼式风扇,并用一电动机驱动旋转,其速度为 1725r/min,鼠笼式风扇将以与叶片相反的方向转动。

(4)烘箱温度的传感器装置在距左侧 25.4mm 及空气封闭箱内上顶板下约 38.1mm 处,以使测温元件处于距烘箱内后壁约 203.2mm 位置。将测试用的温度计悬挂或附着在顶板的一个距烘箱右侧中点 50.8mm 的装配架上。温度计悬挂时,其水银球与环形金属架的轴线相距 25.4mm 以内。温度控制器应能使全部装好沥青试样后,在 10min 之内达到试验温度。

(5)烘箱内有一个直径为 304.8mm 的垂直环形架,架上装备有适当的能锁闭及开启 8 个水平放置的玻璃盛样瓶的固定装置。垂直环形架通过直径 19mm 的轴,以 15r/min±0.2r/min 速度转动。

(6)烘箱内装备有一个空气喷嘴,在最低位置上向转动玻璃盛样瓶喷进热空气。喷嘴孔径为 1.016mm,连接着一根长为 7.6m、外径为 8mm 的铜管。铜管水平盘绕在烘箱的底部,并连通着一个能调节流量、新鲜的和无尘的空气源。为保证空气充分干燥,可用活性硅胶作为指示剂。在烘箱表面上装备有温度指示器,空气流量计的流量应为 4000mL/min±200mL/min。

2)温度计:量程 0~200℃,分度值 0.5℃。

3)电子天平:感量不大于 1mg。

4)容积:汽油、三氯乙烯等。

4.9.3　准备工作

1)将盛样瓶用汽油或三氯乙烯洗净后,置温度 105℃±5℃烘箱中烘干,取出盛样瓶在干燥器中冷却后编号称其质量(m_0),准确至 1mg。盛样瓶的数量应能满足试验的试样需要,通常不少于 8 个。

2)将旋转加热烘箱调节水平,并在 163℃±0.5℃下预热不少于 16h,使箱内空气充分加热均匀。调节好温度控制器,使全部盛样瓶装入环形金属架后,烘箱的温度应在 10min 以内达到 163℃±0.5℃。

3)调整喷气嘴与盛样瓶开口处的距离为 6.35mm,并调节流量计,使空气流量为 4000mL/min±200mL/min。

4)按第 4.2 节的方法准备沥青试样。分别注入已称质量的盛样瓶中,其质量为 35g±0.5g,放入干燥器中冷却至室温后称取质量(m_1),准确至 1mg。需测定加热前后沥青性质变化时,应同时灌样测定加热前沥青的性质。

4.9.4　试验步骤

1)将称量后的全部试样瓶放入烘箱环形架的各个瓶位中,关上烘箱门后开启环形架转动开关,以 15r/min±0.2r/min 速度转动。同时开始将流速 4000mL/min±200mL/min 的热空气喷入转动着的盛样瓶的试样中,烘箱的温度应在 10min 回升到 163℃±0.5℃,使试样在 163℃±0.5℃温度下受热时间不少于 75min。总的持续时间为 85min。若 10min 内达不到试验温度,则试验不得继续进行。

2)到达时间后,停止环形架转动及喷射热空气,立即逐个取出盛样瓶,并迅速将试样倒入一洁净的容器内混匀(进行加热质量变化的试样除外),以备进行旋转薄膜加热试验后的沥青性质的试验,但不允许将已倒过的沥青试样瓶重复加热来取得更多的试样,所有试验项目应在 72h 内全部完成。

3)将进行质量变化试验的试样瓶放入真空干燥器中,冷却至室温,称取质量(m_2),准确至 1mg。此瓶内的试样即予废弃(不得重复加热用来进行其他性质的试验)。

4.9.5 试验结果

1. 计算

1)沥青旋转薄膜试验后质量变化按式(4-21)计算,准确至 3 位小数(质量减少为负值,质量增加为正值):

$$L_T = \frac{m_2 - m_1}{m_1 - m_0} \times 100 \qquad (4-21)$$

式中:L_T——试样旋转薄膜加热质量变化(%);

m_0——盛样瓶质量(g);

m_1——旋转薄膜烘箱加热前盛样瓶与试样合计质量(g);

m_2——旋转薄膜烘箱加热后盛样瓶与试样合计质量(g)。

2)沥青旋转薄膜烘箱试验后,残留物针入度比按式(4-22)计算:

$$K_P = \frac{P_2}{P_1} \times 100 \qquad (4-22)$$

式中:K_P——试样旋转薄膜加热后残留物针入度比(%);

P_1——旋转薄膜加热试验前原试样的针入度(0.1mm);

P_2——旋转薄膜烘箱加热后残留物的针入度(0.1mm)。

3)沥青旋转薄膜烘箱试验后,残留物软化点增值按式(4-23)计算:

$$\Delta T = T_2 - T_1 \qquad (4-23)$$

式中:ΔT——试样旋转薄膜加热后残留物软化点增值(℃);

P_1——旋转薄膜加热试验前原试样的软化点(℃);

P_2——旋转薄膜烘箱加热后残留物的软化点(℃)。

4)沥青旋转薄膜烘箱试验后,残留物黏度比按式(4-24)计算:

$$K_\eta = \frac{\eta_2}{\eta_1} \qquad (4-24)$$

式中:K_η——试样旋转薄膜加热前后 60℃黏度比;

η_1——旋转薄膜加热试验前 60℃黏度(Pa·s);

η_2——旋转薄膜烘箱加热后 60℃黏度(Pa·s)。

5)沥青的老化指数按式(4-25)计算:

$$C = \lg\lg(\eta_2 \times 10^3) - \lg\lg(\eta_1 \times 10^3) \qquad (4-25)$$

式中:C——沥青旋转薄膜加热试验的老化指数。

2. 结果

1)当两个盛样瓶的质量变化符合重复性试验允许误差要求时,取其平均值作为试验结果,准确至 3 位小数。根据需要报告残留物的针入度及针入度比、软化点及软化点增值、黏度及黏度比、老化指数、延度、脆点等各项性质的变化。

2)当旋转薄膜加热后质量变化小于或等于 0.4% 时,重复性试验的允许误差为 0.04%,再现性试验的允许误差为 0.16%;当旋转薄膜加热后质量变化大于 0.4% 时,重复性试验的允许误差为平均值的 8%,再现性试验的允许误差为平均值的 40%。残留物针入度、软化点、延度、黏度、脆点等性质试验的允许误差应符合相应的试验方法规定。

本试验记录格式见表 4-8 所列。

表 4-8　沥青旋转薄膜烘箱试验(质量变化)记录

盛样瓶编号	盛样瓶质量(g)	加热前盛样瓶与试样合计质量(g)	加热后盛样瓶与试样合计质量(g)	质量变化(%)	质量变化平均值(%)

4.10　沥青闪点与燃点试验(克利夫兰开口杯法)

4.10.1　概述

沥青的闪点是沥青质量的安全性指标,沥青燃点是施工安全的一项参考指标。

本试验依据《公路工程沥青及沥青混合料试验规程》(JTG E20—2011)中的 T 0611—2011 编制而成。本试验适用于克利夫兰开口杯法测定黏稠石油沥青、聚合物改性沥青及闪点在 79℃ 以上的液体石油沥青的闪点和燃点,以评定施工的安全性。

4.10.2　仪器设备

1)克利夫兰开口杯式闪点仪,由下列部件组成。

(1)克利夫兰开口杯:由黄铜或铜合金制成,内口直径 63.5mm±0.5mm,深 33.6mm±0.5mm,在内壁与杯上口的距离为 9.4mm±0.4mm 处刻有一道环状标线,带一个弯柄把手。

(2)加热板:由黄铜或铸铁制成,直径 145~160mm,厚约 6.5mm,上有石棉垫板,中心有圆孔,以支承金属试样杯。在距中心 58mm 处有一个与标准试焰大小相当的 φ4.0mm±0.2mm 电镀金属小球,供火焰调节的对照使用。

(3)温度计:量程 0~360℃,分度值 2℃。

(4)点火器:金属管制,端部为产生火焰的尖嘴,端部外径约 1.6mm,内径为 0.7~0.8mm,与可燃气体压力容器(如液化丙烷气或天然气)连接,火焰大小可以调节。点火器可以 150mm 半径水平旋转,且端部恰好通过坩埚中心上方 2~2.5mm,也可采用电动旋转点火用具,但火焰通过金属试验杯的时间应为 1.0s 左右。

(5)铁支架:高约 500mm,附有温度计夹及试样杯支架,支脚为高度调节器,使加热顶保持水平。

2)防风屏:金属薄板制,三面将仪器围住挡风,内壁涂成黑色,高约 600mm。

3)加热源附有调节器的 1kW 电炉或燃气炉:根据需要,可以控制加热试样的升温速度为 14～17℃/min、5.5℃/min±0.5℃/min。

4.10.3　准备工作

1)将试样杯用溶剂洗净、烘干,装置于支架上。加热板放在可调电炉上,如用燃气炉时,加热板距炉口约 50mm,接好可燃气管道或电源。

2)安装温度计,垂直插入试样杯中,温度计的水银球距杯底约 6.5mm,位置在与点火器相对一侧距杯边缘约 16mm 处。

3)按第 4.2 节的方法准备沥青试样,注入试样杯中至标线处,并使试样杯外部不沾有沥青。试样加热温度不能超过闪点以下 55℃。

4)全部装置应置于室内光线较暗且无显著空气流通的地方,并用防风屏三面围护。

5)将点火器转向一侧,试验点火,调节火苗成标准球的形状或成直径为 4mm±0.8mm 的小球形试焰。

4.10.4　试验步骤

1)开始加热试样,升温速度迅速地达到 14～17℃/min。待试样温度达到预期闪点前 56℃时,调节加热器降低升温速度,以便在预期闪点前 28℃时能使升温速度为 5.5℃/min±0.5℃/min。

2)试样温度达到预期闪点前 28℃时开始,每隔 2℃将点火器的试焰沿试验杯口中心以 150mm 半径作弧水平扫过一次;从试验杯口的一边至另一边所经过的时间约 1s。此时应确认点火器的试焰为直径 4mm±0.8mm 的火球,并位于坩埚口上方 2～2.5mm 处。

3)当试样液面上最初出现一瞬间即灭的蓝色火焰时,立即从温度计上读记温度,作为试样的闪点。

4)继续加热,保持试样升温速度 5.5℃/min±0.5℃/min,并按上述操作要求用点火器点火试验。

5)当试样接触火焰立即着火,并能继续燃烧不少于 5s 时,停止加热,并读记温度计上的温度,作为试样的燃点。

4.10.5　试验结果

1)同一试样至少平行试验两次,两次测定结果的差值不超过重复性试验允许误差 8℃时,取其平均值的整数作为试验结果。当试验时大气压在 95.3kPa(715mmHg)以下时,应对闪点或燃点的试验结果进行修正。当大气压为 95.3～84.5kPa(715～634mmHg)时,修正值增加 2.8℃;当大气压为 84.5～73.3kPa(634～550mmHg)时,修正值增加 5.5℃。

2)重复性试验的允许误差为闪点 8℃、燃点 8℃;再现性试验的允许误差为闪点 16℃、燃点 14℃。

3)本试验记录格式见表 4-9 所列。

表 4-9 沥青闪点、燃点试验记录

编号	试样闪点 (℃)	试样闪点平均值 (℃)	试样燃点 (℃)	试样燃点平均值 (℃)	大气气压 (kPa)	修正后	
						闪点(℃)	燃点(℃)

4.11 沥青蜡含量试验(蒸馏法)

4.11.1 概述

沥青蜡含量是以蒸馏法馏出油分后,在规定的溶剂及低温下结晶析出的蜡的含量,以质量百分比表示。

本试验依据《公路工程沥青及沥青混合料试验规程》(JTG E20—2011)中的 T 0615—2011 编制而成,适用于采用裂解蒸馏法测定道路石油沥青中的蜡含量。

4.11.2 仪器设备

1)蒸馏烧瓶:采用耐热玻璃制成。

2)自动制冷装置:冷浴槽可容纳 3 套蜡冷却过滤装置,冷却温度能达到−30℃,并且能控制在−30℃±0.1℃。冷却液介质可采用工业酒精或乙二醇的水溶液等。

3)蜡冷却过滤装置:由砂芯过滤漏斗、吸滤瓶、试样冷却筒、柱杆塞等组成,砂芯过滤漏斗(P16)的孔径系数为 10~16μm。

4)蜡过滤瓶:类似锥形瓶,有一个支管,能够进行真空抽吸的玻璃瓶。

5)立式可调高温炉:恒温 550℃±10℃。

6)分析天平:感量不大于 0.1mg、0.1g 各 1 台。

7)温度计:量程−30~+60℃,分度值 0.5℃。

8)锥形烧瓶:150mL 或 250mL 数个。

9)玻璃漏斗:直径 40mm。

10)真空泵。

11)无水乙醚、无水乙醇:分析纯。

12)石油醚(60~90℃):分析纯。

13)工业酒精。

14)干燥器。

15)烘箱:控制温度 100℃±5℃。

16)其他:电热套、量筒、烧杯、冷凝管、燃气灯等。

4.11.3　准备工作

1)将蒸馏烧瓶洗净、烘干后称其质量,准确至 0.1g,然后置干燥箱中备用。

2)将 150mL 或 250mL 锥形瓶洗净、烘干、编号后称其质量,准确至 0.1mg,然后置干燥器中备用。

3)将冷却装置各部洗净、干燥,其中砂芯过滤漏斗用洗液浸泡后用蒸馏水冲洗干净,然后烘干备用。

4)按第 4.2 节的方法准备沥青试样。

5)将高温炉预加热并控制炉内恒温 550℃±10℃。

6)在烧杯内备好碎冰水。

4.11.4　试验步骤

1)向蒸馏烧瓶中装入沥青试样(m_b)50g±1g,准确至 0.1g。用软木塞盖严蒸馏瓶。用已知质量的锥形瓶作接受器,浸在装有碎冰的烧杯中。

2)将盛有试样的蒸馏瓶置已恒温 550℃±10℃ 的高温电炉中,蒸馏瓶支管与置于冰水中的锥形瓶连接。随后蒸馏瓶底将渐渐烧红。

如用燃气灯时,应调节火焰高度将蒸馏瓶周围包住。

3)调节加热强度(调节蒸馏瓶至高温炉间距离或燃气灯火焰大小),从加热开始起 5～8min 内开始初馏(支管端口流出第一滴馏分);然后以每秒 2 滴(4～5mL/min)的流出速度继续蒸馏至无馏分油,瓶内蒸馏残留物完全形成焦炭为止。全部蒸馏过程必须在 25min 内完成。蒸馏完后支管中残留的馏分不应流入接受器中。

4)将盛有馏分油的锥形瓶从冰水中取出,拭干瓶外水分,置室温下冷却称其质量,得到馏分油总质量(m_1),准确至 0.05g。

5)将盛有馏分油的锥形瓶盖上盖,稍加热熔化,并摇晃锥形瓶使试样均匀。加热时温度不要太高,避免有蒸发损失;然后,将熔化的馏分油注入另一已知质量的锥形瓶(250mL)中,称取用于脱蜡的馏分油质量 1～3g(m_2),准确至 0.1mg。估计蜡含量高的试样馏分油数量宜少取,反之需多取,使其冷冻过滤后能得到 0.05～0.1g 蜡,但取样量不得超过 10g。

6)准备好符合控温精度的自动制冷装置,向冷浴中注入适量的冷液(工业酒精),其液面比试样冷却筒内液面(无水乙醚-乙醇)高 100mm 以上,设定制冷温度,使其冷浴温度保持在 －20℃±0.5℃。把温度计浸没在冷浴 150mm 深处。

7)将吸滤瓶、玻璃过滤漏斗、试样冷却筒和柱杆塞组成冷冻过滤组件。

8)将盛有馏分油的锥形瓶注入 10mL 无水乙醚,使其充分溶解;然后注入试样冷却筒中,再用 15mL 无水乙醚分两次清洗盛油的锥形瓶,并将清洗液倒入试样冷却筒中;再将 25mL 无水乙醇注入试样冷却筒内与无水乙醚充分混合均匀。

9)将冷冻过滤组件放入已经预冷的冷浴中,冷却 1h,使蜡充分结晶。在带有磨口塞的试管中装入 30mL 无水乙醚-无水乙醇(体积比 1∶1)混合液(作洗液用),并放入冷浴中冷却至 －20℃±0.5℃,恒冷 15min 以后再使用。

10)当试样冷却筒中溶液冷却结晶后,拔起柱杆塞,过滤结晶析出的蜡,并将柱杆塞用适当方法悬吊在试样冷却筒中,保持自然过滤 30min。

11)当砂芯过滤漏斗内看不到液体时,启动真空泵,使滤液的过滤速度为每秒 1 滴左右,抽滤至无液体滴落;再将已冷却的无水乙醚-无水乙醇(体积比 1∶1)混合液一次加入 30mL,洗涤蜡层、柱杆塞及试样冷却筒内壁;继续过滤,当溶剂在蜡层上看不见时,继续抽滤 5min,将蜡中的溶剂抽干。

12)从冷浴中取出冷冻过滤组件,取下吸滤瓶,将其中溶液倾入一回收瓶中。吸滤瓶也用无水乙醚-无水乙醇混合液冲洗 3 次,每次用 10～15mL,洗液并入回收瓶中。

13)将冷冻过滤组件(不包括吸滤瓶)装在蜡过滤瓶上,用 30mL 已预热至 30～40℃ 的石油醚将砂芯过滤漏斗、试样冷却筒和柱杆塞的蜡溶解;拔起柱杆塞,待漏斗中无溶液后,再用热石油醚溶解漏斗中的蜡两次,每次用量 35mL;然后立即用真空泵吸滤,至无液体滴落。

14)将吸滤瓶中蜡溶液倾入已称质量的锥形瓶中,并用常温石油醚分 3 次清洗吸滤瓶,每次用量 5～10mL。洗液倒入锥形瓶的蜡溶液中。

15)将盛有蜡溶液的锥形瓶放在适宜的热源上蒸馏到石油醚蒸发净尽后,将锥形瓶置温度为 105℃±5℃ 的烘箱中除去石油醚,然后放入真空干燥箱(105℃±5℃、残压 21～35kPa)中 1h,再置干燥器中冷却 1h 后称其质量,得到析出蜡的质量 m_w,准确至 0.1mg。

16)同一沥青试样蒸馏后,应从馏分油中取两个以上试样进行平行试验。当取两个试样试验的结果超出重复性试验允许误差要求时,需追加试验。当为仲裁性试验时,平行试验数应为 3 个。

4.11.5　试验结果

1. 计算

沥青试样的蜡含量按式(4-26)计算。

$$P_p = \frac{m_1 \times m_w}{m_b \times m_2} \times 100 \qquad (4-26)$$

式中：P_p——沥青试样的蜡含量(%);

　　　m_b——沥青试样质量(g);

　　　m_1——馏分油总质量(g);

　　　m_2——用于测定蜡的储分油质量(g);

　　　m_w——析出蜡的质量(g)。

2. 结果

1)所进行的平行试验结果的最大值与最小值之差符合重复性试验误差要求时,取其平均值作为蜡含量结果,准确至 1 位小数(%);当超过重复性试验误差时,以分离得到的蜡的质量(g)为横轴,蜡的质量百分率为纵轴,按直线关系回归求出蜡的质量为 0.075g 时蜡的质量百分率,作为蜡含量结果,准确至 1 位小数(%)。关系直线的方向系数应为正值,否则应重新试验。

2)蜡含量测定时重复性或再现性试验的允许误差应符合表 4-10 的要求。本试验记录格式见表 4-11 所列。

表 4-10　蜡含量测定时允许误差

蜡含量(%)	重复性(%)	再现性(%)
0~1.0	0.1	0.3
1.0~3.0	0.3	0.5
>3.0	0.5	1.0

表 4-11　沥青蜡含量试验记录

蒸馏瓶编号		蒸馏瓶质量(g)		蒸馏瓶和沥青合质量(g)		沥青质量(g)	
锥形瓶编号		锥形瓶质量(g)		锥形瓶和馏分油合质量(g)		馏分油质量(g)	
试验次数							
装馏分油锥形瓶质量(g)							
锥形瓶和馏分油合质量(g)							
测定蜡的馏分油质量(g)							
装蜡锥形瓶编号							
装蜡锥形瓶质量(g)							
锥形瓶和析出蜡合质量(g)							
析出蜡质量(g)							
蜡含量(%)							
蜡含量平均值(%)							

4.12　沥青与粗集料的黏附性试验

4.12.1　概述

沥青与粗集料的黏附性试验是用来检验粗集料表面被沥青薄膜裹覆后,抵抗受水浸蚀造成剥落的能力。沥青与矿料的黏附性等级评定往往因人而异,为弥补这一缺点,本试验规定由两名以上经验丰富的试验人员分别目测后取平均值。因沥青与粗集料黏附性试验的局限性,它主要用于确定粗集料的适用性,对沥青混合料的综合抗水损害能力必须通过浸水马歇尔试验、冻融劈裂试验等进行检验。

本试验依据《公路工程沥青及沥青混合料试验规程》(JTG E20—2011)中的 T 0616—1993 编制而成。本试验适用于检验沥青与粗集料表面的黏附性及评定粗集料的抗水剥离能力。对于最大粒径大于 13.2mm 的集料应用水煮法,对最大粒径小于或等于 13.2mm 的集料应用水浸法进行试验。当同一种料源集料最大粒径既有大于又有小于 13.2mm 的集料时,取大于 13.2mm 水煮法试验为标准,对细粒式沥青混合料应以水浸法试验为标准。

4.12.2　仪器设备

1)天平:称量 500g,感量不大于 0.01g。

2)恒温水槽:能保持温度 80℃±1℃。

3)拌和用小型容器:500mL。

4)烧杯:1000mL。

5)试验架。

6)细线:尼龙线或棉线、铜丝线。

7)铁丝网。

8)标准筛:方孔筛,9.5mm、13.2mm、19mm 各 1 个。

9)烘箱:装有温度自动调节器。

10)电炉、燃气炉。

11)玻璃板:200mm×200mm 左右。

12)搪瓷盘:300mm×400mm 左右。

13)其他:拌和铲、石棉网、纱布、手套等。

4.12.3　准备工作

1. 水煮法

1)将集料过 13.2mm、19mm 筛,取粒径 13.2～19mm 形状接近立方体的规则集料 5 个,用洁净水洗净,置温度为 105℃±5℃的烘箱中烘干,然后放在干燥器中备用。

2)大烧杯中盛水,并置于加热炉的石棉网上煮沸。

2. 水浸法

1)将集料过 9.5mm、13.2mm 筛,取粒径 9.5～13.2mm 形状规则的集料 200g 用洁净水洗净,并置温度为 105℃±5℃的烘箱中烘干,然后放在干燥器中备用。

2)按第 4.2 节的方法准备沥青试样,加热至按表 4-12 的要求决定的拌和温度。

表 4-12　沥青混合料拌合温度参考表

沥青结合料种类	拌和温度(℃)
石油沥青	140～160
改性沥青	160～175

3)将煮沸过的热水注入恒温水槽中,并维持温度 80℃±1℃。

4.12.4　试验步骤

1. 水煮法

1)将集料逐个用细线在中部系牢,再置 105℃±5℃烘箱内 1h。按第 4.2 节的方法准备沥青试样。

2）逐个用线提起加热的矿料颗粒，浸入预先加热的沥青（石油沥青 130～150℃）中 45s 后，轻轻拿出，使集料颗粒完全被沥青膜所裹覆。

3）将裹覆沥青的集料颗粒悬挂于试验架上，下面垫一张纸，使多余的沥青流掉，并在室温下冷却 15min。

4）待集料颗粒冷却后，逐个用线提起，浸入盛有煮沸水的大烧杯中央，调整加热炉，使烧杯中的水保持微沸状态，但不允许有沸开的泡沫。

5）浸煮 3min 后，将集料从水中取出，适当冷却；然后放入一个盛有常温水的纸杯等容器中，在水中观察矿料颗粒上沥青膜的剥落程度，并按表 4-13 评定其黏附性等级。

表 4-13　沥青与集料的黏附性等级

试验后集料表面上沥青膜剥落情况	黏附性等级
沥青膜完全保存，剥离面积百分率接近于 0	5
沥青膜少部为水所移动，厚度不均匀，剥离面积百分率小于 10%	4
沥青膜局部明显地为水所移动，基本保留在集料表面上，剥离面积百分率小于 30%	3
沥青膜大部为水所移动，局部保留在集料表面上，剥离面积百分率大于 30%	2
沥青膜完全为水所移动，集料基本裸露，沥青全浮于水面上	1

6）同一试样应平行试验 5 个集料颗粒，并由两名以上经验丰富的试验人员分别评定后，取平均等级作为试验结果。

2. 水浸法

1）按四分法称取集料颗粒（9.5～13.2mm）100g 置搪瓷盘中，连同搪瓷盘一起放入已升温至沥青拌和温度以上 5℃ 的烘箱中持续加热 1h。

2）按每 100g 集料加入沥青 5.5g±0.2g 的比例称取沥青，准确至 0.1g，放入小型拌和容器中，一起置入同一烘箱中加热 15min。

3）将搪瓷盘中的集料倒入拌和容器的沥青中后，从烘箱中取出拌和容器，立即用金属铲均匀拌和 1～1.5min，使集料完全被沥青薄膜裹覆；然后，立即将裹有沥青的集料取 20 个，用小铲移至玻璃板上摊开，并置室温下冷却 1h。

4）将放有集料的玻璃板浸入温度为 80℃±1℃ 的恒温水槽中，保持 30min，并将剥离及浮于水面的沥青用纸片捞出。

5）由水中小心取出玻璃板，浸入水槽内的冷水中，仔细观察裹覆集料的沥青薄膜的剥落情况。由两名以上经验丰富的试验人员分别目测，评定剥离面积的百分率，评定后取平均值。为使估计的剥离面积百分率较为正确，宜先制取若干个不同剥离率的样本，用比照法目测评定。不同剥离率的样本，可用加不同比例抗剥离剂的改性沥青与酸性集料拌和后浸水得到，也可由同一种沥青与不同集料品种拌和后浸水得到，逐个仔细计算得出样本的剥离面积百分率。

6）由剥离面积百分率按表 4-13 评定沥青与集料黏附性的等级。

4.12.5　试验结果

试验结果应报告采用的方法及集料粒径。本试验记录格式见表 4-14 所列。

表 4-14　沥青与粗集料的黏附性试验记录

集料粒径			集料产地	
试验方法	试件编号	试验人评定等级		
		甲	乙	
水煮法				

（续表）

试验方法	试样编号	试验人评定剥离面积率	
		甲	乙
水浸法			
结果评定			
综合评定			

4.13　沥青弹性恢复试验

4.13.1　概述

弹性恢复率是把沥青试样制成一字形标准试件,用延度试验仪拉长一定长度后的可恢复变形的百分率。

本试验依据《公路工程沥青及沥青混合料试验规程》(JTG E20—2011)中的 T 0662—2000 编制而成,适用于评价热塑性橡胶类聚合物改性沥青的弹性恢复性能。非经注明,试验温度为 25℃,拉伸速率为 5cm/min±0.25cm/min。

4.13.2　仪器设备

1)试模:采用延度试验所用试模,但中间部分换为直线侧模。制作的试件截面积为 1cm²。

2)水槽:能保持规定的试验温度,变化不超过 0.1℃。水槽的容积不小于 10L,高度应满足试件浸没深度不小于 10cm,离水槽底部不少于 5cm 的要求。

3)延度试验机:同第 4.5 节。

4)温度计:量程 0～50℃,分度值 0.1℃。

5)剪刀。

4.13.3　准备工作

同第 4.5.3 小节,浇灌改性沥青试样、制模,最后将试样在 25℃水槽中保温 1.5h。

4.13.4　试验步骤

1)将试样安装在滑板上,按延度试验方法以规定的 5cm/min 的速率拉伸试样达10cm±0.25cm 时停止拉伸。

2)拉伸一停止就立即用剪刀在中间将沥青试样剪断,保持试样在水中 1h,并保持水温不变。注意在停止拉伸后至剪断试样之间不得有时间间歇,以免使拉伸应力松弛。

3)取下两个半截的回缩的沥青试样轻轻捋直,但不得施加拉力,移动滑板使改性沥青试样的尖端刚好接触,测量试件的残留长度 X。

4.13.5　试验结果

1)弹性恢复率按式(4-27)计算:

$$D = \frac{10 - X}{10} \times 100 \tag{4-27}$$

式中:D——试样的弹性恢复率(%);

X——试样的残留长度(mm)。

2)本试验记录格式见表 4-15 所列

表 4-15　沥青弹性恢复试验记录

试件编号	试验温度 (℃)	延伸速度 (cm/min)	试样拉伸 长度(cm)	试样残留 长度(cm)	弹性恢复率 (%)	弹性恢复率 平均值(%)

4.14　沥青运动黏度试验(毛细管法)

4.14.1　概述

运动黏度是沥青在运动状态下的黏度,是一些国家划分黏稠石油沥青(135℃)及液体沥青(60℃)标号的一个指标,反映了沥青的黏滞性。

本试验依据《公路工程沥青及沥青混合料试验规程》(JTG E20—2011)中的 T 0619—2011 编制而成,适用于采用毛细管黏度计测定黏稠石油沥青、液体石油沥青及其蒸馏后残留物的运动黏度。非经注明,试验温度为 135℃(黏稠石油沥青)及 60℃(液体石油沥青)。

4.14.2　仪器设备

1)毛细管黏度计:通常采用坎芬式(Can‐non‐Fenske)逆流毛细管黏度计(见图4‐4),也可采用国外通用的其他类型,如翟富斯横臂式(Zeitfuchs Cross‐Arm)黏度计、兰特兹-翟富斯(Lantz‐Zeit‐fuchs)型逆流式黏度计及 BS/IP/RTU 型逆式黏度计等毛细管黏度计进行测定。坎芬式黏度计型号和尺寸见表4‐16所列。

表4‐16　坎芬式逆流毛细管黏度计尺寸及适用的运动黏度范围

型号	近似测定常数（mm²/s²）	运动黏度范围（mm²/s）	R 管内径(mm)(±2%)	N、G、E、F、I管内径(mm)(±5%)	球 A,C,J 容积(mL)(±5%)	球 D 容积(mL)(±5%)
200	0.1	6～100	1.02	3.2	2.1	11
300	0.25	15～200	1.26	3.4	2.1	11
350	0.5	30～500	1.48	3.4	2.1	11
400	1.2	72～1200	1.88	3.4	2.1	11
450	2.5	150～2500	2.20	3.7	2.1	11
500	8	48～8000	3.10	4.0	2.1	11
600	20	120～20000	4.00	4.7	2.1	13

2)恒温水槽或油浴:具有透明壁或装有观测孔,容积不小于 2L,并能使毛细管距浴壁的距离及试样距浴面至少为 20mm,并装有加热温度调节器、自动搅拌器及带夹具的盖子等,其控温精密度能达到测定要求。

3)温度计:分度值 0.1℃。

4)烘箱:装有温度自动控制调节器。

5)秒表:分度值 0.1s,15min 的误差不超过±0.05%。

6)水流泵或橡皮球。

7)硅油或闪点高于 215℃的矿物油。

8)三氯乙烯:化学纯。

9)其他:洗液、蒸馏水等。

4.14.3　准备工作

1)估计试样的黏度,根据试样流经毛细管规定体积的时间是否大于 60s 来选择黏度计的型号。

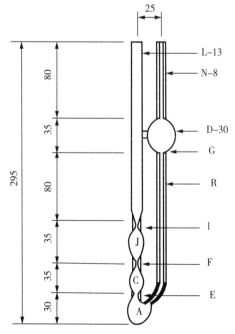

图4‐4　坎芬式逆流毛细管黏度计
(单位:mm)

2)将黏度计用三氯乙烯等溶剂洗涤干净。如黏度计沾有油污,应用洗液、蒸馏水或无水乙醚等仔细洗涤。洗涤后置温度 105℃±5℃的烘箱中烘干,或用通过棉花过滤的热空气吹干,然后预热至要求的测定温度。

3)将液体沥青在室温下充分搅拌 30min,注意勿带入空气形成气泡。如液体沥青黏度过大可将试样置于 60℃±3℃的烘箱中,加热 30min,按第 4.2 节的方法准备黏稠沥青试样,均匀加热至试验温度±5℃后倾入一个小盛样器中,其容积不少于 20mL,并用盖子盖好。

4)调节恒温水槽或油浴的液面及温度,使温度保持在试验温度±0.1℃。

4.14.4   试验步骤

1)将黏度计预热至试验温度后取出垂直倒置,使毛细管 N 通过橡皮管浸入沥青试样中。在管 L 的管口接一橡皮球(或水流泵)吸气,使试样经毛细管 N 充满 D 球并充满至 G 处后,用夹子夹住 N 管上的橡皮管,取出 N 管并迅速揩干 N 管口外部所黏附试样,并将黏度计倒转恢复到正常位置。然后用夹子夹紧 L 管上橡皮球的皮管。

2)将黏度计移入恒温水槽或油浴(试验温度±0.1℃)中,用橡皮夹子将 L 管夹持固定,并使 L 管保持垂直。注意:夹持时,D 球须浸入水或油面下至少 20mm。

3)放松 L 管夹子,使试样流入 A 球达一半时夹住夹子,试样停止流动。然后在恒温浴中保温 30min 后,放松 L 管夹子,让试样依靠重力流动。当试样弯液面达到标线 E 时,开动秒表,当试样液面流经标线 F 及 J 时,读取秒表,分别记录试样流经标志 E 到 F 和 F 到 J 的时间,准确至 0.1s。如试样流经时间小于 60s,应改选另一个毛细管直径较小的黏度计,重复上述操作。

4.14.5   试验结果

1. 计算

1)流经 C、J 测定球的运动黏度分别按式(4-28)和式(4-29)计算。

$$\nu_C = C_C \times t_C \qquad\qquad (4-28)$$

$$\nu_J = C_J \times t_J \qquad\qquad (4-29)$$

式中:ν_C、ν_J——试样流经 C、J 测定球的运动黏度(mm^2/s);

C_C、C_J——C、J 球的黏度计标定常数(mm^2/s^2);

t_C、t_J——试样流经 C、J 球的时间(s)。

2)当 ν_C 及 ν_J 之差不超过平均值的 3%时,试样的运动黏度按式(4-30)计算;当 ν_C 及 ν_J 之差超过平均值的 3%时,试验应重新进行。

$$\nu_T = \frac{V_C + V_J}{2} \qquad\qquad (4-30)$$

式中:ν_T——试样在温度 T℃时的运动黏度(mm^2/s);

ν_C——试样流经 C 测定球的运动黏度(mm^2/s);

ν_J——试样流经 J 测定球的运动黏度(mm^2/s)。

2. 结果

1)同一试样至少用两根毛细管平行试验两次,取平均值作为试验结果。

2)重复性试验的允许误差。

对黏稠沥青:平均值的 3%。

对液体沥青:

60℃运动黏度范围(mm²/s)	允许误差(以平均值的%计)
<3000	1.5
3000~6000	2.0
>6000	8.9

3)再现性试验的允许误差。

对黏稠沥青:平均值的 8.8%。

对液体沥青:

60℃运动黏度范围(mm²/s)	允许误差(以平均值的%计)
<3000	3.0
3000~6000	9.0
>6000	10.0

4)本试验记录格式见表 4-17 所列。

表 4-17　沥青运动黏度试验(毛细管法)记录

C 球的黏度计标定常数(mm)	J 球的黏度计标定常数(mm²/s²)	试样流经 C 球的时间(s)	试样流经 J 球的时间(s)	试样流经 C 测定球的运动黏度(mm²/s)	试样流经 J 测定球的运动黏度(mm²/s)	试验温度(℃)	试样在温度 T℃时的运动黏度(mm²/s)

4.15　沥青动力黏度试验(真空减压毛细管法)

4.15.1　概述

动力黏度也称为绝对黏度,简称为黏度,是沥青性质的主要指标之一。美国、澳大利亚等已经利用其 60℃黏度作为道路石油沥青的分级标准。黏度单位根据国家标准采用帕·秒(Pa·s)表示。该方法是沥青技术要求的关键试验,不得以其他试验方法(如布氏旋转黏度试验、DSR 动态剪切流变仪法等)替代,特别是目前低标号沥青应用逐渐增多,高黏改性沥青也有所应用,这些沥青均具有明显的非牛顿流动特性,其 60℃动力黏度的不同方法检测值之间不具有互换性。

本试验依据《公路工程沥青及沥青混合料试验规程》(JTG E20—2011)中的 T 0620—

2000 编制而成,适用于采用真空减压毛细管黏度计测定黏稠石油沥青的动力黏度。非经注明,试验温度为 60℃,真空度为 40kPa。

4.15.2 仪器设备

1)真空减压毛细管黏度计(见图 4-5):一组 3 支毛细管,通常采用美国沥青学会(Asphalt Institute,AI)式毛细管,也可采用坎农曼宁(Cannon-Manning,CM)式或改进坎培式(Modified Koppers,MK)式毛细管测定。AI 式毛细管型号和尺寸见表 4-18 所列。

表 4-18 真空减压毛细管黏度计尺寸及适用的动力黏度范围

型号	毛细管半径 (mm)	大致标定系数,40kPa 真空[(Pa·s)/s]			黏度范围 (Pa·s)
		管 B	管 C	管 D	
25	0.125	0.2	0.1	0.07	4.2~80
50	0.25	0.8	0.4	0.3	18~320
100	0.5	3.2	1.6	1	60~1280
200	1.0	12.8	6.4	4	240~5200
400	2.0	50	25	16	960~20000
400R	2.0	50	25	16	960~140000
800R	4.0	200	100	64	3800~580000

2)恒温水槽:硬玻璃制,其高度需使黏度计置入时,最高一条时间标线在液面下至少为 20mm,内设有加热和温度自动控制器,能使水温保持在试验温度±0.1℃,并有搅拌器及夹持设备。水槽中不同位置的温度差不得大于±0.1℃。保温装置的控温宜准确至±0.1℃。

3)温度计:量程 50~100℃,分度值 0.1℃。

4)真空减压系统:应能使真空度达到 40kPa ±66.5Pa(300mmHg±0.5mmHg)的压力,各连接处不得漏气,以保证密闭。在开启毛细管减压阀进行测定时,应不产生水银柱降低情况。在开口端连接水银压力计,可读至 133Pa(1mmHg)的刻度,用真空泵或吸气泵抽真空。

5)烘箱:装有温度自动控制调节器。

6)秒表:分度值 0.1s,15min 的误差不超过±0.05%。

7)三氯乙烯:化学纯。

8)其他:洗液、蒸馏水等。

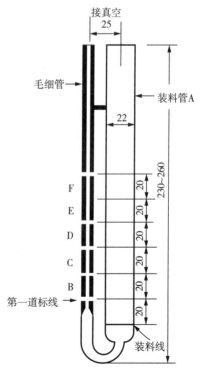

图 4-5 真空减压毛细管黏度计
(单位:mm)

4.15.3　准备工作

1)估计试样的黏度,根据试样流经规定体积的时间是否在 60s 以上,来选择真空毛细管黏度计的型号。

2)将真空毛细管黏度计用三氯乙烯等溶剂洗涤干净。如黏度计沾有油污,可用洗液、蒸馏水等仔细洗涤。洗涤后置烘箱中烘干或用通过棉花的热空气吹干。

3)按第 4.2 节的方法准备沥青试样,将脱水过筛的试样仔细加热至充分流动状态。在加热时,予以适当搅拌,以保证加热均匀。然后将试样倾入另一个便于灌入毛细管的小盛样器中,数量约为 50mL,并用盖子盖好。

4)将水槽加热,并调节恒温在 60℃±0.1℃内,温度计应预先校验。

5)将选用的真空毛细管黏度计和试样置烘箱(135℃±5℃)中加热 30min。

4.15.4　试验步骤

1)将加热的黏度计置于一容器中,然后将热沥青试样自装料管 A 注入毛细管黏度计,试样应不致黏在管壁上,并使试样液面在 E 标线处±2mm 之内。

2)将装好试样的毛细管黏度计放回电烘箱(135℃±5.5℃)中,保温 10min±2min,以使管中试样所产生气泡逸出。

3)从烘箱中取出 3 支毛细管黏度计,在室温条件下冷却 2min 后,安装在保持试验温度的恒温水槽中,其位置应使 I 标线在水槽液面以下至少为 20mm。自烘箱中取出黏度计,至装好放入恒温水槽的操作时间应控制在 5min 之内。

4)将真空系统与黏度计连接,关闭活塞或阀门。

5)开动真空泵或抽气泵,使真空度达到 40kPa±66.5Pa(300mmHg±0.5mmHg)。

6)黏度计在恒温水槽中保持 30min 后,打开连接减压系统阀门,当试样吸到第一标线时同时开动两个秒表,测定通过连续的一对标线间隔时间,准确至 0.1s,记录第一个超过 60s 的标线符号及间隔时间。

7)按此方法对另两支黏度计做平行试验。

8)试验结束后,从恒温水槽中取出毛细管,按下列顺序进行清洗。

(1)将毛细管倒置于适当大小的烧杯中,放入预热至 135℃的烘箱中 0.5~1h,使毛细管中的沥青充分流出,但时间不能太长,以免沥青烘焦附在管中。

(2)从烘箱中取出烧杯及毛细管,迅速用洁净棉纱轻轻地把毛细管口周围的沥青擦净。

(3)从试样管口注入三氯乙烯溶剂,然后用吸耳球对准毛细管上口抽吸,沥青渐渐被溶解,从毛细管口吸出,进入吸耳球,反复几次。直至注入的三氯乙烯抽出时为清澈透明为止,最后用蒸馏水洗净、烘干、收藏备用。

4.15.5　试验结果

1. 计算

沥青试样的动力黏度按式(4-31)计算:

$$\eta = K \times t \qquad\qquad (4-31)$$

式中：η——沥青试样在测定温度下的动力黏度(Pa·s)；

  K——选择的第一对超过60s的一对标线间的黏度计常数(Pa·s/s)；

  t——通过第一对超过60s标线的时间间隔(s)。

2. 结果

1)一次试验的3支黏度计平行试验结果的误差应不大于平均值的7%，否则，应重新试验。符合此要求时，取3支黏度计测定结果的平均值作为沥青动力黏度的测定值。

2)重复性试验的允许误差为平均值的7%，再现性试验的允许误差为平均值的10%。

3)本试验记录格式见表4-19所列。

表4-19 沥青运动黏度试验(真空减压毛细管法)记录

黏度计编号	黏度计常数 (Pa·s/s)	通过第一对超过60s标线的 时间间隔(s)	动力黏度 (Pa·s)	动力黏度平均值 (Pa·s)

4.16 沥青旋转黏度试验(布洛克菲尔德黏度计法)

4.16.1 概述

本试验测定的不同温度的黏度曲线，用于确定各种沥青混合料的拌和温度和压实温度。

本试验依据《公路工程沥青及沥青混合料试验规程》(JTG E20—2011)中的 T 0625—2011 编制而成。本试验适用于采用布洛克菲尔德黏度计(Brookfield，简称布氏黏度计)旋转法测定道路沥青在45℃以上温度范围内的表观黏度，以帕斯卡·秒(Pa·s)计。

4.16.2 仪器设备

1)布洛克菲尔德黏度计：具有直接显示黏度、扭矩、剪切应力、剪变率、转速和试验温度等项目的功能，它主要由下列部分组成：

(1)适用于不同黏度范围的标准高温黏度测量系统，如 LV、RV、HA 或 HB 型系列等，其量程应满足被测改性沥青黏度的要求。

(2)不同型号的转子，根据沥青黏度选用。

(3)自动温度控温系统，包括恒温室、恒温控制器、盛样筒(为试管形状)、温度传感器等。

(4)数据采集和显示系统、绘图记录设备等。

2)烘箱：有自动温度控制器，控温的准确度为±1℃。

3)标准温度计：分度值0.1℃。

4)秒表。

4.16.3 准备工作

1)按第4.2节的方法准备沥青试样，分装在盛样容器中，在烘箱中加热至软化点以上

100℃左右保温 30～60min 备用,对改性沥青尤应注意去除气泡。

2)仪器在安装时必须调至水平,使用前应检查仪器的水准器气泡是否对中。开启黏度计温度控制器电源,设定温度控制系统至要求的试验温度。此系统的控温准确度应在使用前严格标定。

3)根据估计的沥青黏度,按仪器说明书规定的不同型号的转子所适用的速率和黏度范围,选择适宜的转子。

4.16.4　试验步骤

1)取出沥青盛样容器,适当搅拌,按转子型号所要求的体积向黏度计的盛样筒中添加沥青试样,根据试样的密度换算成质量。加入沥青试样后的液面应符合不同型号转子的规定要求,试样体积应与系统标定时的标准体积一致。

2)将转子与盛样筒一起置于已控温至试验温度的烘箱中保温,维持 1.5h。当试验温度较低时,可将盛样筒试样适当放冷至稍低于试验温度后再放入烘箱中保温。

3)取出转子和盛样筒安装在黏度计上,降低黏度计,使转子插进盛样筒的沥青液面中,至规定的高度。

4)使沥青试样在恒温容器中保温,达到试验所需的平衡温度(不少于 15min)。

5)按仪器说明书的要求选择转子速率,如在 135℃测定时,对 RV、HA、HB 型黏度计可采用 20r/min,对 LV 型黏度计可采用 12r/min,在 60℃测定可选用 0.5r/min 等。开动布洛克菲尔德黏度计,观察读数,扭矩读数应在 10%～98%内。在整个测量黏度过程中,不得改变设定的转速。仪器在测定前是否需要归零,可按操作说明书规定进行。

6)观测黏度变化,当小数点后面 2 位读数稳定后,在每个试验温度下,每隔 60s 读数一次,连续读数 3 次,以 3 次读数的平均值作为测定值。

7)对每个要求的试验温度,重复以上过程进行试验。试验温度宜从低到高进行,盛样筒和转子的恒温时间应不小于 1.5h。

8)如果在试验温度下的扭矩读数不在 10%～98%内,必须更换转子或降低转子转速后重新试验。

9)利用布洛克菲尔德黏度计测定不同温度的表观黏度,绘制黏温曲线。一般可采用135℃和 175℃的表观黏度,根据需要也可以采用其他温度。

4.16.5　试验结果

1)同一种试样至少平行试验两次,两次测定结果符合重复性试验允许误差要求时,以平均值作为测定值。

2)将在不同温度条件下测定的黏度,绘于图 4-6 所示的黏温曲线中,确定沥青混合料的施工温度。当使用石油沥青时,宜以黏度为 0.17Pa·s±0.02Pa·s 时的温度作为拌和温度范围;以 0.28Pa·s±0.03Pa·s 时的温度作为压实成型温度范围。

3)报告试验温度、转子的型号和转速。

4)绘制黏温曲线,给出推荐的拌和及压实施工温度范围。

5)重复性试验的允许误差为平均值的 3.5%,再现性试验的允许误差为平均值的 14.5%。

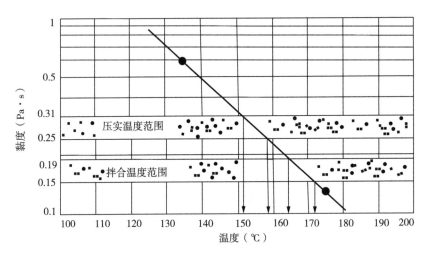

图 4-6   由沥青结合料的黏温曲线确定施工温度

6)本试验记录格式见表 4-20 所列。

表 4-20   沥青旋转黏度试验(布洛克菲尔德黏度计法)记录

试样编号	试验温度(℃)	转子型号	转子速度(r/min)	黏度计常数[(Pa·s)/s]	黏度计读数(Pa·s)				黏度值(Pa·s)
					1	2	3	平均值	

4.17   沥青标准黏度试验(道路沥青标准黏度计法)

4.17.1   概述

本试验的主要目的是研究沥青在不同温度和剪切速率下的黏度变化规律,明确沥青的性能和应用范围,在实际工程中提高路面施工质量和成本效益。本试验测定的黏度应注明温度及流孔孔径,以 $C_{t,d}$ 表示[t 为试验温度(℃); d 为沥青流出孔径(mm)]。

本试验采依据《公路工程沥青及沥青混合料试验规程》(JTG E20—2011)中的 T 0621—1993 编制而成,适用于采用道路沥青标准黏度计测定液体石油沥青、煤沥青、乳化沥青等材料流动状态时的黏度。

4.17.2   仪器设备

1)道路沥青标准黏度计:形状和尺寸如图 4-7 所示。它由下列部分组成。

(1)水槽:环槽形,内径 160mm,深 100mm,中央有一圆井,井壁与水槽之间距离不少于55mm。环槽中存放保温用液体(水或油),上下方各设有一流水管。水槽下装有可以调节高低的三脚架,架上有一圆盘承托水槽,水槽底离试验台面约 200mm。水槽控温精密度

±0.2℃。

（2）盛样管：形状和尺寸如图 4-8 所示。管体由黄铜制成，而带流孔的底板由磷青铜制成。盛样管的流孔 d 有 3mm±0.025mm、4mm±0.025mm、5mm±0.025mm 和 10mm±0.025mm 四种。根据试验需要，选择盛样管流孔的孔径。

（3）球塞：用以堵塞流孔，形状和尺寸如图 4-9 所示。杆上有一标记。直径 12.7mm±0.05mm 球塞的标记高为 92mm±0.25mm，用以指示 10mm 盛样管内试样的高度；直径 6.35mm±0.05mm 球塞的标记高为 90.3mm±0.25mm，用以指示其他盛样管内试样的高度。

（4）水槽盖：盖的中央有套筒，可套在水槽的圆井上，下附有搅拌叶。盖上有一把手，转动把手时可借搅拌叶调匀水槽内水温。盖上还有一插孔，可放置温度计。

（5）接受瓶：开口，圆柱形玻璃容器，容量为 100mL，在 25mL、50mL、75mL、100mL 处有刻度；也可采用 100mL 量筒。

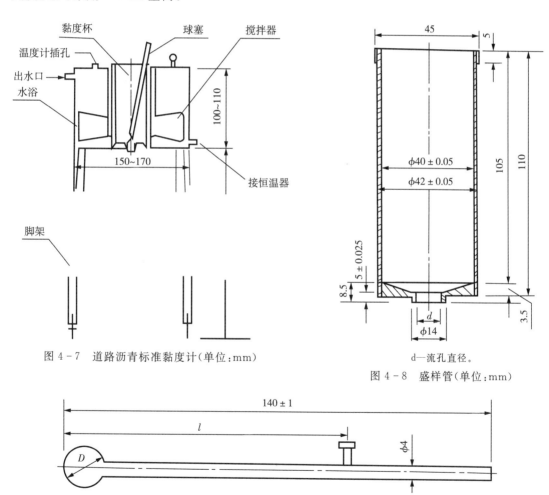

图 4-7　道路沥青标准黏度计（单位：mm）

d—流孔直径。

图 4-8　盛样管（单位：mm）

图 4-9　球塞（单位：mm）

（6）温度计：分度为 0.1℃。

（7）流孔检查棒：由磷青铜制成，长 100mm，检查 4mm 和 10mm 流孔及检查 3mm 和 5mm 流孔各 1 支，检查段位于两端，长度不小于 10mm，直径按流孔下限尺寸制造。

2）秒表：分度值 0.1s。

3）循环恒温水槽。

4）肥皂水或矿物油。

5）其他：加热炉、大蒸发皿等。

4.17.3　准备工作

1）按 JTG E20—2011 规程 T0602 准备沥青试样。根据沥青材料的种类和稠度，选择需要流孔孔径的盛样管，置于水槽圆井中。用规定的球塞堵好流孔，流孔下放蒸发皿，以备接受不慎流出的试样。除 10mm 流孔采用直径 12.7mm 球塞外，其余流孔均采用直径为 6.35mm 的球塞。

2）根据试验温度需要，调整恒温水槽的水温为试验温度±0.1℃，并将其进出口与黏度计水槽的进出口用胶管接妥，使热水流进行正常循环。

4.17.4　试验步骤

1）将试样加热至比试验温度高 2～3℃（当试验温度低于室温时，试样须冷却至比试验温度低 2～3℃）时注入盛样管，其数量以液面到达球塞杆垂直时杆上的标记为准。

2）试样在水槽中保持试验温度至少 30min，用温度计轻轻搅拌试样，测量试样的温度为试验温度±0.1℃时，调整试样液面至球塞杆的标记处，再继续保温 1～3min。

3）将流孔下蒸发皿移去，放置接受瓶或量筒，使其中心正对流孔。接受瓶或量筒可预先注入肥皂水或矿物油 25mL，以利洗涤及读数准确。

4）提起球塞，借标记悬挂在试样管边上，待试样流入接受瓶或量筒达 25mL（量筒刻度 50mL）时，按动秒表；待试样流出 75mL（量筒刻度 100mL）时，按停秒表。

5）记取试样流出 50mL 所经过的时间，准确至 s，即为试样的黏度。

4.17.5　试验结果

1）同一试样至少平行试验两次，当两次测定的差值不大于平均值的 4％时，取其平均值的整数作为试验结果。

2）重复性试验的允许误差为平均值的 4％。

4.17.6　注意事项

1）盛样管应用溶剂、洗液清洗，烘干后备用，不得用棉纱等纤维类擦拭，以免粘上纤维物堵塞流孔，影响试验结果的精密度。

2）沥青试样必须过 0.6mm 的筛，筛除试样中的杂物或颗粒物。

3）盛样管底部的流孔有 3mm、4mm、5mm 和 10mm 四个不同的规格，10mm 带有固定螺丝，使用 3mm、4mm、5mm 中任何一个都必须用 10mm 流孔固定。试验时流孔的直径根据沥青的稀稠情况选用。若试验时在很短的时间就流出规定体积的沥青试样，甚至操作人员反应不过来测试流出时间，说明流孔直径选用偏大，应选用较小直径的流孔进行试验；相反，如果流出时间过长，甚至试样的温度变化已超出规定的湿度范围，还没有流出规定体积的试样，应换用较大直径的流孔重新试验。

4）在装试样和恒温过程中,球杆是斜靠在盛样管中的,提起球杆时,应按住球杆先将球杆扶直,然后再垂直提起,使试样均匀垂直下流。

5）量筒应位于流孔的正下方,前后左右对中,以防止试样流到量筒外。

4.18　沥青恩格拉黏度试验(恩格拉黏度计法)

4.18.1　概述

沥青恩格拉黏度试验用于测定沥青或其他石油产品在一定温度、容积的条件下,从恩格拉黏度计流出的时间(秒)与蒸馏水在 25℃时流出的时间(秒)之比,即为沥青或其他石油产品的恩格拉黏度,单位为恩格拉度(E_v)。本试验采用恩格拉黏度计测定乳化沥青及煤沥青的恩格拉黏度,用恩格拉度表示。非经注明,测定温度为 25℃。

本试验依据《公路工程沥青及沥青混合料试验规程》(JTG E20—2011)中的 T 0622—1993 编制而成。

4.18.2　仪器设备和试剂

1）恩格拉黏度计:符合 GB 266 标准,包括盛样用的内容器和作为水或油浴用的外容器、堵塞流出管用的硬木塞、金属三脚架和接受瓶等。其形状如图 4 - 10 所示。

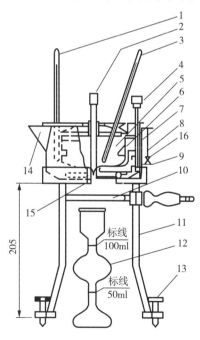

1—保温浴温度计;2—硬木塞杆;3—试样用温度计;4—容器盖;5—盛样器;6—液面标记;
7—保温浴槽;8—保温浴搅拌器;9—电热器;10—燃气灯;11—三脚架;12—量杯;
13—水平脚架;14—溢出口;15—钳制流出口;16—水准器。

图 4 - 10　恩格拉黏度计(单位:mm)

(1)盛样器:由黄铜制成,底部为球面形,内表面要经过磨光并镀金。从底部起以等距离在内壁上安装有 3 个向上弯成直角的小尖钉,作为控制试样面高度和仪器水平的指示器。在容器底部中心处有一流出孔,此孔焊接着黄铜小管,其内部装有铂制小管,铂管内部必须磨光。内容器的铜制盖为中空凸形,盖上有两个孔口,供插入木塞和温度计使用。其形状和尺寸如图 4-11 所示和见表 4-21 所列。

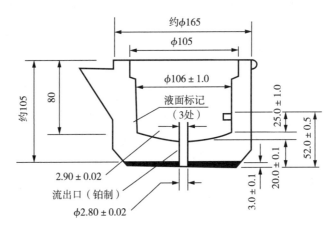

图 4-11　盛样器(单位:mm)

表 4-21　盛样器的尺寸

零件名称	尺寸(mm)		允许误差(mm)	
内容器	内径	106.0	±1.00	
	底部至扩大部分间的高度	70.0	±1.00	
	底部突出部分的深度	7.0	±0.10	
	扩大部分的内径	115.0	±1.00	
	扩大部分的高度	30.0	±2.00	
	从钉尖的水平面至流出管下边缘的距离	52.0	±0.50	
流出管	总长	20.0	±0.10	
	突出部分的长度	3.0	±0.30	
	在管顶水平面处的内径	2.9	±0.02	
	下方末端的内径	2.8	±0.02	

(2)外容器:由黄铜制成,用 3 根支柱使内容器固定在外容器中。容器中设有搅拌器。

(3)三脚架:其中两脚设有调节螺钉。

(4)温度计:量程 0~30℃或 0~50℃,分度值 0.1℃;量程 0~100℃,分度值 1.0℃。

(5)接受瓶:玻璃制宽口,试验用容积为 50mL,标定用容积为 200mL。接受瓶中颈细狭部分中部有容积刻线,刻线应在 20℃时刻划。

2)秒表:分度值 0.1s。

3)吸液管:5mL。

4)二甲苯:化学纯。

5)乙醇:95%,化学纯。

6)滤筛:筛孔 1.18mm。

7)其他:洗液、汽油等。

4.18.3　准备工作

1)将黏度计的内容器、流出管孔依次用二甲苯及蒸馏水仔细洗净,并用滤纸吸去剩下的水滴,然后用空气吹干。

注意:不得用布擦拭。

2)将黏度计置于三脚架上,并将干净的木塞插入内容器流出管的孔中。

3)将接受瓶依次用汽油、洗液、水及蒸馏水清洗干净后置于 105℃±5℃烘箱中烘干。

4)将准备的乳化沥青试样用 1.18mm 筛网过滤。

5)黏度计的水值(t_w)采用下列两种方法之一测定。

(1)直接测定蒸馏水在 25℃时从黏度计流出 50mL 所需的时间(s),作为水值。

(2)测定蒸馏水在 20℃时从黏度计流出 200mL 所需的时间(s)乘以换算系数 F 得到。其测定步骤如下。

① 将新的蒸馏水(20℃)注入黏度计的内容器中,直至内容器的 3 个尖钉的尖端刚刚露出水面为止;同时,将同温度的水注入黏度计的外容器中,直至浸到内容器的扩大部分为止。

② 旋转三脚架的螺钉,调整黏度计的位置,使内容器中 3 个尖钉的尖端处于同一水平面上。

③ 将标定用(200mL)的接受瓶置于黏度计的流出管下方。轻轻提离木塞,使内容器中的水全部放入接受瓶内,但不计算流出时间。此时流出管内要充满水,并使流出管底端悬着一大滴水珠。

④ 立即将木塞插入流出管内,并将接受瓶中的水沿玻璃棒小心地注回内容器中。注意,勿使水溅出。随后将接受瓶在内容器上倒置 1~2min,使瓶中水全部流出,然后将接受瓶再放回流出管下方。需要时,可加水调整水面使 3 个钉尖恰好露出。

⑤ 调整并保持内外容器中的水温,内容器中的水用插有温度计的盖围绕木塞转动,以使水能充分搅拌;然后用外容器中的搅拌器搅拌保温用水(或油)。

⑥ 当两个容器中的水温等于 20℃(在 5min 内水温差数不超过±0.1℃)时,迅速提离木塞(应能自动卡住并保持提离状态,不允许拔出木塞),同时开动秒表。使蒸馏水流至凹形液面的下缘达 200mL,停止秒表,并记取流出时间(s)。

⑦ 蒸馏水流出 200mL 的时间连续测定 4 次,如各次测定时间与其算术平均值的差数不大于 0.5s,就用此算术平均值作为第一次测定的平均流出时间。以同样要求进行另一次平行测定。若两次平行测定结果之差不大于 0.5s,则取两次平行测定结果的平均值以符号 K_{20} 表示,然后换算成与沥青试样试验相同条件的水值。由 20℃、200mL 水的流出时间换算成 25℃、50mL 水的流出时间的换算系数 F 为 0.224,即 $t_w = K_{20} \times 0.224$。

注意:黏度计的水值每 4 个月至少校正一次。

4.18.4 试验步骤

1）将已过筛和预热到稍高于规定温度2℃左右的试样，注入干净并插好木塞（注意，不可过分用力压插木塞，以免木塞很快磨损）的内容器中，并须使其液面稍高于尖钉的尖端（注意，试样中不应产生气泡）。盖好黏度计盖，并插好温度计。

2）事先将外容器的水预热，温度须稍高于测试温度。

3）在流出管下方放置一个洁净干燥的50mL试样接受瓶。调节内容器中试样和外容器中水的温度，至规定的试验温度25℃±0.1℃。为保持试样的温度，在试验过程中，内外容器中液体的温差不应超过±0.2℃。注意，在控制温度时，外容器中保温液体的温度一般应稍高于内容器中试样的温度。

4）当试样的温度达到测试温度，并保持2min后，迅速提离木塞，木塞提起位置应保持与测水值时相同。

5）当试样流至第一条标线50mL时开动秒表，至达到第二条标线100mL时，立即按停秒表，并记取时间，准确至0.1s。

4.18.5 试验结果

1. 计算

试样的恩格拉黏度按式（4-32）计算。

$$E_v = \frac{t_T}{t_w} \tag{4-32}$$

式中：E_v——试样在温度T时的恩格拉度；

t_T——试样在温度T时的流出时间（s）；

t_w——恩格拉黏度计的水值，即水在25℃时流出相同体积50mL的时间（s）；可以直接测定，亦可由20℃、200mL水的流出时间K_{20}换算成25℃、50mL水的流出时间，其换算系数F为0.224，则：$t_w = K_{20} \times F = K_{20} \times 0.224$。

2. 结果

1）同一试样至少平行试验两次，当两次结果的差值不大于平均值的4%时，取其平均值作为试验结果。

2）重复性试验的允许误差为平均值的4%，再现性试验的允许误差为平均值的6%。

4.18.6 注意事项

1）黏度计的内容器、流孔等必须用二甲苯等溶剂及蒸馏水清洗，并风干或用风扇等吹干，切勿用布擦拭，以防沾上纤维，影响试验结果。

2）黏度计的水值可以由直接测出在25℃时流出50mL的水所需要的时间（s）确定，也可由20℃、200mL水的流出时间乘以0.224确定，后者相对准确一些。黏度计的水值要定期校正。

3）试验完毕立即用水冲洗黏度计内容器及回收容器，一旦破乳就必须用溶剂清洗。

4.19　乳化沥青破乳速度试验

4.19.1　概述

乳化沥青的破乳速度试验是乳液试样与规定级配的矿料拌和后,从矿料表面被乳液薄膜裹覆的均匀情况判断乳液的拌和效果,以鉴别乳液属于快裂(RS)、中裂(MS)或慢裂(SS)的型号的一种重要试验。

本试验依据《公路工程沥青及沥青混合料试验规程》(JTG E20—2011)中的 T 0658—1993 编制而成,适用于各种类型的乳化沥青的拌和稳定度试验。

4.19.2　仪器设备和试剂

1)拌和锅:容量约 1000mL。

2)金属勺。

3)天平:感量不大于 0.1g。

4)标准筛:方孔筛,4.75mm、2.36mm、0.6mm、0.3mm、0.075mm。

5)道路工程用粒径小于 4.75mm 的石屑。

6)蒸馏水。

7)其他:烧杯、量筒、秒表等。

4.19.3　准备工作

1)将工程实际使用的集料(石屑)过筛分级,并按表 4-22 的比例称料混合成两种标准级配矿料各 200g。

表 4-22　拌和试验用矿料颗粒组成比例

矿料规格(mm)	A 组(%)	B 组(%)
＜0.075	3	10
0.3～0.075		30
0.6～0.3	5	30
2.36～0.6	7	30
4.75～2.36	85	—
合计	100	100

2)将拌和锅洗净、干燥。

4.19.4　试验步骤

1)将 A 组矿料 200g 在拌和锅中拌和均匀。当为阳离子乳化沥青时,先注入 5mL 蒸馏水拌匀,再注入乳液 20g;当为阴离子乳化沥青时,直接注入乳液 20g。用金属匙以 60r/min

的速度拌和 30s,观察矿料与乳液拌和后的均匀情况。

2)将拌和锅中的 B 组矿料 200g 拌和均匀后注入 30mL 蒸馏水,拌匀后,注入 50g 乳液试样,再继续用金属匙以 60r/min 的速度拌和 1min,观察拌和后混合料的均匀情况。

3)根据两组矿料与乳液试样拌和均匀情况按表 4-23 确定试样的破乳速度。

表 4-23　乳化沥青的破乳速度分级

A 组矿料拌和结果	B 组矿料拌和结果	破乳速度	代号
混合料呈松散状态,一部分矿料颗粒未裹覆沥青,沥青分布不够均匀,有些凝聚成固块	乳液中的沥青拌和后立即凝聚成团块,不能拌和	快裂	RS
混合料混合均匀	混合料呈松散状态,沥青分布不均匀并可见凝聚的团块	中裂	MS
	混合料呈糊状,沥青乳液分布均匀	慢裂	SS

4.19.5　试验结果

试验结果报告拌和情况及破乳速度分级、代号。

4.19.6　注意事项

1)乳液的破乳速度随拌和所用矿料不同而略有不同,所以矿料必须是工程实际使用的集料品种。矿料分为 A 组和 B 组,并有各自的级配要求,试验前应取工程实际使用的集料进行筛分分级,并按试验规定的比例和质量配合。

2)拌和时应严格控制拌和时间和速度,因为试验结果是用拌和的均匀性评价,所以拌和就显得非常重要。同样的矿料和乳液,拌和速度和时间不同,均匀性则不同,因此这一点怎么强调都不过分。

3)拌和温度、环境条件对试验结果都有影响,若试验未作规定,则在室温条件下拌和即可。

4)矿料是否要烘干,试验未作规定。按理应烘干,否则矿料含水率不同,乳液的破乳速度则不同,这样试验将失去意义。但在施工中矿料并不是烘干的,因此以实际使用的矿料的实际含水率为准较为合理。

4.20　乳化沥青蒸发残留物含量试验

4.20.1　概述

乳液的蒸发残留物含量是检验乳液中实际沥青的含量,又称为油水比。沥青含量过高,会使乳液黏度变大,增加施工拌和难度,影响施工质量,而且储存稳定性不好。而沥青含量过低,会因乳液黏度过小,施工时容易出现流失,不能保证一定的油石比;而且相对地提高了乳化剂用量,也增加了乳液的运输费用,使乳化沥青的成本增加,降低经济效益。因此,保持适当的沥青含量是很重要的。蒸发残留物含量通过加热蒸发来测定。

本试验依据《公路工程沥青及沥青混合料试验规程》(JTG E20—2011)中的 T 0651—1993 编制而成,主要用于测定各类乳化沥青中加热脱水后残留沥青的含量。

4.20.2 仪器设备

1)试样容器:容量 1500mL、高约 60mm、壁厚 0.5～1mm 的金属盘,也可用小铝锅或瓷蒸发皿代替。

2)天平:感量不大于 1g。

3)烘箱:装有温度控制器。

4)电炉或燃气炉:有石棉垫。

5)玻璃棒。

6)其他:温度计、溶剂、洗液等。

4.20.3 试验步骤

1)将试样容器、玻璃棒等洗净、烘干并称其合计质量(m_1)。

2)在试样容器内称取搅拌均匀的乳化沥青试样 300g±1g,称取容器、玻璃棒及乳液的合计质量(m_2),准确至 1g。

3)将盛有试样的容器连同玻璃棒一起置于电炉或燃气炉(放有石棉垫)上缓缓加热,边加热边搅拌,其加热温度不应致乳液溢溅,直至确认试样中的水分已完全蒸发(通常需 20～30min),然后在 163℃±3.0℃温度下加热 1min。

4)取下试样容器冷却至室温,称取容器、玻璃棒及沥青一起的合计质量(m_3),准确至 1g。

4.20.4 试验结果

乳化沥青的蒸发残留物含量按式(4-33)计算,以整数表示。

$$P_b = \frac{m_3 - m_1}{m_2 - m_1} \times 100 \qquad (4-33)$$

式中:P_b——乳化沥青的蒸发残留物含量(%);

m_1——试样容器、玻璃棒合计质量(g);

m_2——试样容器、玻璃棒及乳液合计质量(g);

m_3——试样容器、玻璃棒及残留物合计质量(g)。

4.20.5 试验报告

1)同一试样至少平行试验两次,两次试验结果的差值不大于 0.4% 时,取其平均值作为试验结果。

2)重复性试验的允许误差为 0.4%,再现性试验的允许误差为 0.8%。

4.20.6 注意事项

1)试样必须充分搅拌均匀,取规定质量的试样进行试验。

2)开始加热时,由于试样中的水比较多,加热火力不能大,并加强搅动,防止乳液溢溅。如果出现溢锅的情况,应立即将试样容器端离加热器。

3)在加热开始一段时间,由于乳液的黏度较小,搅动起来很容易,随着水分蒸发,黏度增加。当水分快要蒸发完时,沥青的黏度快速增加(由搅动时的用力程度判断)。当黏度达到最大时水分完全蒸发,沥青的温度也开始上升,黏度随温度的上升而降低。这时应注意控制温度,在163℃±3℃的温度下加热1min。

4.21　乳化沥青筛上剩余量试验

4.21.1　概述

筛上剩余量试验是待乳化完的乳液完全冷却或基本消泡后,通过1.18mm筛孔筛子水洗测得筛上残留物占乳液重量的百分比,以此来判定乳液的质量。

本试验依据《公路工程沥青及沥青混合料试验规程》(JTG E20—2011)中的 T 0652—1993编制而成。本试验适用于测定各类乳化沥青的筛上剩余物含量。非经注明,筛孔尺寸为1.18mm。

4.21.2　仪器设备

1)滤筛:筛孔为1.18mm。
2)金属盘:尺寸不小于100mm。
3)天平:感量不大于0.1g。
4)烧杯:750mL 和 2000mL 各 1 个。
5)油酸钠溶液:含量2%。
6)蒸馏水。
7)烘箱:装有温度控制器。
8)其他:玻璃棒、溶剂、干燥器等。

4.21.3　准备工作

将滤筛、金属盘、烧杯等用溶剂擦洗干净,再用水和蒸馏水洗涤后用105℃±5℃烘箱烘干,称取滤筛及金属盘质量(m_1),准确至0.1g。

4.21.4　试验步骤

1)在一烧杯中称取充分搅拌均匀的乳化沥青试样500g±5g(m),准确至0.1g。
2)将筛(框)网用油酸钠溶液(阴离子乳液)或蒸馏水(阳离子乳液)润湿。
3)将滤筛支在烧杯上,再将烧杯中的乳液试样边搅拌边徐徐注入筛内过滤。在过滤畅通情况下,筛上乳液试样仅可保留一薄层;如发现筛孔有堵塞或过滤不畅,可用手轻轻拍打筛框。
4)试样全部过滤后,移开盛有乳液的烧杯。

5)用蒸馏水多次清洗烧杯,并将洗液过筛,再用蒸馏水冲洗滤筛,直至过滤的水完全清洁为止。

6)将滤筛置于已称质量的金属盘中,并置于 105℃±5℃烘箱中烘干 2~4h。

7)取出滤筛,连同金属盘一起置于干燥器中冷却至室温(一般为 30min 以上)后称其质量(m_2),准确至 0.1g。

4.21.5　试验计算

乳化沥青试样过筛后筛上剩余物含量按式(4-34)计算,准确至 1 位小数。

$$P_r = \frac{m_2 - m_1}{m} \times 100 \qquad (4-34)$$

式中:P_r——筛上剩余物含量(%);

　　m——乳化沥青试样质量(g);

　　m_1——滤筛及金属盘质量(g);

　　m_2——滤筛、金属盘与筛上剩余物合计质量(g)。

4.21.6　试验报告

1)同一试样至少平行试验两次,两次试验结果的差值不大于 0.03% 时,取其平均值作为试验结果。

2)重复性试验的允许误差为 0.03%,再现性试验的允许误差为 0.08%。

4.21.7　注意事项

1)将试样充分搅匀,称取规定质量的乳液进行试验。

2)为了防止乳液接触试验筛破乳而残留在筛上,试验前,若为阳离子乳液,用蒸馏水将筛网及筛架内侧润湿;若为阴离子乳液,用油酸钠溶液将筛网及筛架内侧润湿。

3)一般在室温条件下进行筛滤,如乳液稠度大、筛滤困难,可将乳液在水浴中适当加热后筛滤。

4.22　乳化沥青微粒离子电荷试验

4.22.1　概述

乳化沥青是阳离子乳液还是阴离子乳液,判别方法是在直流电状态下,观察正负两块电极板哪块电极板吸附有沥青微粒,从而确定乳液是阴离子型还是阳离子型。

本试验依据《公路工程沥青及沥青混合料试验规程》(JTG E20—2011)中的 T 0653—1993 编制而成,适用于测定各类乳化沥青微粒离子的电荷性质,即阳、阴离子的类型。

4.22.2　仪器设备

1)烧杯:200mL 或 300mL。

2）电极板：2 块，铜制，每块极板长 100mm，宽 10mm，厚 1mm。

3）直流电源：6V。

4）秒表。

5）滤筛：筛孔为 1.18mm。

6）其他：汽油、洗液等。

4.22.3 准备工作

1）将乳化沥青试样用孔径 1.18mm 滤筛过滤，并盛于一容器中。

2）将电极板洗净、干燥，并将两块电极板平行固定于一个框架上，其间距约 30mm；然后将框架置于容积为 200mL 或 300mL 的洁净烧杯内，插入乳化沥青中约 30mm。电极板装置如图 4-12 所示。

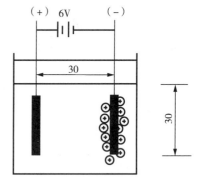

图 4-12 电极板装置（单位：mm）

4.22.4 试验步骤

1）将过滤的乳液试样注入盛有电极板的烧杯内，其液面的高度至少使电极板顶端浸没约 3cm。

2）将两块电极板的引线分别接于 6V 直流电源的正负极上，接通电源开关并按动秒表。

3）接通电流 3min 后，关闭开关；然后将固定有电极板的框架从烧杯内取出。

4）仔细观察电极板，若负极板上吸附有大量沥青微粒，说明沥青微粒带正电荷，则该乳液为阳离子型；反之，若阳极板上吸附有大量沥青微粒，说明沥青微粒带负电荷，则该乳液为阴离子型。

4.22.5 注意事项

1）试样充分搅匀、过筛后，取一定的试样置于烧杯中进行试验。

2）电极板在试样中通电 3min 后取出，一个极板上几乎没有沥青，另一个极板上有厚厚的沥青层。若正极板上吸附有沥青，则乳液为阴离子型；若负极板上吸附有沥青，则乳液为阳离子型。

4.23 乳化沥青与粗集料的黏附性试验

4.23.1 概述

沥青乳液与矿料的黏附性是在规定条件下，表示黏附于湿集料颗粒表面的乳液受水浸蚀后的稳定程度的指标，用沥青在石料表面的裹覆面积表示。

本试验依据《公路工程沥青及沥青混合料试验规程》（JTG E20—2011）中的 T 0654—2011 编制而成，适用于检验各类乳化沥青与粗集料表面的黏附性，以评定粗集料的抗水剥离的能力。

4.23.2　仪器设备

1)标准筛:方孔筛,31.5mm、19.0mm、13.2mm。

2)滤筛:筛孔为 1.18mm、0.6mm。

3)烧杯:400mL、1000mL。

4)烘箱:具有温度自动控制调节器、鼓风装置,控温范围 105℃±5℃。

5)秒表。

6)天平:感量不大于 0.1g。

7)水:蒸馏水或纯净水。

8)工程实际使用的碎石。

9)其他:细线或细金属丝、铁支架、电炉、玻璃棒等。

4.23.3　试验方法和步骤

1. 阳离子乳化沥青与粗集料的黏附性试验方法

1)准备工作具体如下:

(1)将道路工程用集料过筛,取 19.0～31.5mm 的颗粒洗净,然后置 105℃±5℃的烘箱中烘干 3h;

(2)从烘箱中取出 5 颗集料冷却至室温逐个用细线或金属丝系好,悬挂于支架上。

2)试验具体步骤如下:

(1)取两个烧杯,分别盛入 800mL 蒸馏水(或纯净水)及经 1.18mm 滤筛过滤的 300mL 乳液试样;

(2)对于阳离子乳化沥青,先将集料颗粒放进盛水烧杯中浸水 1min 后,随后立即放入乳化沥青中浸泡 1min,然后将集料颗粒悬挂在室温中放置 24h;

(3)将集料颗粒逐个用线提起,浸入盛有煮沸水的大烧杯中央,调整加热炉,使烧杯中的水保持微沸状态;

(4)浸煮 3min 后,将集料从水中取出,观察粗集料颗粒上沥青膜的裹覆面积。

2. 阴离子乳化沥青与粗集料的黏附性试验方法

1)准备工作具体如下:

(1)取试样约 300mL 置入烧杯中;

(2)将道路工程用碎石过筛,取 13.2～19.0mm 的颗粒洗净,然后置 105℃±5℃的烘箱中烘干 3h;

(3)取出集料约 50g 在室温以间距 30mm 以上排列冷却至室温,约 1h。

2)试验具体步骤如下:

(1)将冷却的集料颗粒排列在 0.6mm 滤筛上;

(2)将滤筛连同集料一起浸入乳液的烧杯中 1min,然后取出架在支架上,在室温下放置 24h;

(3)将滤网连同附有沥青薄膜的集料一起浸入另一个盛有 1000mL 洁净水并已加热至 40℃±1℃保温的烧杯中浸 5min,仔细观察集料颗粒表面沥青膜的裹覆面积,作出综合评定。

3. 非离子乳化沥青与粗集料的黏附性试验方法

非离子乳化沥青与粗集料的黏附性试验与阴离子乳化沥青的相同。

4.23.4　试验报告

1)同一试样至少平行试验两次,根据多数颗粒的裹覆情况作出评定。

2)试验报告以碎石裹覆面积大于 2/3 或不足 2/3 的形式报告。

4.23.5　注意事项

1)阳离子乳化沥青和阴离子乳化沥青采用不同的试验方法。阳离子乳化沥青采用 19.0～31.5mm 的碎石逐个在水中摇动的方法;阴离子乳化沥青采用 13.2～19.0mm 的碎石 50g 用水浸法试验。

2)对于阳离子乳化沥青,碎石颗粒在蒸馏水中、沥青乳液中及在水中上下移动的时间要严格控制。对阴离子乳化沥青应严格控制碎石烘干和冷却的时间、碎石浸入乳液和取出后在室温放置时间、在规定温度水中的浸水时间。

3)试验所用碎石必须采用工程实际使用的碎石,碎石品种不同试验结果有差异。

4)试验应在周围无风的条件下进行,否则,试验结果常常出现反常现象。

第5章 沥青混合料用粗集料

5.1 粗集料压碎值试验

5.1.1 概述

本试验依据《公路工程集料试验规程》(JTG 3432—2024)中的 T 0316—2024 编制而成,适用于测定粗集料压碎值,以评价集料的抗破碎能力。

5.1.2 仪器设备

1)压碎值试模:由两端开口的钢制圆形试筒、压柱和底板组成,其尺寸见表 5-1 所列。试筒内壁、压柱的底面及底板的上表面等与集料接触的表面都应进行热处理,使表面硬化,硬度达到 58HRC,且表面保持光滑。

表 5-1 试筒、压柱和底板尺寸

部位	符号	名称	尺寸(mm)
试筒	A	内径	150±0.3
	B	高度	125~128
	C	壁厚	≥12
压柱	D	压头直径	149±0.2
	E	压杆直径	100~149
	F	压柱总长	100~110
	G	压头厚度	≥25
底板	H	直径	200~220
	I	厚度(中间部分)	6.4±0.2
	J	边缘厚度	10±0.2

2)金属棒:直径 16mm±1mm,长 600mm±5mm,一端加工成半球形。

3)天平:称量不小于 5kg,感量不大于 1g。

4)试验筛:筛孔为 19mm、13.2mm、9.5mm、2.36mm 方孔筛各一个。

5)压力机:量程 500kN,示值相对误差不大于 2%,同时应能 10min±30s 均匀加载到 400kN,4min±1min 均匀加载到 200kN。压力机应设有防护网。

6)金属筒:圆柱形,内径 112.0mm±1mm,高 179.5mm±1mm,容积 1767cm³。此容积

相当于压碎值试筒中装料至 100mm 位置时的容积。

7)其他:金属盘、毛刷、橡胶锤等。

5.1.3　试验准备

1)将样品用 9.5mm 和 13.2mm 试验筛充分过筛,取 9.5～13.2mm 粒级缩分至约 3000g 试样三份,对于结构物水泥混凝土用粗集料,样品用 9.5mm 和 19mm 试验筛充分过筛,取 9.5～19mm 粒级,剔除针、片状颗粒后,再缩分至约 3000g 的试样三份。

2)将试样浸泡在水中,借助金属丝刷将颗粒表面洗刷干净,经多次漂洗至水清澈为止。沥干,105℃±5℃烘干至表面干燥,烘干时间不超过 4h,然后冷却至室温。温度敏感性再生材料等,可采用 40℃±5℃烘干。

3)取一份试样,分 3 次等量装入金属筒中。每次装料后,将表面整平,用金属棒半球面端从试样表面上 50mm 高度处自由下落均匀夯击试样,应在试样表面均匀分布夯击 25 次。最后一次装料时,应装料至溢出,夯击完成后用金属棒将表面刮平。金属筒中试样用减量法称取质量 m_0' 后,予以废弃。

5.1.4　试验步骤

1)取一份试样,从中取质量为 $m_0'\pm 5g$ 试样一份,称取其质量,记为 m_0。

2)将试筒安放在底板上。将称取质量的试样分 3 次等量装入试模中,按第 5.1.3 小节中 3)的方法夯击,最后将表面整平。

3)将装有试样的试筒安放在压力机上,同时将压柱放到试筒内压在试样表面,注意压柱不得在试筒内卡住。

4)操作压力机,均匀地施加荷载,在 10min±30s 内加到 400kN,然后立即卸除荷载。对于结构物水泥混凝土用粗集料,可在 3～5min 内加到 200kN,稳压 5s 后卸载,但应在报告中予以注明。

5)从压力机上取下试筒,将试样移入金属盘中;必要时使用橡胶锤敲击试筒外壁便于试样倒出;用毛刷清理试筒上的集料颗粒一并移入金属盘中。

6)按干筛法,采用 2.36mm 试验筛充分过筛。

7)称取 2.36mm 筛上集料质量 m_1 和 2.36mm 筛下集料质量 m_2。

8)取另外一份试样,按照以上步骤进行试验。

5.1.5　试验结果

1)试样的压碎值按式(5-1)计算:

$$ACV=\frac{m_2}{m_1+m_2}\times 100 \tag{5-1}$$

式中:ACV——试样的压碎值(%),精确至 0.1%;

　　m_1——试样的 2.36mm 筛上质量(g);

　　m_2——试样的 2.36mm 筛下质量(g)。

2)取两份试样压碎值的算术平均值作为测定结果,精确至 1%。

5.2　粗集料磨耗试验(洛杉矶法)

5.2.1　概述

本试验依据《公路工程集料试验规程》(JTG 3432—2024)中的 T 0317—2005 编制而成,适用于测定粗集料洛杉矶磨耗值,以评价集料抗破碎能力。

5.2.2　仪器设备

1)洛杉矶磨耗试验机:由圆筒、投料口、隔板、电机、转数计数器组成。

2)钢球:单个钢球直径为 45.6~47.6mm,质量为 390~445g,一组钢球大小稍有不同,平均直径约为 46.8mm,平均质量为 420g,以便按要求组合成符合要求的总质量。

3)天平:感量不大于称量质量的 0.1%。

4)试验筛:孔径为 1.7mm 的方孔筛一个,并满足第 5.6.2 小节中 1)的要求。

5)烘箱:鼓风干燥箱,恒温 105℃±5℃,并满足第 5.6.2 小节中 4)的要求。

6)其他:金属盘、毛刷等。

5.2.3　试验步骤

1)将样品缩分得到一组子样。将子样浸泡在水里,借助金属丝刷将颗粒表面洗刷干净,经多次漂洗至水目测清澈为止。沥干,105℃±5℃烘干至表面干燥,烘干时间不超过 4h,然后冷却至室温。温度敏感性再生材料等,可采用 40℃±5℃烘干。

2)从表 5-2 中根据最接近的粒级组成选择试验筛,将烘干的子样筛分出不同粒级。

表 5-2　粗集料洛杉矶试验条件

粒度类别	粒级组成(mm)	试样质量(g)	试样总质量(g)	钢球数量(个)	钢球总质量(g)	转动次数(转)	适用的粗集料 规格	适用的粗集料 公称最大粒径(mm)
A	26.5~37.5 19.0~26.5 16~19 9.5~16	1250±25 1250±25 1250±10 1250±10	5000±10	12	5000±25	500	—	—
B	19~26.5 16~19	2500±10 2500±10	5000±10	11	4580±25	500	S6 S7 S8	15~30 10~30 10~25
C	9.5~16 4.75~9.5	2500±10 2500±10	5000±10	8	3330±20	500	S9 S10 S11 S12	10~20 10~15 5~15 5~10

(续表)

粒度类别	粒级组成（mm）	试样质量（g）	试样总质量（g）	钢球数量（个）	钢球总质量（g）	转动次数（转）	适用的粗集料	
							规格	公称最大粒径（mm）
D	2.36～4.75	5000±10	5000±10	6	2500±15	500	S13	3～10
							S14	3～5
E	63～75	2500±50					S1	40～75
	53～63	2500±50	10000±100	12	5000±25	1000	S2	40～60
	37.5～53	5000±50						
F	37.5～53	5000±50	10000±75	12	5000±25	1000	S3	30～60
	26.5～37.5	5000±25					S4	25～50
G	26.5～37.5	5000±25	10000±50	12	5000±25	1000	S5	20～40
	19～26.5	5000±25						

注：(1)粒级组成中 16mm 可用 13.2mm 代替。

(2)A 级适用于水泥混凝土用集料和未筛碎石混合料。

(3)C 级中，对于 S12 可仅采用 5000g 的 4.75～9.5mm 粒级颗粒；S9 及 S10 可仅采用 5000g 的 9.5～16mm 粒级颗粒。E 级中，对于 S2 可采用等质量的 53～63mm 粒级颗粒代替 63～75mm 粒级颗粒。

(4)当样品中某一个粒级颗粒含量小于 5％时，可以取等质量的最近粒级颗粒或相邻两个粒级各取 50％代替。

3)将圆筒内部清理干净，按表 5-2 要求，选择规定数量及总质量的钢球放入圆筒中。

4)按表 5-2 要求，称量不同粒级颗粒，组成一份试样。当某一粒级颗粒含量较大时，需要缩分至要求质量的颗粒。称取试样总质量 m_1 后装入圆筒中，盖好试验机盖子，紧固密封。

5)将转数计数器调零，按表 5-2 要求设定转动次数。开动试验机，以 30～33r/min 转速转动至要求的次数。

6)打开试验机盖子，将钢球及所有试样移入金属盘中；从试样中捡出钢球。

7)按干筛法，将试样用 1.7mm 方孔筛充分过筛，然后将筛上试样用水冲干净、沥干，置于 105℃±5℃烘箱中烘干至恒重，室温冷却后称量 m_2（温度敏感性再生材料等，烘干采用 40℃±5℃）。

5.2.4　试验结果

1)试样的洛杉矶磨耗值按式(5-2)计算：

$$LA = \frac{m_1 - m_2}{m_1} \times 100 \qquad (5-2)$$

式中：LA——试样的洛杉矶磨耗值(％)，精确至 0.1％；

　　　m_1——试验前试样总质量(g)；

　　　m_2——试验后 1.7mm 筛上干燥试样质量(g)；

2)取两份试样的洛杉矶磨耗值的算术平均值作为试验结果，精确至 0.1％。对于 A～D

粒度,洛杉矶磨耗值重复性试验的允许误差为 2%;对于 E～C 粒度,洛杉矶磨耗值重复性试验的允许误差为 4%。

5.3　粗集料密度及吸水率试验(网篮法)

5.3.1　概述

本试验依据《公路工程集料试验规程》(JTG 3432—2024)中的 T 0304—2024 编制而成,适用于测定粗集料的表观相对密度、表干相对密度、毛体积相对密度、表观密度、表干密度、毛体积密度及吸水率。

5.3.2　仪器设备

1)浸水天平:可悬挂吊篮测定试样水中质量,感量不大于称量质量的 0.1%。

2)吊篮:由耐锈蚀材料制成,直径、高度不小于 150mm 的网篮,四周及底部为 1～2mm 的筛网或密集孔眼;或者由耐锈蚀材料制成,直径不小于 200mm,孔径不大于 1.18mm 的筛网。

3)溢流水槽:有溢流孔,能够使水面保持恒定高度;耐锈蚀材料制成的水槽,容积应足够大;挂上吊篮、加水至溢流孔位置时,应保证吊篮底部与水槽底部、四周侧壁间距均不小于 50mm。

4)吊线:耐锈蚀、不吸湿的细线,连接浸水天平和吊篮;线直径不大于 1mm,其长度应保证水槽加水至溢流孔位置时,吊篮顶部离水面距离不小于 50mm。

5)烘箱:鼓风干燥箱,恒温 105℃±5℃,并满足第 5.6.2 小节中 4)的要求。

6)吸湿软布:纯棉制毛巾,或纯棉的汗衫布等。

7)温度计:量程 0～50℃,分度值 0.1℃;量程 0～200℃,分度值 1℃。

8)试验筛:孔径为 4.75mm、2.36mm 的方孔筛,并满足第 5.6.2 小节中 1)的要求。

9)盛水容器:浸泡试样用容器,如不锈钢盆。

10)恒温水槽:恒温 23℃±2℃。

11)试验用水:饮用水,使用之前煮沸后冷却至室温。

12)其他:金属盘、刷子等。

5.3.3　试验准备

1)将样品用 4.75mm 试验筛(对于 3～5mm、3～10mm 集料,采用 2.36mm 试验筛)充分过筛,取筛上颗粒缩分至表 5-3 要求质量的试样两份。

表 5-3　粗集料密度及吸水率(网篮法)试验的试样质量

集料公称最大粒径(mm)	4.75	9.5	13.2	16	19	26.5	31.5	37.5	53	63	75
一份试样的最小质量(kg)	0.5	1.0	1.0	1.1	1.3	1.8	2.0	2.5	4.0	5.5	8.0

2)将试样浸泡在水中,借助金属丝刷将试样颗粒表面洗刷干净,经多次漂洗至水清澈为止。清洗过程中不得散失颗粒。

3)样品不得采用烘干处理。经过拌合楼等加热后的样品,试验之前,应在室温条件下放置不少于 12h。

5.3.4 试验步骤

1)将试样装入盛水容器中,注入洁净的水,水面应高出试样 20mm;搅动试样,排除附着试样上的气泡。浸水 24h±0.5h(可在室温下浸水后,再移入 23℃±2℃恒温水槽继续浸水。其中恒温水槽浸水不少于 2h)。

2)将吊篮用细线挂在天平的吊钩上,浸入溢流水槽中,向水槽中加水至吊篮完全浸没,吊篮顶部至水面距离不小于 50mm。用上、下升降吊篮的方法排除气泡,吊篮每秒升降约一次,升降 25 次,升降高度约 25mm,且吊篮不得露出水面。也可采用其他方法去除气泡。向水槽中加水至水位达到溢流孔位置;待天平读数稳定后,将天平调零。试验过程中水槽水温稳定在 23℃±2℃。

3)将试样移入吊篮中,按照步骤 2)相同方法排除气泡。待水槽中水位达到溢流孔位置、天平读数稳定后,称取试样水中质量 m_w。

4)提起吊篮、稍沥干水后,将试样完全移至拧干的软布上,用另外一条软布在试样表面搓滚、吸走颗粒表面及颗粒之间的自由水,至颗粒表面自由水膜消失、看不到发亮的水迹,即为饱和面干状态。对较大粒径的粗集料,宜逐颗擦干颗粒表面自由水,此时拧湿毛巾时不要太用劲,防止拧得太干。

5)擦拭时,既要将颗粒表面自由水擦掉,又不能至颗粒内部水(开口孔隙中吸收的水)散失,因此对擦拭完成的试样,立即称量饱和面干质量 m_f。若擦拭过干,则放入水中浸泡约 30min,再次擦拭。

6)将试样置于金属盘中,105℃±5℃烘干至恒重,冷却至室温后称取试样烘干质量 m_a。

7)试验过程中不得丢失试样。

8)当仅测定表观相对密度和表观密度时,可省去步骤 4)和步骤 5)。

9)当仅测定吸水率时,可省去步骤 2)和步骤 3),按步骤 1)浸水 24h±0.5h 后,将试样从容器中取出稍沥干水后,直接按照步骤 4)～步骤 7)的要求试验。

10)当一份试样较多时,可分成两小份或数小份,按照以上步骤分别试验,然后合并计算。

5.3.5 试验结果

1)试样的表观相对密度 γ_a、表干相对密度 γ_s、毛体积相对密度 γ_b 按式(5-3)～式(5-5)计算:

$$\gamma_a = \frac{m_a}{m_a - m_w} \tag{5-3}$$

$$\gamma_s = \frac{m_f}{m_f - m_w} \tag{5-4}$$

$$\gamma_b = \frac{m_a}{m_f - m_w} \tag{5-5}$$

式中：γ_a——试样的表观相对密度,精确至 0.001；

　　　γ_s——试样的表干相对密度,精确至 0.001；

　　　γ_b——试样的毛体积相对密度,精确至 0.001；

　　　m_a——试样烘干质量(g)；

　　　m_f——试样表干质量(g)；

　　　m_w——试样水中质量(g)。

2)试样的吸水率按式(5-6)计算：

$$w_x = \frac{m_f - m_a}{m_a} \times 100 \tag{5-6}$$

式中：w_x——试样的吸水率(%),精确至 0.01%。

3)试样的表观密度、表干密度、毛体积密度按式(5-7)~式(5-9)计算：

$$p_a = \gamma_a \times p_T \tag{5-7}$$

$$p_s = \gamma_s \times p_T \tag{5-8}$$

$$p_b = \gamma_b \times p_T \tag{5-9}$$

式中：p_a——试样的表观密度(g/cm³),精确至 0.001g/cm³；

　　　p_s——试样的表干密度(g/cm³),精确至 0.001g/cm³；

　　　p_b——试样的毛体积密度(g/cm³),精确至 0.001g/cm³；

　　　p_T——试验温度 T 时水的密度(g/cm³),按《公路工程集料试验规程》(JTG 3432—2024)中的附录 A 确定。

4)取两份试样测定值的算术平均值作为试验结果,相对密度精确至 0.001,密度精确至 0.001g/cm³,吸水率精确至 0.01%。

5.4　粗集料密度及吸水率试验(容量瓶法)

5.4.1　概述

本试验依据《公路工程集料试验规程》(JTG 3432—2024)中的 T 0308—2005 编制而成,适用于容量瓶法测定粗集料的表观相对密度、表干相对密度、毛体积相对密度、表观密度、表干密度、毛体积密度及吸水率,不适用于公称最大粒径大于 37.5mm 粗集料密度和吸水率的测定。

5.4.2　仪器设备

1)天平:感量不大于称量质量的 0.1%。

2)容量瓶:1000~5000mL,并带瓶塞。

3)烘箱:鼓风干燥箱,恒温105℃±5℃,并满足第5.6.2小节中4)的要求。

4)试验筛:孔径为4.75mm、2.36mm的方孔筛,并满足第5.6.2小节中1)的要求。

5)恒温水槽:恒温23℃±2℃。

6)温度计:量程0~50℃,分度值0.1℃;量程0~200℃,分度值1℃。

7)试验用水:饮用水,使用之前煮沸后冷却至室温。

8)其他:金属盘、刷子、吸湿软布等。

5.4.3　试验准备

1)将样品用4.75mm试验筛(对于3~5mm、3~10mm集料,采用2.36mm试验筛)充分过筛,取筛上颗粒缩分至表5-4要求质量的试样两份。

表5-4　粗集料密度及吸水率(容量瓶法)试验的试样质量

公称最大粒径(mm)	4.75	9.5	13.2	16	19	26.5	31.5	37.5
一份试样的最小质量(kg)	0.5	1.0	1.0	1.1	1.3	1.8	2.0	2.5

2)将试样浸泡在水中,借助金属丝刷将试样颗粒表面洗刷干净,经多次漂洗至水清澈为止。清洗过程中不得散失颗粒。

3)样品不得采用烘干处理。经过拌合楼等加热后的样品,试验之前,应在室温条件下放置不少于12h。

5.4.4　试验步骤

1)根据试样体积选择合适的容量瓶,其容积不小于试样体积的2倍。取一份试样,倾斜容量瓶,将试样移入容量瓶中。

2)向容量瓶中注入洁净的水至水面高出试样表面不少于20mm,上下、左右摇晃容量瓶,完全排除附着试样上的气泡。盖上瓶塞,浸水24h±0.5h(可在室温下浸水后,再移入23℃±2℃恒温水槽继续浸水。其中,恒温水槽浸水不少于2h)。

3)浸水完成后,再次上下、左右摇晃容量瓶,排除附着试样上的气泡。向瓶中加23℃±2℃水至水面凸出瓶口,然后盖上瓶塞。擦干瓶外的水分后,称取试样、水、瓶及瓶塞的总质量m_2。

4)倾倒出容量瓶中水,并将试样倒入金属盘中。清空容量瓶后,立即重新装入23℃±2℃水至水面凸出瓶口,盖上容量瓶塞。擦干瓶外的水分后,称取水、瓶及瓶塞的总质量m_1。

5)将金属盘中试样稍微沥干,按第5.3.4小节中步骤4)和步骤5)将颗粒表面自由水拭干、至饱和面干状态,立即称取饱和面干试样质量m_f。

6)将试样在105℃±5℃烘干至恒重,冷却至室温后称取试样烘干质量m_a。

7)当仅测定表观相对密度和表观密度时,可省去步骤5)。

8)当仅测定吸水率时,可省去步骤3)和步骤4),按步骤2)将试样浸水24h±0.5h,取出稍沥干水后,直接按照步骤5)和步骤6)的要求试验。

9)当一份试样较多时,可分成两小份或数小份,按照以上步骤分别试验,然后合并计算。

5.4.5　试验结果

1)试样的表观相对密度、表干相对密度、毛体积相对密度按式(5-10)～式(5-12)计算:

$$\gamma_a = \frac{m_a}{m_a + m_1 - m_2} \qquad (5-10)$$

$$\gamma_s = \frac{m_f}{m_f + m_1 - m_2} \qquad (5-11)$$

$$\gamma_b = \frac{m_a}{m_f + m_1 - m_2} \qquad (5-12)$$

式中:γ_a——试样的表观相对密度,精确至 0.001;

γ_s——试样的表干相对密度,精确至 0.001;

γ_b——试样的毛体积相对密度,精确至 0.001;

m_a——试样的烘干质量(g);

m_f——试样的表干质量(g);

m_1——水、瓶及瓶塞(玻璃片)的总质量(g);

m_2——试样、水、瓶及瓶塞(玻璃片)的总质量(g)。

2)试样的吸水率w_x按式(5-13)计算:

$$w_x = \frac{m_f - m_a}{m_a} \times 100 \qquad (5-13)$$

式中:w_x——试样的吸水率(%),精确至 0.01%。

3)试样的表观密度、表干密度、毛体积密度按式(5-15)～式(5-17)计算:

$$p_a = \gamma_a \times p_T \qquad (5-14)$$

$$p_s = \gamma_s \times p_T \qquad (5-15)$$

$$p_b = \gamma_b \times p_T \qquad (5-16)$$

式中:p_a——试样的表观密度(g/cm³),精确至 0.001g/cm³;

p_s——试样的表干密度(g/cm³),精确至 0.001g/cm³;

p_b——试样的毛体积密度(g/cm³),精确至 0.001g/cm³;

p_T——试验温度 T 时水的密度(g/cm³),按《公路工程集料试验规程》(JTG 3432—2024)中的附录 A 确定。

4)取两份试样测定值的算术平均值作为试验结果,相对密度精确至 0.001,密度精确至 0.001g/cm³,吸水率精确至 0.01%。

5.5　沥青与粗集料的黏附性试验

5.5.1　概述

本试验依据《公路工程沥青及沥青混合料试验规程》(JTG E20—2011)中的 T 0616—1993 编制而成。本试验适用于检验沥青与粗集料表面的黏附性及评定粗集料的抗水剥离能力。对于最大粒径大于 13.2mm 的集料应用水煮法,对最大粒径小于或等于 13.2mm 的集料应用水浸法进行试验。当同一种料源集料最大粒径既有大于又有小于 13.2mm 的集料时,取大于 13.2mm 水煮法试验为标准,对细粒式沥青混合料应以水浸法试验为标准。

5.5.2　仪器设备

1)天平:称量 500g,感量不大于 0.01g。

2)恒温水槽:能保持温度 80℃±1℃。

3)拌和用小型容器:500mL。

4)烧杯:1000mL。

5)试验架。

6)细线:尼龙线或棉线、铜丝线。

7)铁丝网。

8)标准筛:方孔筛,9.5mm、13.2mm、19mm 各 1 个。

9)烘箱:装有自动温度调节器。

10)电炉、燃气炉。

11)玻璃板:200mm×200mm 左右。

12)搪瓷盘:300mm×400mm 左右。

13)其他:拌和铲、石棉网、纱布、手套等。

5.5.3　试验步骤

1. 水煮法试验

1)将集料过 13.2mm、19mm 筛,取粒径 13.2~19mm 形状接近立方体的规则集料 5 个,用洁净水洗净,置温度为 105℃±5℃的烘箱中烘干,然后放在干燥器中备用。

2)大烧杯中盛水,并置于加热炉的石棉网上煮沸。

3)将集料逐个用细线在中部系牢,再置于 105℃±5℃烘箱内 1h。按《公路工程沥青及沥青混合料试验规程》(JTG E20—2011)中 T 0602 的方法准备沥青试样。

4)逐个用线提起加热的矿料颗粒,浸入预先加热的沥青(石油沥青 130~150℃)中 45s 后,轻轻拿出,使集料颗粒完全被沥青膜所裹覆。

5)将裹覆沥青的集料颗粒悬挂于试验架上,下面垫一张纸,使多余的沥青流掉,并在室温下冷却 15min。

6)待集料颗粒冷却后,逐个用线提起,浸入盛有煮沸水的大烧杯中央,调整加热炉,使烧杯中的水保持微沸状态,但不允许有沸开的泡沫。

7)浸煮 3min 后,将集料从水中取出,适当冷却,然后放入一个盛有常温水的纸杯等容器中,在水中观察矿料颗粒上沥青膜的剥落程度,并按表 5-5 评定其黏附性等级。

表 5-5　沥青与集料的黏附性等级

试验后集料表面上沥青膜剥落情况	黏附性等级
沥青膜完全保存,剥离面积百分率接近于 0	5
沥青膜少部为水所移动,厚度不均匀,剥离面积百分率小于 10%	4
沥青膜局部明显地为水所移动,基本保留在集料表面上,剥离面积百分率小于 30%	3
沥青膜大部为水所移动,局部保留在集料表面上,剥离面积百分率大于 30%	2
沥青膜完全为水所移动,集料基本裸露,沥青全浮于水面上	1

8)同一试样应平行试验 5 个集料颗粒,并由两名以上经验丰富的试验人员分别评定后,取平均等级作为试验结果。

2. 水浸法试验

1)将集料过 9.5mm、13.2mm 筛,取粒径 9.5~13.2mm 形状规则的集料 200g 用洁净水洗净,并置温度为 105℃±5℃ 的烘箱中烘干,然后放在干燥器中备用。

2)按《公路工程沥青及沥青混合料试验规程》(JTG E20—2011)中 T 0602 的方法准备沥青试样,加热至按《公路工程沥青及沥青混合料试验规程》(JTG E20—2011)中 T 0702 的方法决定的拌和温度。

3)将煮沸过的热水注入恒温水槽中,并维持温度 80℃±1℃。

4)按四分法称取集料颗粒(9.5~13.2mm)100g 置搪瓷盘中,连同搪瓷盘一起放入已升温至沥青拌和温度以上 5℃ 的烘箱中持续加热 1h。

5)按每 100g 集料加入沥青 5.5g±0.2g 的比例称取沥青,准确至 0.1g,放入小型拌和容器中,一起置入同一烘箱中加热 15min。

6)将搪瓷盘中的集料倒入拌和容器的沥青中后,从烘箱中取出拌和容器,立即用金属铲均匀拌和 1~1.5min,使集料完全被沥青薄膜裹覆;然后,立即将裹有沥青的集料取 20 个,用小铲移至玻璃板上摊开,并置室温下冷却 1h。

7)将放有集料的玻璃板浸入温度为 80℃±1℃ 的恒温水槽中,保持 30min,并将剥离及浮于水面的沥青用纸片捞出。

8)从水中小心取出玻璃板,浸入水槽内的冷水中,仔细观察裹覆集料的沥青薄膜的剥落情况。由两名以上经验丰富的试验人员分别目测,评定剥离面积的百分率,评定后取平均值。为使估计的剥离面积百分率较为正确,宜先制取若干个不同剥离率的样本,用比照法目测评定。不同剥离率的样本,可用加不同比例抗剥离剂的改性沥青与酸性集料拌和后浸水得到,也可由同一种沥青与不同集料品种拌和后浸水得到,逐个仔细计算得出样本的剥离面积百分率。

9)由剥离面积百分率按表 5-5 评定沥青与集料黏附性的等级。

5.5.4　试验结果

试验结果应报告采用的方法及集料粒径。

5.6 粗集料筛分试验

5.6.1 概述

本试验依据《公路工程集料试验规程》(JTG 3432—2024)中的 T 0302—2024 编制而成,适用于测定粗集料的颗粒组成,本方法也适用于测定集料混合料的颗粒组成。对水泥混凝土用粗集料可采用干筛法筛分;对沥青混合料、粒料材料、无机结合料稳定类材料等用粗集料应采用水洗法试验。对于轻集料应采用干筛法筛分。

5.6.2 仪器设备

1)试验筛:方孔筛,孔径根据集料规格选用。2.36mm 及以下孔径试验筛,应采用满足《试验筛 技术要求和检验 第 1 部分:金属丝编织网试验筛》(GB/T 6003.1—2022)中规定的金属丝编织网试验筛,其筛框直径可选择 200mm 或 300mm。4.75mm 及以上孔径试验筛,应采用满足《试验筛 技术要求和检验 第 2 部分:金属穿孔板试验筛》(GB/T 6003.2—2012)中规定的金属穿孔板试验筛,其中 4.75～37.5mm 试验筛,其筛框直径为 300mm,而 53mm 及以上孔径试验筛,筛框直径应不小于 300mm。

2)摇筛机。

3)天平:量程满足称量要求,感量不大于称量质量的 0.1%。

4)烘箱:鼓风干燥箱,恒温 105℃±5℃。烘干能力不小于 25g/h。烘干能力验证方法:清空烘箱,1L 玻璃烧杯盛 500g 自来水(起始水温为 20℃±1℃)放入烘箱,在 105℃±5℃烘干 4h,计算每个小时水质量损失。应检验烘箱中各支撑架的四角及中部。

5)盛水容器:浸泡试样用容器,如不锈钢盆。

6)温度计:量程 0～200℃,分度值 1℃。

7)其他:金属盘、铲子、毛刷、搅棒等。

5.6.3 试验准备

将样品缩分至表 5-6 要求质量的试样两份,105℃±5℃烘干至恒重,并冷却至室温。

表 5-6 粗集料筛分试验的试样质量

公称最大粒径(mm)	4.75	9.5	13.2	16	19	26.5	31.5	37.5	53	63	75
一份试样的最小质量(kg)	0.5	1.0	1.0	1.5	2.0	4.0	5.0	6.5	11.0	17.0	25.0

5.6.4 干筛法试验步骤

1)取一份干燥试样,称其总质量 m_0。

2)将试样移入按筛孔大小从上到下组合的套筛(附筛底)上,盖上筛盖后采用摇筛机或人工筛分约 10min。

3)试样经套筛筛分一定时间后,取下各号筛,加筛底和筛盖后再逐个进行人工补筛。人工补筛时,需使集料在筛面上同时有水平方向及上下方向的不停顿的运动,使小于筛孔的颗粒通过筛孔。将通过的颗粒并入下一号筛上,并和下一号筛中的试样一起过筛,顺序进行,直至各号筛全部筛完为止。

4)人工补筛时应筛至每分钟各号筛的分计筛余量变化小于试样总质量的 0.1%,并按照如下方式确认:将单个筛(含筛底和筛盖),一只手拿着筛子(含筛底和筛盖),使筛面稍微倾斜;将筛一侧斜向上猛力敲击另一只手的掌根,每分钟约 150 次;同时每 25 次旋转一次筛面,每次旋转约 60°。

5)各号筛的分计筛余量不得超过以下确定的剩留量,否则应将该号筛上的筛余试样分成两小份或数小份,分别进行筛分。并以其筛余量之和作为该号筛的分计筛余量。

(1)对于筛孔小于 4.75mm 的试验筛,剩留量(kg)为 7kg/m^2×筛框面积(m^2)。

(2)对于筛孔为 4.75mm 或以上试验筛,剩留量(kg)为 2.5kg/(mm·m^2)×筛孔直径(mm)×筛框面积(m^2)。

(3)对于轻集料,剩留量为筛上满铺一层时试样的质量。

6)当筛余颗粒粒径大于 19mm 时,筛分过程中允许用手指拨动颗粒,但不得逐颗塞过筛孔。当筛上的颗粒粒径大于 37.5mm 时,可采用人工转动颗粒逐个确定其可通过的最小筛孔,但不得逐颗塞过筛孔。

7)称取每号筛的分计筛余量 m_i 和筛底质量 $m_底$。

5.6.5　水洗法试验步骤

1)取一份干燥试样,称其总质量 m_0。将试样移入盛水容器中摊平,加入水至高出试样 150mm。根据需要可将浸没试样静置一定时间,便于细粉从大颗粒表面分离。普通集料浸没水中不使用分散剂。特殊情况下,如沥青混合料抽提得到的集料混合料等可采用分散剂,但应在报告中说明。

2)根据集料粒径选择 4.75mm、0.075mm,或 2.36mm、0.075mm 组成一组套筛,其底部为 0.075mm 试验筛。试验前筛子的两面应先用水润湿。

3)用搅棒充分搅动试样,使细粉完全脱离颗粒表面、悬浮在水中,但应注意试样不得破碎或溅出容器。搅动后立即将浑浊液缓缓倒入套筛上,滤去小于 0.075mm 的颗粒。倾倒时避免将粗颗粒一起倒出而损坏筛面。

4)采用水冲洗等方法,将两只筛上颗粒并入容器中。再次加水于容器中,重复步骤 3),直至浸没的水目测清澈为止。

5)将两只筛上及容器中的试样全部回收到一个金属盘中。当容器和筛上黏附有集料颗粒时,在容器中加水、搅动使细粉悬浮在水中,并快速全部倒入套筛上;再将筛子倒扣在金属盘上,用少量的水并助以毛刷将颗粒刷落入金属盘中。待细粉沉淀后,泌去金属盘中的水,注意不要散失颗粒。

6)将金属盘连同试样一起置 105℃±5℃烘箱中烘干至恒重,称取水洗后的干燥试样总质量 $m_洗$。

7)将回收的干燥集料按第 5.6.4 小节进行筛分,称取每号筛的分计筛余量 m_i 和筛底质量 $m_底$。

5.6.6　干筛法筛分试验结果

1)试样的筛分损耗率按式(5-17)计算:

$$P_s = \frac{m_0 - m_底 + \sum m_i}{m_0} \times 100 \qquad (5-17)$$

式中:P_s——试样的筛分损耗率(%),精确至 0.01%;

m_0——筛分前的干燥试样总质量(g);

$m_底$——筛底质量(g);

m_i——各号筛的分计筛余量(g);

i——依次为 0.075mm、0.15mm……至集料最大粒径的排序。

2)试样的各号筛分计筛余率按式(5-18)计算:

$$p'_i = \frac{m_i}{m_底 + \sum m_i} \times 100 \qquad (5-18)$$

式中:p'_i——试样的各号筛分计筛余率(%),精确至 0.01%。

3)试样的各号筛筛余率A_i为该号筛及以上各号筛的分计筛余率之和,精确至 0.01%。

4)试样的各号筛通过率P_i为 100 减去该号筛的筛余率,精确至 0.1%。

5.6.7　水洗法筛分试验结果

1)试样的筛分损耗率按式(5-19)计算,精确至 0.01%。

$$P_s = \frac{m_洗 - m_底 - \sum m_i}{m_洗} \times 100 \qquad (5-19)$$

式中:P_s——试样的筛分损耗率(%);

m_0——水洗后的干燥试样总质量(g);

$m_底$——筛底质量(g);

m_i——各号筛的分计筛余量(g);

i——依次为 0.075mm、0.15mm……至集料最大粒径排序。

2)试样的各号筛分计筛余率按式(5-20)计算:

$$p'_i = \frac{m_i}{m_0 - (m_洗 - m_底 - \sum m_i)} \times 100 \qquad (5-20)$$

式中:p'_i——试样的各号筛分计筛余率(%),精确至 0.01%;

m_0——筛分前的干燥试样总质量(g)。

3)试样的各号筛筛余率A_i为各号筛及以上各号筛的分计筛余率之和,精确至 0.01%。

4)试样的各号筛通过率P_i为 100 减去该号筛的筛余率,精确至 0.1%。

5)取两份试样的各号筛通过率的算术平均值作为试验结果,精确至 0.1%。

5.7　粗集料坚固性试验

5.7.1　概述

本试验依据《公路工程集料试验规程》(JTG 3432—2024)中的 T 0314—2024 编制而成。本试验适用于测定饱和硫酸钠溶液或饱和硫酸镁溶液浸泡和干燥循环作用下集料的质量损失,以间接评价粗集料的坚固性。本试验不适用于测定含水泥的再生集料,或含碳酸钙、碳酸镁或隐晶石英集料,此时可按《公路工程集料试验规程》(JTG 3432—2024)中 T 0364 进行冻融试验。

5.7.2　仪器设备

1)烘箱:鼓风干燥箱,恒温 105℃±5℃,并满足第 5.6.2 小节中 4)的要求。

2)天平:感量不大于称量质量的 0.1%。

3)试验筛:根据集料粒级选用不同孔径的方孔筛,并满足第 5.6.2 小节中 1)的要求。

4)容器:带盖的瓷缸、塑料桶、金属桶等,容积不小于 50L。

5)三脚网篮:网篮为铜丝或不锈钢丝制成。一般内径为 100mm,高为 150mm,网孔径不大于 2.36mm;对于 37.5mm 及以上粒级,内径和高均为 250mm,网孔径不大于 2.36mm;对于 2.36～4.75mm 粒级,内径及高均为 70mm,网孔径不大于 1.18mm。

6)温控装置:21℃±1℃ 恒温水槽或恒温箱,能够容纳 4)中容器,同时应有温度记录功能。

7)比重计:液体比重计,相对密度精度 0.001。

8)温度计:量程 0～100℃,分度值 0.1℃;量程 0～200℃,分度值 1℃。

9)计时器:量程不少于 48h,精度 0.1s。

10)试验用水:蒸馏水或去离子水。

11)试剂:饱和硫酸钠坚固性试验为无水硫酸钠(Na_2SO_4);饱和硫酸镁坚固性试验为 7 水硫酸镁($MgSO_4 \cdot 7H_2O$),10% 的氯化钡溶液。

12)其他:玻璃棒、金属盘、毛刷等。

5.7.3　试验准备

1. 饱和硫酸钠溶液的配制

1)取一定量水加温至 30～50℃,缓慢加入无水硫酸钠(Na_2SO_4),边加入边用玻璃棒充分搅拌。加入的无水硫酸钠(Na_2SO_4)应至溶液达到饱和并至出现结晶,每 1000mL 水加入无水硫酸钠(Na_2SO_4)不少于 350g。然后将盛有饱和溶液的容器放入温控装置中,使饱和溶液冷却至 21℃±1℃,使用前在此温度下静置不少于 48h。

2)饱和溶液从冷却至 21℃±1℃ 开始至所有浸泡试验结束的整个过程中均恒温在 21℃±1℃,并及时盖住容器减少水分蒸发或污染。每次使用溶液浸泡之前,均应将容器中的结晶弄碎、搅拌饱和溶液、静置 30min 后检查饱和溶液相对密度,应满足 1.151～1.174。

3)当溶液颜色发生变化或溶液相对密度达不到要求时,可过滤一遍;若检查其相对密度仍然得不到要求,则不得使用。

4)溶液的配制,可采用试验浸泡集料的容器,也可采用单独的容器。

2. 饱和硫酸镁溶液的配制

每1000mL水加入7水硫酸镁($MaSO_4 \cdot 7H_2O$)不少于1500g;每次使用溶液浸泡之前,饱和溶液相对密度应满足1.286~1.306。其他同饱和硫酸钠溶液的配制步骤。

5.7.4 试样的制备

1)将样品用2.36mm试验筛充分过筛,取筛上颗粒缩分试样两份。将试样浸泡在水中,借助金属丝刷将试样颗粒表面洗刷干净,经多次漂洗至水清澈为止。沥干后105℃±5℃烘干至恒重,并冷却至室温。

2)按表5-7各粒级筛网组成套筛,将每份试样干筛法充分筛分,称量各粒级的颗粒质量M_i,计算各粒级的质量百分率a_i。

3)按表5-7要求质量,每份试样各粒级称取一份集料颗粒m_i,同时记录各粒级中大于19mm颗粒数N_i。

表5-7 粗集料坚固性试验各粒级质量要求

粒级 (mm)	2.36~ 4.75	4.75~ 9.5	9.5~ 16	16~ 19	19~ 31.5	31.5~ 37.5	37.5~ 53	53~ 63	63~ 75
各粒级 一份集料 颗粒质量 (g)	200±5	400±10	500±10	600±10	600±25	900±50	1200±200	1800±300	5000±500

5.7.5 硫酸钠饱和溶液坚固性试验步骤

1)将待测粒级集料颗粒分别装入不同的三脚网篮、浸入盛有硫酸钠饱和溶液的容器中,三脚网篮浸入溶液时应先上下升降25次(升降高度约25mm,且集料颗粒不得露出溶液液面)以排除气泡,然后静置于该容器中。各粒级集料颗粒浸入饱和溶液之前,温度应为21℃±1℃,同时饱和溶液体积应不小于各粒级集料颗粒总体积的5倍。各粒级集料颗粒浸入饱和溶液后,三脚网篮底面距容器底面(由网篮脚高控制)间距、三脚网篮外壁距容器内壁间距、三脚网篮之间间距,均不少于20mm;且饱和溶液液面至少高出集料颗粒表面20mm。

2)及时盖住容器,并保持饱和溶液恒温在21℃±1℃,静置浸泡20h±0.25h,从饱和溶液中提出三脚网篮,沥干15min±5min后,置于105℃±5℃的烘箱中烘干4h±0.25h;及时盖住容器,并继续进行饱和溶液恒温。从烘箱中取出各粒级集料颗粒,冷却2h±0.25h至21℃±1℃;可通过环境箱、空调或电风扇等加速降温。至此,完成了第一个饱和溶液浸泡、加热烘干试验循环。

3)将容器中结晶硫酸盐弄碎,搅拌饱和溶液、静置30min后检查饱和溶液相对密度。再按照步骤1)和步骤2)进行四次循环,但浸泡时间调整为4h±0.25h。

4)完成五次循环后,将各粒级集料颗粒置于46~49℃的水中浸泡、洗净结晶硫酸盐,再将各粒级集料颗粒放入 105℃±5℃ 的烘箱中烘干至恒重,待冷却至室温后,用相应粒级下限筛孔过筛,并称量其筛余质量 m_i'。取各粒级集料颗粒的水 10mL,滴入几滴 10% 的氯化钡溶液,若未出现白色浑浊说明已洗净。

5)对粒径大于 19mm 的颗粒,同时进行外观检查,描述各颗粒的裂缝、剥落、掉边和掉角等情况及其所占的颗粒数量。

6)如中途需要暂停试验,可在烘箱完成烘干后冷却阶段中止试验,总中止时间不超过 72h。

5.7.6　硫酸镁饱和溶液坚固性试验步骤

1)将待测粒级集料颗粒分别装入不同的三脚网篮,浸入盛有饱和溶液的容器中,三脚网篮浸入溶液时应先上下升降 25 次(升降高度约 25mm,且集料颗粒不得露出溶液液面)以排除气泡,然后静置于该容器中。各粒级集料颗粒浸入饱和溶液之前,温度应为 21℃±1℃;同时饱和溶液体积应不小于各粒级集料颗粒总体积的 5 倍。各粒级集料颗粒浸入饱和溶液后,三脚网篮底面距容器底面(由网篮脚高控制)间距、三脚网篮外壁距容器内壁间距、三脚网篮之间间距,均不少于 20mm;且饱和溶液液面至少高出集料颗粒表面 20mm。

2)及时盖住容器,并保持饱和溶液恒温在 21℃±1℃,静置浸泡 16.5h±0.25h。从饱和溶液中提出三脚网篮,沥干 30min±5min 后,置于 105℃±5℃ 的烘箱中烘干 6h±0.25h;及时盖住容器,并继续进行饱和溶液恒温。从烘箱中取出各粒级集料颗粒,冷却 2h±0.25h 至 21℃±1℃;可通过环境箱、空调或电风扇等加速降温。至此,完成了第一个饱和溶液浸泡、加热烘干试验循环。

3)将容器中结晶硫酸盐弄碎,搅拌饱和溶液、静置 30min 后检查饱和溶液相对密度。再完全按照步骤 1)和步骤 2)进行四次循环。

4)完成第五次循环后,将各粒级集料颗粒置于 46~49℃ 的水中浸泡、洗净结晶硫酸盐,再将各粒级集料颗粒放入 105℃±5℃ 的烘箱中烘干至恒重,待冷却至室温后,用相应粒级下限筛孔过筛,并称量其筛余质量 m_i'。取各粒级集料颗粒的水 10mL,滴入几滴 10% 的氯化钡溶液,若未出现白色浑浊说明已洗净。

5)对粒径大于 19mm 的颗粒,同时进行外观检查,描述各颗粒的裂缝、剥落、掉边和掉角等情况及其所占的颗粒数量。

6)如中途需要暂停试验,可在烘箱完成烘干后冷却阶段中止试验,总中止时间不超过 72h。

5.7.7　试验结果

1)试样的各粒级质量百分率按式(5-21)计算:

$$a_i = \frac{M_i}{\sum\limits_{k=1}^{9} M_k} \times 100 \tag{5-21}$$

式中:A_i——试样第 i 粒级集料颗粒的质量百分率(%),精确至 0.1%;

　　i、k——1~9 代表从 2.36~4.75mm 到 63~75mm 中某一粒级;

　　m_i——第 i 粒径的集料颗粒质量(g);

2)试样的各粒级质量损失百分率按式(5-22)计算:

$$Q_i = \frac{m_i - m_i'}{m_i} \times 100 \qquad (5-22)$$

式中:Q_i——试样第 i 粒级的集料颗粒质量损失百分率(%),精确至 0.1%;

m_i——试验前,第 i 粒级集料颗粒烘干质量(g);

m_i'——五次循环试验后,第 i 粒级筛余集料颗粒的质量(g);

3)硫酸镁溶液试验的试样质量损失百分率按式(5-23)计算:

$$S_{sm} = \frac{\sum a_i Q_i}{\sum a_i} \qquad (5-23)$$

式中:S_{sm}——硫酸镁溶液试验的试样质量损失百分率(%),精确至 0.1%。

4)硫酸钠溶液试验的试样质量损失百分率按式(5-24)计算:

$$S_{sn} = \frac{\sum a_i Q_i}{\sum a_i} \qquad (5-24)$$

式中:S_{sn}——硫酸钠溶液试验的试样质量损失百分率(%),精确至 0.1%。

5)取两份试样的质量损失百分率的算术平均值作为试验结果,精确至 0.1%。

6)试验应描述整体颗粒的裂缝、剥落、掉边和掉角等情况及其所占的颗粒数量。

5.7.8　允许误差

1)当采用硫酸钠饱和溶液时,质量损失百分率重复性试验的允许误差为试验平均值的 60%。

2)当采用硫酸镁饱和溶液时,质量损失百分率重复性试验的允许误差为试验平均值的 30%。

5.8　粗集料软弱颗粒含量试验

5.8.1　概述

本试验依据《公路工程集料试验规程》(JTG 3432—2024)中的 T 0320—2000 编制而成,适用于测定粗集料软弱颗粒含量。

5.8.2　仪器设备

1)天平:称量不小于 5kg,感量不大于 1g。

2)试验筛:孔径为 4.75mm、9.5mm、16mm、31.5mm 的方孔筛,并满足第 5.6.2 小节中 1)的要求。

3)集料软弱颗粒试验仪:测力量程 1000N,精度 10N;位移行程不小于 50mm。

4）其他:金属盘、毛刷等。

5.8.3　试验准备

1）将样品缩分至不小于 2000g 的试样一份,浸泡在水中,借助金属丝刷将颗粒表面洗刷干净,经多次漂洗至水目测为清澈为止。沥干,105℃±5℃烘干至表面干燥,并冷却至室温。烘干时间不超过 4h。温度敏感性再生材料等,烘干温度为 40℃±5℃。

2）将干燥试样充分过筛,分成 4.75～9.5mm、9.5～16mm、16～31.5mm 三个粒级。按粒级质量比,取三个粒级总颗粒数 200～300 颗进行试验。

5.8.4　试验步骤

1）分别称量三个粒级颗粒质量,计算三个粒级颗粒的总质量 m_1。

2）逐颗取出集料,将大面朝下稳定平放在压力机平台中心,按表 5-8 加载条件施加荷载。被压碎的颗粒为软弱颗粒,将其剔除。

表 5-8　软弱颗粒加载条件

粒级(mm)	4.75～9.5	9.5～16	16～31.5
加压荷载(N)	150	250	340

3）将各粒级逐个颗粒进行试验,剔除所有软弱颗粒。

4）收集所有完好集料颗粒,称取质量 m_2。

5.8.5　试验结果

软弱颗粒含量按式(5-25)计算:

$$Q_r = \frac{m_1 - m_2}{m_1} \times 100 \qquad (5-25)$$

式中:Q_r——粗集料的软弱颗粒含量(%),精确至 0.1%;

m_1——三个粒级颗粒的总质量(g);

m_2——施加荷载后三个粒级完好颗粒总质量(g)。

5.9　粗集料磨光值试验

5.9.1　概述

本试验依据《公路工程集料试验规程》(JTG 3432—2024)中的 T 0321—2024 编制而成,适用于测定粗集料的磨光值,以评价表面层用粗集料的抗车轮磨光性能。

5.9.2　仪器设备

1）加速磨光试验机:包括道路轮、橡胶轮、粗砂供给系统、微粉供给系统、试膜、试膜盖。

具体要求参照《公路工程集料试验规程》(JTG 3432—2024)中 T 0321 的 2.1。

2)指针式摆式摩擦系数测定仪:包括摆及滑溜块、滑溜块的安装、指针、刻度盘、橡胶片。具体要求参照《公路工程集料试验规程》(JTG 3432—2024)中 T 0321 的 2.2。

3)数字式摆式摩擦系数测定仪:包括摆及滑溜块、滑溜块的安装、数字表盘、橡胶片。具体要求参照《公路工程集料试验规程》(JTG 3432—2024)中 T 0321 的 2.3。

4)天平:感量不大于称量质量的 0.1%。

5)烘箱:鼓风干燥箱,恒温 105℃±5℃ 和 40℃±5℃,并满足第 5.6.2 小节中 4)的要求。

6)试验筛:孔径为 13.2mm、9.5mm、4.75mm、0.3mm 的方孔筛,并满足第 5.6.2 小节中 1)的要求。

7)温度计:量程 0～100℃、分度值 0.1℃;量程 0～200℃,分度值 1℃。

8)滑溜长度量尺:长度 76mm。

9)槽型钢直尺,其尺寸可根据加速磨光机结构调整。

10)刷子:细刷两把,直径约为 3mm,硬毛刷一把。

11)一次性杯子,不少于 2kg 配重、抹刀、洗耳球等。

12)磨光值集料标准样品:标准样品的磨光值标称值应为 40～45,精度为 ±5。

13)磨料:粗砂为 30 号棕刚玉,微粉为 380 号绿碳化硅。磨料只允许使用一次,不得重复使用,且使用前应 105℃±5℃ 烘干、冷却至室温。

14)黏结剂:可选用树脂(低收缩率的聚合物树脂或快凝型环氧树脂)和固化剂,使用前按比例搅拌均匀。为调整黏结剂的稠度,可掺加少量填料。

15)细砂:天然砂用清水淘洗,并全部通过 0.3mm 筛,105℃±5℃ 烘干为洁净、干燥的砂。

16)溶剂:丙酮和煤油混合物(体积比为 90：10),用于清洗试验后的仪器。

17)隔离剂:防止黏结剂与试模黏结在一起,可用硅油脱模剂或液体汽车上光剂等。

18)柔性薄片:塑料片或橡胶片。

19)摩擦系数标准样品:带有斜边和磨光边缘的浮法玻璃板,摩擦系数标称值为 3～15,精度为 ±3;经过处理的陶瓷板,摩擦系数标称值为 25～40,精度为 ±3;抛光薄膜,摩擦系数标称值为 50～75,精度为 ±3。标准样品表面无污染、无划痕,尺寸为不小于 150mm×100mm×10mm。

20)摩擦系数标定固定器:铝制,用于固定摩擦系数标准样品。

21)计时器:量程不少于 48h,精度 0.1s。

22)试验用水:自来水。

23)其他:浮法玻璃板,尺寸为不小于 200mm×100mm×10mm。

5.9.3　试验准备

1)磨光机要求如下。(1)每年应清理、润滑道路轮和橡胶轮的转轴,每年检查道路轮的转速、每个橡胶轮作用在道路轮上的总荷载。(2)每年校准道路轮和橡胶轮的相对位置标定。具体要求参照《公路工程集料试验规程》(JTG 3432—2024)中 T 0321 的 3.1.2。(3)每半年检查水流速。(4)每次磨光之前应检查粗砂和微粉流速。(5)每次磨光之前,磨光机、道路轮、磨料及磨光用水应在 20℃±5℃ 室温条件下恒温 120min 以上。

2)橡胶轮要求如下。(1)每一个新橡胶轮应有检验报告,同时应标注生产日期。(2)当橡胶轮不用时,在 20℃±5℃条件下避光存放。(3)每个新橡胶轮在应用之前,应进行预磨。具体要求参照《公路工程集料试验规程》(JTG 3432—2024)中 T 0321 的 3.2.3。(4)对于预磨好的橡胶轮,进行标记。采用粗砂磨光的标记为 C,采用微粉磨光的标记为 X,同时用箭头标注旋转方向。(5)橡胶轮每年或每磨光达 20 组(标记为 X 橡胶轮为 25 组)试件时,应检查尺寸和磨损情况,按照以上(3)方法用标准试件检查性能。(6)磨光试验中出现以下情况时,应及时更换橡胶轮:橡胶轮因磨损尺寸不满足要求,或出现表面不均匀磨损;橡胶轮使用或存放超过生产日期 2 年;在磨光值试验中标准试件磨光值低于 $PSV_{bmin}-1$ 连续出现 2 次时。(7)每次磨光之前,橡胶轮应在 20℃±5℃室温条件下恒温 120min 以上;当橡胶轮存放温度低于 15℃时,磨光前应在 20℃±5℃条件下恒温 24h 以上。(8)每年检查 1 次橡胶轮尺寸。

3)摆式摩擦系数测定仪要求如下。(1)每年进行摆式摩擦系数测定仪的标定,包括摆(包括滑溜块)、滑溜块和指针的质量,摆质心至摆旋转轴心的距离,设定弹簧有效张力等。(2)每次磨光值测定之前,摆式摩擦系数测定仪、湿润用水应在 20℃±2℃室温条件下恒温 120min 以上。(3)每次磨光值测定前,应检验橡胶片底面与试件表面的夹角。(4)每次测定之前、测定之后,采用摩擦系数标准样品进行标定。浮法玻璃板标准样品、陶瓷板直接固定在固定器上测定摩擦系数。薄膜要求采用胶带粘贴在玻璃板上,再直接测定摩擦系数。当检测值与标准样品标称值及其控制精度时,需要调整摩擦系数仪进行重新检验;若检验仍然不满足要求,需要重新检查、设定摆式摩擦系数测定仪,或更换橡胶片。

4)橡胶片要求如下。(1)每一个新橡胶片应有检验报告,同时应标注生产日期。(2)橡胶片应在不超过 15℃温度条件下袋中密封、避光存放。(3)新的橡胶片在使用之前应进行工作边缘预摩擦。具体要求参照《公路工程集料试验规程》(JTG 3432—2024)中 T 0321 的 3.4.3。(4)每次进行磨光值测定前,应进行橡胶片工作边缘的校准。具体要求参照《公路工程集料试验规程》(JTG 3432—2024)中 T 0321 的 3.4.4。(5)磨光试验中出现以下情况之一时,应及时更换橡胶片:存放或使用时间超过生产日期 1 年;橡胶片的工作边缘出现磨圆或刻痕,或不满足第 5.9.2 小节中 2)的要求;采用校准试件校准不能满足上述 4)的要求。(6)每次磨光值测定之前,橡胶片应在 20℃±5℃室温条件下恒温 120min 以上;当橡胶片存放温度低于 15℃时,则应在 20℃±5℃条件下恒温 24h 以上。(7)每测定 1 组 14 个试件,需要检查橡胶片底面与试件表面的夹角。

5)标准试件:在每次检测样品制备试件,按第 5.9.4 小节的方法制备 4 块标准试件,并与检测样品制备试件同时测定磨光值。

6)校准试件:按第 5.9.6 小节中 4)留存的标准试件,或橡胶片校准留存用过的标准试件,用于橡胶片校准或预摩擦。

7)磨料:每批磨料,应分别检验粗砂、微粉的材质和级配。

5.9.4　试样制备

1)将样品用 9.5mm、13.2mm 试验筛充分过筛,取 9.5～13.2mm 粒级颗粒缩分试样一份,剔除针、片状颗粒,表面过于粗糙或过于光滑的颗粒,不规则或高度大于试模厚度的颗粒。将试样浸泡在水中,借助金属丝刷将试样颗粒表面洗刷干净,经多次漂洗至水清澈为止。沥干,40℃±5℃烘干至表面干燥。

2)拼装好试模,注意使端板与模体齐平(使弧线平滑);逐个选取集料颗粒,将最大平面朝下、单层紧密排满试模底部;颗粒应随机摆放,不宜太有规律摆放。每块试件可含 19～31 颗集料。

3)将细砂填入试模集料颗粒间隙中,至集料颗粒高度 2/3～3/4 处。用细刷或洗耳球轻吹使之填充密实,去除试件表面黏附的细砂,但注意不得扰动集料颗粒。在试模露出的内壁、顶部边缘,端板,以及试模盖内壁用细刷轻涂隔离剂;隔离剂不要涂抹太多,且不得被集料吸收。

4)按比例将树脂和固化剂在一次性纸杯中搅拌,制备黏结剂。黏结剂应有合适的稠度,能够在集料颗粒之间自由流动。黏结剂稠度不宜太低而浸透入细砂或将细砂黏结到试件表面,此时可加入适量填料,降低流动性;当黏结剂稠度太高时,可加入丙酮进行稀释,增加流动性。将黏结剂填入试模至稍有溢出,立即用试模盖盖住试模,挤压试模盖从孔中挤出多余的黏结剂。用小刀将试模边缘多余的黏结剂去除。

5)在试模盖上加 2kg 配重或采用夹具固定试件,防止黏结剂固结过程中试件变形。

6)当黏结剂固结、冷却后(一般为拌和 30min 后)将试件从试模中取出。用硬刷刷、水冲洗去除试件上松散的细砂;试件磨光之前应室温下放置 30min 以上。若试件表面有黏结剂、尖锐突起,颗粒松动,或厚度不满足要求,应废弃。

7)每种集料应制备 4 块试件。在挑选的试件侧面或底部进行标识。

8)脱模后及时清理试模等。

5.9.5　磨光试验

1)在磨光之前,试件、磨光机、磨料及磨光用水应在 20℃±5℃不少于 2h;在磨光整个过程中室温应控制在 20℃±5℃。

2)试件安装步骤如下。

(1)道路轮每次磨光时应放置 14 块试件,其中包括 2 块标准试件;每一种集料一次磨光 2 块试件,因此一次可磨光 6 种检测集料共 12 块试件。

(2)用记号笔在 12 块集料试件弧形侧边上依次作 1～12 标记,同一种集料的 2 块试件为相邻两个编号;标准试件编号为 13、14 号。

(3)按表 5-9 的序号将试件排列在道路轮上,其中 1 号位和 8 号位为标准试件。在所有试件同一侧用箭头标注方向,箭头方向应与道路轮的旋转方向相反。试件的磨光表面应形成连续的集料颗粒带,直径为 406mm 的圆周,橡胶轮在试件表面应无碰撞或打滑情况。为避免磨光过程中试件断裂或松动,试件之间、试件与道路轮之间、夹紧装置之间加垫一片或数片柔性薄片。

表 5-9　试件在道路轮上的排列次序

位置号	1	2	3	4	5	6	7	8	9	10	11	12	13	14
试件编号	13	9	3	7	5	1	11	14	10	4	8	6	2	12

(4)道路轮一次磨光 14 块试件为一组,每次试验要求磨光两组。一个道路轮上一次磨光用集料样品达不到 6 种时,不够的试件可采用已经磨光过的试件替代。但对每一种待检

测的集料,应分两组磨光,每组 2 块试件。

3)粗磨的步骤如下。

(1)准备好粗砂,装入粗砂贮料斗,磨光机底座下放一积砂盘。关闭调节流量阀,储水罐加满水。

(2)调节粗砂和水流速:按动粗砂调速按钮,待粗砂溜出稳定后,用接料斗在出料口接住 2min 内溜出粗砂量,称取粗砂质量,计算粗砂流速应为 27g/min±3g/min;否则应进行调整。调节流量计控制水流速,使得粗砂和水正好连续、稳定而均匀分布在试件表面全宽度上,可按粗砂相同流速控制。

(3)把标记 C 的橡胶轮安装在磨光机上,且安装方向与橡胶轮预磨时方向一致;转动荷载调整手轮,使橡胶轮完全压在试件表面,并使施加的总荷载为 725N±10N,且在磨光过程中保持恒定。

(4)按下电源开关,道路轮以 320r/min±5r/min 的速度运转,并带动橡胶轮运转,同时立即打开储料斗和供水控制闸,按动粗砂调速按钮、调节流量计控制粗砂和水流速达到要求。

(5)在磨光到 60min±5min 和 120min±5min 时,自动中止磨光,清除积砂盘中的粗砂,同时检查试件是否夹紧。在总磨光时间达到 180min±1min 或总转数达到 57600 转时,终止磨光。

(6)当磨光结束后,应立即转动荷载调整手轮,卸下橡胶轮。将橡胶轮冲洗干净,在低于 25℃条件下避光存放。

(7)用水冲洗磨光机和试件,去除所有残留的粗砂(必要时从道路轮上取下试件冲洗)。

(8)粗磨后试件可立即进行细磨。如果预估在一天内一次性无法完成磨光、浸泡和测试磨光值的整个试验过程,则在粗磨之后中断,将试件放在 20℃±2℃水中浸泡至第二天再进行细磨、浸泡和磨光值的测试。

4)细磨的步骤如下。

(1)准备好微粉,装入微粉储料斗。关闭调节流量阀,储水罐加满水。

(2)调节微粉和水流速:按动微粉调速按钮,待微粉溜出稳定后,用接料斗在出料口接住 2min 内溜出微粉量,称取质量,计算微粉流速应为 3g/min±1g/min;否则应进行调整。水流速应使得微粉和水正好连续、稳定而均匀分布在试件表面全宽度上,可按两倍微粉流速± 1mL/min 控制。

(3)安装标记 X 的橡胶轮,按照粗磨步骤(3)和步骤(4)进行磨光。在总磨光时间达到 180min±1min 或总转数达到 57600 转时,终止磨光;中途不中断。

(4)当磨光结束后,应立即转动荷载调整手轮,卸下橡胶轮。将橡胶轮冲洗干净,在低于 25℃条件下避光存放。

(5)清理磨光机。

5)磨光值测定前试件的处理方法如下。

(1)试件完成磨光后,从道路轮上卸下试件,用硬毛刷刷、水冲洗,清除表面及颗粒缝隙中的磨料。

(2)试件完成清洗后,立即放入 20℃±2℃恒温水中,将试件磨光表面向下浸泡 30～ 120min。浸泡完成之后,立即从水中取出测定磨光值。在测定磨光值之前,试件不得干燥。

5.9.6　磨光值测定

1)在试验前摆式摩擦系数测定仪、橡胶片和喷水壶中水应在20℃±2℃环境条件下恒温2h以上,试验过程中环境温度应控制在20℃±2℃。进行正式试验之前,先按第5.9.3小节中4)校准橡胶片。

2)将摆式摩擦系数测定仪放置在水平台上,松开紧固把手,转动升降把手使摆升高并能自由摆动。然后锁紧紧固把手,转动调平螺栓,使水准泡居中。

3)将摆固定在右侧悬臂上,使摆处于水平位置。把指针拨至右端与摆杆贴紧(数字式摆式摩擦系数测定仪无指针,不需要此步骤)。右手按下释放开关,使摆向左带动指针摆动,当摆达到最高位置后刚开始下落时,用左手将摆杆接住,此时指针应指零。若指针不指零,通过拧紧或放松调节螺母进行调整,重复前述步骤,直至指针指零,调零允许误差为±1。对于数字式摆式摩擦系数测定仪,应拧紧或放松调节螺母进行调整,直至显示初始角度为1.9°±0.2°;数字式摆式摩擦系数测定仪将保存此初始角度。

4)试件磨光值测定方法如下。

(1)将试件固定在试件固定器的固定槽内,试件侧面标记的箭头方向应与磨光值测定时摆的摆动方向一致。让摆处于悬空、自然下垂静止状态,调整试件及试件固定器,使试件与橡胶片、摆杆轴线中线对中,并满足以下要求:在试件宽度方向上,试件中线与橡胶片中线的偏差不大于±2mm;在试件长度方向上,试件中线与摆杆轴线中线的偏差不大于±1mm。

(2)让摆处于自然下垂状态,松开紧固把手,转动升降把手使摆下降,并提起举升柄使摆向左侧移动,然后放下举升柄使橡胶片工作边缘轻轻触地,在紧靠接触点侧边摆放滑溜长度量尺,使量尺左端对准接触点;再提起举升柄使摆向右侧移动,然后放下举升柄使橡胶片工作边缘轻轻触地,检查接触点是否与滑溜长度量尺的右端齐平。若齐平,则说明滑溜长度符合76mm±1mm的要求。左右两次橡胶片工作边缘应以刚刚接触试件表面为准,不可借摆的力量向前滑溜。

(3)若橡胶片两次触地与滑溜长度量尺两端不齐平,调整摆的高度,重复步骤(2)使滑溜长度达到76mm±1mm。

(4)将摆固定在右侧悬臂上,使摆处于水平位置。把指针拨至右端与摆杆贴紧(数字式摆式摩擦系数测定仪无指针,不需要此步骤)。用喷水壶喷洒清水润湿试件和橡胶片表面。注意在试验过程中,试件应一直保持湿润。按下释放开关使摆滑过试件表面,当摆达到最高位置后下落时,用左手接住摆杆,读取指针所指(F盘)位置上的值,准确到1个单位。对于数字式摆式摩擦系数测定仪,直接读取数字表盘上显示值,准确到0.1个单位。

(5)一块试件重复测试5次,每次测试均需要喷洒清水润湿试件表面。记录最后3次读数,取3次读数的平均值作为该试件磨光值(PSV_{ri},对于标准试件记为PSV_{bi}),精确至0.1个单位。当连续测定时读数不断增加,且超过1个单位,则可能滑溜长度在增加,重新调整滑溜长度再测试。5个值中最大值与最小值的差值不得大于3。

(6)按试件编号13、1、10、3、5、12、8顺序测定第一组中的7块试件的磨光值;然后换个橡胶片的工作边缘,按试件编号7、11、6、4、9、2、14顺序测定第一组中的另外7块试件的磨光值。

(7)按以上步骤(1)~步骤(6)测定第二组14个试件的磨光值;试验过程中采用同一橡

胶片。

(8)当标准试件磨光值满足第 5.9.7 小节中 2)的要求时,可留存为校准试件。4 块标准试件分别记录 PSV_{bi},风干后标识、密封保存。

5.9.7　试验结果

1)计算每组 2 块标准试件的磨光值算术平均值和 4 块标准试件的磨光值算术平均值,准确至 0.1 个单位。4 块标准试件的磨光值算术平均值记为 PSV_{bra}。

2)标准试件的每组磨光值算术平均值应介于 $PSV_{bmin} \sim PSV_{bmax}$,且两组间的磨光值算术平均值之差不大于 5,否则所有被测集料试件试验结果无效。

3)计算每组 2 块被测集料试件的磨光值算术平均值和每种被测集料 4 块试件的磨光值算术平均值,准确至 0.1 个单位。每种被测集料 4 块试件的磨光值算术平均值记为 PSV_{ra}。

4)被测集料试件的两组间磨光值算术平均值之差应不大于 5,否则该被测集料试验结果无效。

5)被测集料的磨光值 PSV 按式(5-26)计算,取整数:

$$PSV = PSV_{ra} + PSV_b + PSV_{bra} \qquad (5-26)$$

式中:PSV——集料的磨光值;

　　PSV_{ra}——被测集料 4 块试件磨光值的算术平均值;

　　PSV_b——标准集料磨光值标称值;

　　PSV_{bra}——4 块标准试件磨光值的算术平均值。

5.10　粗集料针片状颗粒含量试验(卡尺法)

5.10.1　概述

本试验依据《公路工程集料试验规程》(JTG 3432—2024)中的 T 0312—2005 编制而成,适用于卡尺法测定粗集料的针片状颗粒含量。本试验测定的针片状颗粒,是指最大长度与最小厚度之比大于 3 的颗粒。当采用其他比例时,应在试验报告中注明。

5.10.2　仪器设备

1)试验筛:根据集料粒级选用不同孔径的方孔筛,并满足第 5.6.2 小节中 1)的要求。
2)卡尺:可采用常规游标卡尺,精密度为 0.1mm。也可选用固定比例卡尺。
3)天平:感量不大于称量质量的 0.1%。

5.10.3　试验准备

将样品用 4.75mn 试验筛充分过筛,取筛上颗粒缩分至表 5-10 要求质量的试样两份,且每份试样不少于 100 颗,烘干或室内风干。

表 5-10　粗集料针片状颗粒试验的试样质量

公称最大粒径(mm)	9.5	13.2	16	19	26.5	31.5	37.5	53	63	75
一份试样的最小质量(kg)	0.2	0.4	0.5	1.0	1.7	3.0	5.0	12.0	20.0	28.0

5.10.4　试验步骤

1)取一份试样称取质量 m_0。

2)将试样平摊于试验台上,用目测直接挑出接近立方体的颗粒。

3)按图 5-1 所示,将疑似针片状颗粒平放在桌面上成一稳定的状态。平面图中垂直与颗粒长度方向的两个切割颗粒表面的平行平面之间最大距离为颗粒长度 L;垂直与宽度方向的两个切割颗粒表面的平行平面之间最大距离为颗粒宽度 W;侧面图中垂直与颗粒厚度方向的两个切割颗粒表面的平行平面之间最大距离为颗粒厚度 T。各尺寸满足 $L \geqslant W \geqslant T$。

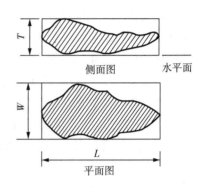

图 5-1　颗粒尺寸示意

4)用游标卡尺测量颗粒的平面图中轮廓长度 L 及侧面图中轮廓长度 T。当 $L/T \geqslant 3$ 时,判断该颗粒为针片状颗粒。

5)当采用固定比例卡尺时,调整比例卡尺,使比例卡尺 L 方向尺间隙正好与颗粒长度方向轮廓尺寸相等,固定卡尺;检查颗粒厚度方向轮廓尺寸是否够通过比例卡尺 E 方向尺间隙,如果能够通过,则判定该颗粒为针片状颗粒。

6)按照以上方法逐颗判定所有集料是否为针片状颗粒。称取所有针片状颗粒质量称取 m_1,称取所有非针片状颗粒质量 m_2。

5.10.5　试验结果

1)试样的损耗率按式(5-27)计算:

$$P_s = \frac{m_0 - m_1 - m_2}{m_0} \times 100 \qquad (5-27)$$

式中:P_s——试样的损耗率(%),精确至 0.1%;

　　m_0——试验前的干燥试样总质量(g);

　　m_1——试样中针片状颗粒的总质量(g);

　　m_2——试样中非针片状颗粒的总质量(g);

2)试样的针片状颗粒含量按式(5-28)计算:

$$Q_{e\&f} = \frac{m_1}{m_1 + m_2} \times 100 \qquad (5-28)$$

式中:$Q_{e\&f}$——针片状颗粒含量(%),精确至 0.1%;

3)取两份试样的针片状颗粒含量的算术平均值作为试验结果,精确至 0.1%。

4)若两份试样的针片状颗粒含量之差超过平均值的 20%,应追加一份试样进行试验,直接取三份试样的针片状颗粒含量的算术平均值作为试验结果,准确至 0.1%。

5)允许误差:筛分损耗率应不大于 0.5%。

5.11　粗集料含泥量及泥块含量试验

5.11.1　概述

本试验依据《公路工程集料试验规程》(JTG 3432—2024)中的 T 0310—2005 编制而成,适用于测定粗集料的含泥量及 4.75mm 以上泥块颗粒含量。

5.11.2　仪器设备

1)天平:感量不大于称量的 0.1%。

2)烘箱:鼓风干燥箱,恒温 105℃±5℃,并满足第 5.6.2 小节中 4)的要求。

3)试验筛:孔径为 4.75mm、2.36mm、1.18mm 的方孔筛,并满足第 5.6.2 小节中 1)的要求。

4)盛水容器:浸泡试样用容器,不锈钢盆或塑料桶等,容积足够大,试验时不至试样溅出。

5)金属盘、毛刷等。

5.11.3　试验准备

将样品缩分至表 5-11 要求质量的试样两份,105℃±5℃烘干至恒重,并冷却至室温。注意防止丢失细粉及压碎所含泥块。

表 5-11　粗集料含泥量及泥块含量试验的试样质量

公称最大粒径(mm)	4.75	9.5	13.2	16	19	26.5	31.5	37.5	53	63	75
一份试样的最小质量(kg)	0.75	1.0	1.0	1.0	3.0	3.0	5.0	5.0	7.5	10.0	15.0

5.11.4　含泥量试验步骤

1)称取一份试样 m_0 移入盛水容器内摊平,加水至水面高出试样 150mm,并充分搅拌均匀,然后浸泡 2h。根据集料粒径选择 4.75mm、0.075mm,或 2.36mm、0.075mm 组成一组套筛,其底部为 0.075mm 试验筛。试验前筛子的两面应先用水润湿。

2)用手在水中淘洗颗粒,使尘屑、淤泥和黏土与较粗颗粒分开,并使之悬浮于水中;淘洗后立即将浑浊液缓缓倒入套筛上,滤去小于 0.075mm 的颗粒。倾倒时不得将粗颗粒一起倒出而损坏筛面。

3)采用水冲洗等方法,将两只筛上颗粒并入盛水容器中。再次加水于盛水容器中,重复步骤 2),直至浸没的水目测清澈为止。

4)将两只筛上及容器中的试样全部回收到一个金属盘中。当容器和筛上黏附有集料颗粒时,在容器中加水、搅动使细粉悬浮在水中,并快速全部倒入套筛上;再将筛子倒扣在金属盘上,用少量的水并助以毛刷将颗粒刷落入盘中。待细粉沉淀后,泌去金属盘中的水,注意不要散失细粉。

5)将金属盘连同试样一起置于105℃±5℃烘箱中烘干至恒重,冷却至室温后称取试样的质量m_1。

5.11.5 泥块含量试验步骤

1)取一份试样,用4.75mm试验筛过筛,称取筛上试样质量m_2。

2)将试样在容器中摊平,加水至水面高出试样150mm,并充分搅拌均匀;浸泡24h±0.5h后把全部水放出,用手捻压逐个颗粒,将泥块碾碎。捻压时将颗粒放在大拇指与食指之间捻压,不得用指甲挤压或在硬表面手指按压或采用颗粒与颗粒之间挤压等方式致使颗粒破碎。

3)将试样放到2.36mm筛上,一边用力摇动筛子一边用水冲洗,直至洗出的水目测清澈为止。

4)将2.36mm筛上试样装入金属盘,置于105℃±5℃烘箱中烘干至恒重,冷却至室温后称取试样的质量m_3。

5.11.6 试验结果

1)试样的含泥量按式(5-29)计算:

$$Q_n = \frac{m_0 - m_1}{m_0} \times 100 \qquad (5-29)$$

式中:Q_n——试样的含泥量(%),精确至0.1%;

　　m_0——试验前烘干试样质量(g);

　　m_1——试验后烘干试样质量(g);

2)试样的泥块含量按式(5-30)计算:

$$Q_k = \frac{m_2 - m_3}{m_2} \times 100 \qquad (5-30)$$

式中:Q_k——试样的泥块含量(%),精确至0.1%;

　　m_2——4.75mm筛上试样质量(g);

　　m_3——试验后2.36mm筛上试样烘干质量(g);

3)以两份试样测定值的算术平均值作为试验结果,精确至0.1%。

4)含泥量重复性试验的允许误差为0.2%。

5)泥块含量重复性试验的允许误差为1.0%。

第6章　沥青混合料用细集料

6.1　细集料筛分试验

6.1.1　概述

本试验依据《公路工程集料试验规程》(JTG 3432—2024)中的 T 0327—2005 编制而成,适用于测定细集料的颗粒组成、计算细度模数。对水泥混凝土、水泥砂浆用细集料可采用干筛法进行筛分试验,也可用水洗法进行筛分试验;当 0.075mm 通过率大于 5% 时,宜采用水洗法进行筛分试验。对沥青混合料、无结合料粒料材料及无机稳定材料用细集料应采用水洗法进行筛分试验。对于轻集料,应采用干筛法进行筛分试验。

6.1.2　仪器设备

1)试验筛:根据集料粒级选用不同孔径的方孔筛,带筛底、筛盖,并满足第 5.6.2 小节中 1)的要求。

2)天平:称量不小于 1kg,感量不大于 0.1g。

3)摇筛机。

4)烘箱:鼓风干燥箱,恒温 105℃±5℃,并满足第 5.6.2 小节中 4)的要求。

5)盛水容器:浸泡试样用容器,不锈钢的金属盆等。

6)其他:金属盘、铲子、毛刷、搅棒等。

6.1.3　试验准备

将样品缩分至表 6-1 要求质量的试样两份,置于 105℃±5℃烘箱中烘干至恒重,冷却至室温备用。

表 6-1　细集料筛分试验的试样质量

公称最大粒径(mm)	4.75	≤2.36
一份试样的最小质量(g)	500	300
轻集料一份试样的最小体积(L)	0.3	

注:特细砂试样的最小质量可减少为 100g。

6.1.4　试验步骤

1. 干筛法试验步骤

1)取一份干燥试样,称取试样总质量(m_0)。

2)按第 5.6.4 小节中干筛法试验步骤进行筛分,称量每号筛的分计筛余量(m_1)和筛底质量($m_底$)。

2. 水洗法试验步骤

1)取一份干燥试样,称取试样总质量(m_0)。

2)按第 5.6.5 小节中水洗法试验步骤进行水洗、烘干、筛分,称取水洗后的干燥试样总质量($m_洗$),每号筛的分计筛余量(m_1)和筛底质量($m_底$)。

6.1.5　试验结果

1)试样的筛分损耗率、分计筛余率、筛余率和通过率按第 5.6.6 小节和第 5.6.7 小节中的方法计算。

2)试样的细度模数按式(6-1)计算:

$$M_X = \frac{(A_{0.15} + A_{0.3} + A_{0.6} + A_{1.18} + A_{2.36}) - 5A_{4.75}}{100 - A_{4.75}} \qquad (6-1)$$

式中:M_X——细集料的细度模数,精确至 0.01;

　　$A_{0.15}$,$A_{0.3}$,…、$A_{4.75}$——0.15mm,0.3mm,…,4.75mm 各号筛的筛余率(%)。

3)若一份试样的筛分损耗率大于 0.5%,其试验结果无效。

4)取两份试样的各号筛通过率的算术平均值作为样品通过率的试验结果,准确至 0.1%。

5)取两份试样的细度模数的算术平均值作为样品细度模数试验结果,准确至 0.1。

6)一份试样的筛分损耗率应不大于 0.5%。

7)0.075mm 通过率重复性试验的允许误差为 1%。

8)细度模数重复性试验的允许误差为 0.2。

6.2　细集料表观密度试验(容量瓶法)

6.2.1　概述

本试验依据《公路工程集料试验规程》(JTG 3432—2024)中的 T 0328—2005 编制而成,适用于用容量瓶法测定细集料的表观密度和表观相对密度。

6.2.2　仪器设备

1)天平:称量不小于 1kg,感量不大于 0.1g。

2)容量瓶:500mL。

3)烘箱:鼓风干燥箱,恒温 105℃±5℃,并满足第 5.6.2 小节中 4)的要求。

4)恒温水槽:恒温 23℃±2℃。

5)试验筛:根据集料粒级选用不同孔径的方孔筛,并满足第 5.6.2 小节中 1)的要求。

6)烧杯:500mL。

7)试验用水:饮用水,使用之前煮沸后冷却至室温。

8)其他:干燥器(内装变色硅胶)、金属盘、铝制料勺、温度计等。

6.2.3　试验准备

将样品缩分至约 325g 的试样两份。

注意:浸泡之前样品不得采用烘干处理;经过拌和楼等加热、干燥后的样品,试验之前,应在室温条件下放置不少于 12h。

6.2.4　试验步骤

1)将试样装入预先放入部分水的容量瓶中,再加水至约 450mL 刻度处。

2)通过旋转、翻转容量瓶或玻璃棒搅动消除气泡。用滴管滴水使黏附在瓶内壁上颗粒进入水中,塞紧瓶塞,浸水静置 24h±0.5h(可在室温下静置一段时间后、移入 23℃±2℃恒温水槽继续浸水,其中恒温水槽浸水不少于 2h)。

注意:消除气泡不少于 15min,此时会产生气泡聚集在瓶颈,可用纸巾尖端浸入瓶中粘除或使用少于 1mL 的异丙醇来分散。操作时手与瓶之间应垫毛巾。

3)通过旋转、翻转容量瓶或玻璃棒搅动消除气泡。用滴管加 23℃±2℃水,使水面与瓶颈 500mL 刻度线平齐,擦干瓶颈内部及瓶外附着水分,称其总质量(m_2)。

注意:消除气泡不少于 5min,此时会产生气泡聚集在瓶颈,可用纸巾尖端浸入瓶中粘除或使用少于 1mL 的异丙醇来分散。操作时手与瓶之间应垫毛巾。

4)将水和试样移入金属盘中,用水将容量瓶冲洗干净,一并倒入金属盘中;向容量瓶内注入 23℃±2℃温度的水至瓶颈 500mL 刻度线平齐,擦干瓶颈内部及瓶外附着水分,称其总质量(m_2)。

5)待细粉沉淀后,泌去金属盘中的水,注意不要散失细粉。将金属盘连同试样放入 105℃±5℃的烘箱中烘干至恒重、冷却至室温后,称取试样烘干质量(m_0)。

6.2.5　试验结果

1)试样的表观相对密度按式(6-2)计算:

$$\gamma_a = \frac{m_0}{m_0 + m_1 - m_2} \qquad\qquad (6-2)$$

式中:γ_a——试样的表观相对密度,准确至 0.001;

　　　m_0——试样的烘干质量(g);

　　　m_1——水及容量瓶的总质量(g);

　　　m_2——试样、水及容量瓶的总质量(g)。

2)试样的表观密度 ρ_a 按式(6-3)计算：

$$\rho_a = \gamma_a \times \rho_T \tag{6-3}$$

式中：ρ_a——试样的表观密度(g/cm^3)，准确至 $0.001g/cm^3$；

　　　　ρ_T——试验温度 T 时水的密度(g/cm^3)，按表6-2选用。

表6-2　不同水温时水的密度 ρ_{wT} 及水温修正系数 α_T

水温(℃)	15	16	17	18	19	20
水的密度(g/cm^3)	0.99913	0.99897	0.99880	0.99862	0.99843	0.99822
水温修正系数(α_T)	0.002	0.003	0.003	0.004	0.004	0.005
水温(℃)	21	22	23	24	25	—
水的密度(g/cm^3)	0.99802	0.99779	0.99756	0.99733	0.99702	—
水温修正系数(α_T)	0.005	0.006	0.006	0.007	0.007	—

3)取两份试样的相对密度、密度的算术平均值作为试验结果，分别准确至 0.001 和 0.001g/cm^3。

4)相对密度和密度重复性试验的允许误差为 0.02。

5)吸水率重复性试验的允许误差为 0.2%。

6.3　细集料砂当量试验

6.3.1　概述

本试验依据《公路工程集料试验规程》(JTG 3432—2024)中的 T 0334—2005 编制而成，适用于测定细集料砂当量，评价黏土类物质相对含量，以评定细集料洁净程度。

6.3.2　仪器设备和溶剂

1)试筒：带刻度的透明塑料圆柱形试筒，配备至少两根。外径 40mm±0.5mm，内径 32mm±0.25mm，高度 430mm±0.25mm。在距试筒底部 100mm±0.25mm、380mm±0.25mm 处有环形刻度线。试筒配有橡胶瓶塞。

2)冲洗管：不锈钢或冷锻钢制硬管，其外径为 6mm±0.5mm，内径为 4mm±0.2mm。管的上部有一个控制阀；底部通过螺纹连接一个不锈钢圆锥形尖头(与冲洗管连接)，尖头两侧斜面上为 1mm±0.1mm 冲洗孔。

3)透明玻璃桶或塑料桶：容积 5L，有一根虹吸管放置桶中，试验时放置高度应使液面至试验台高差为 920~1200mm。

4)橡胶管(或塑料管)：长约 1.5m，内径约 5mm，同冲洗管连接，配有金属夹，以控制冲洗液流量。

5)配重活塞由以下部分组成。

(1)长 440mm±0.25mm、直径 6mm 的金属杆。

(2)底座是杆的一部分,其直径 25mm±0.1mm、高 20mm±0.1mm,底面平坦、光滑,与杆轴线垂直。底座侧面有三个导轨,用于将配重活塞定位在试筒内,并使活塞底座与试筒之间留有小间隙。

(3)套筒由黄铜或不锈钢制成,厚 10mm±0.1mm,直径 60mm;套筒起引导金属杆的作用,同时能标记试筒中配重活塞下沉的位置。套筒上有一个紧固螺钉用以固定金属杆。同时套筒上开槽设一开口,用于插入钢板尺测量套筒顶面至配重底面垂直距离。

(4)配重固定在金属杆的顶部,使得配重、金属杆(含底座)总质量为 1000g±5g。

6)机械振荡器:可以使试筒产生横向的直线运动振荡,振幅 200mm±10.0mm,频率 180 次/min±2 次/min。

7)天平:称量不小于 1kg,感量不大于 0.1g;称量不小于 100g,感量不大于 0.01g。

8)烘箱:鼓风干燥箱,恒温 105℃±5℃,并满足第 5.6.2 小节中 4)的要求。

9)秒表。

10)试验筛:孔径为 4.75mm、2.36mm 的方孔筛,带筛底、筛盖,并满足第 5.6.2 小节中 1)的要求。

11)温度计:量程 0~50℃,分度值 0.1℃;量程 0~200℃,分度值 1℃。

12)广口漏斗:玻璃或塑料制,口的直径约 100mm。

13)钢板尺:长 50cm,刻度 1mm。

14)量筒(500mL),烧杯(1L),塑料桶(5L)、烧杯、刷子、金属盘、刮刀、勺子等。

15)无水氯化钙($CaCl_2$):分析纯,含量 96% 以上,无色立方结晶。

16)丙三醇($C_3H_8O_3$):甘油,分析纯,含量 99% 以上。

17)甲醛(HCHO):分析纯,甲醛含量 40%(体积比)。

18)试验用水:蒸馏水或去离子水。

6.3.3　试验准备

1. 配制冲洗液

1)根据需要确定冲洗液的数量,通常一次配制 5L,可进行约 10 次试验,如试验次数较少,可以按比例减少。但不宜少于 2L,以减小试验误差。冲洗液的浓度以每升冲洗液中的氯化钙、甘油、甲醛含量分别为 2.79g、12.12g、0.34g 控制。称取配制 5L 冲洗液的各种试剂的用量:氯化钙 14.0g±0.2g;甘油 60.6g±0.5g;甲醛 1.7g±0.05g。

2)将试验所用容器用水冲洗洁净。

3)称取无水氯化钙 14.0g±0.2g 放入烧杯中,加水 50mL±5mL 充分溶解,此时溶液温度会升高,待溶液冷却至室温,观察是否有不溶的杂质,若有杂质应用滤纸将溶液过滤,以除去不溶的杂质。

4)然后倒入适量水稀释,加入甘油 60.6g±0.5g,用玻璃棒搅拌均匀后再加入甲醛 1.70g±0.05g,用玻璃棒搅拌均匀后全部倒入 1L 量筒中,并用少量水分别对盛过三种试剂的器皿洗涤 3 次,每次洗涤的水均放入量筒中,最后加入水至 1L 刻度线。

5)将配制的1L溶液倒入塑料桶或其他容器中,再加入4L水稀释至5L±0.01L,并充分混合。

6)配制的冲洗液储存不得超过14d,且存放期间出现混浊、沉淀物或霉菌等应废弃。

7)新配制的冲洗液不得与旧冲洗液混用。

2. 试样制备

1)将样品用4.75mm试验筛加筛底充分过筛,取4.75mm筛下颗粒缩分至不少于1000g试样。筛分之前,用橡胶锤打碎结团细集料;用刷子清理4.75mm筛上颗粒,使其表面裹覆细料落入筛底。对于0~3mm细集料,应采用2.36mm试验筛代替4.75mm试验筛。

注意:为避免粉料散失,应采用筛底。若样品过于干燥,宜在筛分之前加少量水润湿样品,含水率约3%、颗粒无黏结;若样品过于潮湿,应风干或40℃±5℃烘箱中适当烘干至颗粒无黏结。

注意:经过拌和楼等高温加热处理后的样品,原则上不宜用于砂当量试验。

2)缩分300g试样两份按JTG 3432—2024中T 0332方法测定含水率w。将剩余试样拌匀、密封存放。

注意:测定含水率的烘干试样不得再用于测定砂当量。

3)按式(6-4)计算砂当量试验一份试样的质量。从上述2)密封存放试样中四分法缩分至m_1±0.5g的试样两份。

$$m_1 = \frac{120 \times (100 + w)}{100} \tag{6-4}$$

式中:w——试样的含水率(%);

m_1——砂当量试验的每份试样质量(g)。

3. 环境温度和冲洗液温度控制

砂当量试验过程中环境和冲洗液温度控制在22℃±3℃。新试筒或新配重活塞,使用之前,需要进行匹配检验。拧开紧固螺钉,将配重活塞缓慢放入空试筒中,将套筒安放在试筒顶部,当配重活塞底部接触到试筒底部时,套筒上表面至配重底部垂直距离不大于0.5mm;若距离大于0.5mm,或配重活塞底部无法触碰到试筒底部,则试筒和配重活塞不匹配。

6.3.4 试验步骤

1)将试筒置于试验台上,盛冲洗液的容器放置高度应保证试验时液面至试验台高差满足920~1200mm。控制冲洗管在试筒中加入冲洗液,至下部100mm刻度处(约需80mL冲洗液)。

2)取一份砂当量试样,经漏斗倒入竖立的试筒中。注意不得导致颗粒的散失,同时应借助毛刷将粉料等所有颗粒刷入试筒中。

3)用手掌反复敲打试筒底部,以除去气泡,并使试样尽快润湿,然后放置10min±1min。

4)在试样静止结束后,用橡胶塞堵住试筒,将试筒水平固定在振荡机上。

5)开动机械振荡器,在30s±1s的时间内振荡90次±3次。然后将试筒取下竖直放回试验台上。取下橡胶塞,用冲洗液将橡胶塞及试筒壁黏附颗粒冲洗并入试筒中。

6)将试筒按压在试验台上,并在冲洗过程中保持试筒竖直;迅速用力将冲洗管插到试筒底部,同时打开冲洗管液流,通过冲洗管来搅动底部试样,冲洗液冲击使粉料上浮、悬浮。然后,缓慢转动、同时缓慢匀速向上提升冲洗管。

7)重复步骤 6),直到液面接近 380mm 刻度线时,缓慢将冲洗管提出液面、关闭液流,使液面正好位于 380mm 刻度线处;此时立即启动秒表计时。在无任何扰动、振动条件下静置 20min±15s。

8)静置完成后,如图 6-1 所示,立即用钢板尺测量试筒底部到絮状凝结物上液面的高度(h_1)。

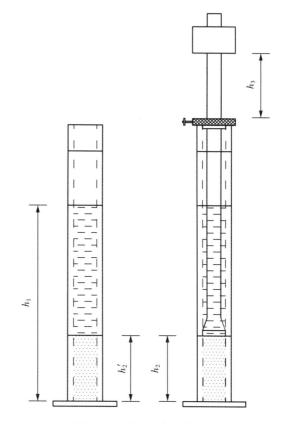

图 6-1　砂当量仪读数示意

9)拧开紧固螺钉,将配重活塞缓慢放入试筒中。当配重活塞底座触碰到沉淀物时,下移套筒将其安放在试筒顶面、拧紧紧固螺钉。将配重活塞取出,用直尺插入套筒开口中,量取套筒顶面至配重底面的高度 h_1。

10)测定试筒内冲洗液温度,如果温度达不到 22±3℃,应予以舍弃。

11)按照上述步骤 1)～步骤 10),完成两份试样的砂当量试验。

12)随时检查试验的冲洗管口,防止堵塞;由于塑料在太阳光下容易变成不透明,应避免将塑料试筒等直接暴露在太阳光下。盛试验溶液的塑料桶用毕要清洗干净。

6.3.5　试验结果

1)试样的砂当量值按式(6-5)计算:

$$SE=\frac{h_2}{h_1}\times100 \tag{6-5}$$

式中:SE——试样的砂当量(%),准确至 0.1%;

h_2——试筒中用配重活塞测定的沉淀物的高度(mm);

h_1——试筒中絮凝物和沉淀物的总高度(mm);

2)取两份试样的砂当量算术平均值作为试验结果,准确至 1%。

3)砂当量重复性试验的允许误差为 4%。

6.4   细集料棱角性试验(间隙率法)

6.4.1   概述

本试验依据《公路工程集料试验规程》(JTG 3432—2024)中的 T 0344—2000 编制而成,适用于测定一定量的细集料通过标准漏斗、装入标准容器中松散状态下的间隙率,以间接评价细集料的棱角性。

6.4.2   仪器设备

1)细集料间隙率测定仪:上部为一个金属或塑料制的圆形容量瓶,容积不少于 250mL;下面接一个高不小于 38mm 的金属制倒圆锥筒漏斗,倾角为 60°±4°,漏斗内部光滑,流出孔开口直径 12.7mm±0.6mm。测定仪下方放置一个 100mL 的铜制的接收容器,容器内径 39mm,内高 86mm。接收容器固定在厚不小于 6mm 的金属底板上,容器与底板之间用环氧树脂嵌缝。金属底板底部正中央有一个凹坑,用以与底座位置对中。

2)试验筛:孔径为 4.75mm、2.36mm、1.18mm、0.6mm、0.3mm、0.15mm 的方孔筛,并满足第 5.6.2 小节中 1)的要求。

3)天平:称量不小于 5kg,感量不大于 1g。

4)烘箱:鼓风干燥箱,恒温 105℃±5℃,并满足第 5.6.2 小节中 4)的要求。

5)玻璃板:60mm×60mm,厚 4mm。

6)刮尺:带刃直尺,长 100mm,宽 20mm。

7)试验用水:饮用水,使用之前煮沸后冷却至室温。

8)其他:金属盘、毛刷等。

6.4.3   试验准备

1. 试样制备

1)将样品缩分至约 3000g 子样一份,按照 JTG 3432—2024 中 T 0302 的步骤 5.1~步骤 5.5,将 0.3mm 以下颗粒洗除,至漂洗水目测清澈为止,沥干,105℃±5℃烘干至恒重、冷却至室温。

2)按表 6-3 粒级选定试验筛组成套筛,将子样干筛法充分筛分,得到各粒级集料颗粒。

3)按表 6-3 要求的质量,称取各粒级的集料颗粒组成 190g 试样两份,并搅拌均匀。

表 6-3   细集料棱角性试验(间隙率法)的试样质量

粒级(mm)	0.15~0.3	0.3~0.6	0.6~1.18	1.18~2.36
一份试样中各粒级的质量(g)	17±0.2	72±0.2	57±0.2	44±0.2
一份试样的总重量(g)	190±1			

2. 接收容器容积标定

1)清空接收容器,在其顶部边缘轻涂一层薄薄的油脂,称取接收容器和玻璃片的干燥质量 m_0。

2)向接收容器中加 23℃±2℃水至溢出,用玻璃片沿接收容器表面迅速滑行,紧贴上部边缘水面,玻璃片与水面之间不得有空隙。擦干净容器外侧、玻璃片表面水;称取接收容器、玻璃片和水的质量 m_1。同时,快速测定容量筒中水的温度。

6.4.4　试验步骤

1)将漏斗与容量瓶连接成一个整体。接收容器擦干后放在底座上对中安好。用小玻璃片堵住漏斗流出孔。

2)用铲子等取试样从容量瓶中央上方(高度与容量瓶顶齐平)徐徐倒入漏斗,表面倒平,必要时用小铲轻轻将漏斗内试样表面整平。

3)移开堵住漏斗流出孔的小玻璃片,使细集料通过漏斗流出孔流出,自由落入接收容器中。

4)用直尺等轻轻刮平接收容器的表面,不得有任何振动。称取接收容器中细集料总质量 m_2。

5)按照上述步骤 1)～步骤 4)测定两份试样。

6)按表 6-3 中质量比例取各粒级颗粒组成二份试样,按 JTG 3432—2024 中 T 0330 的方法测定毛体积密度 ρ_b。

6.4.5　实验结果

1)接收容器的容积按式(6-6)计算:

$$V = \frac{m_1 - m_0}{\rho_T} \tag{6-6}$$

式中:V——接收容器的容积(cm^3),准确至 $0.1cm^3$;

　　m_1——接收容器、玻璃片和水的质量(g);

　　m_0——接收容器、玻璃片的质量(g);

　　ρ_T——试验温度 T 时水的密度(g/cm^3),按表 6-2 选用。

2)试样的间隙率按式(6-7)计算:

$$V_C = \left(1 - \frac{\dfrac{m_2}{V}}{\rho_b}\right) \times 100 \tag{6-7}$$

式中:V_C——试样的间隙率(%),准确至 0.1%;

　　m_2——接收容器中细集料总质量(g);

　　ρ_b——细集料的毛体积密度(g/cm^3)。

3)取两份试样间隙率的算术平均值作为试验结果,准确至 0.1%。

4)间隙率重复性试验的允许误差为 0.4%。

6.5　细集料棱角性试验(流动时间法)

6.5.1　概述

本试验依据《公路工程集料试验规程》(JTG 3432—2024)中的 T 0345—2024 编制而成,适用于测定一定体积的细集料全部通过一孔径所需要的时间,以间接评价其棱角性。

6.5.2　仪具与材料

1)细集料流动时间测定仪组成如下。圆筒:内径 90mm±0.1mm、高 125mm±2mm 的金属圆筒。漏斗:可更换的金属,或硬质塑料的漏斗,开口 60°±0.5°,内壁光滑,其流出孔开口直径为 12mm±0.1mm,上部由螺纹与圆筒连接成一整体。漏斗下方有一个开启门,为可转动的开启挡板。

2)标准细集料:0.075~2.36mm,流动时间标准值控制精度为 2s。

注意:标准细集料应由专业单位生产,场地来源明确,进行严格质量控制,标称值等性质指标稳定,同时提供包括标称值和不确定度等参数的证书。

3)棱角性细集料标准样品:规格为 0.075~2.36mm,流动时间标称值为 35s,精度±2s。

注意:标准样品应由专业单位生产,料源明确,进行严格质量控制,标称值等性质指标稳定,同时提供证书。标准样品标称值应经交通运输部公路科学研究院进行定值。

4)试验筛:孔径为 2.36mm、0.075mm 的方孔筛,并满足第 5.6.2 小节中 1)的要求。

5)天平:称量不小于 5kg,感量不大于 1g。

6)烘箱:鼓风干燥箱,恒温 105℃±5℃,并满足第 5.6.2 小节中 4)的要求。

7)秒表:准确至 0.1s。

8)接收容器:容积约 3L。

9)其他:金属盘、毛刷等。

6.5.3　细集料流动时间测定仪的标定

1)新测定仪首次使用前及使用中每 6 个月标定一次。

2)取标准集料,105℃±5℃烘干至恒重、冷却至室温后,按第 6.5.4 小节中步骤 2)和步骤 3)称取干燥试样一份。

3)按第 6.5.5 小节中步骤 1)~步骤 5)方法测定标准集料的流动时间,取 5 次测定值的平均值记为 E_{crs},E_{crs} 应该满足标准集料标准值 E_{cs}±2s。

4)若 E_{crs} 不满足标准集料标准值 E_{cs}±2s 要求,细集料流动时间测定仪应无效。

5)用过的标准集料可采用 0.075mm 筛水洗,105℃±5℃烘干至恒重后再次使用。用过的标准集料应每 20 次,与新的标准集料进行对比试验,两者差大于 2s 时,用过的标准集料应废弃。

6.5.4　试验准备

1)将样品用 2.36mm 筛充分过筛,取筛下颗粒缩分至约 1500g 子样一份;按 JTG 3432—2024 中 T 0302 的步骤 5.1～步骤 5.5,将 0.3mm 以下颗粒洗除,至漂洗水目测清澈为止,沥干,105℃±5℃烘干至恒重、冷却至室温。

2)按式(6-8)计算一份试样所需的质量:

$$m = 1000 \times \rho_a / 2.70 \qquad (6-8)$$

式中:m——棱角性试验一份试样所需的质量(g),准确至 0.1g;

ρ_a——试样的表观密度(g/cm^3);

2.70——常数。

3)从子样中称取 $m \pm 2g$ 试样一份。

6.5.5　试验步骤

1)将漏斗与圆筒连接安装成一个整体。关闭漏斗开启门,在漏斗下方放置接收容器。

2)用铲子等取试样从圆筒中央开口处(高度与筒顶齐平)徐徐倒入漏斗,表面倒平,但倾倒后表面不得以任何工具扰动或刮平。

3)在打开漏斗开启门的同时,启动秒表。漏斗中细集料随即从漏斗开口处流出,进入接收容器中。在细集料全部流完的同时止停秒表,读取细集料流出的时间,即为该试样的流动时间。

4)同一份试样按第 6.5.4 小节中步骤 1)～步骤 3)测定 5 次。

5)试验全过程中环境温度应保持在 15～30℃。

6.5.6　试验结果

1)试样的流动时间按式(6-9)计算:

$$E_c = E_{ct} - (E_{cs} - E_{crs}) \qquad (6-9)$$

式中:E_c——试样的流动时间(s),准确至 1s;

E_{ct}——试样流动时间 5 个测定值的算术平均值(s);

E_{cs}——标准集料的流动时间标准值(s);

E_{crs}——最近一次试验仪器测定的标准集料流动时间(s)。

2)流动时间重复性试验的允许误差为 1s。

6.6　细集料坚固性试验

6.6.1　概述

本试验依据《公路工程集料试验规程》(JTG 3432—2024)中的 T 0340—2024 编制而成,适用于测定饱和硫酸钠溶液或饱和硫酸镁溶液浸泡和干燥循环作用下集料质量损失,以间接评价细集料的坚固性。对于一些含碳酸钙、碳酸镁或隐晶石英集料,新配的硫酸盐溶液可导致结果偏高。

6.6.2 仪器设备和溶剂

1)烘箱:鼓风干燥箱,恒温 105℃±5℃,并满足第 5.6.2 小节中 4)的要求。

2)天平:称量不小于 200g,感量不大于 0.01g;称量不小于 1kg,感量不大于 1g。

3)试验筛:孔径为 0.3mm、0.6mm、1.18mm、2.36mm、4.75mm 的方孔筛,并满足第 5.6.2 小节中 1)的要求。

4)容器:带盖的瓷缸、塑料桶、金属桶等,其容积不小于 10L。

5)三脚网篮:网篮由铜丝或不锈钢丝制成,内径及高均为 70mm,网孔径应不大于所盛试样粒级下限尺寸的一半。

6)温控装置:21℃±1℃恒温水槽或恒温箱,能够容纳上述 4)中的容器,同时应有温度记录功能。

7)比重计:液体比重计,相对密度精度为 0.001。

8)温度计:量程为 0～100℃,分度值为 0.1℃;量程为 0～200℃,分度值为 1℃。

9)计时器:量程不少于 48h,精度为 0.1s。

10)饱和硫酸钠坚固性试验为无水硫酸钠(Na_2SO_4)饱和硫酸镁坚固性试验为 7 水硫酸镁($MgSO_4 \cdot 7H_2O$)。

11)10%的氯化钡溶液。

12)试验用水:蒸馏水或去离子水。

13)其他:玻璃棒、金属盘、毛刷。

6.6.3 试验准备

1. 饱和硫酸钠溶液的配制
同第 5.7.3 小节中 1)。

2. 饱和硫酸镁溶液的配制
同第 5.7.3 小节中 2)。

3. 试样的制备

1)将样品缩分至约 3000g 试样两份,按照 JTG 3432—2024 中 T 0302 的步骤 5.1～步骤 5.5,将 0.3mm 以下颗粒洗除、至漂洗水目测清澈为止,沥干后 105℃±5℃烘干至恒重、冷却至室温。

2)按表 6-4 粒级选定试验筛组成套筛,将每份试样干筛法充分筛分,称量各粒级颗粒质量 M_i,计算各粒级颗粒质量百分率 a_i。

3)按表 6-4 要求的质量,每份试样各粒级称取一份集料颗粒(m_i)。

表 6-4   细集料坚固性试验条件

粒级(mm)	0.3～0.6	0.6～1.18	1.18～2.36	2.36～4.75
各粒级一份试样的质量(g)	100±0.1	100±0.1	100±0.5	100±1
5 次浸泡和干燥循环后的筛分孔径(mm)	0.3	0.6	1.18	2.36

注:当某一粒级颗粒质量百分率 a_i 小于 5%时,则该粒级颗粒可不进行试验。

6.6.4　硫酸钠饱和溶液坚固性试验步骤

1)按第 5.7.5 小节中步骤 1)～步骤 3)完成五次循环试验。

2)完成第五次循环后,将各粒级颗粒置于 46～49℃的水中浸泡、洗净结晶硫酸钠。再将各粒级放入 105℃±5℃的烘箱中烘干至恒重,待冷却至室温后,采用表 6-4 中各粒级相应的下限筛孔过筛,并称量其筛余质量 m'。

注意:取洗各粒级集料颗粒的水约 10mL,滴入几滴 10%的氯化钡溶液,若未出现白色浑浊说明已洗净。

3)如中途需要暂停试验,可在烘箱完成烘干后冷却阶段中止试验,总中止时间不超过 72h。

6.6.5　硫酸镁饱和溶液坚固性试验步骤

1)按第 5.7.5 小节中步骤 1)～步骤 3)完成五次循环试验。

2)完成第五次循环后,将各粒级置于 46～49℃的水中浸泡、洗净结晶硫酸镁。再将各粒级颗粒放入 105℃±5℃的烘箱中烘干至恒重,待冷却至室温后,采用表 6-4 中各粒级相应的下限筛孔过筛,并称量其筛余质量 m'_i。

注意:取洗各粒级集料颗粒的水约 10mL,滴入几滴 10%的氯化钡溶液,若未出现白色浑浊说明已洗净。

3)如中途需要暂停试验,可在烘箱完成烘干后冷却阶段中止试验,总中止时间不超过 72h。

6.6.6　试验结果

1)试样的各粒级颗粒质量百分率按式(6-10)计算:

$$a_i = \frac{M_i}{\sum\limits_{k=1}^{8} M_k} \times 100 \tag{6-10}$$

式中:a_i——试样的第 i 粒级颗粒质量百分率(%),准确至 0.1%;

i、k——1,2,…,4,代表 0.3～0.6mm、0.6～1.18mm,…,2.36～4.75mm 中某一粒级;

M_i——第 i 粒级的颗粒质量(g)。

2)试样的各粒级颗粒质量损失百分率按式(6-11)计算:

$$Q_i = \frac{m_i - m'_i}{m_i} \times 100 \tag{6-11}$$

式中:Q_i——第 i 粒级的颗粒质量损失百分率(%),准确至 0.1%;

m_i——试验前,第 i 粒级颗粒烘干试样质量(g);

m'_i——五次循环试验后,第 i 粒级筛余集料颗粒的质量(g)。

3)硫酸镁溶液试验的试样质量损失百分率按式(6-12)计算:

$$S_{sm} = \frac{\sum a_i Q_i}{\sum a_i}$$ 　　　　　(6-12)

式中:S_{sm}——硫酸镁溶液试验的试样质量损失百分率(%),准确至0.1%。

注意:当某一粒级的质量百分率小于5%时,取其相邻两个粒级的质量损失百分率的算术平均值;当只有一个相邻粒级的实测结果时,直接取这个相邻粒级的质量损失百分率。

4)硫酸钠溶液试验的试样质量损失百分率按式(6-13)计算:

$$S_{sn} = \frac{\sum a_i Q_i}{\sum a_i}$$ 　　　　　(6-13)

式中:S_{sn}——硫酸镁溶液试验的试样质量损失百分率(%),准确至0.1%。

注意:当某一粒级的质量百分率小于5%时,取其相邻两个粒级的质量损失百分率的算术平均值;当只有一个相邻粒级的实测结果时,直接取这个相邻粒级的质量损失百分率。

5)取两份试样的质量损失百分率算术平均值作为试验结果,准确至0.1%。

6)当采用硫酸钠饱和溶液时,质量损失百分率重复性试验的允许误差为试验平均值的70%。

7)当采用硫酸镁饱和溶液时,质量损失百分率重复性试验的允许误差为试验平均值的40%。

6.7　细集料含泥量试验(筛洗法)

6.7.1　概述

本试验依据《公路工程集料试验规程》(JTG 3432—2024)中的T 0333—2000编制而成,适用于测定天然砂中粒径小于0.075mm的黏土、淤泥和尘屑的含量,不适用于机制砂、石屑及特细砂等细集料。

6.7.2　仪器设备

1)天平:称量不小于1kg,感量不大于0.1g。

2)烘箱:鼓风干燥箱,恒温105℃±5℃,并满足第5.6.2小节中4)的要求。

3)试验筛:孔径为1.18mm、0.075mm的方孔筛,并满足第5.6.2小节中1)的要求。

4)盛水容器:浸泡试样用容器,不锈钢的金属盆或塑料桶,容积足够大,试验时不至试样溅出。

5)其他:金属盘、毛刷等。

6.7.3　试验准备

将样品缩分至约400g的试样两份,105℃±5℃烘干至恒重,并冷却至室温。

6.7.4　试验步骤

1)称取一份试样(m_0)装入盛水容器内摊平,加水至水面高出试样 150mm,并充分搅拌均匀,然后浸泡 2h。

2)用手在水中淘洗颗粒,使尘屑、淤泥和黏土与试样颗粒分开,并使之悬浮于水中;缓缓地将浑浊液倒入 1.18mm 及 0.075mm 的套筛上,滤去小于 0.075mm 的细粉;试验前筛子的两面应先用水湿润,在整个试验过程中,应注意避免试样颗粒丢失。

注意:不得直接将试样放在 0.075mm 筛上用水冲洗,或者将试样放在 0.075mm 筛上后在水中淘洗,以避免造成试样颗粒丢失。

3)采用水冲洗等方法,将两只筛上颗粒并入盛水容器中。再次加水于盛水容器中,重复上述步骤2),直至洗出的水目测清澈为止。

4)将两只筛上及盛水容器中的试样全部回收到一个金属盘中。当盛水容器和筛上黏附有集料颗粒时,在盛水容器中加水、搅动使细粉悬浮在水中,并快速全部倒入套筛上;再将筛子倒扣在金属盘上,用少量的水并助以毛刷将颗粒刷落入盘中。待细粉沉淀后,泌去金属盘中的水,注意不要散失细粉。

5)将金属盘连同试样一起置 105℃±5℃烘箱中烘干至恒重,冷却至室温后称取试样的质量(m_1)。

6.7.5　试验结果

1)试样的含泥量按式(6-14)计算:

$$Q_n = \frac{m_0 - m_1}{m_0} \times 100 \tag{6-14}$$

式中:Q_n——试样的含泥量(%),准确至 0.01%;

　　m_0——试验前烘干试样质量(g);

　　m_1——试验后烘干试样质量(g)。

2)取两份试样的含泥量算术平均值作为试验结果,准确至 0.1%。

3)含泥量重复性试验的允许误差为 0.5%。

6.8　细集料亚甲蓝试验

6.8.1　概述

本试验依据《公路工程集料试验规程》(JTG 3432—2024)中的 T 0349—2005 编制而成。本试验适用于测定细集料亚甲蓝值,评价黏土类有害物质含量,以评价细集料洁净程度。测定细集料中 0~2.36mm 部分的亚甲蓝值 MB,或细集料中 0~0.15mm 部分的亚甲蓝值 MB_F;也适用于填料中 0~0.15mm 部分的亚甲蓝值 MB_F,用于评价矿粉质量。

6.8.2　仪器设备和溶剂

1)移液管:5mL、2mL 移液管,各一个。

2)叶轮搅拌机:转速可调,并能满足 600r/min±60r/min 和 400r/min±40r/min 的转速要求,3 或 4 个叶片,叶片直径 75mm±10mm。

3)烘箱:鼓风干燥箱,恒温 105℃±5℃,并满足第 5.6.2 小节中 4)的要求。

4)天平:称量不小于 1kg,感量不大于 0.1g;称量不小于 100g,感量不大于 0.01g。

5)试验筛:孔径为 0.15mm、2.36mm 的方孔筛,并满足第 5.6.2 小节中 1)的要求。

6)容器:深度大于 250mm,要求淘洗试样时颗粒不溅出。

7)玻璃容量瓶:1L。

8)计时器:量程不少于 48h,精度 0.1s。

9)玻璃棒:直径 8mm,长 300mm,2 支。

10)温度计:量程 0～100℃,分度值 0.1℃;量程 0～200℃,分度值 1℃。

11)烧杯:1000mL。

12)定量滤纸:满足 GB/T 1914 的中速定量滤纸,规格为 202。

13)其他:金属盘、毛刷、水等。

14)亚甲蓝($C_{16}H_{18}CIN_3S \cdot nH_2O$,$n=2$ 或 3):纯度不小于 98.5%。

15)试验用水:蒸馏水或去离子水。

16)高岭土:亚甲蓝值为 10～20g/kg 的高岭土(按第 6.8.4 小节中 8.2)测定)。

6.8.3　试验准备

1. 标准亚甲蓝溶液(10.0g/L±0.1g/L 标准浓度)配制

1)测定亚甲蓝含水率。称取约 5g 亚甲蓝粉末,记录质量 m_h。置于 100℃±5℃烘箱中烘干至恒重,在干燥器中冷却后取出立即称重,记录质量 m_g。按式(6-15)计算亚甲蓝的含水率 w_1,准确至 0.01%:

$$w_1 = \frac{m_h - m_g}{m_g} \times 100 \qquad (6-15)$$

式中:m_h——亚甲蓝粉末的质量(g);

　　m_g——干燥后亚甲蓝粉末的质量(g)。

注意:每次配制亚甲蓝溶液前,都应首先确定亚甲蓝的含水率。若烘干温度超过 105℃,亚甲蓝粉末会变质。

2)称取亚甲蓝粉末(m_1±0.01)g。m_1 按式(6-16)计算,准确至 0.01g:

$$m_1 = 10\left(1 + \frac{w_1}{100}\right) \qquad (6-16)$$

3)加热盛有约 600mL 水的烧杯,至水温 35～40℃。

4)边搅拌边加入亚甲蓝粉末,持续搅拌 45min,直至亚甲蓝粉末全部溶解为止,然后冷却至 20℃。

5)将溶液倒入 1L 容量瓶中,用水冲洗烧杯,使所有亚甲蓝溶液全部移入容量瓶,容量瓶和溶液的温度应保持在 20℃±1℃。再加水至容量瓶 1L 刻度。

6)摇晃容量瓶以保证亚甲蓝粉末完全溶解。将标准液移入深色储藏瓶中避光保存。保存期应不超过 28d。配制好的溶液应标明制备日期、失效日期。

2. MB 亚甲蓝用试样准备

1)将样品用 2.36mm 试验筛加筛底充分过筛,取 2.36mm 筛下缩分至不少于 2000g 子样一份。筛分之前,用橡胶锤打碎结团细集料;用刷子清理 2.36mm 筛上颗粒,使其表面裹覆细小颗粒落入筛底。

注意:为避免粉料散失,应采用筛底。若样品过于干燥,宜在筛分之前加少量水润湿样品,含水率约 3%、颗粒无黏结;若样品过于潮湿,应风干或 40℃±5℃烘箱中适当烘干,至颗粒无黏结。

注意:经过拌和楼等加热处理后的样品,原则上不宜用于亚甲蓝试验。

2)将子样拌匀、缩分得到 200g 含水率试样两份,按 JTG 3432—2024 中 T0332 方法测定含水率 w_2。将子样剩余集料颗粒拌匀、密封存放。

注意:测定含水率烘干试样不得再用于亚甲蓝试验。

3)按式(6-17)计算一份 MB 亚甲蓝试样的质量。将 2)密封存放的子样剩余集料颗粒采用四分法缩分 MB 亚甲蓝试样两份,每份试样质量为 $m_2' \sim m_2' + 5g$。

$$m_2' = \frac{200 \times (100 + w_2)}{100} \qquad (6-17)$$

式中:w_2——按 2)测定的含水率(%);

$\quad m_2'$——MB 亚甲蓝试验的一份试样目标质量(g)。

3. 测定 MB_F 亚甲蓝用试样准备

1)将细集料或填料样品用 0.15mm 试验筛加筛底充分过筛,取 0.15mm 筛下缩分至不少于 300g 子样一份。筛分之前,用橡胶锤打碎结团细集料;用刷子清理筛上颗粒,使其表面裹覆细小颗粒落入筛底。

注意:为避免粉料散失,应采用筛底。若样品过于干燥,宜在筛分之前加少量水润湿样品,含水率约 3%、颗粒无黏结;若样品过于潮湿,应风干或 40℃±5℃烘箱中适当烘干,至颗粒无黏结。

注意:经过拌和楼等加热处理后的样品,原则上不宜用于亚甲蓝试验。

2)将子样拌匀、缩分得到 30g 含水率试样两份,按 JTG 3432—2024 中 T 0359 方法测定含水率 w_3。将子样剩余集料颗粒拌匀、密封存放。

注意:测定含水率时烘干试样不得再用于亚甲蓝试验。

3)按式(6-18)计算一份 MB_F,亚甲蓝试样的质量。将 2)密封存放的集料颗粒采用四分法缩分两份 MB_F 亚甲蓝试样,每份试样质量满足 $m_3' \sim m_3' + 1g$。

$$m_3' = \frac{30 \times (100 + w_3)}{100} \qquad (6-18)$$

式中:w_3——按 2)测定的含水率(%);

$\quad m_3'$——MB_F 亚甲蓝试验的一份试样目标质量(g)。

6.8.4　MB 亚甲蓝试验步骤

1)将滤纸架空放置在敞口烧杯的顶部或其他类似支撑物上,使其底面不接触任何物品。按照第 6.8.3 小节准备试样;取一份试样称其质量(m_2)。将试样移入盛有 500mL±5mL 水的烧杯中。

2)将搅拌器速度设定到 600r/min±60r/min,搅拌器叶轮离烧杯底部约 10mm。开始搅拌同时,启动秒表;搅拌 5min,形成悬浮液。用移液管准确加入 5mL 亚甲蓝溶液,设定转速为 400r/min±40r/min,保持持续搅拌,直到整个试验结束。

注意:每次取出亚甲蓝溶液,移液管准确吸取一定量之后,立即将其再次避光储存。

3)在加入亚甲蓝溶液、搅拌不少于 1min 后,在滤纸上进行第一次色晕检验。用玻璃棒蘸取一滴悬浮液滴于滤纸上(其量应使沉淀物直径为 8~12mm),在滤纸上形成环状,中间是纯蓝色的集料沉淀物色斑,其外围是一圈无色的水环。

4)继续加入 5mL 亚甲蓝溶液,搅拌 1min 后,再次进行色晕检验。按此重复试验,直至围绕纯蓝色沉淀物周围出现一个宽度约 1mm 的浅蓝色光晕,表明试验接近终点。

5)当首次出现约 1mm 的浅蓝色光晕后,停止添加亚甲蓝溶液;每隔 1min 进行 1 次色晕检验,共进行 5 次色晕检验。若浅蓝色光晕在 4min 内消失,则再加入 5mL 亚甲蓝溶液,重新以 1min 间隔共进行 5 次色晕检验;若浅蓝色光晕在第 5min 内消失,则再加入 2mL 亚甲蓝溶液,重新以 1min 间隔共进行 5 次色晕检验。

6)按步骤 5)重复试验直至连续 5min 内色晕检验均出现光晕。

7)记录整个试验过程中所加入的亚甲蓝溶液总体积 V_2。

注意:试验结束后应立即用水彻底清洗试验用容器。清洗后的容器不得含有清洁剂等成分,建议将这些容器作为亚甲蓝试验专用容器。

8)当细集料中粉料含量较低时,将很难形成浅蓝色光晕,则进行如下处理。

(1)将高岭土在 95~105℃烘箱中烘干至恒重,在干燥器中冷却至室温。

(2)称取 30g±0.1g 干燥高岭土,测定高岭土的亚甲蓝值 MB_k。

注意:一批高岭土样品,其亚甲蓝值一次测定,可多次使用。但是每次使用时均需进行干燥。

(3)取一份试样、称其质量,移入盛有 500mL±5mL 水的烧杯中之后,立即称取 30g±0.1g 干燥高岭土一并移入烧杯中,再加入 V_2(为 $3×MB_k$ mL)的亚甲蓝溶液。然后按第 6.8.4 小节中步骤 2)~步骤 7)进行亚甲蓝试验,记录整个试验过程中所加入的亚甲蓝溶液总容积 V_2。

注意:加入的亚甲蓝溶液容积,为其所含亚甲蓝量能够正好被高岭土吸收。

6.8.5　MB_F 亚甲蓝试验步骤

1)按第 6.8.3 小节中"3. 测定 MB_F 亚甲蓝用试样准备"步骤 2)的规定准备试样,取一份试样称其质量(m_3);按照第 6.8.4 小节进行亚甲蓝试验,记录整个试验过程中所加入的亚甲蓝溶液总体积 V_3。

2)无须进行第 6.8.4 小节中的步骤 8)。

6.8.6　MB 亚甲蓝的快速评价试验

1)按照 6.8.3 小节中"2. MB 亚甲蓝用试样准备"准备一份 0~2.36mm MB 亚甲蓝试验试样,称取试样质量为 m_2。

2)按式(6-19)计算一次性加入的亚甲蓝溶液容积 V:

$$V = \frac{MB_0 \times m_2}{10} \times \frac{100}{100 + w_2} + V_1 \tag{6-19}$$

式中: MB_0——亚甲蓝标准值(g/kg);对于水泥混凝土用细集料为 1.4g/kg。

　　V——一次性加入的亚甲蓝溶液容积(mL);

　　V_1——一般 $V_1 = 0$mL;当按第 6.7.4 小节加入高岭土时,$V_1 = 3 \times MB_k$;

　　MB_k——高岭土的亚甲蓝值(g/kg)。

3)按第 6.7 节进行亚甲蓝试验。一次性向烧杯中加入容积为 V 的亚甲蓝溶液,以 400r/min±40r/min 转速持续搅拌 8min,然后用玻璃棒黏取一滴悬浮液,滴在滤纸上,观察沉淀物周围是否出现浅蓝色光晕。如果出浅蓝色光晕,则此细集料亚甲蓝检验不合格;如果未出现浅蓝色光晕,则此细集料亚甲蓝检验合格。

6.8.7　试验结果

1)试样的 MB 亚甲蓝值按式(6-20)计算:

$$MB = \frac{V_2 - V_1}{m_2 \times \dfrac{100}{100 + w_2}} \times 10 \tag{6-20}$$

式中: MB——0~2.36mm 试验的亚甲蓝值(g/kg),准确至 0.01g/kg;

　　V_2——所加入的亚甲蓝溶液的总容积(mL)。

注意:公式中的系数 10 用于将每千克试样消耗的亚甲蓝溶液体积换算成亚甲蓝质量。

2)试样的 MB_F 亚甲蓝值按式(6-21)计算:

$$MB_F = \frac{V_3}{m_3 \times \dfrac{100}{100 + w_3}} \times 10 \tag{6-21}$$

式中: MB_F——0~0.15mm 试样的亚甲蓝值(g/kg),准确至 0.01g/kg;

　　m_3——试样质量(g);

　　V_3——加入的亚甲蓝溶液的总量(mL)。

3)取 2 个试样亚甲蓝值的算术平均值作为试验结果,准确至 0.1g/kg。

第7章　沥青混合料用填料

7.1　填料筛分试验(水洗法)

7.1.1　概述

本试验依据《公路工程集料试验规程》(JTG 3432—2024)中的 T 0351—2000 编制而成,适用于测定填料的颗粒级配,不适用于测定含有水溶性物质的填料颗粒级配。本试验是矿粉等不含水溶性物质材料筛分标准试验方法。

7.1.2　仪器设备

1)试验筛:孔径为 0.6mm、0.3mm、0.15mm、0.075mm 的方孔筛。

2)天平:称量不小于 200g,感量不大于 0.01g。

3)烘箱:鼓风干燥箱,恒温在 105℃±5℃,并满足第 5.6.2 小节中 4)的要求。

4)试验用水:饮用水。

5)其他:金属盘、橡皮头研杵等。

7.1.3　试验步骤

1)将样品缩分至约 100g±0.1g 试样二份,105℃±5℃烘箱中烘干至恒重,放入干燥器中冷却不少于 90min。如颗粒结团可用橡皮头研杵研磨粉碎。

2)取一份试样称量质量 m_0。将 0.075mm 筛装在筛底上,倒入试样,盖上筛盖。人工充分干筛分后,去除筛底。

3)按 0.6mm、0.3mm、0.15mm、0.075mm 筛孔组成套筛。将步骤 2)中 0.075mm 筛上物倒在套筛顶部。在自来水龙头上接一胶管,打开自来水,用胶管的水冲洗试样、过筛,直至 0.075mm 筛下流出的水目测清澈为止。水洗过程中,可以适当用手搅动试样,加速水洗过筛。待上层筛冲干净后,取去 0.6mm 筛;按以上步骤依次从 0.3mm、0.15mm 筛上冲洗试样;0.15mm 筛上冲洗完成后,结束冲洗。

注意:冲洗时水流速度不可太大,防止将试样颗粒冲出,且水不得从两层筛之间流出;同时注意 0.075mm 筛上聚集过多的水导致堵塞。不得直接冲洗 0.075mm 筛上物,这可能使筛面变形或筛面共振,造成筛孔堵塞。

4)分别将各筛上的筛余物倒入不同的金属盘中,再将筛子倒扣在盘上用少量的水并助以毛刷将细小颗粒刷落入盘中。待细粉沉淀后,泌去金属盘中的水,注意不要散失细粉。

5)将各金属盘放入 105℃±5℃烘箱中烘干至恒重。称取各号筛上的分计筛余量(m_i)。

7.1.4　试验结果

1)试样的各号筛的筛余率按式(7-1)计算,准确至 0.01%。

$$P'_i = \frac{m_i}{m_0} \times 100 \qquad (7-1)$$

式中:P'_i——各号筛分计筛余率(%);

　　m_i——各号筛的分计筛余量(g);

　　i——依次对应 0.075mm、0.15mm、0.30mm 和 0.6mm 筛孔;

　　m_0——筛分前干燥试样质量(g)。

2)试样的各号筛的筛余率 A_i 为该号筛及以上各号筛的分计筛余率之和,准确至 0.01%。

3)试样的各号筛的通过率 P_i 为 100 减去该号筛的筛余率,准确至 0.01%。

4)取两份试样的通过率算术平均值作为试验结果,准确至 0.1%。通过率重复性试验的允许误差为 2%。

7.2　填料筛分试验(负压筛法)

7.2.1　概述

本试验依据《公路工程集料试验规程》(JTG 3432—2024)中的 T 0356—2024 编制而成,适用于测定矿粉、水泥、石灰、粉煤灰、回收粉等填料的颗粒级配。本试验是含有水溶性物质填料的筛分标准试验方法。

7.2.2　仪器设备

1)负压筛分析仪:负压可调,试验时最大负压可达 3500Pa,负压显示精度 1Pa。

2)负压源:由功率不小于 600W 的工业吸尘器、小型旋风吸尘筒等组成,也可采用相当功能的其他设备。

3)负压筛:孔径为 0.6mm、0.3mm、0.15mm、0.075mm 方孔筛,筛框直径 200mm,带有透明机玻璃筛盖。

4)天平:称量不小于 200g,感量不大于 0.01g。

5)烘箱:鼓风干燥箱,恒温 105℃±5℃,并满足第 5.6.2 小节中 4)的要求。

6)金属盘、毛刷、秒表。

7)橡皮锤、橡皮头研杵等。

7.2.3　试验步骤

1)将样品缩分至约 50g±0.1g 试样两份,105℃±5℃烘干至恒重,放入干燥器中冷却不少于 90min。如颗粒结团可用橡皮头研杵研磨粉碎。

2）取一份试样称量质量（m_0）。

3）取孔径为 0.075mm 的负压筛。轻叩负压筛，并用毛刷将筛上清理干净。将负压筛安放到负压筛分仪上，试样移入负压筛上，盖好筛盖，接通电源，设定负压为 3000Pa 和筛分时间，开动仪器进行充分筛分。

4）筛分时间应不少于 3min，应充分筛分至每 1min 试样质量变化不大 0.1%。筛分时注意负压稳定在 3000Pa±500Pa，喷嘴旋转速度为 20r/min±5r/min。筛分时，当发现填料有聚集、结块情况，可采用橡皮锤轻敲筛盖予以消除。

5）完成筛分后，称量筛上筛余颗粒质量 m_1。

6）取孔径 0.15mm 负压筛。将 0.075mm 筛上筛余颗粒移入 0.15mm 筛上，按照上述步骤 4）～步骤 5），重新进行充分筛分，称量筛上筛余颗粒质量 m_2。

7）再分别取孔径 0.3mm、0.6mm 负压筛。按照步骤 6）重新进行充分筛分，称量筛上筛余颗粒质量为 m_3 和 m_4。

7.2.4　试验结果

1）试样的各号筛的筛余率按式（7-2）计算：

$$A_i = \frac{m_i}{m_0} \times 100 \qquad (7-2)$$

式中：A_i——试样的各号筛的筛余率（%），准确至 0.01%；

　　m_i——各号筛的筛余颗粒质量（g）；

　　i——依次对应 0.075mm、0.15mm、0.30mm 和 0.60mm 筛孔；

　　m_0——筛分前的干燥试样质量（g）。

2）试样的各号筛通过百分率 P_i 为 100 减去该号筛的筛余率，准确至 0.01%。

3）取两份试样的通过率算术平均值作为试验结果，准确至 0.1%。通过率重复性试验的允许误差为 2%。

7.3　填料密度试验

7.3.1　概述

本试验依据《公路工程集料试验规程》（JTG 3432—2024）中的 T 0352—2024 编制而成，适用于检验填料的质量，供沥青混合料配合比设计计算使用，同时适用于测定供拌制沥青混合料用的其他矿粉如水泥、石灰、粉煤灰的相对密度。

7.3.2　仪器设备

1）李氏比重瓶：容积为 250mL，带有长 180～200mL、直径约 10mm 的细颈，细颈上刻度为 0～24mL，且 0～1mL 和 18～24mL 之间分度值为 0.1mL。其结构材料是优质玻璃，透明无条纹，且有抗化学侵蚀性且热滞后性小，要有足够的厚度。

2)天平:称量不小于 500g,感量不大于 0.01g。

3)烘箱:鼓风干燥箱,恒温 105℃±5℃,并满足第 5.6.2 小节中 4)的要求。

4)恒温水槽:恒温 23℃±0.5℃。

5)温度计:量程 0~50℃,分度值 0.1℃;量程 0~200℃,分度值 1℃。

6)其他:瓷皿、小牛角匙、干燥器(内装变色硅胶)、漏斗等。

7)滤纸。

8)浸没液体:蒸馏水,或去离子水;重馏煤油(又称为石蜡油),为沸点在 190~260℃的石油馏分。

注意:根据填料特性选择合适的浸没液体。填料成分应不溶于浸没液体,也不得与浸没液体发生反应。对于一般矿粉可采用蒸馏水或去离子水;对于水泥、消石灰等亲水性填料,含水溶性物质的填料,或相对密度小于 1 的填料,或掺加前述材料的混合填料,应采用重馏煤油。

7.3.3 试验步骤

1)将样品缩分至约 200g 试样两份,置瓷皿中,105℃±5℃烘干至恒重,放入干燥器中冷却。如颗粒结团,可用橡皮头研杵研磨粉碎。

2)向李氏比重瓶中注入浸没液体,至刻度 0~1mL(以弯月面下部为准),盖上瓶塞,放入 23℃±0.5℃的恒温水槽中,恒温 120min 后读取李氏比重瓶中水面的刻度初始读数(V_1)。读数时眼睛、弯月面的最低点及刻度线处于同一水平线。

3)从恒温水槽中取出李氏比重瓶,用滤纸将瓶内浸没液体液面以上残留液体仔细擦净。

4)将瓷皿、烘干的试样,连同小牛角匙、漏斗一起称量质量(m_1);用小牛角匙将试样通过漏斗徐徐加入李氏比重瓶中,待李氏比重瓶中水的液面上升至接近李氏比重瓶的最大读数时为止;反复摇动李氏比重瓶,直至没有气泡排出。

5)再次将李氏比重瓶放入恒温水槽中,恒温 120min 后,按照上述步骤 3)的方法读取李氏比重瓶的第二次读数(V_2)。前后两次读数时恒温水槽的温度差不大于 0.5℃。

7.3.4 试验结果

1)试样的表观密度按式(7-3)和式(7-4)计算,准确至 0.001g/cm³。

$$\rho_a = \frac{m_1 - m_2}{V_2 - V_1} \qquad (7-3)$$

$$\gamma_a = \frac{\rho_a}{\rho_T} \qquad (7-4)$$

式中:ρ_a——试样的表观密度(g/cm³);

m_1——牛角匙、瓷皿、漏斗及试验前瓷器中试样的干燥质量(g);

m_2——牛角匙、瓷皿、漏斗及试验后瓷器中试样的干燥质量(g);

V_1——李氏比重瓶加试样以前的第一次读数(mL);

V_2——李氏比重瓶加试样以后的第二次读数(mL);

γ_a——试样的表观相对密度;

ρ_T——23℃水的密度,为 0.99756g/cm³。

2)取两份试样的相对密度、密度的算术平均值作为试验结果,准确至 0.001g/cm³。密度重复性试验的允许误差为 0.02g/cm³。

7.4　填料含水率试验(烘干法)

7.4.1　概述

本试验依据《公路工程集料试验规程》(JTG 3432—2024)中的 T 0359—2024 编制而成,适用于测定填料的含水率。

7.4.2　仪器设备

1)烘箱:鼓风干燥箱,恒温在 105℃±5℃,并满足第 5.6.2 小节中 4)的要求。
2)天平:称量不小于 500g,感量不大于 0.01g。
3)容器:金属盘等。

7.4.3　试验步骤

1)样品从密封容器中取出,立即用四分法将样品缩分至约 100g 的试样两份。
2)清理容器,称量洁净、干燥容器质量(m_1)。
3)将试样置于容器中,称量试样和容器的总质量(m_2),105℃±5℃烘干至恒重。
4)取出试样,冷却至室温后称取试样与容器的总质量(m_3)。

7.4.4　试验结果

1)试样的含水率按式(7-5)计算含水率,准确至 0.1%。

$$w = \frac{m_2 - m_3}{m_3 - m_1} \times 100 \qquad (7-5)$$

式中:w——试样的含水率(%);

　　m_1——容器质量(g);

　　m_2——烘干前的试样与容器总质量(g);

　　m_3——烘干后的试样与容器总质量(g)。

2)取两份试样含水率的算术平均值作为试验结果,准确至 0.1%。含水率重复性试验的允许误差为 0.5%。

7.5　填料亲水系数试验

7.5.1　概述

填料的亲水系数即测定填料在水(极性介质)中膨胀的体积与其在煤油(非极性介质)中

膨胀的体积之比,用于评价填料与沥青结合料的黏附性能。

本试验依据《公路工程集料试验规程》(JTG 3432—2024)中的 T 0353—2000 编制而成,适用于测定矿粉、水泥、石灰、粉煤灰等填料亲水系数。

7.5.2　仪器设备

1)量筒:50mL 两个,刻度至 0.5mL。

2)研钵及有橡皮头的研杵。

3)天平:称量不小于 100g,感量不大于 0.01g。

4)煤油:在温度 270℃分馏得到的煤油,并经杂黏土过滤。过滤前杂黏土应先加热至 250℃,并恒温 3h 后冷却至室温。

5)试验用水:蒸馏水或去离子水。

6)烘箱:鼓风干燥箱,恒温在 105℃±5℃,并满足第 5.6.2 小节中 4)的要求。

7.5.3　试验步骤

1)将样品缩分至约 100g 子样一份,105℃±5℃烘干至恒重,放入干燥器中冷却不少于 90min。如颗粒结团,可用橡皮头研杵研磨粉碎。试验时缩分至 5g±0.1g 试样四份。

2)取一份试样,将其放在研钵中,加入 15～30mL 水,用橡皮研杵磨 5min,然后用洗瓶把研钵中的悬浮液洗入量筒中,使量筒中的液面恰为 50mL。然后用玻璃棒搅拌悬浮液。按照同样方法取另一份试样,得到 50mL 悬浮液。

3)取两份试样,采用煤油代替水,按步骤 2)得到两份 50mL 悬浮液。

4)将步骤 2)和 3)得到的量筒悬浮液静置,使悬浮液中颗粒沉淀。

5)每 12h 记录一次沉淀物的体积,直至体积不变为止,记录最终沉淀物的体积。

7.5.4　试验结果

1)按式(7-6)计算亲水系数:

$$\eta = \frac{V_{\mathrm{B}}}{V_{\mathrm{H}}} \tag{7-6}$$

式中:η——亲水系数,无量纲,准确至 0.1;

　　　V_{B}——两份试样水中沉淀物体积平均值(mL);

　　　V_{H}——两份试样煤油中沉淀物体积平均值(mL)。

2)本试验应平行测定两次,以两次测定值的平均值作为试验结果。

7.6　填料塑性指数试验

7.6.1　概述

填料的塑性指数是填料液限含水量与塑限含水量之差,以百分率表示。填料的塑性指数用于评价填料中黏性土成分的含量。本试验也适用于检验作为沥青混合料的矿粉、粉煤灰、回收粉等填料的塑性指数。

本试验依据《公路工程集料试验规程》(JTG 3432—2024)中的 T 0354—2024 编制而成。

7.6.2　仪器设备

1)液限碟式仪:由土碟和支架组成专用仪器,并有专用划刀,底座应为硬橡胶制成。

2)毛玻璃板:尺寸宜为 200mm×300mm。

3)天平:感量 0.01g。

4)其他:烘箱、干燥缸、干燥器、称量盒、铝盒、调土刀、调土皿、筛(孔径 0.5mm)、直径 3mm 的钢丝等。

7.6.3　试验步骤

1)将样品用 0.5mm 试验筛充分过筛,取筛下颗粒缩分至约 100g 液限试样两份,50g 塑限试样两份。如颗粒结团,可用橡皮头研杵研磨粉碎。

2)取两份 100g 试样,按碟式仪法测定液限取平均值作为液限含水率试验结果,准确至 0.1%。

3)取两份 50g 试样,按滚搓法测定塑限,取平均值作为塑限含水率试验结果,准确至 0.1%。

7.6.4　试验结果

1)塑性指数 I_P 按式(7-7)计算:

$$I_P = W_L - W_P \tag{7-7}$$

式中:I_P——塑性指数(%),准确至 1%;

$\quad\quad W_L$——液限含水率(%);

$\quad\quad W_P$——液限含水率(%)。

2)当无法测出液限含水率或塑限含水率,或塑限含水率不小于液限含水率时,直接记录为无塑性。

3)本试验应进行两次平行测定,其允许差值为高液限土不大于 2%,低液限土不大于 1%,若不满足要求,则应重新试验。取其算术平均值,保留至小数点后一位。

7.7　填料加热安定性试验

7.7.1　概述

本试验依据《公路工程集料试验规程》(JTG 3432—2024)中的 T 0355—2000 编制而成,适用于测定填料加热安定性,以评价其在沥青混合料拌和楼热拌过程中受热而不产生变质的性能。

7.7.2　仪器设备

1)蒸发皿或坩埚:可存放 100g 矿粉。坩埚内部釉完整、表面光滑。

2)加热装置:煤气炉或电炉。

3)温度计:量程为 0～250℃,分度值为 1℃。

4)天平:称量不小于 200g,感量为 0.01g。

7.7.3　试验步骤

1)将样品缩分至约 100g 试样一份。如颗粒结团,可用橡皮头研杵研磨粉碎。

2)将盛有试样的蒸发皿或坩埚置于加热装置上加热,将温度计插入试样中,一边搅拌,一边测量温度。待加热到 200℃,关闭火源。

3)将试样在室温中放置冷却,观察其颜色的变化。

7.7.4　试验结果

记录试样在受热后的颜色变化,判断其变质情况。

7.8　木质纤维的灰分含量试验

7.8.1　概述

木质纤维的灰分含量是指试样经燃烧后,剩余不挥发物的含量。它是衡量木质纤维的一个重要指标。

本试验依据《沥青路面用纤维》(JT/T 533—2020)编制而成。

7.8.2　仪器设备

1)高温炉:封闭式高温炉,可恒温 620℃±30℃。

2)电子天平:精度为 0.001g。

3)坩埚:碗形陶瓷坩埚,上部内径约 155mm,高度约为 55mm,容积为 625mL±75mL。

4)烘箱:能够恒温 105℃±5℃。

5)打散机:四刀片刀头的料理机,转速为 20000～30000r/min,容积为 200～300mL。

6)干燥器:干燥剂为硫酸钙。

7.8.3　试验步骤

1)在 5 个以上不同位置取大致等量样品组成一份 2.5g±0.10g 纤维试样,共取 2 份;将试样放入瓷盘中,在 105℃±5℃烘箱中烘干 2h 以上,在干燥器中冷却;按同样方法将坩埚烘干、冷却。

2)将高温炉预热至 620℃±30℃。

3)将坩埚在天平上称取质量 m_2,准确至 0.001g。

4)将坩埚在天平上清零,将烘干纤维试样放入坩埚上称取质量 m_0,准确至 0.001g。

5)将坩埚(含纤维)置于高温炉中,620℃±30℃加热至质量恒重(指每间隔 1h 前后两次称量质量差不大于试样总质量的 0.1%,下同),加热不少于 2h。

6)取出坩埚(含纤维灰分),放入干燥器中冷却(不少于 30min)。将坩埚(含纤维灰分)放到天平上称取质量 m_1,准确至 0.001g。

7)对于粒状木质纤维,应按四分法一次取 10g±1g 试样打散 15s±2s,105℃±5℃烘箱中烘干 2h 后,取 2 份 2.5g±0.10g 纤维试样,按照上述步骤 2)~步骤 6)进行试验。

7.8.4　试验结果

1)纤维灰分含量按式(7-8)计算:

$$A_c = \frac{m_1 - m_2}{m_0} \times 100\%$$
(7-8)

式中:A_c——纤维灰分含量(%),准确至 0.1;

　　m_0——纤维试样质量(g);

　　m_1——坩埚(含纤维灰分)质量(g);

　　m_2——坩埚质量(g)。

2)同一样品测定两次,取算术平均值作为灰分含量试验结果,准确至 0.1%。当两次测定值的差值大于 1.0% 时,应重新取样进行试验。

7.9　沥青路面用纤维 pH 值试验

7.9.1　概述

本试验依据《沥青路面用纤维》(JT/T 533—2020)编制而成,适用于测定沥青路面用纤维的 pH 值。

7.9.2　仪器设备

1)250mL 烧杯。
2)电子天平:精度为 0.01g。
3)玻璃棒。
4)pH 计:精度为 0.01。
5)干燥器:干燥剂为硫酸钙。
6)试验材料:蒸馏水或去离子水。

7.9.3　试验步骤

1)在 5 个以上不同位置取大致等量样品组成一份 5.00g±0.10g 纤维试样,共取 2 份;将试样放入瓷盘中,在 105℃±5℃烘箱中烘干 2h 以上,在干燥器中冷却。

2)将烘干的纤维放入盛有 100mL 蒸馏水的烧杯中,用玻璃棒充分搅拌,静置 30min。

3)用 pH 计测纤维悬浮液的 pH 值,准确至 0.01。

7.9.4　试验结果

同一样品测定两次,取算术平均值为 pH 值试验结果,准确至 0.1。

7.10　沥青路面用纤维吸油率试验

7.10.1　概述

纤维的吸油率在一定程度上决定了纤维与沥青的相容性,也决定了纤维对沥青混合料的增强效果。纤维与沥青混合料在高温下拌和,纤维吸附了一层沥青膜,而使得沥青中胶质的比例相对提高,并且杂乱分布的吸附沥青的纤维形成网络状立体结构,从而提高沥青混合料的抗疲劳特性,延长沥青混合料的寿命。

本试验依据《沥青路面用纤维》(JT/T 533—2020)编制而成。

7.10.2　试验仪器仪器与材料

1)纤维吸油率测定仪:试样筛,含筛子和筛底,筛网为 0.5mm;振动频率为 240 次/min,振幅 32mm。

2)电子天平:精度 0.01g。

3)烧杯:容积大于 200mL,若干。

4)烘箱:可恒温 105℃±5℃、60℃±5℃。

5)干燥器:干燥剂为硫酸钙。

6)收集容器、玻璃棒。

7)打散机:四刀片刀头的料理机,转速 20000～30000r/min,容积为 200～300mL。

8)试验材料:煤油。

7.10.3　试验步骤

1)在 5 个以上不同位置取大致等量样品组成 1 份 5.00g±0.10g 纤维试样,共取 2 份;将试样放入瓷盘中,在 105℃±5℃(聚合物纤维为 60℃±5℃)烘箱中烘干 2h 以上,在干燥器中冷却。

2)将烧杯放到天平上清零;将烘干试样放到烧杯中称取质量 m_1,准确至 0.01g。

3)向烧杯中倒入适量煤油没过纤维顶面约 2cm,然后静置 5min 以上。

4)轻叩、毛刷等清理干净试样筛,称取质量 m_2,准确至 0.01g。

5)将试样筛放在收集容器上方,将烧杯中的混合物轻轻倒入试样筛中,并用煤油将烧杯中纤维冲洗干净,并仔细倒入试样筛中;操作过程中不要扰动试样筛。

6)将试样筛(含吸有煤油的纤维)在纤维吸油率测定仪上安装好;启动测定仪,经 10min 振筛后自动停机。

7)取下试样筛,称取试样筛和吸有煤油的纤维质量 m_3,准确至 0.01g。

8)对于粒状木质纤维,采用四分法取 3 份 5.5g±0.1g 粒状木质纤维,按《沥青路面用纤维》(JT/T 533—2020)附录 M 分别热萃取去造粒剂,并烘干、冷却;将去造粒剂的纤维混合拌匀,一次性取 10.0g±0.1g 试样,打散机打散 15s±2s;称取 5.0g±0.1g 纤维试样 2 份,按照上述步骤 2)～步骤 7)试验。

7.10.4　试验结果

1)纤维吸油率按式(7-9)计算:

$$O_A = \frac{m_3 - m_2 - m_1}{m_1} \qquad (7-9)$$

式中:O_A——纤维吸油率(倍),准确至 0.1 倍;

$\quad m_1$——纤维试样质量(g);

$\quad m_2$——试样筛质量(g);

$\quad m_3$——试样筛、吸有煤油的纤维合计质量(g)。

2)同一样品测定两次,取平均值作为吸油率试验结果,准确至 0.1 倍。当两次测定值的差值大于 1.0 时,应重新取样进行试验。

7.11　沥青路面用纤维含水率试验方法

7.11.1　概述

本试验依据《沥青路面用纤维》(JT/T 533—2020)编制而成,适用于测定沥青路面用纤维含水率。

7.11.2　试验仪器

1)烘箱:能够恒温 105℃±5℃。

2)电子天平:精度为 0.001g。

3)坩埚:碗形陶瓷坩埚,上部内径约 155mm,高度约 55mm,容积为 625mL±75mL。

4)干燥器:干燥剂为硫酸钙。

7.11.3　试验步骤

1)在 5 个以上不同位置取大致等量样品组成一份 10.0g±0.1g 纤维试样,共取 2 份;对于粒状木质纤维,按四分法取 2 份 10.0g±0.1g 纤维试样。

2)将烘箱预热至 105℃±5℃。

3)将坩埚放在天平上称取质量 m_2,准确至 0.001g。

4)将坩埚放在天平上清零,将试样放入坩埚后称取质量 m_0,准确至 0.001g。

5)将坩埚(含纤维)置于烘箱中,105℃±5℃加热至恒重,不少于 2h。

6)取出坩埚(含干燥纤维),放入干燥器中冷却。冷却后放到天平上称取坩埚(含干燥纤维)质量 m_1,准确至 0.001g。

7.11.4　试验结果

1)纤维含水率按式(7-10)计算,准确至 0.1。

$$W_c = \frac{m_0 - m_1 + m_2}{m_1 - m_2} \times 100\% \qquad (7-10)$$

式中:W_c——纤维含水率(%);

$\quad m_0$——纤维试样质量(g);

$\quad m_1$——坩埚(含干燥纤维)质量(g);

$\quad m_2$——坩埚质量(g)。

2)同一样品测定两次,取算术平均值作为试验结果,准确至 0.1%。当两次测定值的差值大于 0.5%时,应重新取样进行试验。

7.12　沥青路面用纤维长度和直径试验

7.12.1　概述

纤维的长度和直径对沥青混合料力学性能有一定影响,长纤维较短纤维更易结团,易造成沥青混合料拌和不均匀,使沥青混合料密度降低。长度适宜的短纤维与沥青接触更充分且易分散均匀,纤维沥青胶浆黏结强度得到提升,稳定度也相应增大。

本试验依据《沥青路面用纤维》(JT/T 533—2020)编制而成。

7.12.2　仪器设备

1)纤维图像分析仪组成如下。

(1)专用分析软件:能够实现多功能纤维分析测量,对于 0.2mm 以上的纤维,成像系统的采集效率应 100%有效。测量长度分辨率 0.01mm,宽度分辨率 0.01μm。

(2)显微镜:放大倍数达 40~400 倍,带有孔径光阑的阿贝聚光镜。

(3)彩色数码摄像机:500 万像素以上的 CCD。

(4)摄配镜:放大倍数为 0.5 倍。

(5)照明装置:反射光 LED。

2)滴管:长约 100mm,内径为 5~8mm,一端粗细平滑但不封闭,另一端套一个橡胶囊,管上刻有 0.5mL、1.0mL 的刻度。

3)移液管:5mL、15mL 各若干个。

4)显微镜载玻片、盖玻片。

5)分散器:用于分散样品的低速搅拌器。

6)棕色试剂瓶、小烧杯、解剖针、镊子、滤纸。

7)玻璃棒。

8)蒸馏水或去离子水。

9)浸液:等体积的甘油和蒸馏水混合物。

7.12.3　试样制备

1. 木质纤维和絮状矿物纤维试样制备

1)在5个以上不同位置取大致等量样品组成约1g试样,放入小烧杯中,加蒸馏水或去离子水不断地搅拌,使纤维在水中分散。若试样在水中难以分散,则可以煮沸几分钟,并不断搅拌,使纤维在水中充分分散。

2)在小烧杯中加蒸馏水或去离子水进一步稀释纤维浓度至0.01%～0.05%,搅拌均匀。用滴管取约1.0mL悬浮液滴置于载玻片上,用解剖针使纤维均匀分散。将载玻片放入50～60℃的烘箱中干燥,并室温冷却。

3)纤维试样冷却后,加入2～3滴染色剂进行纤维染色。

4)染色1～2min后,盖上盖玻片,避免气泡存在,用滤纸吸去多余的染色剂,试样即可供观察分析。

5)由于赫兹伯格(Herzberg)染色剂具有一定的膨润作用,时间长了易使纤维变形和褪色而影响测定结果,因此纤维载玻片宜现做现用。

6)纤维也可不进行染色,但当进行仲裁或争议时应进行试样染色。待纤维均匀分散后盖上盖玻片,在烘箱中50～60℃干燥、室温冷却后备用。

7)共制作5块纤维载玻片。

8)对于粒状木质纤维,应按《沥青路面用纤维》(JT/T 533—2020)中附录M热萃取得到絮状木质纤维后进行试验。

按上述方法制作的5块纤维载玻片,可不进行染色。

2. 聚合物纤维试样制备

在5个以上不同位置取约200根纤维试样(注意同一束纤维中仅可取一根纤维,不得取多根纤维);再随机选取50根纤维,分成大致等量的三等份;取一份试样放在载玻片上,用玻璃棒蘸取适量浸液浸渍试样,用解剖针使纤维均匀分散,盖上盖玻片。共制作3块纤维载玻片。

3. 束状矿物纤维试样制备

在5个以上不同位置取大致等量样品组成约5g纤维试样,在530～570℃的温度下灼烧30min去除浸润剂。冷却至室温后,按聚合物纤维试样制备方法共制作3块纤维载玻片。

7.12.4　试验步骤

1)置纤维载玻片于显微镜下。调整焦距使单纤维成像清晰,利用载物台缓慢移动纤维载玻片,通过目镜观察寻找代表性纤维的视野,选择合适的放大倍数,拍摄成静态图片。

2)对于木质纤维或絮状矿物纤维,每个载玻片可选定多个不重叠的视野拍摄相应静态图片,使有效纤维总根数为40～50根;5个纤维载玻片的有效纤维总根数为200～250根。长度小于0.2mm细小纤维或杂质,纵裂较大的纤维碎片,重叠或不清晰纤维均为无效纤维。

3)对于束状矿物纤维或聚合物纤维,拍摄多张静态图片,应包含试样中每根纤维,同时避免重复测定同一根纤维。

4)测定纤维长度时,在静态图片中选定待测纤维,沿纤维走向,用鼠标在显示屏上点击单根纤维,把纤维细分成多段直线段;计算机自动描绘纤维骨架结构,并计算纤维长度 L_i。

5)测定纤维直径时,在静态图片中选定待测纤维,用鼠标在显示屏上点击纤维宽度方向两个边缘点,计算机计算距离即为纤维直径 d_i。

6)测定纤维最大长度时,调低放大倍数,利用载物台缓慢移动纤维载玻片,通过目镜观察全部载玻片上纤维,寻找其中认为最长的 3 根纤维,选择合适的放大倍数,拍摄形成静态图片后按照步骤 4)测定选定纤维的长度;按同样方法测定所有纤维载玻片,取所有测定值的算术平均值作为纤维最大长度 $L_{\max}$。

7.12.5　试验结果

1)纤维平均长度 L 按式(7-11)计算:

$$L = \frac{\sum\limits_{i=1}^{n} L_i}{n} \tag{7-11}$$

式中:L——纤维的平均长度(mm),准确至 0.1mm;

　　　L_i——第 i 根纤维的长度(mm);

　　　n——测量的纤维总根数。

2)纤维长度偏差率按式(7-12)计算:

$$C_{\mathrm{L}} = \frac{L_0 - L}{L_0} \times 100\% \tag{7-12}$$

式中:C_{L}——纤维长度偏差率(%),准确至 0.1%;

　　　L_0——纤维规格长度(mm)。

3)纤维平均直径 d 按式(7-13)计算:

$$d = \frac{\sum\limits_{i=1}^{n} d_i}{n} \tag{7-13}$$

式中:d——纤维平均直径(μm),准确至 0.1μm;

　　　d_i——第 i 根纤维的直径(μm)。

4)纤维直径偏差率按式(7-14)计算:

$$C_{\mathrm{d}} = \frac{d_0 - d}{d_0} \times 100\% \tag{7-14}$$

式中:C_{d}——纤维直径偏差率(%);

　　　d_0——纤维规格直径(μm)。

第8章　沥青混凝土

8.1　压实沥青混合料密度试验(表干法)

8.1.1　概述

本试验依据《公路工程沥青及沥青混合料试验规程》(JTG E20—2011)中的 T 0705—2011编制而成。本试验适用于测定吸水率不大于 2% 的密级配沥青混凝土、沥青玛蹄脂碎石混合料(SMA)和沥青稳定碎石等沥青混合料试件的毛体积相对密度和毛体积密度,用于计算沥青混合料试件的空隙率、矿料间隙率等各项体积指标,标准试验温度为 25℃±0.5℃。

8.1.2　仪器设备

1)浸水天平或电子天平:当最大称量在 3kg 以下时,感量不大于 0.1g;当最大称量在 3kg 以上时,感量不大于 0.5g,应有测量水中重的挂钩。

2)网篮。

3)溢流水槽:使用洁净水,有水位溢流装置,保持试件和网篮浸入水中后的水位一定。能调整水温至 25℃±0.5℃。

4)试件悬吊装置:天平下方悬吊网篮及试件的装置,吊线应采用不吸水的细尼龙线绳,并有足够的长度。对轮碾成型机成型的板块状试件可用铁丝悬挂。

5)其他:秒表、毛巾、电风扇或烘箱。

8.1.3　准备工作

1)本试验可以采用室内成型的试件,也可以采用工程现场钻芯、切割等方法获得的试件。

2)当采用现场钻芯取样时,试验前试件宜在阴凉处保存(温度不宜高于 35℃),且放置在水平的平面上,注意不要使试件产生变形。

8.1.4　试验步骤

1)除去试件表面的浮粒,选取适宜的浸水天平或电子天平,称取干燥试件的空中质量(m_a),根据天平的感量读数,准确至 0.1g 或 0.5g。

2)将溢流水箱水温保持在 25℃±0.5℃。挂上网篮,浸入溢流水箱中,调节水位,将天平调平并复零,把试件置于网篮中(注意不要晃动水)浸水中 3～5min,称取水中质量(m_w)。若天平读数持续变化,不能很快达到稳定,说明试件吸水较严重,不适合用此法测定,应改用蜡封法测定。

3)从水中取出试件,用洁净柔软的拧干湿毛巾轻轻擦去试件的表面水(不得吸走空隙内的水),称取试件的表干质量(m_f)。从试件拿出水面到擦拭结束不宜超过 5s,称量过程中流出的水不得再擦拭。

4)对从工程现场钻取的非干燥试件,可先称取水中质量(m_w)和表干质量(m_f),然后用电风扇将试件吹干至恒重(一般不少于 12h,当不需进行其他试验时,也可用 60℃±5℃烘箱烘干至恒重),再称取空中质量(m_a)。

8.1.5 试验结果

1)按照式(8-1)计算吸水率,取 1 位小数。

$$S_a = \frac{m_f - m_a}{m_f - m_w} \times 100 \tag{8-1}$$

式中:S_a——试件吸水率(%);

m_a——干燥试件的空中质量(g);

m_w——试件的水中质量(g);

m_f——试件的表干质量(g)。

2)按照式(8-2)和式(8-3)分别计算试件的毛体积相对密度和毛体积密度,取 3 位小数。

$$\gamma_f = \frac{m_a}{m_f - m_w} \tag{8-2}$$

$$\rho_f = \frac{m_a}{m_f - m_w} \times \rho_w \tag{8-3}$$

式中:γ_f——试件的毛体积相对密度,无量纲;

ρ_f——试件的毛体积密度(g/cm³);

ρ_w——25℃时水的密度,取 0.9971g/cm³。

3)允许误差:试件毛体积密度试验重复性的允许误差为 0.020g/cm³,试件毛体积相对密度试验,重复性的允许误差为 0.020。

8.2 压实沥青混合料密度试验(水中重法)

8.2.1 概述

本试验依据《公路工程沥青及沥青混合料试验规程》(JTG E20—2011)中的 T 0706—2011 编制而成,适用于测定吸水率小于 0.5%的密实沥青混合料试件的表观相对密度或表观密度。当试件很密实,几乎不存在与外界连通的开口孔隙时,可采用本试验测的表观相对密度代替压实沥青混合料密度试验(表干法)测定的毛体积相对密度,并据此计算沥青混合料试件的空隙率、矿料间隙率等各项体积指标,标准试验温度为 25℃±0.5℃。

8.2.2　仪器设备

1)浸水天平或电子天平:当最大称量在 3kg 以下时,感量不大于 0.1g;当最大称量在 3kg 以上时,感量不大于 0.5g。应有测量水中重的挂钩。

2)网篮。

3)溢流水箱:使用洁净水,有水位溢流装置,保持试件和网篮浸入水中后的水位一定。调整水温并保持在 25℃±0.5℃。

4)试件悬吊装置:天平下方悬吊网篮及试件的装置,吊线应采用不吸水的细尼龙线绳,并有足够的长度。对轮碾成型机成型的板块状试件可用铁丝悬挂。

5)其他:秒表、烘箱、电风扇等。

8.2.3　试验步骤

1)除去试件表面的浮粒,选择适宜的浸水天平或电子天平,称取干燥试件的空中质量 m_a,根据选择的天平的感量读数,准确至 0.1g 或 0.5g。

2)挂上网篮,浸入溢流水箱的水中,调节水位,将天平调平并复零,把试件置于网篮中(注意不要使水晃动),待天平稳定后立即读数,称取水中质量 m_w。若天平读数持续变化,不能在数秒钟内达到稳定,则说明试件有吸水情况,不适合用此法测定,应改用表干法或蜡封法测定。

3)对从施工现场钻取的非干燥试件,可先称取水中质量 m_w,然后用电风扇将试件吹干至恒重(一般不少于 12h,当不需进行其他试验时,也可用 60℃±5℃烘箱烘干至恒重),再称取空中质量 m_a。

8.2.4　试验结果

按照式(8-4)、式(8-5)分别计算试件的表观相对密度及表观密度,取 3 位小数。

$$\gamma_a = \frac{m_a}{m_a - m_w} \qquad\qquad (8-4)$$

$$\rho_a = \frac{m_a}{m_a - m_w} \times \rho_w \qquad\qquad (8-5)$$

式中:γ_a——在 25℃温度条件下试件的表观相对密度,无量纲;

　　　ρ_a——在 25℃温度条件下试件的表观密度(g/cm³);

　　　m_a——干燥试件的空中质量(g);

　　　m_w——试件的水中质量(g);

　　　ρ_w——在 25℃温度条件下水的密度,取 0.9971g/cm³。

8.3　压实沥青混合料密度试验(蜡封法)

8.3.1　概述

本试验依据《公路工程沥青及沥青混合料试验规程》(JTG E20—2011)中的 T 0707—2011 编制而成,适用于测定吸水率大于 2% 或沥青碎石混合料试件的毛体积相对密度或毛体积密度,标准试验温度为 25℃±0.5℃。

8.3.2　仪器设备

1)浸水天平或电子天平:当最大称量在 3kg 以下时,感量不大于 0.1g;当最大称量 3kg 以上时,感量不大于 0.5g。应有测量水中重的挂钩。

2)网篮。

3)水箱:使用洁净水,有水位溢流装置,保持试件和网篮浸入水中后的水位一定。

4)试件悬吊装置:天平下方悬吊网篮及试件的装置,吊线应采用不吸水的细尼龙线绳,并有足够的长度。对轮碾成型机成型的板块状试件可用铁丝悬挂。

5)冰箱:可保持温度为 4~5℃。

6)其他:石蜡、滑石粉、电风扇、秒表、电炉等。

8.3.3　试验步骤

1)选择适宜的浸水天平或电子天平,称取干燥试件的空中质量 m_a,根据选择的天平(感量读数),准确至 0.1g 或 0.5g。当为钻芯法取得的非干燥试件时,应用电风扇吹干 12h 以上至恒重作为空中质量,但不得用烘干法。

2)将试件置于冰箱中,在 4~5℃ 条件下冷却为 30min。

3)将石蜡熔化至其熔点以上 5.5℃±0.5℃,从冰箱取出试件后,立即浸入石蜡液中,全部表面被石蜡封住后迅速取出试件,在常温下放置 30min,称取蜡封试件的空中质量 m_p。

4)挂上网篮、浸入水箱中,调节水位,将天平调平或复零。调整水温并保持在 25℃±0.5℃内。将蜡封试件放入网篮浸水约 1min,读取水中质量 m_c。

5)蜡封法测定时,石蜡对水的相对密度按照下列步骤实测确定:

(1)取一块铅或铁块之类的重物,称取空中质量 m_g;

(2)测定重物在水温 25℃±0.5℃的水中质量 m_g';

(3)待重物干燥后,按上述试件蜡封的步骤将重物蜡封后测定其空中质量 m_d 及水温在 25℃±0.5℃时的水中质量 m_d'。

按式(8-6)计算石蜡对水的相对密度:

$$\gamma_p = \frac{m_d - m_g}{(m_d - m_g) - (m_d' - m_g')} \tag{8-6}$$

式中:γ_p——在 25℃温度条件下石蜡对水的相对密度,无量纲;

m_g——重物的空中质量(g);

m_g'——重物的水中质量(g);

m_d——蜡封后重物的空中质量(g);

m_d'——蜡封后重物的水中质量(g)。

6)如果试件在测定密度后还需要做其他试验,为便于除去石蜡,可事先在干燥试件表面涂一薄层滑石粉,称取涂滑石粉后的试件质量m_s,然后再蜡封测定。

8.3.4　试验结果

1)蜡封法测定的试件毛体积相对密度按式(8-7)计算:

$$\gamma_f = \frac{m_a}{(m_p - m_c) - (m_p - m_a)/\gamma_p} \tag{8-7}$$

式中:γ_f——由蜡封法测定的试件毛体积相对密度,无量纲;

m_a——试件的空中质量(g);

m_p——蜡封试件的空中质量(g);

m_c——蜡封试件的水中质量(g)。

2)涂滑石粉后用蜡封法测定的试件毛体积相对密度按式(8-8)计算:

$$\gamma_f = \frac{m_a}{(m_p - m_c) - [(m_p - m_s)/\gamma_p + (m_s - m_a)/\gamma_s]} \tag{8-8}$$

式中:m_s——试件涂滑石粉后的空中质量(g);

γ_s——滑石粉对水的相对密度,无量纲;

其他符号意义同上。

3)试件的毛体积密度按式(8-9)计算:

$$\rho_f = \gamma_f \times \rho_w \tag{8-9}$$

式中:ρ_f——蜡封法测定的试件毛体积密度(g/cm³);

ρ_w——在25℃温度条件下水的密度,取0.9971g/cm³。

8.4　压实沥青混合料密度试验(体积法)

8.4.1　概述

本试验依据《公路工程沥青及沥青混合料试验规程》(JTG E20—2011)中的 T 0708—2011编制而成,仅适用于不能用表干法、蜡封法测定的空隙率较大的沥青碎石混合料及大空隙透水性开级配沥青混合料(OGFC)等沥青混合料的毛体积相对密度或毛体积密度。

8.4.2　仪器设备

1)电子天平:当最大称量在 3kg 以下时,感量不大于 0.1g;当最大称量在 3kg 以上时,感量不大于 0.5g。

2)卡尺。

8.4.3　试验步骤

1)清理试件表面,刮去突出试件表面的残留混合料,选择适宜的电子天平,称取干燥试件的空中质量 m_a,根据选择的天平感量读取,准确至 0.1g 或 0.5g。当为钻芯法取得的非干燥试件时,应用电风扇吹干 12h 以上至恒重作为空中质量,但不得用烘干法。

2)用卡尺测定试件的各种尺寸,准确至 0.01cm。圆柱体试件的直径取上下 2 个断面测定结果的平均值,高度取十字对称 4 次测定的平均值;棱柱体试件的长度取上下 2 个位置的平均值,高度或宽度取两端及中间 3 个断面测定的平均值。

8.4.4　试验结果

1)圆柱体试件毛体积按下式计算:

$$V=\frac{\pi \times d^2}{4} \times h$$

式中:V——试件的毛体积(cm^3);

　　　d——圆柱体试件的直径(cm);

　　　h——试件的高度(cm)。

2)棱柱体试件的毛体积按下式计算:

$$V=l \times b \times h$$

式中:l——试件的长度(cm);

　　　b——试件的宽度(cm);

　　　h——试件的高度(cm)。

3)试件的毛体积密度按式(8-10)计算,取 3 位小数。

$$\rho_s=\frac{m_a}{V} \qquad\qquad (8-10)$$

式中:ρ_s——用体积法测定的试件的毛体积密度(g/cm^3);

　　　m_a——干燥试件的空中质量(g)。

4)试件的毛体积相对密度按式(8-11)计算:

$$\gamma_s=\frac{\rho_s}{0.9971} \qquad\qquad (8-11)$$

式中:γ_s——用体积法测定的试件的 25℃ 条件的毛体积相对密度,无量纲。

8.5　沥青混合料马歇尔稳定度试验

8.5.1　概述

本试验依据《公路工程沥青及沥青混合料试验规程》(JTG E20—2011)中的 T 0709—2011 编制而成,适用于马歇尔稳定度试验和浸水马歇尔稳定度试验,以进行沥青混合料的配合比设计或沥青路面施工质量检验。

8.5.2　仪器设备

1)沥青混合料马歇尔试验仪:分为自动式和手动式。自动马歇尔试验仪应具备控制装置、记录荷载-位移曲线、自动测定荷载与试件的垂直变形,能自动显示和存储或打印试验结果等功能。手动式由人工操作,试验数据通过操作者目测后读取数据;当集料公称最大粒径小于或等于 26.5mm 时,宜采用 $\phi101.6mm\times63.5mm$ 的标准马歇尔试件,试验仪最大荷载不得小于 25kN,读数准确至 0.1kN,加载速率应能保持 50mm/min±5mm/min。钢球直径 16mm±0.05mm,上下压头曲率半径为 50.8mm±0.08mm。当集料公称最大粒径大于 26.5mm 时,宜采用 $\phi152.4mm\times95.3mm$ 大型马歇尔试件,试验仪最大荷载不得小于 50kN,读数准确至 0.1kN。上下压头的曲率内径为 $\phi152.4mm\pm0.2mm$,上下压头间距 19.05mm±0.1mm。

2)恒温水槽:控温准确至 1℃,深度不小于 150mm。

3)真空饱水容器:包括真空泵及真空干燥器。

4)烘箱。

5)天平:感量不大于 0.1g。

6)温度计:分度值 1℃。

7)卡尺。

8)其他:棉纱、黄油。

8.5.3　准备工作

1)按照现行标准方法制作符合要求的标准马歇尔试件或者大型马歇尔试件。一组试件的数量不得少于 4 个。

2)测量试件的直径及高度:用卡尺测量试件中部的直径,用马歇尔试件高度测定器或用卡尺在十字对称的 4 个方向量测离试件边缘 10mm 处的高度,准确至 0.1mm,并以其平均值作为试件的高度。如试件高度不符合 63.5mm±1.3mm 或 95.3mm±2.5mm 要求或两侧高度差大于 2mm,此试件应作废。

3)将恒温水槽调节至要求的试验温度,对黏稠石油沥青或烘箱养生过的乳化沥青混合料为 60℃±1℃,对煤沥青混合料为 33.8℃±1℃,对空气养生的乳化沥青或液体沥青混合料为 25℃±1℃。

8.5.4　试验步骤

1. 标准马歇尔试验方法

1)将试件置于已达规定温度的恒温水槽中保温,保温时间对标准马歇尔试件需 30～40min,对大型马歇尔试件需 45～60min。试件之间应有间隔,底下应垫起,距水槽底部不小于 5cm。

2)将马歇尔试验仪的上下压头放入水槽或烘箱中达到同样温度。将上下压头从水槽或烘箱中取出擦拭干净内面。为使上下压头滑动自如,可在下压头的导棒上涂少量黄油。再将试件取出置于下压头上,盖上上压头,然后装在加载设备上。在上压头的球座上放妥钢球,并对准荷载测定装置的压头。

3)当采用自动马歇尔试验仪时,将自动马歇尔试验仪的压力传感器、位移传感器与计算机或记录仪正确连接,调整好适宜的放大比例,压力和位移传感器调零。

4)当采用压力环和流值计时,将流值计安装在导棒上,使导向套管轻轻地压住上压头,同时将流值计读数调零。调整压力环中百分表,对零。

5)启动加载设备,使试件承受荷载,加载速度为 50mm/min±5mm/min。计算机或 X - Y 记录仪自动记录传感器压力和试件变形曲线并将数据自动存入计算机。

6)当试验荷载达到最大值的瞬间,取下流值计,同时读取压力环中百分表读数及流值计的流值读数。从恒温水槽中取出试件至测出最大荷载值的时间,不得超过 30s。

2. 浸水马歇尔试验方法

浸水马歇尔试验方法与标准马歇尔试验方法的不同之处在于,试件在已达规定温度恒温水槽中的保温时间为 48h,其余步骤均与标准马歇尔试验方法相同。

3. 真空饱水马歇尔试验方法

试件先放入真空干燥器中,关闭进水胶管,开动真空泵,使干燥器的真空度达到 97.3kPa(730mmHg)以上,维持 15min;然后打开进水胶管,靠负压进入冷水流使试件全部浸入水中,浸水 15mm 后恢复常压,取出试件再放入已达定温度的恒温水槽中保温 48h。其余均与标准马歇尔试验方法相同。

8.5.5　试验结果

1)试件的稳定度及流值:当采用自动马歇尔试验仪时,将计算机采集的数据绘制成压力和试件变形曲线,或由 X - Y 记录仪自动记录的荷载-变形曲线,按图8-1所示的方法在切线方向延长曲线与横坐标相交于 O_1,将 O_1 作为修正原点,从 O_1 起量取相应于荷载最大值时的变形作为流值(FL),以 mm 计,准确至 0.1mm。最大荷载即为稳定度(MS),以 kN 计,准确至 0.01kN。

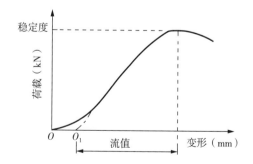

图 8-1　马歇尔试验结果的修正方法

采用压力环和流值计测定时,根据压力环标定曲线,将压力环中百分表的读数换算为荷载值,或者由荷载测定装置读取的最大值即为试样的稳定度(MS),以 kN 计,准确至

0.01kN。由流值计及位移传感器测定装置读取的试件垂直变形,即为试件的流值(FL),以mm 计,准确至 0.1mm。

2)试件的马歇尔模数按式(8-12)计算:

$$T = \frac{MS}{FL} \tag{8-12}$$

式中:T——试件的马歇尔模数(kN/mm);

MS——试件的稳定度(kN);

FL——试件的流值(mm)。

3)试件的浸水残留稳定度按式(8-13)计算:

$$MS_0 = \frac{MS_1}{MS} \times 100 \tag{8-13}$$

式中:MS_0——试件的浸水残留稳定度(%);

MS_1——试件浸水 48h 后的稳定度(kN)。

4)试件的真空饱水残留稳定度按式(8-14)计算:

$$MS_0' = \frac{MS_2}{MS} \times 100 \tag{8-14}$$

式中:MS_0'——试件的真空饱水残留稳定度(%);

MS_2——试件真空饱水后浸水 48h 后的稳定度(kN)。

5)当一组测定值中某个测定值与平均值之差大于标准差的 k 倍时,该测定值应予舍弃,并以其余测定值的平均值作为试验结果。当试件数目 n 为 3、4、5、6 个时,k 值分别为 1.15、1.46、1.67、1.82。

8.6 沥青混合料的矿料级配检验方法

8.6.1 概述

本试验依据《公路工程沥青及沥青混合料试验规程》(JTG E20—2011)中的 T 0725—2000 编制而成,适用于测定沥青路面施工过程中沥青混合料的矿料级配,供评定沥青路面施工质量时使用。

8.6.2 仪器设备

1)标准筛:方孔筛,在尺寸为 53.0mm、37.5mm、31.5mm、26.5mm、19.0mm、16.0mm、13.2mm、9.5mm、4.75mm、2.36mm、1.18mm、0.6mm、0.3mm、0.15mm、0.075mm 的标准筛系列中,根据沥青混合料级配选用相应的筛号,标准筛必须有密封圈、盖和底。

2)天平:感量不大于 0.1g。

3）摇筛机。

4）烘箱:装有温度自动控制器。

5）其他:样品盘、毛刷等。

8.6.3　准备工作

1）按照现行标准要求从拌和站选取具有代表性的样品,将沥青混合料中沥青分离后的全部矿料放入样品盘中置于温度为 105℃±5℃ 的烘箱中烘干,并冷却至室温。

2）按沥青混合料矿料级配设计要求,选用全部或部分需要筛孔的标准筛,作施工质量检验时,至少应包括 0.075mm、2.36mm、4.75mm 及集料公称最大粒径等 5 个筛孔,按大小顺序排列成套筛。

8.6.4　试验步骤

1）称取抽提后的全部矿料试样质量,准确至 0.1g。

2）将标准筛带筛底置摇筛机上,并将矿质混合料置于筛内,盖好筛盖,拧紧摇筛机,开动摇筛机筛分 10min。取下套筛后,按筛孔大小顺序,在一清洁的浅盘上,再逐个进行手筛,手筛时可用手轻轻拍击筛框并经常地转动筛子,直至每分钟筛出量不超过筛上试样质量的 0.1% 时为止,不得用手将颗粒塞过筛孔。筛下的颗粒并入下一号筛,并和下一号筛中试样一起过筛。在筛分过程中,针对 0.075mm 筛的料,根据需要可参照 JTG 3432 的方法采用水筛法,或者对同一种混合料,适当进行几次干筛与湿筛的对比试验后,对 0.075mm 通过率进行适当的换算或修正。

3）称量各筛上筛余颗粒的质量,准确至 0.1g,并将沾在滤纸、棉花上的矿粉及抽提液中的矿粉计入矿料中通过 0.075mm 的矿粉含量中。所有各筛的分计筛余量和底盘中剩余质量的总和与筛分前试样总质量相比,相差不得超过总质量的 1%。

8.6.5　试验结果

1）试样的分计筛余按式(8-15)计算:

$$P_i = \frac{m_i}{m} \times 100\%$$
(8-15)

式中:P_i——第 i 级试样的分计筛余量(%);

m_i——第 i 级筛上颗粒的质量(g);

m——试样的质量(g)。

2）累计筛余百分率:该号筛上的分计筛余百分率与大于该号筛的各号筛上的分计筛余百分率之和,准确至 0.1%。

3）通过质量百分率:用 100 减去该号筛上的累计筛余百分率,准确至 0.1%。

4）以筛孔尺寸为横坐标、各个筛孔的通过筛分百分率为纵坐标,绘制矿料组成级配曲线,评定该试样的颗粒组成。

5）同一混合料至少取两个试样平行筛分试验两次,取平均值作为每号筛上的筛余量的试验结果,报告矿料级配通过百分率及级配曲线。

8.7　沥青混合料中沥青含量试验（离心分离法）

8.7.1　概述

本试验依据《公路工程沥青及沥青混合料试验规程》(JTG E20—2011)中的 T 0722—1993 编制而成,离心分离法适用于测定黏稠石油沥青拌制的沥青混合料中的沥青含量(或油石比)。

8.7.2　仪器设备

1)离心抽提仪:由试样容器及转速不小于 3000r/min 的离心分离器组成,分离器备有滤液出口。容器盖与容器之间用耐油的圆环形滤纸密封。滤液通过滤纸排出后从出口流出收入回收瓶中。仪器必须安放稳固并有排风装置。

2)压力过滤装置。

3)天平:感量不大于 0.01g、1mg 的天平各 1 台。

4)电烘箱:装有温度自动调节器。

5)量筒:分度值 1mL。

6)碳酸铵饱和溶液:供燃烧法测定滤纸中的矿粉含量用。

7)其他:三氯乙烯(工业用)、圆环形滤纸、小铲、金属盘、大烧杯等。

8.7.3　准备工作

1)拌和厂取样:按现行标准取样方法从运料车取沥青混合料试样后,放在金属盘中适当拌和,待温度稍下降后至 100℃ 以下时,用大烧杯取混合料试样质量 1000～1500g(粗粒式沥青混合料用高限,细粒式用低限,中粒式用中限),准确至 0.1g。

2)当试样在施工现场用钻机法或切割法取得时,应用电风扇吹风使其完全干燥,置烘箱中适当加热后成松散状态取样,不得用锤击,以防集料破碎。

8.7.4　试验步骤

1)向装有试样的烧杯中注入三氯乙烯溶剂,将其浸没,浸泡 30min,用玻璃棒适当搅动混合料,使沥青充分溶解(该过程也可直接在离心分离器中浸泡)。

2)将混合料及溶液倒入离心分离器,用少量溶剂将烧杯及玻璃棒上的黏附物全部洗入分离器中。

3)称取洁净的圆环形滤纸质量,准确至 0.01g。注意滤纸不宜多次反复使用,有破损者不能使用,有石粉黏附时应用毛刷清除干净。

4)将滤纸垫在分离器边缘上,加盖紧固,在分离器出口处放上回收瓶,上口应注意密封,防止流出液成雾状散失。

5)开动离心机,转速逐渐增至 3000r/min,沥青溶液通过排出口注入回收瓶中,待流出停止后停机。

6)从上盖的孔中加入新溶剂,数量大体相同,稍停 3～5min 后,重复上述操作,如此数次直至流出的抽提液呈清澈的淡黄色为止。

7)卸下上盖,取下圆环形滤纸,在通风橱或室内空气中蒸发干燥,然后放入 105℃±5℃ 的烘箱中干燥,称取质量,其增重部分(m_2)为矿粉的一部分。

8)将容器中的集料仔细取出,在通风橱或室内空气中蒸发后放入 105℃±5℃ 烘箱中烘干(一般需 4h),然后放入大干燥器中冷却至室温,称取集料质量(m_1)。

9)用压力过滤器过滤回收瓶中的沥青溶液,由滤纸的增重 m_3 得出泄漏入滤液中矿粉。如无压力过滤器时也可用燃烧法测定。

10)用燃烧法测定抽提液中矿粉质量的步骤如下:

(1)将回收瓶中的抽提液倒入量筒中,准确定量至 mL(V_a);

(2)充分搅匀抽提液,取出 10mL(V_b)放入坩埚中,在热浴上适当加热使溶液试样变成暗黑色后,置高温炉(500～600℃)中烧成残渣,取出坩埚冷却;

(3)向坩埚中按每 1g 残渣 5mL 的用量比例,注入碳酸铵饱和溶液,静置 1h,放入 105℃±5℃ 烘箱中干燥;

(4)取出坩埚放在干燥器中冷却,称取残渣质量(m_4),准确至 1mg。

8.7.5　试验结果

1)沥青混合料中矿料总质量按式(8-16)计算:

$$m_a = m_1 + m_2 + m_3 \tag{8-16}$$

式中:m_a——沥青混合料中矿料部分的总质量(g);

　　　m_1——容器中留下的集料干燥质量(g);

　　　m_2——圆环形滤纸在试验前后的增重(g);

　　　m_3——泄漏入抽提液中的矿粉质量(g),用燃烧法时可按式(8-17)计算。

$$m_3 = m_4 \times \frac{V_a}{V_b} \tag{8-17}$$

式中:m_4——坩埚中燃烧干燥的残渣质量(g);

　　　V_a——抽提液的总量(mL);

　　　V_b——取出的燃烧干燥的抽提液数量(mL)。

2)沥青混合料中的沥青含量及油石比按式(8-18)和式(8-19)计算:

$$P_b = \frac{m - m_a}{m} \tag{8-18}$$

$$P_a = \frac{m - m_a}{m_a} \tag{8-19}$$

式中:P_b——沥青混合料的沥青含量(%);

　　　P_a——沥青混合料的油石比(%);

　　　m——沥青混合料的总质量(g)。

3)同一沥青混合料试样至少平行试验两次,取平均值作为试验结果。两次试验结果的差值应小于 0.3%,当大于 0.3%但小于 0.5%时,应补充平行试验一次,以 3 次试验的平均值作为试验结果,3 次试验的最大值与最小值之差不得大于 0.5%。

8.8　沥青混合料中沥青含量试验(燃烧炉法)

8.8.1　概述

本试验依据《公路工程沥青及沥青混合料试验规程》(JTG E20—2011)中的 T 0735—2011 编制而成,适用于测定沥青混合料中沥青含量,即通过高温将沥青混合料中沥青分解为气体,根据沥青混合料燃烧前后矿料质量变化,经修正后,测定沥青混合料中沥青含量;也适用于对燃烧后的沥青混合料进行筛分分析,控制现场沥青混合料的级配状态。

8.8.2　仪器设备

1)燃烧炉:由燃烧室、称量装置、自动数据采集系统、控制装置、空气循环装置、试样篮及其附件组成。

(1)燃烧室的尺寸应能容纳 3500g 以上的沥青混合料试样,并有警示钟和指示灯,当试样质量的变化在连续 3min 内不超过试样质量的 0.01%时,可以发出提示声音。燃烧室的门在试验过程中应锁死。

(2)称量装置:该标准方法的称量装置为内置天平,感量 0.1g,能够称量至少 3500g 的试样(不包括试样篮的质量)。

2)试样篮:可以使试样均匀地摊铺放置在篮里。能够使空气在试样内部及周围流通。2个及 2 个以上的试样篮可套放在一起。试样篮由网孔板做成,一般采用打孔的不锈钢或者其他合适的材料做成,通常情况下网孔的尺寸最大为 2.36mm,最小 0.6mm。

3)托盘:放置于试样篮下方,以接受从试样篮中滴落的沥青和集料;

4)烘箱:温度应控制在设定值±5℃。

5)天平:满足称量试样篮以及试样的质量,感量不大于 0.1g。

6)防护装置:防护眼镜、隔热面罩、隔热手套、可以耐高温 650℃的隔热罩,试验结束后试样篮应该放在隔热罩内冷却。

7)其他:大平底盘(比试样篮稍大)、刮刀、盆、钢丝刷等。

8.8.3　准备工作

1)拌和厂取样:按照现行标准取样方法,从运料卡车采取沥青混合料试样,宜趁热放在金属盘(或搪瓷盘)中适当拌和,待温度下降至 100℃以下时,称取混合料试样,准确至 0.1g。

2)钻孔法或切割法从路面上取得试样,应用电风扇吹风使其完全干燥,但不得用锤击以防集料破碎;然后置烘箱 125℃±5℃加热成松散状态,并至恒重;适当拌和后称取试样质量,准确至 0.1g。

3)当混合料已经结团时,不得用刮刀或者铲刀处理,应该将试样置于托盘中放在烘箱125℃±5℃中加热成松散状态取样。

4)试样最小质量根据沥青混合料的集料公称最大粒径按表 8-1 选用。

表 8-1　试样最小质量要求

公称最大粒径(mm)	试样最小质量(g)	公称最大粒径(mm)	试样最小质量(g)
4.75	1200	19	2000
9.5	1200	26.5	3000
13.2	1500	31.5	3500
16	1800	37.5	4000

8.8.4　标定

1)对每一种沥青混合料都必须进行标定,以确定沥青用量的修正系数和筛分级配的修正系数。

2)当混合料中任何一档料的料源变化或者单档集料配合比变化超过 5% 时均需要标定。

3)按照沥青混合料配合比设计的步骤,取具有代表性的各档集料,将各档集料放入 105℃±5℃ 烘箱加热至恒重,冷却后按配合比配出 5 份集料混合料(含矿粉)。

4)将其中 2 份集料混合料进行水洗筛分。取筛分结果平均值为燃烧前的各档筛孔通过百分率 P_{Bi},其级配需满足被检测沥青混合料的目标级配范围要求。

5)分别称量 3 份集料混合料质量 m_{B1},准确至 0.1g。按照配合比设计时成型试件的相同条件拌制沥青混合料,如沥青的加热温度、集料的加热温度和拌和温度等。

6)在拌制 2 份标定试样前,先将 1 份沥青混合料进行洗锅,其沥青用量宜比目标沥青用量 P_b 多 0.3%~0.5%,目的是使拌和锅的内侧先附着一些沥青和粉料,这样可以防止在拌制标定用的试样过程中拌和锅黏料导致试验误差。

7)正式分别拌制 2 份标定试样,其沥青用量为目标沥青用量 P_b。将集料混合料和沥青加热后,先将集料混合料全部放入拌和机,然后称量沥青质量 m_{B2},准确至 0.1g。将沥青放入拌和锅开始拌和,拌和后的试样质量应满足试样最小质量的要求。拌和好的沥青混合料应直接放进试样篮中。

8)预热燃烧炉。将燃烧温度设定 538℃±5℃。设定修正系数为 0。

9)称量试样篮和托盘质量 m_{B3},准确至 0.1g。

10)试样篮放入托盘中,将加热的试样均匀地在试样篮中摊平,尽量避免试样太靠近试样篮边缘。称量试样、试样篮和托盘总质量 m_{B4},准确至 0.1g。计算初始试样总质量 m_{B5},即 $m_{B4}-m_{B3}$,并将 m_{B5} 输入燃烧炉控制程序中。

11)将试样篮、托盘和试样放入燃烧炉,关闭燃烧室门,检查燃烧炉控制程序中显示的 m_{B4} 质量是否准确,即试样、试样篮和托盘总质量(m_2)与显示质量(m_{B4})的差值不得大于 5g,否则需调整托盘的位置。

12)锁定燃烧室的门,启动开始按钮进行燃烧。燃烧至连续 3min 试样质量每分钟损失率小于 0.01% 时,燃烧炉会自动发出警示声音或者指示灯亮起警报,并停止燃烧。燃烧炉控制程序自动计算试样燃烧损失质量 m_{B6},准确至 0.1g 按下停止按钮,燃烧室的门会解锁,并打印试验结果,从燃烧室中取出试样盘。燃烧结束后,罩上保护罩适当冷却。

13)将冷却后的残留物倒入大盘子中,用钢丝刷清理试样篮,确保所有残留物都刷到盘子中待用。重复以上步骤将第二份混合料燃烧。

根据式(8-20)分别计算两份试样的质量损失系数 C_{fi}:

$$C_{fi} = \left(\frac{m_{B6}}{m_{B5}} - \frac{m_{B2}}{m_{B1}}\right) \times 100 \qquad (8-20)$$

式中:C_{fi}——质量损失系数;

　　m_{B1}——每份集料混合料质量(g);

　　m_{B2}——沥青质量(g);

　　m_{B5}——初始试样总质量(g);

　　m_{B6}——试样燃烧损失质量(g)。

若两个试样的质量损失系数差值不大于 0.15%,则取平均值作为沥青用量的修正系数 C_f;若两个试样的质量损失系数差值大于 0.15%,则重新准备两个试样按以上步骤进行燃烧试验,得到 4 个质量损失系数,除去 1 个最大值和 1 个最小值,将剩下的两个修正系数取平均值作为沥青用量的修正系数 C_f。

14)当沥青用量的修正系数 C_f 小于 0.5% 时,按第 8.8.4 小节中步骤 15)进行级配筛分。

15)当沥青用量的修正系数 C_f 大于 0.5% 时,设定 482℃±5℃ 燃烧温度按第 8.8.4 小节中的步骤 3)~步骤 13)重新标定,得到 482℃ 的沥青用量的修正系数 C_f。若 482℃ 与 538℃ 得到的沥青用量的修正系数差值在 0.1% 以内,则仍以 538℃ 的沥青用量作为最终的修正系数 C_f;若修正系数差值大于 0.1%,则以 482℃ 的沥青用量作为最终修正系数 C_f。

16)确保试样在燃烧室得到完全燃烧。如果试样燃烧后仍然有发黑等物质,说明没有完全燃烧干净。如果沥青混合料试样的数量超过了设备的试验能力,或者一次试样质量太多燃烧不够彻底,可将试样分成两等份分别测定,再合并计算沥青含量。不宜人为延长燃烧时间。

17)级配筛分。用最终沥青用量修正系数 C_f 所对应的 2 份试样的残留物,进行筛分,取筛分平均值为燃烧后沥青混合料各筛孔的通过率 P'_{Bi}。若燃烧前、后各筛孔通过率差值均符合表 8-2 的范围,则取各筛孔的通过百分率修正系数 $C_{pi}=0$,否则应按式(8-21)进行燃烧后混合料级配修正。

$$C_{pi} = P'_{Bi} - P_{Bi} \qquad (8-21)$$

式中:P'_{Bi}——燃烧后沥青混合料各筛孔的通过率(%);

　　P_{Bi}——燃烧前的各档筛孔通过百分率(%)。

表 8-2　燃烧前后混合料级配允许差值

筛孔(mm)	≥2.36	0.15~0.18	0.075
允许差值	±5%	±3%	±0.5%

8.8.5　试验步骤

1)将燃烧炉预热到设定温度(设定温度与标定温度相同)。将沥青用量的修正系数 C_f 输入到控制程序中,将打印机连接好。

2)将试样放在 105℃±5℃ 的烘箱中烘至恒重。

3)称量试验篮和托盘质量 m_1,准确至 0.1g。

4)试样篮放入托盘中,将加热的试样均匀地摊平在试样篮中。称量试样、试验篮和托盘总质量 m_2,准确至 0.1g。计算初始试样总质量 m_3,即 m_2-m_1,将 m_3 作为初始的试样质量输入燃烧炉控制程序中。

5)将试样篮、托盘和试样放入燃烧炉,关闭燃烧室门。查看燃烧炉控制程序显示质量,即试样、试样篮和托盘总质量(m_2)与显示质量(m_{B4})的差值不得大于 5g,否则需调整托盘的位置。

6)锁定燃烧室的门,启动开始按钮进行燃烧。

7)按第 8.8.4 小节中 10)的方法进行燃烧,连续 3min 试样质量每分钟损失率小于 0.01% 时结束,燃烧炉控制程序自动计算试样损失质量 m_4,准确至 0.1g。

8)按式(8-22)计算修正后的沥青用量 P,准确至 0.01%。此值也可由燃烧炉控制程序自动计算。

$$P=\left(\frac{m_4}{m_3}\times100\right)-C_f \tag{8-22}$$

9)燃烧结束后,取出试样篮,罩上保护罩,待试样适当冷却后,将试样篮中残留物倒入大盘子中,用钢丝刷将试样篮所有残留物都清理到盘子中,然后进行筛分,得到燃烧后沥青混合料各筛孔的通过率 P_i',修正得到混合料级配 P_i,即 $P_i'-C_{pi}$。

8.8.6 试验结果

1)沥青用量的重复性试验允许误差为 0.11%,再现性试验的允许误差为 0.17%。

2)同一沥青混合料试样至少平行测定两次,取平均值作为试验结果。报告内容应包括燃烧炉类型、试验温度、沥青用量的修正系数、试验前后试样质量和测定的沥青用量试验结果,并将标定和测定时的试验结果打印并附到报告中。当需要进行筛分试验时,还应包括混合料的筛分结果。

8.9 沥青混合料理论最大相对密度试验(真空法)

8.9.1 概述

本试验依据《公路工程沥青及沥青混合料试验规程》(JTG E20—2011)中的 T 0711—2011 编制而成,适用于测定沥青混合料理论最大相对密度,供沥青混合料配合比设计、路况调查或路面施工质量管理计算空隙率、压实度等使用。

8.9.2 仪器设备

1)负压容器:根据试样数量选用 A、B、C 任何一种类型,见表 8-3 所列。负压容器口带橡皮塞,上接橡胶管,管口下方有滤网,防止细料部分吸入胶管。为便于抽真空时观察气泡情况,负压容器至少有一面透明或者采用透明的密封盖。

表 8-3　负压容器类型

类型	容　器	附属设备
A	耐压玻璃,塑料或金属制的罐,容积大于 2000mL	有密封盖,接真空胶管,分别与真空装置和压力表连接
B	容积大于 2000mL 的真空容量瓶	带胶皮塞,接真空胶管,分别与真空装置和压力表连接
C	4000mL 耐压真空器皿或干燥器	带胶皮塞,接真空胶管,分别与真空装置和压力表连接

2)真空负压装置:由真空泵、真空表、调压装置、压力表及干燥或积水装置等组成。真空泵应使负压容器内产生 3.7kPa±0.3kPa(27.5mmHg±2.5mmHg)负压;真空表分度值不得大于 2kPa。调压装置应具备过压调节功能,以保持负压容器的负压稳定在要求范围内,压力表经过标定,能在 0~4kPa(0~30mmHg)负压。

3)天平:称量 5kg 以上,感量不大于 0.1g;称量 2kg 以下,感量不大于 0.05g。

4)恒温水槽:水温度控制为 25℃±0.5℃。

5)温度计:分度值 0.5℃。

6)其他:玻璃板、平底盘、铲子等。

8.9.3　准备工作

1)试样准备及数量如下。

(1)按照现行标准方法拌制沥青混合料,分别拌制两个平行试样,放置于平底盘中。

(2)按照现行标准方法从拌和楼、运料车或者摊铺现场取沥青混合料,趁热缩分成两个平行试样,分别放置于平底盘中。

(3)从沥青路面上钻芯取样或切割的试样,或者其他来源的冷沥青混合料,应置于125℃±5℃烘箱中加热至变软、松散后,然后缩分成两个平行试样,分别放置于平底盘中。

表 8-4　沥青混合料试样数量

公称最大粒径(mm)	试样最小质量(g)	公称最大粒径(mm)	试样最小质量(g)
4.75	500	26.5	2500
9.5	1000	31.5	3000
13.2、16	1500	37.5	3500
19	2000		

将取回的沥青混合料团块仔细分散,确保粗集料不破碎,细集料团块分散到小于6.4mm,分散试样时可用铲子翻动、分散,在温度较低时应用手掰开,不得用锤打碎,防止集料破碎。混合料坚硬时可用烘箱适当加热后再分散,加热温度不超过 60℃。当试样是从施工现场采取的非干燥混合料时,应用电风扇吹干至恒重后再操作。

2)负压容器标定方法如下。

(1)采用 A 类容器:将容器全部浸入 25℃±0.5℃的恒温水槽,负压容器全部浸入水中,恒温 10min±1min,称取负压容器的水中质量 m_1。

(2)采用 B、C 类容器的标定方法如下。

① 大端口的负压容器,需要有大于负压容器端口的玻璃板。将负压容器和玻璃板放进水槽中,注意轻轻摇动负压容器使容器内气泡排除。恒温 10min±1min,取出负压容器和玻璃板,向负压容器内加满 25℃±0.5℃水至液面稍微溢出,用玻璃板先盖住容器端口 1/3,然后慢慢沿容器端口水平方向移动盖住整个端口,注意查看有没有气泡。擦除负压容器四周的水,称取盛满水的负压容器质量为 m_b。

② 小口的负压容器,需要采用中间带垂直孔的塞子,其下部为凹槽,以便于空气从孔中排除。将负压容器和塞子放进水槽中,注意轻轻摇动负压容器使容器内气泡排除。恒温 10min±1min,在水中将瓶塞塞进瓶口,使多余的水由瓶塞上的孔中挤出。取出负压容器,将负压容器用干净软布将瓶塞顶部擦拭一次,再迅速擦除负压容器外面的水分,最后称其质量 m_b。

8.9.4　试验步骤

1)称取干燥负压容器的质量,然后将沥青混合料装入干燥的负压容器,称取容器和沥青混合料总质量,得到试样的净质量 m_a。

2)在负压容器中注入 25℃±0.5℃的水,将沥青混合料全部浸没并高出顶面约 2cm。

3)将负压容器和真空泵、压力表等连接,启动真空泵,使负压容器内负压在 2min 内达到 3.7kPa±0.3kPa(27.5mm±2.5mmHg)时,开始计时,同时开动振动装置和抽真空,持续 15min±2min。为了使气泡容易排除,可在试验前加入 0.01% 的表面活性剂(如每 100mL 加入 0.01g)。

4)当抽真空结束后,关闭真空装置和振动装置,打开调压阀慢慢卸压,卸压速度不得大于 8kPa/s(通过真空表读数控制),使负压容器内压力逐渐恢复。

5)当负压容器采用 A 类负压容器时,将盛试样的容器浸入恒温至 25℃±0.5℃的恒温水槽中,恒温 10min±1min 后,称取负压容器与沥青混合料的水中质量 m_2。当负压容器采用 B、C 类容器时,将装有沥青混合料试样的容器浸入恒温至 25℃±0.5℃的恒温水槽中,恒温 10min±1min 后(注意容器中不得有气泡),擦净容器外的水分,称取容器、水和沥青混合料试样的总质量 m_c。

8.9.5　试验结果

1)采用 A 类容器时,沥青混合料的理论最大相对密度、理论最大密度分别按式(8-23)和式(8-24)计算:

$$\gamma_t = \frac{m_a}{m_a - (m_2 - m_1)} \qquad (8-23)$$

$$\rho_t = \frac{m_a}{m_a - (m_2 - m_1)} \times \rho_w \qquad (8-24)$$

式中：γ_t——沥青混合料理论最大相对密度；

　　　ρ_t——沥青混合料理论最大密度（g/cm³）；

　　　ρ_w——25℃水的密度，取 0.9971g/cm³；

　　　m_a——干燥沥青混合料试样的空中质量（g）；

　　　m_1——负压容器在 25℃水中的质量（g）；

　　　m_2——负压容器与沥青混合料在 25℃水中的质量（g）。

2）采用 B、C 类容器时，沥青混合料的理论最大相对密度、理论最大密度分别按式（8-25）和式（8-26）计算：

$$\gamma_t = \frac{m_a}{m_a + m_b - m_c} \tag{8-25}$$

$$\rho_t = \frac{m_a}{m_a + m_b - m_c} \times \rho_w \tag{8-26}$$

式中：m_b——装满 25℃水的负压容器质量（g）；

　　　m_c——25℃时试样、水与负压容器的总质量（g）；

　　　其他符号意义同上。

3）修正试验的情况如下。

（1）需要修正的情况：现场钻取芯样或切割后的试件，粗集料存在破损情况，破损面未裹覆沥青；沥青和集料拌和不均匀，部分集料未完全裹覆沥青。

（2）具体修正方法如下。

① 完成第 8.9.4 小节的试验步骤后，将负压容器静置一段时间，待混合料沉淀，将负压容器慢慢倾斜，使容器中水通过 0.075mm 的筛网。

② 将残留的水和沥青混合料小心倒入平底盘中，然后将 0.075mm 的筛网适当冲洗，倒入平底盘，重复几次，直至无残留混合料。

③ 静置一段时间，将平底盘稍微倾斜一端，使部分水倒出，并用洗耳球靠近水面上部，慢慢吸取水。

④ 将试样在平底盘中尽量摊开，用吹风机或电风扇吹干，并不断翻拌试样。每 15min 称量一次，当两次质量相差小于 0.05％时，认为达到表干状态，称取质量为表干质量，用表干质量代替 m_a 重新计算。

4）允许误差：同一试样至少平行试验两次，计算平均值作为试验结果，取 3 位小数。采用修正试验时需要在报告中注明；重复性试验的允许误差为 0.011g/cm³，再现性试验的允许误差为 0.019g/cm³。

8.10　沥青混合料理论最大相对密度试验（溶剂法）

8.10.1　概述

本试验依据《公路工程沥青及沥青混合料试验规程》（JTG E20—2011）中的 T 0712—

2011 编制而成,适用于测定沥青混合料理论最大相对密度,供沥青混合料配合比设计、路况调查或路面施工质量管理计算空隙率、压实度等使用,不适用于集料吸水率大于 1.5% 的沥青混合料。

8.10.2 仪器设备

1)恒温水槽:可使水温控制在 25℃±0.5℃。

2)天平:感量不大于 0.1g。

3)广口容量瓶:1000mL,有磨口瓶塞。

4)温度计:分度值 0.5℃。

5)其他材料:三氯乙烯等。

8.10.3 准备工作

1)按照现行标准方法拌制沥青混合料,分别拌制两个平行试样,放置于平底盘中。

2)按照现行标准方法从拌和楼、运料车或者摊铺现场取沥青混合料,趁热缩分成两个平行试样,分别放置于平底盘中。

3)从沥青路面上钻芯取样或切割的试样,或者其他来源的冷沥青混合料,应置于 125℃±5℃烘箱中加热至变软、松散后,然后缩分成两个平行试样,分别放置于平底盘中。

表 8-5 沥青混合料试样数量

公称最大粒径(mm)	试样最小质量(g)	公称最大粒径(mm)	试样最小质量(g)
4.75	500	26.5	2500
9.5	1000	31.5	3000
13.2、16	1500	37.5	4000
19	2000	—	—

4)将取回的沥青混合料团块仔细分散,确保粗集料不破碎,细集料团块分散到小于 6.4mm,分散试样时可用铲子翻动、分散,在温度较低时应用手掰开,不得用锤打碎,防止集料破碎。混合料坚硬时可用烘箱适当加热后再分散,加热温度不超过 60℃。当试样是从施工现场采取的非干燥混合料时,应用电风扇吹干至恒重后再操作。

8.10.4 试验步骤

1)称量干燥的广口容量瓶质量 m_c。

2)将三氯乙烯充满广口容量瓶,加磨口瓶塞后放入 25℃±0.5℃恒温水槽,保温 15min,取出后擦净,称量广口容量瓶与溶剂合计质量 m_e。

3)将三氯乙烯倒出后,干燥。按照四分法取沥青混合料 200g 左右装入瓶中,称量瓶与沥青混合料的质量 m_b。

4)向瓶中加入 250mL 三氯乙烯溶剂,将比重瓶浸入 25℃±0.5℃恒温水槽中,并不时摇晃,使沥青溶解,同时赶走气泡,持续 1~2h。

5)待沥青完全溶解且已无气泡冒出时,注满已保温为 25℃的溶剂,加磨口瓶塞,称取瓶与沥青混合料及溶剂的总质量 m_a。

8.10.5　试验结果

1)沥青混合料的理论最大相对密度按式(8-27)计算:

$$\gamma_t = \frac{m_b - m_c}{\left[(m_e - m_c) - (m_a - m_b)\right]/\gamma_c} \tag{8-27}$$

式中:γ_t——沥青混合料理论最大相对密度;

　　m_a——容量瓶充满混合料与溶剂的总质量(g);

　　m_b——瓶加混合料的合计质量(g);

　　m_c——容量瓶的质量(g);

　　m_e——容量瓶充满溶剂的合计质量(g);

　　γ_c——25℃时三氯乙烯溶剂对水的相对密度,可取1.4642。

2)同一试样至少平行试验两次,计算平均值作为试验结果,取3位小数。

8.11　沥青混合料车辙试验

8.11.1　概述

本试验依据《公路工程沥青及沥青混合料试验规程》(JTG E20—2011)中的 T 0719—2011 编制而成。本试验适用于测定沥青混合料的高温抗车辙能力,可供沥青混合料配合比设计时的高温稳定性检验使用,也可用于现场沥青混合料的高温稳定性检验;也适用于现场切割板块状试件,切割试件的尺寸根据现场面层的实际情况由试验确定。

8.11.2　仪器设备

1)轮碾成型机:具有与钢筒式压路机相似的圆弧形碾压轮,轮宽300mm,压实线荷载为300N/cm,碾压行程等于试件长度,经碾压后的板块状试件可达到马歇尔试验标准击实密度的100%±1%。

2)试验室用沥青混合料拌和机:能保证拌和温度并充分拌和均匀,可控制拌和时间,宜采用容量大于30L的大型沥青混合料拌和机,也可采用容量大于10L的小型拌和机。

3)车辙试验机:如图8-2所示,它主要由下列部分组成。

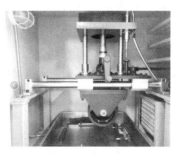

图8-2　沥青混合料车辙试验机

（1）试件台：可牢固地安装两种宽度（300mm 及 150mm）规定尺寸试件的试模。

（2）试验轮：橡胶制的实心轮胎，外径 200mm，轮宽 50mm，橡胶层厚 15mm。橡胶硬度（国际标准硬度）20℃时为 84±4，60℃时为 78±2。试验轮行走距离为 230mm±10mm，往返碾压速度为 42 次/min±1 次/min（21 次往返/min）。采用曲柄连杆驱动加载轮往返运行方式。

（3）加载装置：通常情况下试验轮与试件的接触压强在 60℃ 时为 0.7MPa±0.05MPa，施加的总荷载为 780N 左右，根据需要可以调整接触压强大小。

（4）试模：由钢板制成，并由底板及侧板组成，试模内侧尺寸宜采用长 300mm、宽 300mm、厚 50~100mm，也可根据需要对厚度进行调整。

（5）试件变形测量装置：自动采集车辙变形并记录曲线的装置，通常用位移传感器 LVDT 或非接触位移计。位移测量范围为 0~130mm，精度为±0.01mm。

（6）温度检测装置：自动检测并记录试件表面及恒温室内温度的温度传感器，精度±0.5℃，温度应能自动连续记录。

4）烘箱：大、中型各 1 台，装有温度调节器。

5）恒温室：恒温室应具有足够的空间。车辙试验机必须整机安放在恒温室内，装有加热器、气流循环装置及装有自动温度控制设备，同时恒温室还应有至少能保温 3 块试件并进行试验的条件。保持恒温室温度 60℃±1℃（试件内部温度 60℃±0.5℃），根据需要也可采用其他试验温度。

6）钻孔取芯机：用电力或汽油机、柴油机驱动，有淋水冷却装置。金刚石钻头的直径根据试件直径的大小选择（100mm 或 150mm）。钻孔深度不小于试件厚度，钻头转速不小于 1000r/min。

7）切割机：试验室用金刚石锯片锯石机（单锯片或双锯片切割机）或现场用路面切割机，有淋水冷却装置，其切割厚度不小于试件厚度。

8）台秤、天平或电子秤：称量 5kg 以上的，感量不大于 1g；称量 5kg 以下的，用于称量矿料的感量不大于 0.5g，用于称量沥青的感量不大于 0.1g；称量 15kg，感量不大于 5g。

9）试模：由高碳钢或工具钢制成，试模尺寸应保证成型后符合要求试件尺寸的规定。试验室制作车辙试验板块状试件的标准试模。内部平面尺寸为长 300mm×宽 300mm×厚 50~100mm。

10）小型击实锤：钢制端部断面 80mm×80mm，厚 10mm，带手柄，总质量 0.5kg 左右。

11）温度计：分度值 1℃，宜采用有金属插杆的插入式数显温度计，金属插杆的长度不小于 150mm。量程 0~300℃。

12）其他：电炉或煤气炉、沥青熔化锅、拌和铲、标准筛、滤纸、胶布、卡尺、秒表、粉笔、垫木、棉纱等。

8.11.3　准备工作

1. 试验准备

1）按现行标准取样方法从拌和厂或施工现场采取具有代表性的沥青混合料，如混合料温度符合要求，可直接用于成型。当直接在拌和厂取拌和好的沥青混合料样品制作车辙试验试件检验生产配合比设计或混合料生产质量时，必须将混合料装入保温桶中，在温度下降至成型温度之前迅速送达试验室制作试件。如果温度稍有不足，可放在烘箱中稍事加热（时间不超过 30min)后成型,但不得将混合料放冷却后二次加热重塑制作试件。重塑制件的试验结果仅供参考,不得用于评定配合比设计检验是否合格的标准。

2)在试验室人工配制沥青混合料时,按现行标准方法准备矿料及沥青拌制沥青混合料。采用大容量沥青混合料拌和机时,宜一次拌和;当采用小型混合料拌和机时,可分两次拌和。混合料质量及各种材料数量由试件的体积按马歇尔标准密度乘以 1.03 的系数求得。常温沥青混合料的矿料不加热。

3)按在试验室或工地制备成型的车辙试件,板块状试件尺寸为长 300mm、宽 300mm、厚 50～100mm;也可从路面切割得到需要尺寸的试件。

沥青混合料试件制作时的试件厚度可根据集料粒径大小及工程需要进行选择。对于集料公称最大粒径小于或等于 19mm 的沥青混合料,宜采用长 300mm×宽 300mm×厚 50mm 的板块试模成型、对于集料公称最大粒径大于或等于 26.5mm 的沥青混合料,宜采用长 300mm、宽 300mm、厚 80～100mm 的板块试模成型。

4)将金属试模及小型击实锤等置于 100℃ 左右烘箱中加热 1h 备用。常温沥青混合料用试模不加热。

5)试验轮接地压强测定:测定在 60℃ 时进行,在试验台上放置一块 50mm 厚的钢板,其上铺一张毫米方格纸,上铺一张新的复写纸,以规定的 700N 荷载后试验轮静压复写纸,即可在方格纸上得出轮压面积,并由此求得接地压强。当压强不符合 0.7MPa±0.05MPa 时,荷载应予适当调整。

6)试件成型后,连同试模一起在常温条件下放置的时间不得少于 12h。对聚合物改性沥青混合料,放置的时间以 48h 为宜,使聚合物改性沥青充分固化后方可进行车辙试验,室温放置时间不得长于一周。

2. 试验制件(轮碾成型法)

1)在试验室用轮碾成型机制备,具体步骤如下。

(1)将预热试模从烘箱中取出,在试模中铺一张裁好的普通纸(可用报纸),防止沥青混合料与底面、侧面黏结。

(2)将拌和好的全部沥青混合料用小铲稍加拌和后,仔细、均匀地沿试模由边至中按顺序转圈装入试模,中部要略高于四周,用预热的小型击实由边至中转圈夯实一遍,整平成凸圆弧形。

(3)插入温度计,待混合料达到本试验的压实温度(为使冷却均匀,试模底下可用垫木支起)时,在表面铺一张裁好尺寸的普通纸。

(4)成型前将碾压轮预热至 100℃;然后,将盛有沥青混合料的试模置于轮碾机的平台上,轻轻放下碾压轮,调整总荷载为 9kN(线荷载为 300N/cm)。

(5)启动轮碾机,先在一个方向碾压 2 个往返(4 次);卸荷;再抬起碾压轮,将试件调转方向;再加相同荷载碾压至马歇尔标准密实度 100%±1% 为止。试件正式压实前,应经试压,测定密度后,确定试件的碾压次数。对普通沥青混合料,一般 12 个往返(24 次)左右可达要求(试件厚为 50mm)。

(6)压实成型后,揭去表面的纸,用粉笔在试件表面标明碾压方向。

2)在工地制备试件的具体步骤如下。

(1)按现行标准取具有代表性的沥青混合料样品,数量需多于 3 个试件的需要量。

(2)按试验室方法称取一个试样混合料数量装入符合要求尺寸的试模中,用小锤均匀击实。试模应不妨碍碾压成型。

(3)碾压成型:在工地上,可用小型振动压路机或其他适宜的压路机碾压,在规定的压实温度下,每一遍碾压 3～4s,约 25 次往返,使沥青混合料压实密度达到马歇尔标准密度 100%±1%。

8.11.4 试验步骤

1)将试件连同试模一起,置于已达到试验温度 60℃±1℃ 的恒温室中,保温不少于 5h,也不得超过 12h。在试件的试验轮不行走的部位上,粘贴一个热电偶温度计(也可在试件制作时预先将热电偶导线埋入试件一角),控制试件温度稳定在 60℃±0.5℃。

2)将试件连同试模移置轮辙试验机的试验台上,试验轮在试件的中央部位,其行走方向须与试件碾压或行车方向一致。开动车辙变形自动记录仪,然后启动试验机,使试验轮往返行走,时间约 1h,或最大变形达到 25mm 时为止。试验时,记录仪自动记录变形曲线(见图 8-3)及试件温度。

3)对试验变形较小的试件,也可对一块试件在两侧 1/3 位置上进行两次试验,然后取平均值。

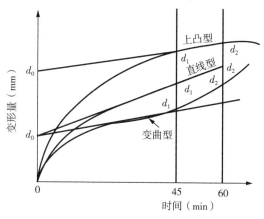

图 8-3 车辙试验自动记录的变形曲线

8.11.5 试验结果

1)从图 8-3 上读取 45min(t_1)及 60min(t_2)时的车辙变形 d_1 及 d_2,准确至 0.01mm。当变形过大,在未到 60min 变形已达 25mm 时,则以达到 25mm(d_2)的时间为 t_2,将其前 15min 为 t_1,此时的变形量为 d_1。

2)沥青混合料试件的动稳定度按式(8-28)计算:

$$D_s = \frac{(t_2 - t_1) \times N}{d_2 - d_1} \times C_1 \times C_2 \qquad (8-28)$$

式中:D_s——沥青混合料的动稳定度(次/mm);

d_1——对应于时间t_1的变形量(mm);

d_2——对应于时间t_2的变形量(mm);

C_1——试验机类型系数,曲柄连杆驱动加载轮往返运行方式为 1.0;

C_2——试件系数,试验室制备宽 300mm 的试件为 1.0;

N——试验轮往返碾压速度,通常为 42 次/min。

3)同一沥青混合料或同一路段路面,至少平行试验 3 个试件。当 3 个试件动稳定度变异系数不大于 20% 时,取其平均值作为试验结果;变异系数大于 20% 时应分析原因,并追加试验。如计算动稳定度值大于 6000 次/mm,记作:>6000 次/mm。

8.12　沥青混合料冻融劈裂试验

8.12.1　概述

本试验依据《公路工程沥青及沥青混合料试验规程》(JTG E20—2011)中的 T 0729—2000 编制而成,适用于在规定条件下对沥青混合料进行冻融循环,测定混合料试件在受到水损害前后劈裂破坏的强度比,以评价沥青混合料的水稳定性。试件采用马歇尔击实法成型的圆柱体试件,击实次数为双面各 50 次,集料公称最大粒径不得大于 26.5mm。非经注明,试验温度为 25℃,加载速率为 50mm/min。

8.12.2　仪器设备

1)试验机:能保持规定加载速率的材料试验机,也可采用马歇尔试验仪。试验机负荷应满足最大测定荷载不超过其量程的 80% 且不小于其量程的 20% 的要求,宜采用 40kN 或 60kN 传感器,读数准确至 0.01kN。

2)恒温冰箱:能保持温度为 −18℃。当缺乏专用的恒温冰箱时,可采用家用电冰箱的冷冻室代替,控温准确至 ±2℃。

3)恒温水槽:用于试件保温,温度范围能满足试验要求,控温准确至 ±0.5℃。

4)劈裂试验夹具:下压条固定在夹具上,压条可上下自由活动。

5)其他:塑料袋、卡尺、天平、记录纸、胶皮手套等。

8.12.3　准备工作

1)按照马歇尔击实法成型圆柱体试件,双面击实各 50 次,试件不少于 8 个。

2)试件尺寸符合直径 101.6mm±0.25mm、高 63.5mm±1.3mm 的要求,在试件两侧通过圆心画上对称的十字标记。

8.12.4　试验步骤

1)按照现行标准方法测定试件的密度、孔隙率等物理指标。

2)试件随机分为两组,第一组试件置于平台上,在室温下保存备用。

3)第二组试件在真空度为 97.3～98.7kPa(730～740mmHg)条件下保持 15min,随后打开阀门,恢复常压,并在水中放置 0.5h。

4)取出试件后,放入塑料袋中,加入约 10mL 的水,扎紧袋口,将试件放入恒温冰箱(或家用冰箱的冷冻室),冷冻温度为 −18℃±2℃,保持 16h±1h。

5)将试件从袋中取出后,立即放入已保温为 60℃±0.5℃ 的恒温水槽中,撤去塑料袋,保温 24h。

6)将两组试件全部浸入温度为 25℃±0.5℃ 的恒温水槽中,浸泡不少于 2h,保温时试件之间的距离少于 10mm(水温高时可适当加入冷水或冰块调节)。

8.12.5　试验结果

1)劈裂抗拉强度按式(8-29)和式(8-30)计算:

$$R_{T1}=0.006287\,P_{T1}/h_1 \tag{8-29}$$

$$R_{T2}=0.006287\,P_{T2}/h_2 \tag{8-30}$$

式中:R_{T1}——未进行冻融循环的第一组单个试件的劈裂抗拉强度(MPa);

　　　R_{T2}——经受冻融循环的第二组单个试件的劈裂抗拉强度(MPa);

　　　P_{T1}——第一组单个试件的试验荷载值(N);

　　　P_{T2}——第二组单个试件的试验荷载值(N);

　　　h_1——第一组每个试件的高度(mm);

　　　h_2——第二组每个试件的高度(mm)。

2)冻融劈裂抗拉强度比按式(8-31)计算:

$$TSR=\frac{\overline{R}_{T2}}{\overline{R}_{T1}}\times100 \tag{8-31}$$

式中:TSR——冻融劈裂试验强度比(%);

　　　$\overline{R}_{T2}$——冻融循环后第二组有效试件劈裂抗拉强度平均值(MPa);

　　　$\overline{R}_{T1}$——冻融循环后第一组有效试件劈裂抗拉强度平均值(MPa)。

3)每个试验温度下,一组试验的有效试件不得少于 3 个,取其平均值作为试验结果。当一组测定值中某个数据与平均值之差大于标准差的 k 倍时,该测定值应予舍弃,并以其余测定值的平均值作为试验结果。当试件数目 n 为 3、4、5、6 时 k 值分别为 1.15、1.46、1.67、1.82。

8.13　热拌沥青混合料配合比设计方法

8.13.1　概述

本试验沥青混合料配合比必须在对同类公路配合比设计和使用情况调查研究的基础上,充分借鉴成功经验,选用符合要求的材料,进行配合比设计。本试验依据《公路沥青路面施工技术规范》(JTG F40—2004)中的附录 B 热拌沥青混合料配合比设计方法编制而成,适用于密级配沥青混凝土及沥青稳定碎石混合料。热拌沥青混合料配合比设计包括三个阶段:目标配合比设计、生产配合比设计及生产配合比验证,用来确定沥青混合料的材料品种及配合比、矿料级配、最佳沥青用量。

8.13.2　确定工程设计级配范围

1)沥青路面工程的混合料设计级配范围由工程设计文件或招标文件依据道路等级、气候、交通条件、路面结构层层位等因素来共同决定。沥青面层集料的最大粒径宜从上至下逐渐增大,并与压实层厚度相匹配。对热拌热铺密级配沥青混合料,沥青层压实厚度不宜小于集料公称最大粒径的 2.5～3 倍,减少离析,便于压实。

2)沥青混合料矿料级配应满足现行标准要求。如密级配沥青混合料矿料级配范围应满足 JTG F40 的规定,具体范围见表 8-6 所列。

表 8-6　密级配沥青混凝土混合料矿料级配范围

级配类型		通过下列筛孔(mm)的质量百分率(%)												
		31.5mm	26.5mm	19mm	16mm	13.2mm	9.5mm	4.75mm	2.36mm	1.18mm	0.6mm	0.3mm	0.15mm	0.075mm
粗粒式	AC-25	100	90～100	75～90	65～83	57～76	45～65	24～52	16～42	12～33	8～24	5～17	4～13	3～7
中粒式	AC-20		100	90～100	78～92	62～80	50～72	26～56	16～44	12～33	8～24	5～17	4～13	3～7
	AC-16			100	90～100	76～92	60～80	34～62	20～48	13～36	9～26	7～18	5～14	4～8
细粒式	AC-13				100	90～100	68～85	38～68	24～50	15～38	10～28	7～20	5～15	4～8
	AC-10					100	90～100	45～75	30～58	20～44	13～32	9～23	6～16	4～8
砂粒式	AC-5						100	90～100	55～75	35～55	20～40	12～28	7～18	5～10

3)沥青稳定碎石混合料等其他类型的沥青混合料按照现行的标准确定矿料级配范围。

4)调整工程设计级配范围宜遵循下列原则。

(1)首先确定采用粗型(C 型)或细型(F 型)的混合料。对夏季温度高、高温持续时间长,重载交通多的路段,宜选用粗型密级配沥青混合料(AC-C 型),并取较高的设计空隙率。对冬季温度低、低温持续时间长的地区,或者重载交通较少的路段,宜选用细型密级配沥青混合料(AC-F 型),并取较低的设计空隙率。粗型和细型密级配沥青混凝土粒径及关键筛孔通过率见 8-7 所列。

表 8-7　粗型和细型密级配沥青混凝土的关键性筛孔通过率

混合料类型	公称最大粒径 (mm)	用以分类的关键性筛孔 (mm)	粗型密级配		细型密级配	
			名称	关键性筛孔通过率 (%)	名称	关键性筛孔通过率 (%)
AC-25	26.5	4.75	AC-25C	<40	AC-25F	>40
AC-20	19	4.75	AC-20C	<45	AC-20F	>45
AC-16	16	2.36	AC-16C	<38	AC-16F	>38
AC-13	13.2	2.36	AC-13C	<40	AC-13F	>40
AC-10	9.5	2.36	AC-10C	<45	AC-10F	>45

(2)为确保高温抗车辙能力,同时兼顾低温抗裂性能的需要。配合比设计时宜适当减少公称最大粒径附近的粗集料用量,减少 0.6mm 以下部分细粉的用量,使中等粒径集料较多,形成 S 型级配曲线,并取中等或偏高水平的设计空隙率。

(3)确定各层的工程设计级配范围时应考虑不同层位的功能需要,经组合设计的沥青路面应能满足耐久、稳定、密水、抗滑等要求。

(4)根据公路等级和施工设备的控制水平确定的工程设计级配范围应比规范级配范围

窄,其中 4.75mm 和 2.36mm 通过率的上下限差值宜小于 12%。

(5)沥青混合料的配合比设计应充分考虑施工性能,使沥青混合料容易摊铺和压实,避免造成严重的离析。

8.13.3　准备工作

1)矿料级配类型、范围经确定后,按照现行标准,从工程实际使用的材料中选取具有代表性的样品。

2)进行生产配合比设计时,取样至少在干拌 5 次后进行。

3)选用的各种材料必须符合气候和交通条件的需要,质量符合现行标准技术要求。

4)当单一规格的集料某项指标不合格,但不同粒径规格的材料按级配组成的集料混合料指标能符合规范要求时,允许使用。

8.13.4　矿料配合比设计

1)矿料级配曲线按 JTG E20—2011 中 T 0725 的方法绘制(统一采用泰勒曲线的标准画法)。以原点与通过集料最大粒径 100% 的点的连线作为沥青混合料的最大密度线。

2)沥青路面矿料配合比设计宜借助计算机采用试配法进行。

3)在工程设计级配范围内计算 1～3 组粗细不同的配合比,绘制设计级配曲线,分别位于工程设计级配范围的上方、中值及下方。设计合成级配不得有太多的锯齿形交错,且在 0.3～0.6mm 内不出现"驼峰"。当反复调整不能满意时,宜更换材料设计。

4)根据当地的实践经验选择适宜的沥青用量,分别制作几组级配的马歇尔试件,测定沥青混合料矿料间隙率(VMA),初选一组满足或接近设计要求的级配作为设计级配。

8.13.5　马歇尔试验

1)配合比设计马歇尔试验技术标准应符合 JTG F40 规定执行。

2)沥青混合料试件的制作温度按 JTG F40 的规定方法确定,并与施工实际温度相一致,若普通沥青混合料如缺乏黏温曲线,则可参照表 8-8 执行,改性沥青混合料的成型温度在此基础上再提高 10～20℃。

表 8-8　热拌普通沥青混合料试件的制作温度

施工工序	石油沥青的标号				
	50 号	70 号	90 号	110 号	130 号
沥青加热温度(℃)	160～170	155～165	150～160	145～155	140～150
矿料加热温度(℃)	集料加热温度比沥青温度高 10～30(填料不加热)				
沥青混合料拌和温度(℃)	150～170	145～165	140～160	135～155	130～150
试件击实成型温度(℃)	140～160	135～155	130～150	125～145	120～140

注:表中混合料温度,并非拌和机的油浴温度,应根据沥青的针入度、黏度选择,不宜都取中值。

3）按式（8－32）计算矿料混合料的合成毛体积相对密度 γ_{sb}：

$$\gamma_{sb} = \frac{100}{\left[\dfrac{P_1}{\gamma_1} + \dfrac{P_2}{\gamma_2} + \cdots\cdots + \dfrac{P_n}{\gamma_n}\right]} \qquad (8－32)$$

式中：$P_1,P_2,\cdots,P_n$——各种矿料成分的配合比，其和为 100；

　　　$\gamma_1,\gamma_2,\cdots,\gamma_n$——各种矿料相应的毛体积相对密度。

沥青混合料配合比设计时，均采用毛体积相对密度（无量纲），不采用毛体积密度，故无须进行密度的水温修正。生产配合比设计时，当细料仓中的材料混杂各种材料而无法采用筛分替代法时，可将 0.075mm 部分筛除后以统货实测值计算。

4）按式（8－33）计算矿料混合料的合成表观相对密度 γ_{sa}：

$$\gamma_{sa} = \frac{100}{\left[\dfrac{P_1}{\gamma_1'} + \dfrac{P_2}{\gamma_2'} + \cdots\cdots + \dfrac{P_n}{\gamma_n'}\right]} \qquad (8－33)$$

式中：$P_1,P_2,\cdots,P_n$——各种矿料成分的配合比，其和为 100；

　　　$\gamma_1',\gamma_2',\cdots,\gamma_n'$——各种矿料按现行试验规程方法测定的表观相对密度；

5）按式（8－34）和式（8－35）预估沥青混合料的适宜的油石比 P_a 或沥青用量为 P_b。

$$P_a = \frac{P_{a1} \times \gamma_{sb1}}{\gamma_{sb}} \qquad (8－34)$$

$$P_b = \frac{P_a}{100 + P_a} \times 100 \qquad (8－35)$$

式中：P_a——预估的最佳油石比（与矿料总量的百分比，%）；

　　　P_b——预估的最佳沥青用量（占混合料总量的百分数，%）；

　　　P_{a1}——已建类似工程沥青混合料的标准油石比（%）；

　　　γ_{sb}——集料的合成毛体积相对密度；

　　　γ_{sb1}——已建类似工程集料的合成毛体积相对密度。

6）确定矿料的有效相对密度。

（1）对非改性沥青混合料，宜以预估的最佳油石比拌和 2 组混合料，采用真空法实测最大相对密度，取平均值。然后由式（8－36）反算合成矿料的有效相对密度 γ_{se}。

$$\gamma_{se} = \frac{100 - P_b}{\dfrac{100}{\gamma_t} - \dfrac{P_b}{\gamma_b}} \qquad (8－36)$$

式中：γ_{se}——合成矿料的有效相对密度；

　　　P_b——试验采用的沥青用量（占混合料总量的百分数，%）；

　　　γ_t——试验沥青用量条件下实测得到的最大相对密度，无量纲；

　　　γ_b——沥青的相对密度（25℃/25℃），无量纲。

（2）对改性沥青及 SMA 等难以分散的混合料，有效相对密度宜直接由矿料的合成毛体积相对密度与合成表观相对密度按式（8－37）计算确定，其中沥青吸收系数 C 值根据材料的吸水率由式（8－38）求得，材料的合成吸水率按式（8－39）计算：

$$\gamma_{se} = C \times \gamma_{sa} + (1-C) \times \gamma_{sb} \qquad (8-37)$$

$$C = 0.033\, w_x^2 - 0.2936\, w_x + 0.9339 \qquad (8-38)$$

$$w_x = \left(\frac{1}{\gamma_{sb}} - \frac{1}{\gamma_{sa}} \right) \times 100 \qquad (8-39)$$

式中：γ_{se}——合成矿料的有效相对密度；

　　　C——合成矿料的沥青吸收系数；

　　　w_x——合成矿料的吸水率（%）；

　　　γ_{sb}——材料的合成毛体积相对密度，无量纲；

　　　γ_{sa}——材料的合成表观相对密度，无量纲。

　　7）以预估的油石比为中值，按一定间隔（对密级配沥青混合料通常为 0.5%，对沥青碎石混合料可适当缩小间隔为 0.3%～0.4%），取 5 个或 5 个以上不同的油石比分别成型马歇尔试件。每一组试件的试样数按现行试验规程的要求确定，对粒径较大的沥青混合料，宜增加试件数量。

　　5 个不同油石比不一定选整数，如预估油石比 4.8%，可选 3.8%、4.3%、4.8%、5.3%、5.8% 等。上述 6）中（1）规定的实测最大相对密度通常与此同时进行。

　　8）测定压实沥青混合料试件的毛体积相对密度 γ_f 和吸水率，取平均值。测试方法应遵照以下规定执行：

　　（1）通常采用表干法测定毛体积相对密度；

　　（2）对吸水率大于 2% 的试件，宜改用蜡封法测定毛体积相对密度。

　　对吸水率小于 0.5% 的特别致密的沥青混合料，在施工质量检验时，允许采用水中重法测定的表观相对密度作为标准密度，钻孔试件也采用相同方法。但配合比设计时不得采用水中重法。

　　9）确定沥青混合料的最大理论相对密度。

　　（1）对非改性的普通沥青混合料，在成型马歇尔试件的同时，按照要求用真空法实测各组沥青混合料的最大理论相对密度 γ_{ti}。当只对其中一组油石比测定最大理论相对密度时，也可按下式计算其他不同油石比时的最大理论相对密度 γ_{ti}。

　　（2）对改性沥青或 SMA 混合料宜按式（8-40）、式（8-41）计算各个不同沥青用量混合料的最大理论相对密度。

$$\gamma_{ti} = \frac{100 + P_{ai}}{\dfrac{100}{\gamma_{se}} + \dfrac{P_{ai}}{\gamma_b}} \qquad (8-40)$$

$$\gamma_{ti} = \frac{100}{\dfrac{P_{si}}{\gamma_{se}} + \dfrac{P_{bi}}{\gamma_b}} \qquad (8-41)$$

式中：γ_{ti}——相对于计算沥青用量 P_{bi} 时沥青混合料的最大理论相对密度，无量纲；

　　　P_{ai}——所计算的沥青混合料中的油石比（%）；

　　　P_{bi}——所计算的沥青混合料的沥青用量（%），$P_{bi} = P_{ai}/(1+P_{ai})$；

　　　P_{si}——所计算的沥青混合料的矿料含量（%），$P_{si} = 100 - P_{bi}$；

γ_{se}——矿料的有效相对密度,无量纲;

γ_b——沥青的相对密度(25℃/25℃),无量纲。

10)按式(8-42)、式(8-43)、式(8-44)分别计算沥青混合料试件的空隙率、矿料间隙率 VMA、有效沥青的饱和度 VFA 等体积指标,取 1 位小数,进行体积组成分析。

$$VV = \left(1 - \frac{\gamma_f}{\gamma_t}\right) \times 100 \qquad (8-42)$$

$$VMA = \left(1 - \frac{\gamma_f}{\gamma_{sb}} \times \frac{P_s}{100}\right) \times 100 \qquad (8-43)$$

$$VFA = \frac{VMA - VV}{VMA} \times 100 \qquad (8-44)$$

式中:VV——试件的空隙率(%);

VMA——试件的矿料间隙率(%);

VFA——试件的有效沥青饱和度(有效沥青含量占 VMA 的体积比例)(%);

γ_f——试件的毛体积相对密度,无量纲;

γ_t——沥青混合料的最大理论相对密度,无量纲;

P_s——各种矿料占沥青混合料总质量的百分率之和(%),即 $P_s = 100 - P_b$;

γ_{sb}——矿料混合料的合成毛体积相对密度。

11)进行马歇尔试验,测定马歇尔稳定度及流值。

8.13.6 确定最佳沥青用量(或油石比)

1)按图8-4的方法,以油石比或沥青用量为横坐标,以马歇尔试验的各项指标为纵坐标,将试验结果点入图中,连成圆滑的曲线。确定均符合现行规范规定的沥青混合料技术标准的沥青用量范围 $OAC_{min} \sim OAC_{max}$。选择的沥青用量范围必须涵盖设计空隙率的全部范围,并尽可能涵盖沥青饱和度的要求范围,并使密度及稳定度曲线出现峰值。如果没有涵盖设计空隙率的全部范围,试验必须扩大沥青用量范围重新进行。绘制曲线时含 VMA 指标,且应为下凹型曲线,但确定 $OAC_{min} \sim OAC_{max}$ 时不包括 VMA。

2)根据试验曲线的走势,按下列方法确定沥青混合料的最佳沥青用量 OAC_1。

(1)在上述曲线图上求取相应于密度最大值、稳定度最大值、目标空隙率(或中值)、沥青饱和度范围的中值的沥青用量 a_1、a_2、a_3、a_4。按式(8-45)取平均值作为 OAC_1。

$$OAC_1 = (a_1 + a_2 + a_3 + a_4)/4 \qquad (8-45)$$

(2)如果在所选择的沥青用量范围未能涵盖沥青饱和度的要求范围,按式(8-46)求取 3 者的平均值作为 OAC_1。

$$OAC_1 = (a_1 + a_2 + a_3)/3 \qquad (8-46)$$

(3)对所选择试验的沥青用量范围,密度或稳定度没有出现峰值(最大值经常在曲线的两端)时,可直接以目标空隙率所对应的沥青用量 a_3 作为 OAC_1,但 OAC_1 必须在 $OAC_{min} \sim OAC_{max}$ 内。否则应重新进行配合比设计。

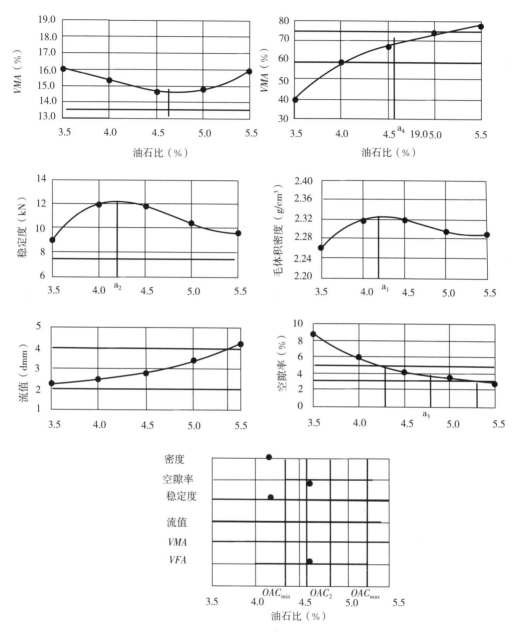

注:$a_1=4.2\%$,$a_2=4.25\%$,$a_3=4.8\%$,$a_4=4.7\%$,$OAC_1=4.49\%$(由 4 个平均值确定),$OAC_{min}=4.3\%$,$OAC_{max}=5.3\%$,$OAC_2=4.8\%$,$OAC=4.64\%$。此例中相对于空隙率 4% 的油石比为 4.6%。

图 8-4 马歇尔试验结果关系曲线

3)以各项指标均符合技术标准(不含 VMA)的沥青用量范围 $OAC_{min}\sim OAC_{max}$ 的中值作为 OAC_2。

$$OAC_2=(OAC_{min}+OAC_{max})/2$$

4)通常情况下取 OAC_1 及 OAC 的中值作为计算的最佳沥青量 OAC。

$$OAC=(OAC_1+OAC_2)/2$$

5)根据计算的最佳油石比 OAC,从图 8-4 中得出所对应的空隙率和 VMA 值,检验是否能满足 JTG F40 中关于最小 VMA 值的要求。OAC 宜位于 VMA 凹形曲线最小值的贫油一侧。当空隙率不是整数时,最小 VMA 按内插法确定,并将其画入图中。

6)查图 8-4 中对应于 OAC 的各项指标是否均符合马歇尔试验技术标准。

7)根据实践经验和公路等级、气候条件、交通情况,调整确定最佳沥青用量 OAC。

8)按式(8-47)和式(8-48)分别计算沥青结合料被集料吸收的比例及有效沥青含量。

$$P_{ba} = \frac{\gamma_{se} - \gamma_b}{\gamma_{se} \times \gamma_{sb}} \times \gamma_b \times 100 \qquad (8-47)$$

$$P_{be} = P_b - \frac{P_{ba}}{100} \times P_s \qquad (8-48)$$

式中:P_{ba}——沥青混合料中被集料吸收的沥青结合料比例(%);

P_{be}——沥青混合料中的有效沥青用量(%);

γ_{se}——集料的有效相对密度,无量纲;

γ_{sb}——材料的合成毛体积相对密度,无量纲;

γ_b——沥青的相对密度(25℃/25℃),无量纲;

P_b——沥青含量(%);

P_s——各种矿料占沥青混合料总质量的百分率之和(%),即 $P_s = 100 - P_b$。

如果需要,可按式(8-49)和式(8-50)分别计算有效沥青的体积百分率 V_{be} 及矿料的体积百分率 V_g。

$$V_{be} = \frac{\gamma_f \times P_{be}}{\gamma_b} \qquad (8-49)$$

$$V_g = 100 - (V_{be} + VV) \qquad (8-50)$$

9)检验最佳沥青用量时的粉胶比和有效沥青膜厚度。

(1)按式(8-51)计算沥青混合料的粉胶比,宜符合 0.6~1.6 的要求。对常用的公称最大粒径为 13.2~19mm 的密级配沥青混合料,粉胶比宜控制在 0.8~1.2。

$$FB = \frac{P_{0.075}}{P_{be}} \qquad (8-51)$$

式中:FB——粉胶比,沥青混合料的矿料中 0.075mm 通过率与有效沥青含量的比值,无量纲;

$P_{0.075}$——矿料级配中 0.075mm 的通过率(水洗法)(%);

P_{be}——有效沥青含量(%)。

(2)按式(8-52)和式(8-53)的方法分别计算集料的比表面(SA)、估算沥青混合料的沥青膜有效厚度(DA)。各种集料粒径的表面积系数按表 8-9 采用。

$$SA = \sum (P_i \times FA_i) \qquad (8-52)$$

$$DA = \frac{P_{\text{be}}}{\gamma_{\text{b}} \times SA} \times 10 \tag{8-53}$$

式中：SA——集料的比表面积（m^2/kg）。

　　　P_i——各种粒径的通过百分率（%）；

　　　FA_i——相应于各种粒径的集料的表面积系数，见表 8-9 所列；

　　　DA——沥青膜有效厚度（μm）；

　　　P_{be}——有效沥青含量（%）；

　　　γ_{b}——沥青的相对密度（25℃/25℃），无量纲。

表 8-9　集料的表面积系数计算示例

筛孔尺寸(mm)	19	16	13.2	9.5	4.75	2.36	1.18	0.6	0.3	0.15	0.075	集料比表面总和 SA (m^2/kg)
表面积系数 FA_i	0.0041	—	—	—	0.0041	0.0082	0.0164	0.0287	0.0614	0.1229	0.3277	
通过百分率 P_i(%)	100	92	85	76	60	42	32	23	16	12	6	
比表面 $FA_i \times P_i$ (m^2/kg)	0.41	—	—	—	0.25	0.34	0.52	0.66	0.98	1.47	1.97	6.60

　　各种公称最大粒径混合料中大于 4.75mm 尺寸集料的表面积系数 FA 均取 0.0041，且只计算一次，4.75mm 以下部分的 FA_i 见表 8-9 所列。该例的 $SA=6.60\text{m}^2/\text{kg}$。若混合料的有效沥青含量为 4.65%，沥青的相对密度 1.03，则沥青膜厚度为 $DA=4.65/(1.03/6.60) \times 10=6.83(\mu\text{m})$。

8.13.7　配合比设计检验

　　1）对用于较高等级道路的密级配沥青混合料，需在配合比设计的基础上按 JTG F40 要求进行各种使用性能的检验，不符合要求的沥青混合料，必须更换材料或重新进行配合比设计。其他等级公路的沥青混合料可参照执行。

　　2）配合比设计检验按计算确定的设计最佳沥青用量在标准条件下进行。如按第 8.13.6 小节中 7）确定最佳沥青用量的方法将计算的设计沥青用量调整后作为最佳沥青用量，或者改变试验条件时，各项技术要求均应适当调整，不宜照搬。

　　3）高温稳定性检验。对公称最大粒径等于或小于 19mm 的混合料，按规定方法进行车辙试验，动稳定度应符合 JTG F40 的要求。对公称最大粒径大于 19mm 的密级配沥青混凝土或沥青稳定碎石混合料，由于车辙试件尺寸不能适用，不宜按本规范方法进行车辙试验和弯曲试验。如需要检验可加厚试件厚度或采用大型马歇尔试件。

　　4）水稳定性检验。按规定的试验方法进行浸水马歇尔试验和冻融劈裂试验，残留稳定度及残留强度比均必须符合 JTG F40 的规定。调整沥青用量后，马歇尔试件成型可能达不到要求的空隙率条件。当需要添加消石灰、水泥、抗剥落剂时，需重新确定最佳沥青用量后试验。

　　5）低温抗裂性能检验。对公称最大粒径等于或小于 19mm 的混合料，按规定方法进行低温弯曲试验，其破坏应变宜符合 JTG F40 的要求。

　　6）渗水系数检验。利用轮碾机成型的车辙试件进行渗水试验检验的渗水系数宜符合

JTG F40 的要求。

7)钢渣活性检验。对使用钢渣的沥青混合料,应按规定的试验方法检验钢渣的活性及膨胀性试验,并符合 JTG F40 的要求。

8)根据需要,可以改变试验条件进行配合比设计检验,如按调整后的最佳沥青用量、变化最佳沥青用量 $OAC\pm0.3\%$、提高试验温度、加大试验荷载、采用现场压实密度进行车辙试验,在施工后的残余空隙率(如 $7\%\sim8\%$)的条件下进行水稳定性试验和渗水试验等,但不宜用规范规定的技术要求进行合格评定。

8.13.8　配合比设计报告

1)配合比设计报告应包括工程设计级配范围选择说明、材料品种选择与原材料质量试验结果、矿料级配、最佳沥青用量及各项体积指标、配合比设计检验结果等。试验报告的矿料级配曲线应按规定的方法绘制。

2)当按第 8.13.6 小节中 7)调整沥青用量作为最佳沥青用量,宜报告不同沥青用量条件下的各项试验结果,并提出对施工压实工艺的技术要求。

8.14　SMA 沥青混合料配合比设计方法

8.14.1　概述

SMA 混合料的配合比设计采用马歇尔试件的体积设计方法进行,马歇尔试验的稳定度和流值并不作为配合比设计接受或者否决的唯一指标。除本方法另有规定外,应遵照热拌沥青混合料配合比设计方法的规定执行。本试验依据《公路沥青路面施工技术规范》(JTG F40—2004)中的附录 C 编制而成。

8.14.2　材料选择

1)对用于配合比设计的各种材料按热拌沥青混合料配合比设计方法规定选择,其质量必须符合 JTG F40 规定的技术要求。

2)除已有成功经验证明使用非改性的普通沥青能符合使用要求者外,SMA 宜采用改性石油沥青,且采用比当地常用沥青更硬标号的沥青。

8.14.3　设计矿料级配的确定

1)设计初试级配。

(1)SMA 路面的工程设计级配范围宜直接采用 JTG F40 规定的矿料级配范围。公称最大粒径等于或小于 9.5mm 的 SMA 混合料,以 2.36mm 作为粗集料骨架的分界筛孔,公称最大粒径等于或大于 13.2mm 的 SMA 混合料以 4.75mm 作为粗集料骨架的分界筛孔。

(2)在工程设计级配范围内,调整各种矿料比例设计 3 组不同粗细的初试级配,3 组级配的粗集料骨架分界筛孔的通过率处于级配范围的中值、中值±3%附近,矿粉数量均为 10%

左右。

2)按热拌沥青混合料配合比设计方法计算初试级配的矿料的合成毛体积相对密度 γ_{sb}、合成表观相对密度 γ_{sa}、有效相对密度 γ_{se}。其中,各种集料的毛体积相对密度、表观相对密度试验方法遵照热拌沥青混合料配合比设计方法的规定进行。

3)把每个合成级配中小于粗集料骨架分界筛孔的集料筛除,按 JTG 3432 的规定,用捣实法测定粗集料骨架的松方毛体积相对密度 γ_s,按式(8-54)计算粗集料骨架混合料的平均毛体积相对密度 γ_{CA}。

$$\gamma_{CA}=\frac{P_1+P_2+\cdots+P_n}{\dfrac{P_1}{\gamma_1}+\dfrac{P_2}{\gamma_2}+\cdots+\dfrac{P_n}{\gamma_n}} \tag{8-54}$$

式中:$P_1,P_2,\cdots,P_n$——粗集料骨架部分各种集料在全部矿料级配混合料中的配比;

$\gamma_1,\gamma_2,\cdots,\gamma_n$——各种粗集料相应的毛体积相对密度。

4)按式(8-55)计算各组初试级配的捣实状态下的粗集料松装间隙率 VCA_{DRC}。

$$VCA_{DRC}=\left(1-\frac{\gamma_s}{\gamma_{CA}}\right)\times100 \tag{8-55}$$

式中:VCA_{DRC}——粗集料骨架的松装间隙率(%);

γ_{CA}——粗集料骨架的毛体积相对密度;

γ_s——粗集料骨架的松方毛体积相对密度(g/cm³)。

5)按第 8.13.5 小节中 5)的方法预估新建工程 SMA 混合料的适宜的油石比 P_a 或沥青用量为 P_b,作为马歇尔试件的初试油石比。

6)按照选择的初试油石比和矿料级配制作 SMA 试件,马歇尔标准击实的次数为双面 50 次,根据需要也可采用双面 75 次,一组马歇尔试件的数目不得少于 4~6 个。SMA 马歇尔试件的毛体积相对密度由表干法测定。

7)按式(8-56)的方法计算不同沥青用量条件下 SMA 混合料的最大理论相对密度,其中纤维部分的比例不得忽略。

$$\gamma_t=\frac{100+P_a+P_b}{\dfrac{100}{\gamma_{se}}+\dfrac{P_a}{\gamma_b}+\dfrac{P_x}{\gamma_x}} \tag{8-56}$$

式中:γ_{se}——矿料的有效相对密度;

P_a——沥青混合料的油石比(%);

γ_b——沥青的相对密度(25℃/25℃),无量纲;

P_x——纤维用量,以矿料质量的百分数计(%);

γ_x——纤维稳定剂的密度,由供货商提供或由比重瓶实测得到。

8)按式(8-57)计算 SMA 马歇尔混合料试件中的粗集料骨架间隙率 VCA_{mix},试件的集料各项体积指标空隙率 VV、集料间隙率 VMA、沥青饱和度 VFA 按第 8.13 节的方法计算。

$$VCA_{mix}=\left(1-\frac{\gamma_f}{\gamma_{CA}}\times\frac{P_{CA}}{100}\right)\times100 \tag{8-57}$$

式中：P_{CA}——沥青混合料中粗集料的比例(%)，即大于 4.75mm 的颗粒含量；

γ_{CA}——粗集料骨架部分的平均毛体积相对密度；

γ_f——沥青混合料试件的毛体积相对密度，由表干法测定。

9)从 3 组初试级配的试验结果中选择设计级配时，必须符合 $VCA_{mix}<VCA_{DRC}$ 及 $VMA>16.5\%$ 的要求，当有 1 组以上的级配同时符合要求时，以粗集料骨架分界集料通过率大且 VMA 较大的级配为设计级配。

8.14.4　确定设计沥青用量

1)根据所选择的设计级配和初试油石比试验的空隙率结果，以 0.2%～0.4% 为间隔，调整 3 个不同的油石比，制作马歇尔试件，计算空隙率等各项体积指标。一组试件数不宜少于 4～6 个。

2)进行马歇尔稳定度试验，检验稳定度和流值是否符合 JTG F40 规定的技术要求。

3)根据期望的设计空隙率，确定油石比，作为最佳油石比 OAC。所设计的 SMA 混合料应符合 JTG F40 规定的各项技术标准。

4)如初试油石比的混合料体积指标恰好符合设计要求时，可以省去这一步，但宜进行一次复核。

8.14.5　配合比设计检验

除需要进行热拌沥青混合料配合比设计方法规定项目外，SMA 混合料的配合比设计还必须进行谢伦堡析漏试验及肯特堡飞散试验。配合比设计检验应符合 JTG F40 的技术要求，不符合要求的必须重新进行配合比设计。

8.14.6　配合比设计报告

配合比设计结束后，必须按热拌沥青混合料配合比设计方法的要求及时出具配合比设计报告。

8.15　OGFC 混合料配合比设计方法

8.15.1　概述

OGFC 混合料的配合比设计采用马歇尔试件的体积设计方法进行，并以空隙率作为配合比设计主要指标。配合比设计指标应符合《公路沥青路面施工技术规范》(JTG F40—2004)规定的技术标准。本试验依据《公路沥青路面施工技术规范》(JTG F40—2004)中的附录 D 编制而成。

8.15.2　材料选择

1)用于 OGFC 混合料的粗集料、细集料的质量应符合 JTG F40 对表面层材料的技术要求。OGFC 宜在使用石粉的同时掺用消石灰、纤维等添加剂，石粉质量应符合 JTG F40 的技术要求。

2)OGFC 宜采用高黏度改性沥青,其质量应符合表 8 - 10 技术要求。当实践证明采用普通改性沥青或纤维稳定剂后能符合当地条件时也允许使用。

表 8 - 10　高黏度改性沥青的技术要求

试验项目	单位	技术要求
针入度(25℃,100g,5s)　不小于	0.1mm	40
软化点($T_{R\&B}$)　不小于	℃	80
延度(15℃)　不小于	cm	50
闪点　不小于	℃	260
薄膜加热试验(TFOT)后的质量变化　不大于	%	0.6
粘韧性(25℃)　不小于	N·m	20
韧性(25℃)　不小于	N·m	15
60℃黏度　不小于	Pa·s	20000

8.15.3　设计矿料级配及沥青用量

1)按现行试验规程规定的方法精确测定各种原材料的相对密度,其中 4.75mm 以上的粗集料为毛体积相对密度,4.75mm 以下的细集料及矿粉为表观相对密度。

2)以 JTG F40 要求的级配范围作为工程设计级配范围,在充分参考同类工程的成功经验的基础上,在级配范围内适配 3 组不同 2.36mm 通过率的矿料级配作为初选级配。

3)对每一组初选的矿料级配,按式(8 - 58)计算集料的表面积。根据希望的沥青膜厚度,按式(8 - 59)计算每一组混合料的初试沥青用量 P_b。通常情况下,OGFC 的沥青膜厚度 h 宜为 $14\mu m$。

$$A=(2+0.02a+0.04b+0.08c+0.14d+0.3e+0.6f+1.6g)/48.74 \qquad (8-58)$$

$$P_b=h\times A \qquad (8-59)$$

式中:A——集料的总的表面积;

a、b、c、d、e、f、g——分别代表 4.75mm、2.36mm、1.18mm、0.6mm、0.3mm、0.15mm、0.075mm 筛孔的通过百分率(%)。

4)制作马歇尔试件,马歇尔试件的击实次数为双面 50 次。用体积法测定试件的空隙率,绘制 2.36mm 通过率与空隙率的关系曲线。根据期望的空隙率确定混合料的矿料级配,并再次按第 8.15.3 小节中 3)的方法计算初始沥青用量。

5)以确定的矿料级配和初始沥青用量拌和沥青混合料,分别进行马歇尔试验、谢伦堡析漏试验、肯特堡飞散试验、车辙试验,各项指标应符合 JTG F40 的技术要求,其空隙率与期望空隙率的差值不宜超过±1%。如不符合要求,应重新调整沥青用量拌和沥青混合料进行试验,直至符合要求为止。

6)如各项指标均符合要求,即配合比设计已完成,出具配合比设计报告。

第9章　水泥

9.1　水泥标准稠度用水量测定(标准法)

9.1.1　概述

水泥标准稠度净浆对标准试杆或试锥的沉入具有一定的阻力,可通过针对不同用水量水泥净浆的穿透性试验,以确定水泥净浆达到标准稠度所需的水量,以此作为水泥凝结时间和安定性两项物理指标测定时所需的水泥净浆材料。

本方法依据《水泥标准稠度用水量、凝结时间、安定性检验方法》(GB/T 1346—2011)编制而成。

9.1.2　仪器设备

1)维卡仪(见图9-1)。

2)标准稠度试杆。

3)水泥净浆搅拌机:水泥专用净浆搅拌设备,具有设定搅拌方式的功能。

4)天平:最大称量不小于1000g,分度值不大于1g。

5)量水器:最小刻度为0.5mL。

6)水:试验用水应是洁净的饮用水,如有争议时应以蒸馏水为准。

9.1.3　试验条件

1)试验室温度为20℃±2℃,相对湿度应不低于50%。

2)水泥试样、拌和水、仪器和用具的温度应与试验室一致。

9.1.4　准备工作

1)维卡仪的滑动杆能自由滑动。

2)试模和玻璃底板用湿布擦拭,将试模放在底板上调整至试杆接触玻璃板时指针对准零点。

3)水泥净浆搅拌机运行正常。

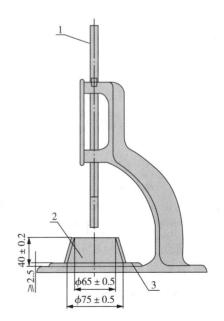

1—滑动杆;2—试模;3—玻璃板。

图9-1　维卡仪

9.1.5　水泥净浆的制备

将搅拌锅和搅拌叶片用湿布湿润,先将根据经验估计的首次拌和用水量加入搅拌锅中,然后在 5~10s 内小心将称好的 500g 水泥加入搅拌锅中,防止水和水泥溅出。拌和时,将锅安装在搅拌设备上,启动搅拌机,按照规定设置的搅拌方式搅拌(搅拌方式是低速搅拌 120s,停 15s,再高速搅拌 120s)。

9.1.6　测定步骤

1)拌和结束后,立即取适量水泥净浆一次性将其装入已置于玻璃底板上的试模中,浆体超过试模上端,用宽约 25mm 的直边刀轻轻拍打超出试模部分的浆体 5 次以排除浆体中的孔隙,然后在试模上表面约 1/3 处,略倾斜于试模分别向外轻轻锯掉多余净浆,再从试模边沿轻抹顶部一次,使净浆表面光滑(注意:在锯掉多余净浆和抹平的操作过程中,不要压实净浆)。

2)抹平后迅速将试模和底板移到维卡仪上,并将其中心定在试杆下,降低试杆直至与水泥净浆表面接触,拧紧螺丝 1~2s 后突然放松,使试杆垂直自由地沉入水泥净浆中。在试杆停止沉入或释放试杆 30s 时记录试杆距底板之间的距离,升起试杆后,立即擦净。

3)整个操作应在搅拌后 1.5min 内完成。以试杆沉入净浆并距底板 6mm±1mm 的水泥净浆为标准稠度净浆。其拌和水量为该水泥的标准稠度用水量(P),按水泥质量的百分比计。

4)如未能实现上述试验结果,则应调整用水量重新试验,直至达到规定的试验结果。每次测试后升起试杆,要立即擦净试杆上的水泥浆。

9.2　水泥凝结时间测定

9.2.1　概述

测定水泥从加水时刻起到开始失去塑性和完全失去塑性产生凝固所需要的时间,可以指导水泥拌合物施工时的适宜施工周期。

本方法依据《水泥标准稠度用水量、凝结时间、安定性检验方法》(GB/T 1346—2011)编制而成。

9.2.2　仪器设备

1)维卡仪。

2)初凝用试针、终凝用试针。

3)水泥净浆搅拌机:水泥专用净浆搅拌设备,具有设定搅拌方式的功能。

4)天平:最大称量不小于 1000g,分度值不大于 1g。

5)量水器:最小刻度为 0.5mL。

6)水:试验用水应是洁净的饮用水,如有争议时应以蒸馏水为准。

7)湿气养护箱:可控温度在 20℃±1℃,相对湿度大于 90%。

9.2.3　试验条件

1)试验室温度为 20℃±2℃,相对湿度应不低于 50%。
2)水泥试样、拌和水、仪器和用具的温度应与试验室一致。

9.2.4　准备工作

调整维卡仪的试针接触玻璃板时指针对准零点。

9.2.5　试样制备

以标准稠度用水量参考第 9.1.5 小节制成标准稠度净浆,参考第 9.1.6 小节装模和刮平后,立即放入湿气养护箱中。记录水泥全部加入水中的时间作为凝结时间的起始时间。

9.2.6　初凝时间的测定

试件在湿气养护箱中养护至加水后 30min 时进行第一次测定。测定时,从湿气养护箱中取出试模放到试针下,降低初凝试针与水泥净浆表面接触。拧紧螺丝 1~2s 后,突然放松,试针垂直自由地沉入水泥净浆。观察试针停止下沉或释放试针 30s 时指针的读数。临近初凝时间时每隔 5min(或更短时间)测定一次,当试针沉至距底板 4mm±1mm 时,为水泥达到初凝状态;由水泥全部加入水中至初凝状态的时间为水泥的初凝时间,用"min"来表示。

9.2.7　终凝时间的测定

在完成初凝时间测定后,立即将试模连同浆体以平移的方式从玻璃板取下,翻转 180°,直径大端向上、小端向下放在玻璃板上,再放入湿气养护箱中继续养护。临近终凝时间时每隔 15min(或更短时间)测定一次,当终凝试针沉入试体 0.5mm 时,即只有试针在水泥表面留下痕迹,而不出现环形附件的圆环痕迹时,表征水泥达到终凝状态。由水泥全部加入水中至终凝状态的时间为水泥的终凝时间,用"min"来表示。

9.2.8　注意事项

1)掌握好两种凝结时间可能出现的时刻,在接近初凝或终凝时,要缩短两次测定的间隔,以免错过"真实"时刻。
2)达到凝结时间时,要立即重复测定一次,只有当两次测定结果都表示达到初凝或终凝状态时,才可认定。
3)在最初进行初凝时间测定时,为防止试针撞弯,要轻轻扶持金属杆,使试针缓缓下降,但最后结果要以自由下落为准。
4)每次测定要避免试针落在同一针孔位置,并避开试模内壁至少 10mm。每次测试完毕须将试针擦净并将试模放回湿气养护箱内,整个测试过程要防止试模受振。

9.3　水泥安定性测定

9.3.1　概述

通过安定性试验,检测一些有害成分在水泥水化凝固过程中是否造成过量体积上的变化,以此对这些有害成分的不良影响程度进行判断,其中游离氧化钙是一种最常见、影响最严重的因素。

本方法依据《水泥标准稠度用水量、凝结时间、安定性检验方法》(GB/T 1346—2011)编制而成。

9.3.2　仪器设备

1)沸煮箱:由耐锈蚀的金属制成的箱体其有效容积为 410mm×240mm×310mm,箱中试件架与加热器之间的距离大于 50mm。

2)雷氏夹:由铜质材料制成。当一根指针的根部先悬挂在一根金属丝或尼龙丝上,另一根指针的根部再挂上 300g 质量的砝码时两根指针针尖的距离增加应在 17.5mm±2.5mm范围内,即 $2x=17.5mm±2.5mm$,去掉砝码后雷氏夹指针可以恢复原来的状态。

3)雷氏夹膨胀测定仪:用于测定雷氏夹指针尖端距离。

4)玻璃板小抹刀(宽 10mm)、直尺、黄油等。

5)其他仪器设备同第 9.1 节。

9.3.3　安定性测定方法(标准法)

1. 试验前准备

每个试样需成型两个试件,每个雷氏夹配备两个边长或直径约 80mm、厚度为 4～5mm的玻璃板,凡与水泥净浆接触的玻璃板和雷氏夹内表面都要稍稍涂上一层油(注:有些油会影响凝结时间,矿物油比较合适)。

2. 雷氏夹试件的成型

将预先准备好的雷氏夹放在已稍擦油的玻璃板上,并立即将已制好的标准稠度净浆一次装满雷氏夹,装浆时一只手轻轻扶持雷氏夹,另一只手用宽约 25mm 的直边刀在浆体表面轻轻插捣 3 次,然后抹平,盖上稍涂油的玻璃板,接着立即将试件移至湿气养护箱内养护 24h±2h。

3. 沸煮

1)沸煮试验前,首先调整好箱内水位,要求在整个沸煮过程中箱里的水始终能够没过试件,不可中途补水,同时要保证水在 30min±5min 内升至沸腾。

2)从养护箱中取出雷氏夹,去掉玻璃板,测量雷氏夹指针尖端的距离(记作 A),精确到0.5mm。随后将试件放入沸煮箱水中的试件架上,指针朝上,然后开始加热,使箱中的水在30min±5min 内沸腾,并恒沸 180min±5min。

3)沸煮结束后,立即放掉箱中的热水,打开箱盖,待箱体冷却至室温,取出试件。再次测量雷氏夹指针尖端的距离(记作 C),精确到 0.5mm。

4)当两个雷氏夹试件沸煮后指针尖端增加的距离($C-A$)的平均值不大于 5.0mm 时,则认为该水泥安定性合格。当结果超出上述要求时,则应再做一次试验,以复检结果为准。

9.3.4 安定性测定方法(代用法)

1. 试验前准备

每个样品需准备两块边长约 100mm 的玻璃板,凡与水泥净浆接触的玻璃板都要稍稍涂上一层油。

2. 试饼的成型法

1)将制备好的水泥标准稠度净浆取出一部分,分成相同的两份,先团成球形,放在事先涂有一层油的玻璃板上,在桌面上轻轻振动,并用小刀由外向内抹动,使水泥浆形成一个直径 70~80mm、中心厚约 10mm、边缘渐薄且表面光滑的圆形试饼。接着立即将试件移至湿气养护箱内养护 24h±2h。

2)从玻璃板上取下试饼,先观察试饼外观有无缺陷,当无开裂翘曲等缺陷时,放在沸煮箱的试样架上,按与上述标准法中同样的方法进行沸煮。

3)沸煮结束后,立即放掉箱中的热水,打开箱盖,待箱体冷却至室温后取出试饼进行观察判断。当目测试饼未发现裂缝,且用钢直尺测量没有弯曲透光时,则认为相应水泥安定性合格,反之为不合格。当两个试饼判别结果有矛盾时,该水泥的安定性为不合格。

9.3.5 注意事项

1)当标准法和代用法试验结果相矛盾时,以标准法的结果为准。

2)在雷氏夹沸煮过程中要避免雷氏夹指针相互交叉,以免对试验结果造成不必要的影响。

9.4 水泥胶砂强度测定

9.4.1 概述

本方法依据《水泥胶砂强度检验方法(ISO 法)》(GB/T 17671—2021)编制而成,适用于通用硅酸盐水泥、石灰石硅酸盐水泥胶砂抗折和抗压强度检验,其他水泥和材料可参考使用。本方法可能对一些品种水泥胶砂强度检验不适用,如初凝时间很短的水泥。

9.4.2 仪器设备

1)行星式水泥胶砂搅拌机(见图 9-2)。

2)水泥胶砂振实台(见图 9-3)。

3)试模:可同时成型三根尺寸为 40mm×40mm×160mm 的棱柱体试件。

4)压力试验机:包括抗折试验机和抗压试验机。

5）天平：分度值不大于±1g。

6）ISO 标准砂：1350g±5g 塑料袋包装。

7）湿气养护箱：可控温度为 20℃±1℃，相对湿度大于 90％。

8）养护水池或水养护设备：可控温度为 20℃±1℃。

9）其他：布料器、直边尺、试验筛、量筒、试模盖板等。

图 9-2　行星式水泥胶砂搅拌机

图 9-3　水泥胶砂振实台

9.4.3　试验条件

1）试验室温度为 20℃±2℃，相对湿度应不低于 50％。

2）水泥试样、拌和水、仪器和用具的温度应与试验室一致。

9.4.4　胶砂的制备

1. 配合比

胶砂的质量配合比为一份水泥、三份中国 ISO 标准砂和半份水（水灰比为 0.50）。每锅材料需 450g±2g 水泥、1350g±5g 砂子和 225mL±1mL 或 225g±1g 水。一锅胶砂成型三条试体。

2. 搅拌

行星式水泥胶砂搅拌机可以按以下程序采用自动控制或者手动控制：

1）把水加入锅里，再加入水泥，把锅固定在固定架上，上升至工作位置；

2）立即开动机器，先低速搅拌 30s±1s 后，再在第二个 30s±1s 开始的同时均匀地将砂子加入，把搅拌机调至高速再搅拌 30s±1s；

3）停拌 90s，在停拌开始的 15s±1s 内，将搅拌锅放下，用刮刀将叶片、锅壁和锅底上的胶砂刮入锅中；

4）再在高速下继续搅拌 60s±1s。

3. 成型（用振实台）

胶砂制备后立即进行成型。将空试模和模套固定在振实台上，用料勺将锅壁上的胶砂清理到锅内并翻转搅拌胶砂使其更加均匀，成型时将胶砂分两层装入试模。装第一层胶砂时，每个槽里约放 300g 胶砂，先用料勺沿试模长度方向划动胶砂以布满模槽，再用大布料器垂直架在模套顶部沿每个模槽来回一次将料层布平，接着振实 60 次。再装入第二层胶砂，用料勺沿试模长度方向划动胶砂以布满模槽,但不能接触已振实胶砂,再用小布料器布平,振实 60 次。每次振实时可将一块用水湿过拧干、比模套尺寸稍大的棉纱布盖在模套上以防止振实时胶砂飞溅。

移走模套,从振实台上取下试模,用金属直边尺以近似 90°的角度(向刮平方向稍斜)架在试模模顶的一端,然后沿试模长度方向以横向锯割动作慢慢向另一端移动,将超过试模部分的胶砂刮去。锯割动作的多少和直尺角度的大小取决于胶砂的稀稠程度,较稠的胶砂需要多次锯割,锯割时动作要慢,以防止拉动已振实的胶砂。用拧干的湿毛巾将试模端板顶部的胶砂擦拭干净,再用同一直边尺以近乎水平的角度将试体表面抹平。抹平的次数要尽量少,总次数不应超过三次。最后将试模周边的胶砂擦除干净。

用毛笔或其他工具对试体进行编号。两个龄期以上的试体,在编号时应将同一试模中的三条试体分在两个以上龄期内。

9.4.5 试体的养护

1. 脱模前的处理和养护

在试模上盖一块玻璃板,也可用相似尺寸的钢板或不渗水的、和水泥没有反应的材料制成的板。盖板不应与水泥胶砂接触,盖板与试模之间的距离应控制在 2~3mm。为了安全,玻璃板应有磨边。

立即将做好标记的试模放入湿气养护箱的水平架子上养护,湿空气应能与试模各边接触。养护时不应将试模放在其他试模上。一直养护到规定的脱模时间时取出脱模。

2. 脱模

脱模应非常小心。脱模时可以用橡皮锤或脱模器。

对于 24h 龄期的,应在破型试验前 20min 内脱模;对于 24h 以上龄期的,应在成型后 20~24h 脱模。

如经 24h 养护,会因脱模对强度造成损害时,可以延迟至 24h 以后脱模,但在试验报告中应予说明。

已确定作为 24h 龄期试验或其他不下水直接做试验的已脱模试体,应用湿布覆盖至做试验时为止。

3. 水中养护

将做好标记的试体立即水平或竖直放在 20℃±1℃的水中养护,水平放置时刮平面应朝上。并彼此间保持一定间距,让水与试体的六个面接触。养护期间试体之间间隔或试体上表面的水深不应小于 5mm。

每个养护池只养护同类型的水泥试体。最初用自来水装满养护池(或容器),随后随时加水保持适当的水位。养护期间可以更换不超过 50% 的水。

9.4.6 强度试验

1)除 24h 龄期或延迟至 48h 脱模的试体外,任何到期的试体应在试验(破型)前提前从水中取出。擦去试体表面沉积物,并用湿布覆盖至试验为止。试体龄期是从水泥加水搅拌开始试验时算起。不同龄期强度试验在下列时间里进行:24h±15min;48h±30min;72h±45min;7d±2h;28d±8h。

2)抗折强度试验:将试体一个侧面放在试验机支撑圆柱上,试体长轴垂直于支撑圆柱,通过加荷圆柱以 50N/s±10N/s 的速率均匀地将荷载垂直地加在棱柱体相对侧面上,直至折断,记录破坏时的荷载。保持两个半截棱柱体处于潮湿状态直至抗压试验。

3)抗压强度试验:将折断的半截试件放在压力机中的抗压夹具里,注意直接受压面为侧面。压力机以 2400N/s±200N/s 的速率均匀地加荷直至试件破坏,记录破坏荷载。

9.4.7　试验结果

1. 抗折强度的计算

1)抗折强度按式(9-1)计算:

$$R_f = \frac{1.5 F_f L}{b^3} \tag{9-1}$$

式中:R_f——抗折强度(MPa);

$\quad F_f$——折断时施加于棱柱体中部的荷载(N);

$\quad L$——支撑圆柱之间的距离(mm);

$\quad b$——棱柱体正方形截面的边长(mm)。

2)以一组三个棱柱体抗折结果的平均值作为试验结果。当三个强度值中有一个超出平均值的±10%时,应剔除后再取平均值作为抗折强度试验结果;当三个强度值中有两个超出平均值的±10%时,则以剩余一个作为抗折强度结果。

3)单个抗折强度结果精确至 0.1MPa,算术平均值精确至 0.1MPa。

2. 抗压强度的计算

1)抗压强度按式(9-2)计算:

$$R_c = \frac{F_c}{A} \tag{9-2}$$

式中:R_c——抗压强度(MPa);

$\quad F_c$——破坏时的最大荷载(N);

$\quad A$——受压面积(mm²)。

2)以一组三个棱柱体上得到的六个抗压强度测定值的平均值为试验结果。当六个测定值中有一个超出六个平均值的±10%时,剔除这个结果,再以剩下五个的平均值为结果。当五个测定值中再有超过它们平均值的±10%时,则此组结果作废。当六个测定值中同时有两个或两个以上超出平均值的±10%时,则此组结果作废。

3)单个抗压强度结果精确至 0.1MPa,算术平均值精确至 0.1MPa。

9.4.8　注意事项

火山灰质硅酸盐水泥、粉煤灰硅酸盐水泥、复合硅酸盐水泥和掺火山灰质混合材料的普通硅酸盐水泥在进行胶砂强度检验时,其用水量按 0.50 水灰比和胶砂流动度不小于 180mm 来确定。当流动度小于 180mm 时应以 0.01 的整倍数递增的方法将水灰比调整至胶砂流动度不小于 180mm(砌筑水泥胶砂用水量按胶砂流动度达到 180～190mm 来确定)。

9.5　水泥胶砂流动度测定

9.5.1　概述

本方法依据《水泥胶砂流动度测定方法》(GB/T 2419—2005)编制而成。通过测量一定配比的水泥胶砂在规定振动状态下的扩展范围来衡量其流动性。

9.5.2　仪器设备

1)水泥胶砂流动度测定仪(简称跳桌)。
2)试模、捣棒。
3)卡尺:量程不小于300mm,分度值不大于0.5mm。
4)水泥胶砂强度拌制样品所需的设备。
5)小刀:刀口平直,长度大于80mm。

9.5.3　试验条件

1)试验室温度为20℃±2℃,相对湿度应不低于50%。
2)水泥试样、拌和水、仪器和用具的温度应与试验室一致。

9.5.4　胶砂的制备

1)跳桌如在24h内未被使用,先空跳一个周期25次。胶砂的制备按第9.4节的规定进行。

2)在制备胶砂的同时,用潮湿棉布擦拭跳桌台面、试模内壁、捣棒以及与胶砂接触的用具,将试模放在跳桌台面中央并用潮湿棉布覆盖。

3)将拌好的胶砂分两层迅速装入试模,第一层装至截锥圆模高度约三分之二处,用小刀在相互垂直两个方向各划5次,用捣棒由边缘至中心均匀捣压15次(见图9-4);随后,装第二层胶砂,装至高出截锥圆模约20mm,用小刀在相互垂直两个方向各划5次,再用捣棒由边缘至中心均匀捣压10次(见图9-5)。捣压后胶砂应略高于试模。关于捣压深度,第一层捣至胶砂高度的二分之一,第二层捣实不超过已捣实底层表面。装胶砂和捣压时,用手扶稳试模,不要使其移动。

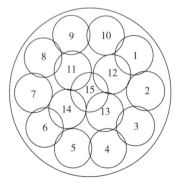

图9-4　第一层捣压位置示意

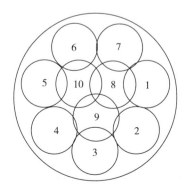

图9-5　第二层捣压位置示意

4)捣压完毕,取下模套,将小刀倾斜,从中间向边缘分两次以近水平的角度抹去高出截锥圆模的胶砂,并擦去落在桌面上的胶砂。将截锥圆模垂直向上轻轻提起。立刻开动跳桌,以每秒钟一次的频率,在 25s±1s 内完成 25 次跳动。

5)流动度试验,从胶砂加水开始到测量扩散直径结束,应在 6min 内完成。

9.5.5　试验结果

跳动完毕,用卡尺测量胶砂底面互相垂直的两个方向直径,计算平均值,取整数,单位为毫米。该平均值即为该水量的水泥胶砂流动度。

9.6　砌筑水泥保水率测定

9.6.1　概述

按规定方法,用滤纸片吸取流动度在一定范围的新拌水泥砂浆中的水,以吸水处理后砂浆中保留的水量占初始水量的质量百分比衡量砂浆保水率。

本方法依据《砌筑水泥》(GB/T 3183—2017)中附录 A 编制而成。

9.6.2　仪器设备

1)保水率测定仪(见图 9-6):包括刚性试模、刚性底板、金属滤网、铁砣等。刚性试模:圆形,内径为 100mm±1mm,内部有效深度为 25mm±1mm;刚性底板:圆形,无孔,直径为 110mm±5mm,厚度为 5mm±1mm;金属滤网:网格尺寸为 45μm,圆形,直径为 110mm±1mm;铁砣:质量为 2kg。

2)干燥滤纸:慢速定量滤纸,直径为 110mm±1mm;

3)金属刮刀。

4)电子天平:量程不小于 2kg,分度值不大于 0.1g。

图 9-6　保水率测定仪

9.6.3　试验条件

1)试验室温度为 20℃±2℃,相对湿度应不低于 50%。
2)水泥试样、拌和水、仪器和用具的温度应与试验室一致。

9.6.4　试验步骤

1)称量空的干燥试模质量,精确到 0.1g;称量 8 张未使用的滤纸质量,精确到 0.1g。
2)砂浆按水泥胶砂强度试验的规定进行搅拌,搅拌后的砂浆按胶砂流动试验测定流动度。当砂浆的流动度为 180~190mm 时,记录此时的加水量;当砂浆的流动度小于 180mm 或大于 190mm 时,重新调整加水量,直至流动度达到 180~190mm 为止。

3)当砂浆的流动度在规定范围内时,将搅拌锅中剩余的砂浆在低速下重新搅拌15s,然后用金属刮刀将砂浆装满试模并抹平表面。

4)称量装满砂浆的试模质量,精确到0.1g。用金属滤网盖住砂浆表面,并在金属滤网顶部放上8张已称量的滤纸,滤纸上放刚性底板。将试模翻转180°,置于一水平面上,在试模上放置2kg的铁砣。300s±5s后移去铁砣,将试模再翻转180°,移去刚性底板、滤纸和金属滤网。称量吸水后的滤纸质量,精确到0.1g。

5)重复试验一次。

9.6.5 试验结果

1)吸水前砂浆中初始水质量按式(9-3)计算:

$$m_z = \frac{m_y \times (m_w - m_u)}{1350 + 450 + m_y} \qquad (9-3)$$

式中:m_z——吸水前砂浆中初始水的质量(g);

m_y——砂浆的用水量(g);

m_w——装满砂浆的试模质量(g);

m_u——空的干燥试模质量(g)。

2)砂浆保水率按式(9-4)计算:

$$R = \frac{m_z - (m_x - m_v)}{m_z} \times 100\% \qquad (9-4)$$

式中:R——砂浆的保水率(%);

m_x——吸水后8张滤纸的质量(g);

m_v——吸水前8张滤纸的质量(g)。

3)计算两次试验结果的平均值,精确到1%。如果两次试验值与平均值的偏差大于2%,需重复试验。

9.7 水泥中氯离子含量测定(硫氰酸铵容量法)

9.7.1 概述

本方法给出总氯加溴的含量,以氯离子(Cl^-)表示结果。试样用硝酸进行分解,同时消除硫化物的干扰。加入已知量的硝酸银标准溶液使氯离子以氯化银的形式沉淀。煮沸、过滤后,将滤液和洗液冷却至25℃以下,以铁盐为指示剂,用硫酸氰铵标准滴定溶液滴定过量的硝酸银。

本方法依据《水泥化学分析方法》(GB/T 176—2017)编制而成,适用于通用硅酸盐水泥,制备上述水泥的熟料、生料,以及指定采用本标准的其他水泥和材料。

9.7.2　仪器设备和试剂

1）分析天平：量程 200g，精确至 0.0001g。

2）电炉。

3）抽吸装置。

4）自动滴定设备：可控制滴速，消耗量读数精确至 0.01mL。

5）其他：快速定量滤纸、烧杯（400mL）、锥形瓶（250mL）、玻璃棒。

6）硫酸铁铵指示剂、0.05mol/L 硝酸银标准溶液、0.05mol/L 硫酸氰铵标准滴定溶液、硝酸（1+2）、硝酸（1+100）、滤纸浆。

9.7.3　准备工作

样品应具有代表性，采用四份法或者缩分器将试样缩分至约 100g，经 150μm 方孔筛筛析后，除去杂质，将筛余物经过研磨后全部通过 150μm 方孔筛，充分混匀后放入干净、干燥的试样瓶中密封。

9.7.4　试验步骤

称取约 5g 试样（m），精确至 0.0001g，置于 400mL 烧杯中，加 50mL 水，搅拌使试样完全分散，在搅拌下加入 50mL 硝酸（1+2），加热煮沸，微沸 1～2min。取下，加入 5.00mL 硝酸银标准溶液，搅匀，煮沸 1～2min，加入少许滤纸浆，用预先用硝酸（1+100）洗涤过的快速滤纸过滤或玻璃砂芯漏斗抽气过滤，滤液收集于 250mL 锥形瓶中，用硝酸（1+100）洗涤烧杯、玻璃棒和滤纸，直至滤液和洗液总体积达到 200mL，溶液在弱光线或暗处冷却至 25℃以下。

加入 5mL 硫酸铁铵指示剂溶液，用硫氰酸铵标准滴定溶液滴定至产生的红棕色在摇动下不消失为止（V_1）。如果 V_1 小于 0.5mL，用减少一半的试样质量重新试验。

不加入试样按上述步骤进行空白试验，记录空白滴定所用硫氰酸铵标准滴定溶液的体积（V_2）。

9.7.5　试验结果

1）氯离子的质量分数按式（9-5）计算：

$$w_{Cl^-} = \frac{1.773 \times 5.00 \times (V_2 + V_1)}{V_2 \times m \times 1000} \times 100 \tag{9-5}$$

式中：w_{Cl^-}——氯离子的质量分数（%）；

V_1——滴定时消耗的硫氰酸铵标准滴定溶液的体积（mL）；

V_2——空白试验消耗的硫氰酸铵标准滴定溶液的体积（mL）；

m——试料的质量（g）；

1.773——硝酸银标准溶液对氯离子的滴定度（mg/mL）。

2）以两次试验结果的算术平均值作为本次试验的结果，精确至 0.001%，当 $w_{Cl^-} \leqslant$ 0.10% 时，两次试验结果的差值绝对值不超过 0.005%，当 $w_{Cl^-} > 0.10$% 时，两次试验结果的差值绝对值不超过 0.010%，否则重新试验。

9.8　水泥中碱含量测定(火焰光度法)

9.8.1　概述

试样经氢氟酸-硫酸蒸发处理除去硅,用热水浸取残渣,以氨水和碳酸铵分离铁、铝、钙、镁。滤液中的钾、钠用火焰光度计进行测定。

本方法依据《水泥化学分析方法》(GB/T 176—2017)编制而成,适用于水泥、水泥熟料、生料和其他指定使用本方法的各类材料的氧化钾和氧化钠的测定。

9.8.2　仪器设备

1)分析天平:精确至 0.0001g。
2)火焰光度计(可稳定地测定钾在波长 768nm 处和钠在 589nm 处的谱线强度)。
3)电炉。
4)其他:铂皿(容量 100～150mL)、快速滤纸、容量瓶(100mL、500mL)、玻璃漏斗、移液管(5mL、10mL)。

9.8.3　试剂

2g/L 甲基红指示剂溶液、100g/L 碳酸铵(现配)、氨水(1+1)、盐酸(1+1)、硫酸(1+1)、氢氟酸、氧化钾和氧化钠标准溶液。

9.8.4　准备工作

样品应具有代表性,采用四份法或者缩分器将试样缩分至约 100g,经 $150\mu m$ 方孔筛筛析后,除去杂质,将筛余物经过研磨后全部通过 $150\mu m$ 方孔筛,充分混匀后放入干净、干燥的试样瓶中密封。

9.8.5　试验步骤

1)称取约 0.2g 试样(m_1),精确至 0.0001g,置于铂皿(或聚四氟乙烯器皿)中,加入少量水润湿,加入 5～7mL 氢氟酸和 15～20 滴硫酸(1+1),放入通风橱内的电热板上低温加热,近干时摇动铂皿,以防溅失,待氢氟酸除尽后逐渐升高温度,继续加热至三氧化硫白烟冒尽,取下冷却。

2)加入 40～50mL 热水,用胶头擦棒压碎残渣使其分散,加入 1 滴甲基红指示剂溶液,用氨水(1+1)中和至黄色,再加入 10mL 碳酸铵溶液搅拌,然后放入通风橱内电热板上加热煮沸并继续微沸 20～30min。

3)用快速滤纸过滤,以热水充分洗涤,用胶头擦棒擦洗铂皿,滤液及洗液收集于 100mL 容量瓶中,冷却至室温。用盐酸(1+1)中和至溶液呈微红色,用水稀释至刻度,摇匀。

4)吸取每毫升含 1mg 氧化钾及 1mg 氧化钠的标准溶液 0mL、2.50mL、5.00mL、

$10.00mL$、$15.00mL$、$20.00mL$ 分别放入 $500mL$ 容量瓶中,用水释至刻度,摇匀,贮存于塑料瓶中。将火焰光度计调节至最佳工作状态,按仪器使用规程进行测定。用测得的检流计读数作为相对应的氧化钾和氧化钠含量的函数,绘制工作曲线。在工作曲线上分别求出氧化钾和氧化钠的含量(m_2)和(m_3)。

9.8.6　试验结果

$$
\begin{cases}
w_{K_2O} = \dfrac{m_2}{m_1 \times 1000} \times 100 \\[3mm]
w_{Na_2O} = \dfrac{m_3}{m_1 \times 1000} \times 100 \\[3mm]
X_{碱含量} = 0.658 \times w_{K_2O} \times w_{Na_2O}
\end{cases}
\tag{9-6}
$$

式中：w_{K_2O}——氧化钾的质量分数(%)；

　　　w_{Na_2O}——氧化钠的质量分数(%)；

　　　m_1——试料的质量(g)；

　　　m_2——扣除空白试验值后 $100mL$ 测定溶液中氧化钾的含量(mg)；

　　　m_3——扣除空白试验值后 $100mL$ 测定溶液中氧化钠的含量(mg)；

　　　$X_{碱含量}$——碱含量(%)。

如果两次试验的氧化钾平行试验结果的差值绝对值不小于 0.10%或者氧化钠两次平行试验结果的差值绝对值不小于 0.05%,需重新试验。

9.9　水泥中三氧化硫含量测定(硫酸钡重量法)

9.9.1　概述

用盐酸分解试样生成硫酸根离子,在煮沸下用氯化钡溶液沉淀,生成硫酸钡沉淀,经过滤灼烧后称量。测定结果以三氧化硫计。

本方法依据《水泥化学分析方法》(GB/T 176—2017)编制而成,适用于通用硅酸盐水泥,制备上述水泥的熟料、生料及指定采用本标准的其他水泥和材料。

9.9.2　仪器设备

1)分析天平:量程 200g,精确至 0.0001g。

2)高温电阻炉:0~1300℃,精度 5℃。

3)干燥器:内装变色硅胶。

4)其他:瓷坩埚(带盖,容量 20~30mL)、烧杯(200mL、400mL)、表面皿、玻璃棒、锥形瓶(300mL)、玻璃漏斗、定量滤纸(中速、慢速)、电炉、移液管(10mL)。

9.9.3 试剂

硝酸银溶液(5g/L)、盐酸(1+1)、氯化钡溶液(100g/L)。

9.9.4 准备工作

样品应具有代表性,采用四份法或者缩分器将试样缩分至约100g,经150μm方孔筛筛析后,除去杂质,将筛余物经过研磨后全部通过150μm方孔筛,充分混匀后放入干净、干燥的试样瓶中密封。

9.9.5 试验步骤

1)称取约0.5g试样(m_1),精确至0.0001g,置于200mL烧杯中,加入40mL水,搅拌使试样完全分散,在搅拌下加入10mL盐酸(1+1),用平头玻璃棒压碎块状物,加热煮沸并保持微沸5～10min。用中速滤纸过滤,用热水洗涤10～12次,滤液及洗液收集于400mL烧杯中。加水稀释至约250mL,玻璃棒底部压一小片定量滤纸,盖上表面皿,加热煮沸,在微沸下从杯口缓慢逐滴加入10mL热的氯化钡溶液,继续微沸数分钟使沉淀良好地形成,然后在常温下静置12～24h或温热处静置至少4h(有争议时,以常温下静置12～24h的结果为准),溶液的体积应保持在约200mL。用慢速定量滤纸过滤,用热水洗涤,用胶头擦棒和定量滤纸片擦洗烧杯及玻璃棒,洗涤至检验无氯离子为止(按规定洗涤沉淀数次后,用水冲洗一下漏斗的下端,继续用水洗涤滤纸和沉淀,将滤液收集于试管中,加几滴硝酸银溶液,观察试管中的溶液是否浑浊。如果浑浊,继续洗涤并检验,直至用硝酸银溶液检验不再浑浊为止)。

2)将沉淀及滤纸一并移入已灼烧恒量的瓷坩埚中,灰化完全后,放入800～950℃的高温炉内灼烧30min以上,取出坩埚,置于干燥器中冷却至室温,称量,反复灼烧直至恒量或者在800～950℃下灼烧约30min(有争议时以反复灼烧直至恒量的结果为准),置于干燥器中冷却至室温后称量(m_2)。

9.9.6 试验结果

1)硫酸盐三氧化硫的质量分数按式(9-7)计算:

$$w_{SO_3} = \frac{(m_2 - m_3) \times 0.343}{m_1} \times 100 \qquad (9-7)$$

式中:w_{SO_3}——硫酸盐三氧化硫的质量分数(%);

m_1——试料的质量(g);

m_2——灼烧后沉淀的质量(g);

m_3——空白试验灼烧后沉淀的质量(g);

0.343——硫酸钡对三氧化硫的换算系数。

2)以两次试验的算术平均值作为本次试验的结果。当$w_{SO_3} \leqslant 1.00\%$时,两次试验的结果的差值绝对值不超过0.10%;当$w_{SO_3} > 1.00\%$时,两次试验的结果的差值绝对值不超过0.15%;否则重新试验。

9.10 水泥中氧化镁含量测定(原子吸收分光光度法)

9.10.1 概述

以氢氟酸-高氯酸分解或氢氧化钠熔融或碳酸钠熔融试样的方法制备溶液,分取一定量的溶液,用锶盐消除硅、铝、钛等的干扰,在空气-乙炔火焰中,于波长 285.2nm 处测定溶液的吸光度。

本方法依据《水泥化学分析方法》(GB/T 176—2017)编制而成,适用于通用硅酸盐水泥,制备上述水泥的熟料、生料以及指定采用本标准的其他水泥和材料。

9.10.2 仪器设备

1)分析天平:量程 200g,精确至 0.0001g。

2)高温电阻炉:0~1600℃,精度 5℃。

3)原子吸收分光光度计。

4)干燥器:内装变色硅胶。

5)其他:电炉、铂坩埚(容量为 30~50mL)、容量瓶(100mL、250mL、500mL)、移液管(10mL、20mL)、量筒。

9.10.3 试剂

氧化镁标准溶液(0.05mg/mL)、盐酸(1+1)、高氯酸(1.60g/cm³,质量分数为 70%~72%)、氯化锶溶液(锶 50g/L)、氢氟酸(1.15~1.18g/cm³,质量分数为 40%)。

9.10.4 准备工作

样品应具有代表性,采用四份法或者缩分器将试样缩分至约 100g,经 150μm 方孔筛筛析后,除去杂质,将筛余物经过研磨后全部通过 150μm 方孔筛,充分混匀后放入干净、干燥的试样瓶中密封。

9.10.5 试验步骤

1. 准备标准曲线的测定溶液

吸取 0.05mg/mL 氧化镁标准溶液 0mL、2.00mL、4.00mL、6.00mL、8.00mL、10.00mL、12.00mL 分别放入 500mL 容量瓶中,分别加入 30mL 盐酸(1+1)及 10mL 氯化锶溶液,用水稀释至 500mL 刻度,摇匀备用。

2. 氢氟酸-高氯酸分解试样

称取约 0.1g 试样(m),精确至 0.0001g,置于铂坩埚(或铂皿、聚四氟乙烯器皿)中,加入 0.5~1mL 水润湿,加入 5~7mL 氢氟酸和 0.5mL 高氯酸,放入通风橱内低温电热板上加热,近干时摇动铂坩埚以防溅失,待白色浓烟完全驱尽后,取下冷却。加入 20mL 盐酸(1+1),加热至溶液澄清,冷却后,移入 250mL 容量瓶中,加入 5mL 氯化锶溶液,用水稀释至刻度,摇匀。此溶液 C 供原子吸收分光光度法测定氧化镁用。

3. 氧化镁的测定

从溶液中吸取 5.00mL 放入 100mL 容量瓶中(试样溶液的分取量及容量瓶的容积视氧化镁的含量而定),加入 12mL 盐酸(1+1)及 2mL 氯化锶溶液(测定溶液中盐酸的体积分数为 6%,锶的浓度为 1mg/mL)。用水稀释至刻度,摇匀。用原子吸收分光光度计,在空气-乙炔火焰中,用镁元素空心阴极灯,于波长 285.2nm 处,依次测试准备的 7 个不同浓度的氧化镁标准溶液、水泥试样溶液和空白溶液的吸光度。

用 7 个不同浓度的氧化镁标准溶液测得的吸光度绘制工作曲线,并求出氧化镁的浓度(c_1)。

9.10.6 试验结果

1)氧化镁的质量分数按式(9-10)计算:

$$w_{MgO}=\frac{c_1 \times 100 \times 50}{m \times 10^6} \times 100 \qquad (9-8)$$

式中:w_{MgO}——氧化镁的质量分数(%);

c_1——扣除空白试验值后测定溶液中氧化镁的浓度($\mu g/mL$);

m——试料的质量(g);

100——测定溶液的体积(mL);

50——全部试样溶液与所分取试样溶液的体积比。

2)以两次试验的算术平均值作为本次试验的结果,如果两次试验结果的差值绝对值不小于 0.15%,需重新试验。

第 10 章　细骨料

10.1　颗粒级配试验(筛分析法)

10.1.1　概述

级配是描述集料中各粒径颗粒逐级分布状况的一项指标,通过筛分试验确定集料的级配状况。筛分过程最具代表性的试验操作是针对砂的筛分试验。该试验是称取一定数量的砂样,在规定的标准筛上经过筛分后,分别称出砂在各个筛上的存留质量,然后根据定义和公式计算出与级配有关的参数。

本试验依据《普通混凝土用砂、石质量及检验方法标准》(JGJ 52—2006)编制而成。

10.1.2　仪器设备

1)烘箱:温度控制范围为 105℃±5℃。

2)天平:称量为 1000g,感量为 1g。

3)试验筛:公称直径分别为 10.0mm、5.00mm、2.50mm、1.25mm、630μm、315μm 及 160μm 的方孔筛各一只,并附有筛底和筛盖;筛框直径为 300mm 或 200mm。其产品质量要求应符合 GB/T 6003.1 和 GB/T 6003.2 的规定。

4)摇筛机(见图 10-1)。

5)浅盘、硬、软毛刷等。

10.1.3　试验条件

试验室的温度应保持在 20℃±5℃。

10.1.4　试样制备

1)单项试验的最少取样质量应符合表 10-1 的规定。

2)试样处理。

(1)用分料器法:将样品在潮湿状态下拌和均匀,然后将其通过分料器,留下两个接料斗中的一份,并将另一份再次通过分料器。重复上述过程,直至把样品缩分到试验所需量为止。

图 10-1　摇筛机

(2)人工四分法。将所选取样品置于平板上,在潮湿状态下拌和均匀,并堆成厚度约为

20mm 的"圆饼"状,然后沿互相垂直的两条直径把"圆饼"分成大致相等的四份,取其对角的 2 份重新拌匀,再堆成"圆饼"状。重复上述过程,直至把样品缩分后的材料量略多于进行试验所需量为止。

表 10-1 单项试验最少取样质量

序号	试验项目	最少取样质量
1	颗粒级配(筛分析)	4400g
2	表观密度	2600g
3	吸水率	4000g
4	紧密密度和堆积密度	5000g
5	含水率	1000g
6	含泥量	4400g
7	泥块含量	20000g
8	石粉含量	1600g
9	压碎值	分成公称粒级:5.00~2.50mm、2.50~1.25mm、1.25mm~630μm、630~315μm、315~160μm,每个粒径各需 1000g
10	有机物含量	2000g
11	云母含量	600g
12	轻物质含量	3200g
13	坚固性	分成公称粒级:5.00~2.50mm、2.50~1.25mm、1.25mm~630μm、630~315μm、315~160μm,每个粒径各需 100g
14	硫化物及硫酸盐含量	50g
15	氯离子含量	2000g
16	贝壳含量	10000g
17	碱活性	20000g

10.1.5 试验步骤

1)按表 10-1 的规定取样,筛除大于 10.0mm 的颗粒,并计算其筛余,称取经缩分后样品不少于 550g 两份,分别装入两个浅盘,放在烘箱中于 105℃±5℃下烘干至恒重,冷却至室温备用。恒重系指在相邻两次称量间隔时间不小于 3h 的情况下,前后两次称量之差小于该项试验所要求的称量精度(下同)。

2)准确称取试样 500g(特细砂可称 250g),精确至 1g。将试样倒入按筛孔大小顺序排列(大孔在上、小孔在下)的套筛(附筛底)的最上一只筛(公称直径为 5.00mm 的方孔筛)上。

3)将套筛置于摇筛机上固定,筛分 10min;取下套筛,再按筛孔由大到小的顺序,在清洁的浅盘上逐一进行手筛,筛至每分钟通过量不超过试样总量的 0.1% 时为止;通过的颗粒并入下一号筛中,并和下一号筛中的试样一起进行手筛。按这样顺序依次进行,直至各号筛全部筛完为止。

注意:当试样含泥量超过 5% 时,应先将试样水洗,然后烘干至恒重,再进行筛分。

4)试样在各只筛上的筛余量(m_r)均不应超过式(10-1)计算得出的剩留量,否则应将该筛的筛余试样分成两份或数份,再次进行筛分,并以其筛余量之和作为该筛的筛余量。

$$m_r = \frac{A\sqrt{d}}{300} \tag{10-1}$$

式中:m_r——某一筛上的剩余量(g);

d——筛孔边长(mm);

A——筛的面积(mm^2)。

5)称取各筛筛余试样的质量(精确至1g),所有各筛的分计筛余量和底盘中的剩余量之和与筛分之前的试样总量相比,相差不得超过 1%。

10.1.6 试验结果

1)计算分计筛余(各筛上的筛余量除以试样总量的百分率),精确至 0.1%。

2)计算累计筛余(该筛的分计筛余与筛孔大于该筛的各筛的分计筛余之和),精确至 0.1%。

3)根据各筛两次试验累计筛余的平均值,评定该试样的颗粒级配分布情况,精确至 1%。

4)砂的细度模数应按式(10-2)计算:

$$\mu_f = \frac{(\beta_2+\beta_3+\beta_4+\beta_5+\beta_6)-5\beta_1}{100-\beta_1} \tag{10-2}$$

式中:μ_f——砂的细度模数,并精确至 0.01;

β_1、β_2、β_3、β_4、β_5、β_6——分别为公称直径 5.00mm、2.50mm、1.25mm、630μm、315μm、160μm 方孔筛上的累计筛余。

5)以两次试验结果的算术平均值作为测定值,精确至 0.1。当两次试验所得的细度模数之差超过 0.20 时,应重新取试样进行试验。

注意:砂的粗细程度按细度模数μ_f分为粗砂、中砂、细砂和特细砂,其范围分别为 3.7～3.1、3.0～2.3、2.2～1.6、1.5～0.7。

10.2 含泥量试验(标准法)

10.2.1 概述

含泥量是指砂、石中公称粒径小于 80μm 的颗粒含量。本试验依据《普通混凝土用砂、石质量及检验方法标准》(JGJ 52—2006)编制而成,适用于测定粗砂、中砂和细沙的含泥量,特细砂的含泥量测定用虹吸管法测定。

10.2.2 仪器设备

1)烘箱:温度控制范围为 105℃±5℃。

2)天平:称量为 1000g,感量为 1g。

3)试验筛:筛孔公称直径为 $80\mu m$ 及 1.25mm 的方孔筛各一只。

4)洗砂用的容器及烘干用的浅盘等。

10.2.3　试样制备

按表 10 - 1 规定取样,并将试样缩分至约 1100g,置于温度为 $105℃\pm5℃$ 的烘箱中烘干至恒重,待冷却至室温后,称取各为 400g(m_0)的试样两份备用。

10.2.4　试验步骤

1)取烘干的试样一份置于容器中,并注入饮用水,使水面高出砂面约 150mm,充分搅拌后,浸泡 2h,然后用手在水中淘洗试样,使尘屑、淤泥和黏土与砂粒分离,并使之悬浮或溶于水中。缓缓地将浑浊液倒入公称直径为 1.25mm、$80\mu m$ 的方孔套筛(1.25mm 的筛放置于上面)上,滤去小于 $80\mu m$ 的颗粒。试验前筛子的两面应先用水湿润,在整个试验过程中应避免砂粒丢失。

2)再次加水于容器中,重复上述过程,直到筒内洗出的水清澈为止。

3)用水淋洗剩留在筛上的细粒,并将 $80\mu m$ 筛放在水中,使水面略高出筛中砂粒的上表面,来回摇动,以充分洗掉小于 $80\mu m$ 的颗粒。然后将两只筛的筛余颗粒和清洗容器中已经洗净的试样一并倒入浅盘,置于温度为 $105℃\pm5℃$ 的烘箱中烘干至恒重。取出且待冷却至室温后,称试样的质量(m_1)。

10.2.5　试验结果

1)砂中含泥量应按式(10 - 3)计算:

$$w_c=\frac{m_0-m_1}{m_0}\times100\%$$ （10 - 3）

式中:w_c——砂中含泥量(%),精确至 0.1%;

　　m_0——试验前的烘干试样质量(g);

　　m_1——试验后的烘干试样质量(g)。

2)以两个试样试验结果的算术平均值作为测定值。当两次结果之差大于 0.5% 时,应重新取样进行试验。

10.3　含泥量试验(虹吸管法)

10.3.1　概述

本试验依据《普通混凝土用砂、石质量及检验方法标准》(JGJ 52—2006)编制而成,适用于测定砂中含泥量。

10.3.2　仪器设备

1)虹吸管:玻璃管的直径不大于 5mm,后接胶皮弯管。

2)玻璃容器或其他容器:高度不小于 300mm,直径不小于 200mm。

3)其他设备应符合第 10.2.2 小节的要求。

10.3.3　试样制备

试样制备应按第 10.2.3 小节的规定进行。

10.3.4　试验步骤

1)称取烘干的试样 500g(m_0),置于容器中,并注入饮用水,使水面高出砂面约 150mm,浸泡 2h,浸泡过程中每隔一段时间搅拌一次,确保尘屑、淤泥和黏土与砂粒分离。

2)用搅棒均匀搅拌 1min(单向旋转),以适当宽度和高度的闸板闸水,使水停止旋转。经 20~25s 后取出闸板,然后从上到下用虹吸管细心地将浑浊液吸出,虹吸管吸口的最低位置应距离砂面不小于 30mm。

3)倒入清水,重复上述过程,直至吸出的水与清水的颜色基本一致为止。

4)将容器中的清水吸出,把洗净的试样倒入浅盘并在 105℃±5℃的烘箱中烘干至恒重,取出待冷却至室温后称砂质量(m_1)。

10.3.5　试验结果

1)砂中含泥量(虹吸管法)应按式(10-3)计算,精确至 0.1%。

2)以两个试样试验结果的算术平均值作为测定值。当两次结果之差大于 0.5%时,应重新取样进行试验。

10.4　泥块含量测定

10.4.1　概述

泥块含量是指砂中公称粒径大于 1.25mm,经水洗、手捏后变成小于 630μm 的颗粒含量。

本试验依据《普通混凝土用砂、石质量及检验方法标准》(JGJ 52—2006)编制而成。

10.4.2　仪器设备

1)烘箱:温度控制范围为 105℃±5℃。

2)天平:称量为 1000g,感量为 1g;称量为 5000g,感量为 5g。

3)试验筛:筛孔公称直径为 630μm 及 1.25mm 的方孔筛各一只。

4)洗砂用的容器及烘干用的浅盘等。

10.4.3　试样制备

按表 10-1 的规定取样,并将试样缩分至约 5000g,置于温度为 105℃±5℃的烘箱中烘干至恒重,待冷却至室温后,用公称直径为 1.25mm 的方孔筛筛分,称取筛上的砂不少于

400g 的试样分为两份备用。特细砂按实际筛分量制备试样。

10.4.4　试验步骤

1)取烘干的试样 200g(m_1)置于容器中,并注入饮用水,使水面高出砂面约 150mm,充分搅拌后,浸泡 24h,然后用手在水中碾碎泥块,再把试样放在公称直径 630μm 的方孔筛上,用水淘洗,直至水清澈为止。

2)保留下来的试样应小心地从筛里取出,装入水平浅盘后,置于温度为 105℃±5℃烘箱中烘干至恒重,冷却后称重(m_2)。

10.4.5　试验结果

1)砂中泥块含量应按式(10-4)计算:

$$w_{c,L}=\frac{m_1-m_2}{m_1}\times100\%$$ (10-4)

式中:$w_{c,L}$——泥块含量(%),精确至 0.1%;

　　　m_1——试验前的干燥试样质量(g);

　　　m_2——试验后的干燥试样质量(g)。

2)以两次试样试验结果的算术平均值作为测定值。

10.5　亚甲蓝值与石粉含量试验(人工砂)

10.5.1　概述

石粉含量是指人工砂中公称粒径小于 80μm,且其矿物组成和化学成分与被加工母岩相同的颗粒含量。

本试验依据《普通混凝土用砂、石质量及检验方法标准》(JGJ 52—2006)编制而成。

10.5.2　仪器设备

1)烘箱:温度控制范围为 105℃±5℃。

2)天平:称量 1000g,感量 1g;称量 100g,感量 0.01g。

3)试验筛:筛孔公称直径为 80μm 及 1.25mm 的方孔筛各一只。

4)容器:要求淘洗试样时,保持试样不溅出(深度大于 250mm)。

5)移液管:5mL、2mL 移液管各一个。

6)三片或四片式叶轮搅拌器(见图 10-2):转速可调,最高达 600r/min±60r/min,直径为 75mm±10mm。

7)定时装置:精度为 1s。

图 10-2　叶轮搅拌器

8)玻璃容量瓶:容量为 1L。

9)温度计:精度为 1℃。

10)玻璃棒:2 支,直径为 8mm,长为 300mm。

11)滤纸:快速。

12)搪瓷盘、毛刷、容量为 1000mL 的烧杯等。

10.5.3 试样制备

1)亚甲蓝溶液的配制:将亚甲蓝($C_{16}H_{18}ClN_3S \cdot 3H_2O$)粉末在 105℃±5℃下烘干至恒重,称取烘干亚甲蓝粉末 10g,精确至 0.01g,倒入盛有约 600mL 蒸馏水(水温加热至 35~40℃)的烧杯中,用玻璃棒持续搅拌 40min,直至亚甲蓝粉末完全溶解,冷却至 20℃将溶液倒入 1L 容量瓶中,用蒸馏水淋洗烧杯等,使所有亚甲蓝溶液全部移入容量瓶,容量瓶和溶液的温度应保持在 20℃±1℃,加蒸馏水至容量瓶 1L 刻度。振荡容量瓶以保证亚甲蓝粉末完全溶解。将容量瓶中溶液移入深色储藏瓶中,标明制备日期、失效日期(亚甲蓝溶液保质期应不超过 28d),并置于阴暗处保存。

2)将样品缩分至 400g,放在烘箱中于 105℃±5℃下烘干至恒重,待冷却至室温后,筛除大于公称直径 5.0mm 的颗粒备用。

10.5.4 试验步骤

1)按表 10-1 的规定取样,称取经缩分后的试样 200g,精确至 1g。将试样倒入盛有 500mL±5mL 蒸馏水的烧杯中,用叶轮搅拌机以 600r/min±60r/min 转速搅拌 5min,形成悬浮液,然后以 400r/min±40r/min 转速持续搅拌,直至试验结束。

2)悬浮液中加入 5mL 亚甲蓝溶液,以 400r/min±40r/min 转速搅拌至少 1min 后,用玻璃棒蘸取一滴悬浮液(所取悬浮液滴应使沉淀物直径为 8~12mm),滴于滤纸(置于空烧杯或其他合适的支撑物上,以使滤纸表面不与任何固体或液体接触)上。若沉淀物周围未出现色晕,再加入 5mL 亚甲蓝溶液,继续搅拌 1min,再用玻璃棒蘸取一滴悬浮液,滴于滤纸上,若沉淀物周围仍未出现色晕,重复上述步骤,直至沉淀物周围出现约 1mm 宽的稳定浅蓝色色晕。此时,应继续搅拌,不加亚甲蓝溶液,每 1min 进行一次蘸染试验。若色晕在 4min 内消失,再加入 5mL 亚甲蓝溶液;若色晕在第 5min 消失,再加入 2mL 亚甲蓝溶液。两种情况下,均应继续进行搅拌和蘸染试验,直至色晕可持续 5min。

3)记录色晕持续 5min 时所加入的亚甲蓝溶液总体积,精确至 1mL。

10.5.5 结果计算

1)亚甲蓝值按式(10-5)计算:

$$MB = \frac{V}{G} \times 10 \tag{10-5}$$

式中:MB——亚甲蓝值(g/kg),表示每千克 0~2.36mm 粒级试样所消耗的亚甲蓝克数,精确至 0.01;

G——试样质量(g);

V——所加入的亚甲蓝溶液的总量(mL);

10——用于将每千克试样消耗的亚甲蓝溶液体积换算成亚甲蓝质量。

2)亚甲蓝试验结果评定应符合下列规定:当$MB<1.4$时,则判定是以石粉为主;当$MB\geqslant 1.4$时,则判定为以泥粉为主的石粉。

10.6 压碎指标试验(人工砂)

10.6.1 概述

本试验依据《普通混凝土用砂、石质量及检验方法标准》(JGJ 52—2006)编制而成,适用于测定粒级为$315\mu m\sim 5.00mm$的人工砂的压碎指标。

10.6.2 仪器设备

1)压力试验机:荷载300kN。

2)受压钢模(见图10-3)。

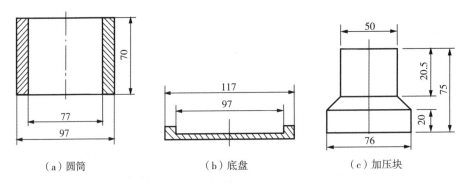

(a)圆筒   (b)底盘   (c)加压块

图10-3 受压钢模示意图(单位:mm)

3)天平:称量为1000g,感量为1g。

4)试验筛:筛孔公称直径分别为5.00mm、2.50mm、1.25mm、630μm、315μm、160μm、80μm的方孔筛各一只。

5)烘箱:温度控制范围为105℃±5℃。

6)其他:瓷盘10个,小勺2把。

10.6.3 试样制备

将缩分后的样品置于105℃±5℃的烘箱内烘干至恒重,待冷却至室温后,筛分成5.00～2.50mm、2.50～1.25mm、1.25mm～630μm、630～315μm四个粒级,每级试样质量不得少于1000g。

10.6.4 试验步骤

1)置圆筒于底盘上,组成受压模,将一单级砂样约300g装入模内,使试样距底盘约为 50mm。

2）平整试模内试样的表面，将加压块放入圆筒内，并转动一周使之与试样均匀接触。

3）将装好砂样的受压钢模水平置于压力机的支承板上，对准压板中心后，开动机器，以500N/s 的速度加荷，加荷至 25kN 时持荷 5s，而后以同样速度卸荷。

4）取下受压模，移去加压块，倒出压过的试样并称其质量（m_0），然后用该粒级的下限筛（如砂样为公称粒级 5.00～2.50mm 时，其下限筛为筛孔公称直径 2.50mm 的方孔筛）进行筛分，称出该粒级试样的筛余量（m_1）。

10.6.5　试验结果

1）第 i 单级砂样的压碎指标按式（10-6）计算：

$$\delta_i = \frac{m_0 - m_1}{m_0} \times 100\%$$
（10-6）

式中：δ_i——第 i 单级砂样压碎指标（%），精确至 0.1%；

m_0——第 i 单级试样的质量（g）；

m_1——第 i 单级试样的压碎试验后筛余的试样质量（g）。

以三份试样试验结果的算术平均值作为各单粒级试样的测定值。

2）四级砂样总的压碎指标按式（10-7）计算：

$$\delta_{s\alpha} = \frac{\alpha_1\delta_1 + \alpha_2\delta_2 + \alpha_3\delta_3 + \alpha_4\delta_4}{\alpha_1 + \alpha_2 + \alpha_3 + \alpha_4} \times 100\%$$
（10-7）

式中：$\delta_{s\alpha}$——总的压碎指标（%），精确至 0.1%；

α_1、α_2、α_3、α_4——公称直径分别为 2.50mm、1.25mm、630μm、315μm 各方孔筛的分计筛余（%）；

δ_1、δ_2、δ_3、δ_4——公称粒级分别为 5.00～2.50mm、2.50～1.25mm、1.25mm～630μm、630～315μm 单级试样压碎指标（%）。

10.7　氯离子含量试验

10.7.1　概述

氯离子是一种常见的离子，它可以来自海水、盐湖、地下水等资源，也可以来自工业废水、污水等。在混凝土中，氯离子会与水泥中的钙离子反应生成氯化钙，进而与混凝土中的水泥胶反应生成氯化物，从而降低混凝土的强度和耐久性。因此，对氯离子含量进行科学的检测和控制，可以有效提高混凝土的质量和使用寿命。

本试验依据《普通混凝土用砂、石质量及检验方法标准》（JGJ 52—2006）编制而成。

10.7.2　仪器设备和试剂

1）天平：称量为 1000g，感量为 1g。

2)带塞磨口瓶:容量为 1L。

3)三角瓶:容量为 300mL。

4)滴定管:容量为 10mL 或 25mL。

5)容量瓶:容量为 500mL。

6)移液管:容量为 50mL、2mL。

7)5%(W/V)铬酸钾指示剂溶液。

8)0.01mol/L 的氯化钠标准溶液。

9)0.01mol/L 的硝酸银标准溶液。

10.7.3　试样制备

取经缩分后样品 2kg,在温度 105℃±5℃的烘箱中烘干至恒重,冷却至室温后备用。

10.7.4　试验步骤

1)按表 10-1 的规定取样,称取经缩分后的试样 500g(m),装入带塞磨口瓶中,用容量瓶取 500mL 蒸馏水,注入磨口瓶内,加上塞子,摇动一次,放置 2h,然后每隔 5min 摇动一次,共摇动 3 次,使氯盐充分溶解。将磨口瓶上部已澄清的溶液过滤,然后用移液管吸取 50mL 滤液,注入三角瓶中,再加入 5%的(W/V)铬酸钾指示剂 1mL,用 0.01mol/L 硝酸银标准溶液滴定至呈现砖红色为终点,记录消耗的硝酸银标准溶液的毫升数(V_1)。

2)空白试验:用移液管准确吸取 50mL 蒸馏水到三角瓶内,加入 5%的铬酸钾指示剂 1mL,并用 0.01mol/L 的硝酸银标准溶液滴定至溶液呈砖红色为止,记录此点消耗的硝酸银标准溶液的毫升数(V_2)。

10.7.5　试验结果

砂中氯离子含量w_{Cl^-}应按式(10-8)计算:

$$w_{Cl^-} = \frac{c_{AgNO_3}(V_1 - V_2) \times 0.0355 \times 10}{m} \times 100\% \qquad (10-8)$$

式中:w_{Cl^-}——砂中氯离子含量(%),精确至 0.001%;

c_{AgNO_3}——硝酸银标准溶液的浓度(mol/L);

V_1——样品滴定时消耗的硝酸银标准溶液的体积(mL);

V_2——空白试验时消耗的硝酸银标准溶液的体积(mL);

m——试样质量(g)。

10.8　表观密度试验(标准法)

10.8.1　概述

表观密度指的是骨料颗粒单位体积(包括内封闭孔隙)的质量。

本试验依据《普通混凝土用砂、石质量及检验方法标准》(JGJ 52—2006)编制而成。

10.8.2　仪器设备

1)天平:称量 1000g,感量 1g。
2)容量瓶:容量 500mL。
3)烘箱:温度控制范围为 105℃±5℃。
4)干燥器、浅盘、铝制料勺、温度计等。

10.8.3　试样制备

将经缩分后不少于 650g 的样品装入浅盘,在温度为 105℃±5℃的烘箱中烘干至恒重,并在干燥器内冷却至室温。

10.8.4　试验步骤

1)称取烘干的试样 300g(m_0),装入盛有半瓶冷开水的容量瓶中。
2)摇转容量瓶,使试样在水中充分搅动以排除气泡,塞紧瓶塞,静置 24h;然后用滴管加水至瓶颈刻度线平齐,再塞紧瓶塞,擦干容量瓶外壁的水分,称其质量(m_1)。
3)倒出容量瓶中的水和试样,将瓶的内外壁洗净,再向瓶内加入与步骤 2)水温相差不超过 2℃的冷开水至瓶颈刻度线。塞紧瓶塞,擦干容量瓶外壁水分,称其质量(m_2)。

注意:在砂的表观密度试验过程中应测量并控制水的温度,试验的各项称量可在 15～25℃的温度范围内进行。从试样加水静置的最后 2h 起直至试验结束,其温度相差不应超过 2℃。

10.8.5　试验结果

1)表观密度(标准法)按式(10-9)计算:

$$\rho = \left(\frac{m_0}{m_0 + m_2 - m_1} - \alpha_t \right) \times 1000 \qquad (10-9)$$

式中:ρ——表观密度(kg/m^3),精确至 10kg/m^3;

m_0——试样的烘干质量(g);

m_1——试样、水及容量瓶总质量(g);

m_2——水及容量瓶总质量(g);

α_t——水温对砂的表观密度影响的修正系数,见表 10-2 所列。

表 10-2　不同水温对砂的表观密度影响的修正系数

水温(℃)	15	16	17	18	19	20	21	22	23	24	25
α_t	0.002	0.003	0.003	0.004	0.004	0.005	0.005	0.006	0.006	0.007	0.008

2)以两次试验结果的算术平均值作为测定值。当两次结果之差大于 20kg/m^3 时,应重新取样进行试验。

10.9 表观密度试验(简易法)

10.9.1 概述

本试验依据《普通混凝土用砂、石质量及检验方法标准》(JGJ 52—2006)编制而成,适用于测定砂的表观密度。

10.9.2 仪器设备

1)天平:称量 1000g,感量 1g。
2)李氏瓶:容量 250mL。
3)烘箱:温度控制范围为 105℃±5℃。
4)其他仪器设备应符合第 10.8.2 小节的规定。

10.9.3 试样制备

将样品缩分至不少于 120g,在温度为 105℃±5℃的烘箱中烘干至恒重,并在干燥器内冷却至室温,分成大致相等的两份备用。

10.9.4 试验步骤

1)向李氏瓶中注入冷开水至一定刻度处,擦干瓶颈内部附着水,记录水的体积(V_1)。
2)称取烘干的试样 50g(m_0),徐徐加入盛水的李氏瓶中。
3)试样全部倒入瓶中后,用瓶内的水将黏附在瓶颈和瓶壁的试样洗入水中,摇转李氏瓶以排除气泡,静置约 24h 后,记录瓶中水面升高后的体积(V_2)。
注意:在砂的表观密度试验过程中应测量并控制水的温度,允许在 15~25℃的温度范围内进行体积测定,但两次体积测定(指 V_1 和 V_2)的温差不得大于 2℃。从试样加水静置的最后 2h 起,直至记录完瓶中水面高度时止,其温度相差不应超过 2℃。

10.9.5 试验结果

1)表观密度(简易法)按式(10-10)计算:

$$\rho=(\frac{m_0}{V_2-V_1}-\alpha_t)\times 1000 \qquad (10-10)$$

式中:ρ——表观密度(kg/m³),精确至 10kg/m³;

    m_0——试样的烘干质量(g);

    V_1——水的原有体积(mL);

    V_2——倒入试样后的水和试样的体积(mL);

    α_t——水温对砂的表观密度影响的修正系数,见表 10-2 所列。

2)以两次试验结果的算术平均值作为测定值,当两次结果之差大于 20kg/m³ 时,应重新取样进行试验。

10.10　吸水率试验

10.10.1　概述

本试验依据《普通混凝土用砂、石质量及检验方法标准》(JGJ 52—2006)编制而成,适用于测定砂的吸水率,即测定以烘干质量为基准的饱和面干吸水率。

10.10.2　仪器设备

1)天平:称量为 1000g,感量为 1g。

2)饱和面干试模及质量为 340g±15g 的钢制捣棒(见图 10-4)。

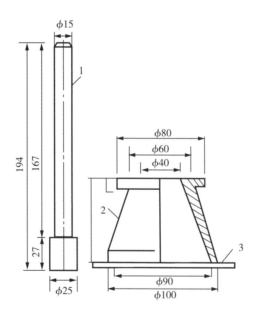

1—捣棒;2—试模;3—玻璃棒。

图 10-4　饱和面干试模及其捣棒(单位:mm)

3)干燥器、吹风机(手提式)、浅盘、铝制料勺、玻璃棒、温度计等。

4)烧杯:容量为 500mL。

5)烘箱:温度控制范围为 105℃±5℃。

10.10.3　试样制备

饱和面干试样的制备,是将样品在潮湿状态下用四分法缩分至 1000g,拌匀后分成两份,分别装入浅盘或其他合适的容器中,注入清水,使水面高出试样表面 20mm 左右(水温控制在 20℃±5℃)。用玻璃棒连续搅拌 5min,以排除气泡。静置 24h 以后,细心地倒去试样上的水,并用吸管吸去余水。再将试样在盘中摊开,用手提吹风机缓缓吹入暖风,并不断翻拌试样,使砂表面的水分在各部位均匀蒸发。然后将试样松散地一次装满饱和面干试模中,捣

25次(捣棒端面距试样表面不超过10mm,任其自由落下),捣完后,留下的空隙不用再装满,从垂直方向徐徐提起试模。试样呈图10-5(a)所示的形状时,则说明砂中尚含有表面水,应继续按上述方法用暖风干燥,并按上述方法进行试验,直至试模提起后试样呈图10-5(b)所示的形状为止。试模提起后,试样呈图10-5(c)所示的形状时,则说明试样已干燥过分,此时应将试样洒水5mL,充分拌匀,并静置于加盖容器中30min后,再按上述方法进行试验,直至试样达到图10-5(b)所示的形状为止。

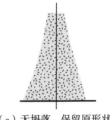 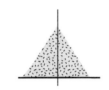 

(a) 无坍落,保留原形状　　　(b) 已坍落,尚可见尖顶　　　(c) 完全坍落,表面呈曲面

图10-5　试样的塌陷情况

10.10.4　试验步骤

立即称取饱和面干试样500g,放入已知质量(m_1)烧杯中,于温度为105℃±5℃的烘箱中烘干至恒重,并在干燥器内冷却至室温后,称取干样与烧杯的总质量(m_2)。

10.10.5　试验结果

1)吸水率w_{wa}应按式(10-11)计算:

$$w_{wa}=\frac{500-(m_2-m_1)}{m_2-m_1}\times100\%　　　　　(10-11)$$

式中:w_{wa}——吸水率(%),精确至0.1%;

$\quad\quad m_1$——烧杯质量(g);

$\quad\quad m_2$——烘干的试样与烧杯的总质量(g)。

2)以两次试验结果的算术平均值作为测定值,当两次结果之差大于0.2%时,应重新取样进行试验。

10.11　坚固性试验

10.11.1　概述

坚固性是指骨料在气候、环境变化或其他物理因素作用下抵抗破裂的能力。

本试验依据《普通混凝土用砂、石质量及检验方法标准》(JGJ 52—2006)编制而成。

10.11.2　仪器设备和试剂

1)天平:称量为1000g,感量为1g。

2)容器:搪瓷盆或瓷缸,容量不小于 10L。

3)烘箱:温度控制范围为 105℃±5℃。

4)试验筛:筛孔公称直径为 160μm、315μm、630μm、1.25mm、2.50mm、5.00mm 的方孔筛各一只。

5)三脚网篮:内径及高均为 70mm,由铜丝或镀锌铁丝制成,网孔的孔径不应大于所盛试样粒级下限尺寸的一半。

6)比重计。

7)无水硫酸钠。

8)氯化钡:浓度为 10%。

10.11.3　试样制备

1)硫酸钡溶液的配制:取一定数量的蒸馏水(取决于试样及容器大小,加温至 30～50℃),每 1000mL 蒸馏水加入无水硫酸钠(Na_2SO_4)300～350g,用玻璃棒搅拌,使其溶解并饱和,然后冷却至 20～25℃,在此温度下静置两昼夜,其密度应为 1151～1174kg/m³。

2)将缩分后的样品用水冲洗干净,在 105℃±5℃的温度下烘干冷却至室温后备用。

10.11.4　试验步骤

1)称取公称粒级分别为 315～630μm、630μm～1.25mm、1.25～2.50mm 和 2.50～5.00mm 的试样各 100g。若是特细砂,应筛去公称粒径 160μm 以下和 2.50mm 以上的颗粒,称取公称粒级分别为 160～315μm、315～630μm、630μm～1.25mm、1.25～2.50mm 的试样各 100g,分别装入网篮并浸入盛有硫酸钠溶液的容器中,溶液体积应不小于试样总体积的 5 倍,其温度应保持在 20～25℃。三脚网篮浸入溶液时,应先上下升降 25 次以排除试样中的气泡,然后静置于该容器中。此时,网篮底面应距容器底面约 30mm(由网篮脚高控制),网篮之间的间距应不小于 30mm,试样表面至少应在液面以下 30mm。

2)浸泡 20h 后,从溶液中提出网篮,放在温度为 105℃±5℃的烘箱中烘烤 4h,至此,完成了第一次循环。待试样冷却至 20～25℃后,即开始第二次循环,从第二次循环开始,浸泡及烘烤时间均为 4h。

3)第五次循环完成后,将试样置于 20～25℃的清水中洗净硫酸钠,再在 105℃±5℃的烘箱中烘干至恒重,取出并冷却至室温后,用孔径为试样粒级下限的筛,过筛并称量各粒级试样试验后的筛余量。

注意:试样中硫酸钠是否洗净,可按下述方法检验:取冲洗过试样的水若干毫升,滴入少量 10%的氯化钡溶液,如无白色沉淀,则说明硫酸钠已被洗净。

10.11.5　试验结果

1)试样中各粒级颗粒的分计质量损失百分率δ_{ji}按式(10-12)计算:

$$\delta_{ji}=\frac{m_i-m_i'}{m_i}\times100\%$$

(10-12)

式中:δ_{ji}——各粒级颗粒的分计质量损失百分率(%);

m_i——每一粒级试样试验前的质量(g);

m'_i——经硫酸钠溶液试验后,每一粒级筛余颗粒的烘干质量(g)。

2)300μm～4.75mm粒级试样的总质量损失百分率δ_j按式(10-13)计算:

$$\delta_j = \frac{\alpha_1\delta_{j1} + \alpha_2\delta_{j2} + \alpha_3\delta_{j3} + \alpha_4\delta_{j4}}{\alpha_1 + \alpha_2 + \alpha_3 + \alpha_4} \times 100\% \tag{10-13}$$

式中:δ_j——试样的总质量损失百分率(%),精确至1%;

α_1、α_2、α_3、α_4——公称粒级分别为 315～630μm、630μm～1.25mm、1.25～2.50mm、2.50～5.00mm 粒级在筛除小于公称粒径 315μm 及大于公称粒径 5.00mm 颗粒后的原试样中所占的百分率(%);

δ_{j1}、δ_{j2}、δ_{j3}、δ_{j4}——公称粒级分别为 315～630μm、630μm～1.25mm、1.25～2.50mm、2.50～5.00mm 各粒级的分计质量损失百分率(%)。

3)特细砂的总质量损失百分率δ_j按式(10-14)计算:

$$\delta_j = \frac{\alpha_0\delta_{j0} + \alpha_1\delta_{j1} + \alpha_2\delta_{j2} + \alpha_3\delta_{j3}}{\alpha_0 + \alpha_1 + \alpha_2 + \alpha_3} \times 100\% \tag{10-14}$$

式中:δ_j——试样的总质量损失百分率(%),精确至1%;

α_0、α_1、α_2、α_3——公称粒级分别为 160～315μm、315～630μm、630μm～1.25mm、1.25～2.50mm 粒级在筛除小于公称粒径 160μm 及大于公称粒径 2.50mm 颗粒后的原试样中所占的百分率(%);

δ_{j0}、δ_{j1}、δ_{j2}、δ_{j3}——公称粒级分别为 160～315μm、315～630μm、630μm～1.25mm、1.25～2.50mm 各粒级的分计质量损失百分率(%)。

10.12　碱活性试验(快速法)

10.12.1　概述

碱活性骨料是指能在一定条件下与混凝土中的碱发生化学反应导致混凝土产生膨胀、开裂甚至破坏的骨料。

本试验依据《普通混凝土用砂、石质量及检验方法标准》(JGJ 52—2006)编制而成,适用于在 1mol/L 氢氧化钠溶液中浸泡试样 14d 以检验硅质骨料与混凝土中的碱产生潜在反应的危害性,不适用于碱碳酸盐反应活性骨料检验。

10.12.2　仪器设备

1)烘箱:温度控制范围为 105℃±5℃。

2)天平:称量为 1000g,感量为 1g。

3)试验筛:筛孔公称直径为 160μm、315μm、630μm、1.25mm、2.50mm、5.00mm 的方孔筛各一只。

4)测长仪:测量范围为 280～300mm,精度为 0.01mm。

5)水泥胶砂搅拌机。

6)恒温养护箱或水浴:温度控制范围为 80℃±2℃。

7)养护筒:由耐碱耐高温的材料制成,不漏水,密封,防止容器内湿度下降,筒的容积可以保证试件全部浸没在水中。筒内设有试件架,试件垂直于试件架放置。

8)试模:金属试模,尺寸为 25mm×25mm×280mm,试模两端正中有小孔,装有不锈钢测头。

9)镘刀、捣棒、量筒、干燥器等。

10.12.3 试样制备

1)将砂试样缩分成约 5kg,按表 10-3 中所示级配及比例组合成试验用料,并将试样洗净烘干或晾干备用。

2)水泥应采用符合国家标准 GB 175 要求的普通硅酸盐水泥。水泥与砂的质量比为 1:2.25,水灰比为 0.47。试件规格 25mm×25mm×280mm,每组三条,称取水泥 440g、砂 990g。

表 10-3 砂级配及比例组合

公称粒级	5.00~2.50mm	2.50~1.25mm	1.25mm~630μm	630~315μm	315~160μm
分级质量(%)	10	25	25	25	15

注:对特细砂分级质量不作规定。

3)成型前 24h,将试验所用材料(水泥、砂、拌合用水等)放入 20℃±2℃ 的恒温室中。

4)将称好的水泥与砂倒入搅拌锅,应按国家标准 GB/T 17671 的规定进行搅拌。

5)搅拌完成后,将砂浆分两层装入试模内,每层捣 40 次,测头周围应填实,浇捣完毕后用镘刀刮除多余砂浆,抹平表面,并标明测定方向及编号。

10.12.4 试验步骤

1)将试件成型完毕后,带模放入标准养护室,养护 24h±4h 后脱模。

2)脱模后,将试件浸泡在装有自来水的养护筒中,并将养护筒放入温度 80℃±2℃ 的烘箱或水浴箱中养护 24h。同种骨料制成的试件放在同一个养护筒中。

3)将养护筒逐个取出。每次从养护筒取出一个试件,用抹布擦干表面,立即用测长仪测试试件的基长(L_0)。每个试件至少重复测试两次,取差值在仪器精度范围内的两个读数的平均值作为长度测定值(精确至 0.02mm),每次每个试件的测量方向应一致,待测的试件须用湿布覆盖,防止水分蒸发;从取出试件擦干到读数完成应在 15s±5s 内结束,读完数后的试件应用湿布覆盖。全部试件测完基准长度后,把试件放入装有浓度为 1mol/L 氢氧化钠溶液的养护筒中,并确保试件被完全浸泡。溶液温度应保持在 80℃±2℃,将养护筒放回烘箱或水浴箱中。用测长仪测定任一组试件长度时,均应先调整测长仪的零点。

4)自测定基准长度之日起,第 3d、7d、10d、14d 再分别测其长度(L_t)。测定方法与测基长方法相同。每次测量完毕后,应将试件调头放入原养护筒,盖好筒盖,放回 80℃±2℃ 的烘箱或水浴箱中,继续养护到下一个测试龄期。操作时防止氢氧化钠溶液溢溅,避免烧伤皮肤。

5)在测量时应观察试件的变形、裂缝、渗出物等,特别应观察有无胶体物质,并作详细记录。

10.12.5　试验结果

1)试件中的膨胀率应按式(10-15)计算:

$$\varepsilon_t = \frac{L_t - L_0}{L_0 - 2\Delta} \times 100\%$$

(10-15)

式中:ε_t——试件在 t 天龄期的膨胀率(%),精确至 0.01%;

L_t——试件在 t 天龄期的长度(mm);

L_0——试件的基长(mm);

Δ——测头长度(mm)。

2)以三个试件膨胀率的平均值作为某一龄期膨胀率的测定值。任一试件膨胀率与平均值均应符合下列规定:

1)当平均值小于或等于 0.05% 时,其差值均应小于 0.01%;

2)当平均值大于 0.05% 时,单个测值与平均值的差值均应小于平均值的 20%;

3)当三个试件的膨胀率均大于 0.10% 时,无精度要求;

4)当不符合上述要求时,去掉膨胀率最小的,用其余两个试件的平均值作为该龄期的膨胀率。

10.12.6　结果评定

1)当 14d 膨胀率小于 0.10% 时,可判为无潜在危害。

2)当 14d 膨胀率大于 0.20% 时,可判为有潜在危害。

3)当 14d 膨胀率为 0.10%~0.20% 时,应当按第 10.13 节的方法再进行试验判定。

10.13　碱活性试验(砂浆长度法)

10.13.1　概述

本方法依据《普通混凝土用砂、石质量及检验方法标准》(JGJ 52—2006)编制而成,适用于鉴定硅质骨料与水泥(混凝土)中的碱产生潜在反应的危害性,不适用于碱碳酸盐反应活性骨料检验。

10.13.2　仪器设备

1)量筒、秒表。

2)天平:称量为 2000g,感量为 2g。

3)试验筛:应符合第 10.1.2 小节的要求。

4)测长仪:测量范围为 280~300mm,精度为 0.01mm。

5)水泥胶砂搅拌机。

6)室温为 40℃±2℃的养护室。

7)养护筒:由耐碱耐高温的材料制成,不漏水,密封,防止容器内湿度下降,筒的容积可以保证试件全部浸没在水中。筒内设有试件架,试件垂直于试件架放置。

8)试模和测头:金属试模,尺寸为 25mm×25mm×280mm,试模两端正中有小孔,装有不锈钢测头,测头在此固定埋入砂浆。

9)镘刀及截面为 14mm×13mm、长为 120～150mm 的钢制捣棒。

10)跳桌:应符合行业标准 JC/T 958 的要求。

10.13.3　试样制备

1)制作试件的材料应符合下列规定。

(1)将砂试样缩分成约 5kg,按表 10-3 中所示级配及比例组合成试验用料,并将试样洗净烘干或晾干备用。

(2)水泥应使用高碱水泥,含碱量为 1.2%;低于此值时,掺浓度为 10% 的氢氧化钠溶液,将碱含量调至水泥量的 1.2%。

2)制作试件用的砂浆配比应符合下列规定:水泥与砂的质量比为 1:2.25。每组三个试件,共需水泥 440g、砂 990g,砂浆用水量应按国家标准 GB/T 2419 确定,跳桌次数改为 6s 跳动 10 次,以流动度为 105～120mm 为准。

3)试件按下列方法制作:

(1)成型前 24h,将试验所用材料(水泥、砂、拌合用水等)放入 20℃±2℃的恒温室中;

(2)将称好的水泥与砂倒入搅拌锅,应按国家标准 GB/T 17671 的规定进行搅拌;

(3)搅拌完成后,将砂浆分两层装入试模内,每层捣 40 次,测头周围应填实,浇捣完毕后用镘刀刮除多余砂浆,抹平表面,并标明测定方向及编号。

10.13.4　试验步骤

1)将试件成型完毕后,带模放入标准养护室,养护 24h±4h 后脱模(当试件强度较低时,可延至 48h 脱模)。脱模后立即测量试件的基长(L_0)。测长应在 20℃±2℃的恒温室中进行,每个试件至少重复测试两次,取差值在仪器精度范围内的两个度数的平均值作为长度测定值(精确至 0.02mm)。待测的试件须用湿布覆盖,以防止水分蒸发。

2)测量后将试件放入养护筒中,盖严后放入温度 40℃±2℃的养护室里养护(一个筒内的品种应相同)。

3)自测定基准长度之日起,第 14d、1 月、2 月、3 月、6 月再分别测其长度(L_t)。在测长前一天,应把养护筒从 40℃±2℃的养护室中取出,放入 20℃±2℃的恒温室。试件测定方法与测基长方法相同,测量完毕后,应将试件调头放入原养护筒,盖好筒盖,放回 40℃±2℃的养护室中,继续养护到下一个测试龄期。

4)在测量时应观察试件的变形、裂缝、渗出物等,特别应观察有无胶体物质,并作详细记录。

10.13.5　试验结果

1)试件中的膨胀率按式(10-15)计算,精确至 0.01%。

2)以三个试件膨胀率的平均值作为某一龄期膨胀率的测定值。任一试件膨胀率与平均值均应符合第 10.12.5 小节的规定。

10.13.6 结果评定

当砂浆 6 个月膨胀率小于 0.10% 或 3 个月的膨胀率小于 0.05%(只有在缺少 6 个月膨胀率时才有效)时,则判为无潜在危害;否则,应判为有潜在危害。

10.14 硫化物和硫酸盐含量试验

10.14.1 概述

本试验依据《普通混凝土用砂、石质量及检验方法标准》(JGJ 52—2006)编制而成,适用于测定砂中硫酸盐及硫化物含量(按 SO_3 百分含量计算)。

10.14.2 仪器设备和试剂

1)天平和分析天平:天平,称量为 1000g,感量为 1g;分析天平,称量为 100g,感量为 0.0001g。

2)高温炉:最高温度为 1000℃。

3)试验筛:筛孔公称直径为 80μm 的方孔筛一只。

4)瓷坩埚。

5)其他仪器:烧瓶、烧杯等。

6)10%(W/V)氯化钡溶液:10g 氯化钡溶于 100mL 蒸馏水中。

7)盐酸(1+1):浓盐酸溶于同体积的蒸馏水中。

8)1%(W/V)硝酸银溶液:1g 硝酸银溶于 100mL 蒸馏水中,并加入 5~10mL 硝酸,存于棕色瓶中。

10.14.3 试样制备

样品经缩分至不少于 10g,置于温度为 105℃±5℃ 的烘箱中,烘干至恒重,冷却至室温后,研磨至全部通过筛孔公称直径为 80μm 的方孔筛,备用。

10.14.4 试验步骤

1)用分析天平精确称取砂粉试样 1g(m),放入 300mL 的烧杯中,加入 30~40mL 蒸馏水及 10mL 的盐酸(1+1),加热至微沸,并保持微沸 5min,试样充分分解后取下,以中速滤纸过滤,用温水洗涤 10~12 次。

2)调整滤液体积至 200mL,煮沸,搅拌同时滴加 10mL 10% 的氯化钡溶液,并将溶液煮沸数分钟,然后移至温热处静置至少 4h(此时溶液体积应保持在 200mL),用慢速滤纸过滤,用温水洗到无氯根反应(用硝酸银溶液检验)。

3)将沉淀及滤纸一并移入已灼烧至恒重的瓷坩埚(m_1)中,灰化后在 800℃ 的高温炉内灼烧 30min。取出坩埚,置于干燥器中冷却至室温,称量,如此反复灼烧,直至恒重(m_2)。

10.14.5　试验结果

1)硫化物及硫酸盐含量(以SO_3计)应按式(10-16)计算:

$$w_{SO_3} = \frac{(m_2 - m_1) \times 0.343}{m} \times 100\%$$ (10-16)

式中:w_{SO_3}——硫酸盐含量(%),精确至 0.01%;

　　m——试样质量(g);

　　m_1——瓷坩埚的质量(g);

　　m_2——瓷坩埚质量和试样总质量(g);

　　0.343——$BaSO_4$换算成SO_3的系数。

2)以两次试验的算术平均值作为测定值,当两次试验结果之差大于 0.15%时,须重做试验。

10.15　轻物质含量试验

10.15.1　概述

轻物质:砂中表观密度小于 $2000kg/m^3$ 的物质。

本试验依据《普通混凝土用砂、石质量及检验方法标准》(JGJ 52—2006)编制而成,适用于测定砂中轻物质的近似含量。

10.15.2　仪器设备和试剂

1)烘箱:温度控制范围为 105℃±5℃。

2)天平:称量为 1000g,感量为 1g。

3)量具:量杯(容量为 1000mL)、量筒(容量为 250mL)、烧杯(容量为 150mL)各一只。

4)比重计:测定范围为 1.0~2.0。

5)网篮:内径和高度均为 70mm,网孔孔径不大于 150μm(可用坚固性检验用的网篮,也可用孔径为 150μm 的筛)。

6)试验筛:筛孔公称直径为 5.00mm 和 315μm 的方孔筛各一只。

7)氯化锌:化学纯。

10.15.3　试样制备

1)称取经缩分的试样约 800g,在温度为 105℃±5℃的烘箱中烘干至恒重,冷却后将粒径大于公称粒径 5.00mm 和小于公称粒径 315μm 的颗粒筛去,然后称取每份为 200g 的试样两份备用。

2)配制密度为 1950~2000kg/m³ 的重液:向 1000mL 的量杯中加水至 600mL 刻度处,再加入 1500g 氯化锌,用玻璃棒搅拌使氯化锌全部溶解,待冷却至室温后,将部分溶液倒入

250mL 量筒中测其密度。

3)如溶液密度小于要求值,则将它倒回量杯,再加入氯化锌,溶解并冷却后测其密度,直至溶液密度满足要求为止。

10.15.4 试验步骤

1)将上述试样一份(m_0)倒入盛有重液(约 500mL)的量杯中,用玻璃棒充分搅拌,使试样中的轻物质与砂分离,静置 5min 后,将浮起的轻物质连同部分重液倒入网篮中,轻物质留在网篮中,而重液通过网篮流入另一容器,倾倒重液时应避免带出砂粒,一般当重液表面与砂表面相距 20~30mm 时即停止倾倒,流出的重液倒回盛试样的量杯中,重复上述过程,直至无轻物质浮起为止。

2)用清水洗净留存于网篮中的物质,然后将它倒入烧杯,在 105℃±5℃ 的烘箱中烘干至恒重,称取轻物质与烧杯的总质量(m_1)。

10.15.5 试验结果

1)砂中轻物质的含量 w_1 应按式(10-17)计算:

$$w_1 = \frac{m_1 - m_2}{m_0} \times 100\% \qquad (10-17)$$

式中:w_1——砂中轻物质含量(%),精确到 0.1%;

m_1——烘干的轻物质与烧杯的总质量(g);

m_2——烧杯的质量(g);

m_0——试验前烘干的试样质量(g)。

2)以两次试验结果的算术平均值作为测定值。

10.16 有机物含量试验

10.16.1 概述

本试验依据《普通混凝土用砂、石质量及检验方法标准》(JGJ 52—2006)编制而成,适用于近似地判断天然砂中有机物含量是否会影响混凝土质量。

10.16.2 仪器设备

1)天平:称量为 1000g,感量为 1g;称量为 100g,感量为 0.1g。

2)量筒:容量为 250mL、100mL、10mL。

3)烧杯、玻璃棒和筛孔公称直径为 5.00mm 的方孔筛。

4)氢氧化钠溶液:氢氧化钠与蒸馏水的质量比为 3∶97。

5)鞣酸、酒精等。

10.16.3 试样制备与标准溶液配制

1)筛除样品中公称粒径为 5.00mm 以上颗粒,用四分法缩分至 500g,风干备用。

2)称取鞣酸粉 2g,溶解于 98mL 10%的酒精溶液中,即配得所需的鞣酸溶液;然后取该溶液 2.5mL,注入 97.5mL 3%的氢氧化钠溶液中,加塞后剧烈摇动,静置 24h,即配得标准溶液。

10.16.4 试验步骤

1)向 250mL 量筒中倒入试样至 130mL 刻度处,再注入 3%的氢氧化钠溶液至 200mL 刻度处,剧烈摇动后静置 24h。

2)比较试样上部溶液和新配制标准溶液的颜色,盛装标准溶液与盛装试样的量筒容积应一致。

10.16.5 结果评定

1)当试样上部溶液的颜色浅于标准溶液的颜色时,则试样的有机物含量判定合格。

2)当两种溶液的颜色接近时,则应将该试样(包括上部溶液)倒入烧杯中放在温度为 60~70℃的水浴锅中加热 2~3h,然后再与标准溶液比色。

3)当溶液的颜色深于标准溶液的颜色时,则应按下法进一步试验:取试样一份,用 3%的氢氧化钠溶液洗除有机杂质,再用清水淘洗干净,直至试样上部溶液颜色浅于标准溶液的颜色,然后用洗除有机质和未洗除的试样分别按国家标准 GB/T 17671 配制两种水泥砂浆,测定 28d 的抗压强度,当未经洗除有机杂质的砂的砂浆强度与经洗除有机物后砂的砂浆强度的比不低于 0.95 时,则此砂可以采用,否则不可采用。

10.17 贝壳含量试验

10.17.1 概述

本试验依据《普通混凝土用砂、石质量及检验方法标准》(JGJ 52—2006)编制而成,适用于检验海砂中的贝壳含量。

10.17.2 仪器设备和试剂

1)天平:称量为 1000g,感量为 1g;称量为 5000g,感量为 5g。

2)烘箱:温度控制范围为 105℃±5℃。

3)试验筛:筛孔公称直径 5.00mm 的方孔筛一只。

4)量筒:容量 1000mL。

5)搪瓷盆:直径约 200mm。

6)玻璃棒。

7)盐酸(1+5)溶液:由浓盐酸(相对密度为 1.18,质量分数为 26%~38%)和蒸馏水按

1∶5 的比例配制而成。

　　8)烧杯:容量 2000mL。

10.17.3　试样制备

　　将样品缩分至不少于 2400g,置于温度为 105℃±5℃的烘箱中烘干至恒重,冷却至室温后,过筛孔公称直径为 5.00mm 的方孔筛后,称取 500g(m_1)试样两份,先按本章 10.2 节测出砂的含泥量w_c,再将试样放入烧杯中备用。

10.17.4　试验步骤

　　在盛有试样的烧杯中加入盐酸(1+5)溶液 900mL,不断用玻璃棒搅拌,使其反应完全。待溶液中不再有气体产生后,再加少量盐酸(1+5)溶液,若再无气体生成则表明反应已完全。否则,应重复上一步骤,直至无气体产生为止。然后进行第五次清洗,清洗过程中要避免砂粒丢失。洗净后,置于温度为 105℃±5℃的烘箱中,取出冷却至室温,称重(m_2)。

10.17.5　试验结果

　　1)砂中贝壳含量w_b应按式(10-18)计算:

$$w_b = \frac{m_1 - m_2}{m_1} \times 100\% - w_c \qquad (10-18)$$

式中:w_b——砂中贝壳含量(%),精确至 0.1%;

　　　m_1——试样总量(g);

　　　m_2——试样除去贝壳后的质量(g);

　　　w_c——含泥量(%)。

　　2)以两次试验结果的算术平均值作为测定值,当两次结果之差超过 0.5%时,应重新取样进行试验。

第11章 粗骨料

11.1 颗粒级配试验(筛分析法)

11.1.1 概述

级配是描述集料中各粒径颗粒逐级分布状况的一项指标,通过筛分试验确定集料的级配状况。

本试验依据《普通混凝土用砂、石质量及检验方法标准》(JGJ 52—2006)编制而成,适用于测定碎石或卵石的颗粒级配。

11.1.2 仪器设备

1)试验筛:筛孔公称直径为 100.0mm、80.0mm、63.0mm、50.0mm、40.0mm、31.5mm、25.0mm、20.0mm、16.0mm、10.0mm、5.00mm 和 2.50mm 的方孔筛以及筛的底盘和盖各一只,其规格和质量要求应符合国家标准 GB/T 6003.2 的要求,筛框直径为 300mm。

2)天平和秤:天平的称量为 5kg,感量为 5g;秤的称量为 20kg,感量为 20g。

3)烘箱:温度控制范围为 105℃±5℃。

4)浅盘。

11.1.3 试样制备

试样的制备应符合下列规定:试验前,应将样品缩分至表 11-1 所规定的试样最少质量,并烘干或风干后备用。

表 11-1 筛分析所需试样的最少质量

公称粒径(mm)	10.0	16.0	20.0	25.0	31.5	40.0	63.0	80.0
试样最少质量(kg)	2.0	3.2	4.0	5.0	6.3	8.0	12.6	16.0

11.1.4 试验步骤

1)按表 11-1 的规定称取试样。

2)将试样按筛孔大小顺序过筛,当每只筛上的筛余层厚度大于试样的最大粒径时,应将该筛上的筛余试样分成两份,再次进行筛分,直至各筛每分钟的通过量不超过试样总量的 0.1% 为止。

3)称取各筛筛余的质量,精确至试样总量的 0.1%,各筛的分计筛余量与筛底剩余量的总和与筛分前测定的试样总量相比,其相差不得超过 1%。

注意:当筛余试样的颗粒粒径比公称粒径大 20mm 以上时,在筛分过程中,允许用手拨动颗粒。

11.1.5 试验结果

1)计算分计筛余百分率,即各筛上的筛余量与试样总质量之比,精确至 0.1%。

2)计算累计筛余百分率,即该筛的分计筛余与筛孔大于该筛的各筛的分计筛余百分率之总和,精确至 1%。

3)根据各筛的累计筛余,评定该试样的颗粒级配。

11.2 含泥量试验

11.2.1 概述

含泥量即砂、石中公称粒径小于 $80\mu m$ 颗粒的含量。

本试验依据《普通混凝土用砂、石质量及检验方法标准》(JGJ 52—2006)编制而成,适用于测定碎石或卵石的含泥量。

11.2.2 仪器设备

含泥量试验应采用下列仪器设备:

1)秤:称量为 20kg,感量为 20g;

2)烘箱:温度控制范围为 $105℃±5℃$;

3)试验筛:筛孔公称直径为 1.25mm 及 $80\mu m$ 的方孔筛各一只;

4)容器:容积约 10L 的瓷盘或金属盒;

5)浅盘。

11.2.3 试样制备

将样品缩分至表 11-2 所规定的量(注意防止细粉丢失),并置于温度为 $105℃±5℃$ 的烘箱内烘干至恒重,冷却至室温后分成两份备用。

表 11-2 含泥量试验所需的试样最少质量

最大公称粒径(mm)	10.0	16.0	20.0	25.0	31.5	40.0	63.0	80.0
试样量最少质量(kg)	2	2	6	6	10	10	20	20

11.2.4 试验步骤

1)称取试样一份(m_0)装入容器中摊平,并注入饮用水,使水面高出石子表面 150mm;浸泡 2h 后,用手在水中淘洗颗粒,使尘屑、淤泥和黏土与较粗颗粒分离,并使之悬浮或溶解于水。缓缓地将浑浊液倒入公称直径为 1.25mm 及 80μm 的方孔套筛(1.25mm 筛放置于上面)上,滤去小于 80μm 的颗粒。试验前筛子的两面应先用水湿润。在整个试验过程中应注意避免大于 80μm 的颗粒丢失。

2)再次加水于容器中,重复上述过程,直至洗出的水清澈为止。

3)用水冲洗剩留在筛上的细粒,并将公称直径为 80μm 的方孔筛放在水中(使水面略高出筛内颗粒)来回摇动,以充分洗除小于 80μm 的颗粒。然后将两只筛上剩留的颗粒和筒中已洗净的试样一并装入浅盘,置于温度为 105℃±5℃ 的烘箱中烘干至恒重。取出冷却至室温后,称取试样的质量(m_1)。

11.2.5　结果计算

1)碎石或卵石中含泥量 w_c 应按下式计算,精确至 0.1%:

$$w_c = \frac{m_0 - m_1}{m_0} \times 100\% \qquad (11-1)$$

式中:w_c——含泥量(%);

m_0——试验前烘干试样的质量(g);

m_1——试验后烘干试样的质量(g)。

2)以两个试样试验结果的算术平均值作为测定值。两次结果之差大于 0.2% 时,应重新取样进行试验。

11.3　泥块含量试验

11.3.1　概述

泥块含量即石中公称粒径大于 5.00mm,经水洗、手捏后变成小于 2.50mm 的颗粒的含量。

本试验依据《普通混凝土用砂、石质量及检验方法标准》(JGJ 52—2006)编制而成,适用于测定碎石或卵石中泥块的含量。

11.3.2　仪器设备

1)秤:称量为 20kg,感量为 20g。

2)烘箱:温度控制范围为 105℃±5℃。

3)试验筛:筛孔公称直径为 2.50mm 及 5.00mm 的方孔筛各一只。

4)水筒及浅盘等。

11.3.3　试样制备

试样制备应符合下列规定:将样品缩分至略大于表 11-2 所示的量,缩分时应防止所含黏土块被压碎;缩分后的试样在 105℃±5℃烘箱内烘至恒重,冷却至室温后分成两份备用。

11.3.4 试验步骤

1)筛去公称粒径 5.00mm 以下颗粒,称取质量(m_1);

2)将试样在容器中摊平,加入饮用水使水面高出试样表面,24h 后把水放出,用手碾压泥块,然后把试样放在公称直径为 2.50mm 的方孔筛上摇动淘洗,直至洗出的水清澈为止;

3)将筛上的试样小心地从筛里取出,置于温度为 105℃±5℃烘箱中烘干至恒重,然后取出冷却至室温后称取质量(m_2)。

11.3.5 试验结果

1)泥块含量按式(11-2)计算:

$$w_{c,L} = \frac{m_1 - m_2}{m_1} \times 100\%$$ (11-2)

式中:$w_{c,L}$——泥块含量(%);

m_1——公称直径 5mm 筛上筛余量(g);

m_2——试验后烘干试样的质量(g)。

2)以两个试样试验结果的算术平均值作为测定值。

11.4 压碎值指标试验

11.4.1 概述

压碎值指标即碎石或卵石抵抗压碎的能力。

本试验依据《普通混凝土用砂、石质量及检验方法标准》(JGJ 52—2006)编制而成,适用于测定碎石或卵石抗压碎的能力,以间接地推测其相应的强度。

11.4.2 仪器设备

1)压力试验机:荷载为 300kN。

2)压碎值指标测定仪(见图 11-1)。

3)秤:称量为 5kg,感量为 5g。

4)试验筛:筛孔公称直径为 10.0mm 和 20.0mm 的方孔筛各一只。

11.4.3 试样制备

1)标准试样一律采用公称粒级为 10.0~20.0mm 的颗粒,并在风干状态下进行试验;

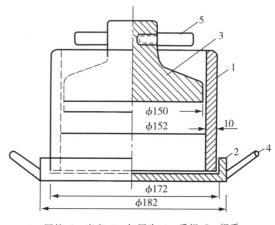

1—圆筒;2—底盘;3—加压头;4—手把;5—把手。

图 11-1 压碎值指标测定仪

2)对多种岩石组成的卵石,当其公称粒径大于 20.0mm 颗粒的岩石矿物成分与 10.0～20.0mm 粒级有显著差异时,应将大于 20.0mm 的颗粒应经人工破碎后,筛取 10.0～20.0mm 标准粒级另外进行压碎值指标试验;

3)将缩分后的样品先筛除试样中公称粒径 10.0mm 以下及 20.0mm 以上的颗粒,再用针状和片状规准仪剔除针状和片状颗粒,然后称取每份 3kg 的试样 3 份备用。

11.4.4　试验步骤

1)置圆筒于底盘上,取试样一份,分两层装入圆筒;每装完一层试样后,在底盘下面垫放一直径为 10mm 的圆钢筋,将筒按住,左右交替颠击地面各 25 下;第二层颠实后,试样表面距盘底的高度应控制为 100mm 左右。

2)整平筒内试样表面,把加压头装好(注意应使加压头保持平正),放到试验机上在 160～300s 内均匀地加荷到 200kN,稳定 5s,然后卸荷,取出测定筒,接着倒出筒中的试样并称其质量(m_0),用公称直径为 2.50mm 的方孔筛筛除被压碎的细粒,称量剩留在筛上的试样质量(m_1)。

11.4.5　试验结果

1)碎石或卵石的压碎值指标δ_a,应按式(11-3)计算:

$$\delta_a = \frac{m_0 - m_1}{m_0} \times 100\% \tag{11-3}$$

式中:δ_a——压碎值指标(%),精确至 0.1%;

m_0——试样的质量(g);

m_1——压碎试验后筛余的试样质量(g)。

2)多种岩石组成的卵石,应对公称粒径 20.0mm 以下和 20.0mm 以上的标准粒级(10.0～20.0mm)分别进行检验,则其总的压碎值指标δ_a应按式(11-4)计算:

$$\delta_a = \frac{\alpha_1 \delta_{a1} + \alpha_2 \delta_{a2}}{\alpha_1 + \alpha_2} \times 100\% \tag{11-4}$$

式中:δ_a——总的压碎值指标(%);

α_1、α_2——公称粒径 20.0mm 以下和 20.0mm 以上两粒级的颗粒含量百分率;

δ_{a1}、δ_{a2}——两粒级以标准粒级试验的分计压碎值指标(%)。

3)以三次试验结果的算术平均值作为压碎指标测定值。

11.5　针片状颗粒含量试验

11.5.1　概述

凡岩石颗粒的长度大于该颗粒所属粒级的平均粒径 2.4 倍者为针状颗粒;厚度小于平均粒径 40% 者为片状颗粒。平均粒径指粒级上、下限粒径的平均值。

本试验依据《普通混凝土用砂、石质量及检验方法标准》(JGJ 52—2006)编制而成,适用于测定碎石或卵石针状和片状颗粒的总含量。

11.5.2 仪器设备

1)针状规准仪(见图 11-2)和片状规准仪(见图 11-3),或游标卡尺。

2)天平和秤:天平的称量为 2kg、感量为 2g、秤的称量为 20kg、感量为 20g。

3)试验筛:筛孔公称直径分别为 5.00mm、10.0mm、20.0mm、25.0mm、31.5mm、40.0mm、63.0mm 和 80.0mm 的方孔筛各一只,根据需要选用。

4)卡尺。

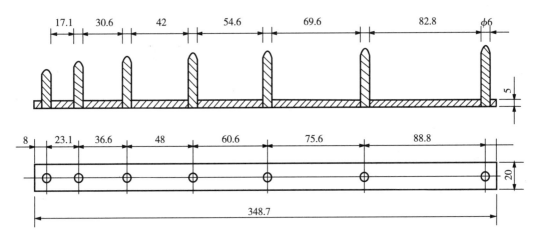

图 11-2　针状规准仪(单位:mm)

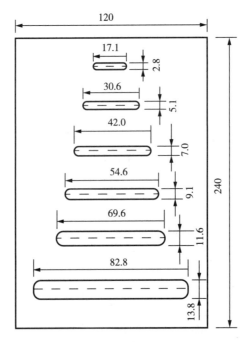

图 11-3　片状规准仪(单位:mm)

11.5.3 试样制备

试样制备应符合下列规定：将样品在室内风干至表面干燥，并缩分至表 11-3 规定的量，称量(m_0)，然后筛分成表 11-4 所规定的粒级备用。

表 11-3 针状和片状颗粒的总含量试验所需的试样最少质量

最大公称粒径(mm)	10.0	16.0	20.0	25.0	31.5	≥40.0
试样最少质量(kg)	0.3	1	2	3	5	10

表 11-4 针状和片状颗粒的总含量试验的粒级划分及其相应的规准仪孔宽或间距

公称粒级(mm)	5.00~10.0	10.0~16.0	16.0~20.0	20.0~25.0	25.0~31.5	31.5~40.0
片状规准仪上相对应的孔宽(mm)	2.8	5.1	7.0	9.1	11.6	13.8
针状规准仪上相对应的间距(mm)	17.1	30.6	42.0	54.6	69.6	82.8

11.5.4 试验步骤

1)按表 11-4 所规定的粒级用规准仪逐粒对试样进行鉴定，凡颗粒长度大于针状规准仪上相对应的间距的，为针状颗粒，厚度小于片状规准仪上相应孔宽的，为片状颗粒。

2)公称粒径大于 40mm 的可用游标卡尺鉴定其针片状颗粒，游标卡尺卡口的设定宽度应符合表 11-5 的规定。

3)称取由各粒级挑出的针状和片状颗粒的总质量(m_1)。

表 11-5 公称粒径大于 40mm 用游标卡尺卡口的设定宽度

公称粒级(mm)	40.0~63.0	63.0~80.0
片状颗粒的卡口宽度(mm)	18.1	27.6
针状颗粒的卡口宽度(mm)	108.6	165.6

11.5.5 试验结果

碎石或卵石中针状和片状颗粒的总含量 w_p 应按下式计算，精确至 1%：

$$w_p = \frac{m_1}{m_0} \times 100\%$$
(11-5)

式中：w_p——针状和片状颗粒的总含量(%)；

m_1——试样中所含针状和片状颗粒的总质量(g)；

m_0——试验总质量(g)。

11.6　坚固性试验

11.6.1　概述

坚固性是指骨料在气候、环境变化或其他物理因素作用下抵抗破裂的能力。

本试验依据《普通混凝土用砂、石质量及检验方法标准》(JGJ 52—2006)编制而成,适用于以硫酸钠饱和溶液法间接地判断碎石或卵石的坚固性。

11.6.2　仪器设备和试剂

1)烘箱:温度控制范围为 105℃±5℃。

2)台秤:称量为 5kg,感量为 5g。

3)试验筛:根据试样粒级,按表 11-6 选用。

表 11-6　坚固性试验所需的各粒级试样量

公称粒级(mm)	5.00~10.0	10.0~20.0	20.0~40.0	40.0~63.0	63.0~80.0
试样重(g)	500	1000	1500	3000	3000

注:(1)公称粒级为 10.0~20.0mm 试样中,应含有 40% 的 10.0~16.0mm 粒级颗粒、60% 的 16.0~20.0mm 粒级颗粒。

(2)公称粒级为 20.0~40.0mm 的试样中,应含有 40% 20.0~31.5mm 粒级颗粒、60% 的 31.5~40.0mm 粒级颗粒。

4)容器:搪瓷盆或瓷盆,容积不小于 50L。

5)三脚网篮:网篮的外径为 100mm,高为 150mm,采用网孔公称直径不大于 2.50mm 的网,网是由铜丝制成。检验公称粒径为 40.0~80.0mm 的颗粒时,应采用外径和高度均为 150mm 的网篮。

6)无水硫酸钠。

11.6.3　硫酸钠溶液配制及试样制备

1)硫酸钠溶液的配制:取一定数量的蒸馏水(取决于试样及容器的大小);加温至 30~50℃,每 1000mL 蒸馏水加入无水硫酸钠(Na_2SO_4)300~350g,用玻璃棒搅拌,使其溶解至饱和,然后冷却至 20~25℃。在此温度下静置两昼夜,其密度保持在 1151~1174kg/m³ 内。

2)试样的制备:将样品按表 11-6 的规定分级,并分别擦洗干净,放入 105~110℃的烘箱内烘 24h,取出并冷却至室温,然后按表 11-6 对各粒级规定的量称取试样(m_1)。

11.6.4　试验步骤

1)将所称取的不同粒级的试样分别装入三脚网篮并浸入盛有硫酸钠溶液的容器中。溶液体积应不小于试样总体积的 5 倍,其温度保持在 20~25℃;三脚网篮浸入溶液时应先上下升降 25 次以排除试样中的气泡,然后静置于该容器中;此时,网篮底面应距容器底面约

30mm(由网篮脚控制),网篮之间的间距应不小于 30mm,试样表面至少应在液面以下 30mm。

2)浸泡 20h 后,从溶液中提出网篮,放在 105℃±5℃的烘箱中烘 4h,至此,完成了第一个试验循环。待试样冷却至 20~25℃后,即开始第二次循环。从第二次循环开始,浸泡及烘烤时间均可为 4h。

3)第五次循环完后,将试样置于 25~30℃的清水中洗净硫酸钠,再在 105℃±5℃的烘箱中烘至恒重;取出冷却至室温后,用筛孔孔径为试样粒级下限的筛过筛,并称取各粒级试样试验后的筛余量(m'_i)。

注意:试样中硫酸钠是否洗净可按以下方法检验:取洗试样的水数毫升,滴入少量氯化钡($BaCl_2$)溶液,如无白色沉淀,即说明硫酸钠已被洗净。

4)对公称粒径大于 20.0mm 的试样部分,应在试验前后记录其颗粒数量,并作外观检查,描述颗粒的裂缝、开裂、剥落、掉边和掉角等情况所占颗粒数量,以作为分析其坚固性时的补充依据。

11.6.5 试验结果

1)试样中各粒级颗粒的分计质量损失百分率δ_{ji}应按下式计算:

$$\delta_{ji} = \frac{m_i - m'_i}{m_i} \times 100\% \tag{11-6}$$

式中:δ_{ji}——各粒级颗粒的分计质量损失百分率(%);

m_i——各粒级试样试验前的烘干质量(g);

m'_i——经硫酸钠溶液法试验后,各粒级筛余颗粒的烘干质量(g)。

2)试样的总质量损失百分率δ_j将应按下式计算:

$$\delta_j = \frac{\alpha_1 \delta_{j1} + \alpha_2 \delta_{j2} + \alpha_3 \delta_{j3} + \alpha_4 \delta_{j4} + \alpha_5 \delta_{j5}}{\alpha_1 + \alpha_2 + \alpha_3 + \alpha_4 + \alpha_5} \times 100\% \tag{11-7}$$

式中:δ_j——总质量损失百分率(%),精确至 1%;

α_1、α_2、α_3、α_4、α_5——试样中公称粒级分别为 5.00~10.0mm、10.0~20.0mm、20.0~40.0mm、40.0~63.0mm、63.0~80.0mm 的分计百分含量(%);

δ_{j1}、δ_{j2}、δ_{j3}、δ_{j4}、δ_{j5}——各粒级的分计质量损失百分率(%)。

11.7 碱活性试验(快速法)

11.7.1 概述

碱活性骨料是能在一定条件下与混凝土中的碱发生化学反应导致混凝土产生膨胀、开裂甚至破坏的骨料。

本试验依据《普通混凝土用砂、石质量及检验方法标准》(JGJ 52—2006)编制而成,适用于检验硅质骨料与混凝土中的碱产生潜在反应的危害性,不适用于碳酸盐骨料检验。

11.7.2　仪器设备

1)烘箱:温度控制范围为 105℃±5℃。

2)台秤:称量为 5000g,感量为 5g。

3)试验筛:筛孔公称直径为 5.00mm、2.50mm、1.25mm、630μm、315μm、160μm 的方孔筛各一只。

4)测长仪:测量范围为 280～300mm,精度为 0.01mm。

5)水泥胶砂搅拌机:应符合国家标准 JC/T 681 的要求。

6)恒温养护箱或水浴:温度控制范围为 80℃±2℃。

7)养护筒:由耐碱耐高温的材料制成,不漏水,密封,防止容器内温度下降,筒的容积可以保证试件全部浸没在水中,同时筒内设有试件架,试件垂直于试架放置。

8)试模:金属试模尺寸为 25mm×25mm×280mm,试模两端正中有小孔,可装入不锈钢测头。

9)镘刀、捣棒、量筒、干燥器等。

10)破碎机。

11.7.3　试样制备

1)将试样缩分成约 5kg,把试样破碎后筛分成按表 10-3 中级配及比例组合成试验用料,并将试样洗净烘干或晾干备用。

2)水泥采用符合国家标准 GB 175 要求的普通硅酸盐水泥,水泥与砂的质量比为 1:2.25,水灰比为 0.47,每组试件称取水泥 440g,石料 990g。

3)将称好的水泥与砂倒入搅拌锅,应按 GB/T 17671 规定的方法进行。

4)搅拌完成后,将砂浆分两层装入试模内,每层捣 40 次,测头周围应填实,浇捣完毕后用镘刀刮除多余砂浆,抹平表面,并标明测定方向。

11.7.4　试验步骤

1)将试件成型完毕后,带模放入标准养护室,养护 24h±4h 后脱模。

2)脱模后,将试件浸泡在装有自来水的养护筒中,并将养护筒放入温度为 80℃±2℃的恒温养护箱或水浴箱中,养护 24h,同种骨料制成的试件放在同一个养护筒中。

3)然后将养护筒逐个取出,每次从养护筒中取出一个试件,用抹布擦干表面,立即用测长仪测试件的基长(L_0),测长应在 20℃±2℃恒温室中进行,每个试件至少重复测试两次,取差值在仪器精度范围内的两个读数的平均值作为长度测定值(精确至 0.02mm),每次每个试件的测量方向应一致,待测的试件须用湿布覆盖,以防止水分蒸发;从取出试件擦干到读数完成应在 15s±5s 内结束,读完数后的试件用湿布覆盖;全部试件测完基长后,将试件放入装有浓度为 1mol/L 氢氧化钠溶液的养护筒中,确保试件被完全浸泡,且溶液温度应保持在 80℃±2℃,将养护筒放回恒温养护箱或水浴箱中。

注意:用测长仪测定任一组试件的长度时,均应先调整测长仪的零点。

4)自测定基长之日起,第 3d、7d、14d 再分别测长(L_t),测长方法与测基长方法一致。测量完毕后,应将试件调头放入原养护筒中,盖好筒盖放回 80℃±2℃的恒温养护箱或水浴箱中,继续养护至下一测试龄期;操作时应防止氢氧化钠溶液溢溅烧伤皮肤。

5)在测量时应观察试件的变形、裂缝和渗出物等,特别应观察有无胶体物质,并作详细记录。

11.7.5　试验结果

1)试件的膨胀率按式(11-8)计算:

$$\varepsilon_t = \frac{L_t - L_0}{L_0 - 2\Delta} \times 100\%$$

(11-8)

式中:ε_t——试件在 t 天龄期的膨胀率(%),精确至 0.01%;

　　L_0——试件的基长(mm);

　　L_t——试件在 t 天龄期的长度(mm);

　　Δ——测头长度(mm)。

2)以三个试件膨胀率的平均值作为某一龄期膨胀率的测定值。

3)任一试件膨胀率与平均值应符合下列规定:

(1)当平均值小于或等于 0.05% 时,单个测值与平均值的差值均应小于 0.01%;

(2)当平均值大于 0.05% 时,单个测值与平均值的差值均应小于平均值的 20%;

(3)当三个试件的膨胀率均大于 0.10% 时,无精度要求;

(4)当不符合上述要求时,去掉膨胀率最小的,用其余两个试件膨胀率的平均值作为该龄期的膨胀率。

11.7.6　结果评定

1)当 14d 膨胀率小于 0.10% 时,可判定为无潜在危害。

2)当 14d 膨胀率大于 0.20% 时,可判定为有潜在危害。

3)当 14d 膨胀率为 0.10%～0.20% 时,需按碎石或卵石的碱活性试验(砂浆长度法)再进行试验判定。

11.8　表观密度试验(标准法)

11.8.1　概述

表观密度即骨料颗粒单位体积(包括内封闭孔隙)的质量。

本试验依据《普通混凝土用砂、石质量及检验方法标准》(JGJ 52—2006)编制而成,适用于测定碎石或卵石的表观密度。

11.8.2　仪器设备

1)液体天平:称量为 5kg,感量为 5g,其型号及尺寸应能允许在臂上悬挂盛试样的吊篮,并在水中称重(见图 11-4)。

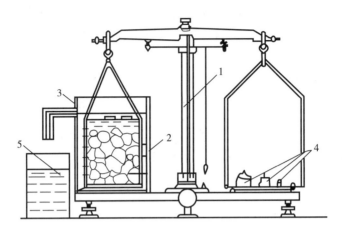

1—5kg天平;2—吊篮;3—带有溢流孔的金属容器;4—砝码;5—容器。

图11-4　液体天平

2)吊篮:直径和高度均为150mm,由孔径为1~2mm的筛网或钻有孔径为2~3mm孔洞的耐锈蚀金属板制成。

3)盛水容器:有溢流孔。

4)烘箱:温度控制范围为105℃±5℃。

5)试验筛:筛孔公称直径为5.00mm的方孔筛一只。

6)温度计:0~100℃。

7)带盖容器、浅盘、刷子和毛巾等。

11.8.3　试样制备

试验前,将样品筛除公称粒径5.00mm以下的颗粒,并缩分至略大于表11-7所规定的最少质量的两倍,冲洗干净后分成两份备用。

表11-7　表观密度试验所需的试样最少质量

最大公称粒径(mm)	10.0	16.0	20.0	25.0	31.5	40.0	63.0	80.0
试样最少质量(kg)	2.0	2.0	2.0	2.0	3.0	4.0	6.0	6.0

11.8.4　试验步骤

1)按表11-7的规定称取试样。

2)取试样一份装入吊篮,并浸入盛水的容器中,水面至少高出试样50mm。

3)浸水24h后,移放到称量用的盛水容器中,并用上下升降吊篮的方法排除气泡(试样不得露出水面),吊篮每升降一次约为1s,升降高度为30~50mm。

4)测定水温(此时吊篮应全浸在水中),用天平称取吊篮及试样在水中的质量(m_2),称量时盛水容器中水面的高度由容器的溢流孔控制。

5)提起吊篮,将试样置于浅盘中,放入105℃±5℃的烘箱中烘干至恒重,取出来放在带盖的容器中冷却至室温后,称重(m_0)。

6)称取吊篮在同样温度的水中质量(m_1),称量时盛水容器的水面高度仍应由溢流口控制。

注意:试验的各项称重可以在 15~25℃ 的温度下进行,但从试样加水静置的最后 2h 起直至试验结束,其温度相差不应超过 2℃。

11.8.5　试验结果

1)表观密度 ρ 应按下式计算:

$$\rho=(\frac{m_0}{m_0+m_1-m_2}-\alpha_t)\times1000 \tag{11-9}$$

式中:ρ——表观密度(kg/m^3),精确至 $10kg/m^3$;

　　m_0——试样的烘干质量(g);

　　m_1——吊篮在水中的质量(g);

　　m_2——吊篮及试样在水中的质量(g);

　　α_t——水温对表观密度影响的修正系数(见表 11-8)。

表 11-8　不同水温下碎石或卵石的表观密度影响的修正系数

水温(℃)	15	16	17	18	19	20	21	22	23	24	25
α_t	0.002	0.003	0.003	0.004	0.004	0.005	0.005	0.006	0.006	0.007	0.008

2)以两次试验结果的算术平均值作为测定值。当两次结果之差大于 $20kg/m^3$ 时,应重新取样进行试验。对颗粒材质不均匀的试样,两次试验结果之差大于 $20kg/m^3$ 时,可取四次测定结果的算术平均值作为测定值。

11.9　堆积密度、紧密密度及空隙率试验

11.9.1　概述

堆积密度即骨料在自然堆积状态下单位体积的质量。紧密密度即骨料按规定方法颠实后单位体积的质量。

本试验依据《普通混凝土用砂、石质量及检验方法标准》(JGJ 52—2006)编制而成,适用于测定碎石或卵石的堆积密度、紧密密度及空隙率。

11.9.2　仪器设备

1)秤:称量为 100kg,感量为 100g。

2)容量筒:金属制,其规格见表 11-9 所列。

3)平头铁锹。

4)烘箱:温度控制范围为 105℃±5℃。

表 11-9　容量筒的规格要求

碎石或卵石的最大公称粒径(mm)	容量筒容积(L)	容量筒规格(mm)		筒壁厚度(mm)
		内径	净高	
10.0,16.0,20.0,25	10	208	294	2
31.5,40.0	20	294	294	3
63.0,80.0	30	360	294	4

注:测定紧密密度时,对最大公称粒径为 31.5mm、40.0mm 的骨料,可采用 10L 的容量筒,对最大公称粒径为 63.0mm、80.0mm 的骨料,可采用 20L 容量筒。

11.9.3　试样制备

按表 11-10 的规定称取试样,放入浅盘,在 105℃±5℃的烘箱中烘干,也可摊在清洁的地面上风干,拌匀后分成两份备用。

表 11-10　试验所需碎石或卵石的最小取样质量

试验项目	最大公称粒径(mm)							
	10.0	16.0	20.0	25.0	31.5	40.0	63.0	80.0
最小取量质量(kg)	40	40	40	40	80	80	120	120

11.9.4　试验步骤

1)堆积密度:取试样一份,置于平整干净的地板(或铁板)上,用平头铁锹铲起试样,使石子自由落入容量筒内,此时,从铁锹的齐口至容量筒上口的距离应保持为 50mm 左右;装满容量筒除去凸出筒口表面的颗粒,并以合适的颗粒填入凹陷部分,使表面稍凸起部分和凹陷部分的体积大致相等,称取试样和容量筒总质量(m_2)。

2)紧密密度:取试样一份,分三层装入容量筒;装完一层后,在筒底垫放一根直径为 25mm 的钢筋,将筒按住并左右交替颠击地面各 25 下,然后装入第二层;第二层装满后,用同样方法颠实(但筒底所垫钢筋的方向应与第一层放置方向垂直),然后再装入第三层,如法颠实;待三层试样装填完毕后,加料直到试样超出容量筒筒口,用钢筋沿筒口边缘滚转,刮下高出筒口的颗粒,用合适的颗粒填平凹处,使表面稍凸起部分和凹陷部分的体积大致相等;称取试样和容量筒总质量(m_2)。

11.9.5　试验结果

1)堆积密度(ρ_L)或紧密密度(ρ_c)按下式计算:

$$\rho_L(\rho_c) = \frac{m_2 - m_1}{V} \times 1000 \qquad (11-10)$$

式中:ρ_L——堆积密度(kg/m^3),精确至 $10kg/m^3$;

ρ_c——紧密密度(kg/m^3);

m_1——容量筒的质量(kg);

m_2——容量筒和试样总质量(kg);

　　V——容量筒的体积(L)。

2)以两次试验结果的算术平均值作为测定值。

3)空隙率(ν_L、ν_c)按式(11-11)和式(11-12)计算,精确至 1%:

$$\nu_L = \left(1 - \frac{\rho_L}{\rho}\right) \times 100\% \tag{11-11}$$

$$\nu_c = \left(1 - \frac{\rho_c}{\rho}\right) \times 100\% \tag{11-12}$$

式中:ν_L、ν_c——空隙率(%);

　　ρ_L——碎石或卵石的堆积密度(kg/m^3);

　　ρ_c——碎石或卵石的紧密密度(kg/m^3);

　　ρ——碎石或卵石的表观密度(kg/m^3)。

11.9.6　容量筒容积校正

容量筒容积的校正应以 20℃±5℃ 的饮用水装满容量筒,用玻璃板沿筒口滑移,使其贴紧水面,擦干筒外壁水分后称取质量。筒的容积按式(11-13)计算:

$$V = m_2' - m_1' \tag{11-13}$$

式中:V——容积筒容积(L);

　　m_1'——容积筒和玻璃板质量(kg);

　　m_2'——容积筒、玻璃板和水的总质量(kg)。

第 12 章　轻集料及石灰

12.1　轻集料筒压强度试验

12.1.1　概述

轻集料为堆积密度不大于 $1200kg/m^3$ 的粗、细集料的总称。

试验用的轻集料试样,均应在恒温温度为 105～110℃ 的条件下干燥至恒量。当试样干燥至恒量时,相邻两次称量的时间间隔不得小于 2h。当相邻两次称量值之差不大于该项试验要求的精度时,则称为恒量值。

轻集料的取样要求如下。

1)应从每批产品中随机抽取具有代表性的试样。

2)初次抽取的试样应不少于 10 份,其总料量应多于试验用料量(5L)的一倍。

3)初次抽取试样应符合下列要求。

(1)生产企业中进行常规检验时,应在通往料仓或料堆的运输机的整个宽度上,在一定的时间间隔内抽取。

(2)对均匀料堆进行取样时,以 $400m^3$ 为一批,不足一批者亦以一批论。试样可从料堆锥体从上到下的不同部位、不同方向任选 10 个点抽取,但要注意避免抽取离析的及面层的材料。

(3)从袋装料和散装料(车、船)抽取试样时,应从 10 个不同位置和高度(或料袋)中抽取。

(4)抽取的试样拌合均匀后,按四分法缩减到试验所需的用料量(5L)。

本试验依据《轻集料及其试验方法　第 1 部分:轻集料》(GB/T 17431.1—2010)、《轻集料及其试验方法　第 2 部分:轻集料试验方法》(GB/T 17431.2—2010)等编制而成,适用于用承压筒法测定轻粗集料颗粒的平均相对强度指标。

12.1.2　仪器设备

1)承压筒:由圆柱形筒体、导向筒和冲压模三部分组成。筒体可用无缝钢管制作,有足够刚度,筒体内表面和冲压模底面须经渗碳处理,筒体可拆,并装有把手。冲压模外表面有刻度线,以控制装料高度和压入深度。导向筒用以导向和防止偏心。

2)压力机:根据筒压强度的大小选择合适吨位的压力机,测定值的大小宜在所选压力机表盘最大读数的 20%～80%。

3)托盘天平:最大称量为 5kg(感量为 5g)。

4)干燥箱。

12.1.3　试验步骤

1)筛取 10～20mm 公称粒级(粉煤灰陶粒允许按 10～15mm 公称粒级;超轻陶粒按 5～10mm 或 5～20mm 公称粒级)的试样 5L,其中 10～15mm 公称粒级的试样的体积含量应占 50%～70%。

2)按要求用带筒底的承压筒装试样至高出筒口,放在混凝土试验振动台上振动 3s,再装试样至高出筒口,放在振动台上振动 5s,齐筒口刮(或补)平试样。

3)装上导向筒和冲压模,使冲压模的下刻度线与导向筒的上缘对齐。把承压筒放在压力机的下压板上,对准压板中心,以每秒 300～500N 的速度匀速加荷。当冲压模压入深度为 20mm 时,记下压力值。

12.1.4　试验结果

1)轻集料的筒压强度按式(12-1)计算:

$$f_a = (P_1 + P_2)/F \qquad (12-1)$$

式中:f_a——粗集料的筒压强度(MPa),计算精确至 0.1MPa;

P_1——压入深度为 20mm 时的压力值(N);

P_2——冲压模质量(N);

F——承压面积,即冲压模面积 $F=10000mm^2$。

2)粗集料的筒压强度以三次测定值的算术平均值作为试验结果。若三次测定值中最大值和最小值之差大于平均值的 15%,应重新取样进行试验。

12.2　轻集料堆积密度

12.2.1　概述

本试验依据《轻集料及其试验方法　第 1 部分:轻集料》(GB/T 17431.1—2010)、《轻集料及其试验方法　第 2 部分:轻集料试验方法》(GB/T 17431.2—2010)等编制而成,适用于测定轻集料在自然堆积状态下单位体积的质量。

12.2.2　仪器设备

1)电子秤:最大称量为 30kg(感量为 1g),也可最大称量为 60kg(感量为 2g)。

2)容量筒:金属制,容积为 10L、5L,内部尺寸可根据容积大小取直径与高度相等;粗集料用 10L 的容量筒,细集料用 5L 的容量筒。

3)干燥箱。

4)直尺、取样勺或料铲等。

12.2.3　试验步骤

取粗集料 30～40L 或细集料 15～20L,放入干燥箱内干燥至恒量,将其分成两份备用。

用取样勺或料铲将试样从离容器口上方 50mm 处(或采用标准漏斗)均匀倒入,让试样自然落下,不得碰撞容量筒。装满后使容量筒口上部试样成锥体,然后用直尺沿容量筒边缘从中心向两边刮平,表面凹陷处用粒径较小的集料填平后,称量。

12.2.4　试验结果

1)堆积密度按式(12-2)计算:

$$\rho_{bu} = \frac{(m_t - m_v) \times 1000}{V} \tag{12-2}$$

式中:ρ_{bu}——堆积密度(kg/m^3),计算精确至 $1kg/m^3$;

　　m_t——试样和容量筒的总质量(kg);

　　m_v——容量筒的质量(kg);

　　V——容量筒的容积(L)。

2)以两次测定值的算术平均值作为试验结果。

12.3　轻集料吸水率试验

12.3.1　概述

本试验依据《轻集料及其试验方法　第 1 部分:轻集料》(GB/T 17431.1—2010)、《轻集料及其试验方法　第 2 部分:轻集料试验方法》(GB/T 17431.2—2010)等编制而成,适用于测定干燥状态轻粗集料 1h 或 24h 的吸水率。

12.3.2　仪器设备

1)托盘天平:最大称量为 1kg(感量为 1g)。
2)干燥箱。
3)筛子:筛孔为 2.36mm。
4)容器、搪瓷盘及毛巾等。

12.3.3　试验步骤

1)取试样 4L,用筛孔为 2.36mm 的筛子过筛。取筛余物干燥至恒重,备用。
2)把试样拌合均匀,分成三等份,分别称重,然后放入盛水的容器中。如有颗粒漂浮于水上,应将其压入水中。
3)试样浸水 1h 或 24h 后,取出,倒入 2.36mm 的筛子上,滤水 1~2min。然后倒在拧干的湿毛巾上,用手握住毛巾两端,使其成为槽形,让集料在毛巾上来回滚动 8~10 次后,倒入搪瓷盘里。将试样制成饱和面干,然后称量。

12.3.4　试验结果

1)粗集料吸水率按式(12-3)计算:

$$w_a = \frac{m_0 - m_1}{m_1} \times 100\%　\qquad (12-3)$$

式中：w_a——粗集料 1h 或 24h 吸水率（%），计算精确至 0.1%；

　　　m_0——浸水试样质量（g）；

　　　m_1——烘干试样质量（g）。

2）以三次测定值的算术平均值作为试验结果。

12.4　轻集料平均粒型系数试验

12.4.1　概述

本试验依据《轻集料及其试验方法　第 1 部分：轻集料》（GB/T 17431.1—2010）、《轻集料及其试验方法　第 2 部分：轻集料试验方法》（GB/T 17431.2—2010）等编写而成，适用于测定轻粗集料颗粒的长向最大尺寸与中间截面最小尺寸，以计算其粒型系数。

12.4.2　仪器设备

1）游标卡尺。

2）容器：容积为 1L。

12.4.3　试验步骤

1）取试样 1～2L，用四分法缩分，随机拣出 50 粒。

2）用游标卡尺量取每个颗粒的长向最大值和中间截面处的最小尺寸，精确至 1mm。

12.4.4　试验结果

1）每颗的粒型系数按式（12-4）计算：

$$K'_e = D_{max}/D_{min}　\qquad (12-4)$$

式中：K'_e——每颗集料的粒型系数，计算精确至 0.1；

　　　D_{max}——粗集料颗粒长向最大尺寸（mm）；

　　　D_{min}——粗集料颗粒中间截面的最小尺寸（mm）。

2）粗集料的平均粒型系数按式（12-5）计算：

$$K_e = \frac{\sum_{i=1}^{n} K'_{e,i}}{n}　\qquad (12-5)$$

式中：K_e——粗集料的平均粒型系数；

　　　$K'_{e,i}$——某一颗粒的粒型系数；

　　　n——被测试样的颗粒数，$n = 50$。

3）以两次测定值的算术平均值作为试验结果。

12.5　轻集料筛分析试验

12.5.1　概述

本试验依据《轻集料及其试验方法　第1部分:轻集料》(GB/T 17431.1—2010)、《轻集料及其试验方法　第2部分:轻集料试验方法》(GB/T 17431.2—2010)等编制而成,适用于测定轻集料的颗粒级配及细度模数。

12.5.2　仪器设备

1)干燥箱。

2)台秤:称量粗集料用10kg台秤(感量为5g);称量细集料用5kg的托盘天平(感量为5g)。

3)套筛:符合GB/T 6003.1和GB/T 6003.2要求的方孔筛,孔径为37.5mm、31.5mm、26.5mm、19.0mm、16.0mm、9.50mm和4.75mm共计7种,并附有筛底和筛盖;筛分细集料的方孔筛孔径为9.50mm、4.75mm、2.36mm、1.18mm、600μm、300μm和150um共计7种,并附有筛底和筛盖。套筛直径应为300mm。

4)摇筛机:电动振动筛,振幅为5mm±0.1mm,频率为50Hz±3Hz。

5)搪瓷盘、毛刷和量筒。

12.5.3　试验步骤

1)取粗集料10L(集料最大粒径小于或等于19.0mm时)或20L(集料最大粒径大于19.0mm时),细集料2L,置于干燥箱中干燥至恒量。然后分成二等份,分别称取试样质量。

2)筛子按孔径从小到大顺序叠置,孔径最小者置于最下层,附上筛底,将一份试样倒入最上层筛里,上加筛盖,顺序过筛。

3)筛分粗集料,当每号筛上筛余层的厚度大于该试样的最大粒径时,应分两次筛,直至各筛每分钟通过量不超过试样总量的0.1%;超过试样总量的0.1%时,应重新试验。

4)细集料的筛分可先将套筛用振动摇筛机过筛10min后,取下,再逐个用手筛,也可直接用手筛,直至每分钟通过量不超过试样总量的0.1%时即可。试样在各号筛上的筛余量均不得超过0.4L;否则,应将该筛余试样分成两份,再次进行筛分,并以其筛余量之和作为该号筛的筛余量。

5)称取每号筛的筛余量。所有各筛的分计筛余量和筛底中剩余量的总和,与筛分前的试样总量相比,相差不得超过1%;超过1%时,应重新试验。

12.5.4　试验结果

1)计算分计筛余百分率——每号筛上的筛余量除以试样总量的质量百分率,计算精确至0.1%。

2)计算累计筛余百分率——每号筛上的分计筛余百分率与大于该号筛的各号筛上的分

计筛余百分率之和,计算精确至 1%。

3)根据各筛的累计筛余百分率,按 GB/T 17431.1 评定轻集料的颗粒级配。

4)轻细集料的细度模数按式(12-6)计算:

$$M_x = \frac{(A_2 + A_3 + A_4 + A_5 + A_6) - 5A_1}{100 - A_1} \tag{12-6}$$

式中:M_x——细度模数,计算精确至 0.1;

$A_1, A_2, \cdots, A_6$——4.75mm,2.36mm,$\cdots$,150μm 孔径筛上的累计筛余百分率。

5)以两次测定值的算术平均值作为试验结果。两次测定值所得的细度模数之差大于 0.20 时,应重新取样进行试验。

12.6　石灰有效氧化钙和氧化镁含量测定

12.6.1　概述

化学分析用建筑生石灰和建筑消石灰的取样按 JC/T 620 石灰取样方法进行。取样和制样操作过程要尽可能快,避免吸收空气中的二氧化碳和湿气,样品要储存在密封的容器中。氢氧化钙干基试样指氢氧化钙在 600℃下焙烧 2h 所得样品。

若要确定灼烧残渣是否已达到恒重残渣和坩埚,应在规定温度和时间下灼烧,在干燥器中冷却到室温,然后称量。再把残渣和坩埚在同样温度下重新灼烧至少 30min,在干燥器中冷却相同时间达到室温,再称重。反复灼烧、称量,直至连续两次质量之差不大于 0.2mg 为止。此时即可认为已达到恒重。每次灼烧间隔时间应为 5min。

本方法是在石灰的系统分析中,分离氧化硅及沉淀铁、铝等氢氧化物后,通过 EDTA 滴定,分别测定氧化钙和氧化镁含量。本方法也可以直接用盐酸分解,除去二氧化硅和酸不溶物后,通过 EDTA 滴定分别测定氧化钙和氧化镁含量。

假使干扰元素大量存在,会干扰测定,这种干扰可以加络合剂或屏蔽剂,如三乙醇胺加以屏蔽。

测定氧化钙,可用氢氧化钾溶液调节试液 pH 为 12~12.5,采用羟基萘酚蓝作指示剂,用 EDTA 滴定到蓝色终点。

测定氧化镁,则加钙镁指示剂,用氢氧化铵-氯化铵缓冲溶液使试液 pH 保持在 10,滴定钙镁氧化物。从滴定消耗钙镁氧化物的 EDTA 溶液体积中减去滴定氧化钙消耗的 EDTA 溶液体积可计算氧化镁的含量。

本方法依据《建筑石灰试验方法　第 2 部分:化学分析方法》(JC/T 478.2—2013)等编制而成。

12.6.2　仪器设备

1)天平:量程为 200g,精度为 0.0001g。

2)玻璃容量器皿:容量瓶、烧杯、滴定管、移液管等。

3)干燥器:内置干燥剂。

4)滤纸:无灰快速、中速、慢速滤纸。

5)坩埚:瓷坩埚或铂金坩埚。

6)高温炉:温度可调,最高使用温度为1000℃。

7)烘箱:温度可调,最高使用温度为300℃。

8)磁力搅拌器。

9)二氧化碳测定装置。

12.6.3 准备工作

1. 试剂

1)乙二胺四乙酸二钠(EDTA)溶液的质量浓度 $\rho_{EDTA}=4g/L$:在水中溶解 4g EDTA,稀释至 1L。

2)氢氧化钾(KOH)标准溶液的量浓度 $c_{KOH}=1mol/L$:在 1L 蒸馏水中溶解 56g KOH。

3)氢氧化铵-氯化铵(NH₄OH-NH₄Cl)缓冲溶液(pH 4.5):在 300mL 蒸馏水中溶解 67.5g NH₄Cl,加 570mL NH₄OH,稀释到 1L。

4)羟基萘酚蓝(钙指示剂)。

5)钙镁指示剂。

6)盐酸(1+1)。

7)盐酸(1+9)。

8)三乙醇胺[N(CH₂CH₂OH)₃](1+2)。

9)钙标准溶液(每毫升含有 1.00mg CaO):称 1.785g 基准标准物质 CaCO₃ 溶解于 HCl (1+9),用蒸馏水稀释到 1L。

10)镁标准溶液(每毫升含有 1.00mg MgO):称 0.603g 金属镁屑溶解于 HCl 中,用蒸馏水稀释到 1L。

11)甲基红溶液(2g/L):用 1L 95%的乙醇溶解 2g 甲基红指示剂。

12)饱和溴水。

2. 标定

1)标准氧化钙溶液标定。用移液管吸取 10mL 标准 CaO 溶液,放入锥形瓶中,并加 100mL 蒸馏水。为防止沉淀出钙,加约 10mL EDTA 滴定液,用约 15mL KOH(1mol/L)溶液,调整 pH 为 12~12.5 并搅拌。加 0.2~0.3g 羟基萘酚蓝指示剂滴定到蓝色终点。CaO 溶液的滴定度按式(12-7)计算。滴定 3 个以上等分试样,取平均值来计算 CaO 溶液的滴定度。

$$T_{(CaO/EDTA)}=\frac{10\times\rho_{CaO}}{V_1} \tag{12-7}$$

式中:$T_{(CaO/EDTA)}$——CaO 溶液的滴定度,每毫升 EDTA 标准滴定溶液相当于氧化钙的毫克数(mg/mL);

ρ_{cao}——钙标准溶液质量浓度,每毫升钙标准溶液含 1.00mg 氧化钙(mg/mL);

V_1——EDTA 标准滴定溶液滴定时消耗的体积(mL)。

2)标准氧化镁溶液标定。用移液管吸取 10mL 标准 MgO(1.00mg/mL)溶液至锥形瓶中,并加 100mL 蒸馏水。用 10mL $NH_4OH - NH_4Cl$ 缓冲溶液调节 pH 到 10,加 0.3～0.4g 钙镁指示剂。用 EDTA 滴定,颜色从红色变成深蓝色,到达终点(蓝色保持至少 30s)。MgO 溶液的滴定度按式(12 - 8)计算。滴定 3 个以上个等分试液,取平均值来计算 MgO 溶液的滴定度。

$$T_{(MgO/EDTA)} = \frac{10 \times \rho_{MgO}}{V_2} \qquad (12-8)$$

式中:$T_{(MgO/EDTA)}$——MgO 溶液的滴定度,每毫升 EDTA 标准滴定溶液相当于氧化镁的毫克数(mg/mL);

ρ_{MgO}——镁标准溶液质量浓度,每毫升镁标准溶液含 1.00mg 氧化镁(mg/mL);

V_2——EDTA 标准滴定溶液滴定时消耗的体积(mL)。

12.6.4　试验步骤

1. 制作滤液

1)称 0.5g 试样(若测试消石灰,在称样之前需将消石灰样品在 600℃下,焙烧 2h,成干基试样)(m),加到 250mL 烧杯中,加 10mL 盐酸(1+1),在加热板上仔细蒸干。溶解残渣于 25mL 盐酸(1+9)中,用水稀释到约 100mL,在较低温度下溶解 15min,冷却后转移到 250mL 容量瓶中,稀释到刻度,混合均匀,让其沉降,用中速滤纸过滤,滤液作氧化钙和氧化镁测定。

2)若用酸不溶物测定中所得滤液来测定钙、镁氧化物,则先加 10～15mL 盐酸到滤液中再加 1mL 饱和溴水到滤液中,以氧化部分还原的铁,煮沸滤液,消除多余的溴水。然后加水至 200～250mL,加几滴甲基红溶液,加热至沸,再加氢氧化铵(1+1)至溶液呈明显黄色,再加 1 滴使之过量。加热含沉淀物的溶液至沸,煮沸 50～60s,停止加热使沉淀沉降(不超过 5min),在沉淀或加热时,若颜色消退,则再加 1～2 滴指示剂,在过滤前,滤液应为明显黄色,否则再加氢氧化铵(1+1)使之变黄。用中速滤纸过滤,并用 20g/L 的氯化铵热溶液立即洗涤沉淀物 2～3 次,将两次过滤的带沉淀物滤纸放入已称量的坩埚中,慢慢加热直至滤纸炭化,最后在 1050～1100℃温度下灼烧至恒重,计算此质量占原试样质量的百分比可得出混合氧化物(铁、铝、磷、钛、锰)的含量。

3)搁置滤液,用 40mL 热盐酸(1+3)溶解滤纸上的沉淀,热酸通过滤纸进入原来进行沉淀操作的烧杯中。先用热盐酸(1+9),后用热水充分洗涤滤纸。煮沸溶液,用氢氧化铵(1+1)沉淀出氢氧化物(如上所述步骤)。用新的中速滤纸过滤,用 20g/L 的氯化铵热溶液立即洗涤沉淀物至少 8 次,合并两次滤液用盐酸酸化滤液,转移到 250mL 容量瓶中,用蒸馏水稀释到刻度并混匀,供氧化钙和氧化镁分析用。

2. 滴定氧化钙

选择以上两种方法中任一种所制备的 250mL 容量瓶中滤液,用移液管吸取 20mL 滤液至锥形瓶中,用水稀释到 150mL,用约 30mL 氢氧化钾溶液(1mol/L)调节 pH 到 12 并搅拌,若试样中已知含显著量(大于 1%)的铁、锰和重金属,则添加 10mL 三乙醇胺(1+2)。添加 0.2～0.3g 羟基萘酚蓝指示剂,滴定至明亮的蓝色终点。

3. 滴定氧化镁

从 250mL 容量瓶中,用移液管吸取 20mL 滤液,转入锥形瓶中,用 100mL 水稀释,加入约 20mL NH_4OH-NH_4Cl 缓冲液调节 pH 到 10,并搅拌。添加 2～3 滴 KCN(20g/L)溶液,或 10mL 三乙醇胺,加等量的钙滴定时所消耗的 EDTA 标准溶液毫升数,然后再加入约 0.4g 钙镁指示剂用 EDTA($\rho_{EDTA}=4g/L$)溶液滴定到蓝色终点,为氧化钙和氧化镁总的滴定量。从总滴定量中减去钙的 EDTA 滴定量,即得氧化镁的滴定量。

12.6.5　试验结果

1)按式(12-9)计算氧化钙含量:

$$CaO(\%)=\frac{T_{(CaO/EDTA)}\times V_3\times 12.5}{m_1\times 1000}\times 100=\frac{T_{(CaO/EDTA)}\times V_3\times 1.25}{m_1} \qquad (12-9)$$

式中: $T_{(CaO/EDTA)}$——氧化钙溶液的滴定度(mg/mL);

V_3——EDTA 标准滴定溶液滴定消耗的体积(mL);

m_1——样品质量(g);

12.5——全部试样溶液与分取试样溶液的体积比。

2)MgO 滴定所消耗的 EDTA 标准溶液的体积按式(12-10)计算:

$$V_5=V_4-V_3 \qquad (12-10)$$

式中: V_5——相当于 MgO 滴定所消耗的 EDTA 标准溶液的体积(mL);

V_4——滴定 CaO+MgO 所消耗的 EDTA 标准溶液的体积(mL);

V_3——滴定 CaO 所消耗的 EDTA 标准溶液的体积(mL)。

3)按式(12-11)计算氧化镁含量:

$$MgO(\%)=\frac{T_{(MgO/EDTA)}\times V_5\times 12.5}{m_1\times 1000}\times 100=\frac{T_{(MgO/EDTA)}\times V_5\times 1.25}{m_1} \qquad (12-11)$$

式中: $T_{(MgO/EDTA)}$——氧化镁溶液的滴定度(mg/mL);

V_5——EDTA 标准滴定溶液滴定消耗的体积(mL);

m_1——样品质量(g);

12.5——全部试样溶液与分取试样溶液的体积比。

12.7　石灰未消化残渣含量测定

12.7.1　概述

生石灰产浆量是生石灰与足够量的水作用,在规定时间内产生的石灰浆的体积,以升/10 千克(L/10kg)表示,同时计算出未消化残渣含量。

本方法依据《建筑石灰试验方法　第 1 部分:物理试验方法》(JC/T 478.1—2013)等编制而成。

12.7.2　仪器设备

1)生石灰消化器:生石灰消化器是由耐石灰腐蚀的金属制成的带盖双层容器,两层容器壁之间的空隙有保温材料矿渣棉填充。生石灰消化器每 2mm 高度产浆量为 1L/10kg。

2)玻璃量筒:500mL。

3)天平:量程为 1000g,精确度为 1g。

4)搪瓷盘:200mm×300mm。

5)钢板尺:量程为 300mm。

6)烘箱:最高温度为 200℃。

12.7.3　试验步骤

1)在消化器中加入 320mL±1mL 温度为 20℃±2℃的水,然后加入 200g±1g 生石灰(块状石灰则碾碎成小于 5mm 的粒子)(m)。慢慢搅拌混合物,然后根据生石灰的消化需要立刻加入适量的水。继续搅拌片刻后,盖上生石灰消化器的盖子。静置 24h 后,取下盖子,若此时消化器内,石灰膏顶面之上有不超过 40mL 的水,说明消化过程中加入的水量是合适的,否则调整加水量。测定石灰膏的高度,结果取四次测定的平均值(H),计算产浆量(X)。

2)提起消化器内筒用清水冲洗筒内残渣,至水流不浑浊(冲洗用清水仍倒入筛筒内,水总体积控制在 3000mL),将渣移入搪瓷盘内,在 100~105℃烘箱中,烘干至恒重,冷却至室温后用 5mm 圆孔筛筛分称量筛余物(m₁),计算未消化残渣含量(X₁)。

12.7.4　试验结果

1)以每 2mm 的浆体高度标识产浆量,按式(12-12)计算产浆量:

$$X = H/2 \tag{12-12}$$

式中:X——产浆量(L/10kg);

$\quad H$——四次测定的浆体高度平均值(mm)。

2)按式(12-13)计算未消化残渣含量:

$$X_1 = m_1/m \times 100 \tag{12-13}$$

式中:X_1——未消化残渣百分含量(%);

$\quad m_1$——未消化残渣质量(g);

$\quad m$——样品质量(g)。

12.8　石灰游离水测定

12.8.1　概述

当消石灰样品加热到 105℃,游离水逃逸,此温度下损失的质量百分数为消石灰游离水。本方法依据《建筑石灰试验方法　第 1 部分:物理试验方法》(JC/T 478.1—2013)等编制而成。

12.8.2　仪器设备

1)电子分析天平:量程为 200g,分度值为 0.1mg。

2)称量瓶:30mm×60mm。

3)烘箱:最高温度为 200℃。

12.8.3　试验步骤

称 5g 消石灰样品(m_1),精确到 0.0001g,放入称量瓶中,在 105℃±5℃烘箱内烘干到恒重后,立即放入干燥器中,冷却到室温(约需 20min),称量(m_2)。

12.8.4　试验结果

按式(12-14)计算消石灰游离水(w_F):

$$w_F = (m_1 - m_2)/m_1 \times 100 \qquad (12-14)$$

式中:w_F——消石灰游离水(%);

m_1——干燥前样品重(g);

m_2——干燥后样品重(g)。

12.9　石灰细度测定

12.9.1　概述

本方法通过测定生石灰粉(或消石灰)的筛余量,评定生石灰粉(或消石灰)的细度。

本方法依据《建筑石灰试验方法　第 1 部分:物理试验方法》JC/T 478.1—2013 等编制而成。

12.9.2　仪器设备

1)筛子:筛孔为 0.2mm 和 90μm 套筛,符合 GB/T 6003.1 的规格要求。

2)天平:量程为 200g,称量精确到 0.1g。

3)羊毛刷:4 号。

12.9.3　试验步骤

称 100g 样品(m),放在顶筛上。手持筛子往复摇动,不时轻轻拍打,摇动和拍打过程应保持近于水平,保持样品在整个筛子表面连续运动,用羊毛刷在筛面上轻刷,连续筛选直到 1min 通过的试样量不大于 0.1g,称量套装筛子每层筛子的筛余物(m_1、m_2),精确到 0.1g。

12.9.4　试验结果

按式(12-15)和式(12-16)计算细度:

$$X_1 = m_1/m \times 100 \qquad\qquad (12-15)$$

$$X_2 = (m_1 + m_2)/m \times 100 \qquad\qquad (12-16)$$

式中：X_1——0.2mm 方孔筛筛余百分含量（%）；

　　　X_2——90μm 方孔筛、0.2mm 方孔筛，两筛上的总筛余百分含量（%）；

　　　m_1——0.2mm 方孔筛筛余物质量（g）；

　　　m_2——90μm 方孔筛筛余物质量（g）；

　　　m——样品质量（g）。

第 13 章　钢筋、螺栓、锚具夹具及连接器

13.1　钢筋屈服强度试验

13.1.1　概述

屈服强度的定义:当金属材料呈现屈服现象时,在试验期间金属材料产生塑性变形而力不增加时的应力点。

屈服强度区分为上屈服强度和下屈服强度。

屈服强度检测原理:金属材料通过万能试验机拉伸,可从力-延伸曲线图或峰值力显示器测得,应力由该力除以试样的原始横截面积计算得到。

本试验依据《钢筋混凝土用钢　第 2 部分:热轧带肋钢筋》(GB/T 1499.2—2018)、《钢筋混凝土用钢　第 1 部分:热轧光圆钢筋》(GB/T 1499.1—2017)、《金属材料　拉伸试验 第 1 部分:室温试验方法》(GB/T 228.1—2021)、《钢筋混凝土用钢材试验方法》(GB/T 28900—2022)等编制而成。

13.1.2　仪器设备

至少达到 1 级精度要求的万能试验机(见图 13 - 1),根据钢筋规格选择相应量程的试验机。

13.1.3　试验方法

混凝土用钢热轧带肋钢筋和热轧光圆钢筋:上屈服强度的测定可从力-延伸曲线图或峰值力显示器测得,定义为力首次下降前的最大力值对应的应力,下屈服强度的测定可从力-延伸曲线图测得,定义为不计初始瞬时效应时屈服阶段中的最小力对应的应力,按下列"2. 检测步骤"进行。除非在相关产品标准中另有规定,对于拉伸性能(R_{eL} 或 $R_{P0.2}$、R_m)的计算,原始横截面积应采用公称横截面面积。

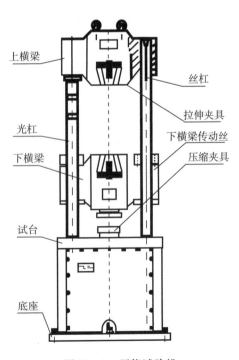

图 13 - 1　万能试验机

（图中标注：上横梁、丝杠、拉伸夹具、下横梁传动丝、压缩夹具、光杠、下横梁、试台、底座）

13.1.4　试验步骤

1)开机预热检查设备是否正常并记录使用记录,根据试样直径匹配对应夹头。

2)选择加载速率、试验方案及输入参数。

3)抽取相对应的试样。

4)将试样加紧上夹头,调整横梁移动到合适的位置,负荷清零,加紧下夹头进行拉伸试验直至试样断裂破坏,试验将自动结束。

5)取下试样机器卸压,保存并记录试验数据。

13.1.5　屈服强度计算

1)上屈服强度计算:R_{eH}(MPa)=实测上屈服力/公称截面积。

2)下屈服强度计算:R_{eL}(MPa)=实测下屈服力/公称截面积。

13.2　钢筋抗拉强度试验

13.2.1　概述

抗拉强度的定义:金属由均匀塑性形变向局部集中塑性变形过渡的临界值,也是金属在拉伸条件下的最大承载能力,符号为 R_m,单位为 MPa。

抗拉强度检测原理:金属材料通过万能试验机拉伸,可从力-延伸曲线图或峰值力显示器测得,应力由该力除以试样的原始横截面积计算得到。

本试验依据《钢筋混凝土用钢　第 2 部分:热轧带肋钢筋》(GB/T 1499.2—2018)、《钢筋混凝土用钢　第 1 部分:热轧光圆钢筋》(GB/T 1499.1—2017)、《金属材料　拉伸试验第 1 部分:室温试验方法》(GB/T 228.1—2021)、《钢筋混凝土用钢材试验方法》(GB/T 28900—2022)、《钢筋机械连接技术规程》(JGJ 107—2016)、《钢筋焊接及验收规程》(JGJ 18—2012)、《钢筋焊接接头试验方法标准》(JGJ/T 27—2014)等编制而成。

13.2.2　仪器设备

至少达到 1 级精度要求的万能试验机,根据钢筋规格选择相应量程的试验机。

13.2.3　试验方法

1)混凝土用钢热轧带肋钢筋和热轧光圆钢筋:抗拉强度的测定可从力-延伸曲线图或峰值力显示器测得,定义为相应最大力对应的应力,按下列"2. 检测步骤"进行,除非在相关产品标准中另有规定,对于拉伸性能(R_{eL} 或 $R_{P0.2}$、R_m)的计算,原始横截面积应采用公称横截面面积。

2)钢筋焊接:对试样进行轴向拉伸试验时,加载应连续平稳,试验速率应符合 GB/T

228.1 中的有关规定,将试样拉至断裂(或出现颈缩),自动采集最大力或从测力盘上读取最大力,也可从拉伸曲线图上确定试验过程中的最大力,按第 13.2.4 小节进行。

3)机械连接:测量接头试件的极限抗拉强度时,试验机夹头的分离速率宜采用每分钟 $0.05L_c$,L_c 为试验机夹头间的距离。现场抽检接头试件的极限抗拉强度试验应采用零到破坏的一次加载制度,按第 13.2.4 小节进行。

13.2.4　试验步骤

1)开机预热检查设备是否正常并记录使用记录,根据试样直径匹配对应夹头。

2)选择加载速率、试验方案及输入参数。

3)抽取相对应的试样。

4)将试样加紧上夹头,调整横梁移动到合适的位置,负荷清零,加紧下夹头进行拉伸试验直至试样断裂破坏,试验将自动结束。

5)取下试样机器卸压,保存并记录试验数据。

13.2.5　抗拉强度计算

抗拉强度按式(13-1)计算:

$$R_m = \frac{F_m}{S_o} \tag{13-1}$$

式中:R_m——抗拉强度(MPa);

　　　F_m——最大力(N);

　　　S_o——原始试样的钢筋公称横截面积(mm^2)。

13.3　钢筋断后伸长率试验

13.3.1　概述

钢材拉伸试验中,伸长率是用以表示钢材变形的重要参数。断后伸长率为试样拉伸断裂后的残余伸长量与原始标距之比(以百分率表示),它是表示钢材变形性能、塑性变形能力的重要指标,符号为 A,单位为%。

本试验依据《钢筋混凝土用钢　第 2 部分:热轧带肋钢筋》(GB/T 1499.2—2018)、《钢筋混凝土用钢　第 1 部分:热轧光圆钢筋》(GB/T 1499.1—2017)、《金属材料　拉伸试验　第 1 部分:室温试验方法》(GB/T 228.1—2021)、《钢筋混凝土用钢材试验方法》(GB/T 28900—2022)等编制而成。

13.3.2　仪器设备

至少达到 1 级精度要求的万能试验机,根据钢筋规格选择相应量程的试验机;钢筋标距仪,等分格标记的距离应为 10mm,如图 13-2 所示;游标卡尺,精度值为 0.01mm,如图 13-3 所示。

 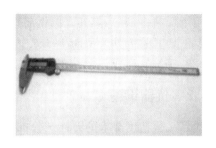

图 13-2 钢筋标距仪　　　　　　　　图 13-3 游标卡尺

13.3.3 试验方法

1)除非在相关产品标准中另有规定,测定断后伸长率(A)时,原始标距应为产品公称直径(d)的 5 倍。

2)为了测定断后伸长率,应将试样断裂的部分仔细地配接在一起使其轴线处于同一直线上,并采取特别措施确保试样断裂部分适当接触后测量试样断后标距。这对小横截面试样和低伸长率试样尤为重要。测量出的断后标距的残余伸长($L_u - L_0$)与原始标距 L_0 之比,以百分数表示。

3)应使用分辨力足够的量具或测量装置测定断后伸长量($L_u - L_0$),并准确到 ± 0.25mm。

13.3.4 断后伸长率计算

断后伸长率按式(13-2)计算:

$$A = \frac{L_u - L_0}{L_0} \times 100 \qquad\qquad (13-2)$$

式中:L_0——原始标距;

　　　L_u——断后标距。

13.4 钢筋最大力下总延伸率试验

13.4.1 概述

钢材拉伸试验中,应力或拉伸力达到最大值时的原始标距伸长量与原始标距之比,称为最大力总伸长率(以百分率表示),符号为 A_{gt},单位为%。

钢筋的最大力总延伸率技术要求是保证钢筋在使用过程中不会出现断裂或变形的重要指标。钢筋的最大力总延伸率可以通过拉伸试验来进行检测。具体方法是将钢筋固定在试验机上,施加逐渐增大的拉力,直至钢筋断裂为止。在试验过程中,可以通过测量钢筋的长度变化来计算出其最大力总延伸率。

本试验依据《钢筋混凝土用钢　第 2 部分:热轧带肋钢筋》(GB/T 1499.2—2018)、《钢筋混凝土用钢　第 1 部分:热轧光圆钢筋》(GB/T 1499.1—2017)、《金属材料　拉伸试验　第 1 部分:室温试验方法》(GB/T 228.1—2021)、《钢筋混凝土用钢材试验方法》(GB/T 28900—2022)等编制而成。

13.4.2　仪器设备

至少达到 1 级精度要求的万能试验机,根据钢筋规格选择相应量程的试验机如图 13 - 1 所示;钢筋标距仪,等分格标记的距离应为 10mm 如图 13 - 2 所示;游标卡尺,精度值为 0.01mm 如图 13 - 3 所示。

13.4.3　试验方法

1)对于最大力总延伸率(A_{gt})的测定,应采用引伸计法或 GB/T 28900 中规定的手工法测定。当有争议时,应采用手工法计算。

2)如果通过引伸计来测量 A_{gt},采用 GB/T 228.1 测定时应修正使用,即 A_{gt} 应在力值从最大值落下超过 0.2% 之前被记录。

注意:本规定旨在避免因采用不同方法测定(手工法与引伸计法)带来的差异,普遍认为,使用引伸计得出的 A_{gt} 平均值比手动法测量的值低。

3)当采用手工法测定 A_{gt} 时(见图 13 - 4),A_{gt} 应按照相关公式进行测定。其中,断后均匀伸长率 A_r 的测定方式进行。除非另有规定,原始标距(L_0')应为 100mm。当试样断裂后,选择较长的一段试样测量断后标距(L_u'),并按式(13 - 3)计算 A_r,其中断口和标距之间的距离(r_2)至少为 50mm 或 2d(选择较大者)。若夹持部位和标距之间的距离(r_1)小于 20mm 或 d(选择较大者)时,该试验可视为无效。

$$A_r = \frac{L_u' - L_0'}{L_0'} \times 100 \tag{13 - 3}$$

式中:L_0'——手工法测定 A_{gt} 时的断后标距(mm);

　　　L_u'——手工法测定 A_{gt} 时的原始标距(mm)。

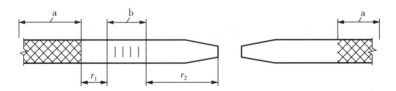

a—夹持部位;b—手工法测定 A_{gt} 时的断后标距(L_u');
r_1—手工测定 A_{gt} 时夹持部位和断后标距(L_u')之间的距离;
r_2—手工测定 A_{gt} 时断口和断后标距(L_u')之间的距离。
图 13 - 4　用手工法测定 A_{gt} 示意

13.4.4 最大力下总延伸率计算

最大力下总延伸率按式(13-4)计算:

$$A_{gt}=A_r+\frac{R_m}{2000} \tag{13-4}$$

式中:A_{gt}——最大力总延伸率(%);

A_r——断后均匀伸长率(%);

R_m——抗拉强度(MPa);

2000——根据碳钢弹性模量得出的系数(不锈钢的系数应由产品标准给出的数值代替,或者相关方约定的适当值代替)(MPa)。

13.5 反向弯曲试验

13.5.1 概述

钢筋反向弯曲试验是一种钢筋在偏心力作用下发生变形的一种试验。在建筑结构中,钢筋反向弯曲试验是非常重要的,主要用于检测钢筋混凝土构件的抗弯性能。钢筋反向弯曲试验的目的是确定钢筋在偏心力作用下的变形程度以及钢筋混凝土构件的裂缝分布。

弯曲试验应在10~35℃的温度下进行,试样应在弯曲压头上弯曲。

本试验依据《钢筋混凝土用钢 第2部分:热轧带肋钢筋》(GB/T 1499.2—2018)、《钢筋混凝土用钢材试验方法》(GB/T 28900—2022)等编制而成。

13.5.2 仪器设备

1)反向弯曲可在图13-5所示的弯曲装置上进行,也可采用图13-6所示的弯曲装置。

2)数显恒温鼓风干燥箱。

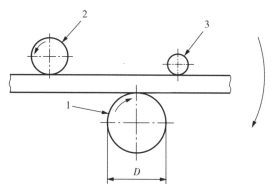

1—弯曲压头;2—支辊;3—传送辊;D—弯曲压头直径。

图13-5 弯曲装置(1)(单位:mm)

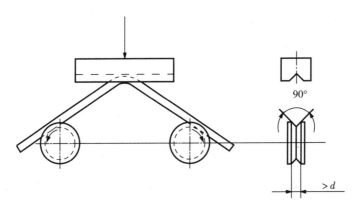

90°—带槽传动辊的内切角度(°);D—钢筋、盘条或钢丝的公称直径(mm)。
图 13-6　弯曲装置(2)

13.5.3　试验方法

1. 人工时效

1)人工时效的温度和时间应满足相关产品标准的要求。

2)测定室温拉伸试验、弯曲试验、反向弯曲试验、轴向应力疲劳试验和循环非弹性载荷试验中的性能指标时,可根据产品标准的要求对矫直后的试样进行人工时效。

3)当产品标准没有规定人工时效工艺时,可采用下列工艺条件:加热试样到100℃,在100℃±10℃下保温60～75min,然后在静止的空气中自然冷却到室温。

注意:不同的试验条件(包括试样数量、试样尺寸和加热设备类型)加热时间亦不相同,一般认为,加热时间不少于40min时效果最佳。

4)如果对试样进行人工时效,人工时效的工艺条件应记录在试验报告中。

2. 选择弯曲压头直径

反向弯曲试验的弯曲压头直径比弯曲试验(见表13-1)相应增加一个钢筋公称直径。

表 13-1　弯曲试验中弯曲压头直径比

牌号	公称直径 d(mm)	弯曲压头直径(mm)
HRB400 HRBF400 HRB400E HRBF400E	6～25	$4d$
	28～40	$5d$
	40～50	$6d$
HRB500 HRBF500 HRB500E HRBF500E	6～25	$6d$
	28～40	$7d$
	40～50	$8d$
HRB600	6～25	$6d$
	28～40	$7d$
	40～50	$8d$

13.5.4　试验步骤

1)先将试样正向弯曲 90°,把经正向弯曲后的试样在 100℃±10℃ 温度下保温不少于 30min。

2)保温后的试样经自然冷却后再反向弯曲 20°。

3)两个弯曲角度均应在保持载荷时测量。

4)当供方能保证钢筋经人工时效后的反向弯曲性能时,正向弯曲后的试样亦可在室温下直接进行反向弯曲。

13.5.5　反向弯曲试验结果评定

1)当产品标准没有规定时,若反向弯曲试样无目视可见的裂纹,则判定该试样为合格。

2)反向弯曲试验结果应根据相关产品标准的规定来判定。

13.6　钢筋重量偏差试验

13.6.1　概述

钢筋重量偏差是指钢筋的实际重量与理论重量之间的差异,主要是用来衡量钢筋交货质量。

本试验适用于钢筋混凝土用热轧直条、盘卷光圆钢筋、钢筋混凝土普通热轧带肋钢筋和细晶粒热轧带肋钢筋;不适用于由成品钢材再次轧制成的再生钢筋及余热处理钢筋。

重量偏差应在有垂直端面的试样上进行测量,试样的数量和长度应符合相关产品的规定。

本试验依据《钢筋混凝土用钢　第 2 部分:热轧带肋钢筋》(GB/T 1499.2—2018)、《钢筋混凝土用钢　第 1 部分:热轧光圆钢筋》(GB/T 1499.1—2017)、《钢筋混凝土用钢材试验方法》(GB/T 28900—2022)等编制而成。

13.6.2　仪器设备

电子秤,分度值为 1g,如图 13-7 所示;钢直尺,分度值为 1mm,如图 13-8 所示;游标卡尺,精度值为 0.01mm。

图 13-7　电子秤

图 13-8　钢直尺

13.6.3　试验方法

1)试样应从不同根钢筋上截取,数量不少于五支,每支试样长度不小于500mm。

2)用钢直尺逐支测量五支钢筋试样长度并记录,应精确到1mm。

3)将测量尺寸后的5支试样放在电子秤上称量实际总重量并记录,称量结果应精确到不大于总量的1%。

4)重量偏差试验的偏差值对应公式计算。

13.6.4　重量偏差计算

重量偏差按式(13-5)计算:

$$重量偏差 = \frac{试样实际总重量 - (试样总长度 \times 理论重量)}{试样总长度 \times 理论重量} \times 100\% \qquad (13-5)$$

13.7　钢筋残余变形试验

13.7.1　概述

残余变形,又称为不可恢复变形,是指已经进入塑性阶段的材料在卸载至初始状态后,其变形不能回到初始状态,而存在的一部分无法恢复的变形。

接头残余变形是指按规定的加载制度加载并卸载后,在规定标距内所测得的变形。

本试验《钢筋机械连接技术规程》(JGJ 107—2016)编制而成,适用于建筑工程混凝土结构中钢筋机械连接的设计、施工和验收。

13.7.2　仪器设备

万能试验机;残余变形引伸计;游标卡尺,精度值为0.02mm。

13.7.3　试验方法

1)测量接头试件残余变形时的加载应力速率宜采用2N/(mm²·s),不应超过10N/(mm²·s)。

2)试件检验的仪表布置和变形测量标距应符合下列规定。

(1)单向拉伸试验时的变形测量仪表应在钢筋两侧对称布置(见图13-9),两侧测点的相对偏差不宜大于5mm,且两侧仪表应能独立读取各自变形值。

(2)单项拉伸残余变形测量应按式(13-6)计算:

$$L_1 = L + \beta d \qquad (13-6)$$

式中:L_1——变形测量标距(mm);

　　　L——机械连接接头长度(mm);

　　　β——系数,取1~6。

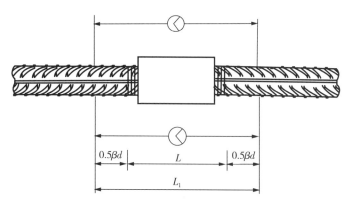

图 13-9　接头试件变形测量标距和仪表布置

3)试件应按下列单项拉伸加载制度加载并拉断:0→0.6f_{yk}→0(测量残余变形)→最大拉力(记录极限抗拉强度)→破坏(测定最大力下总伸长率)。

13.7.4　残余变形计算

应取钢筋两侧变形测量仪表读数的平均值计算残余变形值。

13.8　钢筋弯曲性能试验

13.8.1　概述

钢筋的弯曲试验是一项非常重要测试,其意义在于检测钢筋的弯曲性能,以保证建筑物的安全性和稳定性。

本试验依据《钢筋混凝土用钢　第 2 部分:热轧带肋钢筋》(GB/T 1499.2—2018)、《钢筋混凝土用钢　第 1 部分:热轧光圆钢筋》(GB/T 1499.1—2017)、《钢筋焊接及验收规程》(JGJ 18—2012)、《钢筋焊接接头试验方法标准》(JGJ/T 27—2014)等编制而成。

13.8.2　仪器设备

1)混凝土用钢热轧带肋钢筋和热轧光圆钢筋弯曲装置应采用图 13-5 所示的试验装置。

2)钢筋焊接接头弯曲试验可在压力机或万能试验机上进行,不得使用钢筋弯曲机对钢筋焊接接头进行弯曲试验。

13.8.3　试验方法

1)混凝土用钢热轧带肋钢筋:钢筋应进行弯曲试验,按表 13-1 规定的弯曲压头直径弯曲 180°。

2)热轧光圆钢筋:按表 13-2 规定的弯芯直径弯曲 180°。

表 13-2 弯芯直径

牌号	公称直径 d(mm)	弯曲压头直径(mm)
HPB300	6～22	d

3)钢筋焊接：

(1)钢筋焊接接头弯曲试样的长度宜为两支辊内侧加150mm;两支辊内侧距离 l 应按式 (13-7)确定,两支辊内侧距离 l 在试验期间应保持不变(见图13-10)。

$$l=(D+3a)\pm a/2 \qquad (13-7)$$

式中:l——两支辊内侧距离(mm);

$\qquad D$——弯曲压头直径(mm);

$\qquad a$——弯曲试样直径(mm)。

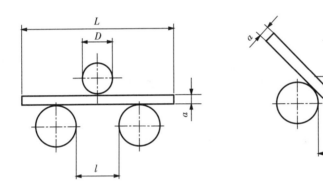

图 13-10 支辊弯曲试验

(2)试样受压面的金属毛刺和镦粗变形部分宜去除至与母材外表面齐平。

(3)钢筋焊接接头进行弯曲试验时,试样应放在两支点上,并应使焊缝中心与弯曲压头中心线一致,应缓慢地对试样施加荷载,以使材料能够自由地进行塑性变形;当出现争议时,试验速率应为 1mm/s+0.2mm/s,直至达到规定的弯曲角度或出现裂纹、破断为止。

(4)弯曲压头直径和弯曲角度应按表13-3的规定确定。

表 13-3 弯曲压头直径和弯曲角度

序号	钢筋牌号		弯曲压头直径 D		弯曲角度
			$a\leqslant25mm$	$A>5mm$	$A(°)$
1	HPB300		2a	3a	90
2	HRB335	HRBF335	4a	5a	90
3	HRB400	HRBF400	5a	6a	90
4	HRB500	HRBF500	7a	8a	90

注:a 为弯曲试样直径。

13.8.4 弯曲性能试验结果评定

1)混凝土用钢热轧带肋钢筋和热轧光圆钢筋:当产品标准没有规定时,若弯曲试样无目视可见的裂纹,则评定弯曲试验结果合格。

2)钢筋焊接:当试验结果弯曲至 90°,有 2 个或 3 个试件外侧(含焊缝和热影响区)未发生宽度达到 0.5mm 的裂纹,应评定该检验批接头弯曲试验合格;当有 2 个试件发生宽度达到 0.5mm 的裂纹,应进行复验;当有 3 个试件发生宽度达到 0.5mm 的裂纹,应评定该检验批接头弯曲试验不合格。复验时,应切取 6 个试件进行试验。复验结果,当不超过 2 个试件发生宽度达到 0.5mm 的裂纹时,应评定该检验批接头弯曲试验复验合格。

13.9　锚具夹具及连接器外形尺寸试验

13.9.1　概述

锚具指在后张法结构或构件中,为保持钢绞线的拉力并将其传递到混凝土结构或构件上所用的永久性锚固装置。锚具可分为张拉端锚具和固定端锚具两类。张拉端锚具指安装在钢绞线端部且可用以对钢绞线张拉后再夹持锚固的锚具;固定端锚具指安装在钢绞线端部,通常埋入混凝土中且不需张拉的锚具。

夹具指在张拉千斤顶或设备上夹持钢绞线的临时性锚固装置,也称为工具锚。

连接器指用于张拉连接钢绞线的装置。

本试验依据《公路桥梁预应力钢绞线用锚具、夹具和连接器》(JT/T 329—2010)编制而成。

13.9.2　仪器设备

外观质量用目测法检测,裂纹采用磁粉探伤仪进行检测,尺寸用直尺和游标卡尺检测。

13.9.3　试验方法

外观检查抽取组批数量的 5% 且不少于 10 套。

外观质量采用目测法,裂纹采用磁粉探伤的方法,按 GB/T 15822.1 的相关要求进行检测;尺寸按厂家提供的尺寸公差采用直尺和游标卡尺进行检测,公差等级应不低于 GB/T 1804 的 c 级。

13.9.4　试验结果

锚具夹具及连接器外观应符合设计图样要求,所有零件不得有裂纹出现且尺寸不应超过允许偏差。

13.10　锚具夹具及连接器硬度试验

13.10.1　概述

通过对锚具夹具及连接器的硬度试验可判断机械零件加工后性能是否符合要求。本试验依据《金属材料　洛氏硬度试验　第1部分:试验方法》(GB/T 230.1—2018)、《金属材料布氏硬度试验　第1部分:试验方法》(GB/T 231.1—2018)编制而成。

13.10.2　仪器设备

硬度试验应采用硬度计进行检测。

13.10.3　试验方法

硬度试验按热处理每炉装炉量的3%抽样。

在专用工装上对夹片锥面的硬度进行检测,检测时应使硬度计压头施压方向与夹片外锥母线垂直,其他相关要求符合 GB/T 230.1 的规定。

在锚板或连接体锥孔小端平面上外圈的两孔之间,检测锚板或连接体的硬度,检测前应磨去检测部位的机加工刀痕,露出金属光泽,其他相关要求符合 GB/T 230.1 或 GB/T 231.1 的规定。

13.10.4　试验结果

试验结果应符合 JT/T 329 中规定的相关要求。

13.11　锚具夹具及连接器静载锚固性能

13.11.1　概述

通过对锚具夹具及连接器静载试验可判断其是否具有可靠的锚固性能、足够的承载力和良好的适用性,以保证充分发挥预应力筋的强度并安全的实现预应力张拉作业。本试验依据《公路桥梁预应力钢绞线用锚具、夹具和连接器》(JT/T 329—2010)编制而成。

13.11.2　仪器设备

1)锚具夹具及连接器静载试验装置。

2)试验用的测力系统,其不确定度不应大于1%。测量总应变的量具,其标距不应小于1m,不确定度不应大于标距的 0.2%,指示应变的仪器的不确定度不应大于 0.1%。

13.11.3　试验方法

静载试验应在外形外观及硬度检验合格后,按锚具、连接器的成套产品抽样,每批取三个组装件进行试验。

1. 试验用预应力钢绞线一般规定

1)可由检测单位或受检单位提供,同时还应提供该批钢绞线的质量合格证明书。

2)钢绞线的全部力学性能应符合 GB/T 5224 的规定,同时其直径公差与产品设计相同,强度等级应符合锚具、连接器产品设计的最高强度等级要求。

3)应先在具有代表性的部位取六根试件进行母材力学性能试验,实测抗拉强度平均值

f_{pm} 在相关钢绞线标准中的等级应与受检锚具、连接器的设计等级相同,超过该强度等级 100MPa 时不宜采用。

4)试验用钢绞线的屈强比不宜大于 0.92。

2. 试验用钢绞线－锚具组装件一般规定

1)应由全部锚具零件和钢绞线束组装而成。

2)试验用锚具组装件应为经过外观检查和硬度检验合格的产品。组装前应用干净棉布将夹片表面和锚板锥孔表面的油污擦拭干净,不应在锚固零件上添加影响锚固性能的物质,如金刚砂、石蜡、石墨、润滑剂等(设计规定的除外)。

3)试验用锚具组装件中各根钢绞线应平行,不得扭转,其受力长度不宜小于 3m。

4)对于钢绞线在锚具夹持部位由偏转角度(锚孔与锚板底面倾斜角或倾斜安装挤压头的连接器时)而使钢绞线在某个位置弯折时,可在此处安装轴向可移动的偏转装置。当对组装件施加拉力时,该偏转装置不应与钢绞线产生滑动摩擦。

5)试验单根钢绞线的组装件试件,钢绞线的受力长度不应小于 0.8m。

6)不同品种、不同规格、不同尺寸、不同根数组装件的试验结果不得相互替代。

3. 试验用钢绞线-夹具和连接器组装件一般规定

试验用钢绞线-夹具和连接器组装件的要求参照试验用钢绞线-锚具组装件一般规定。

13.11.4　加载前准备

1)安装好钢绞线-锚具、连接器组装件,锚具或连接器在试验装置上的受力条件(方式、部位、面积等)应与设计或工程实际情况一致。

2)夹具和挤压锚的静载试验方法与锚具相同。

3)连接器静载试验装置中,试件之间的钢绞线为辅助用筋,其材质与试验件相同,长度宜大于 1.5m。

4)加载之前应先将各种测量仪表安装调试正确,各根钢绞线的初应力调试均匀,初应力可取钢绞线抗拉强度标准值 f_{ptk} 的 10%。

13.11.5　试验方法

1)按钢绞线抗拉强度标准值的 20%、40%、60%、80% 分四级等速加载,加载速度为每分钟约 100MPa,达到 80% 后,持荷 1h。

2)若用试验机进行单根钢绞线-锚具组装件静载试验,在应力达到 $0.8f_{ptk}$ 时,持荷时间可以缩短,但不应少于 10min。

3)逐步缓慢加载至破坏,加载速度每分钟不宜超过钢绞线抗拉强度标准值的 1%。

4)按下述规定的项目进行测量和观察。

(1)选取具有代表性的若干根钢绞线,按施加荷载的前四级,逐级测量其与锚具或连接器之间的相对位移 Δa;

(2)选取锚具或连接器若干具有代表性的零件,按施加荷载的前四级,逐级测量其间的相对位移 Δb。

(3)试件的实测极限拉力 F_{apu}。

(4)达到实测极限拉力时的总应变 ε_{apu}。

5)应力达到 $0.8f_{ptk}$ 后,在持荷的 1h 期间,每 20min 测量一次相对位移(Δa 和 Δb)。持荷期间 Δa 和 Δb 均应无明显变化,保持稳定。若持续增加,不能保持稳定,则表明已经失去可靠的锚固能力。

6)试件的破坏部位与形式:在钢绞线应力达到 $0.8f_{ptk}$ 时,夹片不应出现裂纹和破断;在满足钢绞线-锚具组装件静载试验测定的锚具效率系数 $\eta_a \geqslant 0.95$ 和达到实测极限拉力时组装件受力长度的总应变 $\varepsilon_{apu} \geqslant 2.0\%$ 后,夹片允许出现微裂和纵向断裂,不允许横向、斜向断裂及碎断;受钢绞线多根或整束破断的剧烈冲击引起的夹片破坏或断裂属正常情况。

13.11.6　试验结果

静载试验连续进行三个组装件的试验,全部试验结果均作出记录,并据此按式(13-8)、式(13-9)或式(13-10)计算锚具或连接器的帽箍效率系数 η_a 和相应的总应变 ε_{apu},三个试验结果均应满足 JT/T 329 中的相关规定,不得以平均值作为试验结果。

1)锚具、连接器效率系数 η_a 按式(13-8)计算:

$$\eta_a = F_{apu}/F_{pm} \tag{13-8}$$

式中: $F_{pm} = nf_{pm}A_{pk}$。

2)总应变 ε_{apu} 的计算如下。

(1)采用直接测量标距时,按式(13-9)计算:

$$\varepsilon_{apu} = \frac{\Delta L_1 + \Delta L_2}{L_1} \times 100\% \tag{13-9}$$

式中: ΔL_1——位移传感器 1 从张拉至钢绞线抗拉强度标准值 f_{ptk} 的 10% 加载到极限应力时的位移增量;

　　　ΔL_2——从 0 到张拉至钢绞线抗拉强度标准值 f_{ptk} 的 10% 的伸长量理论计算值(标距内);

　　　L_1——张拉至钢绞线抗拉强度标准值 f_{ptk} 的 10% 时位移传感器 1 的标距;

　　　F_{pm}——钢绞线的实际平均极限抗拉力,由钢绞线试件实测破断荷载计算平均值得出;

　　　A_{pk}——钢绞线单根试件的特征(公称)截面面积;

　　　n——钢绞线-锚具组装件中的钢绞线根数。

(2)采用测量加荷载用千斤顶活塞伸长量 ΔL 计算 ε_{apu} 时按式(13-10)计算:

$$\varepsilon_{apu} = \frac{\Delta L_1 + \Delta L_2 - \Delta a}{L_2} \times 100\% \tag{13-10}$$

式中: ΔL_1——从张拉至钢绞线抗拉强度标准值的 10% 到极限应力时的活塞伸长量;

　　　ΔL_2——从 0 到张拉至钢绞线抗拉强度标准值 f_{ptk} 的 10% 的伸长量理论计算值(夹持计算长度内);

　　　Δa——钢绞线相对试验锚具(连接器)的实测位移量;

　　　L_2——钢绞线夹持计算长度,即两端锚具(连接器)的端头起夹点之间的距离。

3)夹具的效率系数按式(13-11)计算:

$$\eta_g = F_{gpu}/F_{pm} \tag{13-11}$$

式中:F_{gpu}——钢绞线-夹具组装件的实测极限拉力;

　　F_{pm}——钢绞线的实际平均极限抗拉力,由钢绞线试件实测破断荷载计算平均值得出;

若在钢绞线自由伸长段(非夹片夹持区)内出现断丝,应判定为钢绞线不合格导致试验结果不合格。

若屈强比过高(大于 0.92)的钢绞线与锚具组成的组装件,在静载试验中出现锚固效率系数达到 95% 而伸长率不足 2% 的情况,不宜判定为锚具不合格,应更换钢绞线重新试验。

13.12　锚具夹具及连接器疲劳试验

13.12.1　概述

通过对锚具夹具及连接器疲劳试验可有效评估锚具夹具及连接器的使用寿命。本试验依据《公路桥梁预应力钢绞线用锚具、夹具和连接器》(JT/T 329—2010)编制而成。

13.12.2　仪器设备

钢绞线-锚具或连接器组装件的疲劳荷载性能试验应在疲劳试验机上进行。

13.12.3　试验方法

1)受检组装件宜安装全部钢绞线;当疲劳试验机能力不够时,按照试验结果有代表性的原则,可采用较小规格的试件,但最少不得低于实际钢绞线根数的 1/10;或在不改变试件中各根钢绞线受力的条件下(如钢绞线在锚具处的偏转角度),可将钢绞线根数适当减少,与中心轴转角偏差最大的受力单元应受到试验,减少后的钢绞线根数 n' 应符合以下规定:当 $n \leqslant 12$ 时,$n' \geqslant n/2$;当 $n \geqslant 12$ 时,$n' \geqslant 6+(n-12)/3$。

2)试验频率为每分钟 300～500 次,以约 100MPa/min 的速率加载至试验力上限值,再调节应力幅度达到下限值后,开始记录循环次数。

3)试验过程中观察并记录:试验锚具和连接器部件及钢绞线疲劳损伤情况及变形情况;疲劳破坏的钢绞线的断裂位置、数量及相应的疲劳次数。

13.13　高强螺栓最小拉力荷载试验

13.13.1　概述

通过对高强螺栓最小拉力荷载试验可有效保证连接的牢固性和安全性。本试验依据《金属材料　拉伸试验　第 1 部分:室温试验方法》(GB/T 228.1—2021)、《紧固件机械性能　螺栓、螺钉和螺柱》(GB/T 3098.1—2010)编制而成。

13.13.2　仪器设备

高强螺栓最小拉力荷载选用 1 级精度要求的万能试验机。

13.13.3　试验方法

1)按 GB/T 228.1 相关要求进行试验,应采用专用卡具将螺栓实物置于拉力试验机上进行拉力试验,为避免试件承受横向荷载,试验机的夹具应能自动调正中心,试验时夹头张拉的移动速度不应超过 25mm/min。

2)螺栓实物的抗拉强度应按照螺纹应力截面积(A_s)计算确定,其取值应按 GB/T 3098.1 的规定取值。

3)进行试验时,承受拉力荷载的未旋合的螺纹长度应为 6 倍以上螺距,当试验拉力达到 GB/T 3098.1 中规定的最小拉力荷载($A_s\sigma_b$)(σ_b 为抗拉强度)时不得断裂。当超过最小拉力荷载直至拉断时,断裂位置应发生在杆部或螺纹部分,而不应发生在螺头与杆部的交接处。

13.13.4　试验结果

测定螺栓实物的最小拉力荷载应符合 GB/T 3098.1 的规定。

13.14　高强螺栓紧固轴力试验

13.14.1　概述

螺栓紧固轴力试验的主要目的是检验螺栓连接在受力环境下的性能。通过试验能够评估螺栓连接的最大承载能力,预测和防止螺栓松动或断裂,保证工程结构的安全和可靠。本试验依据《钢结构用扭剪型高强度螺栓连接副》(GB/T 3632—2008)编制而成,检测对象为扭剪型高强度螺栓连接副。

13.14.2　仪器设备

扭剪型高强度螺栓连接副紧固轴力试验在轴力计或测力环上进行,其示值相对误差的绝对值不得大于测试轴力值的 2%。轴力计的最小示值应在 1kN 以下。

13.14.3　试验方法

1)试验应在室温 10～35℃下进行,仲裁试验应在 20℃±2℃下进行。

2)检测用螺栓应在施工现场待安装的螺栓批中随机抽取,每批应抽取 8 套连接副进行检测。

3)每一连接副(一个螺栓、一个螺母和一个垫圈)只能试验一次,不得重复使用。

4)组装连接副时,垫圈有倒角的一侧应朝向螺母支承面。试验时,垫圈不得转动,否则该试验无效。

5)进行连接副紧固轴力试验时,应同时记录环境温度。试验所用的机具、仪表及连接副均应放置在该环境内至少 2h 以上。

6)连接副的紧固轴力值以螺栓梅花头被拧断时轴力计或测力环所记录的峰值为测定值。

13.14.4　试验结果

连接副的紧固轴力平均值及标准偏差应符合表 13 - 4 的规定。

表 13 - 4　扭剪型高强度螺栓紧固轴力平均值和标准偏差

螺栓公称直径	M16	M20	M22	M24	M27	M30
紧固轴力的平均值(kN)	100～121	155～187	190～231	225～270	290～351	355～430
标准偏差(kN)	≤10.0	≤15.4	≤19.0	≤22.5	≤29.0	≤35.4

13.15　高强螺栓扭矩系数试验

13.15.1　概述

扭矩系数是评定高强度螺栓连接副性能等级的重要参数,并且对高强螺栓的施拧质量有重要影响,通过高强螺栓扭矩系数试验可以直接反映螺栓拧紧过程中扭矩与轴力之间的系数,扭矩系数的大小也影响着高强度螺栓连接摩擦面抗滑移系数实测值,只有在扭矩系数合格的基础上,才能做高强度螺栓连接摩擦面抗滑移系数试验。本试验依据《钢结构用高强度大六角头螺栓、大六角螺母、垫圈技术条件》(GB/T 1231—2006)编制而成,检测对象为高强度大六角头螺栓连接副。

13.15.2　仪器设备

连接副的扭矩系数试验在轴力计上进行,螺栓预拉力 P 用轴力计测定,其误差不得大于测定螺栓预拉力的 2%。轴力计的最小示值应在 1kN 以下。

施拧扭矩应使用扭矩扳手,其误差不得大于测试扭矩值的 2%。使用的扭矩扳手准确度级别应不低于 JJG 707 中规定的 2 级。

13.15.3　试验方法

1)检测用的螺栓应在施工现场待安装的螺栓批中随机抽取,每批应抽取 8 套连接副进行检测。

2)连接副的扭矩系数试验在轴力计上进行,每一连接副只能试验一次,不得重复使用。

3)组装连接副时,螺母下的垫圈有倒角的一侧应朝向螺母支承面。试验时,垫圈不得转动,否则该试验无效。

4)进行连接副扭矩系数试验时,应同时记录环境温度。试验所用的机具、仪表及连接副均应放置在该环境内至少 2h 以上。

5)进行连接副扭矩系数试验时,螺栓预拉力值 P 应控制在表 13 - 5 所规定的范围内,超出该范围所测得扭矩系数无效。

表 13－5　螺栓预拉力值

螺栓螺纹规格			M12	M16	M20	(M22)	M24	(M27)	M30
性能等级	10.9S	P(kN)	max	66	121	187	231	275	352	429
		min	54	99	153	189	225	288	351
	8.8S		max	55	99	154	182	215	281	341
		min	45	81	126	149	176	230	279

13.15.4　试验结果

1)扭矩系数用测得的施拧扭矩和螺栓预拉力按式(13－12)进行计算:

$$K = \frac{T}{Pd} \tag{13-12}$$

式中:K——扭矩系数;

　　　T——施拧扭矩(峰值)(N·m);

　　　P——螺栓预拉力(峰值)(kN);

　　　d——螺栓的螺纹公称直径(mm)。

2)高强度大六角头螺栓的扭矩系数平均值及标准偏差应符合表 13－6 的规定。

表 13－6　高强度大六角头螺栓连接副扭矩系数平均值和标准偏差值

连接副表面状态	扭矩系数平均值	扭矩系数标准偏差
符合 GB/T 1231 的规定	0.11~0.15	≤0.0100

13.16　高强度螺栓连接摩擦面抗滑移系数试验

13.16.1　概述

通过高强度螺栓连接摩擦面抗滑移系数试验可以评估螺栓连接的抗滑移性能,以确保连接的可靠性和稳定性。本试验依据《钢结构工程施工质量验收标准》(GB 50205—2020)编制而成。

13.16.2　仪器设备

高强度螺栓连接摩擦面抗滑移系数使用万能试验机进行试验。试验用的试验机误差应在 1%以内。试验用的贴有电阻片的高强度螺栓、压力传感器和电阻应变仪应在试验前用试验机进行标定,其误差应在 2%以内。

13.16.3　试验方法

检测批可按分部工程(子分部工程)所含高强度螺栓用量划分:每 5 万个高强度螺栓用

量的钢结构为一批,不足 5 万个高强度螺栓用量的钢结构视为一批。选用两种及两种以上表面处理(含有涂层摩擦面)工艺时,每种处理工艺均需检测抗滑移系数,每批 3 组试件。

抗滑移系数试验应采用双摩擦面的二栓拼接的拉力试件。试件与所代表的钢结构构件应为同一材质、同批制作、采用同一摩擦面处理工艺和具有相同的表面状态(含有涂层),在同一环境条件下存放,并应用同批同一性能等级的高强度螺栓连接副。

试件钢板的厚度 t_1、t_2 应考虑在摩擦面滑移之前,试件钢板的净截面始终处于弹性状态;宽度 b 可参照表 13-7 的规定取值,L_1 应根据试验机夹具的要求确定。

表 13-7 试件板的宽度

螺栓直径(mm)	16	20	22	24	27	30
板宽(mm)	100	100	105	110	120	120

紧固高强度螺栓应分初拧、终拧。初拧应达到螺栓预拉力标准值的 50% 左右。终拧后,每个螺栓的预拉力值应在 $0.95P \sim 1.05P$(P 为高强度螺栓设计预拉力值)范围内。

加荷时,应先加 10% 的抗滑移设计荷载值,停 1min 后,再平稳加荷,加荷速度为 $3 \sim 5kN/s$,直拉至滑动破坏,测得滑移荷载 N_v。

13.16.4 试验结果

抗滑移系数 μ 应根据试验所测得的滑移荷载 N_v 和螺栓预拉力 P 的实测值,按式(13-13)计算:

$$\mu = \frac{N_v}{n_f \sum_{i=1}^{m} P_i} \tag{13-13}$$

式中:N_v—— 由试验测得的滑移荷载;

n_f—— 擦面面数,取 $n_f = 2$;

$\sum_{i=1}^{m} P_i$—— 试验滑移一侧高强螺栓预拉力实测值之和;

M—— 试件一侧螺栓数量,取 $m = 2$。

第 14 章　混凝土外加剂

　　本章节试验方法适用于高性能减水剂(早强型、标准型、缓凝型)、高效减水剂(标准型、缓凝型)、普通减水剂(早强型、标准型、缓凝型)、引气减水剂、泵送剂、早强剂、缓凝剂及引气剂共八类混凝土外加剂。

　　本章 14.1~14.8 节为掺外加剂混凝土的性能指标,14.9~14.16 节为混凝土外加剂匀质性指标。掺外加剂的混凝土性能指标试验(14.1~14.8 节)的原材料、配合比、混凝土搅拌、试件制作及试验所需试件数量应符合以下要求。

　　1)原材料要求如下。

　　(1)水泥:采用 GB 8076 标准中附录 A 规定的水泥。

　　(2)砂:符合 GB/T 14684 中 Ⅱ 区要求的中砂,但细度模数为 2.6~2.9,含泥量小于 1%。

　　(3)石子:符合 GB/T 14685 要求的公称粒径为 5~20mm 的碎石或卵石,采用二级配,其中 5~10mm 占 40%,10~20mm 占 60%,满足连续级配要求,针片状物质含量小于 10%,空隙率小于 47%,含泥量小于 0.5%。如有争议,以碎石结果为准。

　　(4)水:符合 JGJ 63 混凝土拌合用水的技术要求。

　　(5)外加剂:需要检测的外加剂。

　　2)配合比要求如下。

　　基准混凝土配合比按 JGJ 55 进行设计。掺非引气型外加剂的受检混凝土和其对应的基准混凝土的水泥、砂、石的比例相同。配合比设计应符合以下规定。

　　(1)水泥用量:掺高性能减水剂或泵送剂的基准混凝土和受检混凝土的单位水泥用量为 360kg/m³;掺其他外加剂的基准混凝土和受检混凝土单位水泥用量为 330kg/m³。

　　(2)砂率:掺高性能减水剂或泵送剂的基准混凝土和受检混凝土的砂率均为 43%~47%;掺其他外加剂的基准混凝土和受检混凝土的砂率为 36%~40%;但掺引气减水剂或引气剂的受检混凝土的砂率应比基准混凝土的砂率低 1%~3%。

　　(3)外加剂掺量:按生产厂家指定掺量。

　　(4)用水量:掺高性能减水剂或泵送剂的基准混凝土和受检混凝土的坍落度控制在 210mm±10mm,用水量为坍落度在 210mm±10mm 时的最小用水量;掺其他外加剂的基准混凝土和受检混凝土的坍落度控制在 80mm±10mm。

　　用水量包括液体外加剂、砂、石材料中所含的水量。

　　3)混凝土搅拌要求如下。

　　采用符合 JG 3036 要求的公称容量为 60L 的单卧轴式强制搅拌机,搅拌机的拌合量应不少于 20L,不宜大于 45L。

　　外加剂为粉状时,将水泥、砂、石、外加剂一次投入搅拌机,干拌均匀,再加入拌合水,一起搅拌 2min。外加剂为液体时,将水泥、砂、石一次投入搅拌机,干拌均匀,再加入掺有外加剂的拌合水一起搅拌 2min。

出料后,在铁板上用人工翻拌至均匀,再行试验。各种混凝土试验材料及环境温度均应保持在 20℃±3℃。

4)试件制作及试验所需试件数量要求如下。

(1)试件制作:混凝土试件制作及养护按 GB/T 50080 进行,但混凝土预养温度为20℃±3℃。

(2)试验项目及数量见表 14-1 所列。

表 14-1　试验项目及所需数量

试验项目		外加剂类别	试验类别	试验所需数量			
				混凝土拌合批数	每批取样数目	基准混凝土总取样数目	受检混凝土总取样
减水率		除早强剂、缓凝剂的各种外加剂	混凝土拌合物	3	1 次	3 次	3 次
泌水率比		各种外加剂		3	1 个	3 个	3 个
含气量				3	1 个	3 个	3 个
凝结时间差				3	1 个	3 个	3 个
1h 经时变化量	坍落度	高性能减水剂、泵送剂		3	1 个	3 个	3 个
	含气量	引气剂、引气减水剂		3	1 个	3 个	3 个
抗压强度比		各种外加剂	硬化混凝土	3	6、9 或 12 块	18、27 或 36 块	18、27 或 36 块
收缩率比				3	1 条	3 条	3 条
相对耐久性		引气减水剂、引气剂	硬化混凝土	3	1 条	3 条	3 条

注:(1)试验时,检验同一种外加剂的三批混凝土的制作宜在开始试验一周内的不同日期完成。对比的基准混凝土和受检混凝土应同时成型。

(2)试验龄期参考 GB 8076—2008 中表1。

(3)试验前后应仔细观察试样,对有明显缺陷的试样和试验结果都应舍除。

14.1　坍落度和坍落度 1h 经时变化量测定

14.1.1　概述

本方法依据《混凝土外加剂》(GB 8076—2008)、《普通混凝土拌合物性能试验方法标准》(GB/T 50080—2016)编制而成。

14.1.2 坍落度测定

1. 仪器设备

1)坍落度仪(见图 14-1):应符合 JG/T 248 标准的规定。

2)应配备两把钢尺,钢尺的量程不应小于 300mm,分度值不应大于 1mm。

3)底板应采用平面尺寸不小于 1500mm× 1500mm、厚度不小于 3mm 的钢板,其最大挠度不应大于 3mm。

2. 试验步骤

1)坍落度内壁和底板应润湿无明水;底板应防放置在坚实水平面上,并把坍落度筒放在底板中心,然后用脚踩住两边的脚踏板,坍落度筒在装料时应保持在固定的位置。

2)坍落度为 80mm±10mm 的混凝土拌合物试样按照 GB/T 50080 应分三层均匀地装入坍落度筒内;坍落度为 210mm±10mm 的混凝土拌合

图 14-1 坍落度仪

物分两层装料,每层用插捣棒由边缘到中心按螺旋形均匀插捣 15 次,捣实后每层混凝土拌合物试样高度约为筒高的一半。

3)插捣底层时,捣棒应贯穿整个深度,插捣顶层时,捣棒应插透本层至下一层的表面。

4)顶层混凝土拌合物装料应高出筒口,插捣过程中,混凝土拌合物低于筒口时,应随时添加。

5)顶层插捣完后,取下装料漏斗,应将多余混凝土拌合物刮去,并沿筒口抹平。

6)清除筒边底板上的混凝土后,应垂直平稳地提起坍落度筒,并轻放于试样旁边,当试样不再继续坍落或坍落时间达 30s 时,用钢尺测量出筒高与坍落后混凝土试体最高点之间的高度差,作为该混凝土拌合物的坍落度值。

注意:坍落度筒的提离过程宜控制在 3~7s;从开始装料到提坍落度筒的整个过程应连续进行,并应在 150s 内完成。将坍落度筒提起后混凝土发生一边崩坍或剪坏现象时,应重新取样另行测定;第二次试验仍出现一边崩坍或剪坏现行,应予记录说明。

14.1.3 坍落度1h经时变化量测定

当要求测定此项时,应将按第 6.1.2 小节中搅拌的混凝土留下足够一次混凝土坍落度的试验数量,并装入用湿布擦过的试样筒内,容器加盖,静置至 1h(从加水搅拌时开始计算),然后倒出,在铁板上用铁锹翻拌至均匀后,再按照坍落度测定方法测定坍落度。计算出机时和 1h 后的坍落度的差值,即得到坍落度的经时变化量。

坍落度 1h 经时变化量按式(14-1)计算:

$$\Delta S_l = S_{l0} - S_{l1h} \qquad\qquad (14-1)$$

式中:ΔS_l——坍落度经时变化量(mm);

S_{l0}——出机时测得的坍落度(mm);

S_{l1h}——1h 后测得的坍落度(mm)。

14.1.4　试验结果

每批混凝土取一个试样。坍落度和坍落度 1h 经时变化量均以三次试验结果的平均值表示。三次试验的最大值和最小值与中间值之差有一个超过 10mm 时,将最大值和最小值一并舍去,取中间值作为该批的试验结果;最大值和最小值与中间值之差均超过 10mm 时,则应重做。

坍落度及坍落度 1h 经时变化量测定值以"mm"表示,结果修约到 5mm。

混凝土拌合物坍落度值测量应精确至 1mm,结果应修约至 5mm。

14.2　减水率测定

14.2.1　概述

本方法依据《混凝土外加剂》(GB 8076—2008)编制而成。

14.2.2　试验结果

1)减水率为坍落度基本相同时,基准混凝土和受检混凝土单位用水量之差与基准混凝土单位用水量之比。

2)减水率按式(14-2)计算:

$$W_R = \frac{W_0 - W_1}{W_0} \times 100 \qquad (14-2)$$

式中:W_R——减水率(%),应精确到 0.1%;

　　　W_0——基准混凝土单位用水量(kg/m³);

　　　W_1——受检混凝土单位用水量(kg/m³)。

3)W_R 以三批试验的算术平均值计,精确到 1%。若三批试验的最大值或最小值中有一个与中间值之差超过中间值的 15% 时,则把最大值与最小值一并舍去,取中间值作为该组试验的减水率。若有两个测值与中间值之差均超过 15% 时,则该批试验结果无效,应该重做。

14.3　泌水率比测定

14.3.1　概述

本方法依据《混凝土外加剂》(GB 8076—2008)编制而成。

14.3.2　试验步骤

先用湿布润湿容积为 5L 的带盖筒(内径为 185mm,高为 200mm),将混凝土拌合物一次装入,在振动台上振动20s,然后用抹刀轻轻抹平,加盖以防水分蒸发。试样表面应比筒口边低约20mm。自抹面开始计算时间,在前60min,每隔10min用吸液管吸出泌水一次,以后每隔20min吸水一次,直至连续三次无泌水为止。每次吸水前5min,应将筒底一侧垫高约20mm,使筒倾斜以便于吸水。吸水后,将筒轻轻放平盖好。将每次吸出的水都注入带塞量筒,最后计算出总的泌水量,精确至1g,并按式(14-3)、式(14-4)计算泌水率。

14.3.3　试验结果

1)泌水率按式(14-3)和式(14-4)计算:

$$B = \frac{V_w}{(W/G)G_w} \times 100 \tag{14-3}$$

$$G_w = G_1 - G_0 \tag{14-4}$$

式中:B——泌水率(%);

V_w——泌水总质量(g);

W——混凝土拌合物的用水量(g);

G——混凝土拌合物的总质量(g);

G_w——试样质量(g);

G_1——筒及试样质量(g);

G_0——筒质量(g)。

2)泌水率比按式(14-5)计算:

$$R_B = \frac{B_t}{B_c} \times 100 \tag{14-5}$$

式中:R_B——泌水率比(%),应精确到1%;

B_t——受检混凝土泌水率(%);

B_c——基准混凝土泌水率(%)。

试验时,从每批混凝土拌合物中取一个试样,泌水率取三个试样的算术平均值,精确到0.1%。若三个试样的最大值或最小值中有一个与中间值之差大于中间值的15%,则把最大值与最小值一并舍去,取中间值作为该组试验的泌水率,若最大值和最小值与中间值之差均大于中间值的15%时,则应重做。

14.4　含气量和含气量1h经时变化量的测定

14.4.1　概述

本方法依据《混凝土外加剂》(GB 8076—2008)、《普通混凝土拌合物性能试验方法标准》(GB/T 50080—2016)编制而成。

14.4.2　含气量测定

1. 基本要求

本方法宜用于骨料最大公称粒径不大于 40mm 的混凝土拌
合物含气量的测定。

2. 仪器设备

1)含气量测定仪(见图 14-2):应符合 JG/T 246 的规定。

2)捣棒应符合 JG/T 248 的规定。

3)振动台应符合 JG/T 245 的规定。

4)电子天平的最大量程应为 50kg,感量不应大于 10g。

3. 骨料含气量测定

在进行混凝土拌合物含气量测定之前,应先按下列步骤测
定所用骨料的含气量。

图 14-2　含气量测定仪

1)应按下式计算试样中粗、细骨料的质量:

$$m_{\mathrm{g}} = \frac{V}{1000} \times m_{\mathrm{g}}' \tag{14-6}$$

$$m_{\mathrm{s}} = \frac{V}{1000} \times m_{\mathrm{s}}' \tag{14-7}$$

式中:m_{g}——拌合物试样中粗骨料质量(kg);

　　　m_{s}——拌合物试样中细骨料质量(kg);

　　　m_{g}'——混凝土配合比中每立方米混凝土的粗骨料质量(kg);

　　　m_{s}'——混凝土配合比中每立方米混凝土的细骨料质量(kg);

　　　V——含气量测定仪容器容积(L)。

2)应先向含气量测定仪的容器中注入 1/3 高度的水,然后把质量为 m_{g}、m_{s} 的粗、细骨料
称好,搅拌均匀,倒入容器,加料同时应进行搅拌;水面每升高 25mm 左右,应轻捣 10 次,加
料过程中应始终保持水面高出骨料的顶面;骨料全部加入后,应浸泡约 5min,再用橡皮锤轻
敲容器外壁,排净气泡,除去水面泡沫,加水至满,擦净容器口及边缘,加盖拧紧螺栓,保持密
封不透气。

3)关闭操作阀和排气阀,打开排水阀和加水阀,应通过加水阀向容器内注入水;当排水
阀流出的水流中不出现气泡时,应在注水的状态下,关闭加水阀和排水阀。

4)关闭排气阀,向气室内打气,应加压至大于 0.1MPa,且压力表显示值稳定;应打开排
气阀调压至 0.1MPa,同时关闭排气阀。

5)开启操作阀,使气室里的压缩空气进入容器,待压力表显示值稳定后记录压力值,然
后开启排气阀,压力表显示值应回零;应根据含气量与压力值之间的关系曲线确定压力值对
应的骨料的含气量,精确至 0.1%。

4. 混凝土拌合物含气量测定

1)试验前,应用湿布擦净混凝土含气量测定仪容器内壁和盖的内表面,装入混凝土拌合
物试样。

2)混凝土拌合物一次装满并稍高于容器,用振动台振实 15～20s,刮去表面多余的混凝土拌合物,用抹刀刮平,表面有凹陷应填平抹光。

3)擦净容器口及边缘,加盖并拧紧螺栓,应保持密封不透气。

4)按照骨料含气量测定的操作步骤测得混凝土拌合物的未校正含气量 A_0,精确至 0.1%。

注意:混凝土所用骨料的含气量 A_g、混凝土拌合物的未校正含气量 A_0 均应以两次测量结果的平均值作为试验结果;两次测量结果的含气量相差大于 0.5% 时,应重新试验。

5)混凝土拌合物含气量应按式(14-8)计算:

$$A = A_0 - A_g \qquad (14-8)$$

式中:A——混凝土拌合物含气量(%),精确至 0.1%;

A_0——混凝土拌合物未校正含气量(%);

A_g——骨料的含气量(%)。

5. 含气量测定仪的标定和率定

1)将擦拭干净的容器安装好后称重,称得的含气量测定仪的总质量为 m_{A1},精确至 10g。

2)向容器内注水至上沿,然后加盖并拧紧螺栓,保持密封不透气;关闭操作阀和排气阀,打开排水阀和加水阀,应通过加水阀向容器内注入水;当排水阀流出的水流中不出现气泡时,应在注水的状态下,关闭加水阀和排水阀;应将含气量测定仪外表而擦净,再次测定总质量 m_{A2},精确至 10g。

3)含气量测定仪的容积应按式(14-9)计算:

$$V = \frac{m_{A2} - m_{A1}}{\rho_w} \qquad (14-9)$$

式中:V——气量仪的容积(L),精确至 0.01L;

m_{A1}——含气量测定仪的总质量(kg);

m_{A2}——水、含气量测定仪的总质量(kg);

ρ_w——容器内水的密度(kg/m³),可取 1kg/L。

4)关闭排气阀,向气室内打气,加压至大于 0.1MPa,且压力表显示值稳定;打开排气阀调压至 0.1MPa,同时关闭排气阀。

5)开启操作阀,使气室里的压缩空气进入容器,压力表显示值稳定后测得压力值为含气量为 0 时对应的压力值。

6)开启排气阀,压力表显示值应回零;关闭操作阀、排水阀和排气阀,开启加水阀,宜借助标定管在注水阀口用量筒接水;用气泵缓缓地向气室内打气,当排出的水是含气量测定仪容积的 1% 时,应按照上述步骤4)和步骤5)测得含气应为 1% 时的压力值。

7)应继续测取含气量分别为 2%、3%、4%、5%、6%、7%、8%、9%、10% 时的压力值。

8)含气量分别为 0%、1%、2%、3%、4%、5%、6%、7%、8%、9%、10% 的试验均应进行两次,以两次压力值的平均值作为测量结果。

9)根据含气量 0%、1%、2%、3%、4%、5%、6%、7%、8%、9%、10% 的测量结果,绘制含气量与压力值之间的关系曲线。

14.4.3 含气量 1h 经时变化量测定

1)将按第 6.1.2 小节搅拌的混凝土留下足够一次含气量试验的数量,并装入用湿布擦过的试样筒内,容器加盖,静置至 1h(从加水搅拌时开始计算),然后倒出,在铁板上用铁锹翻拌均匀后,再按照含气量测定方法测定含气量。计算出机时和 1h 之后的含气量的差值,即得到含气量的经时变化量。

2)含气量 1h 经时变化量按式(14-10)计算:

$$\Delta A = A_0 - A_{1h} \qquad (14-10)$$

式中:ΔA——含气量经时变化量(%);

A_0——出机后测得的含气量(%);

A_{1h}——1h 后测得的含气量(%)。

14.4.4 试验结果

试验时,从每批混凝土拌合物取一个试样,含气量以三个试样测值的算术平均值来表示。若三个试样中的最大值或最小值中有一个与中间值之差超过 0.5% 时,将最大值与最小值一并舍去,取中间值作为该批的试验结果;如果最大值与最小值与中间值之差均超过 0.5%,则应重做。含气量和 1h 经时变化量测定值精确到 0.1%。

14.5 凝结时间(差)的测定

14.5.1 概述

本方法依据《混凝土外加剂》(GB 8076—2008)编制而成。

14.5.2 试验步骤

1)将混凝土拌合物用 5mm(圆孔筛)振动筛筛出砂浆,拌匀后装入上口内径为 160mm,下口内径为 150mm,净高为 150mm 的刚性不渗水的金属圆筒,试样表面应略低于筒口约 10mm,用振动台振实,约 3~5s,置于 20℃±2℃ 的环境中,容器加盖。一般基准混凝土在成型后 3~4h,掺早强剂的在成型后 1~2h,掺缓凝剂的在成型后 4~6h 开始测定,以后每 0.5h 或 1h 测定一次,但在临近初、终凝时,可以缩短测定间隔时间。每次测点应避开前一次测孔,其净距为试针直径的 2 倍,但至少不小于 15mm,试针与容器边缘之距离不小于 25mm。测定初凝时间用截面积为 100mm² 的试针,测定终凝时间用 20mm² 的试针。

2)测试时,将砂浆试样筒置于贯入阻力仪上,测针端部与砂浆表面接触,然后在 10s±2s 内均匀地使测针贯入砂浆 25mm±2mm 深度。记录贯入阻力,精确至 10N,记录测量时间,精确至 1min。贯入阻力按式(14-11)计算:

$$R = \frac{P}{A} \qquad (14-11)$$

式中:R——贯入阻力值(MPa),精确到 0.1MPa;

P——贯入深度达 25mm 时所需的净压力(N);

A——贯入阻力仪试针的截面积(mm^2)。

3)根据计算结果,以贯入阻力值为纵坐标,测试时间为横坐标,绘制贯入阻力值与时间关系曲线,求出贯入阻力值达 3.5MPa 时,对应的时间作为初凝时间;贯入阻力值达 28MPa 时,对应的时间作为终凝时间。从水泥与水接触时开始计算凝结时间。

14.5.3 试验结果

1)凝结时间差按式(14-12)计算:

$$\Delta T = T_t - T_c \qquad (14-12)$$

式中:ΔT——凝结时间之差(min);

T_t——受检混凝土的初凝或终凝时间(min);

T_c——基准混凝土的初凝或终凝时间(min)。

2)试验时,每批混凝土拌合物取一个试样,凝结时间取三个试样的平均值。若三批试验的最大值或最小值之中有一个与中间值之差超过 30min,把最大值与最小值一并舍去,取中间值作为该组试验的凝结时间。若两测值与中间值之差均超过 30min 组试验结果无效,则应重做。凝结时间以"min"表示,并修约到 5min。

14.6 抗压强度比测定

14.6.1 概述

本方法依据《混凝土外加剂》(GB 8076—2008)、《混凝土物理力学性能试验方法标准》(GB/T 50081—2019)编制而成。

14.6.2 试验步骤

抗压强度比以掺外加剂混凝土与基准混凝土同龄期抗压强度之比表示,受检混凝土与基准混凝土的抗压强度按 GB/T 50081 进行试验和计算。试件制作时,用振动台振动 15～20s。试件预养温度为 20℃±3℃。

14.6.3 试验结果

1)抗压强度比按式(14-13)计算:

$$R_f = \frac{f_t}{f_c} \times 100 \qquad (14-13)$$

式中:R_f——抗压强度比(%),精确到 1%;

f_t——受检混凝土的抗压强度(MPa);

f_c——基准混凝土的抗压强度(MPa)。

2)试验结果以三批试验测值的平均值表示,若三批试验中有一批的最大值或最小值与中间值的差值超过中间值的 15%,则把最大值与最小值一并舍去,取中间值作为该批的试验结果,如有两批测值与中间值的差均超过中间值的 15%,则试验结果无效,应该重做。

14.7　收缩率比测定

14.7.1　概述

本方法依据《混凝土外加剂》(GB 8076—2008)、《普通混凝土长期性能和耐久性能试验方法标准》(GB/T 50082—2009)编制而成。

14.7.2　试验步骤

收缩率比以 28d 龄期时受检混凝土与基准混凝土的收缩率的比值表示,受检混凝土及基准混凝土的收缩率按 GB/T 50082 测定和计算。试件用振动台成型,振动 15～20s。

14.7.3　试验结果

1)收缩率比按式(14-14)计算:

$$R_\varepsilon = \frac{\varepsilon_t}{\varepsilon_c} \times 100 \tag{14-14}$$

式中:R_ε——收缩率比(%);

ε_t——受检混凝土的收缩率(%);

ε_c——基准混凝土的收缩率(%)。

2)每批混凝土拌合物取一个试样,以三个试样收缩率比的算术平均值表示,计算精确 1%。

14.8　相对耐久性测定

14.8.1　概述

相对耐久性指标是以掺外加剂混凝土冻融 200 次后的动弹性模量是否不小于 80% 来评定外加剂的质量。

本方法依据《混凝土外加剂》(GB 8076—2008)、《普通混凝土长期性能和耐久性能试验方法标准》(GB/T 50082—2009)编制而成。

14.8.2　试验结果

按 GB/T 50082 进行,试件采用振动台成型,振动 15～20s,标准养护 28d 后进行冻融循环试验(快冻法)。

每批混凝土拌合物取一个试样,相对动弹性模量以三个试件测值的算术平均值表示。

14.9　pH 值测定

14.9.1　概述

本方法依据《混凝土外加剂匀质性试验方法》(GB/T 8077—2023)编制而成。

根据奈斯特(Nernst)方程 $E=E_0+0.05915\lg[H^+]$,$E=E_0-0.05915pH$,利用一对电极在不同 pH 值溶液中能产生不同电位差,这一对电极由测试电极(玻璃电极)和参比电极(饱和甘汞电极)组成,在 25℃时每相差一个单位 pH 值时产生 59.15mV 的电位差,pH 值可在仪器的刻度表上直接读出。

14.9.2　仪器要求

1)酸度计:pH 值测定范围为 0～14.00,精度为±0.01。
2)甘汞电极。
3)玻璃电极。
4)复合电极。
5)天平:分度值为 0.0001g。
6)超级恒温器或同等条件的恒温设备:分度值为±0.1℃。

14.9.3　测试条件

测试条件如下:
1)液体试样直接测试;
2)固体试样溶液的浓度为 10g/L;
3)被测溶液的温度为 20℃±3℃。

14.9.4　试验步骤

1)校正:按仪器的出厂说明书校正仪器。
2)测量:当仪器校正好后,先用水、再用测试溶液冲洗电极,然后再将电极浸入被测溶液中轻轻摇动试杯,使溶液均匀。待到酸度计的读数稳定 1min,记录读数。测量结束后,用水冲洗电极,以待下次测量。

14.9.5　试验结果

1)酸度计测出的结果即为溶液的 pH 值。
2)重复性限为 0.2,再现性限为 0.5。

14.10　密度测定

14.10.1　概述

本方法依据《混凝土外加剂匀质性试验方法》(GB/T 8077—2023)编制而成。

14.10.2　比重瓶法

将已校正容积(V值)的比重瓶,灌满被测溶液,根据密度公式,用样品质量除以体积从而得出密度。

1. 测试条件

1)被测溶液的温度为 20℃±1℃。

2)如有沉淀应滤去。

2. 仪器设备

1)比重瓶:容积为 25mL 或 50mL。

2)天平:分度值为 0.0001g。

3)干燥器:内盛变色硅胶。

4)超级恒温器或同等条件的恒温设备:控温精度为±0.1℃。

3. 试验步骤

1)比重瓶容积的校正:比重瓶依次用水、乙醇、丙酮和乙醚洗涤并吹干,塞子连瓶一起放入干燥器内,取出,称量比重瓶的质量为m_0,直至恒量。然后将预先煮沸并经冷却的水装入瓶内,塞上塞子,使多余的水分从塞子毛细管流出,用吸水纸吸干瓶外的水。注意不能让吸水纸吸出塞子毛细管里的水,水要保持与毛细管上口相平,立即在天平称出比重瓶装满水后的质量m_1。

比重瓶在 20℃±1℃时容积V按式(14-15)计算:

$$V=\frac{m_1-m_0}{\rho_水}\qquad(14-15)$$

式中:V——比重瓶在 20℃±1℃时容积(mL);

$\quad m_0$——干燥的比重瓶质量(g);

$\quad m_1$——比重瓶盛满 20℃±1℃水的质量(g);

$\quad \rho_水$——20℃±1℃时相对应纯水的密度(g/mL)。

2)外加剂溶液密度ρ的测定:将已校正V值的比重瓶洗净、干燥、灌满被测溶液,塞上塞子后浸入 20℃±1℃超级恒温器内,恒温 20min 后取出,用吸水纸吸干瓶外的水及由毛细管溢出的溶液后,在天平上称出比重瓶装满外加剂溶液后的质量为m_2。

4. 试验结果

1)外加剂溶液的密度ρ按式(14-16)计算:

$$\rho=\frac{m_2-m_0}{V}=\frac{m_2-m_0}{m_1-m_0}\times\rho_水\qquad(14-16)$$

式中：ρ——20℃±1℃时外加剂溶液密度（g/mL）；

　　　m_2——比重瓶装满20℃±1℃外加剂溶液后的质量（g）。

2）重复性限为 0.001g/mL，再现性限为 0.002g/mL。

14.10.3　精密密度计法

先以波美比重计测出溶液的密度，再参考波美比重计所测的数据，以精密密度计准确测出试样的密度 ρ 值。

1. 测试条件

测试条件同第 14.10.2 小节。

2. 仪器设备

1）波美比重计：分度值为 0.001g/mL。

2）精密密度计：分度值为 0.001g/mL。

3）超级恒温器或同等条件的恒温设备：控温精度为±0.1℃。

3. 试验步骤

1）将已恒温的外加剂倒入 250mL 玻璃量筒内，以波美比重计插入溶液中测出该溶液的密度。

2）参考波美比重计所测溶液的数据，选择这一刻度范围的精密密度计插入溶液中，精确读出溶液凹液面与精密密度计相齐的刻度即为该溶液的密度 ρ。

4. 试验结果

1）测得的数据即为 20℃±1℃时外加剂溶液的密度。

2）重复性限为 0.001g/mL，再现性限为 0.002g/mL。

14.11　细度测定

14.11.1　概述

采用孔径为 0.315mm 或者 1.18mm 的试验筛，称取烘干试样倒入筛内，用人工筛样或负压筛计算筛余占称样量的比值即为细度，其中 1.18mm 的试验筛适用于膨胀剂，按式 6—18 计算出筛余物的百分含量。本方法依据《混凝土外加剂匀质性试验方法》（GB/T 8077—2023）编制而成。

14.11.2　仪器设备

1）天平：分度值 0.001g。

2）试验筛：采用孔径为 0.315mm、1.18mm 的试验筛。筛框有效直径为 150mm、高为 50mm。筛布应紧绷在筛框上，接缝应严密，并附有筛盖。

14.11.3　试验步骤

称取已于 100～105℃下烘干的试样 10g（m_0），称准至 0.001g，倒入相应孔径的筛内，用人工筛样,将近筛完时,应一手执筛往复摇动,一手拍打,摇动速度每分钟约 120 次。其间,筛子应向一定方向旋转数次,使试样分散在筛布上,直至每分钟通过质量不超过 0.005g 时为止。称量筛余物 m_1,称准至 0.001g。

14.11.4　试验结果

1)细度用 w_f(%)表示,并按式(14-17)计算:

$$w_f = \frac{m_1}{m_0} \times 100\%$$

$(14-17)$

式中:w_f——细度;

m_1——筛余物质量(g);

m_0——试样质量(g)。

2)重复性限为 0.40%,再现性限为 0.60%。

14.12　含固量(或含水率)测定

14.12.1　概述

本方法依据《混凝土外加剂匀质性试验方法》(GB/T 8077—2023)编制而成。

14.12.2　外加剂含固量的测定

1. 仪器设备

1)天平:分度值为 0.0001g。

2)鼓风电热恒温干燥箱:温度范围为室温~200℃。

3)带盖称量瓶。

4)干燥器,内盛变色硅胶。

2. 试验步骤

1)将洁净带盖称量瓶放入烘箱内,于 100~105℃下烘 30min,取出置于干燥器内,冷却至少 30min 后称量,重复上述步骤直至恒量,其质量为 m_0。

2)在已恒量的称量瓶内中称取 5g 试样,精确至 0.0001g,称出液体试样及称量瓶的总质量为 m_1。

3)将盛有液体试样的称量瓶放入烘箱内,开启瓶盖,升温至 100~105℃(特殊品种除外)烘干至少 2h,盖上盖置于干燥器内冷却至少 30min 后称量,放入烘箱内烘 30min,盖上盖置于干燥器内冷却至少 30min 后称量,重复上述步骤直至恒量,其质量为 m_2。

3. 试验结果

1)含固量 w_s 按式(6-18)计算:

$$w_s = \frac{m_2 - m_0}{m_1 - m_0} \times 100\%$$

$(14-18)$

式中:w_s——含固量;

　m_0——称量瓶质量(g);

　m_1——称量瓶加试样的质量(g);

　m_2——称量瓶加烘干后试样的质量(g)。

2)重复性限为 0.30%,再现性限为 0.50%。

14.12.3　外加剂含水率的测定

粉剂外加剂含有一定的水分,在 100~105℃的温度下,使水汽化,从而达到烘干的目的。

1. 仪器设备

1)天平:分度值为 0.0001g。

2)鼓风电热恒温干燥箱:温度范围室温~200℃。

3)带盖称量瓶。

4)干燥器:内盛变色硅胶。

2. 试验步骤

1)将洁净带盖称量瓶放入烘箱内,于 100~105℃下烘 30min,取出置于干燥器内,冷却至少 30min 后称量,重复上述步骤直至恒量,其质量为 m_0。

2)在已恒量的称量瓶内中称取 10g 试样,精确至 0.0001g,称出粉剂试样及称量瓶的总质量为 m_1。

3)将盛有粉状试样的称量瓶放入烘箱内,开启瓶盖,升温至 100~105℃烘至少 2h,盖上盖置于干燥器内冷却至少 30min 后称量,放入烘箱内烘 30min,盖上盖置于干燥器内冷却至少 30min 后称量,重复上述步骤直至恒量,其质量为 m_2。

3. 试验结果

1)含水率 w_w 按式(14-19)计算:

$$w_w = \frac{m_1 - m_2}{m_1 - m_0} \times 100\% \tag{14-19}$$

式中:w_w——含水率;

　m_0——称量瓶质量(g);

　m_1——称量瓶加试样的质量(g);

　m_2——称量瓶加烘干后试样的质量(g)。

2)重复性限为 0.30%,再现性限为 0.50%。

14.13　氯离子含量测定

14.13.1　概述

本节规定了混凝土外加剂中氯离子含量的测定方法。本方法依据《混凝土外加剂匀质性试验方法》(GB/T 8077—2023)编制而成。

14.13.2 电位滴定法

用电位滴定法,以银电极或氯电极为指示电极,其电势随 Ag^+ 浓度而变化。以甘汞电极为参比电极,用电位计或酸度计测定两电极在溶液中组成原电池的电势,银离子与氯离子反应生成溶解度很小的氯化银白色沉淀。在等当点前滴入硝酸银生成氯化银沉淀,两电极间电势变化缓慢,等当点时氯离子全部生成氯化银沉淀,这时滴入少量硝酸银即引起电势急剧变化,指示出滴定终点。

1. 试剂和材料

1)硝酸(1+1)。

2)硝酸银溶液(1.7g/L):准确称取约 1.7g 硝酸银($AgNO_3$),用水溶解,放入 1L 棕色容量瓶中稀释至刻度,摇匀,用 0.0100mol/L 氯化钠标准溶液对硝酸银溶液进行标定。

3)硝酸银溶液(17g/L):准确称取约 17g 硝酸银($AgNO_3$),用水溶解,放入 1L 棕色容量瓶中稀释至刻度,摇匀,用 0.1000mol/L 氯化钠标准溶液对硝酸银溶液进行标定。

4)氯化钠标准溶液(0.0100mol/L):称取约 5g 氯化钠(基准试剂),盛在称量瓶中,于 130~150℃下烘干 2h,在干燥器内冷却后精确称取 0.5844g,用水溶解并稀释至 1L,摇匀。

5)氯化钠标准溶液(0.1000mol/L):称取约 10g 氯化钠(基准试剂),盛在称量瓶中,于 130~150℃下烘干 2h,在干燥器内冷却后精确称取 5.8443g,用水溶解并稀释至 1L,摇匀。

硝酸银溶液(1.7g/L 或者 17g/L)的标定:用移液管吸取 0.0100mol/L 或 0.1000mol/L 的氯化钠标准溶液 10mL 于烧杯中,加水稀释至 200mL,加 4mL 硝酸(1+1),在电磁搅拌下,用硝酸银溶液以电位滴定法测定终点,过等当点后,在同一溶液中再加入 0.0100mol/L 或 0.1000mol/L 氯化钠标准溶液 10mL,继续用硝酸银溶液滴定至第二个终点,用二次微商法计算出硝酸银溶液消耗的体积 V_{01}、V_{02}。

体积 V_0,按式(14-20)计算:

$$V_0 = V_{02} - V_{01} \tag{14-20}$$

式中:V_0——10mL 0.0100mol/L 或 0.1000mol/L 氯化钠标准溶液消耗硝酸银溶液的体积(mL);

V_{01}——空白试验中 200mL 水,加 4mL 硝酸(1+1)加 10mL 0.0100mol/L 或 0.1000mol/L 氯化钠标准溶液所消耗硝酸银溶液的体积(mL);

V_{02}——空白试验中 200mL 水,加 4mL 硝酸(1+1)加 20mL 0.0100mol/L 或 0.1000mol/L 氯化钠标准溶液所消耗硝酸银溶液的体积(mL)。

硝酸银溶液的浓度 c 按式(14-21)计算:

$$c = \frac{c'V'}{V_0} \tag{14-21}$$

式中:c——硝酸银溶液的浓度(mol/L);

c'——氯化钠标准溶液的浓度(mol/L);

V'——氯化钠标准溶液的体积(mL)。

2. 仪器设备

1)电位测定仪或酸度仪。

2)银电极或氯电极。

3)甘汞电极。

4)电磁搅拌器。

5)滴定管(25mL)。

6)移液管(10mL)。

7)天平:分度值为0.0001g。

3. 试验步骤

1)对于可溶性试样,准确称取外加剂试样 $0.5000\sim5.0000g(m_1)$,放入烧杯中,加 200mL 水和 4mL 硝酸(1+1),使溶液呈酸性,搅拌至完全溶解,对于不可溶性试样,准确称取外加剂试样 $0.5000\sim5.0000g(m_1)$,放入烧杯中,加入 20mL 水,搅拌使试样分散,然后在搅拌下加入 20mL 硝酸(1+1),加水稀释至 200mL,加入 2mL 过氧化氢,盖上表面皿,加热煮沸 $1\sim2min$,冷却至室温。

2)用移液管加入 0.0100mol/L 或 0.1000mol/L 的氯化钠标准溶液 10mL,烧杯内加入电磁搅拌子,将烧杯放在电磁搅拌器上,开动搅拌器并插入银电极(或氯电极)及甘汞电极,两电极与电位计或酸度计相连接,用硝酸银溶液缓慢滴定,记录电势和对应的滴定管读数。

当接近等当点时,电势增加很快,此时要缓慢滴加硝酸银溶液,每次定量加入 0.10mL,当电势发生突变时,表示等当点已过,此时继续滴入硝酸银溶液,直至电势趋向变化平缓。得到第一个终点时硝酸银溶液消耗的体积 V_1。

3)在同一溶液中,用移液管再加入 0.0100mol/L 或 0.1000mol/L 的氯化钠标准溶液 10mL(此时溶液电势降低),继续用硝酸银溶液滴定,直至第二个等当点出现,记录电势和对应的 0.01mol/L 硝酸银溶液消耗的体积 V_2。

4)空白试验:在干净的烧杯中加入 200mL 水和 4mL 硝酸(1+1)。用移液管加入 0.0100mol/L 或 0.1000mol/L 的氯化钠标准溶液 10mL,在不加入试样的情况下,在电磁搅拌下,缓慢滴加硝酸银溶液,记录电势和对应的滴定管读数,直至第一个终点出现。过等当点后,在同一溶液中,再用移液管加入 0.0100mol/L 或 0.1000mol/L 的氯化钠标准溶液 10mL,继续用硝酸银溶液滴定至第二个终点,用二次微商法计算出硝酸银溶液消耗的体积 V_{01} 及 V_{02}。

4. 试验结果

1)用二次微商法计算结果,见第 14.13.3 小节,通过电压对体积二次导数($\Delta E^2/\Delta V^2$)变成零的办法来求出滴定终点。假如在邻近等当点时,每次加入的硝酸银溶液是相等的,此函数($\Delta E^2/\Delta V^2$)必定会在正负两个符号发生变化的体积之间的某一点变成零,对应这一点的体积即为终点体积,可用内插法求得。

2)外加剂中氯离子所消耗的硝酸银体积 V 按式(14-22)计算:

$$V=\frac{(V_1-V_{01})+(V_2-V_{02})}{2} \tag{14-22}$$

式中:V_1——试样溶液加 10mL 0.0100mol/L 或 0.1000mol/L 氯化钠标准溶液所消耗的硝

酸银溶液体积(mL);

　　V_2——试样溶液加 20mL 0.0100mol/L 或 0.1000mol/L 氯化钠标准溶液所消耗的硝酸银溶液体积(mL)。

　　3)外加剂中氯离子含量 w_{Cl^-} 按式(14 - 23)计算：

$$w_{Cl^-} = \frac{c \times V \times 35.45}{m \times 1000} \times 100\% \tag{14 - 23}$$

式中：w_{Cl^-}——外加剂中氯离子含量；

　　　　c——硝酸银溶液的浓度(mol/L)；

　　　　V——外加剂中氯离子所消耗硝酸银溶液体积(mL)；

　　　　m——外加剂样品质量(g)。

　　4)重复性限为 0.05%,再现性限为 0.08%。

14.13.3　离子色谱法

　　离子色谱法是液相色谱分析方法的一种,样品溶液经阴离子色谱柱分离,溶液中的阴离子 F^-、Cl^-、SO_4^{2-}、NO_3^- 被分离,同时被电导池检测。测定溶液中氯离子峰面积或峰高。

　　1. 试剂和材料

　　1)氮气:纯度不小于 99.8%。

　　2)硝酸:优级纯。

　　3)实验室用水:一级水(电导率小于 18MΩ·cm,0.2μm 超滤膜过滤)。

　　4)氯离子标准溶液(1mg/mL),准确称取预先在 550～600℃加热 40～50min 后,并在干燥器中冷却至室温的氯化钠(标准试剂)1.648g,用水溶解,移入 1000mL 容量瓶中,用水稀释至刻度。

　　5)氯离子标准溶液(100μg/mL):准确移取上述标准溶液 100mL 至 1000mL 容量瓶中,用水稀释至刻度。

　　6)氯离子标准溶液系列:准确移取 1mL、5mL、10mL、15mL、20mL、25mL 的氯离子的标准溶液(100μg/mL)至 100mL 容量瓶中,稀释至刻度。此标准溶液系列浓度分别为 1μg/mL、5μg/mL、10μg/mL、15μg/mL、20μg/mL、25μg/mL。

　　2. 仪器设备

　　1)离子色谱仪:包括电导检测器,抑制器,阴离子分离柱,进样定量杯(25μL,50μL,100μL)。

　　2)抑制器:连续自动再生膜阴离子抑制器或微填充床抑制器。

　　3)On Guard RP 柱:功能基为聚二乙烯基苯。

　　4)淋洗液体系选择。

　　(1)碳酸盐淋洗液体系:阴离子柱填料为聚苯乙烯、有机硅、聚乙烯醇或聚丙烯酸酯阴离子交换树脂。

　　(2)氢氧化钾淋洗液体系:阴离子色谱柱 IonPacAs18 型分离柱(250mm×4mm)和 IonPacAG18 型保护柱(50mm×4mm);或性能相当的离子色谱柱。

　　5)0.22μm 水性针头微孔滤器。

6)注射器:1.0mL、2.5mL。

离子色谱仪检出限:0.01μg/mL。

3. 试验步骤

1)准确称取 1g 外加剂试样,精确至 0.1mg,放入 100mL 烧杯中,加 50mL 水和 5 滴硝酸溶解试样,试样能被水溶解时,直接移入 100mL 容量瓶,稀释至刻度;当试样不能被水溶解时,加入 5 滴硝酸,加热煮沸,微沸 1~2min,再用快速滤纸过滤,滤液用 100mL 容量瓶承接,用水稀释至刻度。

2)混凝土外加剂中的可溶性有机物可以用 On Guard RP 柱去除。

3)将上述处理好的溶液注入离子色谱中分离,得到色谱图,测定所得色谱峰的峰面积或峰高。

4)在重复性条件下进行空白试验。将氯离子标准溶液系列分别在离子色谱中分离,得到色谱图,测定所得色谱峰的峰面积或峰高。以氯离子浓度为横坐标,峰面积或峰高为纵坐标绘制标准曲线。

4. 试验结果

1)将样品的氯离子峰面积或峰高对照标准曲线,求出样品溶液的氯离子浓度 c_1,并按式(14-24)计算出试样中氯离子含量:

$$w_{Cl^-} = \frac{c_1 \times V_1 \times 10^{-6}}{m} \times 100\% \qquad (14-24)$$

式中:w_{Cl^-}——样品中氯离子含量;

c_1——由标准曲线求得的试样溶液中氯离子的浓度(μg/mL);

V_1——样品溶液的体积,数值为 100mL;

m——外加剂样品质量(g)。

2)重复性限见表 14-2 所列。

表 14-2 重复性限

Cl⁻含量范围	$w_{Cl^-} \leqslant 0.01\%$	$0.01\% < w_{Cl^-}$ $\leqslant 0.1\%$	$0.1\% < w_{Cl^-}$ $\leqslant 1\%$	$1\% < w_{Cl^-}$ $\leqslant 10\%$	$w_{Cl^-} > 10\%$
重复性限	0.001%	0.02%	0.10%	0.20%	0.25%
再现性限	0.002%	0.03%	0.15%	0.25%	0.30%

14.14 硫酸钠含量测定

14.14.1 重量法

氯化钡溶液与外加剂试样中的硫酸盐生成溶解度极小的硫酸钡沉淀,称量经高温灼烧后的沉淀来计算硫酸钠的含量。本方法依据《混凝土外加剂匀质性试验方法》(GB/T 8077—2023)编制而成。

1. 试剂和材料

1）盐酸（1＋1）。

2）氯化铵溶液（50g/L）。

3）氯化钡溶液（100g/L）。

4）硝酸银溶液（5g/L）。

2. 仪器设备

1）电阻高温炉：最高使用温度不低于950℃。

2）天平：分度值为0.0001g。

3）电磁电热式搅拌器。

4）瓷坩埚：18～30mL。

5）慢速定量滤纸、快速定性滤纸。

3. 试验步骤

1）准确称取试样约0.5g（m），于400mL烧杯中，加入200mL水搅拌溶解，再加入氯化铵溶液50mL，加热煮沸后，用快速定性滤纸过滤，用水洗涤数次后，将滤液浓缩至200mL左右，滴加盐酸（1＋1）至浓缩滤液显示酸性，再多加5～10滴盐酸（1＋1），煮沸后在不断搅拌下趁热滴加氯化钡溶液10mL，继续煮沸15min，取下烧杯，置于加热板上，保持50～60℃静置2～4h或常温静置8h。

2）用两张慢速定量滤纸过滤，烧杯中的沉淀用70℃水洗净，使沉淀全部转移到滤纸上，用温热水洗涤沉淀至无氯根为止（用硝酸银溶液检验）。将沉淀与滤纸移入预先灼烧恒重的坩埚中（质量为m_1），小火烘干，灰化。在800～950℃电阻高温炉中灼烧30min，然后在干燥器里冷却至室温，取出称量，再将坩埚放回高温炉中，灼烧30min，取出冷却至室温称量，如此反复直至恒量（m_2）。

4. 试验结果

1）外加剂中硫酸钠含量按式（14-25）计算：

$$w_{Na_2SO_4} = \frac{(m_2 - m_1) \times 0.6086}{m} \times 100\%$$ （14-25）

式中：$w_{Na_2SO_4}$——外加剂中硫酸钠含量；

　　m——试样质量（g）；

　　m_1——空坩埚质量（g）；

　　m_2——灼烧后滤渣加坩埚质量（g）；

　　0.6086——灼烧后滤渣加坩埚质量（g）。

2）重复性限为0.50%，再现性限为0.80%。

14.14.2　离子交换重量法

氯化钡溶液与外加剂试样中的硫酸盐生成溶解度极小的硫酸钡沉淀，称量经高温灼烧后的沉淀来计算硫酸钠的含量。

1. 试剂和材料

1）盐酸（1＋1）。

2）氯化铵溶液（50g/L）。

3）氯化钡溶液（100g/L）。

4）硝酸银溶液（5g/L）。

5）预先经活化处理过的 717-OH 型阴离子交换树脂。

2. 仪器设备

1）电阻高温炉：最高使用温度不低于 950℃。

2）天平：分度值为 0.0001g。

3）电磁电热式搅拌器。

4）瓷坩埚：18～30mL。

5）慢速定量滤纸、快速定性滤纸。

3. 试验步骤

1）准确称取外加剂样品 0.2000～0.5000g，置于盛有 6g 717-OH 型阴离子交换树脂的 100mL 烧杯中，加入 60mL 水和电磁搅拌棒，在电磁电热式搅拌器上加热至 60～65℃，搅拌 10min，进行离子交换。

2）将烧杯取下，用快速定性滤纸于三角漏斗上过滤，弃去滤液。

3）然后用 50～60℃氯化铵溶液洗涤树脂五次，再用温水洗涤五次，将洗液收集于另一干净的 300mL 烧杯中，滴加盐酸（1+1）至溶液显示酸性，再多加 5～10 滴盐酸，煮沸后在不断搅拌下趁热滴加氯化钡溶液 10mL，继续煮沸 15min，取下烧杯，置于加热板上保持 50～60℃，静置 2～4h 或常温静置 8h。

4）重复第 14.14.1 小节"3. 试验步骤"中步骤 2）～步骤 4）。

4. 试验结果

试验结果同第 6.14.1 小节中的试验结果。

14.15　碱含量测定

14.15.1　概述

本节规定了混凝土外加剂碱含量的测定方法。本方法依据《混凝土外加剂匀质性试验方法》（GB/T 8077—2023）编制而成。

14.15.2　火焰光度法

对于易溶于水的试样用约 80℃的热水溶解，对于不溶于水的试样使用氢氟酸溶液，以氨水分离铁、铝；以碳酸铵分离钙、镁。滤液中的碱（钾和钠），采用相应的滤光片，用火焰光度计进行测定。

1. 试剂与仪器

1）盐酸（1+1）。

2）氨水（1+1）。

3) 碳酸铵溶液(100g/L),在烧杯中称取 10g 碳酸铵,加水溶解,转移至 100mL 容量瓶,定容,摇匀。

4) 氧化钾、氧化钠标准溶液:精确称取已在 130~150℃烘过 2h 的氯化钾(KCl 光谱纯) 0.7920g 及氯化钠(NaCl 光谱纯)0.9430g,置于烧杯中,加水溶解后,移入 1000mL 容量瓶中,用水稀释至标线,摇匀,转移至干燥带盖的塑料瓶中。此氧化钾及氧化钠标准溶液的浓度为 0.5mg/mL。

5) 甲基红指示剂(2g/L 乙醇溶液)。

6) 氢氟酸。

7) 火焰光度计。

8) 天平:分度值为 0.0001g。

2. 试验步骤

1) 分别向 100mL 容量瓶中注入 0.00mL、1.00mL、2.00mL、4.00mL、8.00mL、12.00mL 的氧化钾、氧化钠标准溶液(分别相当于氧化钾、氧化钠各 0.00mg、0.50mg、1.00mg、2.00mg、4.00mg、6.00mg),用水稀释至标线,摇匀,然后分别于火焰光度计上按仪器使用规程进行测定,根据测得的检流计读数与溶液的浓度关系,分别绘制氧化钾及氧化钠的标准曲线。

2) 根据表 14 - 3 的称样方法,准确称取一定量的试样置于 150mL 的瓷蒸发皿中,用 80℃左右的热水润湿并稀释至 30mL,置于电热板上加热蒸发,保持微沸 5min 后取下,冷却,加 1 滴甲基红指示剂,滴加氨水(1+1),使溶液呈黄色;加入 10mL 碳酸铵溶液,搅拌,置于电热板上加热并保持微沸 10min,用中速滤纸过滤,以热水洗涤,滤液及洗液盛于容量瓶中,冷却至室温,以盐酸(1+1)中和至溶液呈红色,然后用水稀释至标线,摇匀,以火焰光度计按仪器使用规程进行测定。

表 14 - 3　称样量及稀释倍数

碱含量	称样量(g)	稀释体积(mL)	稀释倍数
$w_a < 1.00\%$	0.20	100	1
$1.00\% < w_a \leqslant 5.00\%$	0.10	250	2.5
$5.00\% < w_a \leqslant 10.00\%$	0.05	250 或 500	2.5 或 5
$w_a > 10.00\%$	0.05	500 或 1000	5 或 10

3) 同时进行空白试验。

3. 试验结果

1) 氧化钾与氧化钠含量计量方法如下。

氧化钾百分含量 w_{K_2O} 按式(14 - 26)计算:

$$w_{K_2O} = \frac{c_1 \times n}{m \times 1000} \times 100\% \qquad (14 - 26)$$

式中:w_{K_2O}——外加剂中氧化钾含量;

c_1——在标准曲线上查得每 100mL 被测定液中氧化钾的含量(mg);

n——被测溶液的稀释倍数;

m——试样质量(g)。

氧化钠百分含量w_{Na_2O}按式(14-27)计算：

$$w_{Na_2O} = \frac{c_2 \times n}{m \times 1000} \times 100\%$$ (14-27)

式中：w_{Na_2O}——外加剂中氧化钠含量；

c_2——在标准曲线上查得每100mL被测定液中氧化钠的含量(mg)。

2)外加剂中碱含量按式(14-28)计算：

$$w_a = 0.658 \times w_{K_2O} + w_{Na_2O}$$ (14-28)

式中：w_a——碱含量(%)。

3)重复性限和再现性限见表14-4所列。

表14-4 重复性限和再现性限

碱含量	重复性限	再现性限
≤1.00%	0.10%	0.15%
>1.00%~5.00%	0.20%	0.30%
>5.00%~10.00%	0.30%	0.50%
>10.00%	0.50%	0.80%

14.15.3 原子吸收分光光度法

以氢氟酸-高氯酸分解试样，制成溶液，用锶盐消除硅、铝、钛的干扰，在空气-乙炔火焰中，于相应波长处测定溶液的吸光度。

1. 试剂与仪器

1)氢氟酸。

2)高氯酸。

3)盐酸(1+1)。

4)氯化锶溶液(锶50g/L)：称取152g优级纯六水($SrCl_2 \cdot 6H_2O$)氯化锶溶于水中，加水稀释至1L。贮存于塑料瓶中备用。

5)氧化钾、氧化钠混合标准溶液：分别移取200mL 0.5mg/mL氧化钾氧化钠标准溶液于1L容量瓶中，用水稀释至标线，摇匀。此标准溶液每毫升含0.1mg氧化钾、0.1mg氧化钠。分别移取上述混合标准溶液0mL、1mL、2mL、4mL、6mL、8ml、10mL、15mL于250mL容量瓶中，各加入30mL盐酸(1+1)及20mL氯化锶溶液，稀释至标线，摇匀，备用。

6)原子吸收分光光度计。

7)天平：分度值为0.0001g。

2. 试验步骤

称取试样约0.1g(m_1)，精确到0.0001g，置于铂皿中，用少量水润湿，加1mL高氯酸和10mL氢氟酸，置于低温电热板蒸发至冒白烟，取下放冷。加3~5mL氢氟酸，继续蒸发至高氯酸白烟耗尽，取下放冷。加入15mL盐酸(1+1)加热溶解，放冷。转移至250mL容量瓶中，加入10mL氯化锶溶液，用水稀释至标线，摇匀，此溶液用于测定氧化钾、氧化钠。

将原子吸收分光光度计调节至最佳工作状态,在空气-乙炔火焰中,用各元素空心阴极灯,于下述波长处(见表 14 - 5),以水校零测定溶液的吸光度。测量标准溶液和被测溶液,测得标准溶液的吸光度作为相对应的浓度的函数,绘制标准曲线。读取被测溶液的吸光度,在标准曲线上查得相应浓度 c_{K_2O}、c_{Na_2O}。

表 14 - 5　各元素测定波长

元素	K	Na
测定波长(nm)	766.5	589.0

3. 试验结果

1)氧化钾含量 w_{K_2O} 按式(14 - 29)计算:

$$w_{K_2O} = \frac{c_{K_2O} \times 250}{m_1 \times 10^6} \times 100\% = \frac{c_{K_2O} \times 0.025}{m_1} \tag{14 - 29}$$

式中:w_{K_2O}——氧化钾含量;

c_{K_2O}——扣除空白试验值后测定的氧化钾的浓度($\mu g/mL$);

250——测定溶液的体积(mL);

m_1——称取试样的质量(g)。

2)氧化钠含量 w_{Na_2O} 按式(14 - 30)计算:

$$w_{Na_2O} = \frac{c_{Na_2O} \times 250}{m_1 \times 10^6} \times 100\% = \frac{c_{Na_2O} \times 0.025}{m_1} \tag{14 - 30}$$

式中:w_{Na_2O}——氧化钾含量;

c_{Na_2O}——扣除空白试验值后测定的氧化钾的浓度($\mu g/mL$);

250——测定溶液的体积(mL);

m_1——称取试样的质量(g)。

3)重复性限和再现性限见表 14 - 6 所列。

表 14 - 6　重复性限和再现性限

成分	重复性限	再现性限
K_2O	0.10%	0.15%
Na_2O	0.05%	0.10%

14.16　限制膨胀率测定

本节规定了混凝土外加剂限制膨胀率的测定方法。本方法依据《混凝土膨胀剂》(GB/T 23439—2017)编制而成。

本方法主要针对混凝土膨胀剂,即与水泥、水拌和后经水化反应生成钙矾石、氢氧化钙或钙矾石和氢氧化钙,使混凝土产生体积膨胀的外加剂。按水化产物分为硫铝酸钙类混凝土膨胀剂、氧化钙类混凝土膨胀剂和硫铝酸钙—氧化钙类混凝土膨胀剂。

限制膨胀率按第14.16.1小节中的方法进行,当方法 A 与方法 B 的测试结果有分歧时,以方法 B 为准。

注意:掺混凝土膨胀剂的混凝土单向限制膨胀性能试验方法按第14.16.2小节进行。掺混凝土膨胀剂的水泥浆体或混凝土膨胀性能快速试验方法按第6.16.3小节进行。

14.16.1 限制膨胀率试验方法

本方法规定了混凝土膨胀剂限制膨胀率的试验方法,分为试验方法 A 和试验方法 B。

1. 试验方法 A

1)仪器设备具体要求如下。

(1)搅拌机、振动台、试模及下料漏斗:按 GB/T 17671 规定。

(2)测量仪:由千分表、支架和标准杆组成(见图14-3),千分表的分辨率为 0.001 mm。

(3)纵向限制器:由纵向钢丝与钢板焊接制成(见图14-4)。钢丝采用 GB 4357 规定的 D 级弹簧钢丝,铜焊处拉脱强度不低于 785MPa;纵向限制器不应变形,出厂检验使用次数不应超过 5 次,第三方检测机构检验时不得超过 1 次。

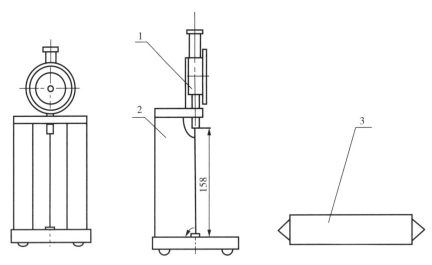

1—千分表;2—支架;3—标准杆。

图 14-3 方法 A 中的测量仪(单位:mm)

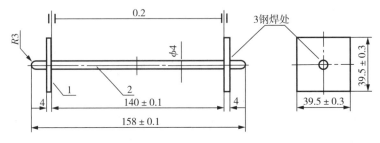

1—钢板;2—钢丝;3—钢焊处。

图 14-4 纵向限制器(单位:mm)

2)实验室环境条件:试验室、养护箱、养护水的温度、湿度应符合 GB/T 17671 的规定;恒温恒湿(箱)室温度为 20℃±2℃,湿度为 60%±5%;每日应检查、记录温度、湿度变化情况。

3)试体制备方法。

(1)试验材料包括水泥、标准砂和水,具体要求如下。水泥:采用 GB 8076 规定的基准水泥。因故得不到基准水泥时,允许采用由熟料与二水石膏共同粉磨而成的强度等级为 42.5 的硅酸盐水泥,且数量中 C_3A 含量为 6%~8%,C_3S 含量为 55%~60%,游离氧化钙不超过 1.2%,碱($Na_2O+0.658K_2O$)含量不超过 0.7%,水泥的比表面积为 350m²/kg±10m²/kg。标准砂:符合 GB/T 17671 要求。水:符合 JGJ 63 要求。

(2)水泥胶砂配合比要求如下:每成型 3 条试体需称量的材料及用量见表 14-7 所列。

表 14-7　限制膨胀率试验材料及用量

材料	代号	材料质量(g)
水泥	C	607.5±2.0
膨胀剂	E	67.5±0.2
标准砂	S	1350.0±5.0
拌和水	W	270.0±1.0

注:$\dfrac{E}{C+E}=0.10$;$\dfrac{S}{C+E}=2.00$;$\dfrac{W}{C+E}=0.40$。

(3)水泥胶砂搅拌、试体成型:按 GB/T 17671 规定进行,同一条件有 3 条试体供测长用,试体全长为 158mm,其中胶砂部分尺寸为 40mm×40mm×140mm。

(4)试体脱模:脱模时间以上述(2)规定配比试体的抗压强度达到 10MPa±2MPa 时的时间确定。

4)试验具体步骤如下。

(1)测量前 3h,将测量仪、标准杆放在标准试验室内,用标准杆校正测量仪并调整千分表零点。测量前,将试体及测量仪侧头擦净。每次测量时,试体记有标志的一面与测量仪的相对位置应一致,纵向限制器测头与测量仪测头应正确接触,读数应精确至 0.001mm。不同龄期的试体应在规定时间±1h 内测量。

(2)试体脱模后在 1h 内测量试体的初始长度。

(3)测量完初始长度的试体立即放入水中养护,测量放入水中第 7d 的长度。然后放入恒温恒湿(箱)室养护,测量放入空气中第 21d 的长度。也可以根据需要测量不同龄期的长度,观察膨胀收缩变化趋势。

(4)养护时,应注意不损伤试体测头。试体之间应保持 15mm 以上间隔,试体支点距限制钢板两端约 30mm。

5)各龄期限制膨胀率按式(14-31)计算:

$$\varepsilon = \frac{L_1 - L}{L_0} \times 100 \tag{14-31}$$

式中:ε——所测龄期的限制膨胀率(%);

L_1——所测龄期的试体长度测量值(mm);

L——试体的初始长度测量值(mm);

L_0——试体的基准长度,140mm。

取相近的两个试体测定值的平均值作为限制膨胀率的测量结果,计算值精确至0.001%。

2. 试验方法 B

1)仪器设备具体要求如下：

(1)搅拌机、振动台、试模及下料漏斗：按 GB/T 17671 规定。

(2)测量仪：由千分表、支架养护水槽组成(见图 14-5)，千分表的分辨率为 0.001mm。

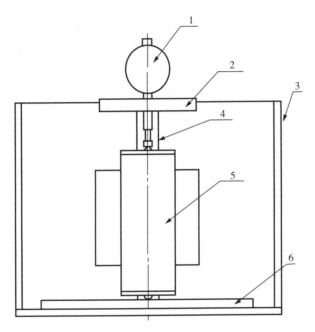

1—千分表；2—支架；3—养护水槽；4—上测头；5—试体；6—下端板。

图 14-5 方法 B 中的测量仪

(3)纵向限制器同第 14.16.1 小节中试验方法 A。

2)试验室温度、湿度同 14.16.1 小节中试验方法 A。

3)试体制备方法同 14.16.1 小节中试验方法 A。

4)试验具体步骤如下。

(1)测量前 3h 将测量仪、恒温水槽、自来水放在标准试验室内恒温,并将试体及测量仪测头擦净。

(2)试体脱模后在 1h 内应固定在测量支架上,将测量支架和试体一起放入未加水的恒温水槽,测量试体的初始长度。之后向恒温水槽中注入温度为 20℃±2℃的自来水,水面应高于试体的水泥砂浆部分,在水中养护期间不准移动试体和恒温水槽。测量试体放入水中第 7d 的长度,然后在 1h 内放掉恒温水槽中的水,将测量支架和试体一起取出放入恒温恒湿(箱)室养护,调整千分表读数至出水前的长度值,再测量试体放入空气中第 21d 的长度。也可以记录试体放入恒温恒湿(箱)室时千分表的读数,再测量试体放入空气中第 21d 的长度,计算时进行校正。

（3）根据需要也可以测量不同龄期的长度，观察膨胀收缩变化趋势。

（4）测量读数应精确至 0.001mm。不同龄期的试体应在规定时间±1h 内测量。

5）试验结果同第 14.16.1 小节中试验方法 A。

14.16.2　掺膨胀剂的混凝土限制膨胀和收缩试验方法

本方法适用于测定掺膨胀剂混凝土的限制膨胀率及限制干缩率，分为试验方法 A 和试验方法 B，当两种试验方法的测试结果有分歧时，以试验方法 B 为准。

1. 试验方法 A

1）仪器设备具体要求如下。

（1）测量仪：由千分表、支架和标准杆组成（见图 14-6），千分表的分辨率为 0.001mm。

（2）纵向限制器应符合以下规定：纵向限制器由纵向限制钢筋与钢板焊接制成（见图 14-7）；纵向限制钢筋采用 GB/T 1499.2 中规定的钢筋，直径为 10mm，横截面面积为 78.54mm²；钢筋两侧焊 12mm 厚的钢板，材质符合 GB/T 700 技术要求，钢筋两端点各 7.5mm 范围内为黄铜或不锈钢，测头呈球面状，半径为 3mm；钢板与钢筋焊接处的焊接强度不应低于 260MPa；纵向限制器不应变形，一般检验可重复使用 3 次；该纵向限制器的配筋率为 0.79%。

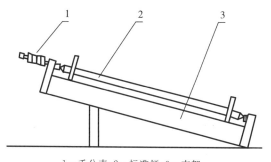

1—千分表；2—标准杆；3—支架。

图 14-6　方法 A 中的测量仪

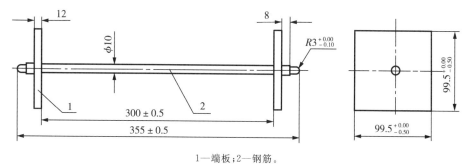

1—端板；2—钢筋。

图 14-7　纵向限制器（单位：mm）

2）试验室环境条件如下。

（1）用于混凝土试体成型和测量的试验室温度为 20℃±2℃。

（2）用于养护混凝土试体的恒温水槽的温度为 20℃±2℃。恒温恒湿室温度为 20℃±

2℃,湿度为 60%±5%。

(3)每日应检查、记录温度变化情况。

3)试体制备方法如下。

(1)用于成型试体的模型宽度和高度均为 100mm,长度大于 360mm。

(2)同一条件有 3 条试体供测长用,试体全长 355mm,其中混凝土部分尺寸为 100mm×100mm×300mm。

(3)首先把纵向限制器具放入试模中,然后将混凝土一次装入试模,把试模放在振动台上震动至表面呈现水泥浆,不泛气泡为止,刮去多余的混凝土并抹平;然后把试体置于温度为 20℃±2℃的养护室内养护,试体表面用塑料布或湿布覆盖,防止水分蒸发。

(4)当混凝土抗压强度达到 3~5MPa 时拆模(成型后 12~16h)。

4)试验具体步骤如下。

(1)试体测长。测长前的准备和操作方法按第 14.16.1 小节中试验方法 A 进行,测量完初始长度的试体立即放入恒温水槽中养护,在规定龄期进行测长。测长的龄期从加水搅拌开始计算,一般测量 3d、7d 和 14d 的长度变化。14d 后,将试体移入恒温恒湿室中养护,分别测量空气中 28d、42d 的长度变化,也可根据需要安排测量龄期。

(2)试体养护。养护时,应注意不损伤试体测头。试体之间应保持 25mm 以上间隔,试体支点距限制钢板两端约 70mm。

5)长度变化率按式(14-32)计算:

$$\varepsilon = \frac{L_1 - L}{L_0} \times 100 \tag{14-32}$$

式中:ε——所测龄期的限制膨胀率(%);

L_1——所测龄期的试体长度测量值(mm);

L——试体的初始长度测量值(mm);

L_0——试体的基准长度,300mm。

取相近的两个试体测定值的平均值作为长度变化率的测量结果,计算值精确至 0.001%。

导入混凝土中的膨胀或收缩应力按式(14-33)计算:

$$\sigma = \mu E \varepsilon \tag{14-33}$$

式中:σ——膨胀或收缩应力(MPa),精确至 0.01MPa;

μ——配筋率(%);

E——限制钢筋的弹性模量,取 2.0×10^5MPa;

ε——所测龄期的长度变化率(%)。

2. 试验方法 B

1)仪器设备具体要求如下。

(1)纵向限制器应符合以下规定:纵向限制器由纵向限制钢筋与钢板焊接制成(见图 14-8);纵向限制钢筋采用 GB/T 1499.2 中规定的钢筋,直径为 10mm,横截面面积为 78.54mm²。钢筋两侧焊 12mm 厚的钢板,材质符合 GB/T 700 技术要求,钢板与钢筋焊接处的焊接强度,不应低于 260MPa;纵向限制器不应变形,一般检验科重复使用 3 次;该纵向限制器的配筋率为 0.79%。

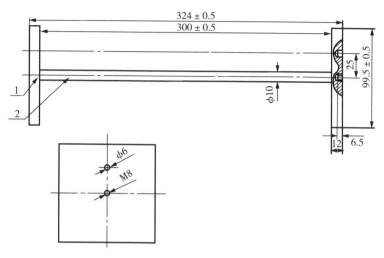

1—端板；2—钢筋。

图 14-8　纵向限制器(单位:mm)

(2)试验装置示意见 GB/T 23439—2017 中图 B.4。测量连杆应采用直径为 8mm 的低膨胀铁镍、铁镍钴合金,材质符合 YB/T 5241 技术要求,左、右支架和紧固螺钉为不锈钢材质,测量连杆、支架与纵向限制器应安装牢固。

2)试验室环境条件同第 14.16.2 小节中试验方法 B。

3)试体制备方法如下。

(1)用于成型试体的模型宽度和高度均为 100mm,长度为 400mm。

(2)同一条件有 3 条试体供测长用,试体混凝土部分尺寸为 100mm×100mm×300mm.

(3)首先把装好左右测量支架的纵向限制器具放入试模中,然后将混凝土 1 次装入试模,把试模放在振动台上震动至表面呈现水泥浆,不泛气泡为止,刮去多余的混凝土并抹平;试体表面用湿布覆盖,防治水分蒸发;然后把试体置于温度为 20℃±2℃的标准养护室,并牢固安装测量连杆和千分表。

4)试验具体步骤如下。

装好测量连杆和千分表的试体在标准养护室内静置 120min,读取初始长度;当混凝土抗压强度达到 3～5MPa(成型后 12～16h),在试体两端注满温度为 20℃±2℃的自来水,水养护期间,试体表面应一直用湿布覆盖。在规定龄期进行测长。测长的龄期从加水搅拌开始计算,一般测量 3d、7d 和 14d 的长度变化。14d 后,将试体从模型中取出,并在 1h 之内,移入恒温恒湿室中养护,调整千分表读数至出水前的长度值,也可以记录试体放入恒温恒湿(箱)室时千分表的读数,计算时进行校正。分别测量试体放入空气中 28d、42d 的长度变化。也可根据需要安排测量龄期,在恒温恒湿(箱)室养护时,试体之间应保持 25mm 以上间隔,试体支点距限制钢板两端约 70mm。

5)长度变化率按式(14-34)计算:

$$\varepsilon = \frac{L_1 - L}{2L_0} \times 100 \qquad (14-34)$$

式中:ε——所测龄期的长度变化率(%);

　　L_1——所测龄期的千分表读值(mm);

　　L——初始千分表读值(mm);

　　L_0——试体的基准长度,300mm。

取相近的两个试体测定值的平均值作为长度变化率的测量结果,计算值精确至 0.001%。

导入混凝土中的膨胀或收缩应力按式(14-33)计算。

14.16.3　混凝土膨胀剂和掺膨胀剂的混凝土膨胀性能快速试验方法

本小节规定了在测定限制膨胀率之前,判断膨胀剂或混凝土是否具有一定膨胀性能的快速简易试验方法,结果供用参考。本方法适用于定性判别混凝土膨胀剂或掺混凝土膨胀剂的混凝土膨胀性能。

混凝土膨胀剂的膨胀性能快速试验方法如下:称取强度等级为 42.5 的硅酸盐水泥或普通硅酸盐水泥 1350g±5g,受检混凝土膨胀剂 150g±1g,水 675g±1g,手工搅拌均匀。将搅拌好的水泥浆体用漏斗注满容积为 600mL 的玻璃啤酒瓶,并盖好瓶口,观察玻璃瓶出现裂缝的时间。

掺混凝土膨胀剂的混凝土膨胀性能快速试验方法如下:在现场取搅拌好的掺混凝土膨胀剂的混凝土,将约 400mL 的混凝土装入容积为 500mL 的玻璃烧杯中,用竹筷轻轻插捣密实,并用塑料薄膜封好烧杯口。待混凝土终凝后,揭开塑料薄膜,向烧杯中注满清水,再用塑料薄膜密封烧杯,观察玻璃烧杯出现裂缝的时间。

第 15 章　砂浆

15.1　立方体抗压强度试验

15.1.1　概述

砂浆立方体抗压强度是砂浆性能检测中的基本性能之一,是确定砂浆强度等级的重要依据。

本试验依据《建筑砂浆基本性能试验方法标准》(JGJ/T 70—2009)编制而成。

15.1.2　仪器设备

1)压力试验机:精度应为1%,试件破坏荷载应不小于压力机量程的20%,且不应大于全量程的80%。

2)垫板:试验机上、下压板及试件之间可垫以钢垫板,垫板的尺寸应大于试件的承压面,其不平度应为每100mm不超过0.02mm。

3)钢直尺。

15.1.3　试验条件

试验室温度为20℃±5℃。

15.1.4　立方体抗压强度试件的制作及养护

1)应采用立方体试件,每组试件应为3个。试模为70.7mm×70.7mm×70.7mm的带底试模,符合行业标准JG/T 237的规定,应具有足够的刚度并拆装方便。试模的内表面应机械加工,其不平度应为每100mm不超过0.05mm,组装后各相邻面的不垂直度不应超过±0.5°。

2)应采用黄油等密封材料涂抹试模的外接缝,试模内应涂刷薄层机油或隔离剂。应将拌制好的砂浆一次性装满砂浆试模,成型方法应根据稠度而确定。当稠度大于50mm时采用人工插捣成型,当稠度不大于50mm时采用振动台振实成型。

(1)人工插捣:应采用捣棒均匀地由边缘向中心按螺旋方式插捣25次,插捣过程中当砂浆沉落低于试模口时,应随时添加砂浆,可用油灰刀插捣数次,并用手将试模一边抬高5～10mm各振动5次,砂浆应高出试模顶面6～8mm。

(2)机械振动:设备振动台应满足空载中台面的垂直振幅应为 0.5mm±0.05mm,空载频率应为 50Hz±3Hz,空载台面振幅均匀度不大于 10%,一次试验应至少能固定 3 个试模。将拌制好的砂浆一次装满试模,放置到振动台上,振动时试模不得跳动,振动 5～10s 或持续到表面泛浆为止,不得过振。

3)待表面水分稍干后,再将高出试模部分的砂浆沿试模顶面刮去并抹平。

4)试件制作后应在温度为 20℃±5℃ 的环境下静置 24h±2h,对试件进行编号、拆模。当气温较低时,或者凝结时间大于 24h 的砂浆,可适当延长时间,但不应超过 2d。试件拆模后应立即放入温度为 20℃±2℃、相对湿度为 90% 以上的标准养护室中养护。养护期间,试件彼此间隔不得小于 10mm,混合砂浆、湿拌砂浆试件上面应覆盖,防止有水滴在试件上。

5)从搅拌加水开始计时,标准养护龄期应为 28d,也可根据相关标准要求增加 7d 或 14d。

15.1.5 试验步骤

1)试件从养护地点取出后应及时进行试验。试验前应将试件表面擦拭干净,并检查其外观。然后测量试件尺寸,计算试件的承压面积。当实测尺寸与公称尺寸之差不超过 1mm 时,承压面积可按照公称尺寸进行计算。

2)将试件安放在试验机的下压板或下垫板上,试件的承压面应与成型时的顶面垂直,试件中心应与试验机下压板或下垫板中心对准。开动试验机,当上压板与试件或上垫板接近时,调整球座,使接触面均衡受压。承压试验应连续而均匀地加荷,加荷速度应为 0.25～1.5kN/s;砂浆强度不大于 2.5MPa 时,宜取下限。当试件接近破坏而开始迅速变形时,停止调整试验机油门,直至试件破坏,然后记录破坏荷载,依次做完一组三个试件。

15.1.6 试验结果

1)砂浆立方体抗压强度应按式(15-1)计算:

$$f_{m,cu} = K \frac{N_u}{A} \tag{15-1}$$

式中:$f_{m,cu}$——砂浆立方体试件抗压强度(MPa),应精确至 0.1MPa;

N_u——试件破坏荷载(N);

A——试件承压面积(mm^2);

K——换算系数,取 1.35。

2)应以三个试件测值的算术平均值作为该组试件的砂浆立方体抗压强度平均值(f_2),精确至 0.1MPa。

3)当三个测值的最大值或最小值中有一个与中间值的差值超过中间值的 15% 时,应把最大值及最小值一并舍去,取中间值作为该组试件的抗压强度值。

4)当两个测值与中间值的差值均超过中间值的 15% 时,该组试验结果应为无效。

15.2　稠度试验

15.2.1　概述

本试验依据《建筑砂浆基本性能试验方法标准》(JGJ/T 70—2009)编制而成,适用于确定砂浆的配合比或施工过程中控制砂浆的稠度。

15.2.2　仪器设备

1)砂浆稠度仪(见图 15-1):由试锥、容器和支座三部分组成。试锥应由钢材或铜材制成,试锥高度应为 145mm,锥底直径应为 75mm,试锥连同滑杆的质量应为 300g±2g;盛浆容器应由钢板制成,筒高应为 180mm,锥底内径应为 150mm;支座应包括底座、支架及刻度显示三个部分,应由铸铁、钢或其他金属制成。

2)钢制捣棒:直径为 10mm,长度为 350mm,端部磨圆;

3)秒表。

15.2.3　试验条件

试验室温度为 20℃±5℃。当需要模拟施工条件下所用的砂浆时,所用原材料的温度宜与施工现场保持一致。

15.2.4　试验步骤

1)应先采用少量润滑油轻擦滑杆,再将滑杆上多余的油用吸油纸擦净,使滑杆能自由滑动。

2)应先采用湿布擦净盛浆容器和试锥表面,再将拌制好的砂浆拌合物一次装入容器;砂浆表面宜低于容器口 10mm,用捣棒自容器中心向边缘均匀地插捣 25 次,然后轻轻地将容器摇动或敲击 5~6 下,使砂浆表面平整,随后将容器置于稠度测定仪的底座上。

3)拧开制动螺丝,向下移动滑杆,当试锥尖端与砂浆表面刚接触时,应拧紧制动螺丝,使齿条测杆下端刚接触滑杆上端,并将指针对准零点上。

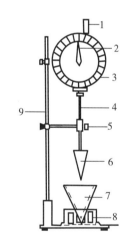

1—齿条测杆;2—指针;3—刻度盘;
4—滑杆;5—制动螺丝;6—试锥;
7—盛浆容器;8—底座;9—支架。
图 15-1　砂浆稠度测定仪

4)拧开制动螺丝,同时计时间,10s 时立即拧紧螺丝,将齿条测杆下端接触滑杆上端,从刻度盘上读出下沉深度(精确至 1mm),即为砂浆的稠度值。

5)盛装容器内的砂浆,只允许测定一次稠度,重复测定时,应重新取样测定。

15.2.5　试验结果

1)同盘砂浆应取两次试验结果的算术平均值作为测定值,并应精确至 1mm。

2)当两次试验值之差大于 10mm 时,应重新取样测定。

15.3　保水性试验

15.3.1　概述

本试验依据《建筑砂浆基本性能试验方法标准》(JGJ/T 70—2009)编制而成,适用于测定砂浆拌合物的保水性。

15.3.2　仪器设备

1)金属或硬塑料圆环试模:内径应为 100mm,内部高度应为 25mm。

2)可密封的取样容器:应清洁、干燥。

3)2kg 的重物。

4)金属滤网:网格尺寸为 $45\mu m$,圆形,直径为 110mm±1mm。

5)超白滤纸:应采用符合 GB/T 1914 规定的中速定性滤纸,直径应为 110mm,单位面积质量应为 $200g/m$。

6)两片金属或玻璃的方形或圆形不透水片,边长或直径应大于 110mm。

7)天平:量程为 200g,感量为 0.1g;量程为 2000g,感量为 1g。

8)烘箱。

15.3.3　试验条件

试验室温度为 20℃±5℃。当需要模拟施工条件下所用的砂浆时,所用原材料的温度宜与施工现场保持一致。

15.3.4　试验步骤

1)称量底部不透水片与干燥试模质量 m_1 和 15 片中速定性滤纸质量 m_2。

2)将拌制好的砂浆拌合物一次性装入试模,并用抹刀插捣数次,当装入的砂浆略高于试模边缘时,用抹刀以 45°角一次性将试模表面多余的砂浆刮去,然后再用抹刀以较平的角度在试模表面反方向将砂浆刮平。

3)抹掉试模边的砂浆,称量试模、底部不透水片与砂浆总质量 m_3。

4)用金属滤网覆盖在砂浆表面,再在滤网表面放上 15 片滤纸,用上部不透水片盖在滤纸表面,以 2kg 的重物把上部不透水片压住。

5)静置 2min 后移走重物及上部不透水片,取出滤纸(不包括滤网),迅速称量纸质量 m_4。

6)按照砂浆的配比及加水量计算砂浆的含水率,若无法计算,可按第 15.3.5 小节的规定测定砂浆的含水率。

15.3.5　砂浆含水率的测定

1)按照砂浆的配合比及加水量计算砂浆的含水率。

2)当无法计算时,可按照以下步骤测定砂浆含水率。

(1)测定砂浆含水率时,应称取 100g±10g 砂浆拌合物试样,置于一干燥并已称重的盘中,在 105℃±5℃的烘箱中烘干至恒重。

(2)砂浆含水率应按下式计算:

$$\alpha = \frac{m_6 - m_5}{m_6} \times 100 \tag{15-2}$$

式中:α——砂浆含水率(%);

m_5——烘干后砂浆样本的质量(g),精确至 1g;

m_6——砂浆样本的总质量(g),精确至 1g。

(3)取两次试验结果的算术平均值作为砂浆的含水率,精确至 0.1%。当两个测定值之差超过 2%时,此组试验结果应为无效。

15.3.6 试验结果

1)砂浆保水率按式(15-3)计算:

$$W = \left[1 - \frac{m_4 - m_2}{\alpha \times (m_3 - m_1)}\right] \times 100 \tag{15-3}$$

式中:W——砂浆保水率(%);

m_1——底部不透水片与干试模质量(g),精确至 1g;

m_2——15 片滤纸吸水前的质量(g),精确至 0.1g;

m_3——试模、底部不透水片与砂浆总质量(g),精确至 1g;

m_4——15 片滤纸吸水后的质量(g),精确至 0.1g;

α——砂浆含水率(%)。

2)取两次试验结果的算术平均值作为砂浆的保水率,精确至 0.1%,且第二次试验应重新取样测定。当两个测定值之差超过 2%时,此组试验结果应为无效。

15.4 拉伸粘结强度试验

15.4.1 概述

本试验依据《建筑砂浆基本性能试验方法标准》(JGJ/T 70—2009)编制而成。

15.4.2 仪器设备

1)拉力试验机:破坏荷载应为其量程的 20%～80%,精度应为 1%,最小示值应为 1N。

2)拉伸专用夹具(见图 15-2、图 15-3):应符合 JG/T 3049 的规定。

3)成型框:外框尺寸应为 70mm×70mm,内框尺寸应为 40mm×40mm,厚度应为 6mm,材料应为硬聚氯乙烯或金属。

4)钢制垫板:外框尺寸应为 70mm×70mm,内框尺寸应为 43mm×43mm,厚度应为 3mm。

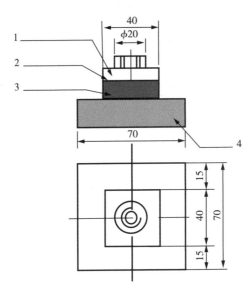

1—拉伸用钢制上夹具;2—胶粘剂;3—检验砂浆;4—水泥砂浆块。

图 15-2　拉伸粘结强度用钢制上夹具(单位:mm)

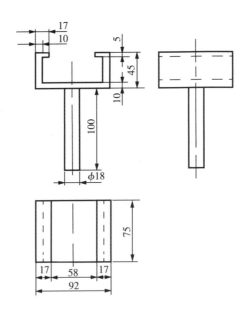

图 15-3　拉伸粘结强度用钢制下夹具(单位:mm)

15.4.3　试验条件

1)温度应为 20℃±5℃。

2)相对湿度应为 45%~75%。

15.4.4　基底水泥砂浆块的制备

1)原材料:水泥应采用符合 GB 17 规定的 42.5 级水泥,砂应采用符合 JGJ 52 规定的中砂;水应采用符合 JGJ 63 规定的用水。

2)配合比:水泥∶砂∶水＝1∶3∶0.5(质量比)。

3)成型:将制成的水泥砂浆倒入 70mm×70mm×20mm 的硬聚氯乙烯或金属模具中,振动成型或用抹灰刀均匀插捣 15 次,人工颠实 5 次,转 90°,再颠实 5 次,然后用刮刀以 45°方向抹平砂浆表面;试模内壁事先宜涂刷水性隔离剂,待干、备用。

4)应在成型 24h 后脱模,并放入 20℃±2℃水中养护 6d,再在试验条件下放置 21d 以上。试验前,应用 200 号砂纸或磨石将水泥砂浆试件的成型面磨平,备用。

15.4.5　砂料的制备

1)干混砂浆料浆的制备方法如下。

(1)待检样品应在试验条件下放置 24h 以上。

(2)应称取不少于 10kg 的待检样品,并按产品制造商提供比例进行水的称量;当产品制造商提供比例是一个值域范围时,应采用平均值。

(3)应先将待检样品放入砂浆搅拌机中,再启动机器,然后徐徐加入规定量的水,搅拌 3～5min。搅拌好的料应在 2h 内用完。

2)现拌砂浆料浆的制备方法如下。

(1)待检样品应在试验条件下放置 24h 以上。

(2)应按设计要求的配合比进行物料的称量,且干物料总量不得少于 10kg。

(3)应先将称好的物料放入砂浆搅拌机中,再启动机器,然后徐徐加入规定量的水,搅拌 3～5min。搅拌好的料应在 2h 内用完。

15.4.6　拉伸粘结强度试件的制备

1)将制备好的基底水泥砂浆块在水中浸泡 24h,并提前 5～10min 取出,用湿布擦拭其表面。

2)将成型框放在基底水泥砂浆块的成型面上,再将按照 JGJ/T 70 的规定制备好的砂浆料浆或直接从现场取来的砂浆试样倒入成型框中,用抹灰刀均匀插捣 15 次,人工颠实 5 次,转 90°,再颠实 5 次,然后用刮刀以 45°方向抹平砂浆表面,24h 内脱模,在温度为 20℃±2℃、相对湿度为 60%～80%的环境中养护至规定龄期。

3)每组砂浆试样应制备 10 个试件。

15.4.7　试验步骤

1)应先将试件在标准试验条件下养护 13d,再在试件表面以及上夹具表面涂上环氧树脂等高强度胶粘剂,然后将上夹具对正位置放在胶粘剂上,并确保上夹具不歪斜,除去周围溢出的胶粘剂,继续养护 24h。

2)测定拉伸粘结强度时,应先将钢制垫板套入基底砂浆块上,再将拉伸粘结强度夹具安装到试验机上,然后将试件置于拉伸夹具中,夹具与试验机的连接宜采用球铰活动连接,以 5mm/min±1mm/min 速度加荷至试件破坏。

3)当破坏形式为拉伸夹具与胶粘剂破坏时,试验结果应无效。

15.4.8　试验结果

1)拉伸粘结强度应按式(15-4)计算:

$$f_{at} = \frac{F}{A_z} \qquad\qquad (15-4)$$

式中：f_{at}——砂浆拉伸粘结强度(MPa)；

　　F——试件破坏时的荷载(N)；

　　A_z——粘结面积(mm^2)。

2)应以 10 个试件测值的算术平均值作为拉伸粘结强度的试验结果。

3)当单个试件的强度值与平均值之差大于 20％时,应逐次舍弃偏差最大的试验值,直至各试验值与平均值之差不超过 20％,当 10 个试件中有效数据不少于 6 个时,取有效数据的平均值为试验结果,结果精确至 0.01MPa。

4)当 10 个试件中有效数据不足 6 个时,此组试验结果应为无效,并应重新制备试件进行试验。

5)对于有特殊条件要求的拉伸粘结强度,应先按照特殊要求条件处理后,再进行试验。

15.5　分层度试验

15.5.1　概述

本试验依据《建筑砂浆基本性能试验方法标准》(JGJ/T 70—2009)编制而成,适用于测定砂浆拌合物在运输及停放时内部组分的稳定性。

15.5.2　仪器设备

1)砂浆分层度筒(见图 15 - 4)：应由钢板制成,内径应为 150mm,上节高度应为 200mm,下节带底净高应为 100mm,两节的连接处应加宽 3～5mm,并应设有橡胶垫圈。

2)振动台：振幅应为 0.5mm±0.05mm,频率应为 50Hz±3Hz。

3)砂浆稠度仪。

4)木锤等辅助工具。

15.5.3　试验条件

试验室温度为 20℃±5℃。当需要模拟施工条件下所用的砂浆时,所用的原材料的温度宜与施工现场保持一致。

15.5.4　试验步骤

分层度的测定可采用标准法和快速法。当发生争议时,应以标准法的测定结果为准。

1)标准法测定分层度应按下列步骤进行。

(1)先按照 JGJ/T 70 的规定测定砂浆拌合物的稠度,为初始稠度。

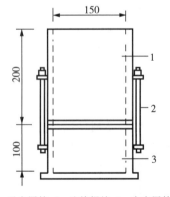

1—无底圆筒；2—连接螺栓；3—有底圆筒。

图 15 - 4　砂浆分层度测定仪

(单位：mm)

（2）将拌制好的砂浆拌合物一次装入分层度筒内，待装满后，用木锤在分层度筒周围距离大致相等的四个不同部位轻轻敲击 1～2 下；当砂浆沉落到低于筒口时，应随时添加，然后刮去多余的砂浆并用抹刀抹平。

（3）静置 30min 后，去掉上节 200mm 砂浆，然后将剩余的 100mm 砂浆倒在拌合锅内搅拌 2min 再按照 JGJ/T 70 的规定测其稠度，前后测得的稠度之差即为该砂浆的分层度值。

（4）按照上述步骤重复测定砂浆拌合物的分层度。

2）快速法测定分层度应按下列步骤进行：

（1）应先按照 JGJ/T 70 中 8.2 的规定测定砂浆拌合物的稠度。

（2）应将分层度筒预先固定在振动台上，砂浆拌合物一次装入分层度筒内，振动 20s；

（3）去掉上节 200mm 砂浆，剩余 100mm 砂浆倒出放在拌合锅内拌 2min，再按 JGJ/T 70 的规定测其稠度，前后测得的稠度之差即为该砂浆的分层度值。

（4）按照上述步骤重复测定砂浆拌合物的分层度。

15.5.5　试验结果

1）应取两次试验结果的算术平均值作为该砂浆的分层度值，精确至 1mm。

2）当两次分层度试验值之差大于 10mm 时，应重新取样测定。

15.6　配合比设计试验

15.6.1　概述

砂浆是由水泥、细骨料和水，以及根据需要加入的石灰、活性掺合料或外加剂配制成，分为水泥砂浆和水泥混合砂浆两种。

本试验依据《砌筑砂浆配合比设计规程》（JGJ/T 98—2010）编制而成。

15.6.2　配合比设计基本要求

1）水泥宜采用通用硅酸盐水泥或砌筑水泥，且应符合 GB 175 和 GB/T 3183 的规定。

2）砂宜选用中砂，并应符合 JGJ 52 的规定，且应全部通过 4.75mm 的筛孔。

3）砌筑砂浆用石灰膏、电石灰膏应符合相关要求。

4）粉煤灰、矿粉、硅灰、天然沸石粉应符合国家标准要求。

5）采用保水增稠材料时，应在使用前进行试验验证，并应有完整的型式检验报告。

6）外加剂应符合国家有关标准的规定，引气型外加剂还应有完整的型式检验报告。

7）拌制砂浆用水应符合 JGJ 63 的规定。

15.6.3　配合比设计技术要求

1）水泥砂浆及预拌砌筑砂浆的强度等级可分为 M5、M7.5、M10、M15、M20、M25、M30；水泥混合砂浆的强度等级可分为 M5、M7.5、M10、M15。

7)砌筑砂浆中的水泥和石灰膏、电石膏等材料的用量可按表15-5选用。

表 15-5 砌筑砂浆的材料用量

砂浆种类	材料用量(kg/m³)
水泥砂浆	≥200
水泥混合砂浆	≥350
预拌砌筑砂浆	≥200

注:(1)水泥砂浆中的材料用量是指水泥用量。

(2)水泥混合砂浆中的材料用量是指水泥和石灰膏、电石膏的材料总量。

(3)预拌砌筑砂浆中的材料用量是指胶凝材料用量,包括水泥和替代水泥的粉煤灰等活性矿物掺合料。

8)砌筑砂浆中可掺入保水增稠材料、外加剂等,掺量应经试配后确定。

9)砌筑砂浆试配时应采用机械搅拌。搅拌时间应自开始加水算起,并应符合下列规定:

(1)对水泥砂浆和水泥混合砂浆,搅拌时间不得少于120s;

(2)对预拌砌筑砂浆和掺有粉煤灰、外加剂、保水增稠材料等的砂浆,搅拌时间不得少于180s。

15.6.4 现场配制水泥混合砂浆的试配

1)配合比应按下列步骤进行计算:

(1)计算砂浆试配强度($f_{m,o}$);

(2)计算每立方米砂浆中的水泥用量(Q_c);

(3)计算每立方米砂浆中石灰膏用量(Q_D);

(4)确定每立方米砂浆中的砂用量(Q_S);

(5)按砂浆稠度选每立方米砂浆用水量(Q_W)。

2)砂浆的试配强度应按式(15-7)计算:

$$f_{m,o} = k f_2 \tag{15-5}$$

式中:$f_{m,o}$——砂浆的试配强度(MPa),应精确至0.1MPa;

f_2——砂浆强度等级值(MPa),应精确至0.1MPa;

k——系数,按表15-6取值。

表 15-6 砂浆强度标准差 σ 及 k 值

强度等级 施工水平	强度标准差 σ(MPa)							k
	M5	M7.5	M10	M15	M20	M25	M30	
优良	1.00	1.50	2.00	3.00	4.00	5.00	6.00	1.15
一般	1.25	1.88	2.50	3.75	5.00	6.25	7.50	1.20
较差	1.50	2.25	3.00	4.50	6.00	7.50	9.00	1.25

3)砂浆强度标准差的确定应符合下列规定。

(1)当有统计资料时,砂浆强度标准差应按式(15-6)计算:

$$\sigma = \sqrt{\frac{\sum\limits_{i=1}^{n} f_{m,i}^2 - n\mu_{f_m}^2}{n-1}} \qquad (15-6)$$

式中:$f_{m,i}$—— 统计周期内同一品种砂浆第 i 组试件的强度(MPa);

μ_{f_m}—— 统计周期内同一品种砂浆 n 组试件强度的平均值(MPa);

n—— 统计周期内同一品种砂浆试件的总组数,$n \geqslant 25$。

(2)当无统计资料时,砂浆强度标准差可按表15-6取值。

4)水泥用量的计算应符合下列规定。

(1)每立方米砂浆中的水泥用量,应按式(15-7)计算:

$$Q_c = 1000(f_{m,o} - \beta)/\alpha \cdot f_{ce} \qquad (15-7)$$

式中:Q_c—— 每立方米砂浆的水泥用量(kg),应精确至 1kg;

f_{ce}—— 水泥的实测强度(MPa),应精确至 0.1MPa;

$f_{m,o}$—— 砂浆的试配强度(MPa),应精确至 0.1MPa;

α、β—— 砂浆的特征系数,其中 α 取 3.03,β 取 -15.09。

注意:各地区也可用本地区试验资料确定 α、β 值,统计用的试验组数不得少于 30 组。

(2)在无法取得水泥的实测强度值时,可按式(15-8)计算:

$$f_{ce} = \gamma_c f_{ce,k} \qquad (15-8)$$

式中:$f_{ce,k}$—— 水泥强度等级值(MPa);

γ_c—— 水泥强度等级值的富余系数,宜按实际统计资料确定;无统计资料时可取 1.0。

5)石灰膏用量应按式(15-9)计算:

$$Q_D = Q_A - Q_C \qquad (15-9)$$

式中:Q_D—— 每立方米砂浆的石灰膏用量(kg),应精确至 1kg,石灰膏使用时的稠度宜为 120mm ± 5mm;

Q_C—— 每立方米砂浆的水泥用量(kg),应精确至 1kg;

Q_A—— 每立方米砂浆中水泥和石灰膏总量,应精确至 1kg,可为 350kg。

6)每立方米砂浆中的砂用量,应按干燥状态(含水率小于 0.5%)的堆积密度值作为计算值(kg)。

7)每立方米砂浆中的用水量可根据砂浆稠度等要求选用 210~310kg。

注意:(1)混合砂浆中的用水量,不包括石灰膏中的水;

(2)当采用细砂或粗砂时,用水量分别取上限或下限;

(3)稠度小于 70mm 时,用水量可小于下限;

(4)施工现场气候炎热或干燥季节,可酌量增加用水量。

15.6.5 现场配制水泥砂浆的试配

1)水泥砂浆的材料用量可按表 15-7 选用。

表 15-7 水泥砂浆材料用量

强度等级	水泥(kg/m³)	砂	用水量(kg/m³)
M5	200～230		
M7.5	230～260		
M10	260～290		
M15	290～330	砂的堆积密度值	270～330
M20	340～400		
M25	360～410		
M30	430～480		

注:(1)M15 及 M15 以下强度等级水泥砂浆,水泥强度等级为 32.5 级;M15 以上强度等级水泥砂浆,水泥强度等级为 42.5 级。

(2)当采用细砂或粗砂时,用水量分别取上限或下限。

(3)稠度小于 70mm 时,用水量可小于下限。

(4)施工现场气候炎热或干燥季节,可酌量增加用水量。

(5)试配强度应按式(15-5)计算。

2)水泥粉煤灰砂浆材料用量可按表 15-8 选用。

表 15-8 每立方米水泥粉煤灰砂浆材料用量

强度等级	水泥和粉煤灰总量(kg/m³)	粉煤灰	砂	用水量(kg/m³)
M5	210～240			
M7.5	240～270	粉煤灰掺量可占胶凝材料总量的 15%～25%	砂的堆积密度值	270～330
M10	270～300			
M15	300～330			

注:(1)表中水泥强度等级为 32.5 级。

(2)当采用细砂或粗砂时,用水量分别取上限或下限。

(3)稠度小于 70mm 时,用水量可小于下限。

(4)施工现场气候炎热或干燥季节,可酌量增加用水量。

(5)试配强度应按式(15-5)计算。

15.6.6 预拌砌筑砂浆的试配要求

1)预拌砌筑砂浆应符合下列规定:

(1)在确定湿拌砌筑砂浆稠度时应考虑砂浆在运输和储存过程中的稠度损失;

(2)湿拌砌筑砂浆应根据凝结时间要求确定外加剂掺量;

(3)干混砌筑砂浆应明确拌制时的加水量范围;

(4)预拌砌筑砂浆的搅拌、运输、储存等应符合 JG/T 230 的规定;

(5)预拌砌筑砂浆性能应符合 JG/T 230 的规定。

2)预拌砌筑砂浆的试配应符合下列规定:

(1)预拌砌筑砂浆生产前应进行试配,试配强度应按式(15-5)计算确定,试配时稠度取70～80mm;

(2)预拌砌筑砂浆中可掺入保水增稠材料、外加剂等,掺量应经试配后确定。

15.6.7 砌筑砂浆配合比试配、调整与确定

1)砌筑砂浆试配时应考虑工程实际要求,搅拌应符合第 15.6.3 小节的规定。

2)按计算或查表所得配合比进行试拌时,应按 JGJ/T 70 测定砌筑砂浆拌合物的稠度和保水率。当稠度和保水率不能满足要求时,应调整材料用量,直到符合要求为止,然后确定为试配时的砂浆基准配合比。

3)试配时至少应采用三个不同的配合比,其中一个配合比应为按本规程得出的基准配合比,其余两个配合比的水泥用量应按基准配合比分别增加及减少10%。在保证稠度、保水率合格的条件下,可将用水量、石灰膏、保水增稠材料或粉煤灰等活性掺合料用量作相应调整。

4)砌筑砂浆试配时稠度应满足施工要求,并应按 JGJ/T 70 分别测定不同配合比砂浆的表观密度及强度;并应选定符合试配强度及和易性要求、水泥用量最低的配合比作为砂浆的试配配合比。

5)砌筑砂浆试配配合比应按下列步骤进行校正。

(1)根据第 15.6.6 小节的要求来确定的砂浆配合比材料用量,砂浆的理论表观密度值按式(15-10)计算:

$$\rho_t = Q_C + Q_D + Q_S + Q_W \tag{15-10}$$

式中:Q_D——每立方米砂浆的石灰膏用量(kg),应精确至 1kg;石灰膏使用时的稠度宜为120mm±5mm;

Q_C——每立方米砂浆的水泥用量(kg),应精确至 1kg;

Q_S——每立方米砂浆中的砂用量(kg),应精确至 1kg;

Q_W——每立方米砂浆中的用水量(kg),应精确至 1kg;

ρ_t——砂浆的理论表观密度值(kg/m³),应精确至 10kg/m³。

(2)砂浆配合比校正系数按式(15-11)计算:

$$\delta = \rho_c / \rho_t \tag{15-11}$$

式中:ρ_c——砂浆的实测表观密度值(kg/m³),应精确至 10kg/m³;

ρ_t——砂浆的理论表观密度值(kg/m³),应精确至 10kg/m³。

(3)当砂浆的实测表观密度值与理论表观密度值之差的绝对值不超过理论值的 2%时,可按第 15.6.7 小节得出的试配配合比确定为砂浆设计配合比;当超过 2%时,应将试配配合比中每项材料用量均乘以校正系数(δ)后,确定为砂浆设计配合比。

6)预拌砌筑砂浆生产前应进行试配、调整与确定,并应符合 GB/T 230 的规定。

15.7 凝结时间试验

15.7.1 概述

本试验依据《建筑砂浆基本性能试验方法标准》(JGJ/T 70—2009)编制而成,适用于采用贯入阻力法确定砂浆拌合物的凝结时间。

15.7.2 仪器设备

1)定时钟表。

2)砂浆凝结时间测定仪(见图 15-5):应由试针、容器、压力表和支座四部分组成,并应符合下列规定。

(1)试针:应由不锈钢制成,截面积应为 30mm²。

(2)盛浆容器:应由钢制成,内径应为 140mm,高度应为 75mm。

(3)压力表:测量精度应为 0.5N。

(4)支座:分为底座、支架及操作杆三部分,应由铸铁或钢制成。

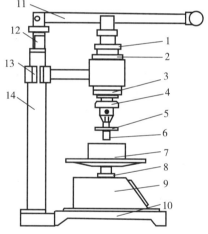

1、2、3、8—调节螺母;4—夹头;5—垫片;
6—试针;7—盛浆容器;9—压力表座;10—底座;
11—操作杆;12—调节杆;13—立架;14—立柱。
图 15-5 砂浆凝结时间测定仪

15.7.3 试验步骤

1)将制备好的砂浆拌合物装入盛浆容器内,砂浆应低于容器上口 10mm,轻轻敲击容器,并予以抹平,盖上盖子,放在 20℃±2℃的试验条件下保存。

2)砂浆表面的泌水不得清除,将容器放到压力表座上,然后通过下列步骤来调节测定仪:

(1)调节螺母 3,使贯入试计与砂浆表面接触;

(2)拧开调节螺母 2,再调节螺母 1,以确定压入砂浆内部的深度为 25mm 后再拧紧螺母 2;

(3)旋动调节螺母 8,使压力表指针调到零位。

3)测定贯入阻力值,用截面为 30mm² 的贯入试针与砂浆表面接触,在 10s 内缓慢而均匀地垂直压入砂浆内部 25mm 深,每次贯入时记录仪表读数 N_p,贯入杆离开容器边缘或已贯入部位应至少 12mm。

4)在 20℃±2℃的试验条件下,实际贯入阻力值应在成型后 2h 开始测定,并应每隔 30min 测定一次,当贯入阻力值达到 0.3MPa 时,应改为每 15min 测定一次,直至贯入阻力值到 0.7MPa 为止。

15.7.4　施工现场要求

1)当在施工现场测定砂浆的凝结时间时,砂浆的稠度、养护和测定的温度应与现场相同。

2)在测定湿拌砂浆的凝结时间时,时间间隔可根据实际情况定为受检砂浆预测凝结时间的 1/4、1/2、3/4 等来测定,当接近凝结时间时可每 15min 测定一次。

15.7.5　试验结果

砂浆贯入阻力值应按式(15-12)计算:

$$f_p = \frac{N_p}{A_p} \tag{15-12}$$

式中:f_p——贯入阻力值(MPa),精确至 0.01MPa;

N_p——贯入深度至 25mm 时的静压力(N);

A_p——贯入试针的截面积,即 30mm²。

15.7.6　砂浆的凝结时间的确定

1)凝结时间的确定可采用图示法或内插法,有争议时应以图示法为准。从加水搅拌开始计时,分别记录时间和相应的贯入阻力值,根据试验所得各阶段的贯入阻力与时间的关系绘图,由图求出贯入阻力值达到 0.5MPa 的所需时间 t_s(min),此时的 t_s 值即为砂浆的凝结时间测定值。

2)测定砂浆凝结时间时,应在同盘内取两个试样,以两个试验结果的算术平均值作为该砂浆的凝结时间值,两次试验结果的误差不应大于 30min,否则应重新测定。

15.8　抗渗性能试验

15.8.1　概述

本试验依据《建筑砂浆基本性能试验方法标准》(JGJ/T 70—2009)编制而成。

15.8.2　仪器设备

1)金属试模:应采用截头圆锥形带底金属试模,上口直径应为 70mm,下口直径应为 80mm,高度应为 30mm。

2)砂浆渗透仪。

15.8.3　试验步骤

1)应将拌合好的砂浆一次装入试模中,并用抹灰刀均匀插捣 15 次,再颠实 5 次,当填充砂浆略高于试模边缘时,应用抹刀以 45°角一次性将试模表面多余的砂浆刮去,然后再用抹刀以较平的角度在试模表面反方向将砂浆刮平。应成型 6 个试件。

2)试件成型后,应在室温 20℃±5℃的环境下静置 24h±2h 后再脱模。试件脱模后,应放入温度为 20℃±2℃、相对湿度为 90％以上的养护室养护至规定龄期。试件取出待表面干燥后,应采用密封材料密封装入砂浆渗透仪中进行抗渗试验。

3)抗渗试验时,应从 0.2MPa 开始加压,恒压 2h 后增至 0.3MPa,以后每隔 1h 增加 0.1MPa。当 6 个试件中有 3 个试件表面出现渗水现象时,应停止试验,记下当时水压。在试验过程中,当发现水从试件周边渗出时,应停止试验,重新密封后再继续试验。

15.8.4　试验结果

砂浆抗渗压力值应以每组 6 个试件中 4 个试件未出现渗水时的最大压力计,并应按式(15-13)计算:

$$P = H - 0.1 \tag{15-13}$$

式中:P——砂浆抗渗压力值(MPa),精确至 0.1MPa;

H——6 个试件中 3 个试件出现渗水时的水压力(MPa)。

第 16 章　混凝土

16.1　抗压强度试验

16.1.1　概述

混凝土抗压强度是混凝土的基本性能之一,也是混凝土最重要的物理性能。通过混凝土抗压强度试验,可以确定混凝土强度等级,因此抗压强度试验是评定混凝土品质的重要指标。

本试验依据《混凝土物理力学性能试验方法标准》(GB/T 50081—2019)编制而成。

16.1.2　仪器设备

1)压力试验机应符合下列规定。

(1)试件破坏荷载宜大于压力机全量程的 20%且宜小于压力机全量程的 80%。

(2)示值相对误差应为±1%。

(3)试验机应具有加荷速度指示装置或加荷速度控制装置,并应能均匀、连续地加荷。

(4)试验机上、下承压板的平面度公差不应大于 0.04mm;平行度公差不应大于 0.05mm;表面硬度不应小于 55HRC;板面应光滑、平整,表面粗糙度 R_a 不应大于 0.80μm;当压力试验机上下承压板不满足前诉要求时,上、下承压板与试件之间应各垫以钢垫板,钢垫板的平面尺寸不应小于试件的承压面积,厚度不应小于 25mm,钢垫板应机械加工,承压面的平面度、平行度、表面硬度和粗糙度应符合前述试验机上、下承压板要求。

(5)球座应转动灵活;球座宜置于试件顶面,并凸面朝上。

(6)混凝土强度不小于 60MPa 时,试件周围应设防护罩。

2)游标卡尺:量程不应小于 200mm,分度值宜为 0.02mm。

3)塞尺:最小叶片厚度不应大于 0.02mm,同时应配置直板尺。

4)游标量角器:分度值应为 0.1°。

16.1.3　试验步骤

1)试件到达试验龄期时,从养护地点取出后,应检查其尺寸及形状,尺寸公差应满足 GB/T 50081—2019 中第 3.3 节试件各边长、直径和高的尺寸公差不超过 1mm,试件取出后应尽快进行试验。

2)试件放置试验机前,应将试件表面与上、下承压板面擦拭干净。

3)以试件成型时的侧面为承压面,应将试件安放在试验机的下压板或垫板上,试件的中心应与试验机下压板中心对准。

4)启动试验机,试件表面与上、下承压板或钢垫板应均匀接触。

5)试验过程中应均匀加荷,加荷速度应取 0.3～1.0MPa/s。当立方体抗压强度小于 30MPa 时,加荷速度宜取 0.3～0.5MPa/s;立方体抗压强度为 30～60MPa 时,加荷速度宜取 0.5～0.8MPa/s 压立方体抗压强度不小于 60MPa 时,加荷速度宜取 0.8～1.0MPa/s。

6)手动控制压力机加荷速度时,当试件接近破坏开始急剧变形时,应停止调整试验机油门,直至破坏,并记录破坏荷载。

16.1.4　试验结果

1)混凝土立方体试件抗压强度应按式(16-1)计算:

$$f_{cc} = \frac{F}{A} \tag{16-1}$$

式中:f_{cc}——混凝土立方体试件抗压强度(MPa),计算结果应精确至 0.1MPa;

　　　F——试件破坏荷载(N);

　　　A——试件承压面积(mm^2)。

2)立方体试件抗压强度值的确定应符合下列规定:

(1)取 3 个试件测值的算术平均值作为该组试件的强度值,应精确至 0.1MPa;

(2)当 3 个测值中的最大值或最小值中有一个与中间值的差值超过中间值的 15% 时,则应把最大及最小值剔除,取中间值作为该组试件的抗压强度值;

(3)当最大值和最小值与中间值的差值均超过中间值的 15% 时,该组试件的试验结果无效。

3)混凝土强度等级小于 C60 时,用非标准试件测得的强度值均应乘以尺寸换算系数,对 200mm×200mm×200mm 试件可取为 1.05;对 100mm×100mm×100mm 试件可取为 0.95。

4)当混凝土强度等级不小于 C60 时,宜采用标准试件;当使用非标准试件时,混凝土强度等级不大于 Cl00 时,尺寸换算系数宜由试验确定,在未进行试验确定的情况下,对 100mm×100mm×100mm 试件可取为 0.95;混凝土强度等级大于 C100 时,尺寸换算系数应经试验确定。

16.2　抗水渗透试验

16.2.1　概述

混凝土的抗水渗透性能是混凝土耐久性指标中的重要一项,是实际工程中普遍受关注的重点。

本试验依据《普通混凝土长期性能和耐久性能试验方法标准》(GB/T 50082—2009)编制而成。

16.2.2　渗水高度法

1. 仪器设备

1）混凝土抗渗仪：应符合 JG/T 249 的规定，并应能使水压按规定的制度稳定地作用在试件上。抗渗仪施加水压力范围应为 0.1～2.0MPa。

2）试模：应采用上口内部直径为 175mm、下口内部直径为 185mm 和高度为 150mm 的圆台体。

3）密封材料：宜用石蜡加松香或水泥加黄油等材料，也可采用橡胶套等其他有效密封材料。

4）梯形板：由尺寸为 200mm×200mm 的透明材料制成，并应画有十条等间距、垂直于梯形底线的直线。

5）钢尺：分度值应为 1mm。

6）钟表：分度值应为 1min。

7）辅助设备：应包括螺旋加压器、烘箱、电炉、浅盘、铁锅和钢丝刷等。

8）安装试件的加压设备可为螺旋加压或其他加压形式，其压力应能保证将试件压入试件套内。

2. 试验步骤

1）应先按 GB/T 50082 中规定的方法进行试件的制作和养护。抗水渗透试验应以 6 个试件为一组。

2）试件拆模后，应用钢丝刷刷去两端面的水泥浆膜，并应立即将试件送入标准养护室进行养护。

3）抗水渗透试验的龄期宜为 28d。应在到达试验龄期的前一天，从养护室取出试件，并擦拭干净。待试件表面晾干后，应按下列方法进行试件密封：

（1）当用石蜡密封时，应在试件侧面裹涂一层熔化的内加少量松香的石蜡。然后应用螺旋加压器将试件压入经过烘箱或电炉预热过的试模中，使试件与试模底平齐，并应在试模变冷后解除压力。试模的预热温度，应以石蜡接触试模，即缓慢熔化，但不流淌为准。

（2）用水泥加黄油密封时，其质量比应为（2.5～3）：1。应用三角刀将密封材料均匀地刮涂在试件侧面上，厚度应为 1～2mm。应套上试模并将试件压入，应使试件与试模底齐平。

（3）试件密封也可以采用其他更可靠的密封方式。

4）试件准备好之后，启动抗渗仪，并开通 6 个试位下的阀门，使水从 6 个孔中渗出，水应充满试位坑，在关闭 6 个试位下的阀门后应将密封好的试件安装在抗渗仪上。

5）试件安装好以后，应立即开通 6 个试位下的阀门，使水压在 24h 内恒定控制在 1.2MPa±0.05MPa，且加压过程不应大于 5min，应以达到稳定压力的时间作为试验记录起始时间（精确至 1min）。在稳压过程中随时观察试件端面的渗水情况，当有某一个试件端面出现渗水时，应停止该试件的试验并应记录时间，并以试件的高度作为该试件的渗水高度。对于试件端面未出现渗水的情况，应在试验 24h 后停止试验，并及时取出试件。在试验过程中，当发现水从试件周边渗出时，应按标准 GB/T 50082 中规定重新进行密封。

6)将从抗渗仪上取出来的试件放在压力机上,并应在试件上下两端面中心处沿直径方向各放一根直径为 6mm 的钢垫条,并应确保它们在同一竖直平面内。然后开动压力机,将试件沿纵断面劈裂为两半。试件劈开后,应用防水笔描出水痕。

7)应将梯形板放在试件劈裂面上,并用钢尺沿水痕等间距量测 10 个测点的渗水高度值,读数应精确至 1mm。当读数时若遇到某测点被骨料阻挡,可以靠近骨料两端的渗水高度算术平均值来作为该测点的渗水高度。

3. 试验结果

1)试件渗水高度应按式(16-2)进行计算:

$$\bar{h}_i = \frac{1}{10} \sum_{j=1}^{10} h_j \qquad (16-2)$$

式中:h_j—— 第 i 个试件第 j 个测点处的渗水高度(mm);

$\bar{h}_i$—— 第 i 个试件的平均渗水高度(mm),应以 10 个测点渗水高度的平均值作为该试件渗水高度的测定值。

2)一组试件的平均渗水高度应按式(16-3)进行计算:

$$\bar{h} = \frac{1}{6} \sum_{i=1}^{6} \bar{h}_i \qquad (16-3)$$

式中:$\bar{h}$——一组 6 个试件的平均渗水高度(mm)。应以一组 6 个试件渗水高度的算术平均值作为该组试件渗水高度的测定值。

16.2.3　逐级加压法

1. 仪器设备

符合第 16.2.2 小节中仪器设备的规定。

2. 试验步骤

1)首先应按 GB/T 50082 的规定进行试件的密封和安装。

2)试验时,水压应从 0.1MPa 开始,以后应每隔 8h 增加 0.1MPa 水压,并应随时观察试件端面渗水情况。当 6 个试件中有 3 个试件表面出现渗水时,或加至规定压力(设计抗渗等级)在 8h 内 6 个试件中表面渗水试件少于 3 个时,可停止试验,并记下此时的水压力。在试验过程中,当发现水从试件周边渗出时,应按标准 GB/T 50082 的规定重新进行密封。

3. 试验结果

混凝土的抗渗等级应以每组 6 个试件中有 4 个试件未出现渗水时的最大水压力乘以 10 来确定。混凝土的抗渗等级应按式(16-4)计算:

$$P = 10H - 1 \qquad (16-4)$$

式中:P——混凝土抗渗等级;

H——6 个试件中有 3 个试件渗水时的水压力(MPa)。

16.3 坍落度试验

16.3.1 概述

坍落度是指混凝土拌合物在自重作用下坍落的高度,它是评定混凝土拌合物和易性的重要指标之一。

本试验依据《普通混凝土拌合物性能试验方法标准》(GB/T 50080—2016)编制而成,适用于骨料最大公称粒径不大于 40mm、坍落度不小于 10mm 的混凝土拌合物坍落度的测定。

16.3.2 仪器设备

1)坍落度仪:应符合行业标准 JG/T 248 的规定;

2)钢尺:2 把,量程不应小于 300mm,分度值不应大于 1mm;

3)底板:应采用平面尺寸不小于 1500mm×1500mm、厚度不小于 3mm 的钢板,最大挠度不应大于 3mm。

16.3.3 试验步骤

1)坍落度筒内壁和底板应润湿无明水;底板应放置在坚实水平面上,并把坍落度筒放在底板中心,然后用脚踩住两边的脚踏板,坍落度筒在装料时应保持在固定的位置。

2)混凝土拌合物试样应分三层均匀地装入坍落度筒内,每装一层混凝土拌合物,应用捣棒由边缘到中心按螺旋形均匀插捣 25 次,捣实后每层混凝土拌合物试样高度约为筒高的三分之一。

3)插捣底层时,捣棒应贯穿整个深度,插捣第二层和顶层时,捣棒应插透本层至下一层的表面。

4)顶层混凝土拌合物装料应高出筒口,插捣过程中,混凝土拌合物低于筒口时,应随时添加。

5)顶层插捣完后,取下装料漏斗,应将多余混凝土拌合物刮去,并沿筒口抹平。

6)清除筒边底板上的混凝土后,应垂直平稳地提起坍落度筒,并轻放于试样旁边;当试样不再继续坍落或坍落时间达 30s 时,用钢尺测量出筒高与坍落后混凝土试体最高点之间的高度差,作为该混凝土拌合物的坍落度值。

16.3.4 注意事项

坍落度筒的提离过程宜控制在 3～7s;从开始装料到提坍落度筒的整个过程应连续进行,并应在 150s 内完成;将坍落度筒提起后混凝土发生一边崩坍或剪坏现象时,应直新取样另行测定;第二次试验仍出现一边崩坍或剪坏现象,应予记录说明;混凝土拌合物坍落度值测量应精确至 1mm,结果应修约至 5mm。

16.4　氯离子含量测定

16.4.1　概述

当混凝土中氯离子含量超过一定浓度后,会破坏钢筋表面的钝化膜,从而造成钢筋锈蚀,影响混凝土结构的耐久性寿命。因此,必须严格控制混凝土中的氯离子含量。混凝土中氯离子含量可分为两类:硬化混凝土中氯离子含量;混凝土拌合物中氯离子含量。

本方法依据《建筑结构检测技术标准》(GB/T 50344—2019)附录 H 和《混凝土中氯离子含量检测技术规程》(JGJ/T 322−2013)编制而成。

16.4.2　硬化混凝土中氯离子含量测定

1. 仪器设备

1)酸度计或电位计:精确度为 0.1pH 单位或 10mV。

2)电极:指示电极为银电极或氯电极,参比电极为饱和甘汞电极。

3)电磁搅拌器。

4)电振荡器。

5)滴定管:量程为 50mL。

6)移液管:量程分别为 10mL、25mL 及 50mL。

7)烧杯。

8)磨口三角瓶:容量为 300mL。

9)电子天平:感量分别为 0.0001g 和 0.1g。

10)箱式电阻炉:最高温度不小于 1000℃。

11)方孔筛:筛孔尺寸为 0.075mm。

12)电热鼓风恒温干燥箱:温度控制范围为 0～250℃。

13)磁铁。

14)快速定量滤纸。

15)干燥器。

2. 试剂

1)三级以上试验用水。

2)硝酸(1+3):1 个体积的硝酸(密度 1.39～1.41g/cm³,质量分数 65%～68%)加 3 个体积的试验用水。

3)10g/L 酚酞指示剂:将 10g 酚酞粉末溶于水中,加水稀释至 1L。

4)10g/L 淀粉溶液:将 10g 淀粉粉末溶于水中,加水稀释至 1L。

5)0.01mol/L 硝酸银标准溶液:准确称取 1.7000g 硝酸银(AgNO₃,精确至 0.0001g),用水溶解,放入 1L 棕色容量瓶中稀释至刻度,摇匀,用 0.01mol/L 氯化钠标准溶液对硝酸银溶液进行标定。

0.01mol/L 氯化钠标准溶液:准确称取 0.6000g 经 500～600℃灼烧至恒重后的氯化钠

(NaCl,基准试剂精确至0.0001g),置于烧杯中,加水溶解后,移入1L容量瓶中,用水稀释至刻度,摇匀,储存于试剂瓶中。

硝酸银标准溶液标定:吸取25.00mL氯化钠标准溶液和25.00mL试验用水置于100mL的烧杯中,在烧杯中加10.0mL 10g/L淀粉溶液。将烧杯放置于电磁搅拌器上,以银电极或氯电极作指示电极,以饱和甘汞电极作参比电极,用配制好的硝酸银标准溶液滴定,以电位滴定法测定终点,以二级微商法确定所用硝酸银溶液的体积V_1。同时使用试验用水代替氯化钠标准溶液进行上述步骤的空白试验,确定空白试验所用硝酸银标准溶液的体积V_2;硝酸银标准溶液的浓度按式(16-5)计算:

$$c_{AgNO_3} = \frac{m_{NaCl} \times 25.00/1000.00}{(V_1 - V_2) \times 0.05844} \tag{16-5}$$

式中:c_{AgNO_3}——硝酸银标准溶液的浓度(mol/L);

　　　m_{NaCl}——氯化钠的质量(g);

　　　V_1——滴定氯化钠标准溶液所用硝酸银标准溶液的体积(mL);

　　　V_2——空白试验所用硝酸银标准溶液的体积(mL);

　　　0.05844——氯化钠的毫摩尔质量(g/mmol)。

3. 试验步骤

1)制样:称取5.0000g试样(精确至0.0001g),放入磨口三角瓶中,在磨口三角瓶中加入250.0mL试验用水,盖紧塞剧烈摇动3~4min;再将盖紧塞的磨口三角瓶放在电振荡器上振荡6h或静止放置24h;以快速定量滤纸过滤磨口三角瓶中的溶液于烧杯中,即成为混凝土试样滤液。

2)滴定:用移液管吸取50.00mL滤液于烧杯中,滴加10g/L的酚酞指示剂2滴;用配制的硝酸溶液滴至红色刚好褪去,再加10.0mL浓度为10g/L的淀粉溶液;将烧杯放置于电磁搅拌器上,以银电极或氯电极作指示电极,饱和甘汞电极作参比电极,用配制好的硝酸银标准溶液滴定,以电位滴定法测定终点,以二级微商法确定所用硝酸银溶液的体积。

3)使用试验用水代替混凝土试样滤液进行上述步骤2)的空白试验,确定空白试验所用硝酸银标准溶液的体积V_2。

4. 试验结果

1)混凝土中氯离子含量按式(16-6)计算:

$$w_{Cl^-} = \frac{c_{AgNO_3} \times (V_1 - V_2) \times 0.03545}{m_s \times 50.00/250.0} \times 100\% \tag{16-6}$$

式中:w_{Cl^-}——混凝土中氯离子含量(%);

　　　c_{AgNO_3}——硝酸银标准溶液的浓度(mol/L);

　　　V_1——滴定混凝土试样滤液所用硝酸银标准溶液的体积(mL);

　　　V_2——空白试验所用硝酸银标准溶液的体积(mL);

　　　0.03545——氯离子的毫摩尔质量(g/mmol);

　　　m_s——混凝土试样质量(g)。

2)混凝土中氯离子含量占胶凝材料总量的百分比应按式(16-7)计算:

$$P_{Cl^-,t} = w_{Cl^-}/\lambda_c \qquad\qquad (16-7)$$

式中：$P_{Cl^-,t}$——混凝土中氯离子占胶凝材料总量的百分比（％）；

w_{Cl^-}——混凝土中氯离子含量（％）；

λ_c——根据混凝土配合比确定的混凝土中胶凝材料与砂浆的质量比。

16.4.3 混凝土拌合物中氯离子含量测定

1. 仪器设备

1）容量瓶：100mL、1000mL 容量瓶应各一个。

2）棕色滴定管：量程为 50mL。

3）移液管：量程为 20mL。

4）烧杯：容量为 250mL。

5）三角烧瓶：容量为 250mL。

6）电子天平：感量分别为 0.0001g 和 0.01g。

7）试验筛：筛孔公称直径为 5.00mm 的金属方孔筛，应符合 GB/T 6005 的有关规定。

8）其他设备：带石棉网的试验电炉、快速定量滤纸、量筒、表面皿等。

2. 试剂

1）硝酸溶液：量取 63mL 硝酸（分析纯）缓慢加入约 800mL 蒸馏水中，移入 1000mL 容量瓶中，稀释至刻度。

2）乙醇：体积分数 95％。

3）0.0141mol/L 硝酸银标准溶液：称取 2.40g 硝酸银（化学纯，精确至 0.01g），用蒸馏水溶解后移入 1000mL 容量瓶中，稀释至刻度，混合均匀后，储存于棕色玻璃瓶中。

4）0.0141mol/L 氯化钠标准溶液：称取在 550℃±50℃ 下灼烧至恒重的氯化钠 0.8240g（分析纯，精确至 0.0001g），用蒸馏水溶解后移入 1000mL 容量瓶中，稀释至刻度。

5）铬酸钾指示剂：称取 5.00g 铬酸钾（化学纯，精确至 0.01g）溶于少量蒸馏水中，加入硝酸银溶液直至出现红色沉淀，静置 12h，过滤并移入 100mL 容量瓶中，稀释至刻度。

6）酚酞指示剂：称取 0.50g 酚酞，溶于 50mL 乙醇，再加入 50mL 蒸馏水。

3. 试验步骤

1）制样：混凝土拌合物随机从同一搅拌车中取样，取样不宜在首车混凝土中取样，应自加水搅拌 2h 内完成。取样方法满足 GB/T 50080 的有关规定，取样数量应至少为检测试验实际用量的 2 倍，且不应少于 3L。检测应采用筛孔公称直径为 5.00mm 的金属筛对混凝土拌合物进行筛分，获得不少于 1000g 的砂浆，称取 500g 砂浆试样两份，并向每份砂浆试样加入 500g 蒸馏水，充分摇匀后获得两份悬浊液密封备用。

2）过滤：将获得的两份悬浊液分别摇匀后，分别移取不少于 100mL 的悬浊液于烧杯中，盖好表面皿后放到带石棉网的试验电炉或其他加热装置上沸煮 5min，停止加热，静置冷却至室温，以快速定量滤纸过滤，获取滤液。同时分取不少于 100mL 的滤液密封以备仲裁，保存时间应为一周。

3）滴定：应分别移取两份滤液各 20mL（V_1），置于两个三角烧瓶中，各加两滴酚酞指示剂，再用硝酸溶液中和至刚好无色；滴定前应分别向两份滤液中各加入 10 滴铬酸钾指示剂，然后用硝酸银标准溶液滴至略带桃红色的黄色不消失，终点的颜色判定必须保持一致。应分别记录两份滤液各自消耗的硝酸银标准溶液体积 V_{21} 和 V_{22}，取两者的平均值 V_2 作为测定结果。

4）硝酸银标准溶液浓度的标定步骤：用移液管移取氯化钠标准溶液 20ml（V_3）于三角瓶中，加入 10 滴铬酸钾指示剂，立即用硝酸银标准溶液滴至略带桃红色的黄色不消失，记录所消耗的硝酸银体积（V_4）。

4. 试验结果

1）硝酸银标准溶液的浓度按式（16-8）计算：

$$c_{AgNO_3} = c_{NaCl} \times \frac{V_3}{V_4} \tag{16-8}$$

式中：c_{AgNO_3}——硝酸银标准溶液的浓度（mol/L），精确至 0.0001mol/L；

c_{NaCl}——氯化钠标准溶液的浓度（mol/L）；

V_3——氯化钠标准溶液的用量（mL）；

V_4——硝酸银标准溶液的用量（mL）。

2）每立方米混凝土拌合物中水溶性氯离子的质量应按式（16-9）计算：

$$m_{Cl^-} = \frac{c_{AgNO_3} \times V_2 \times 0.03545}{V_1} \times (m_B + m_S + 2m_W) \tag{16-9}$$

式中：m_{Cl^-}——每立方米混凝土拌合物中水溶性氯离子质量（kg），精确至 0.01kg；

V_2——硝酸银标准溶液的用量的平均值（mL）；

V_1——滴定时量取的滤液量（mL）；

m_B——混凝土配合比中每立方米混凝土的胶凝材料用量（kg）；

m_S——混凝土配合比中每立方米混凝土的砂用量（kg）；

m_W——混凝土配合比中每立方米混凝土的用水量（kg）。

16.5 限制膨胀率测定

16.5.1 概述

限制膨胀率直接反映了补偿收缩混凝土的膨胀量大小，是衡量膨胀剂补偿收缩作用、抗裂防渗作用的关键指标。限制膨胀率的大小直接决定了混凝土的自应力能否达到补偿收缩和防止开裂的作用。

本方法依据《混凝土外加剂应用技术规范》（GB 50119—2013）中附录 B 编制而成。

16.5.2 仪器设备

1）测量仪：可由千分表、支架和标准杆组成，千分表分辨率应为 0.001mm。

2）纵向限制器（见图 16-1）：由纵向限制钢筋与钢板焊接制成。纵向限制钢筋应采用直径为 10mm、横截面面积为 78.54mm² 且符合 GB 1499.2 规定的钢筋。钢筋两侧应焊接 12mm 厚的钢板，材质应符合 GB 700 的有关规定，钢筋两端点各 7.5mm 范围内为黄铜或不锈钢,测头呈球面状,半径为 3mm。钢板与钢筋焊接处的焊接强度不应低于 260MPa。纵向限制器不应变形,一般检验可重复使用 3 次,仲裁检验只允许使用 1 次。纵向限制器的配筋率为 0.79%。

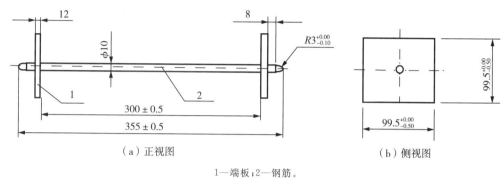

（a）正视图　　　　　　　　　　（b）侧视图

1—端板;2—钢筋。

图 16-1　纵向限制器（单位:mm）

16.5.3　试验条件

1)用于混凝土试件成型和测量的试验室温度应为 20℃±2℃。

2)用于养护混凝土试件的恒温水槽的温度应为 20℃±2℃。恒温恒湿室温度应为 20℃±2℃,相对湿度应为 60%±5%。

3)每日应检查、记录温度变化情况。

16.5.4　试验步骤

1. 制样

用于成型试件的模型宽度和高度均应为 100mm,长度应大于 360mm。同一条件应有 3 条试件供测长用,试件全长应为 355mm,其中混凝土部分尺寸应为 100mm×100mm×300mm。首先应把纵向限制器具放入试模中,然后将混凝土一次装入试模,把试模放在振动台上振动至表面呈现水泥浆,不泛气泡为止,刮去多余的混凝土并抹平。

2. 养护

把试件置于温度为 20℃±2℃的标准养护室内养护,试件表面用塑料布或湿布覆盖。应在成型 12～16h 且抗压强度达到 3～5MPa 后再拆模。养护时,应注意不损伤试件测头。试件之间应保持 25mm 以上间隔,试件支点距限制钢板两端宜为 70mm。

3. 测长

测长前 3h,应将测量仪、标准杆放在标准试验室内,用标准杆校正测量仪并调整千分表零点。测量前,应将试件及测量仪测头擦净。每次测量时,试件记有标志的一面与测量仪的相对位置应一致,纵向限制器的测头与测量仪的测头应正确接触,读数应精确至0.001mm。不同龄期的试件应在规定时间±1h 内测量。试件脱模后应在 1h 内测量试件的初始长度。测量完初始长度的试件应立即放入恒温水槽中养护,应在规定龄期时进行测长。测长的龄期应从成型日算起,宜测量 3d、7d 和 14d 的长度变化。14d 后,应将试件移入恒温恒湿室中养护,应分别测量空气中 28d、42d 的长度变化。也可根据需要安排测量龄期。

16.5.5 试验结果

1)各龄期的限制膨胀率应按式(16-10)计算,应取相近的两个试件测定值的平均值作为限制膨胀率的测量结果:

$$\varepsilon = \frac{L_t - L}{L_0} \times 100 \tag{16-10}$$

式中:ε——所测龄期的限制膨胀率(%),计算值应精确至0.001%;

L_t——所测龄期的试件长度测量值(mm);

L——初始长度测量值(mm);

L_0——试件的基准长度,为300mm。

2)导入混凝土中的膨胀或收缩应力应按式(16-11)计算:

$$\sigma = \mu E \varepsilon \tag{16-11}$$

式中:σ——膨胀或收缩应力(MPa),计算值应精确至0.01MPa;

μ——配筋率(%);

E——限制钢筋的弹性模量,取2.0×10^5MPa;

ε——所测龄期的限制膨胀率(%)。

16.6 抗冻试验

16.6.1 概述

依据混凝土抗冻试验周期的长短可将混凝土抗冻试验分为快冻法与慢冻法。本试验依据《普通混凝土长期性能和耐久性能试验方法标准》(GB/T 50082—2009)编制而成。

16.6.2 快冻法

本方法适用于测定混凝土试件在水冻水融条件下,以经受的快速冻融循环次数来表示的混凝土抗冻性能。

1. 仪器设备

1)试件盒(见图16-3):宜采用具有弹性的橡胶材料制作,其内表面底部应有半径为3mm橡胶突起部分。盒内加水后水面应至少高出试件顶面5mm。试件盒横截面尺寸宜为115mm×115mm,试件盒长度宜为500mm。

2)快速冻融装置:快速冻融装置应符合行业标准JG/T 243的规定。除应在测温试件中埋设温度传感器外,尚应在冻融箱内防冻液中

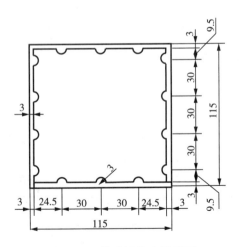

图16-2 橡胶试件盒横截面
示意(单位:mm)

心、中心与任何一个对角线的两端分别设有温度传感器。运转时冻融箱内防冻液各点温度的极差不得超过 2℃。

3)称量设备：最大量程应为 20kg,感量不应超 5g。

4)混凝土动弹性模量测定仪：输出频率可调范围应为 100～20000Hz,输出功率应能使试件产生受迫振动。

5)温度传感器(包括热电偶、电位差计等)：应在 -20～20℃ 内测定试件中心温度,且测量精度应为 ±0.5℃。

2. 试验步骤

1)制样：试验应采用尺寸为 100mm×100mm×400mm 的棱柱体试件,每组试件应为 3 块;成型试件时,不得采用憎水性脱模剂;除制作冻融试验的试件外,尚应制作同样形状、尺寸,且中心埋有温度传感器的测温试件,测温试件应采用防冻液作为冻融介质;测温试件所用混凝土的抗冻性能应高于冻融试件;测温试件的温度传感器应埋设在试件中心;温度传感器不应采用钻孔后插入的方式埋设。

2)养护：在标准养护室内或同条件养护的试件应在养护龄期为 24d 时提前将冻融试验的试件从养护地点取出,随后应将冻融试件放在 20℃±2℃ 水中浸泡,浸泡时水面应高出试件顶面 20～30mm。在水中浸泡时间应为 4d,试件应在 28d 龄期时开始进行冻融试验。始终在水中养护的试件,当试件养护龄期达到 28d 时,可直接进行后续试验。对此种情况,应在试验报告中予以说明。

3)测量：当试件养护龄期达到 28d 时应及时取出试件,用湿布擦除表面水分后应对外观尺寸进行测量,并应编号、称量试件初始质量 m_{0i},然后测定其横向基频的初始值 f_{0i};将试件放入试件盒内,试件应位于试件盒中心,然后将试件盒放入冻融箱内的试件架中,并向试件盒中注入清水。在整个试验过程中,盒内水位高度应始终保持至少高出试件顶面 5mm,测温试件盒应放在冻融箱的中心位置。

冻融循环过程应符合下列规定：每次冻融循环应在 2～4h 内完成,且用于融化的时间不得少于整个冻融循环时间的 1/4;在冷冻和融化过程中,试件中心最低和最高温度应分别控制在 -18℃±2℃ 和 5℃±2℃ 内。在任意时刻,试件中心温度不得高于 7℃,且不得低于 -20℃;每块试件从 3℃ 降至 -16℃ 所用的时间不得少于冷冻时间的 1/2;每块试件从 -16℃ 升至 3℃ 所用时间不得少于整个融化时间的 1/2,试件内外的温差不宜超过 28℃,冷冻和融化之间的转换时间不宜超过 10min;每隔 25 次冻融循环宜测量试件的横向基频 f_{ni},测量前应先将试件表面浮渣清洗干净并擦干表面水分,然后应检查其外部损伤并称量试件的质量 m_{ni},随后测量横向基频;测完后,应迅速将试件调头重新装入试件盒内并加入清水,继续试验;试件的测量、称量及外观检查应迅速,待测试件应用湿布覆盖。

当有试件停止试验被取出时,应另用其他试件填充空位;当试件在冷冻状态下因故中断时,试件应保持在冷冻状态,直至恢复冻融试验为止,并应将故障原因及暂停时间在试验结果中注明。

试件在非冷冻状态下发生故障的时间不宜超过两个冻融循环的时间,在整个试验过程中,超过两个冻融循环时间的中断故障次数不得超过两次。

4)当冻融循环出现下列情况之一时,可停止试验：

(1)达到规定的冻融循环次数;

(2)试件的相对动弹性模量下降到 60%；

(3)试件的质量损失率达 5%。

3. 试验结果

1)相对动弹性模量应按式(16-12)和(16-13)计算：

$$P_i = \frac{f_{ni}^2}{f_{0i}^2} \times 100 \qquad (16-12)$$

式中：P_i——经 N 次冻融循环后第 i 个混凝土试件的相对动弹性模量(%)；

f_{ni}——经 N 次冻融循环后第 i 个混凝土试件的横向基频(Hz)；

f_{0i}——冻融循环试验前第 i 个混凝土试件横向基频初始值(Hz)；

$$P = \frac{1}{3} \sum_{i=1}^{3} P_i \qquad (16-13)$$

式中：P——经 N 次冻融循环后一组混凝土试件的相对动弹性模量(%)。

相对动弹性模量 P 应以三个试件试验结果的算术平均值作为测定值。当最大值或最小值与中间值之差超过中间值的 15% 时，应剔除此值，并应取其余两值的算术平均值作为测定值；当最大值和最小值与中间值之差均超过中间值的 15% 时，应取中间值作为测定值。

2)单个试件的质量损失率应按式(16-14)计算：

$$\Delta m_{ni} = \frac{m_{0i} - m_{ni}}{m_{0i}} \times 100 \qquad (16-14)$$

式中：Δm_{ni}——N 次冻融循环后第 i 个混凝土试件的质量损失率(%)；

m_{0i}——冻融循环试验前第 i 个混凝土试件的质量(g)；

m_{ni}——N 次冻融循环后第 i 个混凝土试件的质量(g)。

3)一组试件的平均质量损失率应按式(16-15)计算：

$$\Delta m_n = \frac{\sum_{i=1}^{3} \Delta m_{ni}}{3} \times 100 \qquad (16-15)$$

式中：Δm_n——N 次冻融循环后一组混凝土试件的平均质量损失率(%)。

4)每组试件的平均质量损失率应以三个试件的质量损失率试验结果的算术平均值作为测定值。当某个试验结果出现负值，应取 0，再取三个试件的平均值。当三个值中的最大值或最小值与中间值之差超过 1% 时，应剔除此值，并应取其余两值的算术平均值作为测定值；当最大值和最小值与中间值之差均超过 1% 时，应取中间值作为测定值。

5)混凝土抗冻等级应以相对动弹性模量下降至不低于 60% 或者质量损失率不超过 5%时的最大冻融循环次数来确定，并用符号 F 表示。

16.6.3 慢冻法

本方法适用于测定混凝土试件在气冻水融条件下，以经受的冻融循环次数来表示的混凝土抗冻性能。

1. 仪器设备

1)冻融试验箱：应能使试件静止不动，并应通过气冻水融进行冻融循环。在满载运转的条件下,冷冻期间冻融试验箱内空气的温度应能保持在−20～−18℃内;融化期间冻融试验箱内浸泡混凝土试件的水温应能保持在18～20℃内;满载时冻融试验箱内各点温度极差不应超过2℃。

2)自动冻融设备:控制系统应具有自动控制、数据曲线实时动态显示、断电记忆和试验数据自动存储等功能。

3)试件架:采用不锈钢或者其他耐腐蚀的材料制作,其尺寸应与冻融试验箱和所装的试件相适应。

4)称量设备:最大量程应为20kg,感量不应超过5g。

5)压力试验机:应符合GB/T 50081的相关要求。

6)温度传感器:温度检测范围不应小于20～20℃,测量精度应为±0.5℃。

2. 试验步骤

1)制样:试验应采用尺寸为100mm×100mm×100mm的立方体试件;慢冻法试验所需要的试件组数应符合表16-1的规定,每组试件应为3块。

表 16-1　慢冻法试验所需要的试件组数

设计抗冻标号	D25	D50	D100	D150	D200	D250	D300	>D300
检查强度所需冻融次数	25	50	50 及 100	100 及 150	150 及 200	200 及 250	250 及 300	300 及设计次数
鉴定28d强度所需试件组数	1	1	1	1	1	1	1	1
冻融试件组数	1	1	2	2	2	2	2	2
对比试件组数	1	1	2	2	2	2	2	2
总计试件组数	3	3	5	5	5	5	5	5

2)养护:在标准养护室内或同条件养护的冻融试验的试件应在养护龄期为24d时提前将试件从养护地点取出,随后应将试件放在20℃±2℃水中浸泡,浸泡时水面应高出试件顶面20～30mm,在水中浸泡的时间应为4d,试件应在28d龄期时开始进行冻融试验。始终在水中养护的冻融试验的试件,当试件养护龄期达到28d时,可直接进行后续试验,对此种情况,应在试验报告中予以说明。

当试件养护龄期达到28d时应及时取出冻融试验的试件,用湿布擦除表面水分后应对外观尺寸进行测量,并应分别编号、称重,然后按编号置入试件架内,且试件架与试件的接触面积不宜超过试件底面的1/5。试件与箱体内壁之间应至少留有20mm的空隙。试件架中各试件之间应至少保持30mm的空隙。

3)测量:冷冻时间应在冻融箱内温度降至−18℃时开始计算。每次从装完试件到温度降至−18℃所需的时间应在1.5～2.0h内。冻融箱内温度在冷冻时应保持在−20～−18℃。每次冻融循环中试件的冷冻时间不应小于4h。

冷冻结束后,应立即加入温度为18～20℃的水,使试件转入融化状态,加水时间不应超过10min。控制系统应确保在30min内,水温不低于10℃,且在30min后水温能保持在18～20℃。冻融箱内的水面应至少高出试件表面20mm。融化时间不应小于4h。融化完毕视为该次冻融循环结束,可进入下一次冻融循环。

每 25 次循环宜对冻融试件进行一次外观检查。当出现严重破坏时,应立即进行称重。当一组试件的平均质量损失率超过 5%,可停止其冻融循环试验。

试件在达到表 16-1 规定的冻融循环次数后,试件应称重并进行外观检查,应详细记录试件表面破损、裂缝及边角缺损情况。当试件表面破损严重时,应先用高强石膏找平,然后应进行抗压强度试验。抗压强度试验应符合 GB/T 50081 的相关规定。

当冻融循环因故中断且试件处于冷冻状态时,试件应继续保持冷冻状态,直至恢复冻融试验为止,并应将故障原因及暂停时间在试验结果中注明。当试件处在融化状态下因故中断时,中断时间不应超过两个冻融循环的时间。在整个试验过程中,超过两个冻融循环时间的中断故障次数不得超过两次。

当部分试件由于失效破坏或者停止试验被取出时,应用空白试件填充空位。

对比试件应继续保持原有的养护条件,直到完成冻融循环后,与冻融试验的试件同时进行抗压强度试验。

4)当冻融循环出现下列三种情况之一时,可停止试验:

(1)已达到规定的循环次数;

(2)抗压强度损失率已达到 25%;

(3)质量损失率已达到 5%。

3. 试验结果

1)强度损失率应按式(16-16)进行计算:

$$\Delta f_c = \frac{f_{c0} - f_{cn}}{f_{c0}} \times 100 \qquad (16-16)$$

式中:Δf_c——N 次冻融循环后的混凝土抗压强度损失率(%);

　　f_{c0}—— 对比用的一组混凝土试件的抗压强度测定值(MPa),精确至 0.1MPa;

　　f_{cn}—— 经 N 次冻融循环后的一组混凝土试件抗压强度测定值(MPa),精确至 0.1MPa。

2)f_{c0} 和 f_{cn} 应以三个试件抗压强度试验结果的算术平均值作为测定值。当三个试件抗压强度最大值或最小值与中间值之差超过中间值的 15% 时,应剔除此值,再取其余两值的算术平均值作为测定值;当最大值和最小值均超过中间值的 15% 时,应取中间值作为测定值。

3)单个试件的质量损失率应按式(16-17)计算:

$$\Delta m_{ni} = \frac{m_{0i} - m_{ni}}{m_{0i}} \times 100 \qquad (16-17)$$

式中:Δm_{ni}——N 次冻融循环后第 i 个混凝土试件的质量损失率(%);

　　m_{0i}—— 冻融循环试验前第 i 个混凝土试件的质量(g);

　　m_{ni}——N 次冻融循环后第 i 个混凝土试件的质量(g)。

4)一组试件的平均质量损失率应按式(16-18)计算:

$$\Delta m_n = \frac{\sum_{i=1}^{3} \Delta m_{ni}}{3} \times 100 \qquad (16-18)$$

式中：Δm_n——N 次冻融循环后一组混凝土试件的平均质量损失率(%)。

　　5)每组试件的平均质量损失率应以三个试件的质量损失率试验结果的算术平均值作为测定值。当某个试验结果出现负值,应取 0,再取三个试件的算术平均值。当三个值中的最大值或最小值与中间值之差超过 1%时,应剔除此值,再取其余两值的算术平均值作为测定值;当最大值和最小值与中间值之差均超过 1%时,应取中间值作为测定值。

　　6)抗冻标号应以抗压强度损失率不超过 25%或者质量损失率不超过 5%时的最大冻融循环次数按表 16-1 确定。

16.7　表观密度试验

16.7.1　概述

本试验依据《普通混凝土拌合物性能试验方法标准》(GB/T 50080-2016)编制而成,适用于混凝土拌合物捣实后的单位体积质量的测定。

16.7.2　仪器设备

1)容量筒:应为金属制成的圆筒,筒外壁应有提手。骨料最大公称粒径不大于 40mm 的混凝土拌合物宜采用容积不小于 5L 的容量筒,筒壁厚不应小于 3mm;骨料最大公称粒径大于 40mm 的混凝土拌合物应采用内径与内高均大于骨料最大公称粒的 4 倍的容量筒。容量筒上沿及内壁应光滑平整,顶面与底面应平行并应与圆柱体的轴垂直。

2)电子天平:最大量程应为 50kg,感量不应大于 10g。

3)振动台:应符合 JG/T245 的规定。

4)捣棒:应符合 JG/T 248 的规定。

16.7.3　试验步骤

1)应按下列步骤测定容量筒的容积:

(1)应将干净容量筒与玻璃板一起称重;

(2)将容量筒装满水,缓慢将玻璃板从筒口一侧推到另一侧,容量筒内应满水并且不应存在气泡,擦干容量筒外壁,再次称重;

(3)两次称重结果之差除以该温度下水的密度应为容量筒容积 V;常温下水的密度可取 1kg/L。

2)容量筒内外壁应擦干净,称出容量筒质量 m_1,精确至 10g。

3)混凝土拌合物试样应按下列要求进行装料,并插捣密实。

(1)坍落度不大于 90mm 时,混凝土拌合物宜用振动台振实;振动台振实时,应一次性将混凝土拌合物装填至高出容量筒筒口;装料时可用捣棒稍加插捣,振动过程中混凝土低于筒口,应随时添加混凝土,振动直至表面出浆为止。

(2)坍落度大于 90mm 时,混凝土拌合物宜用捣棒插捣密实。插捣时,应根据容量筒的大小决定分层与插捣次数:用 5L 容量筒时,混凝土拌合物应分两层装入,每层的插捣次数应为 25 次;用大于 5L 的容量筒时,每层混凝土的高度不应大于 100mm,每层插捣次数应按每 10000mm² 截面不小于 12 次计算。各次插捣应由边缘向中心均匀地插捣,插捣底层时捣棒应贯穿整个深度,插捣第二层时,捣棒应插透本层至下一层的表面;每一层捣完后用橡皮锤沿容量筒外壁敲击 5～10 次,进行振实,直至混凝土拌合物表面插捣孔消失并不见大气泡为止。

（3）自密实混凝土应一次性填满,且不应进行振动和插捣。

4）将筒口多余的混凝土拌合物刮去,表面有凹陷应填平;应将容量筒外壁擦净,称出混凝土拌合物试样与容量筒总质量 m_2,精确至 10g。

16.7.4　试验结果

混凝土拌合物的表观密度应按式（16-19）计算:

$$\rho = \frac{m_2 - m_1}{V} \times 1000 \qquad (16-19)$$

式中:ρ——混凝土拌合物表观密度（kg/m³）,精确至 10kg/m³;

m_1——容量筒质量（kg）;

m_2——容量筒和试样总质量（kg）;

V——容量筒容积（L）。

16.8　含气量测定

16.8.1　概述

本试验依据《普通混凝土拌合物性能试验方法标准》（GB/T 50080—2016）编制而成,适用于骨料最大公称粒径不大于 40mm 的混凝土拌合物含气量的测定。

16.8.2　仪器设备

1）含气量测定仪:应符合 JG/T 246 的规定。
2）捣棒:应符合 JG/T 248 的规定。
3）振动台:应符合 JG/T 245 的规定。
4）电子天平:最大量程应为 50kg,感量不应大于 10g。

16.8.3　试验步骤

1. 混凝土所用骨料含气量测定
在进行混凝土拌合物含气量测定之前,应先按下列步骤测定所用骨料的含气量:
1）试样中粗、细骨料的质量按式（16-20）和式（16-21）计算:

$$m_g = \frac{V}{1000} \times m'_g \qquad (16-20)$$

$$m_s = \frac{V}{1000} \times m_s'$$
(16－21)

式中：m_g——拌合物试样中粗骨料质量(kg)；

　　　m_s——拌合物试样中细骨料质量(kg)；

　　　m_g'——混凝土配合比中每立方米混凝土的粗骨料质量(kg)；

　　　m_s'——混凝土配合比中每立方米混凝土的细骨料质量(kg)；

　　　V——含气量测定仪容器容积(L)。

2)应先向含气量测定仪的容器中注入 1/3 高度的水,然后把质量为 m_g、m_s 的粗、细骨料称好,搅拌均匀,倒入容器,加料同时应进行搅拌;水面每升高 25mm 左右,应轻捣 10 次,加料过程中应始终保持水面高出骨料的顶面;骨料全部加入后,应浸泡约 5min,再用橡皮锤轻敲容器外壁,排净气泡,除去水面泡沫,加水至满,擦净容器口及边缘,加盖拧紧螺栓,保持密封不透气。

3)关闭操作阀和排气阀,打开排水阀和加水阀,应通过加水阀向容器内注入水;当排水阀流出的水流中不出现气泡时,应在注水的状态下,关闭加水阀和排水阀。

4)关闭排气阀,向气室内打气,应加压至大于 0.1MPa,且压力表显示值稳定;应打开排气阀调压至 0.1MPa,同时关闭排气阀。

5)开启操作阀,使气室里的压缩空气进入容器,待压力表显示值稳定后记录压力值,然后开启排气阀,压力表显示值应回零;应根据含气量与压力值之间的关系曲线确定压力值对应的骨料的含气量,精确至 0.1%。

6)混凝土所用骨料的含气量 A_g 应以两次测量结果的平均值作为试验结果;两次测量结果的含气量相差大于 0.5% 时,应重新试验。

2. 混凝土拌合物含气量测定

1)应用湿布擦净混凝土含气量测定仪容器内壁和盖的内表面,装入混凝土拌合物试样。

2)混凝土拌合物的装料及密实方法根据拌合物的坍落度而定,并应符合下列规定。

(1)坍落度不大于 90mm 时,混凝土拌合物宜用振动台振实;振动台振实时,应一次性将混凝土拌合物装填至高出含气量测定仪容器口;振实过程中混凝土拌合物低于容器口时,应随时添加;振动直至表面出浆为止,并应避免过振。

(2)坍落度大于 90mm 时,混凝土拌合物宜用捣棒插捣密实。插捣时,混凝土拌合物应分 3 层装入,每层捣实后高度约为 1/3 容器高度;每层装料后由边缘向中心均匀地插捣 25 次,捣棒应插透本层至下一层的表面;每一层捣完后用橡皮锤沿容器外壁敲击 5～10 次,进行振实,直至拌合物表面插捣孔消失。

(3)自密实混凝土应一次性填满,且不应进行振动和插捣。

3)刮去表面多余的混凝土拌合物,用抹刀刮平,表面有凹陷应填平抹光。

4)擦净容器口及边缘,加盖并拧紧螺栓,应保持密封不透气。

5)应按第 16.8.3 小节的步骤测得混凝土拌合物的未校正含气量 A_0,精确至 0.1%。

6)混凝土拌合物未校正的含气量 A_0 应以两次测量结果的平均值作为试验结果;两次测量结果的含气量相差大于 0.5% 时,应重新试验。

3. 含气量测定仪的标定和率定

1)擦净容器,并将含气量测定仪全部安装好,测定含气量测定仪的总质量 m_{A1},精确至 10g。

2)向容器内注水至上沿,然后加盖并拧紧螺栓,保持密封不透气;关闭操作阀和排气阀,打开排水阀和加水阀,应通过加水阀向容器内注入水;当排水阀流出的水流中不出现气泡时,应在注水的状态下,关闭加水阀和排水阀;应将含气量测定仪外表面擦净,再次测定总质量 m_{A2},精确至 10g。

3)含气量测定仪的容积应按式(16-22)计算:

$$V = \frac{m_{A2} - m_{A1}}{\rho_w} \qquad (16-22)$$

式中:V——含气量测定仪的容积(L),精确至 0.01L;

$\quad m_{A1}$——含气量测定仪的总质量(kg);

$\quad m_{A2}$——水、含气量测定仪的总质量(kg);

$\quad \rho_w$——容器内水的密度(kg/m³),可取 1kg/L。

4)关闭排气阀,向气室内打气,应加压至大于 0.1MPa,且压力表显示值稳定;应打开排气阀调压至 0.1MPa,同时关闭排气阀。

5)开启操作阀,使气室里的压缩空气进入容器,压力表显示值稳定后测得压力值应为含气量为 0 时对应的压力值。

6)开启排气阀,压力表显示值应回零;关闭操作阀、排水阀和排气阀,开启加水阀,宜借助标定管在注水阀口用量筒接水;用气泵缓缓地向气室内打气,当排出的水是含气量测定仪容积的 1%时,应按第 16.8.3 小节的步骤测得含气量为 1%时的压力值。

7)应继续测取含气量分别为 2%、3%、4%、5%、6%、7%、8%、9%、10%时的压力值。

8)含气量分别为 0、1%、2%、3%、4%、5%、6%、7%、8%、9%、10%的试验均应进行两次,以两次压力值的平均值作为测量结果。根据含气量 0、1%、2%、3%、4%、5%、6%、7%、8%、9%、10%的测量结果,绘制含气量与压力值之间的关系曲线。

9)混凝土含气量测定仪的标定和率定应保证测试结果准确。

16.9 凝结时间试验

16.9.1 概述

本试验依据《普通混凝土拌合物性能试验方法标准》(GB/T 50080—2016)编制而成,适用于从混凝土拌合物中筛出砂浆用贯入阻力法测定坍落度值不为零的混凝土拌合物的初凝时间与终凝时间。

16.9.2 仪器设备

1)贯入阻力仪:最大测量值不应小于 1000N,精度应为±10N;测针长 100mm,在距贯入端 25mm 处应有明显标记;测针的承压面积应为 100mm²、50mm² 和 20mm² 三种。

2)砂浆试样筒:上口内径 160mm、下口内径 150mm、净高 150mm 的刚性不透水的金属圆筒,并配有盖子。

3)试验筛:应为筛孔公称直径为 5.00mm 的方孔筛,并应符合 GB/T 6003.2 的规定。

4)振动台:应符合 JG/T 245 的规定。

5)捣棒:应符合 JG/T 248 的规定。

16.9.3　试验步骤

1)应用试验筛从混凝土拌合物中筛出砂浆,然后将筛出的砂浆搅拌均匀;将砂浆一次分别装入三个试样筒中。取样混凝土坍落度不大于 90mm 时,宜用振动台振实砂浆;取样混凝土坍落度大于 90mm 时,宜用捣棒人工捣实。用振动台振实砂浆时,振动应持续到表面出浆为止,不得过振;用捣棒人工捣实时,应沿螺旋方向由外向中心均匀插捣 25 次,然后用橡皮锤敲击筒壁,直至表面插捣孔消失为止。振实或插捣后,砂浆表面宜低于砂浆试样筒口10mm,并应立即加盖。

2)砂浆试样制备完毕,应置于温度为 20℃±2℃ 的环境中待测,并在整个测试过程中,环境温度应始终保持 20℃±2℃。在整个测试过程中,除在吸取泌水或进行贯入试验外,试样筒应始终加盖。现场同条件测试时,试验环境应与现场一致。

3)凝结时间测定从混凝土搅拌加水开始计时。根据混凝土拌合物的性能,确定测针试验时间,以后每隔 0.5h 测试一次,在临近初凝和终凝时,应缩短测试间隔时间。

4)在每次测试前 2min,将一片 20mm±5mm 厚的垫块垫入筒底一侧使其倾斜,用吸液管吸去表面的泌水,吸水后应复原。

5)测试时,将砂浆试样筒置于贯入阻力仪上,测针端部与砂浆表面接触,应在 10s±2s 内均匀地使测针贯入砂浆 25mm±2mm 深度,记录最大贯入阻力值,精确至 10N;记录测试时间,精确至 1min。

6)每个砂浆筒每次测 1～2 个点,各测点的间距不应小于 15mm,测点与试样筒壁的距离不应小于 25mm。

7)每个试样的贯入阻力测试不应少于 6 次,直至单位面积贯入阻力大于 28MPa 为止。

8)根据砂浆凝结状况,在测试过程中应以测针承压面积从大到小顺序更换测针,更换测针应按表 16-2 的规定选用。

表 16-2　测针选用规定

单位面积贯入阻力(MPa)	0.2～3.5	3.5～20	20～28
测针面积(mm²)	100	50	20

16.9.4　试验结果

1)单位面积贯入阻力应按式(16-23)计算:

$$f_{PR}=\frac{P}{A} \tag{16-23}$$

式中:f_{PR}——单位面积贯入阻力(MPa),精确至 0.1MPa;

　　P——贯入阻力(N);

A——测针面积（mm^2）。

2）凝结时间宜按式（16-24）通过线性回归方法确定；根据式（16-24）可求得当单位面积贯入阻力为3.5MPa时对应的时间应为初凝时间，单位面积贯入阻力为28MPa时对应的时间应为终凝时间。

$$\ln t = a + b \ln f_{PR} \qquad (16-24)$$

式中：t——单位面积贯入阻力对应的测试时间（min）；

　　a、b——线性回归系数。

3）凝结时间也可用绘图拟合方法确定，应以单位面积贯入阻力为纵坐标，测试时间为横坐标，绘制出单位面积贯入阻力与测试时间之间的关系曲线；分别以3.5MPa和28MPa绘制两条平行于横坐标的直线，与曲线交点的横坐标应分别为初凝时间和终凝时间；凝结时间结果精确至5min。

4）应以三个试样的初凝时间和终凝时间的算术平均值作为此次试验初凝时间和终凝时间的试验结果。三个测值的最大值或最小值中有一个与中间值之差超过中间值的10%时，应以中间值作为试验结果；最大值和最小值与中间值之差均超过中间值的10%时，应重新试验。

16.10　抗折强度试验

16.10.1　概述

本试验依据《混凝土物理力学性能试验方法标准》（GB/T 50081—2019）编制而成。

16.10.2　仪器设备

1）压力试验机：应符合第16.1.2小节的规定，试验机应能施加均匀、连续、速度可控的荷载。

2）抗折试验装置（见图16-3）应符合下列规定：

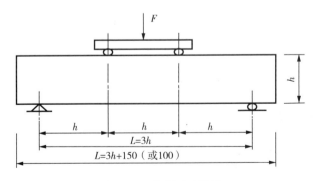

图16-3　抗折试验装置

（1）双点加荷的钢制加荷头应使两个相等的荷载同时垂直作用在试件跨度的两个三分点处；

（2）与试件接触的两个支座头和两个加荷头应采用直径为 $20\sim40mm$、长度不小于 $b+10mm$ 的硬钢圆柱，支座立脚点应为固定铰支，其他 3 个应为滚动支点。

16.10.3　试验步骤

1. 制样

标准试件应是边长为 $150mm\times150mm\times600mm$ 或 $150mm\times150mm\times550mm$ 的棱柱体试件；边长为 $100mm\times100mm\times400mm$ 的棱柱体试件是非标准试件；在试件长向中部 1/3 区段内表面不得有直径超过 5mm、深度超过 2mm 的孔洞；每组试件应为 3 块。

2. 测试

1）试件到达试验龄期时，从养护地点取出后，应检查其尺寸及形状，试件取出后应尽快进行试验。

2）试件放置在试验装置前，应将试件表面擦拭干净，并在试件侧面画出加荷线位置。

3）试件安装时，可调整支座和加荷头位置，安装尺寸偏差不得大于 1mm（见图 16 - 4）。试件的承压面应为试件成型时的侧面。支座及承压面与圆柱的接触面应平稳、均匀，否则应垫平。

4）在试验过程中应连续均匀地加荷，当对应的立方体抗压强度小于 30MPa 时，加载速度宜取 $0.02\sim0.05MPa/s$；对应的立方体抗压强度为 $30\sim60MPa$ 时，加载速度宜取 $0.05\sim0.08MPa/s$；对应的立方体抗压强度不小于 60MPa 时，加载速度宜取 $0.08\sim0.10MPa/s$。

5）手动控制压力机加荷速度时，当试件接近破坏时，应停止调整试验机油门，直至破坏，并应记录破坏荷载及试件下边缘断裂位置。

16.10.4　试验结果

1）若试件下边缘断裂位置处于两个集中荷载作用线之间，则试件的抗折强度 f_f（MPa）应按下式计算：

$$f_f=\frac{Fl}{bh^2} \tag{16-25}$$

式中：f_f——混凝土抗折强度（MPa），计算结果应精确至 0.1MPa；

　　　F——试件破坏荷载（N）；

　　　l——支座间跨度（mm）；

　　　b——试件截面宽度（mm）；

　　　h——试件截面高度（mm）。

2）抗折强度值的确定应符合下列规定：

（1）应以 3 个试件测值的算术平均值作为该组试件的抗折强度值，应精确至 0.1MPa；

（2）3 个测值中的最大值或最小值中当有一个与中间值的差值超过中间值的 15% 时，应把最大值和最小值一并舍去，取中间值作为该组试件的抗折强度值；

（3）当最大值和最小值与中间值的差值均超过中间值的 15% 时，该组试件的试验结果无效。

3）3 个试件中当有一个折断面位于两个集中荷载之外时，混凝土抗折强度值应按另两个试件的试验结果计算。当这两个测值的差值不大于这两个测值的较小值的 15% 时，该组试件的抗折强度值应按这两个测值的平均值计算,否则该组试件的试验结果无效。当有两个试件的下边缘断裂位置位于两个集中荷载作用线之外时,该组试件试验无效。

4)当试件尺寸为100mm×100mm×400mm非标准试件时,应乘以尺寸换算系数0.85;当混凝土强度等级不小于C60时,宜采用标准试件;当使用非标准试件时,尺寸换算系数应由试验确定。

16.11 劈裂抗拉强度试验

16.11.1 概述

按照混凝土试件尺寸的不同可分为立方体试件的劈裂抗拉强度与圆柱体试件的劈裂抗拉强度。本试验依据《混凝土物理力学性能试验方法标准》(GB/T 50081—2019)编制而成。

16.11.2 立方体试件的劈裂抗拉强度试验

1. 仪器设备

1)压力试验机:应符合第16.1.2小节的规定。

2)垫块:应采用横截面为半径75mm的钢制弧形垫块(见图16-4),垫块的长度应与试件相同。

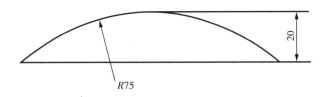

图16-4 垫块(单位:mm)

3)垫条:应由普通胶合板或硬质纤维板制成,宽度应为20mm,厚度应为3~4mm,长度不应小于试件长度,垫条不得重复使用。普通胶合板应满足GB/T 9846中一等品及以上有关要求,硬质纤维板密度不应小于900kg/m³,表面应砂光,其他性能应满足GB/T 12626的有关要求。

4)定位支架(见图16-5):应为钢支架。

2. 试验步骤

1)制样:标准试件应是边长为150mm的立方体试件;边长为100mm和200mm的立方体试件是非标准试件;每组试件应为3块。

2)测试步骤如下。

(1)试件到达试验龄期时,从养护地点取出后,应检查其尺寸及形状,尺寸公差应满足

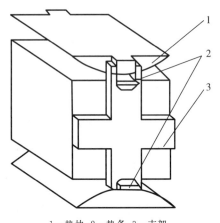

1—垫块;2—垫条;3—支架。
图16-5 定位支架示意

GB/T 50081 的规定,试件取出后应尽快进行试验。

(2)试件放置试验机前,应将试件表面与上、下承压板面擦拭干净。在试件成型时的顶面和底面中部画出相互平行的直线,确定出劈裂面的位置。

(3)将试件放在试验机下承压板的中心位置,劈裂承压面和劈裂面应与试件成型时的顶面垂直;在上、下压板与试件之间垫以圆弧形垫块及垫条各一条,垫块与垫条应与试件上、下面的中心线对准并与成型时的顶面垂直,宜把垫条及试件安装在定位架上使用(见图 16-6)。

(4)开启试验机,试件表面与上、下承压板或钢垫板应均匀接触。

(5)在试验过程中应连续均匀地加荷,当对应的立方体抗压强度小于 30MPa 时,加载速度宜取 0.02~0.05MPa/s;对应的立方体抗压强度为 30~60MPa 时,加载速度宜取 0.05~0.08MPa/s;对应的立方体抗压强度不小于 60MPa 时,加载速度宜取 0.08~0.10MPa/s。

(6)采用手动控制压力机加荷速度时,当试件接近破坏时,应停止调整试验机油门,直至破坏,然后记录破坏荷载。

(7)试件断裂面应垂直于承压面,当断裂面不垂直于承压面时,应做好记录。

3. 试验结果

1)混凝土劈裂抗拉强度应按式(16-26)计算:

$$f_{ts} = \frac{2F}{\pi A} = 0.637 \frac{F}{A} \qquad (16-26)$$

式中:f_{ts}——混凝土劈裂抗拉强度(MPa),计算结果应精确至 0.01MPa;

F——试件破坏荷载(N);

A——试件劈裂面面积(mm^2)。

2)混凝土劈裂抗拉强度值的确定应符合下列规定:

(1)应以 3 个试件测值的算术平均值作为该组试件的劈裂抗拉强度值,应精确至 0.01MPa;

(2)当 3 个测值中的最大值或最小值中有一个与中间值的差值超过中间值的 15% 时,则应把最大值及最小值一并舍除,取中间值作为该组试件的劈裂抗拉强度值;

(3)当最大值和最小值与中间值的差值均超过中间值的 15% 时,该组试件的试验结果无效。

3)采用 100mm×100mm×100mm 非标准试件测得的劈裂抗拉强度值,应乘以尺寸换算系数 0.85;当混凝土强度等级不小于 C60 时,应采用标准试件。

16.11.3 圆柱体试件的劈裂抗拉强度试验

1. 仪器设备

1)压力试验机:应符合第 16.1.2 小节的规定。

2)垫条:应符合第 16.11.2 的规定。

2. 试验步骤

1)制样:标准试件是 ϕ150mm×300mm 的圆柱体试件;ϕ100mm×200mm 和 ϕ200mm×400mm 的圆柱体试件是非标准试件;每组试件应为 3 块。

2)测试步骤如下。

(1)试件到达试验龄期时,从养护地点取出后,应检查其尺寸及形状,尺寸公差应满足

GB/T 50081—2019 中"3.3 试件的尺寸测量与公差"的规定,试件取出后应尽快进行试验。

(2)试件放置在试验机前,应将试件表面与上、下承压板面擦拭干净。试件公差应满足 GB/T 50081—2019 中"3.3 试件的尺寸测量与公差"的有关规定,圆柱体的母线公差应为 0.15mm。

(3)标出两条承压线。这两条线应位于同一轴向平面,并彼此相对,两线的末端在试件的端面上相连,以便能明确地表示出承压面。

(4)将圆柱体试件置于试验机中心,在上、下压板与试件承压线之间各垫一条垫条,圆柱体轴线应在上、下垫条之间保持水平,垫条的位置应上下对准(见图 16-6),宜把垫层安放在定位架上使用(见图 16-7)。

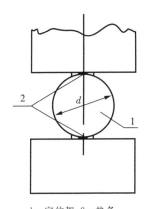
1—定位架;2—垫条。
图 16-6　劈裂抗拉试验

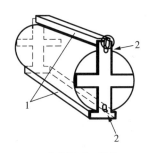
1—定位架;2—垫条。
图 16-7　定位架

(5)连续均匀地加荷,加荷速度按第 16.11.2 小节"2. 试验步骤"中测试步骤 5)的规定进行。

(6)采用手动控制压力机加荷速度时,当试件接近破坏时,应停止调整试验机油门,直至破坏,然后记录破坏荷载。

3. 试验结果

1)圆柱体劈裂抗拉强度按式(16-27)计算:

$$f_{ct}=\frac{2F}{\pi dl}=0.637\frac{F}{A} \tag{16-27}$$

式中:f_{ct}——圆柱体劈裂抗拉强度(MPa);

　　　F——试件破坏荷载(N);

　　　d——劈裂面的试件直径(mm);

　　　l——试件的高度(mm);

　　　A——试件劈裂面面积(mm^2)。

圆柱体劈裂抗拉强度应精确至 0.01MPa。

2)混凝土劈裂抗拉强度值的确定应符合下列规定:

(1)应以 3 个试件测值的算术平均值作为该组试件的劈裂抗拉强度值,应精确至 0.01MPa;

（2）当 3 个测值中的最大值或最小值中有一个与中间值的差值超过中间值的 15% 时，则应把最大值及最小值一并舍去，取中间值作为该组试件的劈裂抗拉强度值；

（3）当最大值和最小值与中间值的差值均超过中间值的 15% 时，该组试件的试验结果无效。

16.12 静力受压弹性模量试验

16.12.1 概述

静力受压弹性模量是反应混凝土应力应变关系的一个重要力学参数。本试验依据《混凝土物理力学性能试验方法标准》（GB/T 50081—2019）编制而成。

16.12.2 仪器设备

1）压力试验机：应符合第 16.1.2 小节的规定。

2）用于微变形测量的仪器应符合下列规定。

（1）微变形测量仪器可采用千分表、电阻应变片、激光测长仪、引伸仪或位移传感器等。采用千分表或位移传感器时应备有微变形测量固定架，试件的变形通过微变形测量固定架传递到千分表或位移传感器。采用电阻应变片或位移传感器测量试件变形时，应备有数据自动采集系统，条件许可时，可采用荷载和位移数据同步采集系统。

（2）当采用千分表和位移传感器时，其测量精度应为 ±0.001mm；当采用电阻应变片、激光测长仪或引伸仪时，其测量精度应为 ±0.001%。

（3）标距应为 150mm。

16.12.3 试验步骤

1. 制样

每次试验应制备 6 个试件，其中 3 个用于测定轴心抗压强度，另外 3 个用于测定静力受压弹性模量；试件尺寸可为 150mm×150mm×300mm 的棱柱体标准试件和 $\phi150mm×300mm$ 的圆柱体标准试件；边长为 100mm×100mm×300mm 和 200mm×200mm×400mm 的棱柱体试件与 $\phi100mm×200mm$ 和 $\phi200mm×400mm$ 的棱柱体试件是非标准试件。

2. 测样

1）试件达到龄期时，从养护地点取出后，应检查其尺寸及形状，尺寸公差应满足 GB/T 50081 规定，试件取出后应尽快进行试验。取一组试件测定混凝土的轴心抗压强度，另外一组用于测定静力受压弹性模量。

2）在测定混凝土弹性模量时，微变形测量仪应安装在试件两侧的中线上并对称于试件的两端。当采用千分表或位移传感器时，应将千分表或位移传感器固定在变形测量架上，试件的测量标距应为 150mm，由标距定位杆定位，将变形测量架通过紧固螺钉固定。

当采用电阻应变仪测量变形时，应变片的标距应为 150mm，试件从养护室取出后，应对贴应变片区域的试件表面缺陷进行处理,可采用电吹风吹干试件表面后,并在试件的两侧中部用502胶水粘贴应变片。

3)试件放置试验机前,应将试件表面与上、下承压板面擦拭干净。

4)将试件直立放置在试验机的下压板或钢垫板上,并应使试件轴心与下压板中心对准。

5)开启试验机,试件表面与上下承压板或钢垫板应均匀接触。

6)应加荷至基准应力为0.5MPa的初始荷载值F_0,保持恒载60s并在以后的30s内记录每测点的变形读数ε_0。应立即连续均匀地加荷至应力为轴心抗压强度f_{cp}的1/3时的荷载值F_a,保持恒载60s并在以后的30s内记录每一测点的变形读数ε_a。所用的加荷速度应符合"16.1.3试验步骤"中步骤5的规定。

7)左右两侧的变形值之差与它们平均值之比大于20%时,应重新对中试件后重复上述6)的规定。当无法使其减少到小于20%时,此次试验无效。

8)在确认试件对中符合上述7)规定后,以与加荷速度相同的速度卸荷至基准应力0.5MPa(F_0),恒载60s;应用同样的加荷和卸荷速度以及60s的保持恒载(F_0及F_a)至少进行两次反复预压。在最后一次预压完成后,应在基准应力0.5MPa(F_0)持荷60s并在以后的30s内记录每一测点的变形读数ε_0;再用同样的加荷速度加荷至F_a,持荷60s并在以后的30s内记录每一测点的变形读数ε_a(见图16-8)。

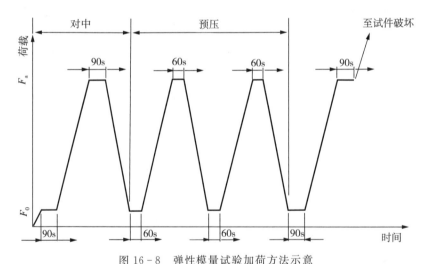

图16-8   弹性模量试验加荷方法示意

(注:90s包括60s持荷时间和30s读数时间;60s为持荷时间)

9)卸除变形测量仪,应以同样的速度加荷至破坏,记录破坏荷载;当测定弹性模量之后的试件抗压强度与f_{cp}之差超过f_{cp}的20%时,应在报告中注明。

16.12.4   试验结果

1)混凝土静压受力弹性模量值应按式(16-28)和式(16-29)计算:

$$E_c = \frac{F_a - F_0}{A} \times \frac{L}{\Delta n} \qquad (16-28)$$

$$\Delta n = \varepsilon_a - \varepsilon_0 \qquad (16-29)$$

式中：E_c——混凝土静压受力弹性模量（MPa），计算结果应精确至 100MPa；

F_a——应力为 1/3 轴心抗压强度时的荷载（N）；

F_0——应力为 0.5MPa 时的初始荷载（N）；

A——试件承压面积（mm^2）；

L——测量标距（mm）；

Δn——最后一次从 F_0 加荷至 F_a 时试件两侧变形的平均值（mm）；

ε_a——F_a 时试件两侧变形的平均值（mm）；

ε_0——F_0 时试件两侧变形的平均值（mm）。

2）应按 3 个试件测值的算术平均值作为该组试件的弹性模量值，应精确至 100MPa。当其中有一个试件在测定弹性模量后的轴心抗压强度值与用以确定检验控制荷载的轴心抗压强度值相差超过后者的 20％时，弹性模量值应按另两个试件测值的算术平均值计算；当有两个试件在测定弹性模量后的轴心抗压强度值与用以确定检验控制荷载的轴心抗压强度值相差超过后者的 20％时，此次试验无效。

16.13　碱-骨料反应试验

16.13.1　概述

本试验依据《普通混凝土长期性能和耐久性能试验方法标准》（GB/T 50082—2009）编制而成，适用于检验混凝土试件在温度为 38℃及潮湿条件养护下，混凝土中的碱与骨料反应所引起的膨胀是否具有潜在危害。

16.13.2　仪器设备

1）方孔筛：应采用与公称直径分别为 20mm、16mm、10mm，5mm 的圆孔筛对应的方孔筛。

2）称量设备：最大量程应分别为 50kg 和 10kg，感量应分别不超过 50g 和 5g，各一台。

3）试模：内测尺寸应为 75mm×75mm×275mm，试模两个端板应预留安装测头的圆孔，孔的直径应与测头直径相匹配。

4）测头（埋钉）：直径应为 5～7mm，长度应为 25mm。应采用不锈金属制成，测头均应位于试模两端的中心部位。

5）测长仪：测量范围应为 275～300mm，精度应为 ±0.001mm。

6）养护盒：应由耐腐蚀材料制成，不应漏水，且应能密封。盒底部应装有 20mm±5mm 深的水，盒内应有试件架，且应能使试件垂直立在盒中。试件底部不应与水接触。一个养护盒宜同时容纳 3 个试件。

16.13.3　试验步骤

1. 原材料和设计配合比

应使用硅酸盐水泥，水泥含碱量宜为 0.9％±0.1％（以 Na_2O 当量计，即 Na_2O＋

0.658K$_2$O)。可通过外加浓度为 10% 的 NaOH 溶液,使试验用水泥含碱量达到 1.25%。当试验用来评价细骨料的活性,应采用非活性的粗骨料,粗骨料的非活性也应通过试验确定,试验用细骨料细度模数宜为 2.7±0.2。当试验用来评价粗骨料的活性,应用非活性的细骨料,细骨料的非活性也应通过试验确定。当工程用的骨料为同一品种的材料,应用该粗、细骨料来评价活性。试验用粗骨料应由三种级配:20～16mm、16～10mm 和 10～5mm,各取 1/3 等量混合。

每立方米混凝土水泥用量应为 420kg±10kg。水灰比应为 0.42～0.45。粗骨料与细骨料的质量比应为 6:4。试验中除可外加 NaOH 外,不得再使用其他的外加剂。

2. 制样

1)成型前 24h,应将试验所用所有原材料放入 20℃±5℃ 的成型室。

2)混凝土搅拌宜采用机械拌合。

3)混凝土应一次装入试模,应用捣棒和抹刀捣实,然后应在振动台上振动 30s 或直至表面泛浆为止。

4)试件成型后应带模一起送入 20℃±2℃、相对湿度在 95% 以上的标准养护室中,应在混凝土初凝前 1～2h,对试件沿模口抹平并应编号。

3. 养护

1)试件应在标准养护室中养护 24h±4h 后脱模,脱模时应特别小心,不要损伤测头,并应尽快测量试件的基准长度。待测试件应用湿布盖好。

2)试件的基准长度测量应在 20℃±2℃ 的恒温室中进行。每个试件应至少重复测试两次,应取两次测值的算术平均值作为该试件的基准长度值。

3)测量基准长度后应将试件放入养护盒中,并盖严盒盖。然后应将养护盒放入 38℃±2℃ 的养护室或养护箱里养护。

4. 测量

1)试件的测量龄期应从测定基准长度后算起,测量龄期应为 1 周、2 周、4 周、8 周、13 周、18 周、26 周、39 周和 52 周,以后可每半年测一次。每次测量的前一天,应将养护盒从 38℃±2℃ 的养护室中取出,并放入 20℃±2℃ 的恒温室中,恒温时间应为 24h±4h。试件各龄期的测量应与测量基准长度的方法相同、测量完毕后,应将试件调头放入养护盒中,并盖严盒盖。然后应将养护盒重新放回 38℃±2℃ 的养护室或者养护箱中继续养护至下一测试龄期。

2)每次测量时,应观察试件有无裂缝、变形、渗出物及反应产物等,并应作详细记录。必要时可在长度测试周期全部结束后·辅以岩相分析等手段,综合判断试件内部结构和可能的反应产物。

3)当碱-骨料反应试验出现以下两种情况之一时,可结束试验:在 52 周的测试龄期内的膨胀率超过 0.04%;膨胀率虽小于 0.04%,但试验周期已经达 52 周(或一年)。

16.13.4　试验结果

1)试件的膨胀率应按式(16-30)计算:

$$\varepsilon_t = \frac{L_t - L_0}{L_0 - 2\Delta} \times 100$$

（16-30）

式中：ε_t——试件在 $t(d)$ 龄期的膨胀率（%）；

　　L_t——试件在 $t(d)$ 龄期的长度（mm）；

　　L_0——试件的基准长度（mm）；

　　Δ——测头的长度（mm）。

2）每组应以 3 个试件测值的算术平均值作为某一龄期膨胀率的测定值。

3）当每组平均膨胀率小于 0.020% 时，同一组试件中单个试件之间的膨胀率的差值（最高值与最低值之差）不应超过 0.008%；当每组平均膨胀率大于 0.020% 时，同一组试件中单个试件的膨胀率的差值（最高值与最低值之差）不应超过平均值的 40%。

16.14　碱含量测定

16.14.1　概述

混凝土中碱含量超过一定限值时，混凝土发生碱骨料反应从而影响混凝土耐久性的概率会不断增大，因此，测试混凝土中碱含量对于控制混凝土发生碱骨料反应有重要作用。混凝土中碱含量依据样品制备方式的不同可分为混凝土中总碱含量与混凝土中可溶性碱含量，混凝土中碱含量也可为混凝土各种原材料碱含量的总和。

本试验依据《混凝土结构现场检测技术标准》（GB/T 50784—2013）编制而成。

16.14.2　混凝土中总碱含量测定

1. 仪器设备

1）天平：精确至 0.0001g。

2）电热板。

3）容量瓶：100mL、500mL。

4）火焰光度计：带有钾、钠元素空心阴极灯。

5）铂皿（或聚四氟乙烯器皿）：容量 100～150mL。

2. 试剂

1）氢氟酸：1.15～1.18g/cm³，质量分数 40%。

2）硫酸：1.84g/cm³，质量分数 95%～98%。

3）氨水：0.90～0.91g/cm³，质量分数 25%～28%。

4）甲基红指示剂溶液：2g/L，将 0.2g 甲基红溶于 100mL 乙醇中。

5）碳酸铵溶液：100g/L，将 10g 碳酸铵 $[(NH_4)_2CO_3]$ 溶解于 100mL 水中，用时现配。

6）盐酸：1.18～1.19g/cm³，质量分数 36%～38%。

7）氧化钾、氧化钠标准溶液的要求如下。

（1）氧化钾、氧化钠标准溶液的配制方法如下。称取 1.5829g 已于 105～110℃烘过 2h 的氯化钾（KC1，基准试剂或光谱纯）及 1.8859g 已于 105～110℃烘过 2h 的氯化钠（NaCl，基准试剂或光谱纯），精确至 0.0001g，置于烧杯中，加水溶解后，移入 1000mL 容量瓶中，用水稀释至刻度摇匀上贮存于塑料瓶中。此标准溶液每毫升含 1mg 氧化钾及 1mg 氧化钠。

吸取 50.00mL 上述标准溶液放入 1000mL 容量瓶中,用水稀释至刻度,据匀。贮存于塑料瓶中。此标准溶液每毫升含 0.05mg 氧化钾和 0.05mg 氧化钠。

(2)用于火焰光度法的工作曲线的绘制方法如下。吸取每毫升含 1mg 氧化钾及 1mg 氧化钠的标准溶液 0mL、2.50mL、5.00mL、10.00mL、15.00mL、20.00mL 分别放入 500mL 容量瓶中,用水稀释至刻度,摇匀。贮存于塑料瓶中。将火焰光度计调节至最佳工作状态,按仪器使用规程进行测定。用测得的检流计读数作为相对应的氧化钾和氧化钠含量的函数,绘制工作曲线。

3. 试验步骤

1)制样:将混凝土试件破碎,剔除石子;将试样缩分至 100g,研磨至全部通过 0.08mm 的筛;用磁铁吸出试样中的金属铁屑;将试样置于 105~110℃烘箱中烘干 2h,取出后放入干燥器中冷却至室温备用。

2)测试步骤如下。称取约 0.2g 试样(m_0),精确至 0.0001g,置于铂皿(或聚四氟乙烯器皿)中,加入少量水润湿,加入 5~7mL 氢氟酸和 15~20 滴硫酸(1+1),放入通风橱内的电热板上低温加热,近干时摇动铂皿,以防溅失,待氢氟酸除尽后逐渐升高温度,继续加热至三氧化硫白烟冒尽,取下冷却。加入 40~50mL 热水,用胶头擦棒压碎残渣使其分散,加入 1 滴甲基红指示剂溶液,用氨水(1+1)中和至黄色,再加入 10mL 碳酸铵溶液,搅拌,然后放入通风橱内电热板上加热至沸并继续微沸 20~30min。用快速滤纸过滤,以热水充分洗涤,用胶头擦棒擦洗铂皿,滤液及洗液收集于 100mL 容量瓶中,冷却至室温。用盐酸(1+1)中和至溶液呈微红色,用水稀释至刻度,摇匀。在火焰光度计上,按仪器使用规程,在与《水泥化学分析方法》(GB/T 176—2017)中 6.1.76 相同的仪器条件下进行测定。在工作曲线上分别求出氧化钾和氧化钠的含量(m_1)和(m_2)。

4. 试验结果

1)氧化钾和氧化钠的质量分数 w_{K_2O} 和 w_{Na_2O} 分别按式(16-31)式(16-32)计算:

$$w_{K_2O} = \frac{m_{K_2O}}{m_s \times 1000} \times 100 \qquad (16-31)$$

$$w_{Na_2O} = \frac{m_{Na_2O}}{m_s \times 1000} \times 100 \qquad (16-32)$$

式中:w_{K_2O}——氧化钾的质量分数(%);

　　　w_{Na_2O}——氧化钠的质量分数(%);

　　　m_{K_2O}——扣除空白试验值后 100mL 测定溶液中氧化钾的含量(mg);

　　　m_{Na_2O}——扣除空白试验值后 100mL 测定溶液中氧化钠的含量(mg);

　　　m_s——试料的质量(g)。

2)氧化钠当量质量分数按式(16-33)计算:

$$w_{Na_2O,eq} = w_{Na_2O} + 0.658 w_{K_2O} \qquad (16-33)$$

式中:w_{K_2O}——样品中氧化钾的质量分数(%);

　　　w_{Na_2O}——样品中氧化钠的质量分数(%);

　　　$w_{Na_2O,eq}$——样品中氧化钠当量的质量分数,即样品的碱含量(%);

3)样品中氧化钠当量质量分数的检测值应以 3 次测试结果的平均值表示。

4)单位体积混凝土中总碱含量应按式(16-34)计算:

$$m_{a,t} = \frac{\rho(m_{cor} - m_c)}{m_{cor}} \times \overline{w}_{Na_2O,eq} \tag{16-34}$$

式中:$m_{a,t}$——单位体积混凝土中总碱含量(kg);

ρ——芯样的密度(kg/m³),按实测值;无实测值时取 2500kg/m³;

m_{cor}——芯样的质量(g);

m_c——芯样中骨料的质量(g);

$\overline{w}_{Na_2O,eq}$——样品中氧化钠当量的质量分数的检测值(%)。

16.14.3 混凝土可溶性碱含量测定

1. 仪器设备

1)振荡器。

2)布氏漏斗。

3)水浴锅。

4)磁力搅拌器。

5)其他同第 16.14.2 小节的试验设备。

2. 试剂

同第 16.14.2 小节的试剂。

3. 试验步骤

1)制样:同第 16.14.2 小节的制样方法,然后准确称取 25.0g(精确至 0.01g)样品放入 500mL 锥形瓶中,加入 300mL 蒸馏水,用振荡器振荡 3h 或在 80℃ 水浴锅中用磁力搅拌器搅拌 2h,然后在弱真空条件下用布氏漏斗过滤。将滤液转移到一个 500mL 的容量瓶中,加水至刻度。

2)测试:同第 16.14.2 小节的测试方法。

4. 试验结果

1)氧化钾、氧化钠和可溶性氧化钠当量的质量分数按式(16-35)和式(16-35)计算:

$$w_{K_2O}^S = \frac{m_{K_2O}}{m_s \times 1000} \times 100 \tag{16-35}$$

$$w_{Na_2O}^S = \frac{m_{Na_2O}}{m_s \times 1000} \times 100 \tag{16-36}$$

$$w_{Na_2O,eq}^S = w_{Na_2O}^S + 0.658 w_{K_2O}^S \tag{16-37}$$

式中:$w_{K_2O}^S$——样品中可溶性氧化钾的质量分数(%);

$w_{Na_2O}^S$——样品中可溶性氧化钠的质量分数(%);

$w_{Na_2O,eq}^S$——样品中可溶性氧化钠当量的质量分数,即样品的可溶性碱含量(%)。

2)样品中氧化钠当量质量分数的检测值应以 3 次测试结果的平均值表示。

3)单位体积中混凝土中可溶性碱含量应按式(16-38)计算:

$$m_{a,s} = \frac{\rho(m_{cor} - m_c)}{m_{cor}} \times \overline{w}_{Na_2O,eq}^{S}$$ (16-38)

式中：$m_{a,s}$——单位体积混凝土中的可溶性碱含量(kg)。

16.14.4　混凝土中碱含量测定

《混凝土结构耐久性设计标准》(GB/T 50476—2019)中定义了混凝土的含碱量为等效 Na_2O 当量的含量。该标准中混凝土的含碱量为混凝土各种原材料含碱量的总和,各种原材料的含碱量测定方法可参考 GB/T 50733 中的试验方法。矿物掺和料带入混凝土中的碱可按水溶性碱的含量计入,当无检测条件时,对粉煤灰,可取其碱含量实测值的 1/6,磨细矿渣碱含量取实测值的 1/2。

16.15　配合比设计

16.15.1　概述

混凝土配合比是指混凝土中各组成原材料的数量相互配合的比例。混凝土配合比的设计和选择,主要是根据原材料的技术性能和结构对混凝土强度的要求及施工条件;通过计算、试配和调整等过程,确定各种原材料的使用数量。混凝土配合比设计应满足混凝土配制强度及其他力学性能、拌合物性能、长期性能和耐久性能的设计要求。

本试验依据《普通混凝土配合比设计规程》(JGJ 55—2011)编制而成。

16.15.2　普通配合比设计基本要求

1)混凝土配合比设计应采用工程实际使用的原材料;配合比设计所采用的细骨料含水率应小于 0.5%,粗骨料含水率应小于 0.2%。

2)混凝土的最大水胶比应符合国家标准《混凝土结构设计规范》GB 50010 的规定。

3)配制 C15 及其以下强度等级的混凝土外,混凝土的最小胶凝材料用量应符合表 16-3 的规定。

表 16-3　混凝土的最小胶凝材料用量

最大水胶比	最小胶凝材料用量(kg/m³)		
	素混凝土	钢筋混凝土	预应力混凝土
0.60	250	280	300
0.55	280	300	300
0.50	320		
≤0.45	330		

4)矿物掺合料在混凝土中的掺量应通过试验确定。钢筋混凝土中矿物掺合料最大掺量宜符合表 16-4 的规定,预应力混凝土中矿物掺合料最大掺量宜符合表 16-5 的规定。对基础大体积混凝土,粉煤灰、粒化高炉矿渣粉和复合掺合料的最大掺量可增加 5%。采用掺量

大于 30％的 C 类粉煤灰的混凝土应以实际使用的水泥和粉煤灰掺量进行安定性检验。

表 16 - 4　钢筋混凝土中矿物掺合料最大掺量

矿物掺合料种类	水胶比	最大掺量（％）	
		采用硅酸盐水泥时	采用普通硅酸盐水泥时
粉煤灰	≤0.40	45	35
	>0.40	40	30
粒化高炉矿渣粉	≤0.40	65	55
	>0.40	55	45
钢渣粉	—	30	20
磷渣粉	—	30	20
硅灰	—	10	10
复合掺合料	≤0.40	65	55
	>0.40	55	45

注:(1)采用其他通用硅酸盐水泥时,宜将水泥混合材掺量 20％以上的混合材量计入矿物掺合料。

(2)复合掺合料各组分的掺量不宜超过单掺时的最大掺量。

(3)在混合使用两种或两种以上矿物掺合料时,矿物掺合料总掺量应符合表中复合掺合料的规定。

表 16 - 5　预应力混凝土中矿物掺合料最大掺量

矿物掺合料种类	水胶比	最大掺量（％）	
		采用硅酸盐水泥时	采用普通硅酸盐水泥时
粉煤灰	≤0.40	35	30
	>0.40	25	20
粒化高炉矿渣粉	≤0.40	55	45
	>0.40	45	35
钢渣粉	—	20	10
磷渣粉	—	20	10
硅灰	—	10	10
复合掺合料	≤0.40	55	45
	>0.40	45	35

注:(1)采用其他通用硅酸盐水泥时,宜将水泥混合材掺量 20％以上的混合材量计入矿物掺合料。

(2)复合掺合料各组分的掺量不宜超过单掺时的最大掺量。

(3)在混合使用两种或两种以上矿物掺合料时,矿物掺合料总掺量应符合表中复合掺合料的规定。

5)长期处于潮湿或水位变动的寒冷和严寒环境以及盐冻环境的混凝土应掺用引气剂。引气剂掺量应根据混凝土含气量要求经试验确定,混凝土最小含气量应符合表 16 - 6 的规定,最大不宜超过 7.0％。

表 16－6　掺用引气剂的混凝土最小含气量

粗骨料最大公称粒径(mm)	混凝土最小含气量(%)	
	潮湿或水位变动的寒冷和严寒环境	盐冻环境
40.0	4.5	5.0
25.0	5.0	5.5
20.0	5.5	6.0

16.15.3　混凝土配制强度的确定

1)当混凝土的设计强度等级小于 C60 时,配制强度应按式(16－39)确定:

$$f_{cu,0} \geqslant f_{cu,k} + 1.645\sigma \qquad (16－39)$$

式中:$f_{cu,0}$——混凝土配制强度(MPa);

$f_{cu,k}$——混凝土立方体抗压强度标准值,这里取混凝土的设计强度等级值(MPa);

σ——混凝土强度标准差(MPa)。

2)当设计强度等级不小于 C60 时,配制强度应按式(16－40)确定:

$$f_{cu,0} \geqslant 1.15 f_{cu,k} \qquad (16－40)$$

3)混凝土强度标准差应按下列规定确定。

(1)当具有近1～3个月的同一品种、同一强度等级混凝土的强度资料,且试件组数不小于 30 时,其混凝土强度标准差应按下式计算:

$$\sigma = \sqrt{\dfrac{\sum\limits_{i=1}^{n} f_{cu,i}^2 - n m_{fcu}^2}{n-1}} \qquad (16－41)$$

式中:σ——混凝土强度标准差;

$f_{cu,i}$——第 i 组的试件强度(MPa);

m_{fcu}——n 组试件的强度平均值(MPa);

n——试件组数。

对于强度等级不大于 C30 的混凝土,当混凝土强度标准差计算值不小于 3.0MPa 时,应按式(16－39)计算结果取值;当混凝土强度标准差计算值小于 3.0MPa 时,应取 3.0MPa。

对于强度等级大于 C30 且小于 C60 的混凝土,当混凝土强度标准差计算值不小于 4.0MPa 时,应按式(16－40)计算结果取值;当混凝土强度标准差计算值小于 4.0MPa 时,应取 4.0MPa。

(2)当没有近期的同一品种、同一强度等级混凝土强度资料时,其强度标准差 σ 可按表 16－7 取值。

表 16－7　标准差 σ 值

混凝土强度标准值	≤C20	C25～C45	C50～C55
σ(MPa)	4.0	5.0	6.0

16.15.4　混凝土配合比计算

1. 水胶比

1)当混凝土强度等级不大于 C60 时,混凝土水胶比宜按式(16-42)计算:

$$W/B = \frac{\alpha_a f_b}{f_{cu,0} + \alpha_a \alpha_b f_b} \qquad (16-42)$$

式中:W/B——混凝土水胶比;

α_a、α_b——回归系数;

f_b——胶凝材料 28d 胶砂抗压强度(MPa),可实测,且试验方法应按 GB/T 17671 执行。

2)回归系数 α_a、α_b 宜按下列规定确定:

(1)根据工程所使用的原材料,通过试验建立的水胶比与混凝土强度关系式来确定;

(2)当不具备上述试验统计资料时,可按表 16-8 选用。

表 16-8　回归系数 α_a、α_b 取值表

系数	粗骨料品种	
	碎石	卵石
α_a	0.53	0.49
α_b	0.20	0.13

(3)当胶凝材料 28d 胶砂抗压强度值(f_b)无实测值时,可按式(16-43)计算:

$$f_b = \gamma_f \gamma_s f_{ce} \qquad (16-43)$$

式中:γ_f、γ_s——粉煤灰影响系数和粒化高炉矿渣粉影响系数,可按表 16-9 选用;

f_{ce}——水泥 28d 胶砂抗压强度(MPa),可实测,也可按式(16-44)确定。

表 16-9　粉煤灰影响系数(γ_f)和粒化高炉矿渣粉影响系数(γ_s)

掺量(%)	种类	
	粉煤灰影响系数 γ_f	粒化高炉矿渣粉影响系数 γ_s
0	1.00	1.00
10	0.85~0.95	1.00
20	0.75~0.85	0.95~1.00
30	0.65~0.75	0.90~1.00
40	0.55~0.65	0.80~0.90
50	—	0.70~0.85

注:(1)采用Ⅰ级、Ⅱ级粉煤灰宜取上限值。

(2)采用 S75 级粒化高炉矿渣粉宜取下限值,采用 S95 级粒化高炉矿渣粉宜取上限值、采用 S105 级粒化高炉矿渣粉可取上限值加 0.05。

(3)当超出表中的掺量时,粉煤灰和粒化高炉矿渣粉影响系数应经试验确定。

（4）当水泥 28d 胶砂抗压强度（f_{ce}）无实测值时，可按下式计算：

$$f_{ce}=\gamma_c f_{ce,g} \tag{16-44}$$

式中：γ_c——水泥强度等级值的富余系数，可按实际统计资料确定；当缺乏实际统计资料时，也可按表 16-10 选用；

　　　　$f_{ce,g}$——水泥强度等级值（MPa）。

表 16-10　水泥强度等级值的富余系数（γ_c）

水泥强度等级值	32.5	42.5	52.5
富余系数	1.12	1.16	1.10

2. 用水量和外加剂用量

1）每立方米干硬性或塑性混凝土的用水量（m_{w0}）应符合下列规定：

（1）混凝土水胶比为 0.40～0.80 时，可按表 16-11 和表 16-12 选取；

（2）混凝土水胶比小于 0.40 时，可通过试验确定。

表 16-11　干硬性混凝土的用水量　（单位 kg/m³）

拌合物稠度		卵石最大公称粒径(mm)			碎石最大公称粒径(mm)		
项目	指标	10.0	20.0	40.0	16.0	20.0	40.0
维勃稠度(s)	16～20	175	160	145	180	170	155
	11～15	180	165	150	185	175	160
	5～10	185	170	155	190	180	165

表 16-12　塑性混凝土的用水量　（单位 kg/m³）

拌合物稠度		卵石最大公称粒径(mm)				碎石最大公称粒径(mm)			
项目	指标	10.0	20.0	31.5	40.0	16.0	20.0	31.5	40.0
维勃稠度(s)	10～30	190	170	160	150	200	185	175	165
	35～50	200	180	170	160	210	195	185	175
	55～70	210	190	180	170	220	205	195	185
	75～90	215	195	185	175	230	215	205	195

注：(1)本表用水量系采用中砂时的取值。采用细砂时，每立方米混凝土用水量可增加 5～10kg；采用粗砂时，可减少 5～10kg。

(2)掺用矿物掺合料和外加剂时，用水量应相应调整。

2）掺外加剂时，每立方米流动性或大流动性混凝土的用水量可按式（16-45）计算：

$$m_{w0}=m'_{w0}(1-\beta) \tag{16-45}$$

式中：m_{w0}——满足实际坍落度要求的每立方米混凝土的用水量（kg/m³）；

m'_{w0}——未掺外加剂时推定的满足实际坍落度要求的每立方米混凝土用水量（kg/m^3），以 90mm 坍落度的用水量为基础，按每增大 20mm 坍落度相应增加 $5kg/m^3$ 用水量来计算，当坍落度增大到 180mm 以上时，随坍落度相应增加的用水量可减少；

β——外加剂的减水率（%），应经混凝土试验确定。

3）每立方米混凝土中外加剂用量应按式（16-46）计算：

$$m_{a0} = m_{b0}\beta_a \qquad (16-46)$$

式中：m_{a0}——每立方米混凝土中外加剂用量（kg/m^3）；

m_{b0}——计算配合比每立方米混凝土中胶凝材料用量（kg/m^3），计算应符合式（16-47）规定；

β_a——外加剂掺量（%），应经混凝土试验确定。

3. 胶凝材料、矿物掺合料和水泥用量

1）每立方米混凝土的胶凝材料用量应按式（16-47）计算，并应进行试拌调整，在拌合物性能满足的情况下，取经济合理的胶凝材料用量。

$$m_{b0} = \frac{m_{w0}}{W/B} \qquad (16-47)$$

式中：m_{b0}——计算配合比每立方米混凝土中胶凝材料用量（kg/m^3）；

m_{w0}——计算配合比每立方米混凝土的用水量（kg/m^3）；

W/B——混凝土水胶比。

2）每立方米混凝土的矿物掺合料用量应按式（16-48）计算：

$$m_{f0} = m_{b0}\beta_f \qquad (16-48)$$

式中：m_{f0}——计算配合比每立方米混凝土中矿物掺合料用量（kg/m^3）；

β_f——矿物掺合料掺量（%），可结合第 16.15.3 小节中 4）的规定确定。

3）每立方米混凝土的水泥用量应按式（16-49）计算：

$$m_{c0} = m_{b0} - m_{f0} \qquad (16-49)$$

式中：m_{c0}——计算配合比每立方米混凝土中水泥用量（kg/m^3）。

4. 砂率

1）砂率（β_s）应根据骨料的技术指标、混凝土拌合物性能和施工要求，参考既有历史资料确定。

2）当缺乏砂率的历史资料时，混凝土砂率的确定应符合下列规定：

（1）坍落度小于 10mm 的混凝土，其砂率应经试验确定；

（2）坍落度为 10～60mm 的混凝土，其砂率可根据粗骨料品种、最大公称粒径及水胶比按表 16-13 选取；

（3）坍落度大于 60mm 的混凝土，其砂率可经试验确定，也可在表 16-13 的基础上，按坍落度每增大 20mm、砂率增大 1% 的幅度予以调整。

表 16-13　混凝土的砂率(%)

水胶比	卵石最大公称粒径(mm)			碎石最大公称粒径(mm)		
	10.0	20.0	40.0	16.0	20.0	40.0
0.40	26～32	25～31	24～30	30～35	29～34	27～32
0.50	30～35	29～34	28～33	33～38	32～37	30～35
0.60	33～38	32～37	31～36	36～41	35～40	33～38
0.70	36～41	35～40	34～39	39～44	38～43	36～41

注:(1)本表数值系中砂的选用砂率,对细砂或粗砂,可相应地减少或增大砂率。

(2)采用人工砂配制混凝土时,砂率可适当增大。

(3)只用一个单粒级粗骨料配制混凝土时,砂率应适当增大。

5. 粗、细骨料用量

1)当采用质量法计算混凝土配合比时,粗、细骨料用量应按式(16-50)计算;砂率应按式(16-51)计算:

$$m_{f0}+m_{c0}+m_{g0}+m_{s0}+m_{w0}=m_{cp} \tag{16-50}$$

$$\beta_s=\frac{m_{s0}}{m_{g0}+m_{s0}}\times100\% \tag{16-51}$$

式中:m_{g0}——计算配合比每立方米混凝土的粗骨料用量(kg/m³);

m_{s0}——计算配合比每立方米混凝土的细骨料用量(kg/m³);

β_s——砂率(%);

m_{cp}——每立方米混凝土拌合物的假定质量(kg),可取 2350～2450kg/m³。

2)当采用体积法计算混凝土配合比时,砂率应按式(16-51)计算,粗、细骨料用量应按式(16-52)计算。

$$\frac{m_{c0}}{\rho_c}+\frac{m_{f0}}{\rho_f}+\frac{m_{g0}}{\rho_g}+\frac{m_{s0}}{\rho_s}+\frac{m_{w0}}{\rho_w}+0.01\alpha=1 \tag{16-52}$$

式中:ρ_c——水泥密度(kg/m³),可按 GB/T 208 测定,也可取 2900～3100kg/m³;

ρ_f——矿物掺合料密度(kg/m³),可按 GB/T 208 测定;

ρ_g——粗骨料的表观密度(kg/m³),应按 JGJ52 测定;

ρ_s——细骨料的表观密度(kg/m³),应按 JGJ 52 测定;

ρ_w——水的密度(kg/m³),可取 1000kg/m³;

α——混凝土的含气量百分数,在不使用引气剂或引气型外加剂时,α 可取1。

16.15.5　混凝土配合比的试配、调整与确定

1. 试配

1)混凝土试配应采用强制式搅拌机进行搅拌,并应符合现行行业标准《混凝土试验用搅拌机》JG 244 的规定,搅拌方法宜与施工采用的方法相同。

2)试验室成型条件应符合 GB/T 50080 的规定。

3)每盘混凝土试配的最小搅拌量应符合表 16-14 的规定,并不应小于搅拌机公称容量

的 1/4 且不应大于搅拌机公称容量。

表 16-14　混凝土试配的最小搅拌量

粗骨料最大公称粒径(mm)	最小搅拌的拌合物量(L)
≤31.5	20
40.0	25

4)在计算配合比的基础上应进行试拌。计算水胶比宜保持不变,并应通过调整配合比其他参数使混凝土拌合物性能符合设计和施工要求,然后修正计算配合比,提出试拌配合比。

5)在试拌配合比的基础上应进行混凝土强度试验,并应符合下列规定:

(1)应采用三个不同的配合比,其中一个应为第 16.15.4 小节确定的试拌配合比,另外两个配合比的水胶比,宜较试拌配合比分别增加和减少 0.05,用水量应与试拌配合比相同,砂率可分别增加和减少 1%;

(2)进行混凝土强度试验时,拌合物性能应符合设计和施工要求;

(3)进行混凝土强度试验时,每个配合比应至少制作一组试件,并应标准养护到 28d 或设计规定龄期时试压。

2. 配合比的调整与确定

1)配合比调整应符合下列规定:

(1)根据混凝土强度试验结果,宜绘制强度和胶水比的线性关系图或插值法确定略大于配制强度对应的胶水比;

(2)在试拌配合比的基础上,用水量(m_w)和外加剂用量(m_a)应根据确定的水胶比作调整;

(3)胶凝材料用量(m_b)应以用水量乘以确定的胶水比计算得出;

(4)粗骨料和细骨料用量(m_g 和 m_s)应根据用水量和胶凝材料用量进行调整。

2)配合比调整后的混凝土拌合物的表观密度应按式(16-53)计算:

$$\rho_{c,c} = m_c + m_f + m_g + m_s + m_w \qquad (16-53)$$

式中:$\rho_{c,c}$——混凝土拌合物的表观密度计算值(kg/m^3);

　　m_c——每立方米混凝土的水泥用量(kg/m^3);

　　m_f——每立方米混凝土的矿物掺合料用量(kg/m^3);

　　m_g——每立方米混凝土的粗骨料用量(kg/m^3);

　　m_s——每立方米混凝土的细骨料用量(kg/m^3);

　　m_w——每立方米混凝土的用水量(kg/m^3)。

3)混凝土配合比校正系数应按式(16-54)计算:

$$\delta = \frac{\rho_{c,t}}{\rho_{c,c}} \qquad (16-54)$$

式中:δ——混凝土配合比校正系数;

　　$\rho_{c,t}$——混凝土拌合物的表观密度实测值(kg/m^3)。

4)当混凝土拌合物表观密度实测值与计算值之差的绝对值不超过计算值的 2%时,按上述 1)调整的配合比可维持不变;当二者之差超过 2%时,应将配合比中每项材料用量均乘以校正系数(δ)。

5)配合比调整后,应测定拌合物水溶性氯离子含量,试验结果应符合 JGJ 55 的规定。

6)对耐久性有设计要求的混凝土应进行相关耐久性试验验证。

7)生产单位可根据常用材料设计出常用的混凝土配合比备用,并应在启用过程中予以验证或调整。遇有下列情况之一时,应重新进行配合比设计:

(1)对混凝土性能有特殊要求时;

(2)水泥、外加剂或矿物掺合料等原材料品种、质量有显著变化时。

16.15.6 特殊要求混凝土的配合比设计

1. 抗渗混凝土

抗渗混凝土是以调整混凝土配合比、掺入外加剂或使用特种水泥等方法提高混凝土自身的密实性、憎水性并使其满足抗渗等级等于或大于 P6 级的混凝土。

1)原材料的要求如下:

(1)水泥宜采用普通硅酸盐水泥;

(2)粗骨料宜采用连续级配,其最大公称粒径不宜大于 40.0mm,含泥量不得大于1.0%,泥块含量不得大于 0.5%;

(3)细骨料宜采用中砂,含泥量不得大于 3.0%,泥块含量不得大于 1.0%;

(4)抗渗混凝土宜掺用外加剂和矿物掺合料,粉煤灰等级应为 I 级或 II 级。

2)抗渗混凝土配合比应符合下列规定:

(1)最大水胶比应符合表 16-15 的规定;

(2)每立方米混凝土中的胶凝材料用量不宜小于 320kg;

(3)砂率宜为 35%~45%。

表 16-15 抗渗混凝土最大水胶比

设计抗渗等级	最大水胶比	
	C20~C30	C30 以上
P6	0.60	0.55
P8~P12	0.55	0.50
>P12	0.50	0.45

3)配合比设计中混凝土抗渗技术要求应符合下列规定:

(1)配制抗渗混凝土要求的抗渗水压值应比设计值提高 0.2MPa;

(2)抗渗试验结果应满足式(16-55)要求:

$$P_t \geqslant \frac{P}{10} + 0.2 \qquad (16-55)$$

式中:P_t——6 个试件中不少于 4 个未出现渗水时的最大水压值(MPa);

P——设计要求的抗渗等级值。

4)掺用引气剂或引气型外加剂的抗渗混凝土,应进行含气量试验,含气量宜为

3.0%～5.0%。

2. 抗冻混凝土

抗冻混凝土是指抗冻等级等于或大于 F50 的混凝土。

1)原材料的要求如下：

(1)水泥应采用硅酸盐水泥或普通硅酸盐水泥；

(2)粗骨料宜选用连续级配,其含泥量不得大于 1.0%,泥块含量不得大于 0.5%；

(3)细骨料含泥量不得大于 3.0%,泥块含量不得大于 1.0%；

(4)粗、细骨料均应进行坚固性试验,并应符合现行行业标准《普通混凝土用砂、石质量及检验方法标准》JGJ 52 的规定；

(5)抗冻等级不小于 F100 的抗冻混凝土宜掺用引气剂；

(6)在钢筋混凝土和预应力混凝土中不得掺用含有氯盐的防冻剂；在预应力混凝土中不得掺用含有亚硝酸盐或碳酸盐的防冻剂。

2)配合比计算步骤如下：

(1)最大水胶比和最小胶凝材料用量应符合表 16－16 的规定；

(2)复合矿物掺合料掺量宜符合表 16－17 的规定；其他矿物掺合料掺量宜符合表 16－5 的规定。

3)掺用引气剂的混凝土最小含气量应符合表 16－6 的规定。

表 16－16　最大水胶比和最小胶凝材料用量

设计抗冻等级	最大水胶比		最小胶凝材料用量(kg/m³)
	无引气剂时	掺引气剂时	
F50	0.55	0.60	300
F100	0.50	0.55	320
不低于 F150	—	0.50	350

表 16－17　复合矿物掺合料最大掺量

水胶比	最大掺量(%)	
	采用硅酸盐水泥时	采用普通硅酸盐水泥时
≤0.40	60	50
>0.40	50	40

注:(1)采用其他通用硅酸盐水泥时,可将水泥混合材掺量20%以上的混合材量计入矿物掺合料。

(2)复合矿物掺合料中各矿物掺合料组分的掺量不宜超过表 16－4 中单掺时的限量。

3. 高强混凝土

高强混凝土是指混凝土强度等级为 C60 及其以上的混凝土。

1)原材料的要求如下：

(1)水泥应选用硅酸盐水泥或普通硅酸盐水泥；

(2)粗骨料宜采用连续级配,其最大公称粒径不宜大于 25.0mm,针片状颗粒含量不宜大于 5.0%,含泥量不应大于 0.5%,泥块含量不应大于 0.2%；

(3)细骨料的细度模数宜为 2.6～3.0,含泥量不应大于 2.0%,泥块含量不应大

于 0.5%;

(4)宜采用减水率不小于 25% 的高性能减水剂;

(5)宜复合掺用粒化高炉矿渣粉、粉煤灰和硅灰等矿物掺合料,粉煤灰等级不应低于Ⅱ级,对强度等级不低于 C80 的高强混凝土宜掺用硅灰。

2)配合比计算。高强混凝土配合比应经试验确定,在缺乏试验依据的情况下,配合比设计宜符合下列规定:

(1)水胶比、胶凝材料用量和砂率可按表 16-18 选取,并应经试配确定;

(2)外加剂和矿物掺合料的品种、掺量,应通过试配确定;矿物掺合料掺量宜为 25%~40%;硅灰掺量不宜大于 10%;

(3)水泥用量不宜大于 $500kg/m^3$。

表 16-18 水胶比、胶凝材料用量和砂率

强度等级	水胶比	胶凝材料用量 （kg/m^3）	砂率（%）
≥C60,<C80	0.28~0.34	480~560	
≥C80,<C100	0.26~0.28	520~580	35~42
C100	0.24~0.26	550~600	

3)在试配过程中,应采用三个不同的配合比进行混凝土强度试验,其中一个可为依据表 16-18 计算后调整拌合物的试拌配合比,另外两个配合比的水胶比,宜较试拌配合比分别增加和减少 0.02。

4)高强混凝土设计配合比确定后,尚应采用该配合比进行不少于三盘混凝土的重复试验,每盘混凝土应至少成型一组试件,每组混凝土的抗压强度不应低于配制强度。

5)高强混凝土抗压强度测定宜采用标准尺寸试件,使用非标准尺寸试件时,尺寸折算系数应经试验确定。

4. 泵送混凝土

泵送混凝土是指混凝土拌合物的坍落度不低于 100mm 并用泵送施工的混凝土。

1)原材料的要求如下:

(1)水泥宜选用硅酸盐水泥、普通硅酸盐水泥、矿渣硅酸盐水泥和粉煤灰硅酸盐水泥;

(2)粗骨料宜采用连续级配,其针片状颗粒含量不宜大于 10%;粗骨料的最大公称粒径与输送管径之比宜符合表 16-19 的规定;

(3)细骨料宜采用中砂,其通过公称直径为 $315\mu m$ 筛孔的颗粒含量不宜少于 15%;

(4)泵送混凝土应掺用泵送剂或减水剂,并宜掺用矿物掺合料。

表 16-19 粗骨料的最大公称粒径与输送管径之比

粗骨料品种	泵送高度（m）	粗骨料最大公称粒径与输送管径之比
碎石	<50	≤1:3.0
	50~100	≤1:4.0
	>100	≤1:5.0

（续表）

粗骨料品种	泵送高度(m)	粗骨料最大公称粒径与输送管径之比
卵石	<50	≤1:2.5
	50～100	≤1:3.0
	>100	≤1:4.0

2)配合比计算:胶凝材料用量不宜小于 $300kg/m^3$;砂率宜为 $35\%\sim45\%$。

3)泵送混凝土试配时应考虑坍落度经时损失。

第 17 章　防水材料及防水密封材料

17.1　防水卷材

17.1.1　可溶物含量测定

1. 概述

本方法依据《建筑防水卷材试验方法　第 26 部分:沥青防水卷材　可溶物含量(浸涂材料含量)》(GB/T 328.26—2007)编制而成。

2. 仪器设备

1)分析天平:称量范围大于 100g,精度为 0.001g。

2)萃取器:500mL 索氏萃取器。

3)鼓风烘箱:温度波动度为±2℃。

4)试样筛:筛孔为 315μm 或其他规定孔径的筛网。

5)溶剂:三氯乙烯(化学纯)或其他合适溶剂。

3. 试样制备

对于整个试验应准备 3 个试件。试件在试样上距边缘 100mm 以上任意裁取,用模板帮助,或用裁刀,正方形试件尺寸为(100±1)mm×(100±1)mm。试件在试验前至少在 23℃±2℃和相对湿度 30%～70%的条件下放置 20h。

4. 试验步骤

1)对每个试件进行称量(m_0),对于表面隔离材料为粉状的沥青防水卷材,试件先用软毛刷刷除表面的隔离材料,然后称量试件(m_1)。将试件用干燥好的滤纸包好,用线扎好,称量其质量(m_2)。将包扎好的试件放入萃取器中,溶剂量应为烧瓶容量的 1/2～2/3,进行加热萃取,萃取至回流的溶剂第一次变成浅色为止,小心取出滤纸包,不要破裂,在空气中放置 30min 以上使溶剂挥发。再放入 105℃±2℃的鼓风烘箱中干燥 2h,取出后放入干燥器中冷却至室温。

2)将滤纸包从干燥器中取出称量(m_3)后,在试样筛上打开滤纸包,下接一容器,将滤纸包中胎基表面的粉末刷除,称量胎基(m_4)。敲打震动试样筛直至其中没有材料落下,扔掉滤纸和扎线,称量留在筛网上的材料质量(m_5),称量筛下的材料质量(m_6)。对于表面疏松的胎基(聚酯毡、玻纤毡等),将称量后的胎基(m_4)放入超声清洗池中清洗,取出后在 105℃±2℃烘干 1h,再放入干燥器中冷却至室温,称重(m_7)。

5. 试验结果

可溶物含量按式(17-1)计算：

$$A = (m_2 - m_3) \times 100 \qquad (17-1)$$

式中：A——可溶物含量(g/m^2)。

17.1.2　拉伸性能试验

1. 概述

本试验依据《建筑防水卷材试验方法　第 8 部分：沥青防水卷材　拉伸性能》(GB/T 328.8—2007)编制而成。

2. 仪器设备

拉伸试验机有连续记录力和对应距离的装置，能按规定的速度均匀地移动夹具。拉伸试验机应有足够的量程($\geqslant$2000N)，夹具移动速度为 100mm/min±10mm/min，夹具宽度不小于 50mm。

拉伸试验机的夹具能随着试件拉力的增加而保持或增加夹具的夹持力，对于厚度不超过 3mm 的产品能夹住试件使其在夹具中的滑移不超过 1mm，更厚的产品不超过 2mm。这种夹持方法不应在夹具内外产生过早的破坏。

为防止从夹具中的滑移超过极限值，允许用冷却的夹具，同时实际的试件伸长用引伸计测量。力值测量至少应符合 JJG 139—1999 的 2 级(±2%)要求。

3. 试样制备

整个拉伸试验应制备两组试件，一组纵向 5 个试件，一组横向 5 个试件。

试件在试样上距边缘 100mm 以上任意裁取，用模板，或用裁刀，矩形试件宽为 50mm±0.5mm，长为(200mm+2×夹持长度)，长度方向为试验方向。表面的非持久层应去除。试件于试验前在 23℃±2℃和相对湿度 30%~70%的条件下至少放置 20h。

4. 试验步骤

1)将试件在拉伸试验机的夹具中夹紧，注意试件长度方向的中线与试验机夹具中心在一条线上。夹具间距离为 200mm±2mm，为防止试件从夹具中滑移应作标记。当用引伸计时，试验前应设置标距间距离为 180mm±2mm。为防止试件产生任何松弛，推荐加载不超过 5N 的力。

2)试验在 23℃±2℃下进行，夹具移动的恒定速度为 100mm/min±10mm/min。连续记录拉力和对应的夹具(或引伸计)间距离。

5. 试验结果

1)记录得到的拉力和距离，或记录最大的拉力和对应的由夹具(或引伸计)间距离与起始距离的百分率计算的延伸率。去除任何在夹具 10mm 以内断裂或在试验机夹具中滑移超过极限值的试件的试验结果，用备用件重测。

2)最大拉力单位为 N/50mm，对应的延伸率用百分率表示，作为试件同一方向结果。分别记录每个方向 5 个试件的拉力值和延伸率，计算平均值。拉力的平均值修约到 5N，延伸率的平均值修约到 1%。

3)同时对于复合增强的卷材在应力-应变图上有两个或更多的峰值,拉力和延伸率应记录两个最大值。

17.1.3 低温柔度试验

1. 概述

本试验依据《建筑防水卷材试验方法 第 14 部分:沥青防水卷材 低温柔性》(GB/T 328.14—2007)编制而成。

2. 仪器设备

低温柔度试验装置如图 17-1 所示。该装置由两个直径为 20mm±0.1mm 不旋转的圆筒,一个直径为 30mm±0.1mm 的圆筒或半圆筒弯曲轴组成(可以根据产品规定采用其他直径的弯曲轴,如 20mm、50mm),该轴在两个圆筒中间,能向上移动。两个圆筒间的距离可以调节,即圆筒和弯曲轴间的距离能调节为卷材的厚度。

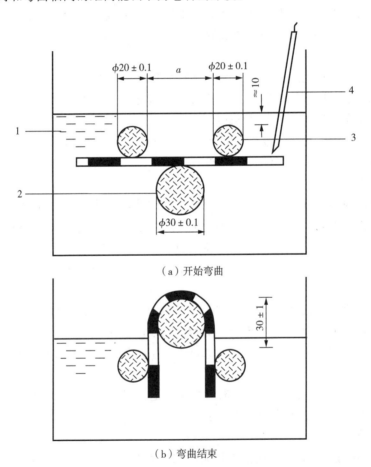

(a) 开始弯曲

(b) 弯曲结束

1—冷冻液;2—弯曲轴;3—固定圆筒;4—半导体温度计(热敏探头)。

图 17-1 低温柔度试验装置(单位:mm)

整个装置浸入能控制温度在+20℃～-40℃、精度为 0.5℃的冷冻液中。冷冻液用以下任一混合物:丙烯乙二醇/水溶液(体积比为 1:1)低至-25℃,或低于-20℃的乙醇/水混合物(体积比为 2∶1)。用一支测量精度为 0.5℃的半导体温度计检查试验温度,放入试验液体中与试验试件在同一水平面。

试件在试验液体中的位置应平放且完全浸入,用可移动的装置支撑,该支撑装置应至少能放一组五个试件。

试验时,弯曲轴从下面顶着试件以 360mm/min 的速度升起,使试件弯曲 180°,电动控制系统能保证在试验温度下每个试验过程的移动速度保持在 360mm/min±40mm/min。裂缝通过目测检查,在试验过程中不应有任何人为的影响。为了准确评价,试件移动路径应在试验结束时,确保试件露出冷冻液,移动部分通过设置适当的极限开关控制限定位置。

3. 试样制备

1)矩形试件尺寸为(150±1)mm×(25±1)mm,试件从试样宽度方向上均匀裁取,长边在卷材的纵向,试件裁取时应距卷材边缘不少于 150mm,试件应从卷材的一边开始做连续的记号,同时标记卷材的上表面和下表面。

2)去除表面的任何保护膜,适宜的方法是常温下用胶带粘在上面,冷却到接近假设的冷弯温度,然后从试件上撕去胶带。另一种方法是用压缩空气吹[压力约为 0.5MPa(5bar),喷嘴直径约 0.5mm]。若上面的方法不能除去保护膜,则用火焰烤,用最少的时间破坏膜而不损伤试件。

3)试件试验前应在 23℃±2℃的平板上放置至少 4h,并且相互之间不能接触,也不能粘在板上。可以用硅纸垫,表面的松散颗粒用手轻轻敲打除去。

4. 试验步骤

1)仪器准备。在开始所有试验前,两个圆筒间的距离应按试件厚度调节,即弯曲轴直径+2mm+两倍试件的厚度。将装置放入已冷却的液体中,并且圆筒的上端在冷冻液面下约 10mm,弯曲轴在下方。弯曲轴直径根据产品不同可以为 20mm、30mm、50mm。

2)试件条件:冷冻液达到规定的试验温度,误差不超过 0.5℃,试件放于支撑装置上,且在圆筒的上端,保证冷冻液完全浸没试件。试件放入冷冻液达到规定温度后,开始保持在该温度 1h±5min。半导体温度计的位置靠近试件,检查冷冻液温度,然后试件以下步骤进行试验。

3)低温柔性测试步骤如下。

(1)两组各 5 个试件,全部试件按规定处理后,一组是上表面试验,另一组下表面试验。

(2)试件放置在圆筒和弯曲轴之间,试验面朝上,然后设置弯曲轴以 360mm/min±40mm/min 速度顶着试件向上移动,试件同时绕轴弯曲。轴移动的终点在圆筒上面 30mm±1mm 处(见图 17-1)。试件的表面明显露出冷冻液,同时液面也因此下降。

(3)在完成弯曲过程 10s 内,在适宜的光源下用肉眼检查试件有无裂纹,必要时,用辅助光学装置帮助。假若有一条或更多的裂纹从涂盖层深入胎体层,或完全贯穿无增强卷材,即存在裂缝。一组 5 个试件应分别试验检查。假若装置的尺寸满足,可以同时试验几组试件。

5. 试验结果

一个试验面 5 个试件在规定温度至少 4 个无裂缝为通过,上表面和下表面的试验结果要分别记录。

17.1.4　不透水性试验

1. 概述

本试验依据《建筑防水卷材试验方法　第15部分:沥青和高分子防水卷材　不透水性》(GB/T 328.15—2007)编制而成,适用于沥青和高分子屋面防水卷材按规定步骤测定不透水性,即产品耐积水,或有限表面承受水压,也可用于其他防水材料。

对于沥青、塑料、橡胶有关范畴的卷材,在标准中给出两种试验方法的试验步骤。

1)方法 A:试验适用于卷材低压力的使用场合,如屋面、基层、隔汽层。试件满足加压到60kPa 并保持压力 24h。

2)方法 B:试验适用于卷材高压力的使用场合,如特殊屋面、隧道、水池。试件采用有4 个规定形状尺寸狭缝的圆盘保持规定水压 24h 或采用 7 孔圆盘保持规定水压 30min,观测试件是否保持不渗水。

2. 仪器设备

1)方法 A:一个带法兰盘的金属圆柱体箱体(见图 17 - 2),孔径 150mm,并连接到开放管子末端或容器,其间高差不低于 1m。

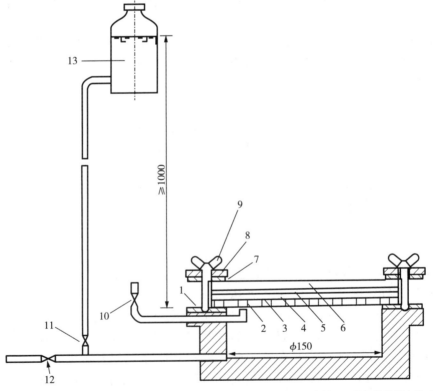

1—下橡胶密封垫圈;2—试件的迎水面是通常暴露于大气/水的面;3—实验室用滤纸;4—湿气指示混合物,均匀地铺在滤纸上面,湿气透过试件能容易的探测到,指示剂由细白糖(冰糖)(99.5%)和亚甲蓝染料(0.5%)组成的混合物,用 0.074mm 筛过滤并在干燥器中用氧化钙干燥;5—实验室用滤纸;6—圆的普通玻璃板,其中 5mm 厚水压不大于 10kPa,8mm 厚水压不大于 60kPa;7—上橡胶密封垫圈;8—金属夹环;9—带翼螺母;10—排气阀;11—进水阀;12—补水和排水阀;13—提供和控制水压到 60kPa 的装置。

图 17 - 2　金属圆柱体箱体

2)方法 B:组成设备的装置图 17-3 和图 17-4 所示,产生的压力作用于试件的一面。试件用有 4 个狭缝的盘(或 7 孔圆盘)盖上。缝的形状尺寸符合图 17-5 的规定,孔的尺寸形状符合图 17-6 的规定。

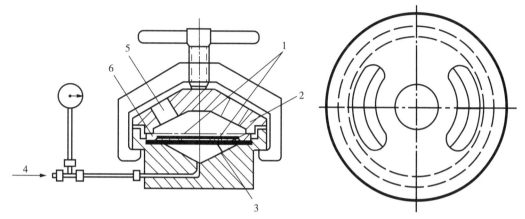

1—狭缝;2—封盖;3—试件;4—静压力;5—观测孔;6—开缝盘。

图 17-3　高压力不 8 透水性用压力试验装置

图 17-4　狭缝压力试验装置、封盖

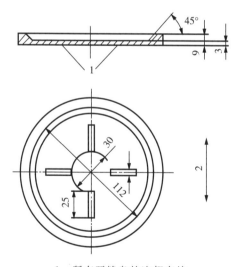

1—所有开缝盘的边都有约
0.5mm 半径弧度;2—试件纵向方向。

图 17-5　开缝盘(单位:mm)

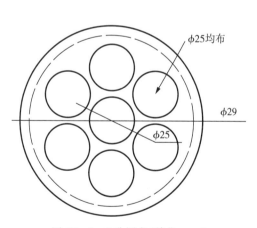

图 17-6　7 孔圆盘(单位:mm)

3. 试样制备

1)制备。试件在卷材宽度方向均匀裁取,最外一个距卷材边缘 100mm。试件的纵向与产品的纵向平行并标记。在相关的产品标准中应规定试件数量,最少三块。

2)试件尺寸:方法 A 要求试件为圆形,直径 200mm±2mm。方法 B 要求试件直径不小于盘外径(约 130mm)。

　　3)试验条件:试验前试件在 23℃±5℃放置至少 6h。

　　4. 试验步骤

　　1)试验条件:试验在 23℃±5℃下进行,产生争议时,在温度为 23℃±2℃、相对湿度为 50%±5%条件下进行。

　　2)方法 A 步骤如下。放试件在设备上,旋紧翼形螺母固定夹环,打开阀 11 让水进入,同时打开阀 10 排出空气,直至水出来关闭阀 10,说明设备已水满。调整试件上表面所要求的压力,保持压力 24h±1h 后检查试件,观察上面滤纸有无变色。

　　3)方法 B 步骤如下。图 17-4 中充水直到满出,彻底排出水管中空气。试件的上表面朝下放置在透水盘上,盖上规定的开缝盘(或 7 孔圆盘),其中一个缝的方向与卷材纵向平行(见图 17-5)。放上封盖,慢慢夹紧直到试件夹紧在盘上,用布或压缩空气干燥试件的非迎水面,慢慢加压到规定的压力。达到规定压力后,保持压力 24h±1h 中(7 孔盘保持规定压力 30min±2min)。试验时观察试件的不透水性(水压突然下降或试件的非迎水面有水)。

　　5. 试验结果

　　1)方法 A:试件有明显的水渗到上面的滤纸产生变色,认为试验不符合。所有试件通过认为卷材不透水。

　　2)方法 B:所有试件在规定的时间不透水认为不透水性试验通过。

17.1.5　耐热性试验

　　1. 概述

　　本试验依据《建筑防水卷材试验方法　第 11 部分:沥青防水卷材　耐热性》(GB/T 328.11—2007)编制而成,不适用于无增强层的沥青卷材。

　　方法 A:从试样裁取的试件,在规定温度分别垂直悬挂在烘箱中。在规定的时间后测量试件两面涂盖层相对于胎体的位移。平均位移超过 2.0mm 为不合格。

　　方法 B:从试样裁取的试件,在规定温度分别垂直悬挂在烘箱中。在规定的时间后测量试件两面涂盖层相对于胎体的位移及流淌、滴落。

　　2. 仪器设备

　　1)鼓风烘箱(不提供新鲜空气):在试验范围内最大温度波动为±2℃。当门打开 30s 后,恢复温度到工作温度的时间不超过 5min。

　　2)热电偶:连接到外面的电子温度计,在规定范围内能测量到±1℃。

　　3)悬挂装置(如夹子):至少 100mm 宽,能夹住试件的整个宽度在一条线,并被悬挂在试验区域(见图 17-7)。

　　4)光学测量装置(如读数放大镜):刻度至少精确到 0.1mm。

　　5)金属圆插销的插入装置:内径约 4mm。

　　6)画线装置:画直的标记线(见图 17-7)。

　　7)墨水记号线的宽度不超过 0.5mm,白色耐水墨水。

　　8)硅纸。

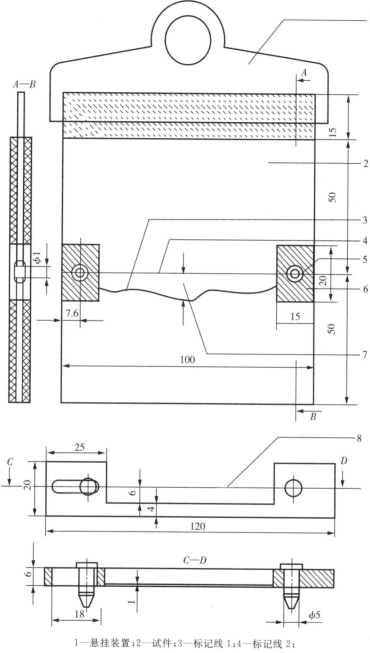

1—悬挂装置;2—试件;3—标记线 1;4—标记线 2;
5—插销;6—去除涂层盖;7—滑动 ΔL(最大距离);8—直边。

图 17-7　试件,悬挂装置和标记装置(示例)(单位:mm)

3. 试样制备

1)方法 A 试样制备方法如下。

(1)矩形试件尺寸为(115±1)mm×(150±1)mm。试件均匀地在试样宽度方向裁取,长边是卷材的纵向。试件应距卷材边缘 150mm 以上,试件从卷材的一边开始连续编号,卷材上表面和下表面应标记。

（2）去除任何非持久保护层，适宜的方法是常温下用胶带粘在上面，冷却到接近假设的冷弯温度，然后从试件上撕去胶带。另一种方法是用压缩空气吹［压力约 0.5MPa(5bar)，喷嘴直径约 0.5mm］。假若上面的方法不能除去保护膜，则用火焰烤，用最少的时间破坏膜而不损伤试件。

（3）在试件纵向的横断面一边，上表面和下表面的大约 15mm 一条的涂盖层去除直至胎体，若卷材有超过一层的胎体，去除涂盖料直到另外一层胎体。在试件的中间区域的涂盖层也从上表面和下表面的两个接近处去除，直至胎体(见图 17-7)。为此，可采用热刮刀或类似装置，小心地去除涂盖层不损坏胎体。两个内径约 4mm 的插销在裸露区域穿过胎体(见图 17-7)。任何表面浮着的矿物料或表面材料通过轻轻敲打试件去除。然后标记装置放在试件两边插入插销定位于中心位置，在试件表面整个宽度方向沿着直边用记号笔垂直画一条线(宽度约 0.5mm)，操作时试件平放。

（4）试件试验前至少放置在 23℃±2℃ 的平面上 2h，相互之间不要接触或黏住，有必要时，将试件分别放在硅纸上防止黏结。

2)方法 B 试样制备方法如下。

（1）矩形试件尺寸为(100±1)mm×(50±1)mm。试件均匀地在试样宽度方向裁取，长边是卷材的纵向。试件应距卷材边缘 150mm 以上，试件从卷材的一边开始连续编号，卷材上表面和下表面应标记。

（2）去除任何非持久保护层，适宜的方法是常温下用胶带粘在上面，冷却到接近假设的冷弯温度，然后从试件上撕去胶带。另一种方法是用压缩空气吹［压力约 0.5MPa(5bar)，喷嘴直径约 0.5mm］，假若上面的方法不能除去保护膜，则用火焰烤，用最少的时间破坏膜而不损伤试件。

（3）试件试验前至少在 23℃±2℃ 的平面上平放 2h，相互之间不要接触或粘住，有必要时，将试件分别放在硅纸上防止黏结。

4. 试验步骤

1)试验准备：烘箱预热到规定试验温度，温度通过与试件中心同一位置的热电偶控制。整个试验期间，试验区域的温度波动不超过±2℃。

2)方法 A 试验步骤如下。将第 17.1.5 小节中方法 A 制备的一组三个试件露出的胎体处用悬挂装置夹住，涂盖层不要夹到。必要时，用如硅纸的不粘层包住两面，便于在试验结束时除去夹子。

制备好的试件垂直悬挂在烘箱的相同高度，间隔至少 30mm。此时烘箱的湿度不能下降太多，开关烘箱门放入试件的时间不超过 30s。放入试件后加热时间为 120℃±2min。

加热周期一结束，试件和悬挂装置一起从烘箱中取出，相互间不要接触，在 23℃±2℃ 自由悬挂冷却至少 2h。然后除去悬挂装置，在试件两面做第二个标记，用光学测量装置在每个试件的两面测量两个标记底部间最大距离 ΔL，精确到 0.1mm(见图 17-7)。

3)方法 B 试验步骤如下。

将第 17.1.5 小节中方法 B 制备的一组三个试件，分别在距试件短边一端 10mm 处的中心打一小孔，用细铁丝或回形针穿过，垂直悬挂试件在规定温度烘箱的相同高度，间隔至少 30mm。此时烘箱的温度不能下降太多，开关烘箱门放入试件的时间不超过 30s，放入试件后加热时间为 120min±2min。加热周期一结束，试件从烘箱中取出，相互间不要接触，目测观察并记录试件表面的涂盖层有无滑动、流淌、滴落、集中性气泡。

集中性气泡指破坏涂盖层原形的密集气泡。

5. 试验结果

1)方法 A:计算卷材每个面三个试件的滑动值的平均值,精确到 0.1mm。耐热性采用方法 A 试验时,在此温度卷材上表面和下表面的滑动平均值不超过 2.0mm 时认为合格。

2)方法 B:耐热性采用方法 B 试验时,试件任一端涂盖层不应与胎基发生位移,试件下端的涂盖层不应超过胎基,无流淌、滴落、集中性气泡,则认为规定温度下耐热性符合要求。一组三个试件都应符合要求。

17.1.6 断裂拉伸强度、断裂伸长率试验

1. 概述

本试验依据《建筑防水卷材试验方法 第 9 部分:高分子防水卷材 拉伸性能》(GB/T 328.9—2007)编制而成。方法 A(ISO 1421)适用于所有材料的方法,对于方法 A 不适用的材料,如材料没有断裂,方法 B(GB/T 528)可用来测定拉伸性能。

2. 仪器设备

拉伸试验机应有连续记录力和对应距离的装置,能按规定的速度均匀地移动夹具。拉伸试验机有足够的量程,至少 2000N,夹具移动速度为 100mm/min ± 10mm/min 和 500mm/min±50mm/min,夹具宽度不小于 50mm。

拉伸试验机的夹具能随着试件拉力的增加而保持或增加夹具的夹持力,对于厚度不超过 3mm 的产品能夹住试件使其在夹具中的滑移不超过 1mm,更厚的产品不超过 2mm。试件放入夹具时作记号或用胶带以帮助确定滑移。这种夹持方法不应导致在夹具附近产生过早的破坏。

假若试件从夹具中的滑移超过规定的极限值,实际延伸率应用引伸计测量。力值测量应符合 JJG 139—1999 中的至少 2 级(±2%)要求。

3. 试样制备

除非有其他规定,整个拉伸试验应准备两组试件,一组纵向 5 个试件,一组横向 5 个试件。试件在距试样边缘 100mm±10mm 以上裁取,用模板,或用裁刀,尺寸如下。

方法 A:矩形试件为(50±0.5)mm×200mm(见图 17-8、表 17-1)。

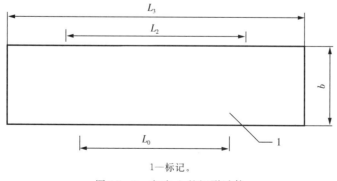

1—标记。

图 17-8 方法 A 的矩形试件

方法 B:哑铃型试件为(6±0.4)mm×115mm(见图 17-9 和表 17-1)。

表面的非持久层应去除。

试件中的网格布、织物层、衬垫或层合增强层在长度或宽度方向应裁一样的经纬数,避免切断筋。试件在试验前在温度为 23℃±2℃ 和相对湿度为 50%±5% 的条件下至少放置 20h。

表 17-1　试件尺寸

方法	方法 A(mm)	方法 B(mm)
全长(L_3)	>200	>115
端头宽度(b_1)	—	25±1
狭窄平行部分长度(L_1)	—	33±2
宽度(b)	50±0.5	6±0.4
小半径(r)	—	14±1
大半径(R)	—	25±2
标记间距离(L_0)	100±5	25±0.25
夹具间起始间距(L_2)	120	80±5

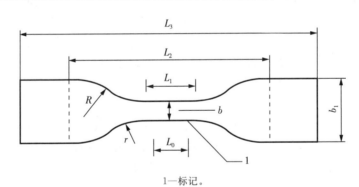

1—标记。

图 17-9　方法 B 的矩形试件

4. 试验步骤

对于方法 B,厚度是用 GB/T 328.5 中方法测量的试件有效厚度。

将试件在拉伸试验机的夹具中夹紧,注意试件长度方向的中线与试验机夹具中心在一条线上。为防止试件产生任何松弛推荐加载不超过 5N 的力。

试验在 23℃±2℃ 进行,方法 A 夹具移动的恒定速度为 100mm/min±10mm/min,方法 B 夹具移动的恒定速度为 500mm/min±50mm/min。

连续记录拉力和对应的夹具(或引伸计)间分开的距离,直至试件断裂。

注意:在 1% 和 2% 应变时的正切模量,可以从应力-应变曲线上推算,试验速度为 5mm/min±1mm/min。

试件的破坏形式应记录。

对于有增强层的卷材,在应力应变图上有两个或更多的峰值,应记录两个最大峰值的拉力、延伸率及断裂延伸率。

5. 试验结果

记录得到的拉力和距离,或数据记录,最大的拉力和对应的由夹具(或标记)间距离与起始距离的百分率计算的延伸率。

去除任何在距夹具 10mm 以内断裂或在试验机夹具中滑移超过极限值的试件的试验结果,用备用件重测。

记录试件同一方向最大拉力对应的延伸率和断裂延伸率的结果。

分别记录每个方向 5 个试件的值,计算算术平均值和标准偏差,方法 A 拉力的单位为 N/50mm,方法 B 拉伸强度的单位为 MPa(N/mm²)。

拉伸强度根据有效厚度计算(见 GB/T 328.5)。

方法 A 的结果精确至 N/50mm,方法 B 的结果精确至 0.1MPa(N/mm²),延伸率精确至两位有效数字。

17.1.7　撕裂强度试验

1. 概述

本试验依据《硫化橡胶或热塑性橡胶撕裂强度的测定(裤形、直角形和新月形试样)》(GB/T 529—2008)编制而成。

本试验中规定了测定硫化橡胶或热塑性橡胶撕裂强度的三种试验方法:方法 A,使用裤形试样;方法 B,使用直角形试样,割口或不割口;方法 C,使用有割口的新月形试样。

撕裂强度值与试样形状、拉伸速度、试验温度和硫化橡胶的压延效应有关。

2. 仪器设备

1)裁刀:裤形试样所用裁刀,其所裁切的试样尺寸(长度和宽度)如图 17－10 所示。直角形试样裁刀,其所裁切的试样尺寸如图 17－11 所示。

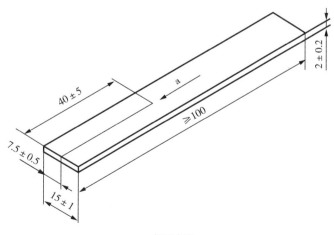

a—切口方向。

图 17－10　裤形裁刀所裁试样(单位:mm)

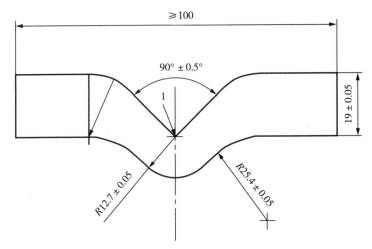

1—方法 B 的割口位置。

图 17-11   直角形试样裁刀所裁试样(单位:mm)

新月形试样裁刀,其所裁切的试样尺寸如图 17-12 所示。

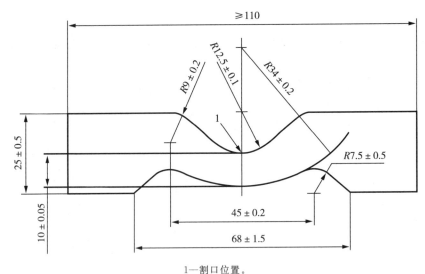

1—割口位置。

图 17-12   新月形试样裁刀所裁试样(单位:mm)

裁刀的刃口必须保持锋利,不得有卷刃和缺口,裁切时应使刃口垂直于试样的表面,其整个刃口应在同一个平面上。

2)割口器:用于对试样进行割口的锋利刀片或锋利的刀应无卷刃和缺口。

(1)用于对直角形或新月形试样进行割口的割口器应满足下列要求。

(2)应提供固定试样的装置,以使割口限制在一定的位置上。裁切工具由刀片或类似的刀组成,刀片应固定在垂直于试样主轴平面的适当位置上。刀片固定装置不允许发生横向位移,并具有导向装置,以确保刀片沿垂直试片平面方向切割试样。反之,也可以固定刀片,使试样以类似的方式移动。应提供可精确调整割口深度的装置,以使试样割口深度符合要求。刀片固定装置和(或)试样固定装置位置的调节,是通过用刀片预先将试样切割 1 个或 2

个割口,然后借助显微镜测量割口的方式进行。割口前,刀片应用水或皂液润湿。

(3)在规定的公差范围内检查割口的深度,可以使用任何适当的方法,如光学投影仪。简便的配置为安装有移动载物平台和适当照明的不小于 10 倍的显微镜。用目镜上的标线或十字线来记录载物平台和试样的移动距离,该距离等于割口的深度。用载物平台测微计来测量载物平台的移动。反之,也可移动显微镜。检查设备应有 0.05mm 的测量精度。

3)拉力试验机:拉力试验机应符合 ISO 5893 的规定,其测力精度达到 B 级。作用力误差应控制在 2% 以内,试验过程中夹持器移动速度要保持规定的恒速:裤形试样的拉伸速度为 100mm/min ± 10mm/min,直角形或新月形试样的拉伸速度为 500mm/min ± 50mm/min。使用裤形试样时,应采用有自动记录力值装置的低惯性拉力试验机。

由于摩擦力和惯性的影响,惯性(摆锤式)拉力试验机得到的试验结果往往各不相同。低惯性(如电子或光学传感)拉力试验机所得到的结果则没有这些影响,因此,应优先选用低惯性的拉力试验机。

4)夹持器:试验机应备有随张力的增加能自动夹紧试样并对试样施加均匀压力的夹持器。每个夹持器都应通过一种定位方式将试样沿轴向拉伸方向对称地夹入。当对直角形或新月形试样进行试验时,夹持器应在两端平行边部位内将试样充分夹紧。裤形试样应按图 17 - 13 所示夹入夹持器。

3. 试样制备

1)试样应从厚度均匀的试片上裁取。试片的厚度为 2.0mm±0.2mm。试片可以模压或通过制品进行切割、打磨制得。

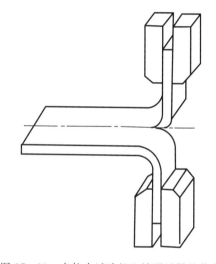

图 17 - 13　在拉力试验机上裤形试样的状态

试片硫化或制备与试样裁取之间的时间间隔,应按 GB/T 2941 中的规定执行。在此期间,试片应完全避光。

2)裁切试样前,试片应按 GB/T 2941 中的规定,在标准温度下调节至少 3h。

试样是通过冲压机利用裁刀从试片上一次裁切而成,其形状如图 17 - 10、图 17 - 11、图 17 - 12 所示。试片在裁切前可用水或皂液润湿,并置于一个起缓冲作用的薄板(如皮革、橡胶带或硬纸板)上,裁切应在刚性平面上进行。

3)裁切试样时,撕裂割口的方向应与压延方向一致。如有要求,可在相互垂直的两个方向上裁切试样。关于撕裂扩展的方向,裤形试样应平行于试样的长度,而直角形和新月形试样应垂直于试样的长度方向。

4)每个试样应按规定的装置切割出下列深度:

(1)方法 A(裤形试样)——割口位于试样宽度的中心,深度为 40mm±5mm,方向如图 17 - 10 所示,其切口最后约 1mm 处的切割过程是很关键的;

(2)方法 B(直角形试样)——割口深度为 1.0mm±0.2mm,位于试样内角顶点(见图 17 - 11);

(3)方法 C(新月形试样)——割口深度为 1.0mm±0.2mm,位于试样凹形内边中心处

（见图 17-12）。

试样割口、测量和试验应连续进行,如果不能连续进行试验时,应根据具体情况,将试样在 23℃±2℃ 或 27℃±2℃ 温度下保存至试验。割口和试验之间的间隔不应超过 24h。进行老化试验时,切口和割口应在老化后进行。

5）试样数量:每个样品不少于 5 个试样;如有要求,按照样品制备规定,每个方向各取 5 个试样。

6）试验温度:按 GB/T 2941 的规定,试验应在 23℃±2℃ 或 27℃±2℃ 标准温度下进行;当需要采用其他温度时,应从 GB/T 2941 规定的温度中选择。

如果试验需要在其他温度下进行时,试验前,应将试样置于该温度下进行充分调节,以使试样与环境温度达到平衡。为避免橡胶发生老化（见 GB/T 2941）,应尽量缩短试样调节时间。

为使试验结果具有可比性,任何一个试验的整个过程或一系列试验应在相同温度下进行。

4. 试验步骤

1）按 GB/T 2941 中的规定,试样厚度的测量应在其撕裂区域内进行,厚度测量不少于三点,取中位数。任何一个试样的厚度值不应偏离该试样厚度中位数的 2%。如果多组试样进行比较,则每组试样厚度中位数应在所有组中试样厚度总的中位数的 7.5% 范围内。

2）试样按规定进行调节后,按要求立即将试样安装在拉力试验机上,在下列夹持器移动速度下:直角形和新月形试样为 500mm/min±50mm/min、裤形试样为 100mm/min±10mm/min,对试样进行拉伸,直至试样断裂。记录直角形和新月形试样的最大力值。当使用裤形试样时,应自动记录整个撕裂过程的力值。

5. 试验结果

1）撕裂强度按式（17-2）计算:

$$T_s = F/d \tag{17-2}$$

式中:T_s——撕裂强度（kN/m）;

F——试样撕裂时所需的力（当采用裤形试样时,应按 GB/T 12833 中的规定计算力值 F,取中位数;当采用直角形和新月形试样时,取力值 F 的最大值）（N）;

d——试样厚度的中位数（mm）。

2）试验结果以每个方向试样的中位数、最大值和最小值共同表示,数值准确到整数位。

17.1.8 接缝剥离强度试验

1. 概述

沥青基卷材搭接宽度间的剥离特性随材料、搭接方法（火焰或热焊接、热黏结或沥青、冷粘剂等）、搭接的尺寸、操作工艺的不同而变化。塑料和橡胶搭接宽度间的剥离性能根据材料、搭接方法、重叠尺寸和操作工艺不同而变化。

本试验依据《建筑防水卷材试验方法 第 20 部分:沥青防水卷材 接缝剥离性能》（GB/T 328.20—2007）和《建筑防水卷材试验方法 第 21 部分:高分子防水卷材 接缝剥离性能》（GB/T 328.21—2007）编制而成。

2. 仪器设备

拉伸试验机应有连续记录力和对应距离的装置,能够按规定的速度分离夹具。

拉伸试验机具有足够的荷载能力(至少 2000N)和足够的拉伸距离,夹具拉伸速度为 100mm/min±10mm/min,夹持宽度不少于 50mm。

拉伸试验机的夹具能随着试件拉力的增加而保持或增加夹具的夹持力,夹具能夹住试件使其在夹具中的滑移不超过 2mm,为防止从夹具中的滑移超过 2mm,允许用冷却的夹具。

这种夹持方法不应在夹具内外产生过早的破坏。

力测量系统满足 JJG 139—1999 至少 2 级(±2%)要求。

3. 试样制备

裁取试件的搭接试片应预先在温度为 23℃±2℃和相对湿度为 30%～70%的条件下放置至少 20h。根据规定的方法搭接卷材试片,并留下接缝的一边不粘接(见图 17 - 14)。应按要求的相同黏结方法制备搭接试片。从每个试样上裁取 5 个矩形试件,宽度为 50mm±1mm,并与接头垂直,长度应能保证试件两端装入夹具,其完全叠合部分可以进行试验(见图 17 - 14 和图 17 - 15)。

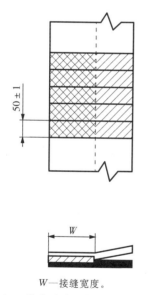

W—接缝宽度。

图 17 - 14　搭接试片试件制备(单位:mm)

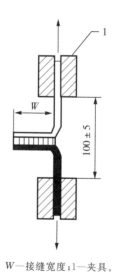

W—接缝宽度;1—夹具。

图 17 - 15　剥离强度试验(单位:mm)

试件试验前应在温度为 23℃±2℃和相对湿度为 30%～70%的条件下放置至少 20h。接缝采用冷粘剂时需要根据制造商的要求增加足够的养护时间。

4. 试验步骤

1)将试件稳固地放入拉伸试验机的夹具中,使试件的纵向轴线与拉伸试验机及夹具的轴线重合。夹具间整个距离为 100mm±5mm,不承受预荷载。

2)试验在 23℃±2℃下进行,拉伸速度为 100mm/min±10mm/min。产生的拉力应连续记录直至试件分离。试件的破坏形式应记录。

5. 试验结果

1)画出每个试件的应力应变图。

2)记录最大的力作为试件的最大剥离强度,单位为 N/50mm。

3)去除第一和最后一个 1/4 的区域,然后计算平均剥离强度,用 N/50mm 表示。平均剥离强度是计算保留部分 10 个等份点处的值(见图 17－16)。

注意:这里规定估值方法的目的是计算平均剥离强度值,即在试验过程中某些规定时间段作用于试件的力的平均值。这个方法允许在图形中即使没有明显峰值时进行估值,在试验某些粘结材料时或许会发生。必须注意根据试件裁取方向不同试验结果会变化。

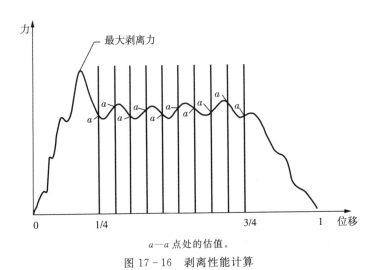

a—a 点处的估值。

图 17－16　剥离性能计算

4)计算每组 5 个试件的最大剥离强度平均值和平均剥离强度,修约到 5N/50mm。

17.1.9　搭接缝不透水性试验

1. 概述

本试验依据《建筑防水材料工程要求试验方法》(T/CWA 302—2023)编制而成,适用于沥青和高分子防水卷材搭接缝处承受水压试验。

2. 仪器设备

1)搭接缝不透水仪:压力范围为 0.1～0.4MPa,精度不小于 2.5 级,透水盘内径(或长宽尺寸)不小于 250mm。

2)开缝盘:开缝数量不少于平行的 6 个,缝长不小于 25mm,缝宽为 5mm。

3)自动计时装置:精确到 1min。

3. 试样制备

1)在卷材长边两侧搭接边部位取样,按供应商的要求,采用胶黏、胶带、自黏、热熔或焊接等方式进行搭接,一个试件的下表面与另一个试件的上表面黏结,防水卷材搭接宽度及养护条件按供应商的要求进行。供应商没有规定时,搭接宽度见表 17－2 所列。自黏和胶带搭接的试件需使用 GB/T 35467 中规定的压辊,在每个试验位置依次来回辊压 3 次。胶带、自黏、热熔或焊接搭接的试件在标准试验条件下养护 1d±1h;胶黏搭接的试件在标准试验条件下养护 7d±2h。制样采用大试片,搭接施工完后裁切成小试件。

2)当采用水泥基类胶黏剂搭接试件时,应采用丁基胶带或双组分聚氨酯防水涂料等材料填充试件密封圈部位的搭接缝,以避免试验时密封区域的试件因受力压坏胶黏剂导致透水。搭接后试件的尺寸约为 300mm×300mm。在不影响试验结果的前提下,沿橡胶密封圈一圈,采用胶带、密封胶或粘贴尺寸厚度适合的卷材等形式将试件与透水盘之间密封,同时消除卷材搭接后迎水面产生的高度差。需要时,非迎水面可直接放置尺寸合适的卷材填充高度差。搭接示意如图 17-17 所示。

表 17-2 防水卷材搭接宽度

防水卷材类型	搭接方式	搭接宽度(mm)
聚合物改性沥青类防水卷材	热熔法、热沥青	100
	自黏搭接(含湿铺)	80
合成高分子类防水卷材	胶黏剂、黏结料	100
	胶泥带、自黏胶	80
	单缝焊	60,有效焊接宽度 25
	双缝焊	80,有效焊接宽度 10×2+空腔宽
	塑料防水双缝焊	100,有效焊接宽度 10×2+空腔宽

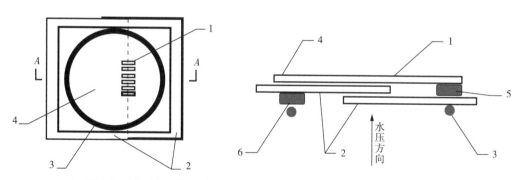

1—开缝;2—搭接后的试件;3—橡胶密封圈;4—开缝盖板;5—非迎水面高度填充用卷材;
6—迎水面密封填充用胶带、密封胶、卷材等。

图 17-17 搭接示意

4. 试验步骤

在 23℃±5℃下进行试验,争议时在温度为 23℃±2℃、相对湿度为 50%±5% 的条件下进行试验。搭接缝不透水仪充水直到满出,彻底排出水管中空气。将制备好的试件迎水面朝下放置在透水盘上,盖上开缝盘,开缝需与试件的接缝相垂直并对中,慢慢夹紧直到试件紧密安装在透水盘上,用布或压缩空气干燥试件的非迎水面,慢慢加压到规定的压力。达到规定压力后,启动计时装置,保持压力 30min±2min,试验时从开缝处观察试件的透水情况。加压过程中或保持压力过程中,水压突然下降或试件的接缝非迎水面有水为渗水,立即停止试验。

5. 试验结果

3 个试件在规定的时间均不透水为通过。

17.2　防水涂料

17.2.1　固体含量测定

1. 概述

本方法依据《建筑防水涂料试验方法》(GB/T 16777—2008)编制而成。

2. 仪器设备

1)天平:感量为 0.001g。

2)电热鼓风烘箱:控温精度为±2℃。

3)干燥器:内放变色硅胶或无水氯化钙。

4)培养皿:直径为 60～75mm。

3. 试验步骤

将样品(对于固体含量试验不能添加稀释剂)搅匀后,取 6g±1g 的样品倒入已干燥称量的培养皿(m_0)中并铺平底部,立即称量(m_1),再放入加热到表 17-3 规定温度的烘箱中,恒温 3h,取出放入干燥器中,在标准试验条件下冷却 2h,然后称量(m_2)。对于反应型涂料,应在称量(m_2)后在标准试验条件下放置 24h,再放入烘箱。

表 17-3　涂料加热温度

涂料种类	水性	溶剂型、反应型
加热温度(℃)	105±2	120±2

4. 试验结果

1)固体含量按式(17-3)计算:

$$X = \frac{m_2 - m_0}{m_1 - m_0} \times 100 \tag{17-3}$$

式中:X——固体含量(%);

　　m_0——培养皿质量(g);

　　m_1——干燥前试样和培养皿质量(g);

　　m_2——干燥后试样和培养皿质量(g)。

2)试验结果取两次平行试验的平均值,结果计算精度到 1%。

17.2.2　拉伸强度(性能)、断裂伸长率试验

1. 概述

本试验依据《建筑防水涂料试验方法》(GB/T 16777—2008)编制而成。

2. 仪器设备

1)拉伸试验机:测量值为量程的 15%～85%,示值精度不低于 1%,伸长范围大于 500mm。

2）电热鼓风干燥箱：控温精度为±2℃。

3）冲片机及符合 GB/T 528 要求的哑铃Ⅰ型裁刀。

4）紫外线箱：500W 直管汞灯，灯管与箱底平行，与试件表面的距离为 47～50cm。

5）厚度计：接触面直径为 6mm，单位面积压力为 0.02MPa，分度值为 0.01mm。

6）氙弧灯老化试验箱：符合 GB/T 18244 的要求。

7）涂膜模框：厚度为 1.5mm，材质可为塑料、金属或玻璃。

3. 试样制备

1）试验前模框、工具涂料应在标准试验条件下放置 24h 以上。

2）称取所需的试验样品量，保证最终涂膜厚度为 1.5mm±0.2mm。

单组分防水涂料应将其混合均匀作为试料，多组分防水涂料应生产厂规定的配比精确称量后，将其混合均匀作为试料。在必要时可以按生产厂家指定的量添加稀释剂，当稀释剂的添加量有范围时，取其中间值。将产品混合后充分搅拌 5min，在不混入气泡的情况下倒入模框中。模框不得翘曲且表面平滑，为便于脱模，涂覆前可用脱模剂处理。样品按生产厂的要求一次或多次涂覆（最多三次，每次间隔不超过 24h），最后一次将表面刮平，然后按表 17-4 进行养护。

表 17-4　涂膜制备的养护条件

分类		脱模前的养护条件	脱模后的养护条件
水性	沥青类	在标准条件 120h	40℃±2℃下 48h 后，标准条件 4h
	高分子类	在标准条件 96h	40℃±2℃下 48h 后，标准条件 4h
溶剂型、反应型		标准条件 96h	标准条件 72h

检查涂膜外观，从表面平整、无明显气泡的涂膜上按表 17-5 规定裁取试件。

表 17-5　试件形状（尺寸）及数量

项目		试件形状（尺寸/mm）	数量/个
拉伸性能		符合 GB/T 528 规定的哑铃Ⅰ型	5
低温弯折性、低温柔性		100×25	3
不透水性		150×150	3
热处理	拉伸性能	120×25，处理后再裁取符合 GB/T 528 规定的哑铃Ⅰ型	6
	低温弯折性、低温柔性	100×25	3
碱处理	拉伸性能	120×25，处理后再裁取符合 GB/T 528 规定的哑铃Ⅰ型	6
	低温弯折性、低温柔性	100×25	3
酸处理	拉伸性能	120×25，处理后再裁取符合 GB/T 528 规定的哑铃Ⅰ型	6
	低温弯折性、低温柔性	100×25	3
紫外线处理	拉伸性能	120×25，处理后再裁取符合 GB/T 528 规定的哑铃Ⅰ型	6
	低温弯折性、低温柔性	100×25	3
人工气候老化	拉伸性能	120×25，处理后再裁取符合 GB/T 528 规定的哑铃Ⅰ型	6
	低温弯折性、低温柔性	100×25	3

4. 试验步骤

1）无处理拉伸性能。将涂膜按表 17-5 的要求，裁取符合 GB/T 528 要求的哑铃 I 型试件，并划好间距 25mm 的平行标线，用厚度计测量试件标线中间和两端三点的厚度，取其算术平均值作为试件厚度。调整拉伸试验机夹具间距约 70mm，将试件夹在试验机上，保持试件长度方向的中线与试验机夹具中心在一条线上，按表 17-6 的拉伸速度进行拉伸至断裂，记录试件断裂时的最大荷载（P），断裂时标线间距离（L_1），精确到 0.1mm。测试五个试件，若有试件断裂在标线外，应舍弃用备用件补测。

表 17-6　拉伸速度

产品类型	拉伸速度（mm/min）
高延伸率涂料	500
低延伸率涂料	200

2）热处理拉伸性能。将涂膜按表 17-5 要求裁取六个 120mm×25mm 的矩形试件平放在隔离材料上，水平放入已达到规定温度的电热鼓风烘箱中，沥青类涂料加热温度为 70℃±2℃，其他涂料加热温度为 80℃±2℃。试件与箱壁间距不得少于 50mm，试件宜与温度计的探头在同一水平位置，在规定温度的电热鼓风烘箱中恒温 168h±1h 取出，然后在标准试验条件下放置 4h，裁取符合 GB/T 528 要求的哑铃 I 型试件，按要求进行拉伸试验。

3）碱处理拉伸性能。在 23℃±2℃ 时，在 0.1% 化学纯氢氧化钠（NaOH）溶液中，加入 $Ca(OH)_2$ 试剂，并达到过饱和状态。

在 600mL 该溶液中放入按表 17-5 裁取的六个 120mm×25mm 的矩形试件，液面应高出试件表面 10mm 以上，连续浸泡 168h±1h 取出，充分用水冲洗，擦干，在标准试验条件下放置 4h，裁取符合 GB/T 528 要求的哑铃 I 型试件，按要求进行拉伸试验。

对于水性涂料，浸泡取出擦干后，再在 60℃±2℃ 的电热鼓风烘箱中放置 6h±15min，取出在标准试验条件下放置 18h±2h，裁取符合 GB/T 528 要求的哑铃 I 型试件，按要求进行拉伸试验。

4）酸处理拉伸性能。在 23℃±2℃ 时，在 600mL 的 2% 化学纯硫酸（H_2SO_4）溶液中，放入按表 17-5 裁取的六个 120mm×25mm 的矩形试件，液面应高出试件表面 15mm 以上，连续浸泡 168h±1h 取出，充分用水冲洗，擦干，在标准试验条件下放置 4h，裁取符合 GB/T 528 要求的哑铃 I 型试件进行拉伸试验。

对于水性涂料，浸泡取出擦干后，再在 60℃±2℃ 的电热鼓风烘箱中放置 6h±15min，取出在标准试验条件下放置 18h±2h，裁取符合 GB/T 528 要求的哑铃 I 型试件进行拉伸试验。

5）紫外线处理拉伸性能。按表 17-5 裁取的六个 120mm×25mm 矩形试件，将试件平放在釉面砖上，为了防粘，可在釉面砖表面撒滑石粉。将试件放入紫外线箱中，距试件表面 50mm 左右的空间温度为 45℃±2℃，恒温照射 240h。取出在标准试验条件下放置 4h，裁取符合 GB/T 528 要求的哑铃 I 型试件进行拉伸试验。

6）人工气候老化材料拉伸性能。按表 17-5 裁取的六个 120mm×25mm 的矩形试件放入符合 GB/T 18244 要求的氙弧灯老化试验箱中，试验累计辐照能量为 1500mJ^2/m^2（约

720h)后取出,擦干,在标准试验条件下放置 4h,裁取符合 GB/T 528 要求的哑铃 I 型试件,按要求进行拉伸试验。

对于水性涂料,取出擦干后,再在 60℃±2℃ 的电热鼓风烘箱中放置 6h±15min,取出在标准试验条件下放置 18h±2h,裁取符合 GB/T 528 要求的哑铃 I 型试件,按要求进行拉伸试验。

5. 试验结果

1)试件的拉伸强度按式(17-4)计算:

$$T_L = P/(B \times D) \tag{17-4}$$

式中:T_L——拉伸强度(MPa);

　　　P——最大拉力(N);

　　　B——试件中间部位宽度(mm);

　　　D——试件厚度(mm)。

取五个试件的算术平均值作为试验结果,结果精确到 0.01MPa。

2)试件的断裂伸长率按式(17-5)计算:

$$E = (L_1 - L_0)/L_0 \times 100 \tag{17-5}$$

式中:E——断裂伸长率(%);

　　　L_0——试件起始标线间距离(mm);

　　　L_1——试件断裂时标线间距离(mm)。

取五个试件的算术平均值作为试验结果,结果精确到 1%。

3)拉伸性能保持率按式(17-6)计算:

$$R_t = (T_1/T) \times 100 \tag{17-6}$$

式中:R_t——样品处理后拉伸性能保持率(%),结果精确到 1%;

　　　T——样品处理前平均拉伸强度;

　　　T_1——样品处理后平均拉伸强度。

17.2.3　低温柔性试验

1. 概述

本试验依据《建筑防水涂料试验方法》(GB/T 16777—2008)编制而成。

2. 仪器设备

1)低温冰柜:控温精度为 ±2℃。

2)圆棒或弯板:直径为 10mm、20mm、30mm。

3. 样品制备

按第 17.2.2 小节进行样品制备。

4. 试验步骤

1)无处理。将涂膜按表 17-5 的要求裁取三块 100mm×25mm 的试件进行试验,将试件和弯板或圆棒放入已调节到规定温度的低温冰柜的冷冻液中,温度计探头应与试件在同一水平位置,在规定温度下保持 1h,然后在冷冻液中将试件绕圆棒或弯板在 3s 内弯曲 180°,弯曲三个试件(无上、下表面区分),立即取出试件用肉眼观察试件表面有无裂纹、断裂。

2)热处理。将涂膜按表 17-5 要求裁取三个 100mm×25mm 的矩形试件平放在隔离材料上,水平放入已达到规定温度的电热鼓风烘箱中,沥青类涂料加热温度为 70℃±2℃,其他涂料为 80℃±2℃。试件与箱壁间距不得少于 50mm,试件宜与温度计的探头在同一水平位置,在规定温度的电热鼓风烘箱中恒温 168h±1h 取出,然后在标准试验条件下放置 4h,按要求进行试验。

3)碱处理。在 23℃±2℃时,在 0.1% 化学纯 NaOH 溶液中,加入 Ca(OH)₂ 试剂,并达到过饱和状态。

在 400mL 该溶液中放入按表 17-5 裁取的三个 100mm×25mm 的试件,液面应高出试件表面 10mm 以上,连续浸泡 168h±1h 取出,充分用水冲洗,擦干,在标准试验条件下放置 4h,按要求进行试验。

对于水性涂料,浸泡取出擦干后,再在 60℃±2℃的电热鼓风烘箱中放置 6h±15min,取出在标准试验条件下放置 18h±2h,按要求进行试验。

4)酸处理。在 23℃±2℃时,在 400mL 的 2% 的 H₂SO₄ 溶液中,放入按表 17-5 裁取的三个 100mm×25mm 的试件,液面应高出试件表面 10mm 以上,连续浸泡 168h±1h 取出,充分用水冲洗,擦干,在标准试验条件下放置 4h,按要求进行试验。

对于水性涂料,浸泡取出擦干后,再在 60℃±2℃的电热鼓风烘箱中放置 6h±15min,取出在标准试验条件下放置 18h±2h,按要求进行试验。

5)紫外线处理。按表 17-5 取的三个 100mm×25mm 的试件,将试件平放在釉面砖上,为了防黏,可在釉面砖表面撒滑石粉。将试件放入紫外线箱中,距试件表面 50mm 左右的空间温度为 45℃±2℃,恒温照射 240h。取出在标准试验条件下放置 4h,按要求进行试验。

6)人工气候老化处理。按表 17-5 裁取的三个 150mm×25mm 试件放入符合 GB/T 18244 要求的氙弧灯老化试验箱中,试验累计辐照能量为 1500mJ²/m²(约 720h)后取出,擦干,在标准试验条件下放置 4h,按要求进行试验。

对于水性涂料,取出擦干后,再在 60℃±2℃的电热鼓风烘箱中放置 6h±15min,取出在标准试验条件下放置 18h±2h,按要求进行试验。

5. 试验结果

所有试件应无裂纹、断裂。

17.2.4 不透水性试验

1. 概述

本试验依据《建筑防水涂料试验方法》(GB/T 16777—2008)编制而成。

2. 仪器设备

1)不透水仪:符合 GB/T 328.10 的要求;

2)金属网:孔径为 0.2mm。

3. 试样制备

按表 17-5 裁取的三个约 150mm×150mm 的试件,在标准试验条件下放置 2h。

4. 试验步骤

1)试验在 23℃±5℃进行,将装置中充水直到满出,彻底排出装置中空气。

2)将试件放置在透水盘上,再在试件上加一相同尺寸的金属网,盖上 7 孔圆盘,慢慢夹紧直到试件夹紧在盘上,用布或压缩空气干燥试件的非迎水面,慢慢加压到规定的压力。达到规定压力后,保持压力 30min±2min。试验时观察试件的透水情况(水压突然下降或试件的非迎水面有水)。

5. 试验结果

所有试件在规定时间内无透水现象为通过。

17.2.5　耐热性试验

1. 概述

本试验依据《建筑防水涂料试验方法》(GB/T 16777—2008)编制而成。

2. 仪器设备

1)电热鼓风烘箱:控温精度为±2℃。

2)铝板:厚度不小于 2mm,面积大于 100mm×50mm,中间上部有一小孔,便于悬挂。

3. 试样制备

将样品搅匀后,按生产厂的要求分 2～3 次涂覆(每次间隔不超过 24h)在已清洁干净的铝板上,涂覆面积为 100mm×50mm,总厚度 1.5mm,最后一次将表面刮平,按表 17-4 条件进行养护,不需要脱模。

4. 试验步骤

将铝板垂直悬挂在已调节到规定温度的电热鼓风干燥箱内,试件与干燥箱壁间的距离不小于 50mm,试件的中心宜与温度计的探头在同一位置,在规定温度下放置 5h 后取出,观察表面现象。共试验 3 个试件。

5. 试验结果

试验后所有试件都不应产生流淌、滑动、滴落,试件表面无密集气泡。

17.2.6　涂膜抗渗性试验

1. 概述

本试验依据《聚合物水泥防水涂料》(GB/T 23445—2009)编制而成。

2. 仪器设备

1)砂浆渗透试验仪:SS15 型。

2)水泥标准养护箱(室)。

3)金属试模:截锥带底圆模,上口直径为 70mm,下口直径为 80mm,高为 30mm。

4)捣棒:直径为 10mm,长为 350mm,端部磨圆。

5)抹刀。

3. 试样制备

1)砂浆试件。按照 GB/T 2419 的规定确定砂浆的配比和用量,并以砂浆试件在 0.3～0.4MPa 压力下透水为准,确定水灰比。脱模后放入 20℃±2℃的水中养护 7d。取出待表面干燥后,用密封材料密封装入渗透仪中进行砂浆试件的抗渗试验。水压从 0.2MPa 开始,恒压 2h 后增至 0.3MPa,以后每隔 1h 增加 0.1MPa,直至试件透水。每组选取三个在 0.3～0.4MPa 压力下透水的试件。

2)涂膜抗渗试件。从渗透仪上取下已透水的砂浆试件,擦干试件上口表面水渍,并清除试件上口和下口表面密封材料的污染。将待测涂料样品按生产厂指定的比例分别称取适量液体和固体组分混合后机械搅拌5min。在三个试件的上口表面(背水面)均匀涂抹混合好的试样,第一道0.5~0.6mm。待涂膜表面干燥后再涂第二道,使涂膜总厚度为1.0~1.2mm。待第二道涂膜表干后,将制备好的抗渗试件放入水泥标准养护箱(室)中放置168h,养护条件:温度20℃±1℃,相对湿度不小于90%。

4. 试验步骤

将抗渗试件从养护箱中取出,在标准条件下放置2h,待表面干燥后装入渗透仪,按加压程序进行涂膜抗渗试件的抗渗试验。当三个抗渗试件中有两个试件上表面出现透水现象时,即可停止该组试验,记录当时水压。当抗渗试件加压至1.5MPa、恒压1h还未透水,应停止试验。

5. 试验结果

涂膜抗渗性试验结果应报告三个试件中二个未出现透水时的最大水压力。

17.2.7　浸水168h后拉伸性能试验

1. 概述

本试验依据《建筑防水涂料试验方法》(GB/T 16777—2008)、《聚合物水泥防水涂料》(GB/T 23445—2009)等编制而成。

2. 仪器设备

1)拉伸试验机:测量值为量程的15%~85%,示值精度不低于1%,伸长范围大于500mm。

2)电热鼓风干燥箱:控温精度为±2℃。

3)冲片机及符合GB/T 528要求的哑铃Ⅰ型裁刀。

4)厚度计:接触面直径为6mm,单位面积压力为0.02MPa,分度值为0.01mm。

5)涂膜模框:厚度为1.5mm,材质可为塑料、金属或玻璃。

3. 试样制备

将在标准试验条件下放置后的样品按生产厂指定的比例分别称取适量液体和固体组分,混合后机械搅拌5min,静置1~3min,以减少气泡,然后倒入规定的模具中涂覆。为方便脱模,模具表面可用脱模剂进行处理。试样制备时分二次或三次涂覆,后道涂覆应在前道涂层实干后进行,两道间隔时间为12~24h,使试样厚度达到1.5mm±0.2mm。将最后一道涂覆试样的表面刮平后,于标准条件下静置96h,然后脱模。将脱模后的试样反面向上在40℃±2℃干燥箱中处理48h,取出后置于干燥器中冷却至室温。用切片机将试样冲切成试件,拉伸试验所需试件数量和形状见表17-7所列。

表17-7　拉伸实验试件数量

项目		试件形状	数量/个
拉伸强度、断裂伸长率	无处理	GB/T 528—1998规定的哑铃Ⅰ型试件	6
	浸水处理	120mm×25mm	6

4. 试验步骤

1)无处理拉伸性能。将涂膜按表 17-7 要求,裁取符合 GB/T 528—1998 规定要求的哑铃 I 型试件,并划好间距 25mm 的平行标线,用厚度计测量试件标线中间和两端三点的厚度,取其算术平均值作为试件厚度。调整拉伸试验机夹具间距约 70mm,将试件夹在试验机上,保持试件长度方向的中线与试验机夹具中心在一条线上,按 200mm/min 的拉伸速度进行拉伸至断裂,记录试件断裂时的最大荷载(P),断裂时标线间距离(L),精确到 0.1mm,测试五个试件,若有试件断裂在标线外,应舍弃用备用件补测。

2)浸水处理后拉伸性能。将按要求制备的试件浸入 23℃±2℃ 的水中,浸水时间为 168h±1h。然后放入 60℃±2℃ 的干燥箱中 18h,取出后置于干燥器中冷却至室温,用切片机冲切成哑铃形试件,按规定测定拉伸性能。

5. 试验结果

拉伸强度、断裂伸长率和拉伸强度保持率的试验结果计算按第 17.2.2 小节的规定。拉伸强度试验结果精确至 0.1MPa。

17.2.8　抗压强度、抗折强度试验

1. 概述

抗压强度、抗折强度按 GB/T 17671 规定进行。试模采用 40mm×40mm×160mm 的三联模,成型一组。试件成型后移入标准养护室养护,1d 后脱模,继续在标准条件下养护,但不能浸水。试验龄期为 28d。

2. 仪器设备

1)养护箱:带模养护试体养护箱的温度应保持在 20℃±1℃,相对湿度不低于 90%。养护箱的使用性能和结构应符合 JC/T 959 的要求。养护箱的温度和湿度在工作期间至少每 4h 记录 1 次。在自动控制的情况下记录次数可以酌减至每天 2 次。

2)搅拌机:行星式搅拌机应符合 JC/T 681 的要求。

3)试模:试模应符合 JC/T 726 的要求。

4)成型操作时,应在试模上面加有一个壁高为 20mm 的金属模套,当从上往下看时,模套壁与试模内壁应该重叠,超出内壁不应大于 1mm。为了控制料层厚度和刮平,应备有两个布料器和刮平金属直边尺。

5)成型设备(振实台):振实台为基准成型设备,应符合 JC/T 682 的要求。振实台应安装在高度约 400mm 的混凝土基座上。混凝土基座体积应大于 0.25m³,质量应大于 600kg。将振实台用地脚螺丝固定在基座上,安装后台盘成水平状态,振实台底座与基座之间要铺一层胶砂以保证它们的完全接触。

6)代用成型设备(振动台):全波振幅为 0.75mm±0.02mm,频率为 2800 次/min～3000 次/min 的振动台。振动台应符合 JC/T 723 的要求。

7)抗折强度试验机:应符合 JC/T 724 的要求。试体在夹具中受力状态如图 17-18 所示。抗折强度也可用液压式试验机来测定。此时,示值精度、加荷速度和抗折夹具应符合 JC/T 724 的规定。

8)抗压强度试验机:应符合 JC/T 960 的要求。

9)抗压夹具:当需要使用抗压夹具时,应把它放在压力机的上下压板之间并与压力机处

于同一轴线,以便将压力机的荷载传递至胶砂试体表面。抗压夹具应符合 JC/T 683 的要求,典型的抗压夹具如图 17-19 所示。

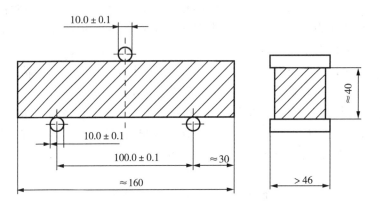

图 17-18　抗折强度测定加荷示意(单位:mm)

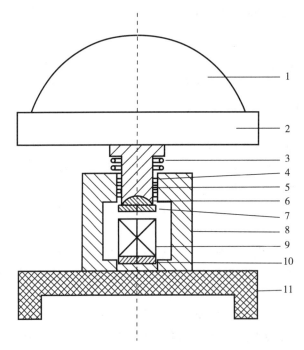

1—压力机球座;2—压力机上压板;3—复位弹簧;4—滚珠轴承;5—滑块;
6—夹具球座;7—夹具上压板;8—夹具框架;9—试体;10—夹具下压板;11—压力机上压板。

图 17-19　典型抗压夹具

10)天平:分度值不大于±1g。

11)计时器:分度值不大于±1s。

12)加水器:分度值不大于±1mL。

3. 试样制备

1)浆料制备。按厂家推荐水灰比用搅拌机按以下程序进行搅拌,可以采用自动控制,也可以采用手动控制把水加入锅里,再加入粉料,把锅固定在固定架上,上升至工作位置。

（1）立即开动机器,先低速搅拌 30s±1s 后,再把搅拌机调至高速再搅拌 30s±1s。

（2）停拌 90s,在停拌开始的 15s±1s 内,将搅拌锅放下,用刮刀将叶片、锅壁和锅底上的浆料刮入锅中。

（3）在高速下继续搅拌 60s±1s。

2）用振实台成型。试体为 40mm×40mm×160mm 的棱柱体。浆料制备后立即进行成型。将空试模和模套固定在振实台上,用料勺将锅壁上的浆料清理到锅内并翻转搅拌胶砂使其更加均匀,成型时将胶砂分两层装入试模。装第一层时,每个槽里约放 300g 浆料,先用料勺沿试模长度方向划动浆料以布满模槽,再用大布料器垂直架在模套顶部沿每个模槽来回一次将料层布平,接着振实 60 次。再装入第二层浆料,用料勺沿试模长度方向划动胶砂以布满模槽,但不能接触已振实浆料,再用小布料器布平,振实 60 次。每次振实时可将一块用水湿过拧干、比模套尺寸稍大的棉纱布盖在模套上以防止振实时浆料飞溅。

移走模套,从振实台上取下试模,用一金属直边尺以近似 90°的角度（但向刮平方向稍斜）架在试模模顶的一端,然后沿试模长度方向以横向锯割动作慢慢向另一端移动,将超过试模部分的胶砂刮去。锯割动作的多少和直尺角度的大小取决于胶砂的稀稠程度,较稠的浆料需要多次锯割,锯割动作要慢以防止拉动已振实的胶砂。用拧干的湿毛巾将试模端板顶部的胶砂擦拭干净,再用同一直边尺以近乎水平的角度将试体表面抹平。抹平的次数要尽量少,总次数不应超过 3 次。最后将试模周边的浆料擦除干净。用毛笔或其他方法对试体进行编号。

3）振动台成型（代用成型方式）。试体为 40mm×40mm×160mm 的棱柱体。在搅拌浆料的同时将试模和下料漏斗卡紧在振动台的中心。将搅拌好的全部浆料均匀地装入下料漏斗中,开动振动台,浆料通过漏斗流入试模。振动 120s±5s 停止振动。振动完毕,取下试模,用刮平尺以规定的刮平手法刮去其高出试模的浆料并抹平、编号。

4）脱模前的处理和养护。在试模上盖一块玻璃板,也可用相似尺寸的钢板或不渗水的、和水泥没有反应的材料制成的板。盖板不应与水泥胶砂接触,盖板与试模之间的距离应控制在 2～3mm。为了安全,玻璃板应有磨边。立即将做好标记的试模放入养护室或湿箱的水平架子上养护,湿空气应能与试模各边接触。养护时不应将试模放在其他试模上。一直养护到规定的脱模时间时取出脱模。

5）脱模。脱模应非常小心,脱模时可以用橡皮锤或脱模器。对于 24h 龄期的,应在破型试验前 20min 内脱模;对于 24h 以上龄期的,应在成型后 20～24h 脱模。如经 24h 养护,会因脱模对强度造成损害时,可以延迟至 24h 以后脱模,但在试验报告中应予说明。已确定作为 24h 龄期试验（或其他不下水直接做试验）的已脱模试体,应用湿布覆盖至做试验时为止。对于胶砂搅拌或振实台的对比,建议称量每个模型中试体的总量。

6）强度试验试体的龄期。龄期的试体应在试验（破型）前揩去试体表面沉积物,并用湿布覆盖至试验为止。试体龄期是从水泥加水搅拌开始试验时算起,在 28d±8h 内进行。

4. 试验步骤

1）抗折强度的测定。用抗折强度试验机测定抗折强度。将试体一个侧面放在试验机支撑圆柱上,试体长轴垂直于支撑圆柱,通过加荷圆柱以 50N/s±15N/s 的速率均匀地将荷载垂直地加在棱柱体相对侧面上,直至折断。保持两个半截棱柱体处于潮湿状态直至抗压试验。

2)抗压强度的测定。抗折强度试验完成后,取出两个半截试体,进行抗压强度试验。抗压强度试验通过规定的仪器,在半截棱柱体的侧面上进行。半截棱柱体中心与压力机压板受压中心差应在±0.5mm内,棱柱体露在压板外的部分约有10mm。在整个加荷过程中以2400N/s±200N/s的速率均匀地加荷直至破坏。

5. 试验结果

1)抗折强度按式(17-7)计算:

$$R_f = 1.5\,F_f L/b^3 \qquad (17-7)$$

式中:R_f——抗折强度(MPa);

F_f——折断时施加于棱柱体中部的荷载(N);

L——支撑圆柱之间的距离(mm);

b——棱柱体正方形截面的边长(mm)。

以一组三个棱柱体抗折结果的平均值作为试验结果。当三个强度值中有一个超出平均值的±15%时,应剔除后再取平均值作为抗折强度试验结果;当三个强度值中有两个超出平均值±15%时,则以剩余一个作为抗折强度结果。单个抗折强度结果精确至0.1MPa,算术平均值精确至0.1MPa。

2)抗压强度按式(17-8)计算,受压面积计为1600mm²:

$$R_c = F_c/A \qquad (17-8)$$

式中:R_c——抗压强度(MPa);

F_c——破坏时的最大荷载(N);

A——受压面积(mm²)。

以一组三个棱柱体上得到的六个抗压强度测定值的平均值为试验结果。当六个测定值中有一个超出六个平均值的±10%时,剔除这个结果,再以剩下五个的平均值为结果。当五个测定值中再有超过它们平均值的±10%时,则此组结果作废。当六个测定值中同时有两个或两个以上超出平均值的±10%时,则此组结果作废。单个抗压强度结果精确至0.1MPa,算术平均值精确至0.1MPa。

17.2.9 黏结强度试验

1. 概述

本试验依据《建筑防水涂料试验方法》(GB/T 16777—2008)编制而成。

2. 仪器设备

1)拉伸试验机:测量值为量程的15%~85%,示值精度不低于1%,拉伸速度为5mm/min±1mm/min。

2)拉伸专用金属夹具:上夹具、下夹具、垫板,分别如图17-20、图17-21、图17-22所示。

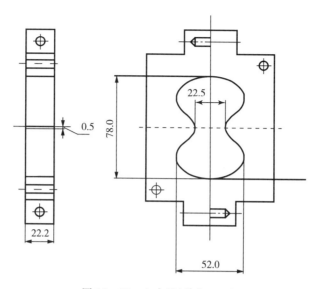

图 17-20　上夹具(单位:mm)

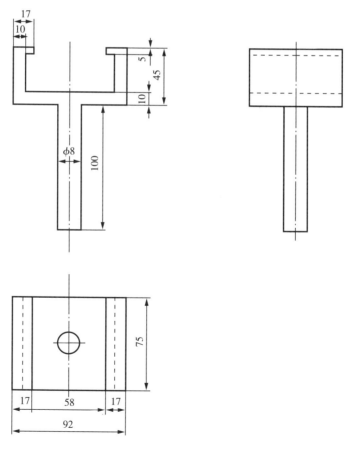

图 17-21　下夹具(单位:mm)

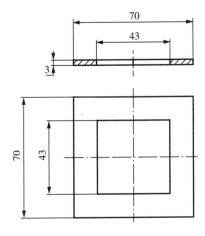

图 17-22 垫板(单位:mm)

3)水泥砂浆块:尺寸为 70mm×70mm×20mm。采用强度等级为 42.5 的普通硅酸盐水泥,将水泥、中砂按照质量比 1∶1 加入砂浆搅拌机中搅拌,加水量以砂浆稠度 70~90mm 为准,倒入模框中振实抹平,然后移入养护室,1d 后脱模,水中养护 10d 后再在 50℃±2℃的烘箱中干燥 24h±0.5h,取出在标准条件下放置备用,去除砂浆试块成型面的浮浆、浮砂、灰尘等,同样制备五块砂浆试块。

4)高强度胶黏剂:难以渗透涂膜的高强度胶黏剂,推荐无溶剂环氧树脂。

5)"8"字形金属模具(见图 17-23):中间用插片分成两半。

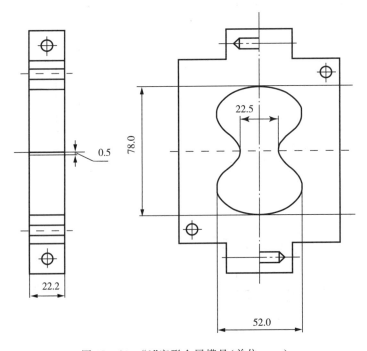

图 17-23 "8"字形金属模具(单位:mm)

6)黏结基材:"8"字形水泥砂浆块(见图 17-24)。采用强度等级为 42.5 的普通硅酸盐水泥,将水泥、中砂按照质量比 1∶1 加入砂浆搅拌机中搅拌,加水量以砂浆稠度 70～90mm 为准,倒入模框中振实抹平,然后移入养护室,1d 后脱模,水中养护 10d 后再在50℃±2℃的烘箱中干燥 24h±0.5h,取出在标准条件下放置备用,同样制备五对砂浆试块。

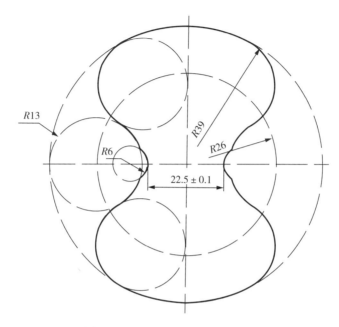

图 17 - 24　水泥砂浆块(单位:mm)

3. 试样制备

1)方法 A 试样制备方法如下。

试验前制备好的砂浆块、工具、涂料应在标准试验条件下放置 24h 以上。

取五块砂浆块用 2 号砂纸清除表面浮浆,必要时按生产厂要求在砂浆块的成型面 70mm×70mm 上涂刷底涂料,干燥后按生产厂要求的比例将样品混合后搅拌 5min(单组分防水涂料样品直接使用)涂抹在成型面上,涂膜的厚度为 0.5～1.0mm(可分两次涂覆,间隔不超过 24h)。然后将制得的试件按表 17 - 4 要求养护,不需要脱模,制备五个试件。

将养护后的试件用高强度胶黏剂将拉伸用上夹具与涂料面粘贴在一起,小心地除去周围溢出的胶黏剂,在标准试验条件下水平放置养护 24h。然后沿上夹具边缘一圈用刀切割涂膜至基层,使试验截面尺寸为 40mm×40mm。

2)方法 B 试样制备方法如下。

试验前制备好的砂浆块、工具,涂料应在标准试验条件下放置 24h 以上。

取五对砂浆块用 2 号砂纸清除表面浮浆,必要时先将涂料稀释后在砂浆块的断面上打底,干燥后按生产厂要求的比例将样品混合后搅拌 5min(单组分防水涂料样品直接使用)涂抹在成型面上,将两个砂浆块断面对接,压紧,砂浆块间涂料的厚度不超过 0.5mm。然后将制得的试件按表 17 - 4 要求养护,不需要脱模,制备五对试件。

4. 试验步骤

将试件安装在试验机上,保持试件表面垂直方向的中线与试验机夹具中心在一条线上,以 5mm/min±1mm/min 的速度拉伸至试件破坏,记录试件的最大拉力。试验温度为

23℃±2℃。

5. 试验结果

1)黏结强度按式(17-9)计算:

$$\sigma = F/(a \times b) \tag{17-9}$$

式中:σ——黏结强度(MPa);

　　F——试件的最大拉力(N);

　　a——试件黏结面的长度(mm);

　　b——试件黏结面的宽度(mm)。

2)去除表面未被黏住面积超过20%的试件,黏结强度以剩下的不少于3个试件的算术平均值表示,不足三个试件应重新试验,结果精确到0.01MPa。

17.2.10　砂浆抗渗性能试验

1. 概述

砂浆抗渗性是指水泥基渗透结晶型防水涂料涂刷在基准砂浆上,在水压力作用下抵抗渗透的性质。本试验依据《水泥基渗透结晶型防水材料》(GB 18445—2012)编制而成。

2. 仪器设备

1)金属试模:应采用截头圆锥形带底金属试模,上口内部直径应为70mm,下口内部直径应为80mm,高度应为30mm。

2)砂浆渗透仪:SS15型。

3. 试样制备

1)基准砂浆抗渗试件制备。根据 GB 18445 选择规定的砂浆配合比,按 JC/T 474—2008制备基准砂浆抗渗试件。每次试验同时成型三组试件,每组六个试件。成型时分两层装料,采用人工插捣方式。表面用铁板刮平,放在标准养护室,静置1d脱模,用钢丝刷将试件两端面刷毛,清除油污,清洗干净并除去明水。

2)带涂层的砂浆抗渗试件制备。从基准砂浆的三组试件中随机选取一组试件。防水涂料用量为 1.5kg/m²,用水量为工程实际使用推荐的用水量。采用人工搅拌,搅拌均匀后,分两层涂刷,用刷子涂刷于已处理试件的背水面。

当第一次涂刷后,待涂层手触干时进行第二次涂刷。第二次涂刷后,移入标准养护室养护。

3)去除涂层的砂浆抗渗试件制备。从基准砂浆的三组试件中随机选取另外一组试件,用 2mm×2mm 的孔、标称单位面积质量为 151～160g/m² 的网格布裁剪成比试件背水面尺寸略大的覆面材料,将其覆盖在试件背水面,涂刷两遍于所测试件,注意涂刷过程中不要移动网格布。当第一次涂刷后,待涂层手触干时进行第二次涂刷。第二次涂刷后,移入标准养护室养护。

4. 试验步骤

1)养护到龄期27d三组试件一起取出。将基准砂浆和带涂层砂浆两组抗渗试件擦拭干净后晾干待测。将去除涂层一组砂浆抗渗试件,采用角向磨光机或其他的打磨设备,将网格布表面的涂层去除,并去除网格布。注意在打磨过程中不要破坏网格布覆盖下的抗渗试件,将试件清洗干净后晾干待测。

2)28d 基准砂浆、带涂层砂浆和去除涂层砂浆试件的抗渗压力按 JC/T 474 进行。

5. 试验结果

1)砂浆抗渗试验时,六个试件出现第三个渗水时停止试验,将该试件出现渗水时的压力减去 0.1MPa 记为砂浆抗渗压力。

2)基准砂浆抗渗压力应为 0.39～0.40MPa。若不符合要求,则本批三组砂浆抗渗试验无效,应重新成型试件进行试验。

3)抗渗压力比为同龄期的带涂层和去除涂层砂浆试件的抗渗压力与基准砂浆试件的抗渗压力之比。

17.2.11　混凝土抗渗性能试验

1. 概述

混凝土抗渗性是指水泥基渗透结晶型防水涂料涂刷在基准混凝土上,在水压力作用下抵抗渗透的性质。本试验依据《水泥基渗透结晶型防水材料》(GB 18445—2012)编制而成。

2. 仪器设备

1)金属试模:应采用上口内部直径为 175mm、下口内部直径为 185mm、高度为 150mm 的圆台体。

2)混凝土抗渗仪:应符合 JG/T 249 的规定,并应能使水压按规定的制度稳定地作用在试件上。抗渗仪施加水压力范围应为 0.1～2.0MPa。

3. 试样制备

1)基准混凝土抗渗试件制备。根据 GB 18445 选择合适的混凝土配合比,按 GB/T 50082 制备基准混凝土抗渗试件。每次试验同时成型三组混凝土抗渗试件,每组六个试件。成型时分两层装料,采用人工插捣方式。表面用铁板刮平,放在标准养护室,静置 1d 脱模,用钢丝刷将试件两端面刷毛,清除油污,清洗干净并除去明水。

2)带涂层的混凝土抗渗试件制备。从基准混凝土的三组试件中随机选取一组试件。防水涂料用量 1.5kg/m²,用水量为工程实际使用推荐的用水量。采用人工搅拌,搅拌均匀后,分两层涂刷,用刷子涂刷于已处理试件的背水面。

当第一次涂刷后,待涂层手触干时进行第二次涂刷。第二次涂刷后,移入标准养护室养护。

3)去除涂层的混凝土抗渗试件制备。从基准混凝土的三组试件中随机选取另外一组试件,用 2mm×2m 的孔、标称单位面积质量为 151～160g/m² 的网格布裁剪成比试件背水面尺寸略大的覆面材料,将其覆盖在试件背水面,涂刷两遍于所测试样,注意涂刷过程中不要移动网格布。当第一次涂刷后,待涂层手触干时进行第二次涂刷。第二次涂刷后,移入标准养护室养护。

4)试件养护:基准混凝土、带涂层混凝土和去除涂层混凝土的抗渗试件在标准养护室养护 1d,然后按 GB 18445 进行浸水养护 27d。

4. 试验步骤

1)养护到龄期 27d 三组试件一起取出。将基准混凝土和带涂层混凝土两组抗渗试件擦拭干净后晾干待测。将去除涂层一组混凝土抗渗试件,采用角向磨光机或其他的打磨设备,将网格布表面的涂层去除,并去除网格布,注意在打磨过程中不要破坏网格布覆盖下的抗渗试件,将试件清洗干净后晾干待测。

2)28d 基准混凝土、带涂层混凝土和去除涂层混凝土试件的抗渗压力测定按 GB/T 50082 进行。

3)将第一次抗渗试验后的带涂层混凝土试件(该组试件第一次抗渗试验必须将六个试件全部进行到渗水)在标准养护条件下,水中带模养护至56d,测定其第二次抗渗压力。

5. 试验结果

1)混凝土抗渗试验时,六个试件出现第三个渗水时停止试验,将该试件出现渗水时的压力减去 0.1MPa 记为混凝土抗渗压力。带涂层混凝土抗渗试验六个试件全部出现渗水时方可停止试验。抗渗压力同样为出现第三个渗水时的试件的压力减去0.1MPa。

2)基准混凝土抗渗压力应为 0.39～0.40MPa。若不符合要求,则本批三组混凝土抗渗试验无效,应重新成型试件进行试验。

3)抗渗压力比为同龄期的带涂层和去除涂层混凝土试件的抗渗压力与基准混凝土试件的抗渗压力之比。

17.2.12　耐水性试验

1. 概述

防水涂料的耐水性主要通过防水涂料与基层浸水后黏结性能表征。本试验依据《建筑防水材料类工程要求试验方法》(T/CWA 302—2023)编制而成。

2. 仪器设备

1)拉伸试验机:测量值为量程的 15%～85%,示值精度不低于 1%,拉伸速度为 5mm/min±1mm/min。

2)电热鼓风烘箱:控温精度为±2℃。

3)拉伸专用金属夹具。

3. 试样制备

1)所使用的水泥砂浆块尺寸应为 70mm×70mm×20mm,采用强度等级为 42.5 的普通硅酸盐水泥,质量配比为水泥:中砂:水＝1:2:0.4,水泥砂浆块的成型和养护按 GB/T 16777 进行。养护结束的水泥砂浆块,应测试吸水率。将养护好的砂浆块放在 100℃±2℃ 条件下干燥至恒重,取出在 23℃±2℃ 的干燥器皿中冷却 2h,称量初始重量,放入符合 GB/T 6682—2008 规定的三级水中浸泡 1h±2min,取出擦干或吸干砂浆块表面明水,称量浸水后质量并计算吸水率。应选择吸水率小于 4% 的水泥砂浆块进行试验。

2)按 GB/T 16777 制备的黏结性能试件 10 个,每 5 个为一组。基层处理剂的使用按生产商要求。取一组制备好的试件在标准试验条件下养护 6d,用双组分无溶剂环氧胶黏剂(如环氧植筋胶)将拉伸用上夹具与涂膜面粘贴在一起,继续养护至 7d±2h,养护结束后按 GB/T 16777 测试黏结强度(σ_0),修约至 3 位有效数字。对于部分与胶黏剂黏结不良产品,可在粘贴前用砂纸适当打磨涂膜表面,改善接触面黏结性。

3)取另一组已在标准试验条件养护 7d 的试件。将砂浆基层四个侧面和涂布面的边缘约 5mm 部分用石蜡和松香热熔后质量比为 1:1 的混合物进行封边处理,进行浸水试验,连续浸泡 6d±2h,取出擦干或吸干涂膜表面明水,用双组分无溶剂环氧胶黏剂(如环氧植筋胶)将拉伸用上夹具与涂膜面黏贴在一起,在标准试验条件下放置 3h±15min 后继续放入水中浸泡 24h±1h。对于部分与胶黏剂黏结不良产品,可在粘贴前用砂纸适当打磨涂膜表面,改善接触面黏结性。处理完毕后取出试件并擦干或吸干表面明水后,沿上夹具边缘四边用刀切割涂膜至基层,使试验面积为 40mm×40mm。然后立即按 GB/T 16777 测试浸水后黏结强度(σ_1),修约至 3 位有效数字。

对于非固化橡胶沥青防水涂料,按 GB/T 16777 制备样品后,根据 T/CWA 302 进行浸水试验,连续浸泡 7d±2h,取出擦干或吸干表面明水后立即按 JC/T 2428 进行试验。

4. 试验步骤

将粘有拉伸用上夹具的试件安装在试验机上,保持试件表面垂直方向的中线与试验机夹具中心在一条线上。以 5mm/min±1mm/min 的速度拉伸至试件破坏,记录试件的最大拉力。试验温度为 23℃±2℃。

5. 试验结果

1)黏结强度按式(17-10)计算:

$$\sigma = F/(a \times b) \tag{17-10}$$

式中:σ——黏结强度(MPa);

　F——试件的最大拉力(N);

　a——试件黏结面的长度(mm);

　b——试件黏结面的宽度(mm)。

去除表面未被黏住面积超过 20% 的试件,黏结强度以剩下的不少于 3 个试件的算术平均值表示,不足三个试件应重新试验,结果精确到 0.01MPa。

2)黏结强度保持率按式(17-11)计算:

$$\sigma = \frac{\sigma_1}{\sigma_0} \times 100\% \tag{17-11}$$

式中:σ——黏结强度保持率(%);

　σ_0——标准条件下 5 个试件黏结强度平均值(MPa);

　σ_1——浸水后 5 个试件黏结强度平均值(MPa)。

17.3　刚性防水材料

17.3.1　限制膨胀率试验

1. 概述

混凝土膨胀剂:与水泥、水拌和后经水化反应生成钙矾石、氢氧化钙或钙矾石和氢氧化钙,使混凝土产生体积膨胀的外加剂。

混凝土膨胀剂按水化产物分为硫铝酸钙类混凝土膨胀剂(代号 A)、氧化钙类混凝土膨胀剂(代号 C)和硫铝酸钙-氧化钙类混凝土膨胀剂(代号 AC)三类。混凝土膨胀剂按限制膨胀率分为 Ⅰ 型和 Ⅱ 型。

混凝土膨胀剂的限制膨胀率分为水中 7d 和空气中 21d 两种指标要求。分为 A、B 两种试验方法,本小节对方法 B 进行阐述。

本试验依据《混凝土膨胀剂》(GB/T 23439—2017)编制而成。

2. 仪器设备

1)搅拌机、振动台、试模及下料漏斗符合 GB/T 17671 的规定。

2)测量仪:测量仪由千分表、支架、养护水槽组成,千分表的分辨率为 0.001mm。

3)纵向限制器。纵向限制器应符合以下规定:纵向限制器由纵向钢丝与钢板焊接制成;钢丝采用 GB 4357 规定的 D 级弹簧钢丝,铜焊处拉脱强度不低于 785MPa;纵向限制器不应变形,出厂检验使用次数不应超过 5 次,第三方检测机构检验时不得超过 1 次。

3. 试样制备

1)试验环境:试验室、养护箱、养护水的温度、湿度应符合 GB/T 17671 的规定,恒温恒湿(箱)室温度为 20℃±2℃,相对湿度为 60%±5%。每日应检查、记录温度、湿度变化情况。

2)试验材料。

(1)水泥:采用 GB 8076 规定的基准水泥。因故得不到基准水泥时,允许采用由熟料与二水石膏共同粉磨而成的强度等级为 42.5 的硅酸盐水泥,且熟料中 C_3A 含量为 6%~8%,C_3S 含量为 55%~60%,游离氧化钙不超过 1.2%,碱($Na_2O+0.658K_2O$)含量不超过 0.7%,水泥的比表面积为 350m²/kg±15m²/kg。

(2)标准砂:符合 GB/T 17671 的要求。

(3)水:符合 JGJ 63 的要求。

3)根据 GB/T 23439 要求进行样品配比,按 GB/T 17671 规定进行制样。同一条件有 3 条试体供测长用,试体全长 158mm,其中胶砂部分尺寸为 40mm×40mm×140mm。

4)试体脱模:脱模时间以规定配比试体的抗压强度达到 15MPa±2MPa 时的时间确定。

4. 试验步骤

1)测量前 3h,将测量仪、恒温水槽、自来水放在标准试验室内恒温,并将试体及测量仪测头擦净。

2)试体脱模后在 1h 内应固定在测量支架上,将测量支架和试体一起放入未加水的恒温水槽,测量试体的初始长度。之后向恒温水槽中注入温度为 20℃±2℃的自来水,水面应高于试体的水泥砂浆部分。在水中养护期间不准移动试体和恒温水槽。测量试体放入水中第 7d 的长度,然后在 1h 内放掉恒温水槽中的水,将测量支架和试体一起取出放入恒温恒湿(箱)室养护,调整千分表读数至出水前的长度值,再测量试体放入空气中第 21d 的长度。也可以记录试体放入恒温恒湿(箱)室时千分表的读数,再测量试体放入空气中第 21d 的长度,计算时进行校正。

3)根据需要也可以测量不同龄期的长度,观察膨胀收缩变化趋势。

4)测量读数应精确至 0.001mm。不同龄期的试体应在规定时间±1h 内测量。

5. 试验结果

1)各龄期限制膨胀利率按式(17-12)计算:

$$\varepsilon = \frac{(L_1 - L)}{L_0} \times 100 \qquad (17-12)$$

式中：ε——所测龄期的限制膨胀率(%)；

　　　L_1——所测龄期的试体长度测量值(mm)；

　　　L——试体的初始长度测量值(mm)；

　　　L_0——试体的基准长度(mm)，此处取 140mm。

2)取相近的 2 个试体测定值的平均值作为限制膨胀率的测量结果，计算值精确至 0.001%。

17.3.2　7d 黏结强度试验

1. 概述

聚合物水泥防水砂浆是以水泥、细骨料为主要组分，以聚合物乳液或可再分散乳胶粉为改性剂，添加适量助剂混合制成的防水砂浆。

产品按组分分为单组分(S 类)和双组分(D 类)两类。单组分(S 类)由水泥、细骨料和可再分散乳胶粉、添加剂等组成。双组分(D 类)由粉料(水泥、细骨料等)和液料(聚合物乳液、添加剂等)组成。

产品按物理力学性能分为 Ⅰ 型和 Ⅱ 型两种。

本试验依据《聚合物水泥防水砂浆》(JC/T 984—2011)、《混凝土界面处理剂》(JC/T 907—2018)等编制而成。

2. 仪器设备

1)试验机：示值误差应不超过 ±1%，试样的破坏负荷应处于满标负荷的 20%～80% 之间。

2)拉拔接头及夹具。

3. 试样制备

1)标准试验条件如下。

(1)试验室试验及干养护条件：温度为 23℃±2℃，相对湿度为 50%±15%；

(2)养护室(箱)养护条件：温度为 20℃±3℃，相对湿度不小于 90%；

(3)养护水池：温度为 20℃±2℃；

(4)试验前样品及所有器具应在标准条件下放置至少 24h。

2)按生产厂推荐的配合比进行试验。

采用符合 JC/T 681 的行星式水泥胶砂搅拌机，按 DL/T 5126 要求低速搅拌或采用人工搅拌。

S 类(单组分)试样：先将水倒入搅拌机内，然后将粉料徐徐加入水中进行搅拌。

D 类(双组分)试样：先将粉料混合均匀，再加入已倒入液料的搅拌机中搅拌均匀。如需要加水的。应先将乳液与水搅拌均匀。搅拌时间和熟化时间按生产厂规定进行。若生产厂未提供上述规定，则搅拌 3min、静止 1～3min。

3)按 JC/T 907 进行成型。成型两组试件，每组五个试件。

采用橡胶或硅酮密封材料制成的模框(见图 17 - 25)，

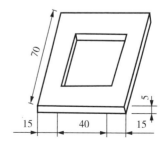

图 17 - 25　橡胶或硅酮密封材料制成的成型框(单位：mm)

将模框放在采用符合 GB 175 的普通硅酸盐水泥成型的 70mm×70mm×20mm 砂浆基块上,将试样倒入模框中,抹平,湿气养护 24h±2h 后脱模。如经 24h 养护,因脱模会对强度造成损害的,可以延迟至 48h±2h 脱模。延迟脱模的,应在试验报告中注明。脱模后按要求养护至 7d 或 28d。

4. 试验步骤

1)将试件在标准试验条件下养护 7d。在到规定的养护龄期 24h 前,用适宜的高强度黏结剂(如环氧类黏结剂)将拉拔接头粘贴在 40mm×40mm×15mm 的砂浆试件上。24h 后测定拉伸黏结强度。

2)将试件放入试验机的夹具中,以 5mm/min 的速度施加拉力,测定拉伸黏结强度。试验时如砂浆试件发生破坏,且数据在该组试件平均值的±20% 以内,则认为该数据有效。

5. 试验结果

1)拉伸黏结强度按式(17-13)进行计算:

$$\sigma = F_t / A_t \tag{17-13}$$

式中:σ——拉伸黏结强度(MPa);

$\quad F_t$——最大荷载(N);

$\quad A_t$——黏结面积(mm^2)。

2)单个试件的拉伸黏结强度值精确至 0.01MPa。如单个试件的强度值与平均值之差大于 20%,则逐次剔除偏差最大的试验值,直至各试验值与平均值之差不超过 20%,如剩余数据不少于 5 个,则结果以剩余数据的平均值表示,精确至 0.1MPa;如剩余数据少于 5 个,则本次试验结果无效,应重新制备试件进行试验。

17.3.3　7d 抗渗性试验

1. 概述

抗渗性也称抗渗压力是指材料在水油等压力作用下抵抗渗透的性质。本试验依据《聚合物水泥防水砂浆》(JC/T 984—2011)、《无机防水堵漏材料》(GB 23440—2009)等编制而成。

2. 仪器设备

1)砂浆抗渗仪器。

2)振动台。

3)抗渗试模:上直径为 70mm、下直径为 80mm、高为 30mm。

3. 试样制备

1)涂层试件的制备方法如下。

(1)基准砂浆试块的制备:用标准砂和符合 GB 175—2007 中 42.5 级普通硅酸盐水泥配料,称取水泥 350g、标准砂 1350g 搅匀后加入水 350mL,将上述物料在水泥砂浆搅拌机中搅拌 3min 后装入上口直径为 70mm、下口径为 80mm、高为 30mm 的截头圆锥带底金属抗渗试模成型,振动台上振动 20s,5min 后用刮刀刮去多余的料浆、抹平。成型试件数量为 12 个(其中 6 个成型时采用加垫层或刮平的方法在相应的迎水面或背水面使试块厚度减少 2mm 左右)。先养 24h±2h 后脱模,再按标准进行养护,如产品用于迎水面或背水面不明确时,按迎水面和背水面各成 3 个试件;否则按背水面或迎水面成型 6 个试件。

（2）涂层试件的制备：取制备的另 6 个已养护至 7d 基准砂浆试块。然后称取样品 1000g，按生产厂推荐的加水量加水，用净浆搅拌机搅拌 3min，用刮板分别在 3 个试件的迎水面和 3 个试件的背水面上，分两层刮压料浆，刮压每层料的操作时间不应超过 5min。刮料时要稍用力并来回几次使其密实，不产生气泡，同时注意搭接，第二层须待第一层硬化后再涂刮，第二层涂刮前要保持湿润，涂层总厚度约 2mm。保湿养护 24h±2h，再养护至规定龄期。

2）砂浆试件。按标准配料，拌匀后一次装入试模，在振动台上振动成型，震动 2min。

4. 试验步骤

1）基准砂浆试件抗渗压力：取制备的 6 个已养护至 14d 基准砂浆试件，取出待表面干燥后，用密封材料密封装入渗透仪中进行透水试验。水压从 0.2MPa 开始，恒压 2h，增至 0.3MPa，以后每隔 1h 增加水压 0.1MPa。当 6 个试件中有 3 个试件端面呈现渗水现象时，即可停止试验，记下当时的水压值。当 6 个试件中 4 个未出现渗水的最大压力值，为基准砂浆试件抗渗压力（P_0）。若加压至 0.5MPa，恒压 1h 还未透水，应停止试验，须调整水泥或调整水灰比，使透水压力在 0.5MPa 内。

2）涂层加基准砂浆试件抗渗压力：制备的试件养护 7d 龄期取出，将涂层冲洗干净，风干后进行抗渗试验。若加压至 1.5MPa 恒压 1h 还未透水，应停止升压。涂层加基准砂浆试件抗渗压力为每组 6 个试件中 4 个未出现渗水时的最大水压力。

5. 试验结果

抗渗压力按式（17-14）进行计算：

$$P = P_1 - P_0 \qquad\qquad (17-14)$$

式中：P——涂层抗渗压力（MPa），精确至 0.1MPa；

P_0——基准砂浆试件的抗渗压力（MPa）；

P_1——涂层加基准砂浆试件的抗渗压力（MPa）。

17.4 密封材料

17.4.1 挤出性试验

1. 概述

将待测密封材料填满标准器具，利用压缩空气在规定条件下挤出密封材料，称量挤出密封材料的质量。

对单组分密封材料，在单位时间内密封材料的挤出质量为质量挤出率，挤出体积为体积挤出率。

对多组分密封材料，绘制质量挤出率 E 的算术平均值与混合后经历时间 f 的曲线图，读取相应产品标准规定或各方商定的挤出率所对应的时间，即为适用期。

本小节给出了基准试验条件，如温度、压力、挤出时间和挤出筒的外形尺寸。试验时可能会偏离这些试验条件，改变最终试验结果。因此，任何偏离均应在试验报告中描述。只有在所有试验条件都相同时，结果才具有可比性。

本试验依据《建筑密封材料试验方法 第 1 部分：试验基材的规定》（GB/T 13477.1—

2002)、《建筑密封材料试验方法 第 3 部分:使用标准器具测定密封材料 挤出性的方法》(GB/T 13477.3—2017)等编制而成。

2. 仪器设备

1)恒温箱:温度可调至 5℃±2℃、23℃±2℃、35℃±2℃或各方商定的温度。

2)气动标准器具:标准器具的试验体积为 250mL 或 400mL,挤出孔直径为 2mm、4mm、6mm 或 10mm,可按各方商定选用。

3)稳压气源:气压可达 700kPa。

4)秒表:分度值为 0.1s。

5)天平:分度值为 0.1g。

3. 试样制备

1)一般规定。试验温度可以是 5℃±2℃、23℃±2℃、35℃±2℃或各方商定的温度。试验前,将单组分或多组分密封材料样品和挤出筒置于恒温箱中,按试验温度处理至少 12h。若未事先说明,按试验温度 23℃±2℃进行处理。

2)单组分密封材料。将待测密封材料从恒温箱中取出,填满标准器具的挤出筒,避免形成气泡。由于密封材料的流变性,必要时可按照各方商定,在试样经过适当的恢复时间后再进行挤出试验。恢复期间挤出筒应在恒温箱内进行状态处理。

3)多组分密封材料。按照生产厂的使用说明混合密封材料。按照生产厂关于适用期的说明,计算挤出试验的 3 个不同时间间隔,相当于:同一试验温度下适用期的四分之一;同一试验温度下适用期的二分之一;同一试验温度下适用期的四分之三。

将混合后的待测密封材料填满标准器具的挤出筒,避免形成气泡。

4. 试验步骤

1)一般规定。挤出试验在室温下进行,以下所有操作应在 5min 内完成:

(1)将挤出筒装入标准器具;

(2)将稳压气源的气压调至 300kPa±10kPa,或各方商定的任一压力;

(3)从挤出孔挤出适量试样,以便排出空气。

2)单组分密封材料。立即从挤出筒中挤出试样,挤出时间为 30s,用秒表测量该时间。气动挤出后,用天平称量挤出试样的质量。计时结束后从挤出孔内出来的试样数量不计。试验后挤出筒不应是空的。

注意:对于低黏度密封材料,挤出时间可以短些。对于高黏度密封材料,挤出时间可以长些。

3)多组分密封材料。从挤出筒中挤出试样,共做 3 组平行试验,自混合结束至各组试验的时间分别对应于适用期内 3 个时间间隔之一。每次气动挤出后,用天平称量挤出试样的质量。计时结束后从挤出孔内出来的试样数量不计。3 组挤出试验后,每个挤出筒不应是空的。3 组测试的挤出试验之间,挤出筒应放回恒温箱内。

5. 试验结果

1)质量挤出率的测试结果按式(17-15)计算,以每分钟挤出的密封材料质量表示,质量修约至整数:

$$E_m = \frac{m \times 60}{t} \tag{17-15}$$

式中:E_m——密封材料的质量挤出率(g/min);

　　　m——挤出的试样质量(g);

　　　t——挤出时间(s)。

计算 3 次测试结果的算术平均值,修约至整数。

2)体积挤出率的每次测试结果可按式(17－16)计算,以每分钟挤出的密封材料体积(毫升)表示试验结果,体积修约至整数:

$$E_v = \frac{E_m}{D} \tag{17－16}$$

式中:E_v——密封材料的体积挤出率(mL/min);

　　　E_m——密封材料的质量挤出率(g/min);

　　　D——密封材料在试验温度下的密度(g/cm³)。

计算 3 个 E_v 数值的算术平均值,修约至整数。

17.4.2　表干时间试验

1. 概述

本试验依据《建筑密封材料试验方法　第 1 部分:试验基材的规定》(GB/T 13477.1—2002)、《建筑密封材料试验方法　第 5 部分:表干时间的测定》(GB/T 13477.5—2002)等编制而成。

2. 仪器设备

1)黄铜板:尺寸为 19mm×38mm,厚度约 6.4mm。

2)模框:矩形,用钢或铜制成,内部尺寸为 25mm×95mm,外形尺寸为 50mm×120mm,厚度为 3mm。

3)玻璃板:尺寸为 80mm×130mm,厚度 5mm。

4)聚乙烯薄膜:2 张,尺寸为 25mm×130mm,厚度约 0.1mm。

5)刮刀。

6)无水乙醇。

3. 试样制备

1)试验环境。试验室标准试验条件:温度为 23℃±2℃、相对湿度为 50%±5%。

2)制样过程。用丙酮等溶剂清洗模框和玻璃板。将模框居中放置在玻璃板上,用在 23℃±2℃下至少放置过 24h 的试样小心填满模框,勿混入空气。多组分试样在填充前应按生产厂的要求将各组分混合均匀。用刮刀刮平试样,使之厚度均匀。同时制备两个试件。

4. 试验步骤

1)方法 A 试验步骤如下。将制备好的试件在标准条件下静置一定的时间,然后在试样表面纵向 1/2 处放置聚乙烯薄膜,薄膜上中心位置加放黄铜板。30s 后移去黄铜板,将薄膜以 90°角从试样表面在 15s 内匀速揭下。相隔适当时间在另外部位重复上述操作,直至无试样黏附在聚乙烯条上为止。记录试件成型后至试样不再黏附在聚乙烯条上所经历的时间。

2)方法 B 试验步骤如下。将制备好的试件在标准条件下静置一定的时间,然后用无水乙醇擦净手指端部,轻轻接触试件上三个不同部位的试样。相隔适当时间重复上述操作,直至无试样黏附在手指上为止。记录试件成型后至试样不粘附在手指上所经历的时间。

5. 试验结果

表干时间的数值修约方法如下：

1）表干时间少于 30min 时，精确至 5min；

2）表干时间为 30min～1h 时，精确至 10min；

3）表干时间为 1～3h 时，精确至 30min；

4）表干时间超过 3h 时，精确至 1h。

17.4.3　流动性试验

1. 概述

本试验依据《建筑密封材料试验方法　第 1 部分：试验基材的规定》（GB/T 13477.1—2002）、《建筑密封材料试验方法　第 6 部分：流动性的测定》（GB/T 13477.6—2002）等编制而成。

2. 仪器设备

1）下垂度模具：无气孔且光滑的槽形模具，宜用阳极氧化或非阳极氧化铝合金制成。长度为 150mm±0.2mm，两端开口，其中一端底面延伸 50mm±0.5mm，槽的横截面内部尺寸为宽 20mm±0.2mm，深 10mm±0.2mm。其他尺寸的模具也可使用，例如宽为 10mm±0.2mm，深为 10mm±0.2mm。

2）流平性模具：两端封闭的槽形模具，用 1mm 厚耐蚀金属制成。槽的内部尺寸为 150mm×20mm×15mm。

3）鼓风干燥箱：温度能控制在 50℃±2℃、70℃±2℃。

4）低温恒温箱：温度能控制在 5℃±2℃。

5）钢板尺：刻度单位为 0.5mm。

6）聚乙烯条：厚度不大于 0.5mm，宽度能遮盖下垂度模具槽内侧底面的边缘。在试验条件下，长度变化不大于 1mm。

3. 试样制备

1）下垂度。将下垂度模具用丙酮等溶剂清洗干净并干燥。把聚乙烯条衬在模具底部，使其盖住模具上部边缘，并固定在外侧，然后把已在 23℃±2℃ 下放置 24h 的密封材料用刮刀填入模具内，制备试件时应注意：

（1）避免形成气泡；

（2）在模具内表面上将密封材料压实；

（3）修整密封材料的表面，使其与模具的表面和末端齐平；

（4）放松模具背面的聚乙烯条。

2）流垂性。将流平性模具用丙酮溶剂清洗干净并干燥，然后将试样和模具在 23℃±2℃ 下放置至少 24h。每组制备一个试件。

4. 试验步骤

1）下垂度试验步骤如下。

（1）将制备好的试件立即垂直放置在已调节至 70℃±2℃ 和/或 50℃±2℃ 的干燥箱和/或 5℃±2℃ 的低温箱内，模具的延伸端向下放置 24h。然后从干燥箱或低温箱中取出试件。

用钢板尺在垂直方向上测量每一试件中试样从底面往延伸端向下移动的距离。

（2）将制备好的试件立即水平放置在已调节至 70℃±2℃ 和/或 50℃±2℃ 的干燥箱和/或 5℃±2℃ 的低温箱内，使试样的外露面与水平面垂直，放置 24h。然后从干燥箱或低温箱中取出试件。用钢板尺在水平方向上测量每一试件中试样超出槽形模具前端的最大距离。

如果试验失败，允许重复一次试验，但只能重复一次，当试样从槽形模具中滑脱时，模具内表面可按生产方的建议进行处理，然后重复进行试验。

2）流平性试验步骤如下。

（1）将试样和模具在 5℃±2℃ 的低温箱中处理 16～24h，然后沿水平放置的模具的一端到另一端注入约 100g 试样，在此温度下放置 4h。观察试样表面是否光滑平整。

（2）多组分试样在低温处理后取出，按规定配比将各组分混合 5min，然后放入低温箱内静置 30min 再按上述方法试验。

5. 试验结果

1）下垂度试验每一试件的下垂值，精确至 1mm；

2）流平性试验试样自流平情况。

17.4.4　低温柔性

1. 概述

本试验依据《建筑密封材料试验方法　第 1 部分：试验基材的规定》（GB/T 13477.1—2002）、《建筑密封材料试验方法　第 7 部分：低温柔性的测定》（GB/T 13477.7—2002）等编制而成。

2. 仪器设备

1）铝片：尺寸为 130mm×76mm，厚度为 0.3mm。

2）刮刀：钢制、具薄刃。

3）模框：矩形，用钢或铜制成，内部尺寸为 25mm×95mm，外形尺寸为 50mm×120mm，厚度为 3mm。

4）低温箱：温度可调至 −10℃±3℃、−20℃±3℃ 或 −30℃±3℃。

5）圆棒：直径 6mm 或 25mm 配有合适支架。

3. 试样制备

1）试验环境：试验室标准试验条件为温度 23℃±2℃、相对湿度 50%±5%。

2）试件制备方法如下。

（1）将试样在未开口的包装容器中于标准条件下至少放置 5h。

（2）用丙酮等溶剂彻底清洗模框和铝片。将模框置于铝片中部，然后将试样填入模框内，防止出现气孔。将试样表面刮平，使其厚度均匀达 3mm。

（3）沿试样外缘用薄刃刮刀切割一周，垂直提起模框，使成型的密封材料粘牢在铝片上。同时制备 3 个试件。

3）试件处理方法如下。

1）将试件在标准试验条件下至少放置 24h。其他类型密封材料试件在标准试验条件下放置的时间应与其固化时间相当。

2）将试件按下面的温度周期处理 3 个循环：于 70℃±2℃ 处理 16h，−10℃±3℃、

−20℃±3℃或−30℃±3℃处理8h。

4. 试验步骤

在第3个循环处理周期结束时,使低温箱里的试件和圆棒同时处于规定的试验温度下,用手将试件绕规定直径的圆棒弯曲,弯曲时试件黏有试样的一面朝外,弯曲操作在1~2s内完成。弯曲之后立即检查试样开裂、部分分层及黏结损坏情况。微小的表面裂纹、毛细裂纹或边缘裂纹可忽略不计。

5. 试验结果

1)低温试验温度。

2)试件裂缝、分层及黏结破坏情况。

17.4.5 拉伸粘结性、拉伸模量

1. 概述

本试验依据《建筑密封材料试验方法 第1部分:试验基材的规定》(GB/T 13477.1—2002)、《建筑密封材料试验方法 第8部分:拉伸粘结性的测定》(GB/T 13477.8—2017)等编制而成。

2. 仪器设备

1)黏结基材:符合 GB/T 13477.1 规定的水泥砂浆板、玻璃板或铝板,用于制备试件。对每一个试件,应使用两块相同材料的基材。也可按各方商定选用其他材质和尺寸的基材。

2)隔离垫块:表面应防黏,用于制备密封材料截面为 12mm×12mm 的试件。

3)防粘材料:防黏薄膜或防粘纸,如聚乙烯(PE)薄膜等,宜按密封材料生产商的建议选用,用于制备试件。

4)拉力试验机:配有记录装置,能以 5.5mm/min±0.7mm/min 的速度拉伸试件。

5)低温试验箱:能容纳试件在−20℃±2℃温度下进行拉伸试验。

6)鼓风干燥箱:温度可调至 70℃±2℃。

7)容器:用于盛蒸馏水,浸泡处理试件。

3. 试样制备

1)试验环境。试验室标准试验条件为温度 23℃±2℃、相对湿度 50%±5%。

2)试样制备方法如下。

(1)用脱脂纱布清除水泥砂浆板表面浮灰。用丙酮等溶剂清洗铝板和玻璃板,并干燥。按密封材料生产商的说明(如是否使用底涂料及多组分密封材料的混合程序)制备试件密封材料和基材保持在 23℃±2℃,每种类型的基材和每种试验温度制备 3 块试件。

(2)在防材料上将块黏结基材与两块隔离垫块组装成空腔。然后将密封材料试样嵌填在空腔内,制成试件。嵌填试样时应注意下列事项:

① 避免形成气泡;

② 将试样挤压在基材的粘结面上,粘结密实;

③ 修整试样表面,使之与基材和垫块的上表面齐平。

(3)将试件侧放,尽早去除防黏材料,以使试样充分固化或完全干燥。在养护期内,应使隔离垫块保持原位。

(4)当选择的基材尺寸可能影响试件的固化速度时,宜尽早将隔离垫块与密封材料分

离,但仍需保位状态。

3)样品处理方法如下。

方法 A:将制备好的试件于标准试验条件下放置 28d。

方法 B:先按照方法 A 处理试件,然后将试件按下述程序处理 3 个循环:

(1)在 70℃±2℃ 干燥箱内存放 3d;

(2)在 23℃±2℃ 蒸馏水中存放 1d;

(3)在 70℃±2℃ 干燥箱内存放 2d;

(4)在 23℃±2℃ 蒸馏水中存放 1d。

上述程序也可以改为(3)→(4)→(1)→(2)。

方法 B 处理后的试件在试验之前,应于标准试验条件下放置至少 24h。

方法 B 是利用热和水影响试件固化速度的一种常规处理程序,不适宜给出密封材料的耐久性信息。

4. 试验步骤

1)试验在 23℃±2℃ 和 −20℃±2℃ 两个温度下进行。每个测试温度测 3 个试件。

2)23℃±2℃ 时的拉伸黏结性:除去试件上的隔离垫块,将试件装入拉力试验机,在 23℃±2℃ 下以 5.5mm/min±0.7mm/min 的速度将试件拉伸至破坏。记录力值−伸长值曲线和破坏形式。

3)−20℃±2℃ 时的拉伸黏结性:试验前,试件应在 −20℃±2℃ 温度下放置 4h。除去试件上的隔离垫块,将试件装入拉力试验机,在 −20℃±2℃ 下以 5.5mm/min±0.7mm/min 的速度将试件拉伸至破坏。记录力值-伸长值曲线和破坏形式。

5. 试验结果

1)正割拉伸模量。每个试件选定伸长时的正割拉伸模量按式(17−17)计算,取 3 个试件的算术平均值,精确至 0.01MPa。

$$\sigma = \frac{F}{S} \tag{17−17}$$

式中:σ——正割拉伸模量(MPa);

　　F——选定伸长时的力值(N);

　　S——试件初始截面积(mm^2)。

2)最大拉伸强度。每个试件的最大拉伸强度按式(17−18)计算,取 3 个试件的算术平均值,精确至 0.01MPa。

$$T_s = \frac{P}{S} \tag{17−18}$$

式中:T_s——最大拉伸强度(MPa);

　　P——最大拉力值(N);

　　S——试件初始截面积(mm^2)。

3)断裂伸长率。每个试件的断裂伸长率按式(17−19)计算,以百分数表示,取 3 个试件的算术平均值,精确至 5%。

$$E = \frac{(W_1 - W_0)}{W_0} \times 100 \qquad\qquad (17-19)$$

式中:E——断裂伸长率(%);

$\quad W_0$——试件的初始宽度(mm);

$\quad W_1$——试件破坏时的宽度(mm)。

17.4.6 浸水后拉伸粘结性试验

1. 概述

本试验依据《建筑密封材料试验方法 第1部分:试验基材的规定》(GB/T 13477.1—2002)、《建筑密封材料试验方法 第11部分:浸水后定伸粘结性的测定》(GB/T 13477.11—2017)等编制而成。

2. 仪器设备

1)粘结基材:符合 GB/T 13477.1 规定的水泥砂浆板、玻璃板或铝板,用于制备试件。基材的形状及尺寸如图 17-26 和图 17-27 所示,对每一个试件,应使用两块相同材料的基材。也可按各方商定选用其他材质和尺寸的基材,但嵌填密封材料试样的粘结尺寸及面积应与图 17-26 和图 17-27 所示相同。

2)隔离垫块:表面应防粘,用于制备密封材料截面为 12mm×12mm 的试件(见图 19-26 和图 19-27)。

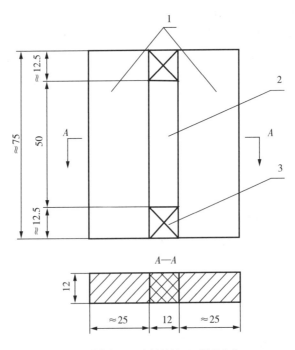

1—水泥砂浆板;2—密封材料;3—隔离垫块。

图 17-26 基材形状及尺寸(水泥砂浆板)(单位:mm)

3)防粘材料:防粘薄膜或防粘纸,如聚乙烯(PE)薄膜等,宜按密封材料生产商的建议选用。用于制备试件。

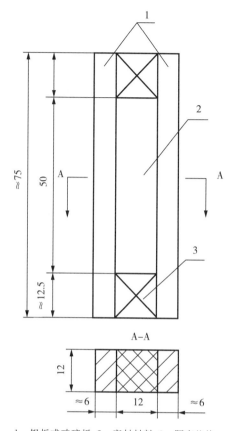

1—铝板或玻璃板;2—密封材料;3—隔离垫块。

图 17-27　基材形状及尺寸(铝板或玻璃板)(单位:mm)

4)拉力试验机:配有记录装置,能以 5.5mm/min+0.7mm/min 的速度拉伸试件。

5)鼓风干燥箱:温度可调至 70℃±2℃。

6)容器 A:用于盛 23℃±2℃ 蒸馏水。

7)容器 B:用于盛 23℃±2℃ 的水,浸泡试件。

3. 试样制备

1)试验环境:试验室标准试验条件为温度 23℃±2℃、相对湿度为 50%±5%。

2)试件处理方法:按各方商定可选用方法 A 或方法 B 处理试件。

方法 A:将制备好的试件于标准试验条件下放置 28d。

方法 B:先按照方法 A 处理试件,然后将试件按下述程序处理 3 个循环:

(1)在 70℃±2℃ 干燥箱内存放 3d;

(2)在 23℃±2℃ 蒸馏水中存放 1d;

(3)在 70℃±2℃ 干燥箱内存放 2d;

(4)在 23℃±2℃ 蒸馏水中存放 1d。

上述程序也可以改为(3)→(4)→(1)→(2)。

方法 B 处理后的试件在试验之前,应于标准试验条件下放置至少 24h。

注意:方法 B 是利用热和水影响试件固化速度的一种常规处理程序,不适宜给出密封材料的耐久性信息。

4. 试验步骤

按方法 A 或方法 B 处理后,除去隔离垫块。将试件在温度为 23℃±2℃ 的水中浸泡 4d,然后将试件于标准试验条件下放置 24h。将试件置入拉力机夹具内,以 5.5mm/min±0.7mm/min 的速度拉伸试件,拉伸伸长率为初始宽度的 60% 或 100%(分别拉伸至 19.2mm 或 24mm),或各方商定的宽度,然后用相应尺寸的定位垫块插入已拉伸至规定宽度的试件中并保持 24h。

除去定位垫块,检查试件粘结或内聚破坏情况,并用分度值为 0.5mm 的量具测量粘结或内聚破坏的深度和区域。

5. 试验结果

计算浸水后定伸粘结性及伸长率。

17.4.7 定伸粘结性试验

1. 概述

本试验依据《建筑密封材料试验方法 第 1 部分:试验基材的规定》(GB/T 13477.1—2002)、《建筑密封材料试验方法 第 10 部分:定伸粘结性的测定》(GB/T 13477.10—2017)等编制而成。

2. 仪器设备

1)粘结基材:符合 GB/T 13477.1 规定的水泥砂浆板、玻璃板或铝板,用于制备试件。应使用两块相同材料的基材,也可按各方商定选用其他材质和尺寸的基材。

2)隔离垫块:表面应防粘,用于制备密封材料截面为 12mm×12mm 的试件。

3)防粘材料:防粘薄膜或防粘纸,如聚乙烯(PE)薄膜等,宜按密封材料生产商的建议选用,用于制备试件。

4)定位垫块:用于控制被拉伸的试件宽度,能使试件保持伸长率为初始宽度的 25%、60%、100% 或各方商定的宽度。

5)拉力试验机:能以 5.5mm/min±0.7mm/min 的速度拉伸试件。

6)低温试验箱:能容纳试件在 -20℃±2℃ 温度下进行拉伸试验。

7)鼓风干燥箱:温度可调至 70℃±2℃。

8)容器:用于盛蒸馏水,浸泡处理试件。

9)量具:分度值为 0.5mm。

3. 试样制备

1)用脱脂纱布清除水泥砂浆板表面浮灰。用丙酮等溶剂清洗铝板和玻璃板,并干燥。

2)按密封材料生产商的说明(如是否使用底涂料及多组分密封材料的混合程序)制备试件。将密封材料和基材保持在 23℃±2℃,每种类型的基材和每种试验温度制备 3 块试件。

3)在防粘材料上将两块粘结基材与两块隔离垫块组装成空腔。然后将密封材料试样嵌填在空腔内,制成试件。嵌填试样时应注意下列事项:

(1)避免形成气泡;

(2)将试样挤压在基材的粘结面上,粘结密实;

(3)修整试样表面,使之与基材和隔离垫块的上表面齐平。

注意:将试件侧放,尽早去除防粘材料,以使试样充分固化或完全干燥。在养护期内,应使隔离垫块保持原位。

4. 试验步骤

1)试验在 23℃±2℃和−20℃±2℃两个温度下进行。每个测试温度测 3 个试件。

2)23℃±2℃时的定伸粘结性。

(1)将试件除去隔离垫块,置入 23℃±2℃ 的拉力机夹具内,以 5.5mm/min±0.7mm/min 的速度拉伸试件,拉伸伸长率为初始宽度的 25%、60% 或 150%(分别拉伸至 15mm、19.2mm 或 24mm)或各方商定的宽度,用定位垫块固定伸长并在 23℃±2℃ 下保持 24h。

(2)除去定位垫块,检查试件粘结或内聚破坏情况,并用分度值为 0.5mm 的量具测量粘结或内聚破坏的深度。

3)−20℃±2℃时的定伸粘结性。

(1)试验前,试件应在−20℃±2℃温度下放置 4h。

(2)将试件除去隔离垫块,置入 −20℃±2℃ 的拉力机夹具内,以 5.5mm/min±0.7mm/min 的速度拉伸试件,拉伸伸长率为初始宽度的 25%、60% 或 150%(分别拉伸至 15mm、192mm 或 24mm),或各方商定的宽度。用定位垫块固定伸长并在−20℃±2℃ 下保持 24h。

(3)除去定位垫块,使试件温度恢复至 23℃±2℃,检查试件粘结或内聚破坏情况,并用分度值为 0.5mm 的量具测量粘结或内聚破坏的深度。

5. 试验结果

测定定伸粘结性,计算定伸伸长率。

17.4.8 弹性恢复率试验

1. 概述

本试验依据《建筑密封材料试验方法 第 1 部分:试验基材的规定》(GB/T 13477.1—2002)、《建筑密封材料试验方法 第 17 部分:弹性恢复率的测定》(GB/T 13477.17—2017)等编制而成。

2. 仪器设备

1)黏结基材:符合 GB/T 13477.1 规定的水泥砂浆板、玻璃板或铝板,用于制备试件。也可按各方商定选用其他材质和尺寸的基材。

2)隔离垫块:表面应防粘,用于制备密封材料截面为 12mm×12mm 的试件。

3)定位垫块:用于控制被拉伸的试件宽度,能使试件保持伸长率为初始宽度的 25%、60%、150%或各方商定的宽度。

4)防粘材料:防黏薄膜或防粘纸,如聚乙烯(PE)薄膜等,宜按密封材料生产商的建议选用。用于制备试件。

5)鼓风干燥箱:温度可调至 70℃±2℃。

6)拉力试验机:能以 5.5mm/min±0.7mm/min 的速度拉伸试件。

7)容器:用于盛蒸馏水。

8)游标卡尺:分度值为 0.1mm。

3. 试样制备

1)用脱脂纱布清除水泥砂浆板表面浮灰。用丙酮等溶剂清洗铝板和玻璃板,并干燥。按密封材料生产商的说明(如是否使用底涂料及多组分密封材料的混合程序)制备试件。

2)将密封材料和基材保持在 23℃±2℃,每种类型的基材制备 6 块试件,3 块作为试验试件,另 3 块作为备用试件。

3)将试件侧放,尽早去除防粘材料,以使试样充分固化或完全干燥。在养护期内,应使隔离垫块保持原位。

4. 试验步骤

1)试验应在标准试验条件下进行。所有与弹性恢复率计算相关的测量均采用游标卡尺,测量既可以是接触密封材料的基材内侧表面之间的距离,也可以是未接触密封材料的基材外侧表面之间的距离。

2)除去隔离垫块,测量每一试件两端的初始宽度。将试件放入拉力试验机,以 5.5mm/min±0.7mm/min 的速度拉伸试件,拉伸伸长率为初始宽度的 25%、60% 或 100%(分别拉伸至 15mm、19.2mm 或 24mm),或各方商定的百分比。用合适的定位垫块使试件保持拉伸状态 24h。

3)在试验过程中观察试件有无破坏现象。若无破坏,去掉定位热块,将试件以长轴向垂直放置在平滑的低摩擦表面上,如撒有滑石粉的玻璃板,静置 1h,在每一试件两端同一位置测量恢复后的宽度,若有试件破坏,则取备用试件重复本部分试验。若 3 块重复试验试件中仍有试件破坏,则报告本部分的试验结果为试件破坏。

5. 试验结果

1)每个试件的弹性恢复率按式(17-20)计算:

$$R = \frac{(W_e - W_r)}{(W_e - W_i)} \times 100 \tag{17-20}$$

式中:R——弹性恢复率(%);

W_i——试件的初始宽度(mm);

W_e——试件拉伸后的宽度(mm);

W_r——试件恢复后的宽度(mm)。

2)计算 3 个试件弹性恢复率的算术平均值,精确到 1%。

17.4.9 剥离性能

1. 概述

本试验依据《建筑密封材料试验方法 第 1 部分:试验基材的规定》(GB/T 13477.1—2002)、《建筑密封材料试验方法 第 18 部分:剥离粘结性的测定》(GB/T 13477.18—2002)等编制而成。

2. 仪器设备

1)拉力试验机:配有拉伸夹具和记录装置,拉伸速度可调至 50mm/min。

2)铝合金板:尺寸为 150mm×75mm×5mm。

3)水泥砂浆板:尺寸为 150mm×75mm×10mm。

4)玻璃板:尺寸为 150mm×75mm×5mm。

5)垫板:4 只,用硬木、金属或玻璃制成。其中 2 只尺寸为 150mm×75mm×5mm,用于在铝板或玻璃板上制备试件,另外 2 只尺寸为 150mm×75mm×15mm,用于在水泥砂浆板上制备试件。

6)玻璃棒:直径为 1.2mm,长为 300mm。

7)不锈钢棒或黄铜棒:直径为 1.5mm,长为 300mm。

8)遮蔽条:成卷纸条,条宽为 25mm。

9)布条/金属丝网:脱水处理的 8×10 或 8×12 帆布,尺寸为 180mm×75mm,厚约 0.8mm;或用 30 目(孔径约 1.5mm)、厚度为 0.5mm 的金属丝网。

10)刮刀。

11)锋利小刀。

12)紫外线辐照箱:灯管功率为 300W。灯管与箱底平行,并且距离可调节,箱内温度可调至 65℃±3℃。

3. 试样制备

1)将被测密封材料在未打开的原包装中置于标准条件下处理 24h,样品数量不少于 250g。如果是多组分密封材料,还要同时处理相应的固化剂。

2)用刷子清理水泥砂浆板表面,用丙酮或二甲苯清洗玻璃和铝基材,干燥后备用。根据密封材料生产厂的说明或有关各方的商定在基材上涂刷底涂料。每种基材准备两块板,并在每块基材上制备两个试件。

3)在粘结基材上横向放置一条 25mm 宽的遮蔽条,条的下边距基材的下边至少 75mm。然后将已在标准条件下处理过的试样涂抹在粘结基材上(多组分试样应按生产厂的配合比将各组分充分混合 5min 后再涂抹),涂抹面积为 100mm×75mm(包括遮蔽条),涂抹厚度约 2mm。

4)用刮刀将试样涂刮在布条一端,面积为 100mm×75mm,布条两面均涂试样,直到试样渗透布条为止。

5)将涂好试样的布条/金属丝网放在已涂试样的基材上,基材两侧各放置一块厚度合适的垫板。在每块垫板上纵向放置一根金属棒。从有遮蔽条的一端开始,用玻璃棒沿金属棒滚动,挤压下面的布条/金属丝网和试样,直至试样的厚度均达到 1.5mm,除去多余的试样。

6)将制得的试件在标准条件下养护 28d。多组分试件养护 14d。养护 7d 后应在布或金属丝网上复涂一层 1.5mm 厚试样。

7)养护结束后,用锋利的刀片沿试件纵向切割 4 条线,每次都要切透试料和布条/金属丝网至基材表面,留下 2 条 25mm 宽的、埋有布条/金属丝网的试料带,两条带的间距为 10mm,除去其余部分。

8)如果剥离粘结性试件是玻璃基材,应将试件放入紫外线辐照箱,调节灯管与试件间的距离,使紫外线辐照强度为 $2000\sim3000\mu W/cm^2$,温度为 65℃±3℃。试件的试料表面应背朝光源,透过玻璃进行紫外线暴露试验。在无水条件下紫外线曝露 200h。

9)将试件在蒸馏水中浸泡 7d。水泥砂浆试件应与玻璃、铝试件分别浸泡。

4. 试验步骤

1)从水中取出试件后,立即擦干。将试料与遮蔽条分开,从下边切开 12mm 试料,仅在基材上留下 63mm 长的试料带。

2)将试件装入拉力试验机,以 50mm/min 的速度于 180°方向拉伸布条/金属丝网,使试料从基材上剥离。剥离时间约 1min。记录剥离时拉力峰值的平均值。若发现从试料上剥下的布条/金属丝网很干净,应舍弃记录的数据,用刀片沿试料与基材的粘结面上切开一个缝口,继续进行试验。

3)对每种基材应测试二块试件上的 4 条试验带。

4)计算并记录每种基材上 4 条试料带的剥离强度及其平均值和每条试料带粘结或内聚破坏。

5. 试验结果

1)每种基材上 4 条试料带的剥离强度及其平均值;

2)每条试料带粘结或内聚破坏面积的百分率(%);

3)布条的破坏情况。

17.4.10　施工度试验

1. 概述

本试验依据《建筑防水沥青嵌缝油膏》(JC/T 207—2011)等编制而成。

2. 仪器设备

1)金属罐(见图 17-28)。

2)金属落锥(见图 17-28)。

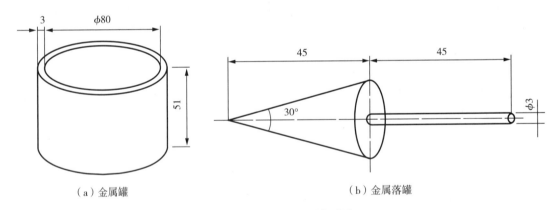

（a）金属罐　　　　　　　　　　　（b）金属落锥

图 17-28　金属罐与金属落锥(单位:mm)

3. 试样制备

将油膏填入金属罐,装满压实刮平。

4. 试验步骤

将样品浸入 25℃±1℃的水中 45min,用装有金属落锥的针入度仪(锥和杆总质量为 156g),测定 5s 时的沉入量,每测一次,需用浸汽油或煤油的棉纱及干软布将落锥擦拭干净。共测三点,各点均匀分布在距离金属罐边缘约 20mm 处。

5. 试验结果

试验结果取三个数据的算术平均值。若三个数据中有与平均值相差大于 2mm 者,允许重测一次。若仍有与平均值相差大于 2mm 者,则应重新制样进行检测。

17.4.11　耐热性试验

1. 概述

本试验依据《建筑防水沥青嵌缝油膏》(JC/T 207—2011)等编制而成。

2. 仪器设备

1)金属架(见图 17-29)。

2)支架(见图 17-29)。

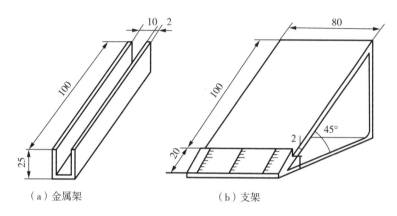

图 17-29　金属架与支架(单位:mm)

3. 试样制备

用丙酮将金属槽擦洗干净,用刮刀将油膏仔细密实地嵌入槽内,刮平表面及两端。同时制备三个试件。

4. 试验步骤

将试件放于 45°支架上,按产品型号置于 70℃±2℃或 80℃±2℃烘箱中恒温 5h,然后取出试件。

5. 试验结果

分别测量每个试件从金属槽下端到油膏下垂端点的长度,精确至 0.1mm。

17.4.12　耐水性试验

1. 概述

本试验依据《绿色产品评价　防水与密封材料》(GB/T 35609—2017)等编制而成。

2. 仪器设备

1)搅拌容器。

2)拉伸试验机。

3. 试样制备

根据防水材料拉伸试验制备相关样品。

4. 试验步骤

1)防水卷材。将防水卷材产品浸没在 23℃±2℃的水(试验用水符合 JGJ 63 的规定)中,并应定期搅拌容器中的水,浸泡 336h±2h 后取出试件,用拧干的湿布擦去表面明水,然后按产品标准的规定分别测试材料浸水前后的拉伸强度。

2)水性防水涂料。按产品标准的规定制备并养护防水涂膜,将养护结束的防水涂膜浸没在23℃±2℃的水(试验用水符合 JGJ 63 规定)中,并应定期搅拌容器中的水,浸泡168h±2h 后取出试件,用拧干的湿布擦去表面明水后,放入温度为 23℃±2℃,相对湿度为 50%±15%环境下 24h 后,按产品标准的规定分别测试材料浸水前后的拉伸性能、与基层的黏结强度。

5. 试验结果

1)防水卷材,以浸水后试验结果除以浸水前试验结果乘以 100%计算拉伸强度的保持率,纵横向分别测试。保持率不小于80%则认为试验通过。

2)水性防水涂料。以浸水后试验结果除以浸水前试验结果乘以 100%计算拉伸强度和与基层黏结强度的保持率,拉伸强度和黏结强度分别测试 5 组试样。对于地下工程用水性防水涂料,拉伸强度、黏结强度保持率均不小于80%认为试验通过;对于室内用水性防水涂料,拉伸强度、黏结强度保持率均不小于 50%认为试验通过。

17.5　其他防水材料

17.5.1　单位面积质量测定

1. 概述

纳基膨润土防水毯根据产品类型分为以下三种:

1)针刺法钠基膨润土防水毯,是由两层土工布包裹钠基膨润土颗粒针刺而成的毯状材料;

2)针刺覆膜法钠基膨润土防水毯,是在针刺法钠基膨润土防水毯的非织造土工布外表面上复合一层高密度聚乙烯薄膜;

3)胶黏法钠基膨润土防水毯,是用胶黏剂把膨润土颗粒黏结到高密度聚乙烯板上,压缩生产的一种钠基膨润土防水毯。

膨润土防水毯单位面积质量有 4000g/m²、4500g/m²、5000g/m²、5500g/m² 等,分别用4000、4500、5000、5500 等表示。

本方法依据《纳基膨润土防水毯》(JG/T 193—2006)编制而成。

2. 仪器设备:

1)直尺:精度为 1mm。

2)天平。

3. 试样制备

制取 500mm×500mm 样品 5 个。

4. 试验步骤

将膨润土防水毯喷洒少量水,以防止防水毯裁剪处的膨润土散落。沿长度方向距外层端部 200mm、沿宽度方向距边缘 10mm 处裁取试样,于105℃±5℃下烘干至恒重。用精度为 1mm 的量具测量每块试样的尺寸,然后分别在天平上进行称量。

5. 试验结果

按式(17-21)计算单位面积质量,结果精确至 1g,求 5 块试样的算术平均数。

$$M=\frac{m}{S} \tag{17-21}$$

式中:M——单位面积质量(g/m^2);

　　　m——试样烘干至恒重后的质量(g);

　　　S——试样初始面积(m^2)。

17.5.2　膨润土膨胀指数测定

1. 概述

本方法依据《纳基膨润土防水毯》(JG/T 193—2006)编制而成。

2. 仪器设备

1)标准筛:200 目。

2)烘箱。

3)精密天平:精度 0.01g。

4)容量筒。

3. 试样制备

将膨润土试样轻微研磨,过 200 目标准筛,于 105℃±5℃烘干至恒重,然后放在干燥器内冷却至室温。

4. 试验步骤

称取 2.00g 膨润土试样。将膨润土分多次放入已加有 90mL 去离子水的量筒内,每次在大约 30s 内缓慢加入不大于 0.1g 的膨润土,待膨润土沉至量筒底部后再次添加膨润土,相邻两次时间间隔不少于 10min,直至 2.00g 膨润土完全加入量筒中。用玻璃棒使附着在量筒内壁上的土也沉淀至量筒底部,然后将量筒内的水加至 100mL(2h 后,如果发现量筒底部沉淀物中存在夹杂的空气,允许以 45°角缓慢旋转量筒,直到沉淀物均匀)。

5. 试验结果

静置 24h 后,读取沉淀物界面的刻度值(沉淀物不包括低密度的膨润土絮凝物),精确至 0.5mL。

17.5.3　渗透系数测定

1. 概述

钠基膨润土防水毯在一定压差作用下会产生微小渗流,测定在规定水力压差下一定时间内通过试样的渗流量及试样厚度,即可计算求出渗透系数。本方法依据《纳基膨润土防水毯》(JG/T 193—2006)编制而成。

2. 仪器设备

渗透系数测定装置(见图 17-30):包括加压系统、流动测量系统和渗透室等。渗透室内放置试样和透水石,试样夹持部分应保证无侧漏。

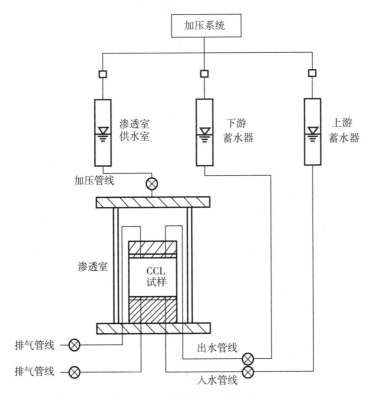

图 17 - 30　渗透系数测定装置

3. 试样制备

样品要求:直径为 70mm,3 个样品。

裁剪两张直径为 70mm±2mm 的滤纸,在一个装有去离子水或除气水的容器内浸渍两块透水石和滤纸。在底盖一侧涂上一层薄薄的高真空硅脂。在渗透室基座上安装一块透水石,在透水石上面依次铺上滤纸、试样和滤纸,然后再放一块透水石后安装上顶盖。围绕试样放置柔性薄膜(薄膜应能承受足够的液压),然后用 O 形圈扩张器在试样两端安装 O 形圈。

4. 试验步骤

1)将渗透室充满水,连接供水室和渗透室的管路,同时接通整个水力系统。在渗透室上作用一个较小的指定压力(7~35kPa),在试样上部和下部施加更小的压力,使整个水力系统的水都流动起来,然后打开排气管线上的阀门,排出入水管线、出水管线和排气管线中的可见气泡以及柔性薄膜内试样上部和下部的可见气泡。

注意:在渗透室内可以注入除气水或其他适合的液体,而在流动测量系统内则只能使用除气水作为渗透液。

2)调节渗透室初始压力为 35kPa,调节试样上部和下部的初始反压为 15kPa。给渗透室及试样上部和下部缓慢增压,保持此状态 48h,使试样达到饱和状态。

3)进行渗透系数测量试验。增加试样下部的压力至 30kPa,待压力稳定后开始测试渗透系数。每隔 1h 测试一次通过试样的流量及横跨试样的水压差,当符合下列几点规定时,可结束试验:(1)8h 内测试的次数不得小于 3 次;(2)最后连续 3 次测试中,进口流量与出口流量的比率应该为 0.75～1.25;(3)最后连续 3 次测得的流量值不应有明显的上升或下降的趋势;(4)最后连续 3 次测得的流量值为平均流量值的 0.75～1.25 倍。测试完毕后,缓慢降低作用于进水管线和出水管线的压力,仔细地拆开渗透仪取出试样,测量并记录试验结束时试样的高度和直径。

注:在试样饱和及测量试样渗透系数的过程中,施加的最大有效压力决不能超过使试样固化的压力。

5. 试验结果

按公式(17-22)计算渗透系数 k,结果保留两位有效数字:

$$k=\frac{a_{in}-a_{out}}{At(a_{in}+a_{out})}L\times\ln(\frac{h_1}{h_2})\qquad(17-22)$$

式中:k——渗透系数(m/s);

a_{in}——流入管线的横截面积(m^2);

a_{out}——流出管线的横截面积(m^2);

L——试样厚度(m);

A——试样的横截面积(m^2);

h_1——t_1 时刻横跨试样的水压差(m);

h_2——t_2 时刻横跨试样的水压差(m);

t——t_1 时刻至 t_2 时刻这段时间差(s)。

17.5.4　滤失量测定

1. 概述

滤失量是指在规定的试验条件下悬浮液滤出的滤液毫升数。本方法依据《纳基膨润土防水毯》(JG/T 193—2006)、《膨润土试验法》(JC/T 593—1995)编制而成。

2. 仪器设备

1)滤失量测定仪:气压式,压力为 700kPa。

2)计时器:测量精度为±0.1min,两个。

3. 试样制备

每 350mL 蒸馏水加 22.5g(水分含量小于 10%)膨润土样品,制备成悬浮体。在搅拌机上边搅拌边把膨润土撒到水中,5min 后,取下高搅杯,把粘在壁上的膨润土刮下,再继续搅拌 15min。在室温下把悬浮体放在密封的容器中存放 16h,在搅拌机上将存放后的悬浮体搅拌 5min。

4. 试验步骤

1)将悬浮体,测完黏度后搅拌 1min。将一个计时器定在 75min,另一个定在 30min,将泥浆样品倒入滤失仪中,至液面到顶缘的距离在 13mm 以内,放上滤纸,把滤失仪装配好。计时,拧紧泄压阀,调整调压器,在 30s 内加上 700kPa±35kPa 的压力。

2)7.5min 后,除去悬挂在排液嘴上的液体。用干燥量筒收集滤液,30min 后,取下悬挂在排液嘴上的液体并拿开量筒,断开压力,记下从 7.5min 到 30min 所收集的液体体积。

5. 试验结果

滤失量按式(17-23)计算:

$$FL = 2V_2 \qquad\qquad (17-23)$$

式中:FL——30min 悬浮液滤出滤液(mL);

　　V_2——滤液体积(mL)。

17.5.5　硬度试验

1. 概述

本试验依据《高分子防水材料　第 2 部分:止水带》(GB 18173.2—2014)、《硫化橡胶或热塑性橡胶压入硬度试验方法　第 1 部分:邵氏硬度计法(邵尔硬度)》(GB/T 531.1—2008)编制而成。

2. 仪器设备

邵氏硬度计。

3. 试样制备

1)厚度要求:使用邵氏 A 型、D 型和 AO 型硬度计测定硬度时,试样的厚度至少 6mm。使用邵氏 AM 型硬度计测定硬度时,试样的厚度至少 1.5mm。对于厚度小于 6mm 和 1.5mm 的薄片,为得到足够的厚度,试样可以由不多于 3 层叠加而成。对于邵氏 A 型、D 型和 AO 型硬度计,叠加后试样总厚度至少 6mm;对于 AM 型,叠加后试样总厚度至少 1.5mm。但由叠层试样测定的结果和单层试样测定的结果不一定一致。

用于比对目的,试样应该是相似的。

注意:对于软橡胶采用薄试样进行测量,受支承台面的影响,将得出较高的硬度值。

2)表面要求:试样尺寸的另一要求是具有足够的面积,使邵氏 A 型、D 型硬度计的测量位置距离任一边缘分别至少 12mm,AO 型至少 15mm,AM 型至少 4.5mm。试样的表面在一定范围内应平整,上下平行,以使压足能和试样在足够面积内进行接触。邵氏 A 型和 D 型硬度计接触面半径至少 6mm,AO 型至少 9mm,AM 型至少 2.5mm。

注意:采用邵氏硬度计一般不能在弯曲、不平和粗糙的表面获得满意的测量结果,然而它们也有特殊应用,比如 ISO 7267-2 适用于橡胶覆盖胶滚筒的表观硬度测定。对这些特殊应用的局限性应有清晰的认识。

4. 试验步骤

1)将试样放在平整、坚硬的表面上,尽可能快速地将压足压到试样上或反之把试样压到压足上。应没有震动,保持压足和试样表面平行以使压针垂直于橡胶表面,当使用支架操作时,最大速度为 3.2mm/s。

2)弹簧试验力保持时间。按照规定加弹簧试验力使压足和试样表面紧密接触,当压足和试样紧密接触后,在规定的时刻读数。对于硫化橡胶标准弹簧试验力保持时间为 3s,热塑性橡胶则为 15s。如果采用其他的试验时间,应在试验报告中说明。未知类型橡胶当作硫化橡胶处理。

3)在试样表面不同位置进行 5 次测量取中值。对于邵氏 A 型、D 型和 AO 型硬度计,不同测量位置两两相距至少 6mm;对于 AM 型,至少相距 0.8mm。

5. 试验结果

各个压入硬度数值以及在弹簧试验力保持时间不是 3s 时每次读数的时间间隔,测量中值、最大值、最小值和相关的标尺。邵氏 A 型、D 型、AO 型和 AM 型硬度计测量结果分别用

Shore A、Shore D、Shore AO 和 Shore AM 单位表示。

17.5.6　拉伸强度、拉断伸长率试验

1. 概述

本试验依据《高分子防水材料　第 2 部分：止水带》(GB 18173.2—2014)、《硫化橡胶或热塑性橡胶拉伸应力应变性能的测定》(GB/T 528—2009)编制而成。

2. 仪器设备

1) 裁刀。

2) 拉力试验机：2 级测力精度。

3. 试样制备

不少于 3 个，制成 2 型哑铃型试样。

4. 试验步骤

1) 将试样对称地夹在拉力试验机的上、下夹持器上，使拉力均匀地分布在横截面上。根据需要，装配一个伸长测量装置。启动试验机，在整个试验过程中连续监测试验长度和力的变化，精度在 ±2% 之内。夹持器的移动速度应为 500mm/min±50mm/min。

2) 如果试样在狭窄部分以外断裂则舍弃该试验结果，并另取一试样进行重复试验。

5. 试验结果

1) 拉伸强度按式 (17-24) 计算：

$$TS = \frac{F_m}{Wt} \tag{17-24}$$

式中：TS——拉伸强度 (MPa)；

　　　F_m——记录的最大力 (N)；

　　　W——裁刀狭窄部分的宽度 (mm)；

　　　t——试验长度部分蚀度 (mm)。

2) 拉断伸长率 E_b 按式 (17-25) 计算，以 % 表示：

$$E_b = \frac{100(L_b - L_0)}{L_0} \tag{17-25}$$

式中：L_b——断裂时的试验长度 (mm)；

　　　L_0——初始试验长度 (mm)。

17.5.7　压缩永久变形试验

1. 概述

本试验依据《高分子防水材料　第 2 部分：止水带》(GB 18173.2—2014)、《硫化橡胶或热塑性橡胶　压缩永久变形的测定　第 1 部分：在常温及高温条件下》(GB/T 7759.1—2015)编制而成。

2. 仪器设备

1) 压缩装置：包括压缩板、钢制限制器和紧固件。

2) 老化箱：应符合 GB/T 3512—2014 中方法 A 或方法 B 的要求，能保持压缩装置和试

样在试验温度的公差范围内。

3）镊子：用于装取试样。

4）厚度计：精确至±0.01mm。

5）计时装置：用于计算恢复时间，精度为±1s。

3. 试样制备

1）尺寸要求。B 型：试样直径为 13.0mm±0.5mm、高度为 6.3mm±0.3mm 的圆柱体。

B 型适用于从成品中裁切的试样。这种情况下，除非另有规定，应尽可能从成品的中心部位裁取试样。如可能，在裁切时，试样的中轴应平行于成品在使用时的压缩方向。

2）试样制备方法如下。

（1）试样应尽可能通过模压法进行制备，也可以通过裁切法或薄片叠合（不超过三层）的方法进行制备。当使用薄片叠合法制备的试样来控制成品性能时，应征得各方的同意。

（2）试样的裁切应符合 GB/T 2941 的规定。当发生裁切面变形（形成凹面）时，将裁切分为两步进行可以改善试样的形状：第一步先裁切一个大尺寸的试样；第二步用另一把裁刀将试样修整到规定尺寸。

（3）由薄片叠合的试样应从薄胶片上裁切后叠合在一起，每个试样叠合不超过三层，不需粘接。将叠合好的试样略微压缩 1min，使试样附着成一个整体。然后测量总的高度。

3）试样数量：至少测试 3 个试样，单个或者一起进行试验。

4. 试验步骤

1）压缩装置的准备。将装置置于标准试验室温度下，仔细清洁表面，在压缩板与试样接触的表面上涂一薄层润滑剂。

2）高度测量。在标准实验室温度下，测量每个试样中心部位的高度，精确到 0.01mm。

注意：三个试样高度相差不超过 0.05mm。

3）施加压缩。将试样与限制器置于两压缩板之间适当的位置，应避免试样与螺栓或限制器相接触，慢慢旋紧紧固件，使两压缩板均匀地靠近直到与限制器相接触。所施加的压缩应为试样初始高度的 25%±2%，对于硬度较高的试样则应为 15%±2% 或 15%±1%。

4）开始试验。对于在高温下进行的试验，将装好试样的压缩装置立即放入已达到试验温度的老化箱中间部位。对于在常温下进行的试验，将装好试样的压缩装置置于温度调节至标准实验室温度的房间。

5）结束试验。对于在常温下进行的试验，到达规定试验时间后，立即松开试样，将试样置于木板上。让试样在标准实验室温度下恢复 30min±3min，然后测量试样高度。

在高温下，到达规定试验时间后，将试验装置从老化箱中取出，立即松开试样，并快速地将试样置于木板上，让试样在标准实验室温度下恢复 30min±3min，然后测量试样高度。

6）内部检查。试验完成后，沿着直径方向将试样切成两部分。若有内部缺陷，如有气泡，应重新进行试验。

5. 试验结果

1）压缩永久变形以初始压缩的百分数来表示，按式（17-26）计算：

$$C=\frac{h_0-h_1}{h_0-h_s}\times100\% \tag{17-26}$$

式中:h_0——试样初始高度(mm);

　h_1——试样恢复后的高度(mm);

　h_s——限制器高度(mm)。

2)计算结果精确到 1%。

17.5.8　撕裂强度试验

1. 概述

本试验依据《高分子防水材料　第 2 部分:止水带》(GB 18173.2—2014)、《硫化橡胶或热塑性橡胶撕裂强度的测定(裤形、直角形和新月形试样)》(GB/T 529—2008)编制而成。

2. 仪器设备

1)裁刀、割口器。

2)拉力试验机:拉力试验机应符合 ISO 5893 的规定,其测力精度达到 B 级。作用力误差应控制在 2% 以内,试验过程中夹持器移动速度要保持规定的恒速:裤形试样的拉伸速度为 100mm/min ± 10mm/min,直角形或新月形试样的拉伸速度为 500mm/min ± 50mm/min。使用裤形试样时,应采用有自动记录力值装置的低惯性拉力试验机。

3)夹持器。

3. 试样制备

1)试样应从厚度均匀的试片上裁取。试片的厚度为 2.0mm±0.2mm。试片可以模压或通过制品进行切割、打磨制得。

试片硫化或制备与试样裁取之间的时间间隔,应按 GB/T 2941 中的规定执行。在此期间,试片应完全避光。

2)裁切试样前,试片应按 GB/T 2941 中的规定,在标准温度下调节至少 3h。

试样是通过冲压机利用裁刀从试片上一次裁切而成,试片在裁切前可用水或皂液润湿,并置于一个起缓冲作用的薄板(例如皮革、橡胶带或硬纸板)上,裁切应在刚性平面上进行。

3)裁切试样时,撕裂割口的方向应与压延方向一致。如有要求,可在相互垂直的两个方向上裁切试样。断裂扩展的方向,直角形试样应垂直于试样的长度方向。

4. 试验步骤

1)按 GB/T 2941 中的规定,试样厚度的测量应在其撕裂区域内进行,厚度测量不少于三点,取中位数。任何一个试样的厚度值不应偏离该试样厚度中位数的 2%。如果多组试样进行比较,则每组试样厚度中位数应在所有组中试样厚度总的中位数的 75% 范围内。

2)试样进行调节后,立即将试样安装在拉力试验机上,在下列夹持器移动速度下,对试样进行拉伸,直至试样断裂。记录直角形试样的最大力值。

5. 试验结果

1)撕裂强度按式(17 - 27)计算。

$$T_s = \frac{F}{d} \tag{17 - 27}$$

式中:T_s——撕裂强度(kN/m);

　F——试样撕裂时所需的力,取力值 F 的最大值(N);

d——试样厚度的中位数(mm)。

2)试验结果以每个方向试样的中位数、最大值和最小值共同表示,数值准确到整数位。

17.5.9　体积膨胀倍率试验

1. 概述

本试验依据《高分子防水材料　第3部分:遇水膨胀橡胶》(GB 18173.3—2014)编制而成。

2. 仪器设备

电子天平:精度为0.001g。

3. 试样制备

试样尺寸:长、宽均为20.0mm±0.2mm,厚度为2.0mm±0.2mm,试样数量为3个。用成品制作试样时,应去掉表层。

4. 试验步骤

1)将制作好的试样先用天平称出在空气中的质量,然后再称出试样悬挂在蒸馏水中的质量。

2)将试样浸泡在23℃±5℃的300mL蒸馏水中,试验过程中,应避免试样重叠及水分的挥发。

3)试样浸泡72h后,先用天平称出其在蒸馏水中的质量,然后用滤纸轻轻吸干试样表面的水分称出试样在空气中的质量。

4)如试样密度小于蒸馏水容度,试样应悬挂坠子使试样完全浸没于蒸馏水中。

5. 试验结果

1)体积膨胀倍率按式(17-28)计算:

$$\Delta V = \frac{m_3 - m_4 + m_5}{m_1 - m_2 + m_5} \times 100\%$$ (17-28)

式中:ΔV——体积膨胀倍率(%);

　　m_1——浸泡前试样在空气中的质量(g);

　　m_2——浸泡前试样在蒸馏水中的质量(g);

　　m_3——浸泡后试样在空气中的质量(g);

　　m_4——浸泡后试样在蒸馏水中的质量(g);

　　m_5——坠子在蒸馏水中的质量(g)。

2)取3个试样的算术平均值。

17.5.10　剪切状态下的粘合性试验

1. 概述

本试验依据《高分子防水卷材胶粘剂》(JC/T 863—2011)编制而成,适用于以合成弹性体为基料冷粘结的高分子防水卷材胶粘剂。

2. 仪器设备

1)拉力试验机:测量范围为0~2500N,示值精度为±1%,配有记录装置。

2)恒温干燥箱:温度可调至 80℃±2℃。

3)恒温水浴:控温精度为±0.5℃。

4)天平:最大称量为 500g,感量为 100mg。

5)压辊:符合 GB/T 4851 的规定。

3. 试样制备

1)被粘材料表面处理和胶粘剂的使用方法均按生产厂产品说明书的要求进行。试样粘合时应用压辊反复滚压三次,排除气泡。注意滚压时,只能用产生于压辊质量的力,施加于试样上。

2)水泥砂浆试板的制备。用强度等级为 42.5 的硅酸盐水泥与标准砂按 1:1.5 比例、水灰比 0.4～0.5 配制水泥砂浆,倒入内腔尺寸为 150mm×60mm×10mn 的模具中,表面抹平。将成型的试块在试验室条件下养护 24h 后拆模,放入约 20℃的水中继续养护至少 7d,取出将表面清洗干净,并在自然条件下干燥 7d 以上备用。出厂检验时允许采用厚度约5mm、尺寸为 150mm×60mm 石棉水泥试板。

3)卷材试件的制备。

(1)标准试验条件养护:将试件在标准试验条件下放置 168h。

(2)热处理:将按上述要求制备并经过标准试验条件养护的试件按 GB/T 3512 的规定进行热处理试验。试验条件为 80℃、168h。

(3)碱处理:将按上述要求制备并经过标准试验条件养护的试件按 GB/T 1690 的规定进行碱处理试验。试验条件为在 23℃±2℃的 10%氢氧化钙[Ca(OH)$_2$]溶液中浸泡 168h。

4. 试验步骤

在标准试验条件下,将经过养护、处理的试件分别装夹在拉力试验机上,以250mm/min±50mm/min 的速度进行拉伸剪切试验,夹距为 120～200mm,记录最大拉力P。在测试卷材——基底试件时,应使卷材在拉伸过程中保持垂直。

5. 试验结果

拉伸剪切时,试件若有一个或一个以上在粘接面滑脱,则剪切状态下的粘合性以剪切强度表示,按式(17-29)计算,精确到 0.1N/mm。计算每个试件及各组试件的测试结果,并计算热处理和碱处理后剪切状态下的粘合性的保持率。试验结果以五个试件的算术平均值表示。

拉伸剪切时,若试件都是卷材断裂,则报告为卷材破坏。

$$\sigma = \frac{P}{b} \qquad (17-29)$$

式中:σ——剪切状态下的粘合性(N/mm);

P——最大拉力(N);

b——试件粘结面宽度(mm)。

17.5.11　剥离强度

1. 概述

本试验依据《高分子防水卷材胶粘剂》(JC/T 863—2011)编制而成,适用于以合成弹性体为基料冷粘结的高分子防水卷材胶粘剂。

2. 仪器设备

1)拉力试验机:测量范围为 0~2500N,示值精度为±1%,配有记录装置。

2)恒温干燥箱:温度可调至 80℃±2℃。

3)恒温水浴:控温精度为±0.5℃。

4)天平:最大称量为 500g,感量为 100mg。

5)压辊:符合 GB/T 4851 中的规定。

3. 试样制备

1)按要求裁取试片,用毛刷在每块试片上涂刷搭接胶样品,按图 17-30 所示进行粘合,并在标准试验条件下放置 24h,然后按 JC/T 863—2011 中表 2 裁取试件。

2)浸水处理:将经过标准试验条件下养护的试件在 23℃±2℃的水中放置 168h,取出后在标准试验条件下放置 4h。

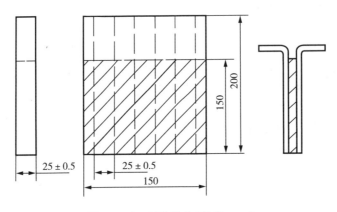

图 17-31　试片粘合(单位:mm)

4. 试验步骤

在标准试验条件下,将经过养护,处理的试件分别装夹在拉力试验机上,按 GB/T 2791 的规定,以 100mm/min±10mm/min 的速度进行剥离试验。

5. 试验结果

按 GB/T 2791 的规定计算每个试件的平均剥离强度及每组试件的剥离强度平均值,并计算浸水后剥离强度的保持率。

17.5.12　固体含量测定

1. 概述

本方法依据《建筑表面用有机硅防水剂》(JC/T 902—2002)编制而成。

2. 仪器设备

1)培养皿:直径为 75~80mm,边高为 8~15mm。

2)干燥器:内放变色硅胶或无水氯化钙。

3)天平:感量为 0.001g。

4)电热鼓风干燥箱:控温精度为±2℃。

5)坩埚钳。

6)玻璃棒:长约 150mm。

3. 试样制备

在 105℃±2℃（或其他商定温度）的烘箱内,干燥玻璃、马口铁或铝制的圆盘和玻璃棒,并在干燥器内使其冷却至室温。称量带有玻璃棒的圆盘,准确到 1mg,然后以同样的精确度在盘内称入受试产品 2g±0.2g（或其他双方认为合适的数量）。确保样品均匀地分散在盘面上。

4. 试验步骤

1）把盛玻璃棒和试样的盘一起放入预热到 105℃±2℃（或其他商定温度）的烘箱内,保持 3h（或其他商定的时间）。经短时间的加热后从烘箱内取出盘,用玻璃棒搅拌试样,把表面结皮加以破碎。再将棒、盘放回烘箱。

2）到规定的加热时间后,将盘、棒移入干燥器内,冷却到室温再称重,精确到 1mg。

3）试验平行测定至少两次,结果精确至 1%。

5. 试验结果

固体含量按式（17-30）计算:

$$X = \frac{m_2 - m}{m_1 - m} \times 100 \qquad (17-30)$$

式中:X——固体含量（%）;

　　m——培养皿质量（g）;

　　m_1——干燥前试样和培养皿质量（g）;

　　m_2——干燥后试样和培养皿质量（g）。

17.5.13　低温弯折试验

1. 概述

本试验依据《高分子防水材料　第 1 部分:片材》（GB 18173.1—2012）编制而成。

2. 仪器设备

低温弯折仪（见图 17-32）应由低温箱和弯折板两部分组成。低温箱应能在 0～－40℃ 自动调节,误差为±2℃,且能使试样在被操作过程中保持恒定温度;弯折板由金属平板、转轴和调距螺丝组成,平板间距可任意调节。

3. 试样制备

将规格尺寸检测合格的卷材展平后在标准状态下静置 24h,裁取试验所需的足够长度试样,裁取所需试样,试片距卷材边缘不得小于 100mm。裁切复合片时应顺着织物的纹路,尽量不破坏纤维并使工作部分保证最大的纤维根数。

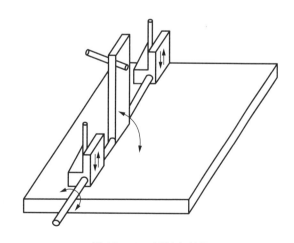

图 17-32　低温弯折仪

4. 试验步骤

1)试验室温度:23℃±2℃,试样在试验室温度下停放时间不少于24h。

2)将试样弯曲180°(自黏片时自黏层在外侧),使50mm宽的试样边缘重合、齐平,并用定位夹或10mm宽的胶布将边缘固定,以保证其在试验中不发生错位,并将弯折仪的两平板间距调到片材厚度的三倍。

将弯折仪上平板打开,将厚度相同的两块试样平放在底板上,重合的一边朝向转轴,且距转轴20mm;在规定温度下保持1h之后迅速压下上平板,达到所调间距位置,保持1s后将试样取出,观察试样弯折处是否断裂,并用放大镜观察试样弯折处受拉面有无裂纹。

5. 试验结果

用8倍放大镜观察试样表面,以纵横向试样均无裂纹为合格。

17.5.14 拉力、延伸率试验

1. 概述

本试验依据《坡屋面用防水材料聚合物改性沥青防水垫层》(JC/T 1067—2008)、《建筑防水卷材试验方法 第8部分:沥青防水卷材拉伸性能》(GB/T 328.8—2007)编制而成。

2. 仪器设备

拉伸试验机有连续记录力和对应距离的装置,能按下面规定的速度均匀地移动夹具。拉伸试验机有足够的量程(至少2000N)和夹具移动速度100mm/min±10mm/min,夹具宽度不小50mm拉伸试验机的夹具能随着试件拉力的增加而保持或增加夹具的夹持力,对于厚度不超3mm的产品能夹住试件使其在夹具中的滑移不超过1mm,更厚的产品不超过2mm。这种夹持方法不应在夹具内外产生过早的破坏。

为防止从夹具中的滑移超过极限值,允许用冷却的夹具,同时实际的试件伸长用引伸计测量。力值测量至少应符合JJG 139—1999中的2级(±2%)要求。

3. 样品制备

整个拉伸试验应制备两组试件,一组纵向5个试件,一组横向5个试件。试件在试样上距边缘150mm以上任意裁取,用模板,或用裁刀,矩形试件宽为50mm±0.5mm、长为(200mm+2×夹持长度),长度方向为试验方向。表面的非持久层应去除。试件在试验前在23℃±2℃和相对湿度30%~70%的条件下至少放置20h。

4. 试验步骤

1)将试件紧紧地夹在拉伸试验机的夹具中,注意试件长度方向的中线与试验机夹具中心在一条线上。夹具间距离为200mm±2mm,为防止试件从夹具中滑移应作标记。当用引伸计时,试验前应设置标距间距离为180mm±2mm。为防止试件产生任何松弛,推荐加载不超过5N的力。

2)试验在23℃±2℃下进行,夹具移动的恒定速度为100mm/min±10mm/min,连续记录拉力和对应的夹具(或引伸计)间距离。

5. 试验结果

1)记录得到的拉力和距离,或记录最大的拉力和对应的由夹具(或引伸计)间距离与起始距离的百分率计算的延伸率。

2)去除任何在夹具 10mm 以内断裂或在试验机夹具中滑移超过极限值的试件的试验结果,用备用件重测。

3)最大拉力单位为 N/50mm,对应的延伸率用百分率表示,作为试件同一方向结果。分别记录每个方向 5 个试件的拉力值和延伸率,计算平均值。拉力的平均值修约到 5N,延伸率的平均值修约到 1%。

4)同时对于复合增强的卷材在应力-应变图上有两个或更多的峰值,拉力和延伸率应记录两个最大值。

第 18 章　混凝土掺合料

18.1　混凝土拌合用水中氯离子含量测定

18.1.1　概述

　　水是混凝土制作中必不可少的一种原材料,如果混凝土拌合用水中氯离子含量过大,易造成混凝土中氯离子含量超标,因此,必须对混凝土中氯离子含量进行测定,以确定这种水是否符合混凝土拌和用水的标准要求。

　　本方法依据《水质　氯化物的测定　硝酸银滴定法》(GB 11896—89)编制而成。

18.1.2　仪器设备

　　1)锥形瓶:250mL。

　　2)棕色滴定管:25mL。

　　3)吸管:50mL、25mL。

18.1.3　试剂

　　1)分析中仅使用分析纯试制及蒸馏水或去离子水。

　　2)过氧化氢(H_2O_2):30%质量浓度。

　　3)乙醇(C_6H_5OH):95%质量浓度。

　　4)硫酸溶液:$c(1/2H_2SO_4)=0.05mol/L$。

　　5)氢氧化钠溶液:$c(NaOH)=0.05mol/L$。

　　6)分析中仅使用分析纯试制及蒸馏水或去离子水。

　　7)高锰酸钾,$c(1/5KMnO_4)=0.01mol/L$。

　　8)氢氧化铝悬浮液:溶解125g硫酸铝钾[$KAl(SO_4)_2 \cdot 12H_2O$]于1L蒸馏水中,加热至60℃,然后边搅拌边缓缓加入55mL浓氨水放置约1h后,移至大瓶中,用倾泻法反复洗涤沉淀物,直到洗出液不含氯离子为止。用水稀至约为300mL。

　　9)氯化钠标准溶液,$c(NaCl)=0.0141mol/L$,相当于500mg/L氯化物含量:将氯化钠(NaCl)置于瓷坩埚内,在500~600℃下灼烧40~50min。在干燥器中冷却后称取8.2400g,溶于蒸馏水中,在容量瓶中稀释至1000mL。用吸管吸取10.0mL,在容量瓶中准确稀释至100mL。1.00mL此标准溶液含0.50mg氯化物(Cl^-)。

　　10)硝酸银标准溶液,$c(AgNO_3)=0.0141mol/L$:称取2.3950g于105℃烘半小时的硝酸银($AgNO_3$),溶于蒸馏水中,在容量瓶中稀释至1000mL,贮于棕色瓶中。

用氯化钠标准溶液标定其浓度:用吸管准确吸取 25.00mL 氯化钠标准溶液于 250mL 锥形瓶中,加蒸馏水 25mL。另取一锥形瓶,量取蒸馏水 50mL 作空白。各加入 1mL 铬酸钾溶液,在不断地摇动下用硝酸银标准溶液滴定至砖红色沉淀刚刚出现为终点。计算每毫升硝酸银溶液所相当的氯化物量,然后校正其浓度,再作最后标定。1.00mL 此标准溶液相当于 0.50mg 氯化物(Cl⁻)。

11)铬酸钾溶液(50g/L):称取 5g 铬酸钾(K_2CrO_4)溶于少量蒸馏水中,滴加硝酸银溶液至有红色沉淀生成。摇匀,静置 12h,然后过滤并用蒸馏水将滤液稀释至 100mL。

12)酚酞指示剂溶液:称取 0.5g 酚酞溶于 50mL 95%的乙醇中,加入 50mL 蒸馏水,再滴加 0.05mol/L 氢氧化钠溶液使呈微红色。

18.1.4　试验步骤

1. 制样

如水样浑浊及带有颜色,则取 150mL 或取适量水样稀释至 150mL,置于 250mL 锥形瓶中,加入 2mL 氢氧化铝悬浮液,振荡过滤,弃去最初滤下的 20mL,用干的清洁锥形瓶接取滤液备用。

如果有机物含量高或色度高,可用茂福炉灰化法预先处理水样。取适量废水样于瓷蒸发皿中,调节 pH 值至 8~9,置水浴上蒸干,然后放入茂福炉中在 600℃下灼烧 1h,取出冷却后,加 10mL 蒸馏水,移入 250mL 锥形瓶中,并用蒸馏水清洗三次,一并转入锥形瓶中,调节 pH 到 7 左右,稀释至 50mL。

由有机质而产生的较轻色度,可以加入 0.01mol/L 高锰酸钾 2mL,煮沸。再滴加乙醇以除去多余的高锰酸钾至水样褪色,过滤,滤液贮于锥形瓶中备用。

如果水样中含有硫化物、亚硫酸盐或硫代硫酸盐,则加氢氧化钠溶液将水样调至中性或弱碱性,加入 1mL 30%的过氧化氢,摇匀。一分钟后加热至 70~80℃,以除去过量的过氧化氢。

2. 测定

1)用吸管吸取 50mL 水样或经过预处理的水样(若氯化物含量高,可取适量水样用蒸馏水稀释至 50mL),置于锥形瓶中。另取一锥形瓶加入 50mL 蒸馏水作空白试验。

2)如水样 pH 值为 6.5~10.5 时,可直接滴定,超出此范围的水样应以酚酞作指示剂,用稀硫酸或氢氧化钠的溶液调节至红色刚刚退去。加入 1mL 铬酸钾溶液,用硝酸银标准溶液滴定至砖红色沉淀刚刚出现即为滴定终点。同法作空白滴定。

18.1.5　试验结果

混凝土拌合用水中氯离子含量按式(18-1)计算:

$$c=\frac{(V_2-V_1)\times M\times 35.45\times 1000}{V} \tag{18-1}$$

式中:V_1——蒸馏水消耗硝酸银标准溶液量(mL);

V_2——试样消耗硝酸银标准溶液量(mL);

M——硝酸银标准溶液浓度(mol/L);

V——试样体积(mL)。

18.2　混凝土拌合用水 pH 值试验

18.2.1　概述

pH 值由测量电池的电动势而得。本试验依据《水质　pH 值的测定　玻璃电极法》(GB 6920—86)编制而成。

18.2.2　仪器设备

1)酸度计或离子浓度计:精度为 0.1pH 单位,测量范围为 0～14。
2)电极:玻璃电极、饱和甘汞电极。

18.2.3　试剂

1)标准缓冲溶液的配置方法。

(1)试剂和蒸馏水的要求:在分析中,除非另作说明,均要求使用分析纯或优级纯试剂。购买经检定合格的袋装 pH 标准物质时,可参照说明书使用。

配制标准溶液所用的蒸馏水应符合下列要求:煮沸并冷却、电导率小于 2×10^{-6} S/cm 的蒸馏水,其 pH 宜为 6.7～7.3。

(2)测量 pH 时,按水样呈酸性、中性和碱性三种可能。常配制以下三种标准溶液。

① pH 标准溶液甲(pH 为 4.008,25℃):称取先在 110～130℃下干燥 2～3h 的邻苯二甲酸氢钾($KHC_8H_4O_4$)10.12g,溶于水并在容量瓶中稀释至 1L。

② pH 标准溶液乙(pH 为 6.865,25℃):分别称取先在 110～130℃下干燥 2～3h 的磷酸二氢钾(KH_2PO_4)3.388g 和磷酸氢二钠(Na_2HPO_4)3.533g,溶于水并在容量瓶中稀释至 1L。

③ pH 标准溶液丙(pH 为 9.180,25℃):为了使晶体具有一定的组成,应称取与饱和溴化钠(或氯化钠加蔗糖)溶液(室温)共同放置在干燥器中平衡两昼夜的硼砂($Na_2B_4O_7\cdot10H_2O$)3.80g,溶于水并在容量瓶中稀释至 1L。

2)当被测样品 pH 值过高或过低时,应使用与其 pH 值相近的标准溶液校正仪器。

3)标准溶液的保存方法:

(1)标准溶液应在聚乙烯瓶或硬质玻璃瓶中密闭保存;

(2)室温条件下,标准溶液一般保存 1～2 个月为宜,当发现浑浊、发霉或沉淀等现象时,不能继续使用;

(3)在 4℃冰箱内存放,且用过的标准溶液不允许倒回原试剂瓶中。

18.2.4　试验步骤

1. 仪器校准

操作程序按仪器使用说明书进行。先将水样与标准溶液调到同一温度,记录测定温度,并将仪器温度补偿旋钮调至该温度上。

用标准溶液校正仪器,该标准溶液与水样 pH 相差不超过 2 个 pH 单位。从标准溶液中取出电极,彻底冲洗并用滤纸吸干。再将电极浸入第二个标准溶液中,其 pH 大约与第一个标准溶液相差 3 个 pH 单位,如果仪器响应的示值与第二个标准溶液的 pH(S)值之差大于 0.1pH 单位,就要检查仪器、电极或标准溶液是否存在问题。当三者均正常时,方可用于测定样品。

2. 样品测定

测定样品时,先用蒸馏水认真冲洗电极,再用水样冲洗,然后将电极浸入样品中,小心摇动或进行搅拌使其均匀,静置,待读数稳定时记下 pH 值。

18.3 混凝土拌合用水中硫酸盐含量测定

18.3.1 概述

本方法依据《水质 硫酸盐的测定 重量法》(GB 11899—89)编制而成,可以准确地测定硫酸盐含量 10mg/L(以 SO_4^{2-} 计)以上的水样,测定上限为 5000mg/L(以 SO_4^{2-} 计)。

18.3.2 仪器设备

1)蒸汽浴。

2)烘箱:带恒温控制器。

3)马弗炉:最高温度为 1300℃。

4)干燥器。

5)分析天平:感量 0.1mg。

6)滤纸,酸洗过,无灰分,经硬化处理过能阻留微细沉淀的致密滤纸,即慢速定量滤纸及中速定量滤纸。

7)滤膜:孔径为 0.45μm。

8)熔结玻璃坩埚:G4,容量为 30mL。

9)瓷坩埚:容量为 30mL。

10)铂蒸发皿:容量为 250mL。

注意:可用 30~50mL 代替 250mL 铂蒸发皿,水样体积大时,可分次加入。

18.3.3 试剂

本方法所用试剂除另有说明外,均为认可的分析纯试剂,所用水为去离子水或相当纯度的水。

1)盐酸(1+1)。

2)二水合氯化钡溶液,100g/L:将 100g 二水合氯化钡($BaCl_2 \cdot 2H_2O$)溶于约 800mL 水中,加热有助于溶解,冷却溶液并稀释至 1L。贮存在玻璃或聚乙烯瓶中。此溶液能长期保持稳定。此溶液 1mL 可沉淀约 40mg SO_4^{2-}。

注意:氯化钡有毒,谨防入口。

3)氨水(1+1)。

注意:氨水能导致烧伤、刺激眼睛、呼吸系统和皮肤。

4)甲基红指示剂溶液(1g/L):将0.1g甲基红钠盐溶解在水中,并稀释到100mL。

5)硝酸银溶液(0.1mol/L):将1.7g硝酸银溶解于80mL水中,加0.1mL浓硝酸,稀释至100mL,贮存于棕色玻璃瓶中,避光保存长期稳定。(此溶液用于检验氯化物)

6)无水碳酸钠。

18.3.4 试验步骤

1. 预处理

1)将量取的适量可滤态试料(如含50mg SO_4^{2-})置于500mL烧杯中,加两滴甲基红指示剂,用适量的盐酸(1+1)或者氨水(1+1)调至显橙黄色,再加2mL盐酸(1+1),加水使烧杯中溶液的总体积至200mL,加热煮沸至少5min。

2)如果试料中二氧化硅的浓度超过25mg/L,则应将所取试料置于铂蒸发皿中,在蒸气浴上蒸发到近干,加1mL盐酸(1+1),将铂蒸发皿倾斜并转动使酸和残渣完全接触,继续蒸发到干,放在180℃的烘箱内完全烘干。如果试料中含有机物质,就在燃烧器的火焰上炭化,然后用2mL水和1mL盐酸(1+1)把残渣浸湿,再在蒸气浴上蒸干。加入2mL盐酸(1+1),用热水溶解可溶性残渣后过滤。用少量热水多次反复洗涤不溶解的二氧化硅,将滤液和洗液合并,调节酸度。

3)若需要测总量而试料中又含有不溶解的硫酸盐,则将试料用中速定量滤纸过滤,并用少量热水洗涤滤纸,将洗涤液和滤液合并,将滤纸转移到铂蒸发皿中,在低温燃烧器上加热灰化滤纸,将4g无水碳酸钠同皿中残渣混合,并在900℃加热使混合物熔融,放冷,用50mL水将熔融混合物转移到500mL烧杯中,使其溶解,并与滤液和洗液合并,调节酸度。

2. 沉淀

将上述预处理所得的溶液加热至沸,在不断搅拌下缓慢加入10mL±5mL热的100g/L氯化钡溶液,直到不再出现沉淀,然后多加2mL,在80~90℃下保持不少于2h,或在室温至少放置6h,最好过夜以陈化沉淀。

注意:缓慢加入氯化钡溶液、煮沸均为促使沉淀凝聚减少其沉淀的可能性。

3. 过滤、沉淀灼烧或烘干

1)灼烧沉淀法。用少量无灰过滤纸纸浆与硫酸钡沉淀混合,用定量致密滤纸过滤,用热水转移并洗涤沉淀,用几份少量温水反复洗涤沉淀物,直至洗涤液不含氯化物为止。滤纸和沉淀一起,置于事先在800℃灼烧恒重后的瓷坩埚里烘干,小心灰化滤纸后(不要让滤纸烧出火焰),将坩埚移入高温炉里,在800℃灼烧1h,放在干燥器内冷却,称重,直至灼烧至恒重。

2)烘干沉淀法。用在105℃干燥并已恒重后的熔结玻璃坩埚(G4)过滤沉淀,用带橡皮头的玻璃棒及温水将沉淀定量转移到坩埚中去,用几份少量的温水反复洗涤沉淀,直至洗涤液不含氯化物。取下坩埚,并在烘箱内于105℃±2℃干燥1~2h,放在干燥器内冷却,称重,直至干燥至恒重。

洗涤过程中氯化物的检验:在含约5mL硝酸银溶液的小烧杯中收集约5mL的洗涤水,如果没有沉淀生成或者不显浑浊,即表明沉淀中已不含氯离子。

18.3.5　试验结果

硫酸根（SO_4^{2-}）的含量按式(18-2)计算：

$$m=\frac{m_1\times411.6\times1000}{V} \tag{18-2}$$

式中：m_1——从试料中沉淀出来的硫酸钡重量(g)；

　　V——试料的体积(mL)；

　　411.6——$BaSO_4$质量换算为SO_4^{2-}的因子。

18.4　混凝土拌合用水中不溶物含量测定

18.4.1　概述

混凝土拌和用水中不溶物是指水样通过孔径为 $0.45\mu m$ 的滤膜，截留在滤膜上并于$103\sim105℃$下烘干至恒重的固体物质。本方法依据《水质　悬浮物的测定　重量法》(GB 11901—89)编制而成。

18.4.2　仪器设备

1)全玻璃微孔滤膜过滤器。

2)CN-CA滤膜：孔径为 $0.45\mu m$、直径为 60mm。

3)吸滤瓶、真空泵、无齿扁嘴镊子等。

18.4.3　试验步骤

1. 滤膜准备

用无齿扁嘴镊子夹取微孔滤膜放于事先恒重的称量瓶里，移入烘箱中于$103\sim105℃$下烘干半小时后取出置于干燥器内冷却至室温，称其重量。反复烘干、冷却、称量，直至两次称量的重量差不大于 0.2mg。将恒重的微孔滤膜正确地放在滤膜过滤器的滤膜托盘上，加盖配套的漏斗，并用夹子固定好。以蒸馏水湿润滤膜，并不断吸滤。

2. 测定

量取充分混合均匀的试样 100mL 抽吸过滤。使水分全部通过滤膜。再以每次 10mL蒸馏水连续洗涤三次，继续吸滤以除去痕量水分。停止吸滤后，仔细取出载有悬浮物的滤膜放在原恒重的称量瓶里，移入烘箱中于$103\sim105℃$下烘干 1h 后移入干燥器中，冷却到室温，称其重量。反复烘干、冷却、称量，直至两次称量的重量差不大于 0.4mg 为止。

注意：滤膜上截留过多的悬浮物可能夹带过多的水分，除延长干燥时间外，还可能造成过滤困难，遇此情况，可酌情少取试样。滤膜上悬浮物过少，则会增大称量误差，影响测定精度，必要时，可增大试样体积。一般以 $5\sim100mg$ 悬浮物量作为量取试样体积的适用范围。

18.4.4　试验结果

水中悬浮物(不溶物)浓度按式(18-3)计算：

$$c = \frac{(A-B) \times 10^6}{V} \tag{18-3}$$

式中：c——水中悬浮物(不溶物)浓度(mg/L)；

　　　A——悬浮物、滤膜和称重瓶的质量(g)；

　　　B——滤膜和称重瓶的质量(g)；

　　　V——试样体积(mL)。

18.5　混凝土拌合用水中可溶物含量测定

18.5.1　概述

混凝土拌合用水中可溶物含量，又称为溶解性总固体，是指水样经过滤后，在一定温度下烘干所得的固体残渣，包括不易挥发的可溶性盐类、有机物及能通过滤器的不溶性微粒等。本方法依据《生活饮用水标准检验方法　第4部分：感官性状和物理指标》(GB/T 5750.4—2023)编制而成。

18.5.2　仪器设备

1)分析天平：分辨力不低于0.0001g。

2)水浴锅。

3)电恒温干燥箱。

4)蒸发皿：100mL。

5)干燥器：用硅胶作干燥剂。

6)中速定量滤纸或滤膜(孔径为0.45μm)及相应滤器。

18.5.3　试剂

碳酸钠溶液(10g/L)：称取10g无水碳酸钠(Na_2CO_3)，溶于纯水中，稀释至1000mL。

18.5.4　试验步骤

1. 溶解性总固体(在105℃±3℃下烘干)

1)将蒸发皿洗净，放在105℃±3℃的烘箱内30min。取出，于干燥器内冷却30min。

2)在分析天平上称量，再次烘烤、称量，直至恒定质量(两次称量相差不超过0.0004g)。

3)将水样上清液用滤器过滤。用无分度吸管吸取过滤水样100mL于蒸发皿中，如水样的溶解性总固体过少时可增加水样体积。

4)将蒸发皿置于水浴上蒸干(水浴液面不要接触皿底)。将蒸发皿移入105℃±3℃的烘箱内,1h 后取出。干燥器内冷却 30min,称量。

5)将称过质量的蒸发皿再放入 105℃±3℃的烘箱内 30min,干燥器内冷却 30min,称量,直至恒定质量。

2. 溶解性总固体(在 180℃±3℃下烘干)

1)按"溶解性总固体(在 105℃±3℃下烘干)"步骤将蒸发皿在 180℃±3℃下烘干并称量至恒定质量。

2)吸取 100mL 水样于蒸发皿中,精确加入 25.0mL 碳酸钠溶液于蒸发皿内,混匀。同时做一个只加 25.0mL 碳酸钠溶液的空白试验。计算水样结果时应减去碳酸钠空白试验的质量。

18.4.5　试验结果

水样中溶解性总固体的质量浓度按式(18-4)计算:

$$\rho(\text{TDS}) = \frac{(m_1 - m_0) \times 1000}{V} \tag{18-4}$$

式中:$\rho(\text{TDS})$——水样中溶解性总固体的质量浓度(mg/L);

m_0——蒸发皿的质量(mg);

m_1——蒸发皿和溶解性总固体的质量(mg);

V——水样体积(mL)。

第 19 章　其他市政工程材料试验

19.1　混凝土路缘石抗折强度试验

19.1.1　概述

本节中混凝土路缘石系指以水泥和普通集料等为主要原料,经振动法或以其他能达到同等效能的方法预制的铺设在路面边缘、路面界限及导水用路缘石,其可视面可以是有面层(料)或无面层(料)的、本色、彩色及表面加工的。

本试验依据《混凝土路缘石》(JC/T 899—2016)中附录 B 编制而成,试样数量为 3 个。

19.1.2　仪器设备

1)试验机:试验机的示值相对误差应不大于 1%,试样的预期破坏荷载值为试验机全量程的 20%～80%。

2)加载压块:采用厚度大于 20mm、直径为 50m、硬度大于 HB200、表面平整光滑的圆形钢块。

3)抗折试验支撑装置:抗折试验支承装置应可自由调节试样处于水平。同时可调节支座间距,精确至 1mm。支承装置两端支座上的支杆直径为 30mm,一端为滚动支杆,另一端为铰支杆;支杆长度应大于试样的宽度(b_0),且应互相平行。

4)量具:分度值为 1mm,量程为 1000mm、300mm 的钢板尺。

5)找平垫板:垫板厚度为 3mm,直径大于 50m 的胶合板。

19.1.3　试样制备

在试样的正侧面标定出试验跨距,以跨中试样宽度(b_0)1/2 处为施加荷载的部位,如试样正侧面为斜面、切削角面、圆弧面,试验时加载压块不能与试样完全水平吻合接触,应用水泥净浆或其他找平材料将加载压块所处部位抹平,使之试验时可均匀受力,抹平处理后试样,养护 3d 后方可试验。

19.1.4　试样的含湿状态

将制备好的试样,用硬毛刷将试样表面及周边松动的渣粒清除干净,在温度为 20℃±3℃的水中浸泡 24h±0.5h。

19.1.5　试验步骤

1)使抗折试验支承装置处于可进行试验状态。调整试验跨距 $l_s = l - 2 \times 50mm$,精确至 1mm。

2)将试样从水中取出,用拧干的湿毛巾擦去表面附着水,正侧面朝上置于试验支座上,试样的长度方向与支杆垂直,使试样加载中心与试验机压头同心。将加载压块置于试样加载位置,并在其与试样之间垫上找平垫板,如图 19-1 所示。

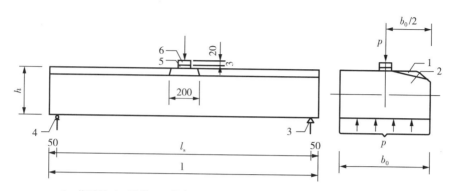

1—找平层;2—试样;3—铰支座;4—滚动支座;5—找平垫板;6—加载压块。

图 19-1　抗折试验加载图(单位:mm)

3)检查支距、加荷点无误后,起动试验机,调节加荷速度为 $0.04\sim0.06\text{MPa/s}$,匀速连续地加荷,直至试样断裂,记录最大荷载(P_{max})。

19.1.6　试验结果

1)抗折强度计算公式:

$$C_{\text{f}} = \frac{MB}{1000 \times W_{\text{ft}}} \tag{19-1}$$

$$MB = \frac{P_{\text{max}} \cdot l_{\text{s}}}{4} \tag{19-2}$$

式中:C_{f}——试样抗折强度(MPa);

　　MB——弯矩(N·mm);

　　W_{ft}——截面模量(cm^3);

　　P_{max}——试样破坏荷载(N);

　　l_{s}——试样跨距(mm)。

2)试验结果以三个试样抗折强度的算术平均值和单件最小值表示,计算结果精确至 0.01MPa。

19.2　混凝土路缘石抗压强度试验

19.2.1　概述

曲线形路缘石,直线形截面 L 状路缘石、截面⊥状路缘石及不适合作抗折强度的路缘石应做抗压强度试验。本试验依据《混凝土路缘石》(JC/T 899—2016)中附录 C 编制而成,试样数量为 3 个。

19.2.2　仪器设备和材料

1)混凝土切割机:能制备满足本标准要求的抗压强度、吸水率、抗冻性和抗盐冻性试样的切割机。

2)压力试验机:试验机的示值相对误差应不大于1%。试样的预期破坏荷载值为试验机全量程的20%~80%。

19.2.3　试样制备

从路缘石的正侧面距端面和顶面各20mm以内的部位切割出100mm×100mm×100mm试样。以垂直于路缘石成型加料方向的面作为承压面。试样的两个承压面应平行、平整。否则应对承压面磨平或用水泥净浆或其他找平材料进行抹面找平处理,找平层厚度不大于5mm,养护3d。与承压面相邻的面应垂直于承压面。

19.2.4　试样的含湿状态

将制备好的试样,用硬毛刷将试样表面及周边松动的渣粒清除干净,在温度为20℃±3℃的水中浸泡24h±0.5h。

19.2.5　试验步骤

1)用卡尺或钢板尺测量承压面互相垂直的两个边长,分别取其平均值,精确至1mm,计算承压面积A,精确至1mm²。将试样从水中取出用拧干的湿毛巾擦去表面附着水,承压面应面向上、下压板,并置于试验机下压板的中心位置上。

2)启动试验机,加荷速度调整为0.3~0.5MPa/s,匀速连续地加荷,直至试样破坏,记录最大荷载P_{max}。

19.2.6　试验结果

1)抗压强度按式(19-3)计算:

$$C_c = \frac{P}{A} \qquad\qquad (19-3)$$

式中:C_c——试样抗压强度(MPa);

P——试样破坏荷载(N);

A——试样承压面积(mm)。

2)试验结果以三个试样抗压强度的算术平均值和单件最小值表示,计算结果精确至0.1MPa。

19.3　混凝土路缘石吸水率试验

19.3.1　概述

本试验依据《混凝土路缘石》(JC/T 899—2016)中附录D编制而成。从路缘石截取约为

100mm×100mm×100mm 带有可视面的立方体为试样,试样数量为 3 个。

19.3.2　仪器设备

1)满足称量范围,精度 1g 的电子天平或电子秤。

2)自动控制温度 105℃±5℃的鼓风干燥箱。

3)深度约为 300mm 的能浸试样的水箱或水槽。

4)能制备满足本抗压强度、吸水率、抗冻性和抗盐冻性试样的切割机。

19.3.3　试验步骤

1)将制备好的试样,用硬毛刷将试样表面及周边松动的渣粒清除干净,放入温度为 105℃±5℃的干燥箱内烘干。试样之间、试样与干燥箱内壁之间距离不得小于 20mm。每间隔 4h 将试样取出称量一次,直至两次称量差小于 0.1%时,视为试样干燥质量 m_0,精确至 5g。

2)烘干的试样,在温度为 20℃±3℃ 的水中浸泡 24℃±0.5h,水面应高出试样 20~30mm。

3)取出试样,用拧干的湿毛巾擦去表面附着水,立即称量试样浸水后的质量 m_1,精确至 5g。

19.3.4　试验结果

1)吸水率按式(19-4)计算:

$$W = \frac{m_1 - m_0}{m_0} \times 100\% \tag{19-4}$$

式中:W——试样吸水率(%);

m_0——试样干燥质量(g);

m_1——试样吸水 24h 后的质量(g)。

2)试验结果以三个试样的算术平均值表示,计算结果精确至 0.1%。

19.4　混凝土路缘石抗盐冻性试验

19.4.1　概述

本试验依据《混凝土路缘石》(JC/T 899—2016)中附录 E 编制而成。从 20d 以上龄期的路缘石中切取试验面积为 7500~25000mm²、测试面最大厚度为 103mm 的试样,每个试样的受试面为路缘石的可视面(顶面或使用时裸露在外的正侧面)。试样数量为 3 个。

19.4.2　仪器设备和材料

1)带空气循环、由时间控制的冷冻与加热系统,满足图 19-2 中的时间-温度曲线的冷冻室(箱)。

2)能够用来测量试样表面上冻融介质的温度,精确度在±0.5℃范围内的热电偶或等效的温度测量装置。

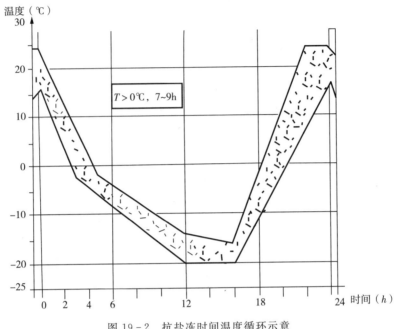

温度（℃）

$T > 0℃，7～9h$

时间（h）

图 19-2　抗盐冻时间温度循环示意

3）满足称量范围，精度为 0.05g 的天平。

4）能制备满足本抗压强度、吸水率、抗冻性和抗盐冻性试样的切割机。

5）自动控制温度 105℃±5℃ 的鼓风干燥箱。

6）温度 20℃±2℃，相对湿度 65%±10% 的气候箱。气候箱中，自由水表面在240min±5min 内的蒸发量应为 200g/m±100g/m。水蒸发量使用深约 40mm、横截面面积 22500mm²±2500mm² 的碗容器测得。水填充至距碗容器边缘 10mm±1mm 处。

7）用于收集剥落材料的容器。该容器应适于在直至 120℃ 的温度下工作，且应不受氯化钠溶液腐蚀。

8）20～30mm 宽的硬毛刷。毛长 20mm，用于刷掉已经剥落的材料。

9）用于冲洗掉剥落材料的喷水瓶，用水瓶冲去剥落材料中的盐分。

10）满足测量要求，精确度在 0.1mm 范围内的游标卡尺。

11）用于收集剥落材料的滤纸。

12）冻融介质：用蒸馏水配制的 3% 的 NaCl 溶液。

13）密封材料：硅胶类等密封材料，用于密封试样与橡胶片，以及填充试样周围的沟槽。

14）橡胶片（或聚乙烯薄片）：厚度为 3.0mm±0.5mm，应不受所使用盐溶液腐蚀，且在 −20℃ 的温度下，仍具有足够弹性。

15）覆盖材料：厚度为 0.1～0.2mm 的聚乙烯板。

16）黏结剂：应具备防水、防冻的功能，能将橡胶片（或聚乙烯薄片等）和混凝土表面黏结牢固。

17）绝热材料：厚度为 20mm±1mm，导热系数为 0.035～0.040W/(m·K) 的聚苯乙烯或等效绝热材料。

19.4.3   准备工作

1) 当试样达到 28d 龄期或以上时,清除其上飞边及松散颗粒,然后放入气候箱中养护 168h±5h,气候箱中温度为 20℃±2℃,相对湿度为 65%±10%,且在最初的 240min+5min 内,根据第 19.4.2 小节中 6)所测定的蒸发率为 200g/m±100g/m。试样间应至少相距 50mm。在这一步骤中,除试验面以外,将试样的其余表面均粘贴上橡胶片,并保持至试验结束。使用硅胶类或其他密封材料填充试样周围的所有沟槽,并在混凝土与橡胶片相接处密封试验面四周,以防止水渗入试样与橡胶片相接缝隙中。橡胶片的边缘应高于试验面 20mm±2mm。抗盐冻试验装置剖面示意如图 19-3 所示。

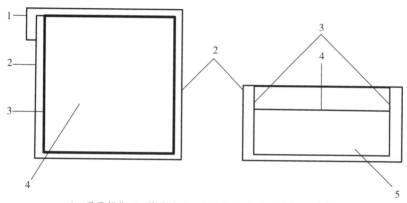

1—重叠部分;2—橡胶片;3—密封胶条;4—试验面;5—试样。

图 19-3   抗盐冻试验装置剖面示意

2) 试验面积 A_{ND} 应由其长度及宽度的三次测量平均值(精确到 1mm)计算而得。当试样在气候箱中养护完毕后,对其试验面上注入温度 20℃±2℃的饮用水,水高 5mm±2mm。在 20℃±2℃的温度下保持该水高 72h±2h,以用来检验试样与橡胶片间的密封是否有效。在进行冻融循环前,试样除试验面以外的其余表面均用应符合第 19.4.3 小节中 6)的绝热材料进行绝热处理,该处理可在养护阶段进行。

3) 在将试样放入冷冻箱前 15～30min,应先将检测密封效果的水换成冻融介质至试样顶面测量的溶液高度应为 5mm±2mm。在其上水平覆盖图 19-4 中所示的聚乙烯板,以避免溶液蒸发。聚乙烯板在整个试验过程中应保持平整,且不得与冻融介质接触。

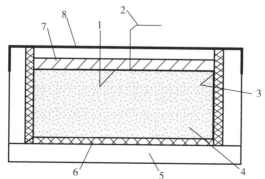

1—试验箱;2—温度测量装置;3—密封胶条;4—试样;5—绝热材料;6—橡胶片;7—冻融介质;8—聚乙烯板。

图 19-4   冻融循环试验结构示意

19.4.4 试验步骤

1)将试样置于冷冻室中,试验面在任何方向偏离水平面不能超过 3mm/m,同时试验面要经过反复冻融。在试验过程中,冻融介质中的所有试样表面中心的时间-温度循环曲线都应落入图 19-1 中的阴影区域内,拐点坐标见表 19-1 所列。在每次循环中试验温度超过 0℃的时间至少 7h,但不能多于 9h。

表 19-1 拐点坐标

上　限		下　限	
时间(h)	温度(℃)	时间(h)	温度(℃)
0	24	0	16
5	−2	3	−4
12	−14	12	−20
16	−16	16	−20
18	0	20	0
22	24	24	16

2)将至少一个试样固定在冷冻室中具有代表性的位置上,持续记录冻融介质中的试验面中心处温度。在试验过程中始终记录冷冻室的环境温度,试验时间从放入冷冻室后第一次循环的 0min±30min 内开始计时。若试验过程中循环被迫终止,则将试样在−16～−20℃的条件下保持冷冻状态,如果循环终止超过 3d 时间,此次试验应放弃。

3)应确保冷冻箱中的空气循环系统运行良好,以达到正确的温度循环。若所试验的试样数量较少,则应用其他材料填补冷冻箱中空位,除非在不填补的情况下,也能够得到正确的温度循环。

4)经过 7 次和 14 次冻融循环,若有必要,应补充冻融介质,以保持试样表面上 5mm±2mm 的溶液高度。

5)经过 28 次冻融循环后,应对每一个试样进行以下步骤操作。

(1)使用喷水瓶和毛刷将试验面上剥落的残留渣粒收集至容器中,直到无残余。

(2)将溶液和剥落渣粒通过滤纸小心倒入容器中。用至少 1L 的饮用水冲洗滤纸中收集的渣粒物质,以除去残留 NaCl。将滤纸在 105℃±5℃下烘干至少 24h,然后收集渣粒物质。测定剥落渣粒物质的干燥质量,精确到 0.2g,适当考虑滤纸质量。

19.4.5 试验结果

1)抗盐冻性按式(19-5)计算:

$$\Delta W_n = \frac{m_{ND}}{A_{ND}} \tag{19-5}$$

式中:ΔW_n——抗盐冻性质量损失(kg/m²);

m_{ND}——抗盐冻性试验试样质量损失(mg);

A_{ND}——抗盐冻性试样受试面积(mm²)。

2)试验结果以三个试样的算术平均值和单个试样最大值表示,计算结果精确至 $0.1kg/m^2$。

19.5　混凝土路面砖外观质量试验

19.5.1　概述

混凝土面砖系指以水泥、集料和水为主要原料,经搅拌、成型、养护等工艺在工厂圣餐的,未配置钢筋的,主要用于路面和地面铺装的混凝土砖,按外形分为普形混凝土路面砖(长方形、正方形或正多边形)、异形混凝土路面砖(除长方形、正方形或正多边形以外形状的混凝土路面砖)。

本试验依据《混凝土路面砖》(GB 28635—2012)中附录 A 编制而成,抽样数量 50 块。

19.5.2　仪器设备

1)砖用卡尺(见图 19-5)或精度不低于 0.5mm 的其他量具。

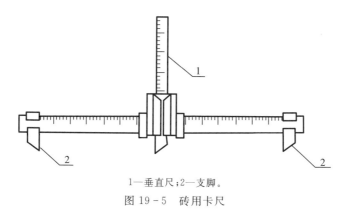

1—垂直尺;2—支脚。

图 19-5　砖用卡尺

2)切口直尺和量规:切口直尺和量规均为钢质材料(见图 19-6),测量 ±1mm 时,能满足精度 0.1mm。切口直尺和量规规格见表 19-2 所列。

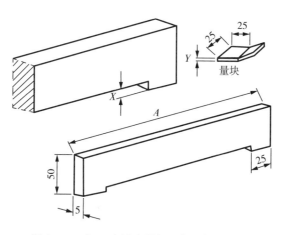

图 19-6　切口直尺和量规示例(单位:mm)

表 19 - 2　切口直尺和量规规格

A 规格（mm）	X 规格（mm）	Y 规格（mm）
300	1.5	2.5
400	2.0	3.5

19.5.3　测量方法

1. 铺装面粘皮或缺损的最大投影尺寸

测量铺装面粘皮或缺损处对应混凝土路面砖边的长、宽两个投影尺寸，精确至 0.5mm（见图 19 - 7）。

2. 缺棱或掉角的最大投影尺寸

测量缺棱或掉角处对应混凝土路面砖棱边的长、宽、高三个投影尺寸，精确至 0.5mm（见图 19 - 8）。

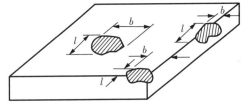

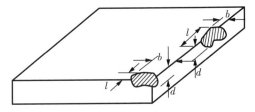

<table>
<tr><td>l—粘皮或缺陷在长度方向的投影尺寸；
b—粘皮或缺陷在宽度方向的投影尺寸。</td><td>l—缺棱或掉角在长度方向的投影尺寸；
b—缺棱或掉角在宽度方向的投影尺寸；
d—缺棱或掉角在高度方向的投影尺寸。</td></tr>
<tr><td align="center">图 19 - 7　铺装免粘皮及缺损测量方法</td><td align="center">图 19 - 8　缺棱或掉角最大投影尺寸的测量方法</td></tr>
</table>

3. 裂纹

测量裂纹所在面上的最大投影长度，若裂纹由一个面延伸至其他面时，测量其延伸的投影长度，精确至 0.5mm（见图 19 - 9）。

4. 色差、杂色

在平坦地面上，将混凝土路面砖铺装成不小于 1m³ 的正方形，在自然光照或功率不低于 40W 日光灯下，正常视力的人距 1.5m 处用肉眼垂直向下观察检验。

5. 平整度

1）普形混凝土路面砖平整度：砖用卡尺支角任意放置在混凝土路面砖正面四周边缘部位，滑动砖用卡尺中间测量尺，测量混凝土路面砖表面上最大凸凹处（见图 19 - 10），精确至 0.5mm。

2）异形混凝土路面砖平整度：在两个对角线方向的表面或表面最大距离测凸凹最大值，记录两次测量结果，精确到 0.1mm。

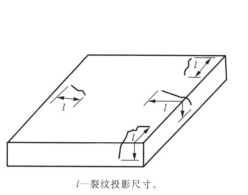

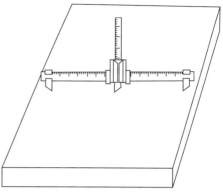

l—裂纹投影尺寸。

图 19 - 9　裂纹长度的测量方法

图 19 - 10　普形混凝土路面
砖平整度的测量方法

6. 垂直度

使砖用卡尺尺身紧贴混凝土路面砖的铺装面,一个支角顶住混凝土路面砖底的棱边,从尺身上读出混凝土路面砖铺装面对应棱边的偏离数值作为垂直度偏差(见图 19 - 11)。每一棱边测量两次,记录最大值,精确至 0.5mm。

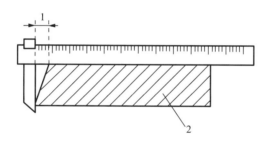

1—直度;2—混凝土路面砖。

图 19 - 11　垂直度的测量方法

19.6　混凝土路面砖尺寸允许偏差试验

19.6.1　概述

本试验依据《混凝土路面砖》(GB 28635—2012)中附录 B 编制而成,抽样数量 20 块。

19.6.2　仪器设备

同第 19.5.2 小节。

19.6.3　测量方法

测量前应除掉黏附在试件测量部位的松动颗粒或粘渣。测量普形混凝土路面砖的长度和宽度时,在铺装面上距离端面棱线10mm并且与其平行的位置(见图19-12),分别测量两个侧面之间的长度值和宽度值;测量异形混凝土路面砖时,在供货方提供混凝土路面砖标称尺寸的测量部位测量。

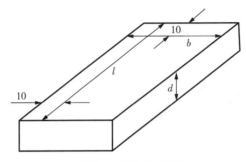

l—长度;b—宽度;d—厚度。

图 19-12　长度、宽度、厚度的测量方法(单位:mm)

19.6.4　厚度和厚度差

在混凝土路面砖长度和宽度方向上的中间位置并且距棱线10mm处分别测量其厚度。两厚度测量值之差为厚度差(见图19-12)。测量值精确至0.5mm。

19.7　混凝土路面砖抗压强度试验

19.7.1　概述

本试验依据《混凝土路面砖》(GB 28635—2012)中附录C编制而成,抽样数量10块。

19.7.2　仪器设备

试验机可采用压力试验机或万能试验机。试验机的精度(示值相对误差)应不大于±1%。试件的预期破坏荷载值为量程的20%～80%。试验机的上下压板尺寸应大于试件的尺寸。

19.7.3　试样要求

1)每组试件数量为10块。

2)试件的两个受压面应平行、平整。否则应找平处理,找平层厚度小于或等于5mm。

3)试验前用精度不低于0.5mm的测量工具,测量试件实际受压面积或上表面受压面积。

19.7.4　试验步骤

1)清除试件表面的松动颗粒或粘渣,放入温度为室温水中浸泡24h±0.25h。

2)将试件从水中取出,用海绵或拧干的湿毛巾擦去附着于试件表面的水,放置在试验机下压板的中心位置(见图 19-13)。

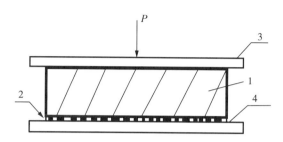

1—试件;2—抹面找平层;3—试验机上压板;4—试验机下压板。

图 19-13　抗压强度试验方法示意

3)启动试验机,连续、均匀地加荷,加荷速度为 0.4~0.6MPa/s,直至试件破坏,记录破坏荷载 P。

19.7.5　试验结果

1)抗压强度按式(19-6)计算:

$$C_c = \frac{P}{A} \tag{19-6}$$

式中:C_c——试件抗压强度(MPa);

　　P——试件破坏荷载(N);

　　A——试件实际受压面积,或上表面受压面积(mm²)。

2)试验结果以 10 块试件抗压强度的算术平均值和单块最小值表示,计算结果精确至 0.1MPa。

19.8　混凝土路面砖抗折强度试验

19.8.1　概述

本试验依据《混凝土路面砖》(GB 28635—2012)中附录 D 编制而成,抽样数量 10 块。

19.8.2　仪器设备

1)试验机:可采用压力试验机或万能试验机。试验机的精度(示值相对误差)应不大于±1%。试件的预期破坏荷载值为量程的 20%~80%。试验机的上下压板尺寸应大于试件的尺寸。

2)支座和加压棒:直径为 25~40mm 的钢棒,其中一个支承棒应能滚动并可自由调整水平。

19.8.3　试样要求

每组试件数量为 10 块。

19.8.4　试验步骤

1)清除试件表面的松动颗粒或粘渣,放入温度为室温水中浸泡24h±0.25h。

2)将试件从水中取出,用海绵或拧干的湿毛巾擦去附着于试件表面的水,沿着长度方向放在支座上(见图19-14)。抗折支距(两支座的中心距离)为试件公称长度减去50mm,两支座的两端面中心距试件端面为25mm±5mm。在支座和加压棒与试件接触面之间应垫有4mm±1mm厚的胶合板垫层。

支座和加压棒的长度应满足试验的要求。

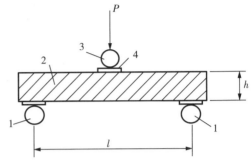

1—支座;2—试件;3—加压棒;4—胶合板垫片。

图19-14　抗折强度试验方法示意

3)启动试验机,连续、均匀地加荷,加荷速度为0.04~0.06MPa/s,直至试件破坏。记录破坏荷载P。

19.8.5　试验结果

1)抗折强度按式(19-7)计算:

$$C_f = \frac{3Pl}{2bh^2} \tag{19-7}$$

式中:C_f——试件抗折强度(MPa);

　　　P——试件破坏荷载(N);

　　　l——两支座间距离(mm);

　　　b——试件宽度(mm);

　　　h——试件厚度(mm)。

2)试验结果以10块试件抗折强度的算术平均值和单块最小值表示,计算结果精确至0.01MPa。

19.9　混凝土路面砖耐磨性试验

19.9.1　概述

本试验依据《混凝土及其制品耐磨性试验方法(滚珠轴承法)》(GB/T 16925—1997)编制而成,适用于测定混凝土及其制品的耐磨性。

本试验是以滚珠轴承为磨头,通过滚珠在额定负荷下回转滚动时,摩擦湿试件表面,在受磨面上磨成环形磨槽。通过测量磨槽的深度和磨头的研磨转数,计算耐磨度。

19.9.2　仪器设备

滚珠轴承式耐磨试验机。

19.9.3　试样要求

1)试件的受磨面应平整,无凹坑和突起,其直径应不小于 100mm。

2)每组试件为 5 个。

19.9.4　试验步骤

1)将试件受磨面朝上,水平放置在耐磨试验机的试件夹具内,调平后夹紧。

2)将磨头放在试件的受磨面上,使中空转轴下端的滚道正好压在磨头上。

3)中空转轴的位置,应调整到试验全过程中在垂直方向处于无约束状态。

4)开启水源,使水从中空转轴内连续流向试件受磨面,并应足以冲去试验过程中磨下的碎末。

5)启动电机,当磨头预磨 30 转后停机,并测量初始磨槽深度。然后,磨头每转 1000 转,停机一次,测量磨槽深度。

6)直至磨头转数达 5000 转或磨槽深度(测得的磨槽深度——初始磨槽深度)达 1.5mm 以上时,试验结束。

7)磨槽深度采用百分表测量,将磨头转动一周,在相互垂直方向上各测量一次,取四次测量结果的算术平均值,精确至 0.01mm。

8)测量并记录磨头转数和最终磨槽深度。

19.9.5　试验结果

1)每个试件的耐磨度按式(19-8)计算:

$$I_a = \frac{\sqrt{R}}{P} \tag{19-8}$$

式中:I_a——耐磨度,精确至 0.01;

　　　R——磨头转数(千转);

　　　P——磨槽深度(最终磨槽深度——初始磨槽深度)(mm)。

2)每组试件中,舍去耐磨度的最大值和最小值,取三个中间值的平均值为该组试件的试验结果,精确至 0.1。

19.10　混凝土路面砖抗冻性试验

19.10.1　概述

本试验依据《混凝土路面砖》(GB 28635—2012)中附录 E 编制而成。

19.10.2 仪器设备

1)冷冻箱(室):装入试件后能使冷冻箱(室)内温度保持在-15～-20℃内。

2)水槽:装入试件后能使水温度保持在10～30℃内。

19.10.3 试样要求

每组试件数量为10块,其中5块进行冻融试验,5块作对比试件。

19.10.4 试验步骤

1)应采用外观质量完好、合格的试件。如有缺损、裂纹,应记录其缺损、裂纹情况,并在缺损、裂纹处作标记。

2)将试件放入温度为10～30℃的水中浸泡$24^{+0.25}_{0}$h。浸泡时水面应高出试件约20mm。

3)从水中取出试件,用海绵或拧干的湿毛巾擦去附着于表面的水,即可放入预先降温至-15～-20℃的冷冻箱(室)内,试件之间间隔不应小于20mm,待冷冻箱(室)温度重新达到-15℃时计算冷冻时间,每次从装完试件到温度达到-15℃所需时间不应大于2h,在-15℃下的冷冻时间为不少于4h,然后,取出试件立即放入10～30℃水中融解不少于2h。此过程为一次冻融循环。

4)完成规定次数冻融循环后,从水中取出试件,用海绵或拧干的湿毛巾擦去附着于表面的水,检查并记录试件表面剥落、分层、裂纹及裂纹延长的情况。然后按第19.7节或第19.8节进行强度试验。

19.10.5 试验结果

1)冻融试验后强度损失率按式(19-9)计算:

$$\Delta R = \frac{R-R_D}{R} \times 100 \qquad (19-9)$$

式中:ΔR——试件冻融循环后的强度损失(%);

R——按第19.7节或19.8节冻融试验前,试件强度试验结果的算术平均值(MPa);

R_D——按第19.7节或19.8节冻融试验后,试件强度试验结果的算术平均值(MPa)。

2)试验结果以五块试件的算术平均值表示,计算结果精确至0.1%。

19.11 混凝土路面砖吸水率试验

19.11.1 概述

本试验依据《混凝土路面砖》(GB 28635—2012)中附录F编制而成。

19.11.2 仪器设备

1)天平:称量范围满足要求,感量为1g。

2)烘箱:能使温度控制在 105℃±5℃。

19.11.3　试样要求

每组试件数量为 5 块。

19.11.4　试验步骤

1)将试件置于温度为 105℃±5℃的烘箱内烘干,每隔 4h 将试件取出分别称量一次,直至两次称量差小于试件最后质量的 0.1% 时,视为试件干燥质量 m_0。

2)将试件冷却至室温后,侧向直立在水槽中,注入温度为 10~30℃的洁净水,浸泡时水面应高出试件约 20mm。

3)浸水 $24_0^{+0.25}$ h 将试件从水中取出,用海绵或拧干的湿毛巾擦去表面附着水,分别称量,为试件吸水 24h 质量 m_1。

19.11.5　试验结果

1)吸水率按式(19-10)计算:

$$w = \frac{m_1 - m_0}{m_0} \times 100 \tag{19-10}$$

式中:w——试件吸水率(%);

　　m_1——试件吸水 24h 的质量(g);

　　m_0——试件干燥的质量(g)。

2)试验结果以 5 块试件的算术平均值表示,计算结果精确至 0.1%。

19.12　混凝土路面砖防滑性能试验

19.12.1　概述

本试验依据《混凝土路面砖》(GB 28635—2012)中附录 G 编制而成。

19.12.2　仪器设备

1)摆式摩擦系数测定仪:摆及摆的连接部分总质量为 1500g±30g,摆动中心至摆的重心距离为 410mm±5mm,测定时摆在混凝土路面砖上滑动长度为 126mm±1mm,摆上橡胶片端部距摆动中心的距离为 508mm,橡胶片对混凝土路面砖的正向静压力为 22.3N±0.5N。

2)标准量尺:标准量尺长 126mm。

3)橡胶片:橡胶片的尺寸为 6.35mm×25.4mm×76.2mm,橡胶片的质量应符合表 19-3 的要求。当橡胶片使用后,端部在长度方向上磨耗超过 1.6mm 或边缘在宽度方向上磨耗超过 3.2mm,或有油类污染时,即应更换新橡胶片。新橡胶片应先在干燥混凝土路面砖上测试 10 次后再试验。橡胶片的有效使用期为一年。

表 19-3　橡胶片物理性质

性质指标	温度(℃)				
	0	10	20	30	40
弹性(%)	43~49	58~65	66~73	71~77	74~79
硬度	55±5				

4)辅助工具:洒水壶、橡胶刮板、分度不大于 1℃的路面温度计、皮尺或钢卷尺、扫帚、粉笔等。

19.12.3　试样要求

每组试件数量为 5 块。

19.12.4　试验环境

试验温度为 20℃±2℃。

19.12.5　试验步骤

1. 试验准备

按照仪器设备使用说明书要求,调整好设备。应去除试件铺装面的松动颗粒和粘渣。

2. 试验过程

1)用洒水壶向试件表面洒水,并用橡胶刮板把表面泥浆等附着物刮除干净。

2)把试件固定好,调整摆锤高度,使橡胶片在测试面的滑动长度为 126mm±1mm。

3)再次向试件表面洒水,保持试件表面潮湿。把橡胶片清理干净后按下释放开关,使摆锤在试件表面滑过,指针即可指示出测量值。

4)第一次测量值,不做记录。再按步骤 3)重复操作 5 次,并做记录。5 个数值的极差若大于 3BPN,应检查原因,重复操作,直至 5 个测量值的极差不大于 3BPN 为止。

19.12.6　试验结果

1)记录每次试验结果,精确至 1BPN。

2)取 5 次测量值的平均值作为每个试件的测定值,计算结果精确至 1BPN。

3)试验结果取 5 块试件测定值的算术平均值,计算结果精确至 1BPN。

19.13　混凝土路面砖抗盐冻性试验

19.13.1　概述

本试验依据《混凝土路面砖》(GB 28635—2012)中附录 H 编制而成。

19.13.2　仪器设备和材料

1）冷冻室（箱）：冷冻温度可达－20℃以下，控制精度±1℃。

2）干燥箱：能自动控制温度达 105℃±2℃。

3）天平：称量范围满足要求，感量为 1mg。

4）混凝土切割机。

5）黏结剂：应具备防水、防冻的功能，能将橡胶片（或聚乙烯薄片等）和混凝土路面砖表面黏结牢固。

6）橡胶片（或聚乙烯薄片）：试件周边围框的薄片，厚度不小于 0.5mm。

7）密封材料：用30%～40%的松香与60%～70%的石蜡熬化混合而成，或采用硅胶等密封材料。

8）冷冻介质：用饮用水配制成 3%的 NaCl 溶液。

9）绝热材料：厚为 30～50mm 的聚苯乙烯泡沫塑料或其他绝热材料。

10）覆盖材料：聚乙烯薄膜。

11）其他：刷子、硬毛刷等。

19.13.3　试样要求

每组试件数量为 5 块。

19.13.4　试样制备

1）试件的铺装面作为试验面，面积应大于 7500mm²、小于 25000mm²，且最厚处不应超过 100mm。龄期应是养护 28d 以上。

2）若试件面积不符合上述要求，应用混凝土切割机对试件进行切割加工。

3）试件的周边应平整，并应清除松动的颗粒或粘渣，以便黏结密封（见图 19-15）。

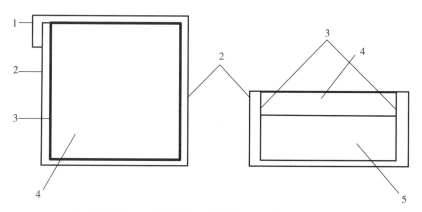

1—搭接部分；2—橡胶片材；3—密封带；4—试件表面；5—试件。

图 19-15　粘有橡胶片材和密封带的试件横截面（右图）及试件俯视图（左图）

4）将试件置于温度不高于 80℃干燥箱中烘至表面干燥后取出，用黏结剂将橡胶片或其他防水性薄片与试件粘牢，其黏结幅度不小于 30mm。橡胶片或防水性薄片应高出受试面 20～30mm，以形成不渗透的贮盛冷冻介质的围框。

5)除受试面以外的各表面用密封材料封闭,并与绝热材料黏结,其缝隙应以密封材料填满(见图19-16)。

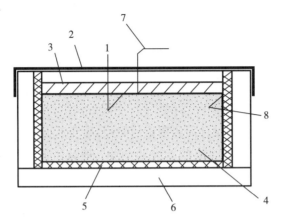

1—试验面;2—聚乙烯薄膜;3—冷冻介质(NaCl溶液);4—样品;
5—橡胶片;6—绝热材料;7—测温装置;8—密封带。
图19-16 抗盐冻试验构造示意

6)在试件受试表面与橡胶片围框相邻的周边用密封材料封闭。然后注入冷冻介质(NaCl溶液),液面的高度为10mm,再在围框上部覆盖聚乙烯薄膜,以避免溶液蒸发。存放48h,检验其密封性。

19.13.5 试验步骤

1)测量试件边长,精确至1mm。

2)将冷冻箱(室)预先降温至−20℃,放入制备好的试件。在试件放入之前,再次检查冷冻介质的液面高度,冷冻介质上表面应高出试件受试面5~10mm,在围框上部覆盖聚乙烯薄膜,以避免溶液蒸发。

3)冷冻时间从冷冻箱(室)温度重新达到−20℃时计时,冷冻7h,然后取出试件,置于室温为10~30℃的空气中融化4h,如此为一次冻融循环,共进行28次。在冻融循环过程中,应在融冻过程中检查冷冻介质的液面高度,如高度不符合要求应及时补充冷冻介质。试验应连续进行,如果试验过程被迫终止,可将样品在−16~−20℃的温度条件下保持冷冻状态,若循环终止超过3d,则此次试验无效。

4)28次冻融循环结束后,将试件围框中的溶液及剥落的渣粒倒入容器盘中,再加清水用硬毛刷洗刷试件受试面剥落的残留渣粒,放置在容器盘中。记录受试面的破损状况。

5)缓缓地倒出容器盘中的冷冻介质,使试件剥落的渣粒物质存留盘中。再加入饮用水1~2L,浸泡2h,倒出浸泡的水。在整个收集剥落渣粒和清洗过程中,应注意避免渣粒物质丢失。

6)将容器盘连同盘中收集的渣粒物质置于105℃±2℃的干燥箱中烘干至恒重,每隔1h从干燥箱中取出容器盘,放入干燥器中冷却,然后称量一次,直至相邻两次称量差值小于0.2%时,可视为恒重。测定收集的渣粒物质的质量 m,精确至1mg。

19.13.6 试验结果

1)抗盐冻性试验单位面积的质量损失按式(19-11)计算:

$$L=\frac{m}{A} \qquad\qquad (19-11)$$

式中:L——试件单位面积的质量损失(g/m^2);

　　m——试件 28 次循环后剥落材料的总质量(g);

　　A——试件试验面的面积(m^2)。

2)试验结果以五块试件的算术平均值和其中的最大值表示。

19.14　检查井盖荷载试验

19.14.1　概述

本试验依据《检查井盖》(GB/T 23858—2009)编制而成。

19.14.2　仪器设备

井盖试验设备加载系统由加载设备、刚性垫块、橡胶垫片等组成。

1)加载设备:应当能提供试验荷载 1.2 倍以上的加载能力,并经过计量校准,其加载精度为不大于±3%。加载试验装置示意如图 19-17 和图 19-18 所示。

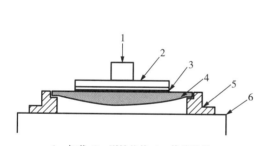

1—加载;2—刚性垫块;3—橡胶垫片;
4—井盖;5—井座;6—台面。

图 19-17　上加载装置示意

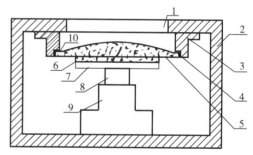

1—观察孔;2—机架;3—井座;
4—橡胶避震圈;5—井盖;6—橡胶垫片;
7—刚性垫块;8—传感器;9—千斤顶;10—钢箍。

图 19-18　下加载装置示意

2)刚性垫块:井盖检测的刚性垫块尺寸要求见表 19-4 所列。

表 19-4　刚性垫块尺寸

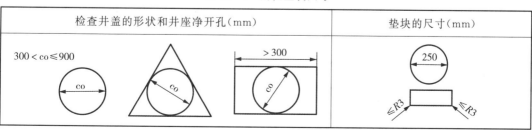

| 检查井盖的形状和井座净开孔(mm) | 垫块的尺寸(mm) |

(续表)

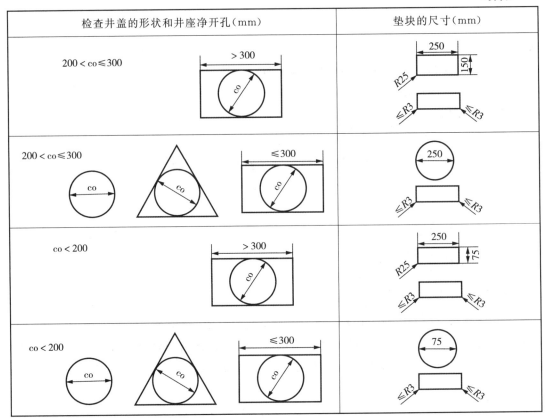

检查井盖的形状和井座净开孔（mm）	垫块的尺寸（mm）

3）橡胶垫片：安装在刚性垫块与井盖之间，垫片的外缘尺寸与刚性垫块相同，垫片的厚度为 6～10mm。

4）井盖试验主要量具见表 19-5 所列。

表 19-5　井盖试验主要量具

序号	名称	测量范围（mm）	精确度（mm）
1	游标卡尺	0～1000	±0.1
2	深度游标卡尺	0～200	±0.1
3	钢直尺	0～300	±0.5
4	钢卷尺	1000	±1
5	角尺	根据需要选择	

19.14.3　试验方法

检查井盖承载能力应从受检外观质量和尺寸偏差合格的样品中抽取 2 套。

1. 试验前准备

检测垫片应放在被测井盖上，竖轴垂直于其表面，并与其井盖的几何中心重合（见图 19-19 和图 19-20）。

图 19 - 19　单检查井盖测试垫块及其几何中心

   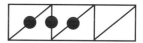

图 19 - 20　多检查井盖测试垫块及其几何中心

2. 承载能力试验

以 1～5kN/s 的速率施加荷载直至 GB/T 23858 规定相应的试验荷载 F 值,试验荷载加上后应保持 30s。检查井盖未出现影响使用功能的损坏即判定为合格。

3. 残余变形试验

1)加载前,记录井盖几何中心位置的初始值,测量精度为 0.1mm。

2)以 1～5kN/s 的速率施加荷载,直至达到 2/3 检测荷载,然后卸载。此过程重复 5 次,最后记录下几何中心的最终值。根据初始值和第 5 次卸载后最终值的差别计算残留变形值。残留变形值应符合 GB/T 23858 的要求。

19.15　水箅荷载试验

19.15.1　概述

本试验依据《球墨铸铁复合树脂水箅》(CJ/T 328—2010)编制而成。

19.15.2　仪器设备

水箅试验设备加载系统由加载设备、刚性垫块、橡胶垫片等组成。

1)加载设备(见图 19 - 21):应当能提供试验荷载 1.2 倍以上的加载能力,并经过计量校准,其加载精度为不大于±3%。

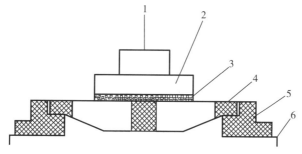

1—加载;2—刚性垫块;3—橡胶垫片;4—箅子;5—支座;6—台面。
图 19 - 21　加载设备

2)刚性垫块(见图 19 - 22):应有两块,尺寸应为 300mm×400mm 和 300mm×200mm,厚度不小于 40mm、上下表面平整。

当水算(见图 19-23)净尺寸 $D_1 \geqslant 500$mm 且 $D_2 \geqslant 400$mm 时,使用 300mm×400mm 的刚性垫块,否则使用尺寸为 300mm×200mm 的刚性垫块。

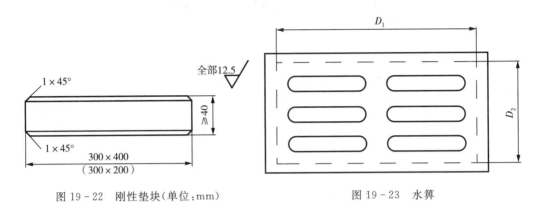

图 19-22   刚性垫块(单位:mm)   图 19-23   水算

3)橡胶垫片:在刚性垫块与水算之间放置一块弹性橡胶垫片,垫片的平面尺寸与刚性垫块相同,垫片的厚度应为 6~10mm。

水算试验设备试验主要用量具见表 19-5 所列。

19.15.3   试验方法

水算承载能力应从受检外观质量和尺寸偏差合格的样品中随机抽取 3 套。

单算按成套产品进行承载能力试验。若只检测算子,则应四边支承,支座长边和宽边支承面宽度不应小于水算公称尺寸长度的 4%。组合算按单个算子的方法检测。

1. 试验前准备

调整刚性垫块的位置,使其中心与水算的几何中心重合。放置后,垫块长边应与水算长边平行,垫块宽边应与水算宽边平行。

2. 承载能力试验

以 1~5kN/s 的速率施加荷载直至 CJ/T 328 规定相应的试验荷载 F 值,试验荷载加上后应保持 30s。水算未出现影响使用功能的损坏即判定为合格。

3. 残余变形试验

1)加载前,记录水算几何中心位置的初始值,测量精度为 0.1mm。

2)以 1~5kN/s 的速率施加荷载,直至达到 2/3 检测荷载,然后卸载。此过程重复 5 次,最后记录下几何中心的最终值。根据初始值和第 5 次卸载后最终值的差别计算残留变形值。残留变形值应符合 CJ/T 328 的要求。

19.16   防撞墩、隔离墩抗压强度试验

19.16.1   概述

本试验依据《混凝土物理力学性能试验方法标准》(GB/T 50081—2019)编制而成。

图 19-19　单检查井盖测试垫块及其几何中心

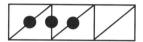

图 19-20　多检查井盖测试垫块及其几何中心

2. 承载能力试验

以 1~5kN/s 的速率施加荷载直至 GB/T 23858 规定相应的试验荷载 F 值,试验荷载加上后应保持 30s。检查井盖未出现影响使用功能的损坏即判定为合格。

3. 残余变形试验

1)加载前,记录井盖几何中心位置的初始值,测量精度为 0.1mm。

2)以 1~5kN/s 的速率施加荷载,直至达到 2/3 检测荷载,然后卸载。此过程重复 5 次,最后记录下几何中心的最终值。根据初始值和第 5 次卸载后最终值的差别计算残留变形值。残留变形值应符合 GB/T 23858 的要求。

19.15　水箅荷载试验

19.15.1　概述

本试验依据《球墨铸铁复合树脂水箅》(CJ/T 328—2010)编制而成。

19.15.2　仪器设备

水箅试验设备加载系统由加载设备、刚性垫块、橡胶垫片等组成。

1)加载设备(见图 19-21):应当能提供试验荷载 1.2 倍以上的加载能力,并经过计量校准,其加载精度为不大于 ±3%。

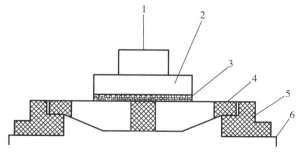

1—加载;2—刚性垫块;3—橡胶垫片;4—箅子;5—支座;6—台面。

图 19-21　加载设备

2)刚性垫块(见图 19-22):应有两块,尺寸应为 300mm×400mm 和 300mm×200mm,厚度不小于 40mm、上下表面平整。

当水箅(见图 19-23)净尺寸$D_1 \geqslant 500$mm 且$D_2 \geqslant 400$mm 时,使用 300mm×400mm 的刚性垫块,否则使用尺寸为 300mm×200mm 的刚性垫块。

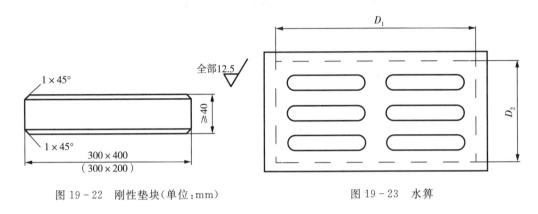

图 19-22　刚性垫块(单位:mm)　　　　　　图 19-23　水箅

3)橡胶垫片:在刚性垫块与水箅之间放置一块弹性橡胶垫片,垫片的平面尺寸与刚性垫块相同,垫片的厚度应为 6~10mm。

水箅试验设备试验主要用量具见表 19-5 所列。

19.15.3　试验方法

水箅承载能力应从受检外观质量和尺寸偏差合格的样品中随机抽取 3 套。

单箅按成套产品进行承载能力试验。若只检测箅子,则应四边支承,支座长边和宽边支承面宽度不应小于水箅公称尺寸长度的 4%。组合箅按单个箅子的方法检测。

1. 试验前准备

调整刚性垫块的位置,使其中心与水箅的几何中心重合。放置后,垫块长边应与水箅长边平行,垫块宽边应与水箅宽边平行。

2. 承载能力试验

以 1~5kN/s 的速率施加荷载直至 CJ/T 328 规定相应的试验荷载 F 值,试验荷载加上后应保持 30s。水箅未出现影响使用功能的损坏即判定为合格。

3. 残余变形试验

1)加载前,记录水箅几何中心位置的初始值,测量精度为 0.1mm。

2)以 1~5kN/s 的速率施加荷载,直至达到 2/3 检测荷载,然后卸载。此过程重复 5 次,最后记录下几何中心的最终值。根据初始值和第 5 次卸载后最终值的差别计算残留变形值。残留变形值应符合 CJ/T 328 的要求。

19.16　防撞墩、隔离墩抗压强度试验

19.16.1　概述

本试验依据《混凝土物理力学性能试验方法标准》(GB/T 50081—2019)编制而成。

19.16.2　仪器设备

1)压力试验机一般规定：

(1)试件破坏荷载宜大于压力机全量程的 20％且宜小于压力机全量程的 80％；

(2)示值相对误差应为±1％；

(3)应具有加荷速度指示装置或加载速度控制装置，并应能均匀、连续地加荷；

(4)试验机上、下承压板的平面度公差不应大于 0.04mm；平行度公差不大于 0.05mm；表面硬度不小于 55HRC；板面应光滑、平整，表面粗糙度 Ra 不应大于 0.08μm；

(5)球座应转动灵活；球座宜置于试件顶面，并凸面朝上；

(6)其他要求应符合国家标准 GB/T 3159 和 GB/T 2611 的有关规定。

2)当压力试验机的上、下承压板的平面度、表面硬度和粗糙度不符合"压力试验机一般规定中"中(4)的要求时，上、下承压板与试件之间应各垫以钢垫板。钢垫板一般规定如下：

(1)钢垫板的平面尺寸不应小于试件的承压面积，厚度不应小于 25mm；

(2)钢垫板应机械加工，承压面的平面度、平行度、表面硬度和粗糙度应符合压力试验机一般规定的要求；

(3)混凝土强度不小于 60MPa 时，试件周围应设防护网罩；

(4)游标卡尺的量程不应小于 200mm，分度值宜为 0.02mm；

(5)塞尺最小叶片厚度不应大于 0.02mm，同时应配置直板尺；

(6)游标量角器的分度值应为 0.1°。

19.16.3　试验方法

1)试件到达试验龄期时，从养护地点取出后，应检查其尺寸及形状并应尽快进行试验，尺寸公差的要求规定：

(1)试件各边长、直径和高的尺寸公差不得超过 1mm；

(2)试件承压面的平面度公差不得超过 $0.0005d$，d 为试件边长；

(3)试件相邻面间的夹角应为 90°，其公差不得超过 0.5°。

2)试件放置试验机前，应将试件表面与上、下承压板面擦拭干净。

3)以试件成型时的侧面为承压面，应将试件安放在试验机的下压板或垫板上，试件的中心应与试验机下压板中心对准。

4)启动试验机，试件表面上与上、下承压板或钢垫板应均匀接触。

5)试验过程中应连续均匀加荷，加荷速度应取 0.3～1.0MPa/s。当立方体抗压强度小于 30MPa 时，加荷速度宜取 0.3～0.5MPa/s；立方体抗压强度为 30～60MPa 时，加荷速度宜取 0.5～0.8MPa/s；立方体抗压强度不小于 60MPa 时，加荷速度宜取 0.8～1.0MPa/s。

6)手动控制压力机加荷速度时，当试件接近破坏开始急剧变形时，应停止调整试验机油门，直至破坏，并记录破坏荷载。

19.16.4　试验结果

1)抗压强度值应按式(19-12)计算：

$$f_{cc} = F/A \qquad (19-12)$$

式中：f_{cc}——混凝土立方体试件抗压强度（MPa），计算结果应精确至 0.1MPa；

　　F——试件破坏荷载（N）；

　　A——试件承压面积（mm^2）。

2）抗压强度值的确定一般规定：

（1）取 3 个试件测值的算术平均值作为该组试件的强度值，应精确至 0.1MPa；

（2）当 3 个测值中的最大值或最小值中有一个与中间值的差值超过中间值的 15％时，应把最大值和最小值剔除，取中间值作为该组试件的抗压强度值；

（3）当最大值和最小值与中间值的差值均超过中间值的 15％时，该组试件的试验结果无效。

3）混凝土强度等级小于 C60 时，用非标准试件测得的强度值均应乘以尺寸换算系数，对 200mm×200mm×200mm 试件可取为 1.05；对 100m×100m×100mm 试件可取为 0.95。

4）当混凝土强度等级不小于 C60 时，宜采用标准试件；当使用非标准试件时，混凝土强度等级不大于 C100 时，尺寸换算系数宜由试验确定，在未进行试验确定的情况下，对 100m×100m×100mm 试件可取为 0.95；混凝土强度等级大于 C100 时，尺寸换算系数应经试验确定。

19.17　混凝土模块抗压强度试验

19.17.1　概述

本试验依据《排水工程混凝土模块砌体结构技术规程》（CJJ/T 230—2015）编制而成，模块抗压强度可采用换算法，也可以采用取芯法，同时采用换算法和取芯法应以换算法为准。

19.17.2　仪器设备

1）利用换算法试验时试验设备一般规定如下：

（1）材料试验机：示值误差不应大于 1％，应能使试件的预期破坏荷载落在满量程的 20％～80％；

（2）钢板：厚度不应小于 10mm，平面尺寸应大于 440mm×240mm。钢板的一面应平整，在长度方向范围内的平面度不应大于 0.1mm；

（3）玻璃平板：厚度不应小于 6mm，平面尺寸与钢板的要求相同；

（4）水平尺：分度值应为 1mm，可检验微小倾角。

2）利用取芯法试验时试验设备一般规定如下。

（1）材料试验机的示值相对误差不应超过±1％，试件的预期破坏荷载落在满量程的 20％～80％。试验机的上、下压板应有一端为球铰支座，可任意转动。

（2）当试验机的上压板或下压板支撑面不能完全覆盖试件的承压面时，应在试验机压板与试件之间放置一块钢板作为辅助压板。辅助压板的长度、宽度应比试件大 10mm、厚度不应小于 20mm；辅助压板经热处理后的表面硬度不应小于 HRC60，平面度公差应小于 0.12mm。

（3）试件制备平台使用前应用水平仪检验找平，其长度方向范围内的平面度不应不大于 0.1mm。

（4）玻璃平板厚度不应小于 6mm。

（5）水平仪规格应为 250～500mm。

（6）直角靠尺应有一端长度不小于 120mm，分度值应为 1mm。

（7）钢直尺规格应为 600mm，分度值应为 1mm。

（8）钻芯机应符合取芯要求，并应有水冷却系统。钻芯机主轴的径向跳动不应不大于 0.1mm，噪声不应大于 90dB。钻取芯样时宜采用金刚石或人造金刚石薄壁钻头。钻头胎体不得有裂缝和变形，对钢体的同心度偏差不得大于 0.3mm，钻头的径向跳动不得大于 1.5mm。

（9）锯切机应有冷却系统和夹紧芯样的装置，配套使用的人造金刚石圆锯片应有足够的刚度。

（10）补平装置或研磨机应保证芯样的端面平整和断面与轴线垂直。

3）利用取芯法试验时找平和黏结材料一般规定如下：

（1）普通硅酸盐水泥应符合 GB 175 的有关规定；

（2）细砂应符合 GB/T 17671 和 GB/T 14684 的有关规定；

（3）高强石膏粉应符合 GB/T 17669.3 的有关规定；

（4）水泥应符合 GB 20472 的有关规定。

19.17.3　换算法试验方法

1）试件制备一般规定如下：

（1）试件的坐浆面和铺浆面应互相平行。将钢板置于底座上，平整面向上，调至水平；

（2）应在钢板上涂一层机油或铺一层湿纸，然后铺一层 1∶2 的水泥砂浆，试件坐浆面应湿润后再压入砂浆层内，砂浆层厚度应为 3～5mm；

（3）应在向上的铺浆面上铺一层砂浆、压上涂油的玻璃平板，将气泡排除，并应调制水平，砂浆层厚度应为 3～5mm；

（4）应清理试件棱边，在温度 10℃以上不通风的室内应养护 3d。

2）试验步骤如下：

（1）应测量每个试件的长度和宽度，分别求出各个方向的平均值，精确到 1mm；

（2）将试件置于试验机承压板上，应保持试件的轴线与试验机的压板的压力中心重合，以 10～30kN/s 的速度加荷，直至试件破坏。记录破坏荷载 P。

3）抗压强度应按式（19-13）计算：

$$MU=P/LB\times\sigma/[\sigma] \tag{19-13}$$

式中：MU——抗压强度（MPa）；

　　　p——破坏荷载（N）；

　　　L——受压面的长度（mm）；

　　　B——受压面的宽度（mm）；

　　　σ——混凝土模块实际开孔率；

　　　$[\sigma]$——混凝土模块基准开孔率，取 0.40。

19.17.4　取芯法试验方法

1）试件制备一般规定如下。

（1）试件数量为 5 个，试件直径应为 70mm±1mm，高径比（高度与直径之比）可以 1.0 为基准，亦可采用高径比为 0.8～1.2 的试件。

（2）可从待检的混凝土模块中随机选择 5 块，在每块上各钻取一个芯样，共计 5 个。每个芯样试件取好后，测量其直径的实际值，编号备用。

（3）当单个芯样厚度（试件的高度方向）小于 56mm 时，试件可采用取自同一模块上的两块芯样进行同心黏结。黏结材料应符合规定，厚度应小于 3mm。试件的两个端面宜采用磨平机磨平；也可采用符合规定的找平材料修补，其修补层厚度不宜超过 1.5mm。

（4）试件在进行抗压强度试验前，应进行养护。

（5）在进行抗压强度试验前，应对试件进行下列几何尺寸的检验：

① 直径：应用游标卡尺测量部件的中部，在相互垂直的两个位置分别测量，取其算术平均值，精确至 0.5mm，当沿试件高度的任一处直径与平均直径相差大于 2mm 时，该试件应作废；

② 高度：应用钢直尺在试件由底至面相互垂直的两个位置测量，取其算术平均值，应精确至 1mm；

③ 垂直度：应用游标量角器测量两个端面与母线的夹角，精确至 0.1°，当试件端面与母线的不垂直度大于 1°时，该试件应作废；

④ 平整度：应用钢直尺紧靠在试件端面上转动，用塞尺测量钢直尺和试件端面之间的缝隙，取其最大值，当次缝隙大于 0.1mm 时，该试件应作废。

2）试验步骤如下：

（1）将试件放在试验机下压板时，试件的圆心与试验机压板中心应重合；

（2）试验机加荷应均匀平稳，不得发生冲击或振动；加荷速度宜为 4～6kN/s，直至试件破坏为止，记录破坏荷载 P。

3）抗压强度应按式（19-14）计算：

$$MU = 1.273 \frac{P}{\phi \times K_0} \times \eta_A \times \eta_k \tag{19-14}$$

式中：ϕ——试件直径（mm）；

η_A——不同高径比试件的换算系数，可按表19-6的规定选用；

η_k——换算系数，换算成直径和高度均为 100mm 的抗压强度值，$\eta_k = 1.12$；

K_0——换算系数，换算成边长 150mm 的立方体试件的抗压强度的推定值，可按表19-7的规定选用。

表 19-6　η_A 值

高径比	0.8	0.9	1.0	1.1	1.2
η_A	0.90	0.95	1.00	1.04	1.07

表 19 - 7　K_0 值

强度等级	≤C20	C25～C30	C35～C45
K_0	0.82	0.85	0.88

19.17.5　试验结果

模块抗压强度实验结果应以 5 个试件的算术平均值和单个试件的最小值来表示,数值应精确至 0.1MPa。

19.18　天然石材干燥、水饱和压缩强度试验

19.18.1　概述

本试验依据《天然石材试验方法　第 1 部分:干燥、水饱和、冻融循环后压缩强度试验》(GB/T 9966.1—2020)编制而成,适用于室外广场、路面等所用天然石材在干燥状态、水饱和状态下的静态单轴压缩强度测定。

19.18.2　仪器设备

1)试验机:具有球形支座并能满足试验要求,示值相对误差不超过±1%。试验破坏荷载应在示值的 20%～90% 内。

2)游标卡尺:读数值至少能精确到 0.10mm。

3)万能角度尺:精度为 2′。

4)鼓风干燥箱:温度可控制为 65℃±5℃。

5)恒温水箱:可保持水温为 20℃±2℃,最大水深不低于 130mm 且至少容纳 2 组最大试验样品,底部垫不污染石材的圆柱状支撑物。

6)干燥器。

19.18.3　试样要求

1)试样数量:在同批料中制备具有典型特征的试样,每种试验条件下的试样为一组,每组 5 块。

2)试样规格:通常为边长 50mm 的正方体或 φ50mm×50mm 的圆柱体,尺寸偏差±1.0mm;若试样中最大颗粒粒径超过 5mm,试样规格应为边长 70mm 的正方体或 φ70mm×70mm 的圆柱体,尺寸偏差±1.0mm;若试样中最大颗粒粒径超过 7mm,每组试样的数量应增加一倍。

3)有层理的试样应标明层理风向。通常沿着垂直层理的方向(见图 19 - 24)进行试验,当石材应用方向是平行层理或使用在承重、承载水压等场合时,压缩强度选择最弱的方向进行试验,应进行平行层理方向的试验(见图 19 - 25),并按上述要求制备相应数量的试样。

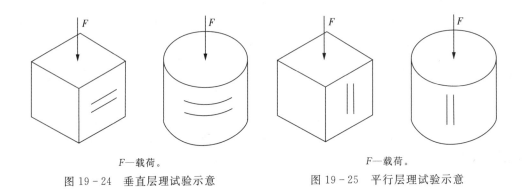

F—载荷。　　　　　　　　　　　　　　　　F—载荷。

图 19-24　垂直层理试验示意　　　　图 19-25　平行层理试验示意

注意:有些石材(如花岗岩)的分裂方向可分为三种:裂理(rift)方向,最易分裂的方向;纹理(grain)方向,次易分裂的方向;源粒(head-grain)方向,最难分裂的方向。若需要测定此三个方向的压缩强度,则应在矿山取样,并将式样的裂理方向、纹理方向和源粒方向标记清楚。

4)试样两个受力面应平行、平整、光滑,必要时应进行机械研磨,其他侧面为金刚石锯片切割面。试样相邻面夹角应为 90°±0.5°。

5)试样上不应有裂纹、缺棱和缺角等影响试验的缺陷。

19.18.4　试验步骤

1. 干燥压缩强度

1)将试样在 65℃±5℃的鼓风干燥箱内干燥 48h,然后放入干燥器中冷却至室温。

2)用游标卡尺分别测量试样两受力面中线上的边长或相互垂直的直径,并计算每个受力面的面积,以两个受力面积的平均值作为试样受力面面积,边长或直径测量值精度不低于 0.1mm。

3)擦干净试验机上下压板表面,清除试样两个受力面上的尘粒。将试样放置于材料试验机下压板的中心部位,调整球形基座角度,使上压板均匀接触到试样上受力面。以 1MPa/s±0.5MPa/s 的加载速率恒定施加荷载至试样破坏,记录试样破坏时的最大载荷值和破坏状态。

2. 水饱和压缩强度

1)将试样侧立置于恒温水箱中,试样间隔不小于 15mm,试样底部垫圆柱状支撑。加入 20℃±10℃的自来水到试样高度的一半,静置 1h;然后继续加水到试样高度的四分之三,静置 1h;继续加满水,水面应超过试样高度 25mm±5mm。试样在清水中浸泡 48h±2h 后取出,用拧干的湿毛巾擦去试样表面水分后,应立即进行试验。

2)测量尺寸和计算受力面积按上述"1. 干燥压缩强度"中步骤 2)进行。

3)加载破坏试验按上述"1. 干燥压缩强度"中步骤 3)进行。

19.18.5　试验结果

1)压缩强度按式(19-15)计算:

$$P=\frac{F}{S}$$

(19-15)

式中：P——压缩强度（MPa）；

　　F——试样破坏荷载（N）；

　　S——试样受力面面积（mm²）。

2）以每组试样压缩强度的算术平均值作为该条件下的压缩强度，数值修约到 1MPa。

19.19　天然石材干燥、水饱和弯曲强度试验

19.19.1　概述

本试验依据《天然石材试验方法　第 2 部分：干燥、水饱和、冻融循环后弯曲强度试验》（GB/T 9966.2—2020）编制而成，适用于室外广场、路面等所用石材在干燥状态、水饱和状态下的集中荷载弯曲强度测定。

19.19.2　仪器设备

1）试验机：配有相应的试样支架，如图 19-26 所示，示值相对误差不超过±1%。试验破坏荷载应在示值的 20%～90% 内。

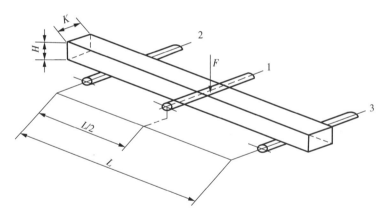

1—上支座，ϕ25mm；2、3—下支座，ϕ25mm；F—荷载；

H—试样厚度；K—试样宽度；L—下部两个支撑轴间距离。

图 19-26　集中荷载弯曲强度示意

2）游标卡尺：读数值为 0.10mm。

3）万能角度尺：精度为 2′。

4）鼓风干燥箱：温度可控制为 65℃±5℃。

5）恒温水箱：可保持水温为 20℃±2℃，最大水深不低于 130mm 且至少容纳 2 组最大试验样品，底部垫不污染石材的圆柱状支撑物。

6）干燥器。

19.19.3　试样要求

1）规格：250mm×50mm×50mm。

2）偏差：长度尺寸偏差±1mm、厚度尺寸偏差±0.3mm。

3）表面处理：试样上下受力面应经锯切、研磨或抛光，达到平整且平行。侧面可采用锯切面，正面与侧面夹角应为90°±0.5°。

4）层理标记：具有层理的试样应采用两条平行线在试样上标明层理方向，如图19-27所示。

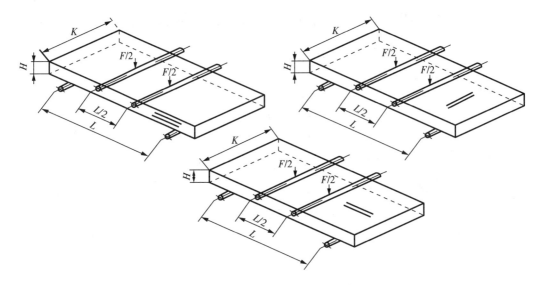

图19-27 试样层理方向标记示意图

5）表面质量：试样上不应有裂纹、缺棱和缺角等影响试验的缺陷。

6）支点标记：在试样上下两面及前后侧面分别标记处支点的位置（见图19-26），下支座跨距（L）为200mm，上支座在中心位置。

7）试样数量：每种试验条件下每个层理方向的试样为一组，每组试样数量为5块。通常试样的受力方向应与实际应用一致，若石材应用方向未知，则应同时进行三个方向的试验，每种试验条件下试样应制备15块，每个方向5块。

19.19.4 试验步骤

1. 干燥弯曲强度

1）将试样在65℃±5℃的鼓风干燥箱内干燥48h，然后放入干燥器中冷却至室温。

2）调节支座之间的距离到规定的跨度要求，按照试样上标记的支点位置将其放在上下支座之间，试样和支座受力表面应保持清洁。装饰面应朝下放在支架下座上，使加载过程中试样装饰面处于弯曲拉伸状态。

3）以0.25MPa/s±0.05MPa/s的速率对试样施加荷载至试样破坏，记录试样破坏位置和形式及最大载荷值（F），读数精度不低于10N。

4）用游标卡尺测量试样断裂面的宽度（K）和厚度（H），精确至0.1mm。

2. 水饱和弯曲强度

1）将试样侧立置于恒温水箱中，试样间隔不小于15mm，试样底部垫圆柱状支撑。加入20℃±10℃的自来水到试样高度的一半，静置1h；然后继续加水到试样高度的四分之三，静置 1h;继续加满水,水面应超过试样高度 25mm±5mm。

2)试样在清水中浸泡 48h±2h 后取出,用拧干的湿毛巾擦去试样表面水分,立即按上述"1. 干燥弯曲强度"中步骤 2)~步骤 4)进行弯曲强度试验。

19.19.5　试验结果

1)弯曲强度按式(19-16)计算:

$$P_B = \frac{3FL}{2K H^2} \tag{19-16}$$

式中:P_B——弯曲强度(MPa);

F——试样破坏荷载(N);

L——下支座间距离(mm);

K——试样宽度(mm);

H——试样厚度(mm)。

2)以一组试样弯曲强度的算术平均值作为试验结果,数值修约到 0.1MPa。

19.20　天然石材吸水率和体积密度试验方法

19.20.1　概述

本试验依据《天然石材试验方法　第 3 部分:吸水率、体积密度、真密度、真气孔率试验》(GB/T 9966.3—2020)编制而成,适用于室外广场、路面等所用天然石材吸水率、体积密度的测定。

19.20.2　仪器设备

1)鼓风干燥箱:温度可控制为 65℃±5℃。

2)天平:最大称量为 1000g,精度为 10mg;最大称量为 200g,精度为 1mg。

3)水箱:底面平整,且带有玻璃棒作为试样支撑。

4)金属网篮:可满足各种规格试样要求,具有足够的刚性。

5)比重瓶:容积为 25~30mL。

6)标准筛:63μm。

7)干燥器。

19.20.3　试样要求

1)试样为边长 50mm 的正方体或 φ50mm×50mm 的圆柱体,尺寸偏差±0.5mm,每组 5 块。特殊要求时可选择其他规则形状的试样,外形几何体积应不小于 60cm³,其表面积与体积之比应为 0.08~0.20mm⁻¹。

2)试样应从具有代表性的部位截取,不应带有裂纹等缺陷。

3)试样表面应光滑,粗糙面应打磨平整。

19.20.4 试验步骤

1)将试样置于65℃±5℃的鼓风干燥箱内干燥48h至恒重,即在干燥46h、47h、48h时分别称量试样的质量,质量保持恒定时表明达到恒重,否则继续干燥,直至出现3次恒定的质量。放入干燥器中冷却至室温,然后称其质量m_0,精确至0.01g。

2)将试样置于水箱中的玻璃棒支撑上,试样间隔应不小于15mm。加入20℃±2℃的去离子水或蒸馏水到试样高度的一半,静置1h;然后继续加水到试样高度的四分之三,静置1h;继续加满水,水面应超过试样高度25mm±5mm。试样在水中浸泡48h±2h后同时取出,包裹于湿毛巾内,用拧干的湿毛巾擦去试样表面水分,立即称量其质量m_1,精确至0.01g。

3)立即将水饱和的试样置于金属网篮中并将网篮与试样一起浸入20℃±2℃的去离子水或蒸馏水中,小心除去附在网篮和试样上的气泡,称试样和网篮在水中总质量,精确至0.01g。单独称量网篮在相同深度的水中质量,精确至0.01g。当天平允许时可直接测量出这两次测量的差值m_2,结果精确至0.01g。称量装置示意如图19-28和图19-29所示。

注意:采用电子天平称量时,在网篮处于相同深度的水中时将天平置零,可直接测量试样在水中质量m_2。

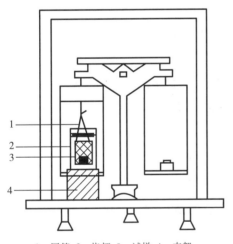

1—网篮;2—烧杯;3—试样;4—支架。

图19-28 天平称量示意

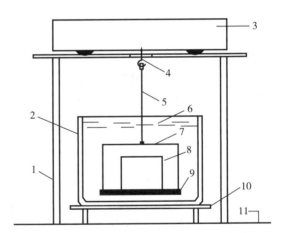

1—天平支架;2—水杯;3—电子天平;4—天平挂钩;
5—悬挂线;6—水平面;7—栅栏;8—试样;
9—网篮底;10—水杯支架;11—平台。

图19-29 电子天平称量示意

19.20.5 试验结果

1)吸水率按式(19-17)计算:

$$w_a = \frac{m_1 - m_0}{m_0} \times 100 \qquad (19-17)$$

式中:w_a——吸水率,以%表示;

m_1——水饱和试样在空气中的质量(g);

m_0——干燥试样在空气中的质量(g)。

2)体积密度按式(19-18)计算:

$$\rho_b = \frac{m_0}{m_1 - m_2} \times \rho_w \qquad (19-18)$$

式中:ρ_b——体积密度(g/cm^3);

m_2——水饱和试样在水中的质量(g);

ρ_w——室温下去离子水或蒸馏水的密度(g/cm^3)。

3)计算每组试样吸水率、体积密度的算术平均值作为试验结果,取三位有效数字。